莱布尼茨
自然哲学文集

〔德〕莱布尼茨 著

段德智 编译

商务印书馆
The Commercial Press
创于1897

2018年·北京

图书在版编目(CIP)数据

莱布尼茨自然哲学文集 / (德)莱布尼茨著;段德
智编译.—北京：商务印书馆,2018
ISBN 978-7-100-16365-1

Ⅰ.①莱… Ⅱ.①莱… ②段… Ⅲ.①自然哲学—文
集 Ⅳ.①N02-53

中国版本图书馆 CIP 数据核字(2018)第 147361 号

莱布尼茨自然哲学文集

〔德〕莱布尼茨　著

段德智　编译

商 务 印 书 馆 出 版
(北京王府井大街 36 号　邮政编码 100710)
商 务 印 书 馆 发 行
北京市艺辉印刷有限公司印刷
ISBN 978-7-100-16365-1

2018 年 7 月第 1 版　　　　开本 850×1168　1/32
2018 年 7 月北京第 1 次印刷　印张 19
定价:62.00 元

译者序

一、莱布尼茨自然哲学的学术背景

自然,作为莱布尼茨可能世界中最好世界的一个极其重要的组成部分,从人类被"造出"之后,就一直是人类的唯一家园。因此之故,观察自然和反思自然就成了人类的一种天然的习性。正因为如此,当原始人类从直立人进化到智人阶段开始萌生了宗教意识后所形成的第一种宗教形态便是自然崇拜和自然宗教。古代印度宗教神话中的"苏利耶"崇拜、古代埃及宗教神话中的"瑞"崇拜以及希腊宗教神话中的"盖亚"崇拜等,无一不是自然崇拜。人类的自然崇拜之所以最初采取"宗教神话"的形式不是偶然的,而是同原始人类的思维方式和思维能力相一致和相适应的。原始神话是在人类虽然业已具备了一定的抽象思维能力但却尚缺乏高度抽象的理论思辨能力的情况下产生出来的,是人类尽力把握世界及其规律的最初尝试,是人类尽力尝试建立人与异己自然的和谐的最初的努力之一"。① 但后来,随着哲学这一全新思维方式的出现,自然哲学便应运而生了。这是人类自然认识史上的一次根本性的转变。"思

---

① 参阅段德智:《宗教学》,人民出版社 2010 年版,第 133 页。

想不仅在形式上，而且在内容上也发生了决定性的转变。荷马的世界是由紧密相接、堆集成一个联动装置的微粒组成的，[①]而哲学家们的'新世界'则是由相对独立的实体单位构成。"[②]

　　一如自然宗教构成人类宗教的原始形态，自然哲学也构成了人类哲学的原始形态。就西方哲学而言，它的最初形态即是自然哲学，亦即伊奥尼亚派的自然哲学。西方哲学史上第一位哲学家、伊奥尼亚派（米利都派）的创始人泰勒斯提出了水是万物的"本原"或"始基"的观点，其学生阿那克西曼德的主要著作即取名为《论自然》；而伊奥尼亚派的另一个代表人物赫拉克利特在其《论自然》一书中则提出了"火是万物的本原或始基"的观点。事实上，自然哲学不仅构成了西方哲学的最初形态，而且还始终是西方哲学的一个重要组成部分。可以说，每个时代都有其自然哲学思想，也都有其自然哲学家。例如，在古代希腊罗马，除伊奥尼亚派外，毕达哥拉斯派、原子论派、柏拉图、亚里士多德、伊壁鸠鲁派、斯多葛派和新柏拉图主义也都有自己的自然哲学。在中世纪，有奥古斯丁、大阿尔伯特、托马斯·阿奎那和罗吉尔·培根等哲学—神学家的自然哲学。在中世纪晚期和文艺复兴时期，有帕拉塞尔斯（1493—1541）、特勒肖（1508—1588）、布鲁诺（1548—1600）和康帕内拉（1568—1639）

---

　　①　关于荷马史诗的"世界图景"及其"联动装置宇宙"，请参阅保罗·费耶阿本德：《自然哲学》，张灯译，人民出版社2014年版，第91—125页。自然哲学史家费耶阿本德在其中写道："甚至法则或是命运的概念中都包含着一个只有在联动装置式的宇宙中才能充分得到解释的核心。联动装置的标志性特征就是各个部件及其之间的关系。它通过占据一个特定的空间领域而在周遭环境中凸显出来，这个领域与其他联动装置或其他联动装置家族所占据的领域并不相交。"

　　②　保罗·费耶阿本德：《自然哲学》，张灯译，人民出版社2014年版，第145页。

的自然哲学。在文艺复兴晚期和近代初期,则有伽利略(1564—1642)和弗兰西斯·培根的自然哲学。至莱布尼茨时代,在欧洲,特别是在欧洲大陆,盛行的则是霍布斯(1588—1679)、笛卡尔(1596—1650)、斯宾诺莎(1632—1677)、莫尔(1614—1687)、马勒伯朗士(1638—1715)和牛顿(1643—1727)的自然哲学。

　　霍布斯是近代机械唯物主义的主要代表,也是近代机械论哲学的典型代表。他将哲学或自然哲学宣布为"关于物体的特性及其产生"的学说。在谈到物体的特性时,他不仅将物体定义为"空间"或"广延",宣布"物体是不依赖于我们思想的东西,与空间的某个部分相合或具有同样的广延",①而且,他还将物体区分为两种:自然物体和国家(人造物体)。② 在谈到物体的产生时,他明确主张用机械运动来解释一切自然现象,宣布万物"总共只有一个普遍原因,这就是运动。……而运动除了以运动为原因外,不可能被理解为具有任何其他的原因"。③

　　笛卡尔虽然是一个二元论者,但在自然哲学领域,他却和霍布斯一样,也是一个典型的机械论者。他和霍布斯一样(至少在"用语"方面如此),也将"广延"视为物体的本质属性,宣称"物体的本性并不在于重量、坚硬性、颜色或其他类似的特性,而只在于广延"。④ 其次,他也和霍布斯一样,用机械运动来解释一切自然现

---

①　Thomas Hobbes, *Concerning Body* London：John Bohn, 1839, p. 102.

②　Thomas Hobbes, *Concerning Body* London：John Bohn, 1839, p. 11.

③　Thomas Hobbes, *Concerning Body* London：John Bohn, 1839, pp. 69—70.

④　参阅 Rene Descartes, *Principles of Philosophy* translated by Valentine Rodger Miller and Reese Miller, Dordrecht：D. Reidel Publishing Company, 1983, p. 40。

象。因为他不仅将机械运动理解为运动的唯一形式,宣称"运动,照通常解释的,不是任何别的东西,而无非是一个物体由一个位置转移到另一个位置的活动。而所谓运动,我指的是位移运动,因为我想不出还有任何其他种类的运动,从而在事物的本性中我也不应当想到任何别的东西",①而且,他还强调指出:"物质的全部花样,或其形式的全部多样性,都依赖于运动。"②

　　斯宾诺莎虽然与主张二元论的笛卡尔不同,将"自然"理解为唯一的"实体"(他同时也将这唯一的"实体"称作"神"),但他却把广延和思想规定为这唯一实体的两种本质属性(至少从人的观点看是如此),不仅将个体事物理解为具有广延属性和思想属性的东西,而且还断言我们也可以从"广延"的角度来理解个体事物,从而具有广延的个体事物只不过是具有广延属性的唯一实体的一种"样式"而已。③ 这在事实上便回到了笛卡尔自然哲学的立场,只不过平添上了一种物活论的色彩而已。此外,斯宾诺莎也和笛卡尔一样,用形而上学的或几何学的必然性来解释一切自然现象。他断言:"自然中没有任何偶然的东西,反之一切事物都受神的本性的必然性所决定而以一定方式存在和动作",④"一切事物都依

<hr />

①　参阅 Rene Descartes, *Principles of Philosophy* translated by Valentine Rodger Miller and Reese Miller, Dordrecht:D. Reidel Publishing Company, 1983, p. 50。

②　参阅 Rene Descartes, *Principles of Philosophy* translated by Valentine Rodger Miller and Reese Miller, Dordrecht:D. Reidel Publishing Company, 1983, p. 50。

③　参阅斯宾诺莎:《伦理学》,贺麟译,商务印书馆1981年版,第46页。斯宾诺莎写道:"凡是无限知性认作构成实体的本质的东西全都只隶属于唯一的实体,因此思想的实体与广延的实体就是那唯一的同一的实体。不过时而通过这个属性,时而通过那个属性去了解罢了。"

④　参阅斯宾诺莎:《伦理学》,贺麟译,商务印书馆1981年版,第27页。

必然的法则出于神之永恒的命令,正如三角之和等于两直角之必然出于三角形的本质"。①

莫尔与霍布斯、笛卡尔和斯宾诺莎不同,在机械论占绝对上风的莱布尼茨时代,他可以说是一个另类人物。莫尔作为剑桥柏拉图派的代表人物,其主张实际上是一种万物有灵论或泛活力论,其根本努力在于反对机械论。他断言:没有什么东西是纯粹机械的。机械论(可以这么说)是自然的一个方面,但是它不能单凭它自身解释自然中的任何东西。上帝并不单纯地创造物质世界,把它置于机械规律之下。还有精神弥漫于整个物理宇宙。这种遍在的精神,并不是上帝自身,而是"自然精神"或者(用个古老的术语)世界灵魂(anima mundi)。……它把一种"塑造力"(plasotical power)施加到物质之上,"通过指引物质的轨道和它们的运动,在世界上产生出不能只被分解成机械力的现象"。②

马勒伯朗士作为笛卡尔派的主要代表人物之一,以其对偶因论全面、系统的阐述闻名于世。他所系统阐述的偶因论实质上是以"奇迹"或"神学"的方式试图清除笛卡尔二元论哲学所造成的心灵与身体以及心灵与物体之间不可避免的隔障。

牛顿无疑是莱布尼茨时代最具影响力的自然哲学家之一,也是莱布尼茨时代最具影响力的机械论哲学的代表人物之一。他的自然哲学思想或机械论哲学主要是由他的于1687年出版的后来享誉欧洲乃至世界的《自然哲学的数学原理》一书体现出来的。该

---

① 参阅斯宾诺莎:《伦理学》,贺麟译,商务印书馆1981年版,第88页。
② 参阅索利:《英国哲学史》,段德智译,陈修斋校,商务印书馆2017年版,第78页。

著的卓越之处不仅在于它提出并系统阐释了牛顿的三大运动规律和万有引力定律,而且还在于它系统阐述了牛顿的物质观、运动观和时空观,提出了"研究哲学"的四项"规则"。[①] 其中所提出和阐释的"绝对的、真实的和数学的时间"、"绝对的空间"和"绝对的运动"诸概念引发了持久不衰的争论,曾遭到莱布尼茨的尖锐批评。

这些可以说就是莱布尼茨自然哲学学术背景的梗概。从这样一个梗概中,我们能够看出一些什么样的东西呢?首先,我们从中能够看到,在莱布尼茨时代,自然哲学主要存在有两大流派:一派倡导机械论,坚持用机械运动来解释一切自然现象,霍布斯、笛卡尔、斯宾诺莎和牛顿等自然哲学家持守的就是这样一种主张;另一派倡导泛活力论,这一派以剑桥柏拉图派代表人物莫尔为代表,其所主张的,如上所说,实际上是一种万物有灵论。马勒伯朗士虽然在很大程度上是笛卡尔的信徒,但从他所主张和阐释的偶因论的角度看,其自然哲学与莫尔的泛活力论也有某种类似,其差异主要在于:莫尔是用寄寓于物质之中的灵魂或其他精神原则来解释种

[①] 牛顿关于"研究哲学"的四项"规则"是:(1)"对自然事物的原因的承认,不应比那些真实并足以解释它们的现象为多";(2)"且如此,对同类的自然效果,应尽可能归之于相同的原因";(3)"物体的性质,它们既不能被增强又不能被减弱,并且属于所能做的实验中所有物体的,应被认为是物体的普遍性质";(4)"在实验哲学中,由现象通过归纳推得的命题,在其他现象使这些命题更为精确或者出现例外之前,不管相反的假设,应被认为是完全真实的,或者非常接近于真实的"(牛顿:《自然哲学的数学原理》,赵振江译,商务印书馆2015年版,第476—477页)。不难看出,这四项规则既是牛顿的"发现的逻辑",又是牛顿的"证明的逻辑"。其中规则1即是牛顿的科学的简单性原则,规则2即是牛顿的科学的统一性与因果律原则,规则3即是牛顿的普遍性原则,规则4即是牛顿的归纳法。这四项规则无疑是培根经验主义认识论和方法论原则的继承和发展。但其中也内蕴有英国经验主义的一些局限性和片面性。例如,规则4中对"假设"的消极态度即是如此。

种物质现象或自然现象的,而马勒伯朗士则是用上帝的直接干预来解释种种物质现象或自然现象。而且,既然在莫尔看来,寄寓于物质中的灵魂或精神原则只不过是上帝在物质事物中的代理者而已,则他的泛活力论在本质上与马勒伯朗士的偶因论便没有本质的区别,从这个角度看,莫尔的泛活力论只不过是一种变形的偶因论。[①] 其次,我们从中也不难看出,相形之下,在莱布尼茨时代的自然哲学中,机械论占绝对的上风,属于主流学派,在当时可以说是一种显学,而泛活力论派则明显处于下风,属于支流,在当时可以说是一种"旁门左道"。再次,在种种机械论哲学中,对于莱布尼茨的自然哲学来说,尤其是对于莱布尼茨自然哲学的生成来说,最为重要的当是笛卡尔的自然哲学。这首先是因为笛卡尔比其他人出道都早的缘故。霍布斯虽然比笛卡尔年长 8 岁,但其自然哲学的问世却比笛卡尔晚。霍布斯阐述其自然哲学的主要著作《论物体》于 1655 年出版,而笛卡尔的自然哲学代表作《哲学原理》则于1644 年问世。其次,就他们自然哲学的理论形态看,霍布斯因其坚持经验主义认识论路线而原则上摈弃了形而上学,但笛卡尔的自然哲学则奠基于其形而上学之上。他明确地将形而上学视为他

---

① 参阅 Donald Rutherford, *Leibniz and the Rational Order of Nature* Cambridge University Press, 1998, pp. 251—252。拉瑟福德指出:莱布尼茨时代,在自然哲学领域存在有两个阵营:一方面是机械论者或唯物论者,除被动的广延外,他们力图剥夺掉物质的所有性质,从而不得不诉诸上帝来解释物质运动及其守恒的源泉;另一方面是活力论者以及更早些时候的经院的"形式论者",他们力图将理智或灵魂一样的原则直接引进物质之中,以便说明物质的种种效果。

的自然哲学的"根",并将"机械学"视为他的自然哲学的"枝条"。①
第三,笛卡尔作为近代西方哲学的奠基人之一,在西方近代哲学
界,尤其是在欧洲大陆哲学界有着其他西方近代哲学家难以企及
的影响。第四,诚然,牛顿的自然哲学影响也很大,但由于该著出
版于1687年,这时,莱布尼茨的自然哲学业已初具规模,其体系也
业已趋于初步成熟。因此,莱布尼茨对牛顿的《自然哲学的数学原
理》这部巨著中一些观点的评价或批评,更多关涉的并非莱布尼茨
自然哲学的生成,而是莱布尼茨自然哲学思想的运用。正因为如
此,纵观莱布尼茨自然哲学的生成史,莱布尼茨将其批判的锋芒差
不多始终指向笛卡尔的自然哲学,就是一件再自然不过的事情了。
我们选编的这本文集也明显不过地体现了这样一种情形。在这本
文集中,我们不仅收录了《简论笛卡尔等关于一条自然规律的重大
错误》和《对笛卡尔原理核心部分的批判性思考》两篇论文,而且其
中其他论文也都与笛卡尔的自然哲学有这样那样的关联,差别仅
仅在于有些论文与笛卡尔自然哲学的关联比较直接,而有些论文
与笛卡尔自然哲学的关联较为间接一点罢了。这是我们阅读这本
文集时需要格外注意的。

　　我们阅读这本文集时需要注意的第二点在于:我们必须恰如
其分地理解莱布尼茨自然哲学的批判风格。从这本文集中,我们
可以看出,莱布尼茨并非如一些人所误解的那样,只是一位各种哲

① 参阅 Rene Descartes, *Principles of Philosophy*, translated by Valentine Rodger Miller and Reese Miller, Dordrecht:D. Reidel Publishing Company, 1983, p. xxiv。笛卡尔写道:"整个哲学就像是一棵树,这棵树的根是形而上学,这棵树的干是物理学,由这个树干生长出来的就是所有其他的知识部门。"

学的调和者或折中者,而是处处都洋溢着一种积极的批判精神。一方面,他对其他自然哲学家的批判并不意在对批判对象进行全盘否定,而是旨在捍卫和阐释他所理解的自然哲学的真理。例如,他虽然将霍布斯作为"近代的伊壁鸠鲁"进行批判,但对霍布斯的"努力"概念还是给予了充分肯定的。再如,他虽然将斯宾诺莎作为"近代的斯多葛派"予以批判,但他却从未否认过斯宾诺莎的机械论从现象层面解释自然的理论功能。另一方面,他对同时代自然哲学家的批判在一定程度上也是一种自我批判。因为自大学时代起,莱布尼茨就开始阅读笛卡尔和霍布斯等近代自然哲学家的著作,为"他们那种机械地解释自然的美妙方式"所"吸引"。[①]他对霍布斯的机械唯物论"推崇备至","当他从友人口中获悉霍布斯依然健在时,便立即驰书致敬请教"。[②] 至于斯宾诺莎,莱布尼茨一向"欣赏"他的"学识及其思想的敏锐"。他不仅早在美因茨时期就阅读过斯宾诺莎的《神学政治论》,而且在他于1676年在其从法国返国的途中,还专程到荷兰拜访斯宾诺莎,并且经斯宾诺莎本人允许,从受委托保管一份此前尚未出版的《伦理学》手抄复本的契尔恩豪那里了解到斯宾诺莎这部著作的一部分内容。[③] 事实上,莱布尼茨正是在对笛卡尔、霍布斯、斯宾诺莎等人自然哲学的批判过程中,不断修正自己的自然哲学思想,逐渐形成他自己的自然哲学思想体系的。

[①] 莱布尼茨:《新系统及其说明》,陈修斋译,商务印书馆1999年版,第2页。

[②] 参阅段德智:《莱布尼茨哲学研究》,人民出版社2011年版,第6页。

[③] 参阅玛利亚·罗莎·安托内萨:《莱布尼茨传》,宋斌译,中国人民大学出版社2015年版,第151—153页。

　　与此相关联,我们阅读这本文集时需要注意的第三点在于:莱布尼茨探究自然哲学的过程始终是有破有立的:一方面,我们可以将莱布尼茨探究自然哲学的过程理解为批判考察同时代自然哲学的过程和自我批判的过程,另一方面,我们又可以将莱布尼茨探究自然哲学的过程理解为其自然哲学思想不断生成的过程。事实上,无论是他的物质观和有形实体学说,还是他的动力学思想,都是在其对同时代自然哲学的批判过程中,逐渐形成并逐渐系统化的。离开了莱布尼茨对其同时代自然哲学思想的反思和批判,莱布尼茨自然哲学思想体系的生成便是一件不可思议的事情。

　　在本文集中,我们共收录了 20 篇相关论文和书信:从 1671 年的《对物理学与物体本性的研究》一直到 1715 年的《斐拉莱特与阿里斯特的对话》。基于我们对莱布尼茨自然哲学学术背景的上述考察,我们拟结合文本对这本文集的主题内容从八个方面作出扼要的说明。其中,前四个方面旨在从莱布尼茨自然哲学生成的角度依序考察莱布尼茨对笛卡尔、笛卡尔派、自然主义及野蛮哲学(即泛活力论)和牛顿的批判,后四个方面则旨在从逻辑层面依序考察莱布尼茨自然哲学的宏观结构、动力学思想、物质观与有形实体学说及其历史影响和理论得失等。

二、莱布尼茨对笛卡尔自然哲学的
批判与其自然哲学的生成

　　前面我们已经指出:笛卡尔构成莱布尼茨批判的主要对象,这一点不仅可以从《简论笛卡尔等关于一条自然规律的重大错误》和

《对笛卡尔原理核心部分的批判性思考》这两篇论文窥见其端倪，而且还可以从他的大多数自然哲学论文和书信看出来。鉴此，为了从莱布尼茨自然哲学生成的角度对莱布尼茨对笛卡尔的批判作出较为详尽的考察，我们不妨将莱布尼茨的这样一种批判区分为三个阶段。其中，第一个阶段始于1671年；第二个阶段始于1686年；第三个阶段始于1692年。

1671年，莱布尼茨先后写作和发表了《对物理学与物理本性的研究》与《从位置哲学到心灵哲学》。尽管从成熟时期的莱布尼茨的自然哲学的角度看问题，这两篇论著还显得相当稚嫩，但从中我们也不难窥见其自然哲学的宏观结构和一些基本原则。这首先体现在莱布尼茨在其中不仅针对笛卡尔将物体与空间或广延混为一谈的做法，鲜明地强调了空间与物体的区别，更重要的还在于他引进了霍布斯的"努力"概念，强调"努力""乃运动的始点和终点"。其次，还在于他进而引申出他的自然哲学的非物质原则或心灵原则。他不仅将物体界定为一个"瞬间的心灵"，一个"没有记忆的心灵"，而且还由此得出结论说："除非在心灵中，任何一种努力如果没有运动都不可能持续超过一个瞬间"的结论。最后，莱布尼茨在这两篇论著中，还明确地提出了他后来持守的从自然科学走向形而上学的总路线，这就是：从位置哲学到运动哲学，再从运动哲学到心灵科学。用莱布尼茨自己的话来说，就是："几何学或位置哲学是达到运动和物体哲学的一个步骤，而运动哲学又是达到心灵科学的一个步骤。"可以毫不夸张地说，这是莱布尼茨借以超越笛卡尔几何物理学的一条基本路线。这也为莱布尼茨此后在机械的动力因和精神的目的因之间、在自然王国和道德王国之间建立和谐一致关系提供了理论支撑。

　　此外，在这一阶段，莱布尼茨还写作了《论达到对物体真正分析和自然事物原因的方法》(1677)、《论物体的本性与运动规律》(1678—1682)和《论自然科学原理》(1682—1684)等论著。这些论著可以说是从不同侧面对莱布尼茨上述两篇论著所提出和阐释的基本思想作了进一步发挥。其中，《论达到对物体真正分析和自然事物原因的方法》讲的主要是方法论问题。这篇短文对于我们理解莱布尼茨和笛卡尔方法论的区别极为有用。众所周知，笛卡尔由于其狭隘的理性主义立场而坚持数学直观的方法，也正是由于这一点，人们将他的物理学或自然哲学称作"几何物理学"或"对自然的数学式把握"。[①] 在这篇短文中，莱布尼茨则强调数学直观或数学分析与科学实验的结合，断言："如果我们将这些分析与实验结合起来，我们在任何一个实体中都将发现其各种性质的原因。"在莱布尼茨看来，唯有数学分析与科学实验相结合的方法才是我们达到对物体真正分析的方法，也才是我们达到自然事物原因的方法。这就在一定程度上克服了笛卡尔方法论的片面性。在《论物体的本性与运动规律》里，莱布尼茨劈头写道："有一段时间，我认为所有运动现象都能够藉纯粹的几何学原则予以解释，根本无需假设任何形而上学命题，碰撞的规律仅仅依赖于运动的组合。

---

　　①　拉瑟福德在《莱布尼茨与自然的理性秩序》一书中，将笛卡尔的自然哲学称作"几何物理学"（参阅 Donald Rutherford, *Leibniz and the Rational Order of Nature* Cambridge University Press, 1998, p. 238)。德国哲学家费耶阿本德在《自然哲学》一书中，则将笛卡尔的自然哲学界定为"对自然的数学式把握"（参阅保罗·费耶阿本德：《自然哲学》，张灯译，人民出版社 2014 年版，第 239—244 页）。

但通过更深刻的沉思,我发现这是不可能的,我认识到一条比整个机械学更高的真理,这就是:自然中的一切虽然实际上都能够用机械学加以解释,但机械学原则本身却依赖于形而上学的甚至道德的原则,也就是依赖于对最完满有效的、动力的和目的的原因即上帝的默思,这在任何意义上,都不能将其归结为各种运动的盲目的组合。"明眼人一看即知,莱布尼茨在这里不仅是在作自我批评,而且显然也是在批判笛卡尔的狭隘"机械学"。《论自然科学原理》不仅讨论了自然科学的价值,而且还探讨了自然科学方法论。莱布尼茨将自然科学二分为理论自然科学(理论物理学)和经验自然科学(经验物理学),断言:"探究事物原因和目的的理论自然科学的最大功用在于促进心灵的完满和对上帝的敬拜","经验物理学对人生是有用的,我们在今生应当加以培植"。在谈到自然科学方法论时,莱布尼茨重申了他的数学分析与科学实验相结合的方法论原则,特别强调了"据实验进行推理的方法"。

　　在第一阶段,莱布尼茨虽然提出了其自然哲学的宏观结构,提出并阐释了其自然哲学的一些要素,为其自然哲学体系的构建奠定了一些基础,但其自然哲学的体系却并未确立起来。只是到了第二阶段,莱布尼茨才真正着手构建其自然哲学的体系,致力于其动力学思想的系统化。他的这一建构工程可以说是从 1686 年开始的。1686 年,莱布尼茨在《学者杂志》上发表了一篇以《简论笛卡尔等关于一条自然规律的重大错误》为标题的重要论文,不仅使得莱布尼茨对笛卡尔运动观的批判进入了一个新的阶段,而且也使得莱布尼茨的运动哲学进入了一个新的阶段。这篇论文的价值在于莱布尼茨在这里首次批判了笛卡尔的运动量守恒原则或动量守恒原则,并在此基础上首次提出并初步阐释了他的活力守恒原则。莱布尼茨以伽利略的落体实验来证明笛卡尔运动量守恒原则的荒谬性,说明笛卡尔的守恒定律完全违背了"原因与结果等值"这条基本的形而上学原则。他写道:"伽利略已经证明,物体自 C 至 D 的降落所需要的速度是自 E 至 F 的降落所需要的速度的两倍。所以,如果我们将物体 A 的质量(其质量为 1)乘以其速度(其速度为 2),则乘积或运动的量为 2;另一方面,如果我们将物体 B 的质量(其质量为 4)乘以其速度(其速度为 1),则乘积或运动的量为 4。所以,物体 A 至 D 的运动量只是物体 B 至 F 的运动量的二分之一。"在莱布尼茨看来,笛卡尔之所以主张运动量守恒定律,最根本的就在于他混淆了物体的运动和力这样两个不同的概念,[①] 看不到运动的相对性,从而看不到"推动力与运动量之间"所存在的"巨大的差距"。一旦我们看到了运动的相对性,看到了"推动力与运动量之间"所存在的"巨大的差距",我们便容易理解"提升 1 磅重的物体 2 英尺所需要的力与提升 2 磅重的物体 1 英尺所需要的力是一样的",我们便会因此看到:"当两个物体碰撞时,在碰撞后保留不变的并非运动或动力的量,而是力的量"。在这篇论文中,莱布尼茨不仅在批判笛卡尔运动量守恒定律的基础上提出并阐释了他的力量守恒原则,而且他还特别区别了"活力"和"死力"。莱布尼茨认为,笛卡尔的运动量守恒的定律也有可能偶尔适合于死力的情况,但永远不可能适合于活力的情况。莱布尼茨强调说:

---

① 参阅 Donald Rutherford, *Leibniz and the Rational Order of Nature*, Cambridge University Press, 1998, p. 238。

"活力之于死力，或者说动力之于努力，一如一条线之于一个点或者说一如一个面之于一条线的关系。正如两个圆并不与它们的直径成正比那样，相同物体的活力也不与它们的速度成正比，而只是与它们速度的平方成正比。"毫无疑问，莱布尼茨在这篇论文中对运动相对性的强调、对运动与力以及对死力与活力的区分，以及他在这些区分的基础上对力的量守恒原则的提出和强调，无疑为他的动力学体系的构建奠定了坚实的基础。

在这一阶段，莱布尼茨还有两篇比较重要的短文。其中一篇是《发现整个自然惊人奥秘的样本》（约1686），另一篇是《〈动力学：论力与有形自然规律〉序》（约1691）。前者主要与笛卡尔的物性论相关，后者则主要与笛卡尔的运动观相关。在《发现整个自然惊人奥秘的样本》一文中，莱布尼茨针对笛卡尔的物性论，强调指出："物体的本质不应当定位于广延及其变形，亦即不应当定位于形状和运动"，而"仅仅应当定位于作用力和抵抗力"。这可以说是莱布尼茨对笛卡尔物性论的一次相当认真的清算。不仅如此，莱布尼茨还从充足理由律的高度相当系统地阐述了他的个体实体概念。《〈动力学：论力与有形自然规律〉序》可以视为《简论笛卡尔等关于一条自然规律的重大错误》的姊妹篇，其中最值得注意的是莱布尼茨在这篇短文中使用了"动力学"概念，并且明确地将他"这门关于力和活动的新科学"称之为"动力学"。

莱布尼茨批判笛卡尔自然哲学的第三阶段始于他的《对笛卡尔〈原理〉核心部分的批判性思考》（1692）。《哲学原理》，如上所说，是笛卡尔自然哲学领域的代表作。在这篇长文中，莱布尼茨差不多对其第一部分和第二部分的各节进行了逐节的批判，可以说是对笛卡尔自然哲学思想进行了一次全面的清算。其中，下列几点尤其值得注意。首先，是莱布尼茨对笛卡尔物性论的进一步批判。他写道："我发现，许多人都非常自信地断言：广延构成了有形实体的公共本性，但这样一种说法却从未得到证明。毫无疑问，无论是运动或活动，还是抵抗或受动，都不可能由广延产生出来。那些在物体的运动或碰撞中观察到的自然规律也不能仅仅由广延概念产生出来。"其次，针对笛卡尔用运动解释一切物质现象的企图，莱布尼茨再次强调了运动的非实在性或相对性。他写道："根本不存在任何实在的运动。例如，为了说某物在运动，我们就将不仅需要它相对于其他事物改变它的位置，而且也要求在它自身之内存在有变化的原因，即一种力，一种活动。"第三，莱布尼茨再次谴责了笛卡尔的运动量守恒定律，指出："笛卡尔派最著名的命题是事物中的运动量守恒。不过，他们并未提供任何证明。"相反，他却有力地证明了"运动的量被认为是质量与速度的乘积，而力的量……是质量与由它的力量的力能够提升的高度的乘积，而高度则与上升速度的平方成正比"。最后，莱布尼茨旗帜鲜明地批判了笛卡尔的几何物理学和狭隘机械论，不仅提出了"自然形而上学"概念，而且还强调了从"机械原则"向"更高原则"的过渡问题。他写道："我完全赞同，所有特殊的自然现象只要我们对之作出充分的探究，我们便都能够对之作出机械论的解释，我们不可能依据任何别的基础理解物质事物的原因。但我还是坚持认为，我们还必须进而考察这些机械原则和自然的普遍规律本身是如何来自更高的原则而不可能仅仅藉量的和几何学的考察得到解释；毋宁说在它们之中有某种形而上学的东西，这些东西是不依赖想象提供的各种概念的,这将涉及一种没有广延的实体。因为除广延及其变形外,在物质中还有一种力或活动能力,我们就是藉这种力或活动能力从形而上学过渡到自然的,并且从物质事物过渡到非物质事物的。这种力有其自己的规律,这些规律不仅是由绝对的也可以说是无理性的像数学那样的必然性的原则派生出来的,而且还是由完满理性的原则派生出来的。"

莱布尼茨对笛卡尔几何物理学或狭隘机械论的上述清算,无疑为莱布尼茨在动力学和有形实体学说方面的系统化进一步奠定了基础。在随后写作的《动力学样本》(1695)中,莱布尼茨已经充分考虑到了他的动力学的两个层面,即机械论层面和形而上学层面,不仅将能动的力区分为"派生的能动的力"和"原初的能动的力",而且将受动的力又进一步区分为"派生的受动的力"和"原初的受动的力"。此外,他还将在《简论笛卡尔等关于一条自然规律的重大错误》(1686)中提出的"死力"和"活力"进一步系统化,不仅进一步论述了死力与活力的原则区别,而且还比较具体地考察了它们的具体形态。如果说莱布尼茨的《动力学样本》的主要贡献在于推进其动力学的系统化,则他的《论自然本身,或论受造物的内在的力与活动》(1698)的主要贡献则在于推进其物质哲学的系统化。因为正是在这篇论文中,莱布尼茨针对斯特姆的自然观,明确地提出了"原初物质"和"次级物质"的概念,并且强调指出:"次级物质虽然实际上是一种完全的实体,但却并不是纯粹被动的。原初物质虽然是纯粹被动的,但却不是一种完全的实体,在它之中必须添加上一种灵魂或与灵魂类似的形式,即第一隐德莱希,也就是一种努力,一种活动的原初的力,其本身即是上帝的命令植于其中的内在规律。"很显然,莱布尼茨的这样一种物质哲学和有形实体观念在《论原初的力和派生的力与简单实体和有形实体》(1699—1706)中,特别是在他于1703年致德·沃尔达的信中,又得到了进一步的系统化。

综上所述,我们完全有理由说,莱布尼茨是在批判笛卡尔的几何物理学和狭隘机械论的过程中逐步形成他的自然哲学系统,逐步形成和完善他自己的物质观、有形实体概念和动力学系统的。离开了对笛卡尔自然哲学的批判,莱布尼茨自然哲学的生成几乎是不可想象的。

三、莱布尼茨对笛卡尔派自然哲学的批判与其自然哲学的生成

莱布尼茨在其自然哲学论著中,不仅批判了笛卡尔,而且还批判了笛卡尔派。所谓笛卡尔派,顾名思义,指的是由笛卡尔的追随者所组成的哲学学派。其成员主要有法国的科德莫瓦(约1620—1684)、德国的克劳伯(1622—1665)、荷兰的格林克斯(1625—1669)、法国的拉福格(1632—1666)、荷兰的雷吉斯(1632—1707)和法国的马勒伯朗士(1638—1715)等。莱布尼茨不仅在批判笛卡尔自然哲学的同时不时附带地论及笛卡尔派,而且还先后写出《论一项对藉考察上帝智慧来解释自然规律有用的普遍原则》(1687)、《论物体和力:反对笛卡尔派》(1702)和《斐拉莱特与阿里斯特的对话》(1715)等论文,对笛卡尔派作出专门批判。为节省篇幅计,我们在这里将只对这三篇专论加以说明。

《论一项对藉考察上帝智慧来解释自然规律有用的普遍原则》

最初发表在《文坛共和国新闻》1687 年 7 月号上,旨在接着《简论笛卡尔等关于一条自然规律的重大错误》(1686)继续批评笛卡尔的自然哲学。这篇论文原来的标题是《莱布尼茨先生一封论一项对藉考察上帝智慧来解释自然规律有用的普遍原则的信——对尊敬的马勒伯朗士神父的答复的答复》。由此可见,莱布尼茨这篇论文的批判对象从形式上看,已经从笛卡尔转向了马勒伯朗士。在这篇论文中,莱布尼茨指责马勒伯朗士“违背”了他“一向恪守的普遍秩序的原则”,即连续性原则。莱布尼茨不仅强调了他的这项原则对于自然哲学的效用,断言“这项原则在无限者中有其根源,对几何学有绝对的必要性,但在物理学中也同样有用”,而且还强调了机械哲学与神学和目的论的“协调一致”,断言“机械哲学或微粒哲学”非但不会“使我们疏离上帝和非物质实体”,只要我们对之“作出正确的理解”,“它反倒引导我们达到上帝和非物质实体”。

　　《论物体和力:反对笛卡尔派》无论对我们理解莱布尼茨的物性论还是对我们理解莱布尼茨的动力学都至关紧要。从物性论的角度看,“笛卡尔派将物体的本质仅仅置放到广延之中”,与此不同,莱布尼茨则声称:(1)“在物体中存在有某种超越受动的东西,也就是某种抵抗渗透的东西”;(2)“物体中有一种能动的力或隐德莱希”。但既然莱布尼茨所说的物体中所存在的“某种抵抗渗透的东西”不是别的任何东西,而无非是一种“受动的力”,而莱布尼茨所说的物体中所存在的隐德莱希也不是别的任何东西,而无非是一种“能动的力”,我们便能够说:物体“不在于任何别的东西,而无非是一种动力,或者说是变化和持续存在的一种内在原则”。这样一来,在莱布尼茨这里,物性论与动力学就是一而二二而一的东西了。离开了动力学,莱布尼茨的物性论或物质观便变成了一种无从理解的东西了。也正是从这样一种理论高度,莱布尼茨得出结论说:"物体的所有性质也就是除形状外,它们所有实在的和稳定的偶性……只要将分析进行到底,到最后都可以还原为力。"也正是从这样一种理论高度,莱布尼茨断言:笛卡尔派之所以在自然哲学方面犯下比笛卡尔本人还多的错误,最根本就在于他们比笛卡尔本人更加不理解"力的本性"。如果说笛卡尔在拒绝物体中存在有形式和力方面尚"比较克制"(因为"他只是声称他找不到运用它们的任何一个理由"),"许多笛卡尔派人士"则不分青红皂白,"贸然拒绝物体中存在的形式或力"。

在《斐拉莱特与阿里斯特的对话》中,斐拉莱特实际上是莱布尼茨的化身,而阿里斯特则是马勒伯朗士的化身。因此,《斐拉莱特与阿里斯特的对话》实际上是莱布尼茨与马勒伯朗士的对话,是莱布尼茨对笛卡尔派的批判。《对话》的新意首先在于:它从广延的抽象性出发,推演出了"有形实体"概念。莱布尼茨写道:"广延只是一种抽象的事物,而且它也要求一些有广延的事物。它需要一个主体;它和绵延一样,也是某种相对于这一主体而存在的东西。它甚至在这个主体中预设了先于它而存在的某种事物,这个主体(它是有广延的)中的某种性质、某种属性、某种本性与这一主体一起扩展,并且持续存在。"他还写道:"各种物体都被赋予了某种能动的力,从而各种物体都是由两种本性组成的,即原初的能动的力(亚里士多德称之为第一隐德莱希)和物质或原初的受动的力,这种原初的受动的力,似乎就是反抗型式。……尽管有人将由灵魂与物质团块组合而成的物体称作有形实体,我倒是愿意与之一起称之为物体,不过这只是用语方面的差异而已。"该文的另一个亮点在于其对马勒伯朗士所系统化的偶因论进行的批判。莱布尼茨写道:"偶因论""这样一种假说将所有的外在活动都仅仅赋予上帝,是在诉诸奇迹,而且甚至是在诉诸一些不可理喻的奇迹,根本配不上上帝的智慧"。最后,该文对马勒伯朗士的"在上帝之中看一切"的观点也进行了反驳。莱布尼茨诘问道:"为何我就不能在我身上看到这些事物呢?"

由此看来,莱布尼茨对笛卡尔派的批判不仅进一步促进了他的物质观和有形实体学说的生成和完善,而且也进一步促进了他的动力学系统的生成和完善。其所以如此,看来主要是由笛卡尔派的理论特征决定的。既然笛卡尔派在许多方面都把笛卡尔的自然哲学思想进一步推向极端,这就一方面进一步放大了笛卡尔自然哲学思想中的一些弱点或缺点,更有利于莱布尼茨深入批判笛卡尔的自然哲学,另一方面也更加有利于莱布尼茨通过对笛卡尔派自然哲学的批判来阐述他自己的自然哲学思想。例如,莱布尼茨对马勒伯朗士"偶因论"和"在上帝之中看一切"的观点的批判,便非常有利于他对其"个体实体"和"有形实体"学说以及动力学系统的阐述。也许莱布尼茨之所以在批判笛卡尔自然哲学的同时也积极开展对笛卡尔派的批判,其用意正在于此。

四、莱布尼茨对自然主义者和野蛮物理学的批判与其自然哲学的生成

莱布尼茨在批判笛卡尔和笛卡尔派的同时,也对霍布斯、斯宾

诺莎和莫尔的自然哲学观点进行了批判。他的这种批判虽然散见于他的许多自然哲学论文（如《对笛卡尔〈原理〉核心部分的批判性思考》和《论自然本身，或论受造物的内在的力与活动》）中，但在《论两个自然主义者派别》和《反对野蛮的物理学》这两篇论文中却有相当集中的体现。下面我们就依序对这两篇论文的具体内容作出说明。

《论两个自然主义者派别》（1677—1680）的主题在于批判霍布斯和斯宾诺莎的机械论自然哲学。但莱布尼茨却分别冠以"伊壁鸠鲁派"和"新斯多葛派"的名号，断定霍布斯和斯宾诺莎分别"复兴"了伊壁鸠鲁和斯多葛派的意见。莱布尼茨之所以将霍布斯称作伊壁鸠鲁派，乃是因为在莱布尼茨看来，"很久以前有伊壁鸠鲁，当今时代有霍布斯，他们都认为所有的事物都是有形的，他们提供了足够的证据表明，按照他们的观点，根本不存在任何天命"。莱布尼茨之所以将斯宾诺莎称作新斯多葛派，乃是因为斯多葛派宣扬"宿命论"或"命运观"，断言宇宙中的一切"都依照命运而发生"，都严格遵照"因果决定论"行事：这就"好像一条狗被拴在一辆车上，当它情愿遵从时，它拉车；当它不情愿遵从时，它被车拉"。[①]"新斯多葛派认为，存在有无形的实体，人的灵魂并非物体，上帝乃世界灵魂，倘若您乐意的话，乃世界的原初的力，如果您乐意的话，也可以说，上帝乃物质本身的原因，但一种盲目的必然性决定着他去活动。由于这层理由，上帝之于世界一如弹簧或重量之于时

---

① 这是公元 2 世纪基督宗教哲学家希伯利特（Hippolytus）在描述斯多葛派芝诺和克吕西普的宿命论学说时所说的一句话。参阅希伯利特：《驳一切异端》，第 1 卷，第 21 章。

钟。"本文的一个需要特别注意的地方在于,莱布尼茨不是就物性论来谈物性论、就主张绝对必然性的机械论来论机械论的,而是从机械论与目的论、自然界与道德界、自然王国与神恩王国、自然哲学与神学的内在关联中来审视自然王国、机械论和目的论的。莱布尼茨在解析苏格拉底甘愿赴死时既注意到"条件"又注意到"原因"并将"条件"与"原因"区别开来,即是一个明证。莱布尼茨将霍布斯和斯宾诺莎判定为"自然主义者",其深层原因很可能在此。此文另一个需要特别注意的地方在于,莱布尼茨在讲到伊壁鸠鲁派和斯多葛派宣扬"宿命论",宣扬"此世今生,除因满足自己的命运而获得生活的宁静再无任何幸福可言"之后,紧接着说道:"其实,这些也就是斯宾诺莎的观点,而且,在许多人看来,笛卡尔似乎也持同样的意见。"这就说明,在这篇论文中,莱布尼茨对霍布斯和斯宾诺莎的批判在很大程度上也是对笛卡尔的批判。

《反对野蛮的物理学》(约 1710—1716)一文批判的主要是牛顿的万有引力定律,但其中也广泛涉及其他形式的"物理学神秘主义"。鉴于后面我们将要集中说明莱布尼茨对牛顿的批判,所以在这里我们只打算对莱布尼茨对其他形式的"物理学神秘主义"的批判作出扼要的说明。除牛顿的万有引力定律外,莱布尼茨还枚举了四种物理学神秘主义,这就是:"代理神"神秘主义、"救急神"神秘主义、"元素论"神秘主义和"性质论"神秘主义。

"代理神"神秘主义断言,各种动植物,甚至各种物体之所以能够开展各种活动,乃是因为这些物体和动植物内部存在有各种"无形实体"或"精灵",这些"无形实体"或"精灵"或是被称作"作为生命原则的地心之火",或是被称作"内在监护者",或是被称作"支配物质的原则"，或是被称作"小神"或"准神"。它们是以作为"世界灵魂"的神或上帝的"代理者"的身份存在于动植物内部或其他物体内部并且支配和控制着它们的所有活动。莫尔所谓"自然精神"或"神圣天道伟大的总经理"，即是谓此。①

"救急神"神秘主义与"代理神"神秘主义都主张神或上帝支配和操纵各种个体事物的活动，但与"代理神"神秘主义不同，"救急神"神秘主义强调的不是神或上帝通过他安排在个体事物中的一些"小神"或"准神"来间接地支配和操纵各种个体事物，而是他自己直接出面支配和操纵各种个体事物。莱布尼茨写道："有一些人以异教徒的方式召唤来上帝或各种救急神，异教徒们曾想象朱庇特降雨或打雷，并且曾经以各种小神或准神来充实各种树木和水。一些古代基督宗教徒以及我们时代的弗卢德（《摩西哲学》一书的作者，伽森狄曾经极其得体地批驳过他），以及最近偶因体系的作者和倡导者，全都相信上帝是通过持续不断的奇迹直接作用于自然事物的。"不难看出，莱布尼茨的这段话在一个意义上也是在批判笛卡尔。因为笛卡尔既然主张二元论，则为了解释物体与心灵之间的关系或作用，笛卡尔派主张偶因论体系，搬出上帝作为"救急神"也就在所难免了。

"元素论"神秘主义用各种物质元素来解释各种事物及其变化。莱布尼茨在批判"元素论"神秘主义时，讲到泰勒斯和赫拉克利特，讲到古代希腊的自然哲学。其实，古希腊第一个提出"四元素说"的是恩培多克勒，一般史书上将他的元素学说称作"四根

<hr>

① 参阅索利：《英国哲学史》，段德智译，陈修斋校，商务印书馆2017年版，第78页。

说"。真正说来，亚里士多德也是恩培多克勒的一个信徒，因为他也是主张世上各种事物都是由"火"、"气"、"水"和"土"这四种元素组合而成的，他只是另外还认为"天上的事物"是由"以太"组合而成的罢了。盖伦的"四体液（黏液、黑胆汁、黄胆汁、血液）说"也常常被视为一种"元素论"。莱布尼茨讲古代"元素论"，其目的在于批判近代的炼金术和医学化学。帕拉塞尔苏斯就曾认为人体本质上是一个由汞、硫和盐组成的化学系统。莱布尼茨还写道："最近的化学家已经将碱和酸作为能动的事物引进到化学当中。"

"性质论"神秘主义则将事物的一些性质"称作官能或功能、美德或功效"。莱布尼茨举例说："这些也就是恩培多克勒的同情或憎恶、争吵或友好；这些也是逍遥派和盖伦信徒的热、冷、潮湿和干燥等四种原初性质；这些也是经院哲学家的感觉的和意图的种相，以及野蛮时代物理学家所教导的排除、保留和致使变化的官能。比较晚近的特勒肖曾经致力于以操作性的热来直接点燃许多事物，而一些化学家，尤其是范·海尔蒙特和马尔齐的追随者，还引进了在场理念或运作理念。"

莱布尼茨之所以批判这些物理学神秘主义，其根本目的在于表明："在自然中每一件事物都是以力学的形式发生的。"他的这样一种立场无论是对于批判"代理神"神秘主义还是对于批判"救急神"神秘主义无疑都是有积极意义的，但莱布尼茨因此而把自然事物的所有运动形式（如化学运动和生物运动）都不分青红皂白地归结为"动力学运动"这样一种运动形式，显然有失"简单"和"粗暴"。这就表明，尽管莱布尼茨的动力学系统有出神入化之妙，有精妙绝伦之奇，但他终究也难以完全摆脱他那个时代的"俗气"。

五、莱布尼茨对牛顿自然哲学的批判

相对于对笛卡尔、霍布斯、斯宾诺莎和莫尔的批判,莱布尼茨对牛顿自然哲学的批判在时间上稍微晚一点。就本文集所收录的论文来看,应该说是从 17 世纪 90 年代初开始的,更具体地说,是从 1690 年开始的。在本文集中,有四篇论文(或书信)与此直接相关。这就是:《行星理论:摘自致惠更斯的一封信》(1690)、《论物质的无限可分性与运动的相对性:致惠更斯》(1692—1694)、《物质与无穷的本性:致约翰·伯努利》(1698—1699)和《反对野蛮的物理学》(约 1710—1716)。

在《行星理论:摘自致惠更斯的一封信》一文中,莱布尼茨着重批判了牛顿的万有引力定律。在《自然哲学的数学原理》一书中,牛顿宣布"必须承认所有物体普遍有朝着彼此的引力",[①]这也就是人们所说的"万有引力定律"。但莱布尼茨却不以为然。他批评道:"不过,我并不理解他是如何设想引力的。依照他的说法,引力似乎只是一种无形的和不可解释的力,这样,你要藉力学规律来解释它便显得非常牵强。"这里涉及两个重大问题:其中一个涉及空间观问题,另一个则涉及宇宙演化论。在牛顿之先,笛卡尔就曾明确地反对过原子论的虚空观。在笛卡尔看来,正因为根本不存在虚空,世界上的物体才能够通过相互接触(或是直接接触或是间接接触)而相互作用。牛顿则强调存在有所谓"绝对空间",即虚空或

---

① 　参阅牛顿:《自然哲学的数学原理》,赵振江译,商务印书馆 2015 年版,第 478 页。

空的空间。^①这样，如果依照笛卡尔的观点，处于绝对空间中的任何物体由于其不可能接触（直接接触或间接接触）便不可能发生任何形式的相互作用，从而任何"超距作用"都是不可能的，万有引力定律便是一件根本无从设想的东西。此外，笛卡尔在《哲学原理》一书中，还提出了著名的天体漩涡说，以解释宇宙的演化。笛卡尔认为，所有的天体都是由不同元素的漩涡运动形成的。在漩涡运动中，火状元素被卷在漩涡的中心，形成了太阳恒星；土状元素被抛离大中心而形成地球、行星和彗星；气状元素弥漫各处，形成天宇、太空。^②牛顿则反对笛卡尔的"充实世界"和漩涡说，其理由是"彗星向一切可能的方向轻盈地划过太阳系，根本不受笛卡尔漩涡的影响"。况且，我们根本"无法用流体力学解释行星运动的规律"。^③于是，牛顿便认为，他用万有引力定律取代笛卡尔的漩涡说是完全必要的和完全合理的。这一次，莱布尼茨显然站在笛卡尔一边。他写道："虽然当人们只考虑一个行星或卫星时，会对牛顿感到满意，但他却不能说明为何同一个体系所有行星总是近似地沿着同一条轨道运行，为何它们都沿着同一个方向运行，只运用与引力结合在一起的动力。这就是我所注意到的情形，不仅是太阳行星的情形，而且还有木星的情形和土星的情形。这有力地证

---

① 牛顿将"绝对空间"界定为："绝对的空间，它自己的本性与任何外在的东西无关，总保持相似且不动。"参阅牛顿：《自然哲学的数学原理》，赵振江译，商务印书馆2015年版，第7页。

② 参阅 Rene Descartes, *Principles of Philosophy*, translated by Valentine Rodger Miller and Reese Miller, Dordrecht:D. Reidel Publishing Company, 1983, pp. 84—177。也请参阅冯俊：《法国近代哲学》，同济大学出版社2004年版，第80页。

③ 参阅保罗·费耶阿本德：《自然哲学》，张灯译，人民出版社2014年版，第266页。

明了有一个共同的理由决定着它们以这样一种方式运转；难道还有什么比某种涡流或公共物质带动它们运转更好的理由来解释这样一种现象的产生吗?"尽管如我们看到的,在自然哲学领域的很多问题上,莱布尼茨都对笛卡尔持批判立场,但在对待万有引力定律问题上,莱布尼茨却坚定地与笛卡尔站到了一起。

《论物质的无限可分性与运动的相对性:致惠更斯》一文,顾名思义,主要包含两个方面的内容:一方面论述物质的无限可分性,另一方面论述运动的相对性。首先,莱布尼茨在这几封书信中之所以要阐述物质的无限可分性,显然意在批判牛顿的微粒哲学。在 17 世纪的欧洲,主要存在有两种形式的微粒哲学:一种是以笛卡尔为代表的微粒哲学,另一种是以伽森狄和牛顿为代表的微粒哲学。笛卡尔的微粒哲学以"物质＝空间"和"几何物理学"一方面排除了虚空存在的可能性,另一方面又强调了物质的无限可分性。而以伽森狄和牛顿为代表的微粒哲学则不仅承认和强调虚空或绝对空间的存在,而且还在物体的"坚固性"或"不可入性"的名义下强调微粒的不可分性。例如,牛顿不仅主张"绝对空间",而且还强调指出:"整个物体的广延性、坚硬性、不可入性、可运动性和惰性力起源于部分的广泛性、坚硬性、不可入性、可运动性和惰性力;且由此我们得出结论:所有物体的每一最小的部分是有广延的、坚硬的、不可入的、可运动的且具有惰性力。且这是整个哲学的基础。"[①]这就表明,牛顿的微粒哲学本质上就是一种原子论。这样一种微粒哲学势必会遭到莱布尼茨的反对和批判。惠更斯虽然在

① 参阅牛顿:《自然哲学的数学原理》,赵振江译,商务印书馆 2015 年版,第 477 页。

光学上反对牛顿的微粒说而倡导波动说,但对牛顿的微粒哲学的原子论本质似乎尚缺乏充分的认识,莱布尼茨的通信显然意在帮助惠更斯提高觉悟。至于运动的相对性问题,实际上,惠更斯本人也是主张运动的相对性的,他甚至还专门研究过这个问题,在这些书信中,莱布尼茨想要强调的是:所谓运动的相对性首先涉及的是"运动的主体"问题,是运动主体内部即具有"一定等级的力"。莱布尼茨强调说:"在自然中存在有一些几何学能够确定的东西中所没有的东西。除广延及其样式(它们是纯粹几何学上的东西)外,我们还必须承认某种更高级的东西,即力。"莱布尼茨的这样一种强调显然意在一箭双雕,旨在批判牛顿的"绝对运动"观。因为莱布尼茨紧接着说道:牛顿先生"却认为在圆周运动中,这些物体所产生的脱离圆心或旋转的轴心的种种结果将迫使我们承认它们的运动是绝对的"。①

《物质与无穷的本性:致约翰·伯努利》,如标题所示,旨在以区分可能事物与现实事物为基础,阐述"物质"的可分性与不可分性。莱布尼茨在这两封信件中所作出的特殊努力在于从连续律和微积分的角度具体深入地考察这一问题。在谈到物质的无限可分性时,莱布尼茨写道:"您的讨论与我的意见完全一致,而且,您还证实了我的一项原则:各种变化不可能藉飞跃而发生。此外,世界上所存在的动物比我们大得多,一如我们比显微镜头下的微生物大得多;这种说法并非一个笑话,而是对我的上述原则的一个坚定

---

　　① 更何况,"绝对运动"也是牛顿自然哲学的一项根本原则。牛顿在《自然哲学的数学原理》中曾界定说:"绝对的运动是物体从一个绝对的地方移动到另一个绝对的地方。"参阅牛顿:《自然哲学的数学原理》,赵振江译,商务印书馆2015年版,第8页。

的证实。自然并不知道任何限制。因此，在一粒最微末的灰尘里，实际上，在各个原子中，都存在有许多世界，这些世界在美和多样性方面并不比我们自己所在的世界低劣，一方面这是可能的，另一方面这其实也是必要的。"在谈到是否存在有"一个无限小的项"时，莱布尼茨写道："在给定的无限多的项中，并不能得出结论说：也必定存在有一个无限小的项。其理由为：我们能够设想一个仅仅由有限的诸项构成的无限系列，或者说仅仅由置放进一个不断减小的集合系列中的各项构成的无限系列。我虽然也承认有无限多的项，但这种多本身却并不构成一个数字或一个单一的整体。这实际上也并不意味着别的任何东西，而只是意味着所存在的各项总是能够多于由一个数字指定出来的各项的数值。虽然存在有许多各种数字或存在有所有各种数字的一个丛，但这种复多却并非一个数字或一个单一的整体。"莱布尼茨的这些说法不仅批判了牛顿的原子论式的微粒哲学，而且也为他的泛有机论和有形实体学说进一步提供了理论支撑。

《反对野蛮的物理学》虽然如前面所说，批判了四种形式的"物理学神秘主义"，即"代理神"神秘主义、"救急神"神秘主义、"元素论"神秘主义和"性质论"神秘主义，但其批判的主要锋芒却是牛顿的"野蛮物理学"。莱布尼茨以一种相当严厉的笔调写道：代理神神秘主义"使得其他一些人宁愿回到隐秘的质或经院学者的官能，但既然那些粗鲁的哲学家和物理学家很可能看到这些术语名誉扫地，于是他们便改头换面，称之为力。……这样一种做法在吉尔伯特和卡巴尤斯那里是情有可原的，即使在最近的法布里那里也是情有可原的，因为哲学思考的明白的基础或理据在这些人的时代不是尚未为人所知,就是尚未得到充分的领会。……在我们的时代,人们已经注意到,一些此前的思想家曾经主张各个行星相互吸引,并且相互趋向对方。这使他们作出直接的推论:所有的物体都具有一种上帝赋予的并且是其固有的引力,可以说是都具有一种相互的爱,仿佛物质具有感觉,仿佛某种理智赋予了物质的每一个部分,凭借这样一种方式,物质的每个部分都能够知觉和欲望,甚至能够知觉和欲望最遥远的事物。他们争辩说,仿佛根本没有力学解释的任何余地,凭借着这种解释,显而易见的物体在趋向宇宙中巨大物体的过程中所作出的努力能够通过较小的无所不在的物体的运动得到解释。这些人甚至恐吓我们,说要给予我们其他一些诸如此类的隐秘的质,这样一来,到最后,他们就有可能把我们带回到黑暗王国"。莱布尼茨不仅批判牛顿的万有引力定律具有代理神神秘主义的性质,而且还具有救急神神秘主义的性质。他写道:"这样一些人由成功的发现推导出这一行星体系的大的物体及其可感觉的部分都相互吸引,想象无论什么样的每个物体都由于物质本身中的力而受到每一个其他物体的吸引,不管这是由于一个事物以另一个类似的事物为乐所致,即使事物之间的距离非常遥远亦复如此,还是这是由上帝引起的,都是如此。在后一种情况下,上帝是通过持续不断的奇迹照料这样的事情的,以至于各个物体相互追求,仿佛它们相互感觉到似的。"①

在解说莱布尼茨对牛顿自然哲学的批判时,还有一个文献是

---

① 此外,莱布尼茨在这篇论文中,还以近乎刻薄的语言谴责牛顿的万有引力定律,说这是一种"新的和复兴的喀迈拉","我们几乎想象不出在自然中有什么比这更愚蠢可笑的事情了!"

不能不提的,这就是《莱布尼茨与克拉克书信集》。因为与莱布尼茨通信的克拉克所代表的正是牛顿及其自然哲学。在与克拉克的通信中,莱布尼茨特别批判了牛顿的空间观。尤其值得注意的是:莱布尼茨在这里主要是从他的充足理由律和不可分辨者的同一性原则的高度来批判牛顿的绝对空间观的。在通信中,莱布尼茨批评牛顿的绝对空间观违背了充足理由原则这样一条根本的哲学原则。他在致克拉克的第三封信(1716 年 2 月 25 日)中写道:"人家承认我这条重要原则,即要是没有一个为什么事情是这样而不是那样的充足理由,则什么事也不能发生。但他只是口头上同意,而实际上则加以拒绝。这使人看出他并没有很好理解这原则的全部力量。因此他用了一个例子,恰恰落到了我反对绝对实在空间的一个证明之中,这绝对实在空间是有些现代英国人的偶像。"①莱布尼茨驳斥说:"为了驳斥那些把空间当作一种实体,或至少当作某种绝对的存在的人的想象,我有好多个证明。但我现在只想用人家在这里为我提供了机会的那一个。所以我说,如果空间是一种绝对的存在,就会发生某种不可能有一个充足理由的事情,这是违反我们的公理的。请看我怎么来证明。空间是某种绝对齐一的东西,要是其中没有放置事物,一个空间点和另一个空间点是绝对无丝毫区别的。而由此推论,假定空间除了是物体之间的秩序之外本身还是某种东西的话,就不可能有一个理由说明,为什么上帝在保持着物体之间同样位置的情况下,要把那些物体放在这样的

---

① 参阅《莱布尼茨与克拉克论战书信集》,陈修斋译,商务印书馆 1996 年版,第 17 页。

空间中而不是别样放法，以及为什么一切都没有被颠倒放置，（例如）把东边和西边加以掉换。"①莱布尼茨在致克拉克的第四封信（1716 年 6 月 2 日）中还进一步明确地用不可分辨者的同一性原则驳斥牛顿的绝对空间观。他写道："没有两个个体是无法分辨的。我的朋友中有一位很精明的绅士，在赫伦豪森花园中当着选帝侯夫人的面和我谈话时，相信他准能找到两片完全一样的叶子。选帝侯夫人向他挑战要他去找，他徒然地跑了很久也没有找到。两滴水或乳汁用显微镜来观察也会发现是能辨别的。这是反对原子的一个论据，这些原子也和虚空一样受到了真正形而上学原则的打击。"②牛顿将其自然哲学的著作称作《自然哲学的数学原理》这个事实本身即表明其自然哲学的根本意图在于"发展数学"，对自然现象及其规律作出定量的分析和数学的解释。③ 在莱布尼茨看来，对自然现象及其规律作出定量的分析或数学的解释是一回事，对它们作出哲学的或形而上学的解释则又是一回事。这是因为："照通常的说法，数学原理是那些在纯数学的东西如数、形、算术、几何中的原理。而形而上学原理是关于更一般的概念的，例如原因与结果。"④莱布尼茨在与克拉克的通信中之所以执意从形而上学的根本原则出发，即从充足理由原则和不可分辨者的同一性

---

① 参阅《莱布尼茨与克拉克论战书信集》，陈修斋译，商务印书馆 1996 年版，第 18 页。

② 同上书，第 29 页。

③ 参阅牛顿：《自然哲学的数学原理》，赵振江译，商务印书馆 2015 年版，第 vi 页。

④ 参阅《莱布尼茨与克拉克论战书信集》，陈修斋译，商务印书馆 1996 年版，第 17 页。

原则出发来批判牛顿的绝对空间观,究其根据即在于此。① 正因为如此,我们将《莱布尼茨与克拉克论战书信集》放到了莱布尼茨的形而上学文集之中,而不是放到他的自然哲学文集之中。但毫无疑问,《莱布尼茨与克拉克论战书信集》既然讨论到牛顿的"绝对空间",甚至讨论到牛顿的自然宗教,它就同时也是一部自然哲学著作。事实上,莱布尼茨也正是在与克拉克的论战中进一步发展了他的相对空间观。例如,莱布尼茨在致克拉克的第三封信中,就首次明确宣布空间是"某种纯粹相对的东西",断言"我把空间看作某种纯粹相对的东西,就像时间一样;看作一种并存的秩序,正如时间是一种接续的秩序一样。因为以可能性来说,空间标志着同时存在的事物的一种秩序,只要这些事物一起存在,而不必涉及它们特殊的存在方式;当我们看到几件事物在一起时,我们就察觉到事物彼此之间的这种秩序。"②

六、莱布尼茨自然哲学的宏观架构

　　前面,我们在概述莱布尼茨自然哲学学术背景的基础上,从莱布尼茨自然哲学生成的角度依序考察了莱布尼茨对笛卡尔、笛卡

---

　　① 莱布尼茨曾明确宣布,充足理由原则和不可分辨者的同一性原则乃他用来进行形而上学改革的根本原则。他强调说:"充足理由和无法分辨者的同一性这两条伟大的原则,改变了形而上学的状况,形而上学利用了它们已变成实在的和推理证明的了,反之,在过去它几乎只是由一些空洞的词语构成的。"参阅《莱布尼茨与克拉克论战书信集》,陈修斋译,商务印书馆1996年版,第30页。

　　② 参阅《莱布尼茨与克拉克论战书信集》,陈修斋译,商务印书馆1996年版,第18页。

尔派、自然主义及野蛮哲学(即泛活力论)和牛顿的批判,下面我们将从逻辑层面对莱布尼茨自然哲学的宏观架构、动力学思想、物质观、有形实体学说及其理论得失作出考察。

当我们立足 17 世纪,考察莱布尼茨自然哲学的宏观架构时,我们便会发现其最重大的特征在于它的理论深度,在于它具有自己的形而上学维度。[①] 相形之下,笛卡尔和牛顿的自然哲学虽然也间或论及本体论问题,但却基本上滞留在物质现象界。就笛卡尔来说,一如他自己所言,其自然哲学或"物理学"主要包含四个方面的内容:(1)自然的"第一规则或原理";(2)诸天、恒星、行星、彗星以及一般来说整个宇宙的"组成";(3)"地球的本性",以及地球上最常见的一切物体,如空气、水、火和磁石的本性;(4)在地球上最常见物体中观察到的"各种性质",如光、热、重等。[②] 不难看出,其后三个方面的内容无疑属于形而下学的范畴或自然科学的范畴。即使就第一个方面的内容来看,也很难说完全跳出了形而下学的界域。因为笛卡尔所说的自然的"第一规则或原理"无非关涉两个层面的问题:一个是物性论,强调物体的本性只在于广延;另一个是运动观,强调"物质的全部花样,或其形式的所有多样性,都依赖于运动"。[③] 所有这些虽然都与形而上学相关,但总的来说,

---

[①] 莱布尼茨也将他的自然哲学的形而上学维度称作"自然形而上学"(Metaphysica naturalic)。参阅 G. W. Leibniz: *Die philosophischen Schriften* 4, Herausgegeben von C. I. Gerhardt, Hildesheim: Georg Olms Verlag, 2008, p. 380。

[②] 参阅 Rene Descartes, *Principles of Philosophy* translated by Valentine Rodger Miller and Reese Miller, Dordrecht: D. Reidel Publishing Company, 1983, p. xxv。

[③] 参阅 Rene Descartes, *Principles of Philosophy* translated by Valentine Rodger Miller and Reese Miller, Dordrecht: D. Reidel Publishing Company, 1983, p. 50。

至少从莱布尼茨的眼光看来,都属于理论自然科学或物质现象界的范畴。事实上,笛卡尔既然将他的哲学区分为"形而上学"(树根)、"物理学"(树干)及"医学、机械学和伦理学"(树枝)三个部分,在他的哲学体系里,就已经明白无误地将他的自然哲学或物理学排除在形而上学的界域之外,而成为一种"前形而上学"或"形而下学"的东西了。如果说笛卡尔的自然哲学处于他的形而上学的界域之外,则牛顿的自然哲学就更其如此了。黑格尔在谈到牛顿的"自然哲学"时,曾经写道:"'物理学,要谨防形而上学呵'!这就是他的口号。""从这时以来,实验科学在英国人那里就叫作哲学;数学和物理学就叫作牛顿哲学。"[①]而且,既然牛顿将其自然哲学的代表作称作《自然哲学的数学原理》,既然他的这部著作的宗旨在于"使自然现象从属于数学的定律",既然他在这部著作中"拒绝任何假设",断言"凡不能由现象导出的,被称为假设;且假设,无论是形而上学的,或者是物理学的,无论是隐藏的属性的,或者是力学的,在实验哲学中都是没有地位的",[②]则牛顿便根本不可能将自己的理论自然科学置放在形而上学的基础之上。

　　鉴此,在本文集中,莱布尼茨曾反复批评笛卡尔和牛顿自然哲学的浅薄性。例如,在《对笛卡尔〈原理〉核心部分的批判性思考》一文中,莱布尼茨就曾明确无误地批评了笛卡尔,说道:"为解释自然现象,除那些取自抽象数学或取自大小、形状和运动的学说的原则外,根本无需任何别的原则,而且除几何学这个科目的问题外,

---

　　①　参阅黑格尔:《哲学史讲演录》,第 4 卷,贺麟、王太庆译,商务印书馆 1978 年版,第 162、163 页。

　　②　参阅牛顿:《自然哲学的数学原理》,赵振江译,商务印书馆 2015 年版,第 651 页。

他不承认其他任何别的问题。"他强调说:"我完全赞同,所有特殊的自然现象只要我们对之作出充分的探究,我们便都能够对之作出机械论的解释,我们不可能依据任何别的基础理解物质事物的原因。但我还是坚持认为,我们还必须进而考察这些机械原则和自然的普遍规律本身是如何来自更高的原则而不可能仅仅藉量的和几何学的考察得到解释;毋宁说在它们之中有某种形而上学的东西。"在《反对野蛮的物理学》一文中,针对牛顿的物理学神秘主义,莱布尼茨也强调指出:"在自然中每一件事物都是以力学的形式发生的,但力学的原则却是形而上学的。"由此看来,强调自然哲学的形而上学维度实在是莱布尼茨自然哲学的一个典型特征,实际上,莱布尼茨的自然哲学,无论是他的有形实体学说还是他的动力学,都是在批判笛卡尔和牛顿的自然哲学的浅薄性的基础上逐步形成和完善起来的。莱布尼茨在谈到自己的自然哲学系统时,强调了自己的自然哲学系统不仅"介于形式哲学与物质哲学的中途",而且"同时保留了两者并且将它们正确地结合在一起";正是因为如此,他的自然哲学系统才是一个"充满生机的系统"。[①]

《大乘起信论》讲"一心二门",断言:"依一心法有二种门。云何为二?一者心真如门,二者心生灭门;是二种门,皆各总摄一切法。此义为何?以是二门不相离故。"[②]莱布尼茨的自然哲学与此颇有几分相似。这是因为他的自然哲学也同时蕴含两个层面,其一是理论自然科学层面,其二是形而上学层面。其中,理论自然科

---

① 参阅 G. W. Leibniz: *Die philosophischen Schriften* 4, Herausgegeben von C. I. Gerhardt, Hildesheim: Georg Olms Verlag, 2008, p. 516。

② 参阅释印顺:《大乘起信论讲记》,中华书局 2010 年版,第 40 页。

学关涉的是物质现象界，大体相当于《大乘起信论》中所说的"心生灭门"，形而上学关涉的是精神本体界，大体相当于《大乘起信论》中所说的"心真如门"。而且在这里，莱布尼茨也正是藉物质现象界与精神本体界的体用关系，将机械论与目的论、派生的力与原初的力、有形实体与简单实体、自然界与道德界等自然哲学的这些要素统一协调起来，从而搭建起了他的比较严谨、基本自足的自然哲学的宏观架构。

物质现象界与精神本体界、理论自然科学与形而上学不只是莱布尼茨自然哲学的两个基本层面，而且在一定意义上，也体现了莱布尼茨自然哲学生成的理论进路。因为如上所述，莱布尼茨是在批判笛卡尔等人的理论自然科学，特别是在批判笛卡尔理论自然科学的过程中逐渐建构起其自然哲学体系的。既然笛卡尔的理论自然科学最基本的内容不是别的，即是他的物性论和运动观，也就是他的"几何物理学"（"位置哲学"）和"运动哲学"，对笛卡尔"几何物理学"和"运动哲学"的批判考察自然而然地便构成了莱布尼茨自然哲学的逻辑起点和历史起点。事实上，莱布尼茨的自然哲学也正是从对笛卡尔"几何物理学"和"运动哲学"的批判起步，逐步形成他自己的物性论、有形实体学说和动力学的。莱布尼茨在1671年致阿尔诺的信件中就明确地表达了他的自然哲学的这一逻辑进路。他写道："几何学或位置哲学是达到运动和物体哲学的一个步骤，而运动哲学又是达到心灵科学的一个步骤。"后来，莱布尼茨在《对笛卡尔〈原理〉核心部分的批判性思考》一文中又进一步解释说："因为除广延及其变形外，在物质中还有一种力或活动能力，我们就是藉这种力或活动能力从形而上学过渡到自然，并且从物质事物过渡到非物质事物的。"由此看来,如果说"一体两面"或"一心开二门"构成了莱布尼茨自然哲学静态结构基本特征的话,从对笛卡尔"几何物理学"和"运动哲学"的批判到莱布尼茨动力学和心灵哲学的构建便构成了莱布尼茨自然哲学动态结构的基本特征。

追求真与善、美和圣的统一,也是莱布尼茨自然哲学宏观架构的一项重要特征。毫无疑问,莱布尼茨所主张的自然哲学最根本的就在于追求一个"真"字:从实存事物的层面(或者从理论自然科学层面)说,追求的是事实真理的真;从可能事物的层面(或者从形而上学层面)说,追求的是永恒真理的真。但"真"在莱布尼茨的自然哲学系统中却并非一个孤立的选项,而是与"善"、"美"和"圣"紧密联系在一起的。真与善、美和圣的统一乃莱布尼茨自然哲学宏观框架的最高意境。

首先,莱布尼茨的自然哲学不仅追求真,而且还进一步追求善。在《论自然科学原理》一文中,莱布尼茨在谈到"自然科学"的"功用"或"价值"时,曾经指出:"关于各种物体的知识由于下面两点理由而最为重要:首先,是使我们的心灵因理解各种事物的目的和原因而得以完满;其次,是藉增进身体健康、减少身体受到的伤害而保存和营养我们的身体,而我们的身体乃我们灵魂的器官。"在《对笛卡尔〈原理〉核心部分的批判性思考》一文中,莱布尼茨不仅提出和阐述了"形而上学的顶峰和伦理学的顶峰"的"合二而一"问题,而且还强调指出:"在我们对个别自然现象的考察中,我们将既有助于我们的人生幸福,也有助于我们心灵的完满,既有助于智慧,也同样有助于虔诚。"在《反对野蛮的物理学》中,莱布尼茨不仅提出了建立"一种更为高尚的形而上学和伦理学"的问题,而且还指出:"由事物的已知原因中,我们便可以获得关于真正幸福的知识。"

其次,莱布尼茨不仅追求真和善,而且还进一步追求美。既然莱布尼茨将美界定为一种和谐的秩序,或是由和谐的秩序产生出来的东西,既然自然界在莱布尼茨看来是上帝按照前定和谐原则创造出来的,则他的自然哲学之注重美和强调美就是一件非常自然的事情了。在《物质与无穷的本性》中,莱布尼茨从连续律的高度强调说:"在一粒最微末的灰尘里,实际上,在各个原子中,都存在有许多世界,这些世界在美和多样性方面并不比我们自己所在的世界低劣,一方面这是可能的,另一方面这其实也是必要的。"在《论自然本身,或论受造物的内在的力与活动》一文中,莱布尼茨针对斯特姆关于"有形实体根本不可能具有任何能动的运动能力"的说法,批评斯特姆的这样一种说法从根本上违背了"事物的秩序、美和合理性"。在《论物体和力》一文中,莱布尼茨进一步强调指出:"物质的必要性和形式的美"之所以能够"有机地结合到一起",乃是上帝这个"自然建筑师""卓越谋划"的结果。

最后,莱布尼茨不仅追求真、善和美,而且还进一步追求圣。这也是不难理解的。因为既然上帝是自然的建筑师,既然自然是上帝依照其前定的和谐原则建造出来的,既然上帝不仅是人的造主,而且还是人类共和国的君王,则人类在追求真、善、美的同时也追求圣就是一件比较自然的事情了。在《论两个自然主义者派别》中,莱布尼茨之所以批判霍布斯、斯宾诺莎和笛卡尔,一个根本原因就在于在莱布尼茨看来,他们三个都程度不同地缺乏"虔诚"。

在《论自然科学原理》一文中,莱布尼茨明确指出:"探究事物原因和目的的理论自然科学的最大功用在于促进心灵的完满和对上帝的敬拜。"在《论一项对藉考察上帝智慧来解释自然规律有用的普遍原则》中,莱布尼茨不仅提出了"使哲学神圣化"的口号,而且,还发誓说:"我要使哲学神圣化,由上帝各项属性的源泉形成它的一道道河流。"他强调说:"机械哲学或微粒哲学"非但不会"使我们疏离上帝和非物质实体","只要我们作出必要的矫正并对之作出正确的理解,它反倒引导我们达到上帝和非物质实体"。在《反对野蛮的物理学》一文中,莱布尼茨明确地指出:"一种更为高尚的形而上学和伦理学也就是一种更为高尚的自然神学及一种永恒的和神圣的法理学。"

总之,"一心开二门",强调作为自然哲学两个基本层面的理论自然科学与形而上学的渗透和贯通,强调真、善、美、圣的统一,乃莱布尼茨自然哲学宏观架构的基本特征。

七、莱布尼茨的动力学思想纲要

在我们对莱布尼茨自然哲学的宏观架构作了上述初步说明之后,为使我们对莱布尼茨自然哲学思想有更具体、更深入的了解,我们还必须对其基本构件,即莱布尼茨的动力学系统、物性论和有形实体学说作出解说。下面,我们就从莱布尼茨的动力学系统谈起。

莱布尼茨的动力学系统是莱布尼茨自然哲学的核心内容。他的自然哲学的其他部分,包括他的物性论和有形实体学说,无不与他的动力学系统密切相关。这一点,从收入本文集的各篇论文来看,也是显而易见的。因为细心的读者不难发现,收入本文集之内的论文可以说没有一篇不谈"力",没有一篇与他的动力学系统没有任何关联。用各种力来解释自然现象是莱布尼茨的自然哲学区别于笛卡尔自然哲学的一项根本特征。我们知道,笛卡尔是主张用运动来解释物质的所有变化的。他在《哲学原理》中强调物质的全部花样或物质形式的所有多样性"都依赖于运动",即是谓此。①笛卡尔用运动来解释物质形态的变化本身似乎并没有什么错,问题在于:他并没有进一步追问物质何以会运动这样一个更深层次的问题。诚然,笛卡尔确实也曾说过"运动永远是在运动的物体之中的,而不是在那推动它运动的事物之中的",但他的这个说法虽然在一个意义上避免了"外因论",但对于运动的原因这样一个问题来说,它似乎什么也没有说。而且,对于外在于这一物体的那个事物何以能够推动这一物体运动这个问题也没有给出任何明确的说法。其实,那个能够推动这一物体运动的事物,归根到底,就是牛顿的"第一推动者"或宇宙的"设计者"和"主宰"。② 这就在事实上和牛顿一样走上了"救急神"神秘主义。更何况,笛卡尔在阐述运动的"真义"时,还特别强调指出:他所谓运动指的是一种"转移"(即位移),而非那种致使转移的"力"和"活动"。这无疑是在作茧自缚。笛卡尔的这个说法与牛顿在《自然哲学的数学原理》中在批判他的漩涡说时所说过的话几乎如出一辙。牛顿在谈到宇宙天体

---

① 参阅 Rene Descartes, *Principles of Philosophy*, translated by Valentine Rodger Miller and Reese Miller, Dordrecht:D. Reidel Publishing Company, 1983, p. 50。

② 参阅牛顿:《自然哲学的数学原理》,赵振江译,商务印书馆 2015 年版,第 648 页。

的运动时写道:"六个一等行星围绕太阳在太阳的同心圆上运行,运动的方向相同,很近似地在同一平面上。十个月球围绕地球,木星和土星在它们的同心圆上运行,运动的方向相同,很近似地在行星轨道的平面上。而所有这些规则的运动不起源于力学的原因;因为彗星在偏心率很大的轨道上,被自由地携带到天空的所有部分。"牛顿由此得出的结论是:"太阳、行星和彗星的这个极精致的结构不可能发生,除非通过一个理智的和有权能的存在的设计和主宰。"① 由此看来,莱布尼茨在《反对野蛮的物理学》一文中把牛顿的物理学说成"野蛮的物理学"确实事出有因。然而,莱布尼茨作为一位比较彻底的理性主义哲学家,与牛顿和笛卡尔不同,他不仅谈物体的运动,而且追问物体运动的原因,并且因此而构建了他的动力学系统。

莱布尼茨动力学系统的第一个因素就是每个物体自身所具有的"能动的力"。不过,颇具吊诡意味的是,他的这一概念最初却是从机械唯物论哲学家霍布斯那里借鉴过来的。霍布斯曾在《论物体》一著中提出"努力"(ENDEAVOUR)概念,并将其界定为"在比能够得到的空间和时间少些的情况下所造成的运动"。② 在《对物理学与物体本性的研究》一文中,莱布尼茨明确地将"努力"宣布为"运动的始点和终点"。他写道:"努力之对于运动,一如点之对于空间,或者说一如'一'对于'无限',因为它乃运动的始点和终点。"只是在多年之后,莱布尼茨才在《论物体的本性与运动规律》

---

① 参阅牛顿:《自然哲学的数学原理》,赵振江译,商务印书馆 2015 年版,第 647—648 页。

② 参阅 Thomas Hobbes, *Concerning Body*, John Bohn, 1839, p. 206.

一文中,用"力"的概念取代了霍布斯的"努力"概念。他写道:"除那些仅仅由广延及其变形推演出来的东西外,在物体之中,我们还必须添加上并且承认有一些概念或形式,这些概念或形式是非物质的,可以说是,不依赖于广延的,您可以将其称作各种力,凭借这些力,速度便与物体的大小协调一致了。这些力实际上并不在于运动,也不在于运动的努力或开始,而在于运动的原因或内在的理由,而这即是连续运动所要求的那种规律。"在这篇论文中,针对笛卡尔等人"只考察运动,而不进一步考察运动的动力"的错误,莱布尼茨还批评道:"各种不同的研究者,就他们只考察运动,而不进一步考察运动的动力或理由而言,是犯了错误的,即使这种动力或理由源自上帝、万物的造主和管理者,也绝对不能理解为存在于上帝自身之内,而必须被理解成为他在万物中已经产生出来并且被保存下来的东西。"而且,值得注意的是,莱布尼茨在这里所说的力其实也就是他后来所谓"能动的力"。莱布尼茨不仅提出了"能动的力"的概念,而且还在批判笛卡尔运动量守恒原则时又进一步区分了"死力"与"活力"。莱布尼茨在《简论笛卡尔等关于一条自然规律的重大错误》一文中写道:"活力之于死力,或者说动力之于努力,一如一条线之于一个点或者说一如一个面之于一条线的关系。正如两个圆并不与它们的直径成正比那样,相同物体的活力也不与它们的速度成正比,而只是与它们速度的平方成正比。"在莱布尼茨看来,笛卡尔之所以主张运动量守恒原则,最根本的就在于他混淆了"死力"与"活力"。在《动力学样本》一文中,莱布尼茨对"死力"与"活力"作出了更为具体的探讨。他写道:"力也有两种:一种是基本的,我称之为死力,因为其中尚不存在有运动,而只有一种运动的诉求,例如管子中的球的力或用绳子吊起来的一块石头的力就是这样,绳子吊起来的一块石头即使当其依然为绳子吊着的时候也是如此。另一种是与现实运动结合在一起的通常的力,我称之为活力。"莱布尼茨断言离心力、重力或向心力和弹力都是死力。在谈到活力时,莱布尼茨将其区分为"总体的力"和"部分的力"两种,又进而将"部分的力"区分为"相对的特有的力"和"定向的公共的力"两种。至此,莱布尼茨的能动的力的学说的体系大体成型。我们不妨将莱布尼茨的"能动的力"的概念系统图示如下:

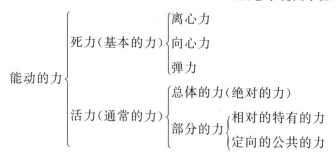

莱布尼茨动力学系统的第二个重要元素是"受动的力"或"抵抗"。相对于莱布尼茨的物体构成而言,能动的力相关于物体的形式,受动的力或抵抗则相关于物体的质料(物质)。受动的力或抵抗概念与莱布尼茨的物性论或运动哲学密切相关。从本文集的内容看,莱布尼茨对受动的力或抵抗概念的提出和阐释主要涵盖下述三个方面的内容。

首先,莱布尼茨是在批判笛卡尔的物体的本性只在于广延和运动观点的基础上逐步提出来他的受动的力的概念的。在莱布尼茨看来,广延和运动非但并非如笛卡尔所说构成了物体的本性,反倒是由物体之中的其他东西加以说明的东西。在《对物理学与物体本性的研究》一文中，莱布尼茨即指出："纯粹的广延如果没有某种颜色、努力、抵抗或某种其他的性质，是从来不会显现给他们的。明眼人一看即知，这些仅仅作为广延的种相是不可能对任何一个人显现的，从而，我们绝对不能仅仅假定说物体的所有变化都只是一种位移运动。"在《论自然科学原理》一文中，莱布尼茨在批判笛卡尔物体的本性只在于广延的观点时，提出了"抵抗"和"抵抗力"的问题。他写道："一个物体是有广延的，可移动的和有抵抗力的；就其有广延而言，它是能够作用和遭受作用的东西：当其处于运动状态时，它在作用着，而当其阻碍着运动时，它在遭受着作用。因此，应当受到考察的，首先是广延；其次是运动；第三是抵抗或碰撞。"在《发现整个自然惊人奥秘的样本》一文中，莱布尼茨在批判笛卡尔物性论的基础上，对他的物质观和抵抗力概念作了更为清晰的说明。他写道："物体的本质不应当定位于广延及其变形，亦即不应当定位于形状和运动，因为这些都蕴含有某些想象的成分，一如热、颜色以及其他感觉性质。物体的本质仅仅应当定位于作用力和抵抗力，而对于这样一种力，我们是藉理智而不是藉想象知觉到的。"在《动力学样本》中，莱布尼茨还进一步明确提出了广延（物理学的广延而非几何学的广延）和运动都应当还原为力的思想，断言"在物体本性中，除几何学的对象或广延外，无论什么东西都必定能够还原为力"。

　　其次，是"受动的力"的概念的提出。在本文集中，受动的力的概念出现得比较晚。在早期阶段，莱布尼茨比较常用的是"力"、"抵抗"、"抵抗力"等概念。例如，在《对物理学与物体本性的研究》一文中，莱布尼茨就使用了"抵抗"概念。在《论物体的本性与运动规律》一文中，莱布尼茨使用了"不可入性"概念，断言"一个物体为何推动另一个物体运动的理由或原因就必须到不可入性的本性之中去寻找"，而且还使用了"惰性"概念。在《论自然科学原理》一文中，莱布尼茨使用了"抵抗力"概念。在《发现整个自然惊人奥秘的样本》一文中，莱布尼茨使用了"受动"概念，断言"那些其表象更为清楚的则被视为在活动，其表象比较混乱的则被视为在受动，因为活动是一种完满性，而受动则是一种不完满性"。直至 1695 年，莱布尼茨才在《动力学样本》中明确提出了"受动的力"的概念。但此后，莱布尼茨还相继使用过"自然惰性"和"反抗型式"等概念。例如，在《论自然本身，或论受造物的内在的力与活动》一文中，莱布尼茨使用了"自然惰性"概念，断言"物质毋宁说是藉它自己的开普勒曾经合适地称之为自然惰性而抵抗着受到推动"。而在《论原初的力和派生的力与简单实体和有形实体》一文中，莱布尼茨又使用了"反抗型式"概念，即一个与不可入性相近的概念。

最后，是对受动的力的因素或结构的考察。莱布尼茨不仅在批判笛卡尔物性论和运动哲学的基础上，提出了受动的力的概念，而且还进而考察了受动的力的因素或构成。在《论原初的力和派生的力与简单实体和有形实体》一文中，莱布尼茨不仅指出："物质的抵抗包含着两种因素：不可入性或反抗型式以及抵抗或惰性"，而且还进一步指出："这两种因素在一个物体中到处都相等，或者说与其广延成正比。"在《论物体和力》一文中，莱布尼茨又进一步断言，"物质中存在有两种抵抗和物质团块：其中第一种是所谓的反抗型式或不可入性，第二种是抵抗，或如开普勒所说的物体的自然惰性"。

鉴于我们对莱布尼茨受动的力的概念的上述分析，我们不妨将莱布尼茨的受动的力的概念系统图示如下：

$$受动的力（抵抗力）\begin{cases}不可入性或反抗型式\\ 抵抗或自然惰性\end{cases}$$

莱布尼茨动力学系统的第三个重要元素是它的总体架构，即它将力进一步区分为"派生的力"和"原初的力"。鉴于原初的力内容比较丰富以及原初的力与派生的力的关系比较复杂，下面我们将从五个方面对莱布尼茨动力学系统的总体架构作出说明。

第一，我们来看看莱布尼茨如何阐述他的"原初的能动的力"的概念。我们在前面曾经对莱布尼茨的"能动的力"的概念和"受动的力"的概念作出过初步的说明，其实无论是我们在前面所说的"能动的力"还是"受动的力"都属于莱布尼茨的"派生的力"的范畴，与此相对应，莱布尼茨还提出了"原初的力"的概念。而且，与派生的力内蕴有能动的力和受动的力两个层面一样，原初的力也同样内蕴有能动的力和受动的力两个层面。现在，我们就来对莱布尼茨的原初的能动的力的概念作出说明。在《动力学样本》一文中，莱布尼茨提出了原初的能动的力的概念，并且将其界定为"第一隐德莱希"或"实体形式"，断言"原初的力（这里指的是原初的能动的力——引者注），不是任何别的东西，只不过是第一隐德莱希，相当于灵魂或实体形式"。此外，这里还有两点值得注意：一是莱布尼茨强调"这种力存在于所有的有形实体本身之中"；二是"与之相关的只是一些普遍原因，从而根本不足以解释各种不同的现象"。在《论原初的力和派生的力与简单实体和有形实体》一文中，莱布尼茨不仅讨论了原初的能动的力的"持续存在"，而且还谈到了这种力的"表象"。他写道："当我讲到原初的力（这里指的是原初的能动的力——引者注）持续存在时，我指的并不是总体的动力的保存，……而是一种隐德莱希，这种隐德莱希不仅表象其他事物，而且也表象这种总体的力。"在《论物体与力》一文中，莱布尼茨称原初的能动的力是一种"实体性"的力，是"另一种自然的原则"。在莱布尼茨看来，"自然机器"之所以无限优越于"人造机器"，最根本的就在于原初的能动的力"总是能够"使之"活动起来"。

第二，我们来看看莱布尼茨如何阐述他的"原初的受动的力"的概念。从质型论的立场看问题，如果说原初的能动的力对应的是实体的形式的话，原初的受动的力对应的则是实体的质料。在《动力学样本》一文中，莱布尼茨就曾经借用经院哲学的"原初质料"来刻画原初的受动的力。他写道："原初的遭受或抵抗的力，如果正确解释的话，构成了经院学者称之为原初质料的那种东西本身。它使一个物体不为另一个物体所穿透，而与它的障碍相对立，同时又可以说具有一种惰性，或者说对运动具有一种抵触，从而在不以某种方式冲破作用于它的物体的力的情况下并不允许它自身开始运动。"就莱布尼茨本人来说，他更喜欢将原初的受动的力称作"原初物质"或"原初的物质"。例如，他在《论原初的力和派生的力与简单实体和有形实体》一文中，就曾经将"原初的受动的力"称作"原初的物质"。

第三，莱布尼茨不仅分别讨论了原初的能动的力和原初的受动的力，而且还讨论了作为由原初的能动的力和原初的受动的力整合在一起形成的原初的力。在本文集中，莱布尼茨在《论两个自然主义者派别》一文中最早使用了"原初的力"这样一个概念。他写道："新斯多葛派认为，存在有无形的实体，人的灵魂并非物体，上帝乃世界灵魂，倘若您乐意的话，乃世界的原初的力，如果您乐意的话,也可以说,上帝乃物质本身的原因,但一种盲目的必然性决定着他去活动。"诚然,莱布尼茨并不赞同新斯多葛派的观点,并不认为上帝是世界灵魂,更不赞成"一种盲目的必然性"决定上帝活动,但莱布尼茨对"人的灵魂并非物体"以及"原初的力"构成"无形的实体"还是肯认的。而且,从他后来发表的论文看,原初的力构成无形实体实际上是他的一个非常基本的观点。在《论原初的力和派生的力与简单实体和有形实体》一文中,莱布尼茨对原初的力作了比较详尽的讨论。首先,莱布尼茨谈到了原初的力的存在方式,强调原初的力归根到底是有广延的事物得以产生的原因。他写道:"广延,就其本身而言,在我看来,乃一种属性,这种属性是由同时连续存在的许多实体产生出来的。因此,原初的力既非广延,也非广延的一种样式。它也不会作用于广延,而是存在于有广延的事物之中。"其次,莱布尼茨从单子构成或实体构成的角度谈到了原初的力。他写道:"实体本身,由于其被赋予了原初的能动的和受动的力,我将其视为一种不可分的或完满的单子,就像自我或类似于自我的东西,但我并不将被发现是连续变化的派生的力视为单子。"他还更加明确地谈到"完全单子"的构成,指出:"(1)原初的隐德莱希或灵魂;(2)原初的物质或原初的受动的力;(3)由这两者形成的完全的单子。"

第四,莱布尼茨不仅多维度地讨论了原初的力,而且还进而讨论了原初的力与派生的力的关系。在《动力学样本》一文中,莱布尼茨分别从能动的力和受动的力两个角度讨论了原初的力与派生的力的关系。在谈到能动的力时,莱布尼茨指出:原初的能动的力"存在于所有的有形实体本身之中";派生的能动的力"是藉由各个物体的相互冲突所产生出来的对原初的力的限制以各种不同的方式实现出来的"。"原初的力,不是任何别的东西,只不过是第一隐德莱希,相当于灵魂或实体形式,但正因为如此,与之相关的只是一些普遍原因,从而根本不足以解释各种不同的现象。"由此看来,对于莱布尼茨说来,原初的能动的力关涉的是事物的普遍性或共性,而原初的派生的力关涉的则是事物的特殊性或个性。而这样一种关系似乎也存在于原初的受动的力与派生的受动的力中。因为莱布尼茨断言:原初的受动的力,"如果正确解释的话,构成了经院学者称之为原初质料的那种东西本身。它使一个物体不为另一个物体所穿透,而与它的障碍相对立,同时又可以说具有一种惰性,或者说对运动具有一种抵触,从而在不以某种方式冲破作用于它的物体的力的情况下并不允许它自身开始运动。因此,派生的受动的力其后以各种不同的方式在次级质料中将自身显示出来"。在经院哲学中,质料有所谓"原初质料"、"泛指质料"和"特指质料"之分,其中原初质料讲的是质料的普遍性,泛指质料讲的是质料的特殊性,而特指质料讲的则是质料的个体性。① 莱布尼茨在解释原初的力与派生的力的关系时,显然在一定程度上受到了这种质料学说的影响。在《论原初的力和派生的力与简单实体和有形实体》一文中,莱布尼茨对原初的力与派生的力的关系作了多方面的分析。首先,莱布尼茨明确地将原初的力和派生的力分置于物质现象界和精神本体界。他写道:"严格和确切地讲,或许我们不应

---

① 参阅段德智、赵敦华:《试论阿奎那特指质料学说的变革性质及其神哲学意义》,《世界宗教研究》2006 年第 4 期。

当说，原初的隐德莱希驱使作为它自己躯体的物质团块，而应当说，它只是与一种由它所成全的原初的受动的力结合在一起，或者说它只是与之一起构成一个单子的一种受动的力结合在一起。它也不可能影响存在于同一个物质团块中的其他隐德莱希或实体。但在现象中，或在作为结果的堆集体中，每一件事物都能够由力学得到解释，而这样一些物质团块被理解为相互推动。一旦派生的力所从出的源泉确定了，也就是说，一旦认定由各种堆集体所形成的现象来自单子的实在性，在这些现象中，我们就只需要考虑派生的力了。"其次，莱布尼茨认为，派生的力一方面是对原初的力的"限制"，另一方面也是"原初的力的变形和回声"。再次，莱布尼茨用简单实体与有形实体的关系来解读原初的力与派生的力。莱布尼茨区分了有形实体的五个层次："(1)原初的隐德莱希或灵魂；(2)原初的物质或原初的受动的力；(3)由这两者形成的完全的单子；(4)物质团块或次级物质，或有机机器，其中，不计其数的次要单子相互一致；以及(5)动物或有形实体，主导单子使其形成一台机器。"由此，我们至少可以得出下面两条结论：(1)原初的力形成的是简单实体，而派生的力形成的则是有形实体；(2)有形实体无非是简单实体的一种堆集。复次，从实存论层面看，莱布尼茨似乎是在用"体用不二"的观点解读原初的力和派生的力的关系。他写道："派生的力本身是现在状态，在这一状态下，它趋向或事先包含了一种接踵而至的状态，因为每一个现在都大于未来。但持续存在的东西，就其包含有所有的情况而言，包含着原初的力，以至于原初的力似乎可以说是这一系列的规律，而派生的力则是识别这一系列中某个项的确定的值。"《大乘起信论》讲"二门不相离"，此之谓也。最后,莱布尼茨在《论物体和力》一文中用"实体"和"偶性"的关系来解读原初的能动的力与派生的能动的力的关系。他断言:"能动的力有两种:一种是原初的,一种是派生的,也就是说,不是实体性的,就是偶性的。"莱布尼茨还宣称:"派生的、偶性的或可以变化的力将是原初的力的一种变形,这种原初的力对于每一个有形实体都是本质的,都持续存在于每一个有形实体之中。"

关于莱布尼茨动力学系统的总体结构,还有一点需要说明,这就是"原初物质"与"次级物质"的关系问题。因为人们很容易将其与经院哲学的"原初质料"与"特指质料"的关系搞混。例如,托马斯·阿奎那在《论存在者与本质》中将原初质料理解成一个普遍概念或一个"逻辑概念",而将特指质料理解成一个个体概念或实存论概念,理解成物质事物的"个体化原则"。在阿奎那看来,特指质料不仅有别于原初质料,甚至也有别于"泛指质料"。他举例说,当我们以特指质料来谈论骨头和肉时,我们谈论的便并非是那种"绝对的骨和肉"(os et haec caro absolute),而是"这根骨头和这块肌肉"(hoc os et haec caro)。[1] 但在莱布尼茨这里,"次级物质"却不仅仅是一个"质料"问题,而是一个由质料与形式结合在一起而形成的个体事物或有形实体问题。在《动力学样本》一文中,莱布尼茨一方面将原初的受动的力直接称作"原初质料",另一方面又宣布派生的受动的力"以各种不同的方式在次级质料中将自身显示出来"。这就表明,如果说莱布尼茨是在经院哲学的意义上使用"原初质料"

---

① 参阅托马斯·阿奎那:《论存在者与本质》,段德智译,商务印书馆 2013 年版,第 17 页。

这一概念的,则他便是在他自己的意义上使用"次级质料"的。后来,在《论自然本身,或论受造物的内在的力与活动》一文中,莱布尼茨将次级质料的规定性讲得更加清楚明白。因为他不仅宣布原初物质是"纯粹被动的",次级物质则"并不是纯粹被动的",而且还强调原初物质"不是一种完全的实体",而次级物质实际上则是"一种完全的实体"。他写道:"物质可以被理解为不是次级的就是原初的;次级物质虽然实际上是一种完全的实体,但却并不是纯粹受动的。原初物质虽然是纯粹受动的,但却不是一种完全的实体,在它之中必须添加上一种灵魂或与灵魂类似的形式,即第一隐德莱希,也就是一种努力,一种原初的活动的力,其本身即是上帝的命令植于其中的内在规律。"在《论原初的力和派生的力与简单实体和有形实体》一文中,莱布尼茨作了同样明确的表述。因为他一方面将"原初的物质"界定为"原初的受动的力"以及单子的一个构成要素,另一方面他又将"次级物质"宣布为"有机机器"或"有形实体"。

综上所述,我们不妨将莱布尼茨动力学系统的主题内容图示如下:

力
├ 派生的力(有形实体)
│ ├ 能动的力
│ │ ├ 死力(基本的力)
│ │ └ 活力(通常的力)
│ └ 受动的力
│ 　 ├ 不可入性或反抗型式
│ 　 └ 抵抗或自然惰性
└ 原初的力(简单实体)
　 ├ 能力的力:第一隐德莱希
　 └ 受动的力:原初物质

为简洁计,我们只将莱布尼茨动力学系统的最为关键的内容放进图表之中,尽管如此,我们还是可以从中窥见莱布尼茨动力学系统的博大和宏伟。

八、莱布尼茨的物质观—有形实体学说纲要

莱布尼茨自然哲学的主体内容,除动力学系统外,还有他的物质观—有形实体学说。莱布尼茨的物质观与他的有形实体学说密切相关,但两者的侧重点却并不相同:其中一个侧重于"物质"概念,另一个则侧重于"实体"概念。下面,我们就依次对莱布尼茨的物质观和有形实体学说作出说明。

鉴于莱布尼茨的物质观和他的有形实体学说在内容上存在有交叉和重叠的情况,我们在介绍莱布尼茨的物质观时,将侧重于介绍他的物质概念。在莱布尼茨自然哲学的论著中,物质概念具有各种不同的内涵。其中有些极其抽象,有些则相对具体,有些是狭义的具体概念,有些则是广义的具体概念。他的物质概念依照从抽象到具体的序列,我们可以将其区分为下述四种。

第一,是他的作为"原初物质"的物质概念。这种物质概念完全是一种抽象概念。在《物质与无穷的本性》中,莱布尼茨将原初物质界定为"那种纯粹可能的并且与灵魂或形式分离的东西"或者"纯粹受动的东西"。他强调说:"当我说原初物质是那种纯粹可能的并且与灵魂或形式分离的东西时,我是在两次言说同一件事物。"莱布尼茨认为,原初物质虽然是一种可能的事物,但由于其所具有的这样一种抽象性,却是一种"不完全的"事物,或者说,是一种不可能孤立存在或独立存在的东西。这种情况,与中世纪哲学家托马斯·阿奎那的"原初质料"概念的内涵极其接近。阿奎那认

为,原初质料虽然与实体形式相结合,能够构成感性实体,但就其自身而言,却不是现成地就是某种事物,也并不是现成地就是可认识的。所以,阿奎那说:原初质料"构成不了认识的原则;一件事物之归属于它的属相或种相也不是由它的(原初)质料决定的,而毋宁说是由某种现实的东西决定的"。① 同样,莱布尼茨的"原初物质"作为一个抽象概念,虽然与原初的能动的力或隐德莱希结合在一起也能形成简单实体,但就其作为一种孤立的独立存在看,也同样是不可能构成认识原则和事物的个体化原则的。

　　第二,是他的作为具有大小、形状和运动的物体的物质概念。在《论自然科学原理》一文中,莱布尼茨明确地将"大小、形状和运动"视为"物质事物"的基本规定性。他写道:"在一个仅仅被看作物质的物体中,或者说在一个仅仅充实空间的东西的物体中,除了大小和形状(它们本身即理所当然地包含在空间之中)以及运动(此乃空间的变化)外,是没有什么东西能被清楚地设想到的。因此,物质的事物通过大小、形状和运动便可以得到理解。"在《论自然本身,或论受造物的内在的力与活动》一文中,莱布尼茨的"物质哲学"虽然并不排除"形式哲学",但却被视为一种区别于"形式哲学"的东西。在《论原初的力和派生的力与简单实体和有形实体》一文中,莱布尼茨明确地将"物质"与"广延"区别开来,并用"有广延的事物"来称呼物质。他写道:"广延乃一种属性;有广延的事物或物质并非实体,而是诸多实体。"在《论物体和力》一文中,莱布尼

---

① 参阅托马斯·阿奎那:《论存在者与本质》,段德智译,商务印书馆 2013 年版,第 14 页。

茨又进而提出形状是"有广延的物质团块的一种限制或变形"的观点。在《斐拉莱特与阿里斯特的对话》一文中,莱布尼茨针对笛卡尔关于广延乃物质实体本质属性的观点,又进一步强调了广延的抽象性和物质事物的具体性。他写道:"我否认广延是一个具体的事物,因为它是从有广延的事物中抽象出来的。""广延只是一种抽象的事物,而且它也要求一些有广延的事物。它需要一个主体。"由此看来,莱布尼茨是从具体性原则出发,批判笛卡尔的物质实体学说,而将物质界定为具有大小、形状和运动的物体的。

第三,莱布尼茨不仅将物质界定为具有大小、形状和运动的物体,而且还进而用"受动的力"来界定物质。大小、形状和运动固然是物质的必不可少的属性,但更深一层的问题在于:物质何以能够具有大小、形状和运动。为了解释这一问题,莱布尼茨引进了"力"的概念,首先引进了"受动的力"的概念。在《论自然本身,或论受造物的内在的力与活动》一文中,莱布尼茨用"自然惰性"和"抵抗力"来解读物质。他写道:"我们必须承认:广延或一个物体的几何学本性,仅仅就其自身而言,其中并没有包含任何得以产生活动或运动的东西。其实,物质毋宁说是藉它自己的开普勒曾经合适地称之为自然惰性而抵抗着外物推动;……我认为原初物质或质量的概念就在于这种受动的抵抗的力,这种抵抗力包含着不可入性以及别的某种东西,而且在物体中到处都与其大小成正比。因此,我指出,即使物体或物质本身只具有这种不可入性和广延,也能够从中推演出完全不同的运动规律。"在《论物体和力》一文中,莱布尼茨明确地用"受动的力"来界定物质。他写道:"严格说来,受动的力构成的是物质或物质团块,……受动的力是抵抗本身,凭借受动的力,一个物体不仅抵抗穿透，而且还抵抗运动，同时由于这样一种抵抗，便使另一个物体不可能进入它的位置，除非这个物体从这个位置撤了出来，如果不以某种方式减慢这个强有力的物体的运动，它就将达不到这一步。……因此，物质中存在有两种抵抗和物质团块：其中第一种是所谓的反抗型式或不可入性，第二种是抵抗，或如开普勒所说的物体的自然惰性。"不仅如此，莱布尼茨还使用了"物质或受动的力"这样的表达式，这就表明在莱布尼茨看来，受动的力就是物质的同义语。甚至在其晚年，莱布尼茨还依然坚持使用物质的这样一种用法。他在《斐拉莱特与阿里斯特的对话》一文中写道："物质就其只是受动的东西而言，是根本不可能具有内在活动的。"

　　第四，也就是最后，莱布尼茨不仅用"受动的力"，而且还用"能动的力"来界定物质。在《发现整个自然惊人奥秘的样本》一文中，莱布尼茨就明确宣布："物体的本质不应当定位于广延及其变形，亦即不应当定位于形状和运动，因为这些都蕴含有某些想象的成分，一如热、颜色以及其他感觉性质。物体的本质仅仅应当定位于作用力和抵抗力，而对于这样一种力，我们是藉理智而不是藉想象知觉到的。"在《对笛卡尔〈原理〉核心部分的批判性思考》一文中，莱布尼茨不仅使用了"活动能力"这样一个概念，而且还使用了统摄能动的力和受动的力的"力"的概念。他写道："除广延及其变形外，在物质中还有一种力或活动能力，我们就是藉这种力或活动能力从形而上学过渡到自然，并且从物质事物过渡到非物质事物的。"此外，在本文中，莱布尼茨还有一个极其重要的提法，这就是"自然是一个双重王国"，既是一个"物质微粒"的和"必然"的王国，又是一个"理性"的和"形式"的王国。既然"形式"在莱布尼茨看来无非是"能动的力"或"隐德莱希",这就在事实上把能动的力明确地置放进物质的内涵中了。在《动力学样本》一文中,莱布尼茨不仅将力明确地区分为"能动的力"和"受动的力"。而且还宣布这种"植入自然的力"构成了"物体的内在本性"。他写道:"在形体事物中除广延外还存在有某种别的东西;实际上,存在有某种先于广延的东西,亦即为自然造主到处都植入的自然的力,……这种努力有时也显现给感官,但在我看来是应当根据理性理解为在物质中到处存在的,甚至也存在于对于感觉并不显而易见的地方。……其实,它必定构成该物体的内在本性,因为活动乃实体的特征。"在《物质与无穷的本性》一文中,莱布尼茨提出了"力与物质同龄"的问题,而且还强调指出:"倘若没有力,物质是不可能自行独立存在的。"在《论自然本身,或论受造物的内在的力与活动》一文中,莱布尼茨明确地提出来"次级物质"概念,并将次级物质理解为一种"完全的实体"。他写道:"物质可以被理解为不是次级的就是原初的;次级物质虽然实际上是一种完全的实体,但却并不是纯粹受动的。原初物质虽然是纯粹受动的,但却不是一种完全的实体,在它之中必须添加上一种灵魂或与灵魂类似的形式,即第一隐德莱希,也就是一种努力,一种原初的活动的力,其本身即是上帝的命令植于其中的内在规律。"在《论原初的力和派生的力与简单实体和有形实体》一文中,莱布尼茨则进一步将"次级物质"界定为"由能动的力和受动的力一起产生出来的那个完全的物体",并且指出:"物质本身藉一种普遍的进行抵抗的受动的力抵抗运动,但却藉一种特殊的能动的力或隐德莱希开始运动。"此外,该文还强调了下述三点:(1)物质与作为抽象名称的广延不同,它实际上是"事物本身的一种复多,从而是包含着众多隐德莱希的事物的堆集",是诸多实体的堆集;(2)"物体的物质团块"是一种"准实体";(3)"物质或有广延的物质团块不是任何别的东西,而无非是扎根于事物之中的各种现象,就像虹和幻日那样,从而所有的实在性都仅仅属于这些单元。"在《斐拉莱特与阿里斯特的对话》一文中,莱布尼茨将"由灵魂与物质团块组合而成"的东西称作"有形实体",甚至干脆称作"物体"。

由此看来,在莱布尼茨的自然哲学论著中,物质概念是具有多种内涵的。其中,将物质理解成"原初物质"的物质概念最为抽象,将物质理解成"由能动的力和受动的力一起产生出来"的物体或有形实体的物质概念则最为具体。而且,正是这一最为具体的物质概念不仅全面体现了莱布尼茨的动力学系统,而且还将莱布尼茨的物质概念与他的有形实体学说直接关联到了一起。

现在,我们就来谈谈莱布尼茨的有形实体学说。莱布尼茨的有形实体学说是一个相当复杂的话题,不仅与他的物质概念密切相关,而且与他的动力学系统也密切相关。我们拟从下述四个方面对之作出说明。

第一,是莱布尼茨有形实体的基本构成问题。有形实体的基本构成是莱布尼茨有形实体学说的一个核心问题,可以说,莱布尼茨实体学说的几乎所有其他问题都与之密切相关。正因为如此,在有关有形实体的论著中,莱布尼茨不厌其烦地论及这一问题。莱布尼茨是从质型论的角度讨论其有形实体的基本构成的,也就是说,在莱布尼茨看来,有形实体有两个基本构件,其中一个是有形实体的质料,这就是他所谓"物质团块"或"次级物质",另一个是有形实体的形式,这就是有形实体的"灵魂",或者说,是有形实体的能动的和受动的力。在《发现整个自然惊人奥秘的样本》一文中,莱布尼茨针对笛卡尔关于动物是机器的观点,特别强调了动物,甚至低级动物也有灵魂。他写道:"灵魂或形式是我们在有形实体中已经承认的。因为且不要说别的有形实体(一些有形实体似乎存在有不同等级的知觉和欲望),如果至少在低级动物中也能发现有灵魂,根据我们的原则就会得出结论说,低级的动物也会不朽。"在《对笛卡尔〈原理〉核心部分的批判性思考》一文中,莱布尼茨为了论证有形实体的基本构成,针锋相对地批判了笛卡尔和笛卡尔派关于广延是有形实体公共本性的说法。他写道:"我发现,许多人都非常自信地断言:广延构成了有形实体的公共本性,但这样一种说法却从未得到证明。毫无疑问,无论是运动或活动,还是抵抗或受动,都不可能由广延产生出来。……其实,广延概念并非一个原初的概念,而是可以分解的。"针对笛卡尔和笛卡尔派一笔抹煞经院哲学形式学说的片面立场,莱布尼茨不仅强调了"同一个有形实体中"存在有"两个完全不同的系列",即"物质微粒"的系列和"形式"的系列,或者说"动力因"的系列和"目的因"的系列,而且还强调指出:"过去经院哲学家的过失,并不在于他们执着于不可见的形式,而是在于将这些形式应用到他们本来应当寻找实体的变形和工具及其活动的样式即机械现象上面。"在《论物体和力:反对笛卡尔派》一文中,莱布尼茨更加明确地指出:"原初的能动的力"作为"实体的形式"与"物质或受动的力一起构成了有形实体"。在《斐拉莱特与阿里斯特的对话》一文中,莱布尼茨更加明快地将有形实体界定为"由灵魂与物质团块组合而成的物体"。所有这些都表明,强调有形实体由物质团块与形式、灵魂或力组合而成乃莱布尼茨一以贯之的思想。

　　第二,是有形实体的"原则"或"实在性"问题。在莱布尼茨看来,有形实体虽然由物质团块与形式、灵魂或力组合而成,但在其中起主导作用的或构成有形实体"原则"和"实在性"的则是形式、灵魂或力。在《发现整个自然惊人奥秘的样本》一文中,莱布尼茨就非常明确地指出:"一个有形实体的实在性就在于一种个体的本性;也就是说,有形实体的实在性不在于物质团块,而在于一种作用和被作用的力。"他给出的基本理由在于,离开了"作用和被作用的力","有形实体"就不复是"实体",而只是"一些相互一致的现象"。在《论自然本身,或论受造物的内在的力与活动》一文中,莱布尼茨径直将原初的力或"实体的形式"称作有形实体的"原则"。他写道:"在有形实体中必定能够发现一种原初的隐德莱希或活动的第一接受者,也就是一种原初的动力,这种原初的动力在添加上广延或纯粹几何学上的东西以及质量或纯粹物质的东西之后,就实在地始终活动,只是由于各种物体的共同作用而通过一种努力或动力而以各种不同的方式发生改变而已。而这种实体的原则本身,在生物那里就称之为灵魂,在其他存在者那里,则称之为实体的形式。"在《论原初的力和派生的力与简单实体和有形实体》一文中,莱布尼茨批评笛卡尔派之所以"不理解有形实体的本性,从而达不到真正的原则",最根本的就在于他们拘泥于"广延","把广延视为某种绝对的、不可分解的、不可言喻的或原初的东西"。在《论物体和力:反对笛卡尔派》一文中,莱布尼茨又进一步强调指出:有形实体之所以"是一种自行存在的实体,而非许多实体的一种纯粹的堆集",最根本的就在于有形实体中有一种"原初的能动的力"或亚里士多德所谓的"第一隐德莱希"。因为"这种隐德莱希或者是一个灵魂，或者是某种与灵魂相类似的东西，并且总是能够使某个有机的躯体活动起来"。也正因为如此，莱布尼茨宣称："这种原初的力对于每一个有形实体都是本质的，都持续存在于每一个有形实体之中。因此，既然笛卡尔派根本不承认物体中存在有任何能动的、实体性的和可变动的原则，他们也就被迫从物体中排除掉所有的活动，从而将所有的活动统统转让给了上帝，召唤来了救急神，这几乎说不上是什么好的哲学。"

　　第三，是"物质团块"或"自然机器"问题。依照莱布尼茨的观点，"物质团块"是有形实体的一个基本成分，但撇开它的"形式"而就其自身看，它则是是一台"自然机器"或"有机机器"。关于物质团块或"自然机器"，莱布尼茨在其 1703 年 6 月 20 日致德·沃尔达的那封信中曾做出过非常经典的表达。因为正是在这封信中，莱布尼茨不仅提出了"有机有形实体"的概念，将物质团块或次级物质界定为"有机机器"，而且还强调了物质团块与实体之间存在有差异，强调物质团块并非像实体那样，是"就其自身看的完全事物"，而是"我们通过抽象概念接受的不完全的事物"。此后，在《论物体和力：反对笛卡尔派》一文中，莱布尼茨则明确地提出了"自然机器"概念。他在指出有形实体本身是"一种自行存在的实体"之后，紧接着强调了物质团块或有形实体的"有机躯体"的现象性质。他写道："这些有机躯体如果孤立地看，脱离了灵魂来看，则并非一个实体，而是许多实体的一种堆集，简言之，是一台自然的机器。"尤其值得注意的是，莱布尼茨在本文中还特别地强调了"自然机器"对于"人造机器"的"巨大优越性"：它的无限复杂性、永恒性、有机性（有生命性）、变动性和普遍性。莱布尼茨写道："一台自然机器对于一台人造机器具有巨大的优越性,在展现无限造主的标志的同时,它也是由无限多个仅仅缠绕在一起的各种器官构成的。正因为如此,一台自然机器永远不可能受到绝对的破坏,正如它永远不可能绝对地开始一样,而只有减少或增加,收敛或展开,在一定程度上始终保持着实体本身,不过,在自行保存某个生命等级的同时,或者如果您愿意,在自行保存某个等级的原初活动的同时,也不断地变形或转化。因为人们用来言说有生命事物的东西必定也能够用来类比地言说那些严格说来并非动物的事物。"其实,有形实体的"物质团块"之所以无限超越人造机器,最根本的就在于它是"有形实体"的物质团块。由于它是"有形"实体的物质团块,它就必定无限可分,它就必定由无限多个"次有形"实体构成(亦即它就必定是由许多实体形成的一种堆集),但由于它是有形"实体",它以及形成它的无限多个"次有形"实体便始终具有"活动"、"力"或"生命",从而它便始终是一种"有机体"、"有生命的事物"或"有机机器"。正因为如此,自然机器,作为"活的形体"便与人造机器迥然相异,不仅从整体上是台机器,具有生命,是个有机体,而且,"哪怕是它们的无限小的最小的部分"也依然是台机器,具有生命,是个有机体。① 当代著名的莱布尼茨专家雷谢尔在谈到这一问题时不无中肯地指出:"无广延单子的理论使他脱离了古典原子论,看到了物质的无限可分性,达到了点状的单子的层面,从而使得他的中国盒式的有机体理论(his Chinese-box organicism)成为可能,所

---

① 参阅 G. W. Leibniz：*Die philosophischen Schriften* 6，Herausgegeben von C. I. Gerhardt, Hildesheim：Georg Olms Verlag, 2008，p. 618。

谓中国盒式的有机体论是说每个有机体内部都包含有无数多个有机体,而这些有机体又进一步包含有无数多个有机体,如此下去,以致无穷。"①诚然,莱布尼茨的中国盒式的有机主义也有其片面性和局限性,因为它无论如何还是混淆了有机界和无机界,但在那个机械论世界图式普遍流行的时代提出这样一种有机论却是非常难能的,而且他的这样一种有机主义对后世哲学的影响也是深广的。

最后,当我们讨论有形实体的"物质团块"或"自然机器"时,虽然也考虑到了有形实体整体本身,或者说考虑到了与物质团块或自然机器相关联的有形实体的形式维度,但我们着眼的毕竟是有形实体的现象层面。倘若我们从有形实体的现象层面进展到它的实体层面,我们便不能不对构成有形实体本体论基础的简单实体即"次要单子"和"主导单子"做一番考察。关于主导单子,莱布尼茨仅在《论原初的力和派生的力与简单实体和有形实体:致德·沃尔达》中提及,但从中我们还是可以获得一些重要信息。莱布尼茨的第一个提法是:"动物或有形实体,主导单子使其形成一台机器。"莱布尼茨的这个说法告诉我们,主导单子乃有形实体中使其得以成为"一台机器"或一台"有机机器"的东西,是有形实体中起主导作用的东西。莱布尼茨的第二个说法是:如果我们可以"把物质团块设想为包含有许多实体的一种堆集",我们便"也能够设想其中有一个单一的杰出的实体或原初的隐德莱希,……"。从莱布尼茨的这个说法中,我们至少可以领会到下面几层意思:(1)有形

---

① Nicholas Rescher, *G. W. Leibniz's Monadology*, University of Pittsburgh Press, 1991, p. 227.

实体的物质团块可以设想为"包含有许多实体的一种堆集",这样一种堆集虽然也是一种现象,但毕竟不是一种"纯粹现象",并非"许多实体的一种纯粹的堆集",并非像一群羊那样的堆集(参阅《论物体和力:反对笛卡尔派》),而是一种有良好基础的现象。(2)在这个有形实体的物质团块"之中"存在有一个"单一的杰出的实体",亦即一个单一的杰出的单子,而这个单一的杰出的单子其实也就是莱布尼茨所说的"主导单子"。(3)这个"单一的杰出的实体"或"主导单子"不仅具有"一个原初的隐德莱希",而且还具有"一个原初的受动的力"。(4)这个"原初的受动的力""与这一有机躯体的整个物质团块相关"。在其致德·沃尔达的通信中,莱布尼茨不仅谈到了"主导单子",而且还谈到了"次要单子"。他写道:"位于这一有机体中的其他次要的单子并不构成它的一个部分,尽管它们也是它直接需要的。"对于莱布尼茨的这句话,我们可以作如下的理解。首先,这一有机体或物质团块中不仅存在有"一个"主导单子,而且,还存在有"多个"次要单子。其次,这些次要单子是这个有形实体的物质团块"直接需要"的。因为既然这个有形实体的物质团块无限可分,它就势必包含有无数多个"次有形实体",而所有这些次有形实体也都必定包含有它们自己的单子。再次,这些次要单子虽然为这些次有形实体"直接需要",但它们却"并不构成"这一有形实体的物质团块的"一部分"。因为这一有形实体的物质团块与这些次要单子分属物质现象界和精神本体界两个不同的层面,从而它们之间根本不存在"整体"与"部分"的关系。

　　这些可以说就是莱布尼茨在其自然哲学论著中透露给我们的关于其物质概念和有形实体学说的主要内容。

九、莱布尼茨自然哲学思想的理论得失

前面,我们在概述莱布尼茨自然哲学学术背景的基础上不仅考察了莱布尼茨自然哲学的生成,而且还考察了莱布尼茨自然哲学的基本内容,现在是我们对他的自然哲学思想的理论得失作出简单评论的时候了。

与同时代的其他自然哲学相比,莱布尼茨的自然哲学究竟有哪些过人之处呢?

莱布尼茨自然哲学的过人之处首先体现在他将物质或自然彻底还原为力,从而在事实上提出了自然即是力量的口号。一如我们在前面指出的,笛卡尔的自然哲学虽然是西方近代自然哲学的最有影响的形态之一,但他却用广延来界定物质,仅仅用机械运动来解释自然。笛卡尔显然并没有进一步追问:作为物质本质属性的广延又源自何处?机械运动又何以可能?与笛卡尔的这些说法相比,莱布尼茨的自然哲学显然要彻底得多。因为按照莱布尼茨的物质概念、动力学系统和有形实体学说,不仅机械运动,甚至物质本身都只不过是力的一种变形。可以毫不夸张地说,力本论乃莱布尼茨自然哲学的精髓和核心内容。[①] 毋庸讳言,归根到底,莱

[①] 　如果说英国经验主义哲学始祖弗兰西斯·培根的一个重大理论功绩在于他提出了"知识就是力量"这一振聋发聩的口号的话,莱布尼茨自然哲学的一项重要功绩即在于他提出并论证了"自然就是力量"。1945 年 8 月 6 日,当美军将 2 万吨当量的原子弹"小男孩"丢到广岛,致使该城 12 平方公里内的建筑物全部被毁,并且致使数万人死亡时,人类才第一次亲身感受到莱布尼茨"自然就是力量"的真理性。参阅 *Leibniz*:*Philosophical Papers and Letters*, translated and edited by Leroy E. Loemker,D. Reidel Publishing Company,1969, p. 1。

布尼茨的自然哲学也是一种机械论,但与其同时代的其他机械论哲学相比,至少从理论形态看,莱布尼茨的机械论是一种更为彻底、更为纯粹的机械论。这不仅体现在它对机械运动和物质形态的更深层次的理解上,而且还体现在它对机械论应用范围的合理规定上。所谓对机械论应用范围的合理规定蕴含有两个方面的内容:一方面是对机械论应用范围的"排他性限定",另一方面是对其应用范围的"排他性肯定"。所谓对机械论应用范围的"排他性限定"是说,在莱布尼茨看来,机械论只适合于物质自然界而不适合于其他界域。这一点是莱布尼茨反复强调过的,其批评的矛头直指霍布斯和斯宾诺莎所代表的近代"自然主义者派别"。因为无论是霍布斯还是斯宾诺莎都主张物质的机械必然性的普遍适用性,不仅适用于物质自然界,而且也适用于精神领域和社会领域。所谓对机械论应用范围的"排他性肯定"是说,单凭机械论就足以解释整个物质自然界而根本无需引进其他解释原则。这一点显然旨在批判所谓"野蛮物理学",不仅旨在批判法国的笛卡尔和笛卡尔派的野蛮物理学,而且也旨在批判英国的莫尔和牛顿的野蛮物理学。由于笛卡尔和笛卡尔派为了解释物质的运动而不得不最后求助于上帝这个"救急神",因此莱布尼茨将他们的自然哲学斥为"救急神神秘主义"。英国剑桥柏拉图派代表人物莫尔用所谓寄寓在物质事物之中的作为上帝代理者的"自然精神"或"神灵"来解释物质事物的运动变化,故而莱布尼茨将他的自然哲学斥为"代理神神秘主义"。至于牛顿,既然他不仅将他的绝对空间和绝对时间视为上帝的属性,而且他还认定他的万有引力定律的奏效乃至整个宇宙的运转也都需要"神的介入",则他的自然哲学便无疑具有救急神神秘主义的色彩。为了把这一点讲清楚，我们不妨让牛顿本人现身说法。牛顿在其自然哲学的代表作《自然哲学的数学原理》一书中，不仅明确指出："除非通过一个理智的和有权能的存在的设计和主宰"，"太阳、行星和彗星的这个极致的结构便不可能发生"，而且还进一步强调指出：这个"理智的和有权能的存在""不是作为宇宙的灵魂，而是作为一切的主宰而统治所有"。这就是说，对于牛顿来说，他的机械论不是自主的和自足的，而是需要有一个外在的条件或预设才能自圆其说。莱布尼茨之所以将牛顿的自然哲学与笛卡尔派的"救急神神秘主义"和莫尔的"代理神神秘主义"一起视为"野蛮的哲学"，正是因为在莱布尼茨看来，牛顿的自然哲学和他们的自然哲学一样，也需要"上帝"的存在和干预作为前提和"假设"。莱布尼茨的自然哲学就其用他的动力学系统来解释所有自然现象而言，则是根本不需要上帝进行特别干预的。就此而言，莱布尼茨的自然哲学相对于笛卡尔派、莫尔和牛顿的自然而言，是一个自主和自足的"哲学"体系。① 同样，就此而言，在 17 世纪的自然哲学中，可以说，唯有莱布尼茨的"自然""哲学"才配得上严格意义上的"自然哲学"。因为如果说霍布斯和斯宾诺莎的自然哲学归根到底是一种僭越的自然哲学，从而算不上严格意义上的"自然"

---

① 诚然，莱布尼茨也讲"神"，但他却根本否认神对自然的任何直接的干预，从而，莱布尼茨的神在其自然哲学中的地位与笛卡尔派、莫尔和牛顿的神便有着明显的差异。费耶阿本德曾非常机智地谈到这样一种差异。他写道："牛顿的神在这个世界上做工，就像《圣经》的神在创世前六日做工一样，而做工对于维持宇宙的运行是必需的。莱布尼茨……的神则是《圣经》中安息日的神，已经结束了他的工作并认为他创造了一个善的、简直就是一切可能世界中最好的世界。"参阅保罗·费耶阿本德：《自然哲学》，张灯译，人民出版社 2014 年版，第 269 页。

哲学,则笛卡尔、笛卡尔派、莫尔和牛顿的自然哲学由于其需要借助于上帝及其代理神灵的直接干预从而也不复是一种严格意义上的自然"哲学"。我们知道,天体力学之父拉普拉斯工作的主要成就在于其证明了太阳系是一个"完善的自行调节的机械结构,在这个结构里,一切不规则的情况都会自行改正"。而牛顿则如我们在前面所说的,主张由上帝出面来改正太阳系各个行星(如土星和木星等)运行中出现的不规则现象。从而,当有人问到他为何不像牛顿那样假设上帝出面来解决这种不规则现象时,他便非常干脆地回答说:"我不需要这样一个假说!"[1]自然哲学家费耶阿本德曾经高度地评价了拉普拉斯的工作,称赞拉普拉斯否认自然哲学和天文学需要神的介入这种假说将近代机械论世界观"引向了""一个崭新的阶段",并且进而断言:"不是牛顿,而是莱布尼茨……是拉普拉斯新世界机器的前瞻人。"[2]这是颇中肯綮的。就此而言,莱布尼茨自然哲学不仅在近代自然哲学史上享有崇高的地位,而且,他的自然哲学思想还具有一定程度的前瞻性和划时代的意义。

　　莱布尼茨自然哲学的另一个过人之处在于:在 17 世纪的主流自然哲学家中,他差不多是唯一一个在机械论之外寻求目的论,并以目的论作为机械论的深层结构和形而上学基础的哲学家。在亚里士多德的自然哲学中,目的因是一个极其重要的维度。如所周知,亚里士多德在阐述事物运动原因的"四因说"中,不仅在借鉴前

----

① 斯蒂芬·F. 梅森:《自然科学史》,上海外国自然科学哲学著作编译组译,上海人民出版社 1977 年版,第 275 页。

② 参阅保罗·费耶阿本德:《自然哲学》,张灯译,人民出版社 2014 年版,第 269—270 页。

此西方哲学的基础上,凝练出了"质料因"、"动力因"和"形式因",而且还创造性地提出了"目的因"。尽管他承认"自然在一种意义上是有目的之活动,在另一种意义上是有必然性的活动",但他还是特别强调说:自然哲学研究的自然"是一种为了一个目的而活动的原因"。① 但至近代,哲学家们在批判经院哲学的同时,也从根本上批判和否定了经院哲学所维护的亚里士多德的"目的因"学说。其结果就使得"许多当代哲学家都仅仅诉诸动力因和质料因,而完全忽略了形式因和目的因",使得近代自然哲学得不到健全的发展。这就使莱布尼茨感到"在经院的哲学基础和机械论的哲学基础之间",也就是在"动力因和质料因"与"形式因和目的因"之间,"找到一种中道很有必要"。② 也许正是出于这样一种考虑,莱布尼茨在其自然哲学论著中不仅不像他同时代的大多数哲学家那样一味反对和排斥目的论,反而不厌其烦地强调目的因非但不削弱动力因和机械论解释自然现象的功能,反而能够强化它们的这一功能,从而非但不会损害自然哲学反而能够深化和强化自然哲学。莱布尼茨在《对笛卡尔〈原理〉核心部分的批判性思考》一文中即指出:"一些具有重大意义的受到遮蔽的物理学真理是能够藉考察目的因予以发现的,藉动力因反倒不那么容易发现。"在《论自然本身,或论受造物的内在的力与活动》一文中,莱布尼茨又进一步重申了他的这一看法。他写道:"目的因不仅对伦理学及自然神学的道德及虔诚有用,而且对物理学本身的发现和探究隐蔽的真理

---

① 亚里士多德:《物理学》,199b 32;212a 20。

② 参阅 *Leibniz：Philosophical Papers and Letters*，translated and edited by Leroy E. Loemker，D. Reidel Publishing Company，1969，pp. 288—289。

也同样有用。”

　　事实上，莱布尼茨也正是凭借从亚里士多德和经院哲学那里借鉴过来的目的因，不仅使自己的自然哲学获得了形而上学的理论深度，而且还使自己的自然哲学获得了别具一格的理论形态，至少在下述两个方面独领风骚。

　　首先，莱布尼茨既然将目的因引进了他的自然哲学，而目的因又无非是具有“生命活动”和“生命特征”的灵魂运行所遵循的规律，这就意味着莱布尼茨在将目的因引进他的自然哲学的同时，他也就将“生命”原则和“有机”原则引进了他的自然哲学。这一点从莱布尼茨的有形实体学说和“中国盒式的有机主义”无疑可以清楚地看出来，尤其是可以从他对“自然机器”与“人造机器”的区分看出来。诚然，莱布尼茨的自然哲学不仅承认形式因和目的因，而且也承认质料因和动力因，不仅承认目的论，而且也承认机械论，但若考虑到莱布尼茨时代是一个片面拘泥于质料因、动力因和机械论的时代，莱布尼茨的卓越贡献一般地讲就在于他调和形式因与质料因、目的因与动力因以及有机论与机械论的积极意图，特殊地讲，便在于他对形式因、目的因和有机论的提出和强调。令莱布尼茨欣慰的是，尽管在他那个时代他在自然哲学领域是一个“另类”，但随着西方自然哲学的发展，他的自然哲学竟得到了越来越多的响应。无论是在试图用“绵延”和“生命冲动”来诠释整个“实在”的柏格森（1859—1941）那里，还是在反对自然界的“两项论”（即反对客体与主体、客观事物与主观感觉的两厥），将“事件”理解为自然的组成部分并且将自然界理解为“一个过程”的怀特海（1861—1947）那里，我们都不难发现莱布尼茨自然哲学的投影。

其次,既然按照莱布尼茨的说法,"灵魂凭借欲望、目的和手段,依据目的因的规律而活动",①则他之将目的因引进自然哲学,也就意味着他在将具有欲望和知觉能力的灵魂或心灵引进了他的自然哲学,从而也就使得他的自然哲学不仅获得了形而上学的理论深度,而且也使之获得了通常自然哲学所缺乏的伦理学维度和认识论维度。更何况按照莱布尼茨的自然哲学,其中的理论自然科学或机械论是以形而上学或他的实体学说为根基的,也就是以他的单子论为根基的,而欲望和知觉则是单子的基本规定性。由此看来,他的自然哲学之具有伦理学维度和认识论维度无论如何也是不可避免的。对于他的自然哲学的伦理学维度,我们权且不谈,我们现在就来谈谈他的自然哲学的认识论维度。莱布尼茨在《论自然科学原理》一文中曾经说过:"每一个结果都既有动力因,也有目的因,之所以有目的因,乃是由于所发生的每一件事情都是由一个有知觉的存在者做出来的,之所以有动力因,乃是由于在一个物体中自然发生的每一件事情都是通过各种器官,按照各种物体的规律而发生的。"这就是说,自然界依据动力因所发生的种种机械变化都无非是"一个有知觉的存在者"知觉表象的结果,离开了有知觉的存在者的知觉活动或表象活动,所有机械规律,所有依据机械规律发生的种种自然现象便都不复存在。诚然,这些依据自然规律发生的种种自然现象并非那种无任何实体基础的"纯粹现象",而是一种"有良好基础的现象",但无论如何离开了"有知觉的存在者"及其知觉活动或表象活动,便都不会存在。这就将机械

---

① 参阅莱布尼茨:《单子论》,第 79 节。

论或一般理论自然科学的主观维度明白无误地昭示出来了。这不仅使我们想到了康德的"人为自然界立法"的名言,而且也使我们想到了克尔凯郭尔的"主观真理"。[①] 而且,或许正是莱布尼茨的这样一种让许多人感到莫名其妙的主观现象论最终导致了近代机械论王朝的"崩塌"。因为近代机械论从笛卡尔到牛顿,其基本的理论基础无非是客观性原则、绝对性原则和决定论原则,而客观性原则又是其绝对性原则和决定论原则的基础,因此,随着其客观性原则受到冲击,其绝对性原则和决定论原则也势必相继受到冲击。事实上,随着一般理论自然科学的发展,特别是随着狭义相对论和量子力学的发展,笛卡尔和牛顿搭建的机械论大厦可以说遭到了灭顶之灾。如果说爱因斯坦(1879—1955)于1905年在《论物体的电动力学》一文中所提出的"狭义相对论"给了近代机械论以"致命一击",至少给了牛顿的绝对时空理论以"致命一击",[②] 则后来量子力学的发展则近乎摧毁了近代机械论大厦。因为这些量子力学的大师不仅否定了近代机械论的绝对性原则,而且还进而挑战了近代机械论的客观性原则和决定论原则。如果说玻尔(1885—1962)藉他提出的"互补原理""赋予主体自然现象构成中的核心地位",[③] 从而从根本上挑战了近代机械论的客观性原则的话,则他

---

①　关于克尔凯郭尔的"主观真理",存在主义哲学家巴雷特曾经评论说:"这类真理不是理性的真理而是整个人的真理。严格地讲,主观真理不是我所拥有的真理,而是我所是的真理。……从海德格尔起,哲学家们才开始思考克尔凯郭尔区分主观真理与客观真理的底蕴。"参阅威廉·巴雷特:《非理性的人》,段德智译,陈修斋校,上海译文出版社2007年版,第183页。

②　参阅保罗·费耶阿本德:《自然哲学》,张灯译,人民出版社2014年版,第272页。

③　参阅保罗·费耶阿本德:《自然哲学》,张灯译,人民出版社2014年版,第276页。

提出的"哥本哈根诠释"不仅向近代机械论的决定论原则，而且也向包括爱因斯坦在内的现代物理学家所持守的决定论原则发起了挑战。而与此同时，海森堡（1901—1976）提出的"不确定性原理"或"测不准原理"也同样把矛头指向了近代机械论的决定论原则。需要说明的是，当我们说近代机械论大厦随着主体性原则（或主观性原则）、相对性原则和不确定性原则的提出和强化而开始崩塌，我们的意思是说，近代以客观性原则、绝对性原则和决定论原则为其理论基础的机械论体系受到了严重挑战，从而渐次失去了其往昔的一霸天下的支配地位，而不是说这一机械论现在已经完全进了历史博物馆，没有任何现实意义了。还有，我们所说的近代机械论的失势既然指的只是近代以客观性原则、绝对性原则和决定论原则为其理论基础的机械论体系的失势，则近代机械论体系的失势在很大程度上便与莱布尼茨的自然哲学无关，因为莱布尼茨的自然哲学原本即蕴涵有现当代理论自然科学家所倡导的主观性原则（主体性原则）、相对性原则和非决定论原则（如他倡导的道德的必然性学说）。从这个意义上，我们不妨将莱布尼茨的自然哲学视为西方近代自然哲学的幸存者和现当代自然哲学的一个理论先驱。这可以看作是莱布尼茨的自然哲学所独享的地位和荣誉。

莱布尼茨的自然哲学还有一个过人之处，这就是它主张科学工具论，始终强调科学谋取人类幸福和社会福利的宗旨。我们知道，莱布尼茨对斯多葛派是持批判立场的。他之所以批判斯多葛派，一个很重要的原因就在于它消极地理解人的幸福，"将幸福等同于单纯的忍耐"（见《论两个自然主义者派别》）。与斯多葛派相反，莱布尼茨将幸福界定"快乐，没有任何痛苦"（见《从位置哲学到心灵哲学》）。正是从这样一种幸福观出发,莱布尼茨将"自然科学的功用"界定为"获得幸福"。他写道:"每一门科学所追求的都不应当是好奇和卖弄,而应当是活动。不过,我们之所以活动,乃是为了获得幸福,或达到一种持久愉悦的状态"(见《论自然科学原理》)。不仅如此,莱布尼茨还进一步将我们的幸福区分为两种类型:其中一种为"心灵的幸福",另一种为"身体的幸福"。莱布尼茨所谓心灵的幸福,指的是"心灵的完满",亦即心灵因其自身的完满而获得的一种"持久的愉悦"。他所谓身体的幸福,指的是"身体的无痛苦",或者说是身体的健康或免受伤害。因此之故,莱布尼茨将自然科学的功用又进一步具体化为使我们获得"心灵的幸福"和"身体的幸福"。他写道:"关于各种物体的知识由于下面两点理由而最为重要:首先,是使我们的心灵因理解各种事物的目的和原因而得以完满;其次,是藉增进身体健康、减少身体受到的伤害而保存和营养我们的身体,而我们的身体乃我们灵魂的器官"(见《论自然科学原理》)。不仅如此,莱布尼茨还从理论自然科学和经验自然科学的角度阐述了自然科学在帮助我们获得幸福方面的"功用",断言"探究事物原因和目的的理论自然科学的最大功用在于促进心灵的完满",而经验物理学在帮助我们获得"身体的幸福"方面则是"有用的"(见《论自然科学原理》)。

值得注意的是,莱布尼茨作为一位形而上学大师虽然对理论自然科学有浓厚的兴趣,但他也同样重视"经验物理学"和技术发明,甚至他自身也不乏工匠精神和工匠实践,也是一位卓越的技术发明家。莱布尼茨的一生不仅是特别重视形而上学和理论物理学的一生,而且还是致力于经验物理学、科学发现和技术发明的一生。例如,早在 17 世纪 70 年代,他就与他的朋友克拉夫特一起不仅发现了磷,而且还研讨了磷的生产工序和商业开发问题。[①] 再如,莱布尼茨一生不惜耗费大量资金,亲自设计制作了多个计算器。他对水平风车的设计和对抽水泵的改进工作曾花费了他多年的精力。此外,他还为法国物理学家帕潘(1647—1712)的蒸汽机改进提出过重要意见。他甚至积极筹建桑树种植园,试图从国外引进丝织品的技术和生产。我国古人有所谓"君子不器"的说法。在近代西方,人们虽然没有这样的偏见,但在莱布尼茨时代,像莱布尼茨这样的大思想家,却也同样鲜有甘心成为工匠和技术发明家的。至少在甘心成为工匠和技术发明家方面,无论是笛卡尔,还是霍布斯和斯宾诺莎,都不足以与莱布尼茨相媲美。[②] 其所以如此,就在于莱布尼茨认为科学的价值在于使人类从中获得幸福和公共福利,而只有通过一系列技术的发明和改进,人类才能获得切实的利益。正因为如此,莱布尼茨虽然也是英国皇家学会和法国皇家学会的成员,但他却将他自己筹建的柏林科研机构称作 Berliner Sozietät der Wissenschaften,如果汉译过来,便是"柏林科学协会"或"柏林科学社团"。他之所以要这样做,归根到底是因为在他看来,无论是英国皇家学会,还是法国皇家学会,都有一个致命的缺陷,那就是它们都将自身的活动囿于科学研究本身,尤其是囿

---

① 在谈到磷的发现和研制这个问题时,不能不提到德国化学家布兰德(Hennig Brand),布兰德曾于 1669 年在试图用尿的蒸馏物将银练成金的时候发现了当时他称之为"载光物"或"冷光"的东西。此外,英国科学家在莱布尼茨之后,也曾投身于磷的研制工作。

② 尽管斯宾诺莎曾长期磨制过镜片,但他之磨制镜片却并不具有技术发明的意义,而只具有充作谋生手段的意义,不能与莱布尼茨的技术发明活动同日而语。

于理论自然科学本身，从而忽视了科学研究造福于人类这一根本的宗旨。但在莱布尼茨看来，真正的科研机构应当持守"理论与实践相结合"的方针，应当将其所推动的科学进步引向"为了上帝的荣耀而改善人类境遇"这一神圣的目标。他强调说："这样一个高贵的协会绝不能仅仅依靠对于知识或无用的实验的兴趣或欲望来运作……（这样将会使它）多多少少就像在巴黎、伦敦和佛罗伦萨所发生的情形一样……与此相反，人们应当从一开始就将这整项事业导向功利并且将它看作是高贵的缔造者们可以从中期盼荣耀与公共福利之富足的典范。因此，目标应当是结合理论与实践，不仅要改进科学与技术，也要改进国家和它的人民、农业、制造业与商业，以及食物供应。"[1]

　　需要强调指出的是，如果说莱布尼茨的科学工具论以及他对科学造福于人类宗旨的强调在推进近代自然科学和欧洲社会健康发展方面曾经发挥过积极的作用的话，则他的这些思想对于当代自然科学和人类社会的健康发展的积极作用就更其昭著了。应该说，自 17 世纪以来，自然科学获得了惊人的进步，而自然科学的这样一种进步也确实给人类带来了一些利益和好处，但另一方面它也在很大程度上改变了它与人类之间的关系，它非但不再仅仅是人类征服世界的力量，反而成了威胁整个人类存在的力量，一种可以顷刻毁灭整个人类的力量。我们今天生活的时代，不仅是一个"已经产生了两次世界大战"的时代，而且还是一个在世界各地拥

---

① 参阅玛利亚·罗莎·安托内萨:《莱布尼茨传》,宋斌译,中国人民大学出版社 2015 年版,第 353 页。

有数万枚核弹的时代,从而是一个与莱布尼茨时代很不相同的时代。存在主义哲学家巴雷特在谈到这种时代的差异时,曾经相当中肯地指出:"近代人由于具有支配物质世界的力量感而从中世纪涌现出来,但是时至今日,他的这种力量感却转向了反面;人在他能够发动但控制不住的'旋风'面前萌生了一种虚弱感和被遗弃感。这种危险的感受持续不已,且日趋强烈,……这与文艺复兴和启蒙运动用以消除中世纪黑暗,并且非常自信地致力于征服自然的陶醉感和力量感,相去甚远;与早期新教坚信自己良心的真诚及其世俗伦理的绝对价值,相去甚远;也与资本主义宣布资产阶级文明的物质繁荣是它的正当理由和目的时所带有的胜利感,相去甚远。"①这样一种严峻的历史情势无疑向整个人类提出了一个刻不容缓地重新思考和重新处置它与自然科学的关系问题:是任凭自然科学沿着助推新的世界大战乃至核战发生,以致威胁并毁灭整个人类的方向继续向前发展呢? 还是按照莱布尼茨所设计的使自然科学转向造福于整个人类的方向向前发展呢? 生存还是死亡? 是用来造福人类还是用来摧残和毁灭人类? 这就是我们当代人类面临的一个生死攸关的抉择。诚然,人类要正确地做出这样一种抉择还需要进行多方面的考量,但无论如何,当代人类在进行这样的抉择时,参考一下莱布尼茨在几个世纪前所提出的科学工具论无疑是大有裨益的。

莱布尼茨的自然哲学虽然具有跨时代的要素、性质和意义,但

---

① 参阅威廉·巴雷特:《非理性的人》,段德智译,陈修斋校,上海译文出版社2007年版,第33—34页。

像所有的哲学一样,也有它的不可避免的时代局限性。例如,莱布尼茨虽然在批判笛卡尔的物质的本质属性在于广延以及把物质的一切变形都归结为机械运动等机械论思想的基础上提出和阐述了他的物质观念、动力学系统和有形实体学说,但他的物质观念、动力学系统和有形实体学说却依然具有那个时代自然哲学的通病或弊端。例如,在他的动力学系统中,莱布尼茨始终强调物质的"受动性"或"惰性",不仅用派生的受动的力来界定次级物质,而且还用原初的受动的力来界定原初物质。再如,在运动的形式方面,尽管莱布尼茨并没有像他同时代的大多数自然哲学家那样,将位移运动视为运动的唯一形式,他甚至将意识活动(知觉活动和欲望活动)视为一种更根本更基础的运动或活动,但既然他坚持用机械论来解释所有的自然现象,则他在事实上就依然将以位移运动为基础的机械运动视为一种基本的运动形式,他的自然哲学就依然势必具有显而易见的机械论性质。还有,在变化观方面,莱布尼茨主张"连续律",强调"自然从来不飞跃",根本否定事物的质变。他的预成论虽然在为种质论和基因论辩护方面有一定的积极意义,但终究也是一种片面的理论。

还有,莱布尼茨的物质概念和有形实体学说中事实上也存在有一些含混之处。

例如,莱布尼茨的物质概念,如上所述,具有多重意涵,这就是:作为"原初物质"的物质概念,作为具有大小、形状和运动的物体的物质概念,作为"受动的力"的物质概念以及作为 兼具"受动的力"和"能动的力"的物质概念。这些概念的意涵有许多参照上下文是比较容易分辨清楚的,但在一些场合要揣摩出其真正的意涵还是需要大费周章的,甚至是让人感到比较费解的。

再如,莱布尼茨对"次级物质"概念的界定也有些欠一致之处。他在 1699 年 3 月 24 日致德·沃尔达的信件中在谈到次级物质时曾有过这样一个说法:"次级的或运动的力以及运动本身必定归因于次级物质,或是归因于由能动的力和受动的力一起产生出来的那个完全的物体。"从这个说法中,我们可以得出结论说,所谓"次级物质",也就是"由能动的力和受动的力一起产生出来的那个完全的物体"。如果考虑到莱布尼茨在《论自然本身,或论受造物的内在的力与活动》一文中的另一个说法:"次级物质虽然实际上是一种完全的实体,但却并不是纯粹受动的",文中的"完全的物体"其实也就是"完全的实体"。而且,莱布尼茨在这里所说的"实体"既然相关于"次级物质",它便不可能是一种简单实体,而只能是一种"有形实体"。更何况从上下文看,莱布尼茨也正是在讨论有形实体时谈到这句话的。但在其于 1703 年 6 月 20 日致德·沃尔达的信件中,莱布尼茨却并非将次级物质说成是有形实体,而是将其说成是有形实体的有机体或有形实体的物质团块。在谈到次级物质和有形实体时,他的表达式分别为"物质团块或次级物质"与"动物或有形实体"。既然从实存论层面看,次级物质的确既与物质团块相关,也与有形实体相关,而且有形实体既然为"有形"实体,它便与"物质"脱不了干系,既然"横看成岭侧成峰",不同的视角会产生不同的观感,则莱布尼茨关于次级物质的上述两种说法也都是可以理解的。但无论如何,在一个理论系统中对一个概念理解和表述的一致性却还是必要的。

还有,莱布尼茨对有形实体及其统一性的阐述似乎也存在有一定的含混性。在莱布尼茨的自然哲学中,有形实体的统一性通常是藉两种方式获得的。其中一种是藉认识论方式获得的,也就是藉认知主体的知觉和表象获得的。但有形实体藉这样一种方式获得的统一性实际上只是一种现象的统一性或外在的统一性,从而很难确保有形实体的实在性或实体性。因为倘若仅仅从知觉表象的角度看问题,便很难将作为现象的有形实体与只具有偶然统一性的杂乱堆集区别开来,从而便只能确认有形实体的"有形"而很难确定它之为一种有形"实体"。为了确保有形实体的实在性或实体性,也就是为了确保有形实体并非一种"纯粹的现象"而是一种"有良好基础的现象",我们就必须藉本体论的方式来理解和阐述有形实体的统一性。而所谓本体论的理解和阐述方式,无非是用简单实体(即单子)来解释复合实体。但由于有形实体是一种"有形"实体,要把它的结构或统一性解释清楚并非一件易事。为此,莱布尼茨不仅提出了"主导单子"概念,还提出了"次要单子"概念。主导单子作为有形实体的"形式",其在有形实体统一性中的主导作用似乎并不难理解,但对构成有形实体物质团块本体基础的次要单子何以构成的只是有形实体的物质团块,以及作为构成有形实体物质团块本体基础的次要单子何以能够在从属主导单子的同时又保持自身的自主和自足,换言之,次要单子何以能够成为单子,理解起来则比较费力。事实上,为了给这些问题一种说法,除了求助于莱布尼茨的前定和谐假说,似乎并无别的良策。但这样一来,莱布尼茨的有形实体学说便在不经意间染上了他所批评的"救急神"神秘主义的毛病。不同的只是笛卡尔派是藉上帝的连续不断的奇迹来解释灵魂与身体的互存互动关系,而莱布尼茨则只用上帝创世时所实施的一次奇迹来解释灵魂与形体之间的互存互动关系罢了。由此看来,莱布尼茨对偶因论的批判乃至对整个"野蛮物理学"的批判只不过是"五十步笑百步"罢了!

总之,莱布尼茨的自然哲学是西方近代自然科学史上的一朵奇葩,具有跨时代的属性和意义,但作为西方 17 世纪自然哲学的一种形态,它自身终究难以摆脱它那个时代的"俗气"。结合莱布尼茨自然哲学的学术背景和西方自然哲学的历史进程,全面研究和阐述莱布尼茨的自然哲学的各个维度和层面及其在西方近代自然哲学史上的历史地位以及它对现当代西方自然哲学的深度影响,过去是、现在依然是摆在莱布尼茨研究者面前的一项重大使命。

段德智

2017 年 7 月 4 日

于武昌珞珈山南麓

目　　录

对物理学与物体本性的研究[①]

① 本文是莱布尼茨前巴黎时期(1672—1676 年)一篇相当重要的自然哲学论文，写于 1671 年。

有一种观点认为，莱布尼茨是在 1672 年秋季在巴黎结识惠更斯之后，才在惠更斯的特别指导下对近代数学和物理学有了充分的理解。本文表明这种观点并不符合事实。其实，在此之前，莱布尼茨随着其对哲学问题和神学问题的深入思考就开始对近代数学和物理学产生了浓厚的兴趣，并针对当时学界的有关争论发表了自己的看法。早在 1669 年，时年 23 岁的莱布尼茨就试图纠正当时欧洲学界一流的物理学家和数学家惠更斯和雷恩(Christopher Wren, 1632—1723)所提出的运动规律。1671 年，时年 25 岁的莱布尼茨发表了他的《新物理学假说》(Hypothesis physica nova)，对他的物理学和宇宙论的新原理作了一番不太连贯的勾勒。这部著作分两个部分发表，其中第一部分《抽象运动论》(Theoria motus abstracti)寄交巴黎王室科学院(Académie Royale des Sciences)发表，第二部分《具体运动论》(Theoria motus concreti)寄交伦敦皇家学会秘书亨利·奥尔登堡。奥尔登堡交给英国皇家学会会员瓦里斯、虎克、波义耳和佩斯等人传阅，并将莱布尼茨的来函在当年 5 月会议上宣读，又将一些会员对《假说》的肯定意见发表于 8 月出版的学会会刊《哲学学报》(Philosophical Transaction)上。《抽象运动论》所阐述的各项基本原理，虽然是意大利数学家卡瓦列里、英国哲学家霍布斯和法国哲学家笛卡尔各种观念的比较生硬的结合和分析，却涉及许多后来他进一步阐明的形而上学原理，可以视为莱布尼茨形而上学改革的最初步骤，尽管力的中心概念在这里依然尚付阙如。本文的第二部分《关于有形事物本性的一个推证的例证》写于 1671 年末，显示了莱布尼茨构建经验定义的技巧，并且昭示了他的现象主义的各种动机。他对笛卡尔的各种批评已经相当明确地表达出来了。

《抽象运动论》原载 G. W. Leibniz: Die philosophischen Schriften 4, Herausgegeben von C. I. Gerhardt, Hildesheim: Georg Olms Verlag, 2008, pp. 228—232。《关于有形事物本性的一个推证的例证》原载 W. Kabitz, Die Philosophie des jungen Leibniz, Heidelberg, 1909, pp. 141—142。莱姆克将其英译出来并收入其所编辑的《莱布尼茨:哲学论文与书信集》中。

本文据 Leibniz: Philosophical Papers and Letters, translated and edited by Leroy E. Loemker, D. Reidel Publishing Company, 1969, pp. 139—145 和 G. W. Leibniz: Die philosophischen Schriften 4, Herausgegeben von C. I. Gerhardt, Hildesheim: Georg Olms Verlag, 2008, pp. 228—232 译出。

一、抽象运动论：基本原理①

1. 在一个连续体（continuo）中现实存在着各个部分，尽管博学的托马斯·怀特②持相反的主张。③

---

① 这一部分从有关物体碰撞规律的各个概念的定义入手。其标题即意味着莱布尼茨将其视为可推证的，尽管它们只是被视为各种假设。后来，在《形而上学谈》第17节中，莱布尼茨将这些原理称作现实存在的"次级规则"（des maxims subalternes）或原理，从而并不能由人的心灵完全归结为关于存在的普遍规律。（参阅 G. W. Leibniz：Die philosophischen Schriften 4，Herausgegeben von C. I. Gerhardt，Hildesheim：Georg Olms Verlag，2008，p. 442。）这表明莱布尼茨在探究科学规律问题上所践行的是一条颇具特色的先验与综合相结合的路径，尽管在此时，除充足理由律外，关于存在的所有基本原理均尚未形成。

② 托马斯·怀特（Thomas White，1593—1676），英国天主教哲学家。曾著述大约40部神学著作，作为哲学家，他还积极参与了当时许多科学和政治学方面的争论。

③ 莱布尼茨在《神正论》中曾经提到"两个著名的迷宫（deux labyrinths famoux）"问题，断言："其一关涉到自由与必然的大问题，这一迷宫首先出现在恶的产生和起源的问题中；其二在于连续性和看来是其要素的不可分的点的争论，这个问题牵涉到对于无限性的思考。"（参阅 Leibniz，Essais de Théodicée，GF Flammarion，1969，pp. 29。也请参阅莱布尼茨：《神正论》，段德智译，商务印书馆2016年版，第61页。）本文虽然讨论的是运动问题，但这一节的内容告诉我们，莱布尼茨不是就运动问题来谈运动问题的，而是从解决"连续性和看来是其要素的不可分的点的争论"这样一个高度来谈运动问题的。

"连续性和看来是其要素的不可分的点的争论"可以一直上溯到西方哲学的发轫时期，上溯到芝诺"阿基里斯与乌龟"悖论的提出。按照芝诺的这一悖论，一个统一体可以现实地分割成无限多个部分。芝诺的这样一种观点后来遭到了亚里士多德的批评。亚里士多德断言，即使一个统一体可以潜在地被无限分割下去，它也永远不可能现实地分割成无限多个部分。但至近代，伽利略却主张，一个连续体可以在事实上分割成无限的部分，这些无限的部分即为"无限小量"，这些无限小量既没有确定的大小，也不可分。莱布尼茨则从运动论的角度，将伽利略的"无限小量"改造成"瞬间存在的心灵"，从而完成了他对传统形而上学改造的第一期工程，并最终导致了他的无广延的不可分的实体学说或单子论的提出。

2. 而这些部分都是现实无限的,因为笛卡尔的无定限的事物[①]并不存在于事物之中,而只存在于思维者之中。

3. 在空间中,或者在一个物体中,不存在任何一种最小值,也就是说,其任何一个部分的大小都不会为零。[②] 这样一种事物不可能占有任何一个位置,因为凡具有位置的事物都能够同时接触到若干个其本身并不相互接触的事物,从而具有许多表面。对于

---

① "无定限的事物"的对应法文为 indefinitum。在笛卡尔看来,"无定限"与"无限"不是一回事。"无限"并非物质事物的属性,而只是上帝的属性。因此,我们只能说"上帝的能力是无限的",而不能说我们的能力是无限的。他写道:"关于无限,我们不必企图理解,我们只能把那些无界限的事物,如世界的广袤、物质各部分的可分性,以及星宿的数目等,认为是无定限的即可。"在谈到"无定限和无限的区别"时,笛卡尔写道:"我们所以要称那些事物为无定限的,而不称它们为无限的,乃是要想只把'无限'这个头衔留给上帝。我们所以如此,第一因为我们不仅发现他在任何方面没有限制,而且我们还确实设想,他就不容有任何限制。第二因为我们并不同样地确实设想别的事物在各部分都无限制,我们只是消极地承认,它们的界限(如果有的话)不是我们所能发现的。"笛卡尔还进一步强调说:"这个世界或物质实体的全部,其广袤是无有界限的,因为不论我们在什么地方立一个界限,我们不只可以想象在此界限以外还有广袤无定的许多空间,而且我们看到,那些空间是真正可以想象的,也就是说,事实上正如我们所想象它们的那样。因此,它们所含的有物质实体的广袤也是无定限的,因为我们在前已经详述过,在任何空间方面,我们所设想到的广袤观念,和物质实体的观念,分明是同一的。"参阅笛卡尔:《哲学原理》,关文运译,商务印书馆 1959 年,第 10、11、44 页。

② 莱布尼茨在这里讨论的是他的物质无限可分思想。其所针对的是原子论立场。原子论的创始人是古希腊的留基伯和德谟克里特。他们之所以被称作原子论者,最根本的就在于他们都持万物由原子构成这样一种哲学观点。而万物之所以能够由原子(ātomos)构成,最根本的就在于原子是"充实"的最小单位,是一种"不可分割"的"最小值"。他们的原子论后来在伊壁鸠鲁和卢克来修那里得到了发展,至近代又在伽森狄那里得到了复兴。

任何一个最小值,我们都不能假定说,倘若没有它,便会得出在整体上和在各个部分都有同样多的最小值,因为这样一种说法蕴含有矛盾。

4. 存在有不可分的事物或无广延的存在者(indivisibilia seu inextensa),[①]因为否则,我们便既不能想象运动或物体具有始点,也不能想象运动或物体具有终点。有关证明如下:任何一个给定的空间、物体、运动和时间都存在有始点和终点。现在设其始点被发现由线段 ab 表现出来,其中点为 c,再设 ac 的中点为 d,ad 的中点为 e,等等。设始点在左边的终点,即 a 点找到。由此,我可以得出结论说,ac 并非它的始点,因为倘若不破坏这一始点,便不可能从中得到 cd;其始点也不可能是 ad,因为 ed 是能够取走的,如此等等。所以,没有任何东西构成一个始点,使得处于右边的某种东西能够从中撤走。但从中没有任何广延的东西能够撤走的东西是没有广延的。所以,物体、空间、运动或时间,简言之,一个点、努力或瞬间的始点如果不是无,就是无广延的;倘若说它们的始点为无,这是荒谬的,但若说它们的始点是无广延的,这可以说是得到

---

① 这是莱布尼茨从他的物质无限可分思想得出的一个极其重要的形而上学结论,直接引申出了他的实体学说或单子论。莱布尼茨在《单子论》中宣布:“单子”的基本规定性就在于它“没有部分”,“没有广延、形状和可分性”,而且,也正因为如此,单子才能够是“自然的真正的原子”。他写道:“我们在这里将要讨论的单子,不是任何别的东西,只是一种构成复合物的单纯实体,所谓单纯,就是没有部分的意思。”“在没有部分之处,便既不可能有广延,也不可能有形状和可分性。这些单子乃自然的真正的原子(les veritables Atomes de la Nature),简言之,也就是万物的元素(les Elements des choses)。”参阅莱布尼茨:《单子论》,第 1、3 节。

了推证的。①

5. 根本不存在任何一个点其部分为零,或其各个部分之间没有任何距离;其大小是不值得考虑的;是不可能制定出来的,比任何藉与另一个可感觉得到的大小并非无限的比例表达不出来的事物还要微小;比任何一个给定的事物都要微小。这就是卡瓦列里②方法的基础,在这里,其真理显然是得到了推证的,以致我们必定设想一些基本原理,也可以说是各种线段和图形的始点,比任何给定的大小都要小些。

6. 静止对于运动的比例,并非点对于空间的比例,而是无对于一的比例。

---

① 莱布尼茨在这一节所进行的论证与我国后期墨家"非半在端"的论证颇有几分类似。因为《墨经》中有"非半弗断则不动,说在端"以及"非。断半,进前取也。前则中无为半,犹端也。前后取,则端中也。断必半,毋与非半,不可断也"的说法。(参阅姜宝昌:《墨经训释》,齐鲁书社 2009 年版,第 260 页)不过,《墨经》里所说的"端"并非像莱布尼茨所说的是那样一种精神性的东西,而是一种物质性的东西,从而归根到底所持的并非莱布尼茨的物质无限可分的思想,而是一种类似原子论的物质有限可分的主张。

② 卡瓦列里(Bonaventura Cavalieri,1598—1647),意大利的数学家,积分学的先驱。以天文学家伽利略的门徒自居。曾任博洛尼亚大学数学教授。发明并发展了他的不可分法——一种用来确定几何图形大小的方法,类似积分法。发表相关成果《一种推进连续不可分新几何学的方法》(1635 年)和《六道集合习题》(1647 年)。此外,他还通过他的著作《天体测量常用指南》(1632 年)在意大利引进对数作为计算工具。在坚持和阐释一个连续体可以在事实上分割成无限的部分方面,卡瓦列里是伽利略的追随者,他的《一种推进连续不可分新几何学的方法》(1635 年)通篇都在使用"不可分"的概念。

7. 运动是连续的,并不为静止的短暂间隔所打扰。①

8. 因为在一个地方,一件事物一旦静止,它就将始终保持静止,除非有引起运动的新的原因出现。

9. 反之,一件事物一旦运动,它就将以同样的速度并且沿着同样的方向运动,如果它自行其是的话,事情就是如此。

10. 努力(conatus)之对于运动,一如点之对于空间,或者说一如"一"对于"无限",因为它乃运动的始点和终点。②

---

① 莱布尼茨是从连续律的高度来看待运动的连续性的。他在《人类理智新论》中写道:"任何事物都不是一下造成的,这是我的一条最大的准则,并且是完全证实了的准则:'自然从来不飞跃'。我最初是在《文坛新闻》上提到这条法则,称之为连续律;这条法则在物理学上的用处是很大的。这条法则主张,我们永远要经过程度上和部分上的中间阶段,才能从小到大,或者从大到小;并且从来没有一种运动是从静止中直接产生的,也不会从一种运动直接就回到静止,而只有经过一种较小的运动才能达到,正如我们决不能通过一条线或一个长度而不先通过一条较短的线一样,虽然到现在为止那些建立法则的人都没有注意到这条法则,而认为一个物体能一下就接受一种与前此相反的运动。"参阅莱布尼茨:《人类理智新论》,陈修斋译,商务印书馆1982年版,第12页。

② "努力"这个概念可以说是莱布尼茨从霍布斯那里借用过来的。霍布斯运动学说中最大的亮点是他提出的"努力"概念。与笛卡尔一味拘泥于机械运动甚至将动物视为"自动机器"不同,霍布斯将"努力"视为其运动学说的一项基本原则。按照霍布斯的说法,所谓"努力"即是"在比能够得到的空间和时间少些的情况下所造成的运动"。霍布斯的"努力"概念是一个普遍概念,既意指物体的物理属性,也意指物体的心理属性和精神属性,意指动物和人的欲望、欲求或愿望。在霍布斯看来,动物不仅有"生命运动",而且还有"自觉运动"。也正是在"努力"概念的基础上,霍布斯提出了物体能够意欲和思维的观点。在这里,莱布尼茨将努力规定为"运动的始点和终点",将努力与运动的关系说成是"一"与"无限"的关系,这是他的新运动观的重要表达,他显然是把努力视为伽利略式的不可分的"无限小量",从而朝他建立新的实体学说迈出了决定性

11. 因此,凡运动的事物,不管其运动得多么无力,也不管其遇到的障碍有多大,都将针对所有的障碍无限充分地扩散它的努力,而且,它还会进而将其努力传送给所有那些跟着到来的事物。因为虽然无可否认,一个运动的物体当其已经被逼停的时候,并不能继续进行它的运动,但它至少还努力去继续它的运动,而且,它甚至还努力开始去推动那在阻碍着其前进的物体,不管这阻碍着其前进的物体有多大,即使它可以越过这一物体,它也会照推不误。

12. 因此,在同一个物体中,不可能同时存在有多个相反的努力。因为设线段 ab,并且设 b 从 a 向 b 运动,另一方面又设 d 从 b 向 a 运动,并与 c 相撞;这样,在相撞的瞬间,c 将努力反对 b,即使

一步。但毋庸讳言,从根本上讲,霍布斯将所有的运动都归结为简单的位移运动,宣布:"运动是连续地放弃一个位置,又取得另一个位置。"因此,他的运动观从根本上讲依然是一种机械论的运动观。(参阅 Thomas Hobbes, *Concerning Body*, John Bohn, 1839, pp. 206,109)

在这里,莱布尼茨尚未将力和运动清楚地区别开来。只是到了 1686 年,莱布尼茨在《形而上学谈》第 17—18 节中,在批评笛卡尔的运动量守恒理论时,才对它们作出了比较明确的区分。他写道:"我们时代的新哲学家一般都喜欢引用下面这条著名规则:上帝总是在世界上保存同一个运动量。其实,这完全是似是而非的东西,在过去很长一段时间里,我也一直认为其无可置疑。但后来我看清楚了它错在何处。笛卡尔先生和其他一些颇有才华的数学家相信,运动的量,亦即运动物体的速度与其大小(质量)的乘积,同运动的力完全是一回事;用几何学术语来说就是:力同速度和物体(质量)直接成比例。……但为了表明其间的差别,我提出了一个假设:一个从一定高度降落下来的物体要重新上升到原来的高度,如果顺着原来的路线折回去,并且不受任何阻碍的话,那就需要足够的力量才行。……因此,在运动量和力之间存在着明显的差别,这正是我们要极力表明的。……对力的这样一些考察,把力同运动量区别开来,意义非常重大。这不仅有助于我们在物理学或机械学层面发现自然的真正规律和运动的本性,纠正已经潜入一些颇有才华的数学家著作中的种种错误,而且也有助于我们在形而上学层面更好地理解各种原理。"

它被认为在阻止运动,亦复如此,因为运动的目标即是努力(finis motus est conatus)。但倘若对面的物体被认为占上风,它便会沿着相反的方向努力,因为它将开始向后运动。但即使任何一个都不比另一个占上风,事情也将依然如此,因为每一个努力都将通过无限多个在抵抗的各种物体而继续下去,这样一来,每一个物体的努力也都在其他物体中有所表现。而且,倘若同等的速度一事无成,则任何一个都不会意欲一种两倍的或任何更大的速度,因为无的两倍依然是无。

13. 一个运动物体在其努力时的一个点,或者说在一个比任何一个可以指定出来的时间还要短暂的时刻的一个点,处于空间的许多位置或许多点,这就是说,这个物体将充实一个大于其本身的空间的一部分,或者说它将充实一个大于其处于静止状态或它运动得比较慢的状态或它只在一个方向努力的空间的一部分。然而,这一空间依然是指定不出来的,或者说在于一个点,尽管这个物体的点对于它在运动中所充实的空间的点的比例与切向接触的角与直线角的比例或者说与一个点对于一条线段的比例是一样的。

14. 一般而言,凡运动的事物,当其运动时,都永远不会处于一个位置上,实际上,即使它在一个瞬间,哪怕是在一个最小的瞬间,亦复如此。这是因为凡在时间中运动的事物都在那个瞬间努力着,或是开始运动或是停止运动,也就是说,它在改变着它的位置。说当它在一个比任何一个给定的时间还要短暂的时间里努力时,它是处于一个最小的空间之中,这是无关宏旨的,因为根本不存在任何一种最小的时间,否则就会有一种最小的空间了。因为凡是通过一条在时间上短于任何一个给定时间的线段运动的物体,都要通过一条在空间上短于任何一个给定线段或一个点运动,从而也就是在一个绝对最短的时间通过一个绝对最小的空间部分。但依据第三项原理,根本就不存在这样的东西。

15. 正相反,在碰撞时,两个物体的各种边界或各个点不是相互渗透,就是处于空间的同一个点上。因为当两个碰撞的物体中的一个努力进入另一个物体的位置时,它便开始进入其中,也就是说,它便开始渗透或者与之结合在一起。因为所谓努力,即是开始、渗透和结合(Conatus enim est initium, oenitratio, uni-o)。① 因此,各个物体开始结合,或者说它们的各种边界开始成为一个。

16. 因此,相互逼迫或相互推动的物体便处于一种结合的状态,因为它们的各种边界变成了一个。而按照亚里士多德的定义,其界限成为一个的几个物体是连续的或者说处于一种粘合(coha-

---

① 在这里,莱布尼茨把努力规定为"开始、渗透和结合",也就是在把物体的统一性或统一体归因于"努力",这也就是将物体的实体性归因于"努力"。

erentia)的状态。① 因为倘若两件事物处于一个位置，如果没有另
一个，这一个便不能开始运动。

　　17. 除非在心灵中，任何一种努力如果没有运动都不可能持
续超过一个瞬间。因为在一瞬间努力的东西即是一个物体在时间
中的运动。这就为我们在物体和心灵之间作出真正的区分提供了
机缘，迄今为止，尚无一个人对此作过解释。因为每一个物体都是
一个瞬间的心灵，或者说都是一个没有记忆的心灵（mens mo-
mentanea, seu carens recordatione），②因为它并不保持它自己的
努力，而另外相对立的东西结合在一起却能够保持不止一个瞬间。
因为两件东西对于感官的快乐或痛苦是必要的，这就是作用与反
作用，对立与和谐，倘若没有它们便不会存在有任何感觉。因此，

───────────

　　① 在《物理学》中，亚里士多德不仅比较详尽地讨论了"性质的运动"和"数量的运
动"，而且还比较详尽地讨论了"位移运动"。亚里士多德宣称："位置"或"地点"就是
"包容者的最初直接的、不动的界限"，或者说，就是"被认为是容器即包容物那样的某
种表面"。而且，"位置"或"地点""是与事物一致的；因为界限是与被限界的东西一致
的"。他还从"潜在"与"现实"的角度讨论位移运动。他写道："有些东西是潜在地在地
点中，有些东西是现实地在地点中。所以，当事物是连续的同种物时，各部分就是潜在
地在地点中；当事物是分离的但又接触着时，它们就是像一堆东西一样，现实地在地点
中。"参阅亚里士多德：《物理学》，Ⅳ，4，212a 20—22，28—32；Ⅳ，5，212b 4—8。
　　② 如果说将物体的本质归结为运动（而不是广延），是莱布尼茨迈出的超越笛卡
尔物体观的第一步，将运动的本原归因于物体的"努力"是莱布尼茨迈出的超越笛卡尔
物体观的第二步，则莱布尼茨迈出的超越笛卡尔物体观的第三步，也是最关键的一步
便是将物体的努力归结为"一个瞬间的心灵"或"没有记忆的心灵"。莱布尼茨物体学
说演进的这一三部曲无疑是他的物体不断精神化的过程。至此，莱布尼茨自己的实体
学说的诞生看来已经为期不远了。

物体没有记忆,它没有关于它自己的活动与受动的知觉;它没有思想。①

18. 一个点大于另一个点,一个努力大于另一个努力,但每一个瞬间与每一个别的瞬间却是相等的。因此,时间是由同一条线段上的匀速运动测度的,虽然它的各个部分并非都是在一瞬间停止的而是"密集的"(indistantes),就像处于一个点上的各个角一样。② 经院哲学家或许效法欧几里得,将这些部分称作符号(signa),因为在它们之中似乎存在有一些事物,在时间上是同时的,但在本性上却不是同时的,因为一个是另一个的原因。在加速运动中也是如此,加速运动在每一个瞬间都增加,从而从一开始就增加;但这样一种增加却预设了一个早些和一个晚些。所以,一个符号在同一个给定的瞬间早于另一个符号,即便没有距离或广延,亦复如此……虽然任何人都不能轻易地否定各种努力的不等性,但各个点的不等性却因此接踵而至。一个努力显然大于另一个,或者说一个比另一个物体运动得更加迅速的物体显然从一开始就经过了更大的空间,它将始终继续经过同样的量,因为依据前

---

① 由此看来,对物体自己活动过程的反思的知觉乃心灵记忆和思维的基础。在这里,莱布尼茨已经超越了笛卡尔的身心二元论,而开始走向一元论,并断言这两者都能分析成具有感觉的基本运动。

② 霍布斯的努力理论所造成的与欧几里得的整体—部分相关的困难使得莱布尼茨最终在一方面是包含(containing)与内含物(inclusion)之间的关系与另一方面是整体—部分之间的关系作出区分。莱布尼茨将经院哲学的符号学说引进来,用作区别较大与较小的点或努力的原理,这在莱布尼茨思想的进一步发展中硕果累累,因为他使人设想 y=f(x)任何特殊价值的内在复杂性,当下精神状态中的微知觉,以及力的瞬间冲动之中的各种关系。

面第 9 节,运动将像它开始那样继续下去,除非有某种外在的原因使之发生了改变。因此,两个物体,如果其运动开始时是相等的,其运动结束时也就会是相等的。所以,在碰撞的瞬间,运动快的物体之作用于运动慢的物体恰恰与运动慢的物体作用于运动快的物体一样多,这样一种说法是荒谬的。由此看来,它们必定是不等的。所以,在一个给定的瞬间里,更强有力的物体将会比运动慢的物体穿过更大的空间。但在一瞬间,任何一个努力都不可能穿过不止一个点,或者说都不可能穿过一个小于任何一个给定部分的空间部分,否则,它就会穿过一条在时间上无限的线段。所以,一个点大于另一个点。① ……

19. 如果两个同时发生的努力能够保存下来,它们便合二为一,而每一个努力的运动也将得以保存下来。这从沿着一个平面滚动的球体看是很清楚的,在这里,在这一球体表面所指定的每一个点的运动都是由一条直线和一个圆组合而成的,它们是通过极小值或努力结合成一条摆线的。② ……这一证明值得几何学家更加认真地对待,以至于它可以使新的曲线可以由任何给定曲线各种努力的结合产生出来的东西得到阐明;从而许多新的几何学原理或许都能够得到推证。

---

① 这与欧几里得关于点的定义相矛盾,欧几里得将一个点定义为没有任何部分的东西。本文的其他部分包含有对有关角、圆、规则多边形和圆周运动的几何学的应用。

② 莱布尼茨是从 1673 年 6 月以后才开始研究帕斯卡尔的。由此看来,莱布尼茨是在研究帕斯卡尔之前,就已经认识到了摆线的结构以及关于运动组合与分解量的原理的。

20. 一个运动的物体对另一个物体产生影响,根本无需减少它自己的运动,而无论什么样的其他物体也都能够在不丧失其此前运动的情况下接受这种影响……

21. 倘若没有某种事物能够同时作用于每一件别的事物,并且同等地构成每一件事物的原因,倘若根本不涉及第三件事物,那就不会有任何活动。这也正是静止的原因……

22. 如果不能组合在一起的各种努力是不平等的,它们便会相互减损,更强有力的努力的方向便得以保存下来……两个努力能够相互减损,因为较小的努力等于较大的努力的一个部分,从而,只要这个问题的解决方案在任何一个努力的一个部分中发现,那就没有任何理由来选择第三个解决方案。

23. 如果两个不能组合到一起的努力是同等的,这两个努力的方向便都将受到破坏,或许第三个方向会被选作这两个方向之间的中介,努力的速度便被保存下来。这可以说是运动的合理性之巅(apex rationalitatis in motu)。因为这一问题不仅是藉两个同等者的天然的减损,而且还藉对更加合适的第三种可能性的选择予以解决的,从而也就是藉一种卓越却又必要的智慧予以解决的,这一点在整个几何学或运动论中是不容易显示出来的。① 因

---

① 这里所说的运动论乃一种关于运动的抽象理论,或者说是依据关于运动在先状态和随后状态等值的一般原理对运动作出的解释。这样一来,它便给几何学添加上了时间的维度,因此它便处于科学与莱布尼茨后来的力的科学,亦即动力学的中途。

此,既然一切别的事物都依赖于整体大于其部分这样一项原理,欧几里得便在其《几何学原理》中开门见山地说,其余的东西都只有通过增减才能得到解决。

24. 如果没有理由,就不会有任何一件事物存在(Nihil est sine ratione)。① 由这项原则可以得出诸多结论:应当改变的东西越少越好,中项应当在两个对立面之间进行选择,凡添加到一个事物上面的东西甚至无需从另一件事物扣除掉,以及许多公民科学(scientia quoque civili)②中至为重要的东西。

_____

① 早在 1668 年,莱布尼茨就在其发表的《反对无神论,礼赞自然》一文中,使用过"充足理由原则",将上帝视为对物体进行形而上学解释的"理由"、"根基"和"原则"。此后不久,大约在 1668 年底或 1669 年初,他在《天主教推证》第一部分的第一章中便将充足理由原则明确地表述为"如果没有理由,就不会有任何一件事物存在(Nihil est sine ratione)"。莱布尼茨在这里重申的这项原则此后就构成了莱布尼茨哲学的一项基本原则。晚年,莱布尼茨将他的充足理由原则称作他的"整个哲学的最好部分",宣称:"推翻这条原则就会推翻整个哲学的最好部分"。(参阅《莱布尼茨与克拉克论战书信集》,陈修斋译,商务印书馆 1996 年版,第 59 页)充足理由原则最初就是在这里提出来的。

② 在莱布尼茨之前,霍布斯就曾使用过"公民科学"这个概念。在霍布斯那里,"公民科学"是一个与"自然科学"相对照的概念。霍布斯在谈到"公民科学"的方法论时,曾经指出:"公民科学与自然科学(civil and natural science)的方法,当其由感觉进展到原理时,它是分析的;而那些从原理开始的方法,则是综合的"。在霍布斯那里,公民科学是一个与"公民哲学"密切相关的概念。霍布斯以公民哲学的创始人自居。他在《论物体》中写道:"自然哲学虽然很年轻,但公民哲学(Civil Philosophy)却还要年轻得多。因为在我自己的著作《论公民》出版之前,是根本无所谓公民哲学的。"霍布斯的公民哲学含两个部分,这就是伦理学和政治学。他写道:"通常又把公民哲学分为两个部分,一部分研究人们的气质和生活方式,称作伦理学(*ethics*);另一部分则注重认识人们的公民责任(civil duties),称作政治学(*politics*)"。(参阅 Thomas Hobbes, *Concerning Body*, John Bohn, 1839, pp. 65, ix, 11.)应该说,莱布尼茨这里谈到的"公民科学"从学科领域看,与霍布斯的公民科学或公民哲学大体相同,从而与亚里士多德的"实践科学"也大体相同。

二、关于由现象得出有形事物本性的
推证的一个例证①

　　事物这个词,我们指的是显现出来的东西,从而也就是那些能够理解的东西。因为当我们受骗并且承认我们错误时,我们依然可以正确地说,有些事物虽然向我们显现了出来但却未曾存在过。

　　一件事物的本性,就这件事物本身而言,即是它的现象的原因。因此,一件事物的本性并不同于它的现象,一如一个清楚的现象不同于一个混乱的现象,也如各个部分的现象不同于它们与外在事物的位置或关系的现象。或者说,就像一座城市的规划,从矗立在市中心的一座高塔的塔顶俯瞰,不同于几乎无限的水平景观那样,这些景观使得那些从这一或那一方向审视它的观光者赏心悦目。这样一种类比似乎始终能够卓越地适合于我们理解本性与

---

　　①　本文写于1671年末。

　　我们知道,笛卡尔的二元论的基本内容在于:世界上存在有两种实体,一种是物质实体(物体),另一种是精神实体(心灵);物质实体(物体)的本质属性是广延,精神实体(心灵)的本质属性是思维;物质实体(物体)与精神实体(心灵)由于其本质属性不同而没有任何内在联系,从而其间不可能有任何相互作用。莱布尼茨在本文中批判的正是笛卡尔的物体观。莱布尼茨在本文中指出,广延根本不可能构成物体的本性,离开了"现象",离开了我们能够"直接感觉到的东西"(即现象),我们就根本不可能设想物体。诚然,莱布尼茨在这篇论文中,对于物体的本性尚未作出更深层次的探讨,尚未由此达到他自己的实体学说或单子主义。但他从现象出发来审视物体本性这样一种致思进路在一定意义上预示了他未来哲学的现象主义与单子主义内在关联的理论特征。一些西方学者将"中年莱布尼茨"(现象主义)与"晚年莱布尼茨"(单子主义)对立起来是不符合莱布尼茨哲学的理论特征和本来面貌的。参阅段德智、李文潮:《试论莱布尼茨的现象主义与单子主义的内在关联》,《哲学研究》2002年第9期。

偶性之间的区别。①

　　人们称作物体的东西必定是经过认真研究的,因为一个清楚明白的物体观念使我们达到各种推论。首先,人们都赞成,只有那些被认为是广延的东西才能够称作一个物体。② 不过,所有的人又都主张,在他们认为只有空的广延的地方,就不存在任何一个物体,而只有空的空间。而且,他们还认为当一个物体离开这一空间而另一个物体占有它的位置时,这一空间依然存在,即使他们产生了相反的感觉,亦复如此。③ 这是否来自童年的稚见是需要加以

　　① 城市景观的图像问题是莱布尼茨最喜欢讨论的一个问题。在《形而上学谈》第9节中,莱布尼茨写道:"每个实体都与整个世界相像,并且都与上帝的一面镜子相像,或者说实际上也就是整个宇宙的一面镜子;每个实体都以自己的方式表象着整个宇宙,就像一座城市由于观察者的角度不同而显现出不同的样子。"在《理性原则的形而上学推论》第10节中,莱布尼茨写道:"我们的灵魂可以说是按照它自己的观点表象宇宙其他事物的,就像同一个城市从不同的角度看便会形成很不相同的景观一样。"(*Leibniz*: *Philosophical Writings*, ed. by G. H. Parkinson, trans. by Mary Morris and G. H. Parkinson, J. M. Dent & Sons Ltd, 1973, p. 176。)在《单子论》第57节中,莱布尼茨又写道:"正如同一座城市从不同的角度去看便显现出完全不同的样子,可以说是因视角(perspectivement)不同而形成了许多城市,同样,由于单纯实体的数量无限多,也就好像有无限多不同的宇宙。"通常人们并不认为从高塔审视获得的观点即代表一种绝对的本质。一个实体的本质与其各种性质的区分,或者说本质与样式的区分,在莱布尼茨的逻辑学和形而上学中是基本的,支持了他的意向逻辑学的应用和他的实体学说。

　　② 莱布尼茨在这里针对的显然是笛卡尔的物体观。笛卡尔曾经非常明确地说道:"物体的本性,不在于重量、硬度、颜色等,而只在于广延。"(参阅笛卡尔:《哲学原理》,关文运译,商务印书馆1959年版,第35页)莱布尼茨则斥之为"童年的稚见"。莱布尼茨在本文中提出的观点恰恰与之相反,这就是:物体本性不仅在于广延,而且更重要的还在于它具有可以"直接感觉到"的颜色以及"努力"和"抵抗"等。

　　③ 这里所说的"空的空间"实际上指的是牛顿的"绝对空间观"。牛顿曾将空间区分为"绝对空间"和"相对空间"。他写道:"绝对的空间,就其本性而言,是与外界任何事物无关而永远是相同的和不动的。相对空间是绝对空间的可动部分或者量度。我们的感官通过绝对空间对其他物体的位置而确定了它,并且通常把它当作不动的空间

澄清的。再者,只要他们设想除空间或广延外还有其他某种东西
显现给他们,他们也就设想了一个物体。因为纯粹的广延如果没
有某种颜色、努力、抵抗或某种其他的性质,是从来不会显现给他
们的。[①]明眼人一看即知,这些仅仅作为广延的种相[②]是不可能对任

看待。如相对于地球而言的地下、大气,或天体等空间都是这样来确定的。绝对空间
和相对空间,在形状上和大小上都相同,但在数字上并不总是保持一样。因为,例如当
地球运动时,一个相对于地球总是保持不变的大气空间,将在一个时间是大气所流入
的绝对空间的一个部分,而在另一时间将是绝对空间的另一部分,所以从绝对意义上
来了解,它总是在不断变化的。"(参阅 H. S. 塞耶编:《牛顿自然哲学著作选》,上海人
民出版社 1974 年版,第 19—20 页。)莱布尼茨则坚决反对牛顿的这样一种完全脱离物
质事物而存在的绝对空间。他强调说:"我不相信有什么没有物质的空间。人们说成
虚空的那些实验,如跟着托里拆利用那水银柱的玻璃管的空隙,以及跟着盖利克用唧
筒做的实验,都无非是排除了粗大的物质而已。因为那些光线,也并不是没有某种精
细的物质,它们就穿过玻璃进去了。"(参阅《莱布尼茨与克拉克论战书信集》,陈修斋
译,商务印书馆 1996 年版,第 39 页)

① 应当对这句话里所包含的"某种颜色、努力、抵抗或某种其他的性质"这样一
个短语作出深入的理解。这里所说的构成"物体的本性"的性质有两个不同的层面:一
个是"颜色"这样的性质,另一个是"努力、抵抗"这样的性质。第二个层面具有更多的
本体论意涵,它直接将莱布尼茨引向力本论的动力学,引向他的实体学说。从这个意
义上,我们可以说,霍布斯的"努力"概念是莱布尼茨"单子"概念的先声。

② "广延的种相"指的其实也就是前面所说的"纯粹的种相",亦即那种与"颜
色"和"努力"毫无关系的"广延"。明眼人一看即知,莱布尼茨这里批评的正是笛卡
尔的广延观。笛卡尔的"广延"所指的并非德谟克里特的"物理学的点",而只是一种
抽象的思想上的"数学的点"。笛卡尔在《哲学原理》中写道:"数量和数目同有数量、
被计数的事物,只在思想中互有差异。……数量之不同于有广延的实体,数目之不
同于被计数的事物,并不是在实际上,而只是在于我们的思想中。……物质的实体,
若与它的数量分开,则我们只能纷乱地设想它,好像它是一种非物质的东西。"(笛卡
尔:《哲学原理》,关文运译,商务印书馆 1959 年版,第 87—88 页)与笛卡尔所主张的
抽象的"数学的点"不同,莱布尼茨所主张的"点"是一种"具体"的现实的、能够"直接
感觉得到"的同时又具有形而上学意义的"形而上学的点"。就笛卡尔强调作为物体
本质属性的广延的抽象性、概念性和种相性,而莱布尼茨强调物体的具体性、现实性
和可"直接感觉"性而言,我们不妨将笛卡尔视为一个实在论者,而将莱布尼茨视为
一个唯名论者。

何一个人显现的,从而,我们绝对不能仅仅假定说物体的所有变化都只是一种位移运动。① 这一点必须得到推证。

　　因此,只有当我们设想广延存在于某个地方同时又设想一种现象时,我们才设想了一个物体。当然,我们也能设想那些我们知觉不到的物体。但我们之所以能够设想所有这些是知觉不到的,或者是因为它们位于不适合我们知觉的地点,或者是因为它们不是太大就是太小。但由于这些理由,我们还是能够确定地说,各种物体是可以知觉得到的,虽然我们知觉不到它们本身而只能知觉到它们的外观,只要我们认为我们应当看到它们。事情就是如此,虽然在它们身上没有任何东西发生变化,而只有那些外在于它们的事物才发生变化,例如在我们身上和在媒体身上发生变化。我们相信如果我们能够潜到大海的底部,我们便能够在那里看到鱼。

----

　　① 莱布尼茨的这句话针对的是当时普遍流行的狭隘运动观,既是针对笛卡尔的,也是针对霍布斯的和牛顿的。因为他们都共同认为所谓运动即是一种位移运动。笛卡尔写道:"所谓运动,据其通常意义而言,乃是指一个物体由此地到彼地的动作而言(我此处所谓运动乃是指位置的运动而言,因为我想不到有别种运动,因此,我觉得我们也不应该假设自然中有别的运动)。"(参阅笛卡尔:《哲学原理》,关文运译,商务印书馆1959年版,第45页)霍布斯既然认为运动是连续地放弃"一个位置",又取得"另一个位置",他的运动观与笛卡尔的也就没有什么两样。(参阅 Thomas Hobbes, *Concerning Body*, John Bohn, 1839, p. 109)牛顿虽然将运动区分为"绝对运动"和"相对运动",但他却把"绝对运动"理解为"一个物体从某一绝对的处所向另一绝对的处所移动",把"相对运动"理解为"从某一相对的处所向另一相对的处所的移动",因此,他所理解的运动说到底也只是一种位移运动。事实上,在古代希腊,亚里士多德就曾强调过运动种类的多样性。亚里士多德认为运动总是事物的运动,从而"运动和变化的种类与存在的种类是同样多的"。也正是从这样一种高度,他将事物运动和变化的种类区分为"实体方面的"、"数量方面的"、"性质方面的"和"地点方面的"五种。(参阅亚里士多德:《物理学》,III,1,200b 32—35)其中,他所谓"地点方面的运动"也就是笛卡尔、霍布斯和牛顿的"位移运动"。莱布尼茨强调实体本身的能动性,只把位移运动视为物体诸多运动形式中的一种。他的这样一些作法显然是继承了亚里士多德的思想的。

因此,我们也就相信那些鱼即存在于那里。

人们将那些他们认为具有广延而不具有任何别的东西的东西称作空间,除非它不可改变。因为他们认为当一切别的事物变化时,也就是说,当一切别的事物被感觉到已经停止或开始时,空间则被感觉到既没有停止也没有开始,只要有感觉的存在者关注它(也就是希望感觉到它),只要他们持有感觉官能或者说只要他们能够感觉,它就始终能被感觉得到。其实,他们认为这是他们能够感觉到它的唯一方式,即使他们希望如此,只要他们关注它,他们就永远不会认为其是任何一种永远感觉不到的在运动的事物。因此,空间便是我们所看到的我们却不能设想其有任何变化的某种东西。

一个物体是一件处于空间之中的东西(也就是说,是某种离不开某个空间的东西),我们能够知觉到它,但倘若没有空间我们便不可能设想物体,尽管倘若没有这个物体我们也能够设想空间。但倘若没有任何物体,我们也能设想空间吗?我们也能,不过我们只能以设想上帝、心灵和无限者那样的方式予以设想。这些东西是众所周知的,因此是设想得到的,但却没有任何形象。我们虽然以一个物体来设想空间,但由于当一个物体变化时空间却依然故我,我们便知觉到空间与物体是有区别的。

然而,空间与物体确实是有区别的。因为我们知觉到,当各个物体变化时,我们却设想空间始终如一,而且,我们还确实知觉到我们自己究竟在思想还是不在思想。① 对于同一个主体来说,对

---

① 莱布尼茨在其对"理解"这一基本精神活动的整个研究中始终使用 sentio 这个字眼。为明晰起见,莱姆克在英译中,根据语境分别使用了"to see"(看到)、"to perceive"(知觉)和"to sense"(感觉)等不同的字眼。

思想的知觉对于思想本身是直接的,从而不存在任何犯错的原因。所以,当各个物体变化时,我们确实设想空间依然如故,即使没有存在于其中的物体我们确实也依然能够设想空间。因此,如果一件东西在没有另一件东西的情况下也能够加以设想,则这两件东西便一定会有所不同。所以,空间与物体是不同的。[①]

假设没有任何一个人会认为我们这个推证与笛卡尔努力从他心灵中的上帝观念推证出上帝存在的努力一样。花费一点时间扼要地表明其间的差别是值得的。笛卡尔的证明可概括如下:我(清楚明白地)思想到一个完满的存在者。我清楚明白地思想到的无论什么东西都是可能的。所以,一个完满的存在者是可能的。再者,如果某物是可能的,不可能认为它之不存在(也就是说它之不存在是不可能的)便是必然的。但一个完满的存在者是必然的。这一完满的存在者即是上帝。所以,上帝的存在是必然的。

他还能够将他的上述证明浓缩如下:一个现存的存在者是可能的。它之不存在是不可能的这一点是必然的。一个现存的存在者不存在是不可能的。所以,一个现存的存在者的存在是必然的。有谁会否认这样一个证明呢?但既然我们已经设定了上帝存在,还有谁会从中得出结论说上帝存在呢?但笛卡尔的全部理由却都可以归结到这一点。因为他断言,上帝之所以是完满的,只是因为他认为这一命题蕴含有上帝存在这个命题。但他却没有证明上帝

[①]　莱布尼茨强调“物体与空间”的不同,其针对的首先还是笛卡尔。因为笛卡尔明确说过:“空间,即内在的场所,同其中所含的物质的实体,在实际上并没有差异,……因为,老实说,长、宽、高三向的广延不但构成空间,而且也构成物体。”参阅笛卡尔:《哲学原理》,关文运译,商务印书馆1959年版,第88页。

是在他已经存在这样一个意义上是完满的;这反转来又依赖于上帝是否存在这样一个问题。①

我们的推理与之完全不同,尽管它并不是从我们心灵中的一个观念出发达到事物的真理的。因为它依赖于下述两个命题:凡被清楚明白知觉到的东西都是可能的,以及凡是被直接感觉到的

---

① 笛卡尔曾经断言,有"两条路"可以证明上帝的存在,其中一条是"从上帝的效果"来证明,另一条则是"从上帝的本质或他的本性本身"来证明。"从上帝的效果"来证明上帝的存在又包含两个方面的内容:一是从上帝观念的来源来证明上帝的存在,即从我们心中有一个"完满的上帝的观念"以及"原因必须大于或等于结果的原则"来证明上帝的存在;二是从具有上帝观念的我的存在(果)来证明上帝的存在(因)。所谓"从上帝的本质或他的本性本身"来证明上帝的存在,也就是从上帝概念中的必然存在性来推断上帝的存在。在这种推断中,笛卡尔主要强调了两点:一是上帝是一个"清楚明白地领会到的观念",二是上帝是一个"特殊的""清楚明白地领会到的观念"。正因为上帝是一个"清楚明白地领会到的观念",上帝才是一种"可能的存在";正因为上帝是一个"特殊的""清楚明白地领会到的观念",上帝才是一种"必然的存在",因为上帝观念的特殊性正在于他的本质即是他的存在,他的任何一种可能性即是一种现实性。(参阅笛卡尔:《第一哲学沉思集》,庞景仁译,商务印书馆 1986 年版,第 122—123、119—120 页)其实,无论是笛卡尔的哪一种证明都蕴含有从上帝的观念推导出上帝的存在这样一种理路。莱布尼茨认为,笛卡尔关于上帝存在的证明中内蕴有"同语反复"和"循环论证"的逻辑错误,其实这也是关于上帝存在的本体论证明的通病。

实际上,早在中世纪,托马斯·阿奎那就曾经指出安瑟尔谟本体论证明的最致命的弊端在于其混淆了现实存在和理智存在(用康德的话说就是,他混淆了口袋里的 100 块钱和头脑里的 100 块钱)。阿奎那论证说:"即使每一个人都把上帝这个名称理解成某个人们不可设想比其更伟大的东西,那也未必实际上就存在有某个不可设想的比其更伟大的东西。因为一件事物与一个名称的定义应当以同样的方式予以设想。然而,由于上帝这个名称所指谓的东西是由心灵设想出来的,那就不能够得出结论说,上帝现实地存在着,而只能说他仅仅存在于理智之中。由此看来,那不可设想的比其更伟大的东西也可能并不必然存在,而只能说他仅仅存在于理智之中。由此也就不能得出结论说,现实地存在有某个不可设想的更其伟大的东西。"(Thomae de Aquino, *Summa Contra Gentiles*, I, cap. 11, 3.)莱布尼茨在这里继承的正是托马斯·阿奎那的思想传统。

东西都是真的。① 否则，无论心灵在其内部知觉到什么样的东西，它就都会是真实地知觉到的了。因此，如果心灵梦到它在思想，它就真的在思想了。不过，如果它梦见它在看东西，它就并非真的看到了东西。因此，如果我感觉到当一个物体在变化时我正在清楚明白地设想空间保持不变，则我便是在真实地感觉着。我清楚明白地感觉到的东西是可能的；从而，当一个物体变化时空间保持不变是可能的。所以，空间与物体不同……

① 莱布尼茨在这里强调的是他对物体本性的推证不同于笛卡尔对物体本性的推证。其根本区别在于，笛卡尔的推证的基础仅仅在于物体观念的清楚明白，而他对物体的本性的推证虽然也考虑到物体观念的清楚明白，但并不局限于此，而是着眼于"直接感觉"或"直接感觉到的现象"，换言之，他不是仅仅从物体的抽象观念推证出物体的本性的，而是进一步从"真实感觉到"的"现象"推证出"物体的本性"的，现象主义是他的物体学说的不可或缺的内容或方法论原则。这一点可以视为本文的宗旨。

从位置哲学到心灵科学

——致安东尼·阿尔诺①

……在这么多令人烦心的事情中,在我看来,在我生命过程中,没有什么东西比确保我未来安全这一问题更加认真地予以默思了;而且,我还承认,迄今为止,我的哲学探讨的最重大的原因还在于渴望赢得不受人鄙视的奖赏,亦即心灵的宁静,在于能够说我

① 这封信写于 1671 年末,是莱布尼茨致阿尔诺的第一封信。阿尔诺(Antoine Arnauld,1612—1694)是法国神学家、逻辑学家和哲学家,詹森派领袖人物之一。曾著《论常领圣体》(1643 年),阐释詹森派学说,批评耶稣会。他在逻辑学方面的主要成就是他与皮埃尔·尼科尔和布莱斯·帕斯卡合著的《逻辑或思维艺术》(亦称《波尔罗亚尔逻辑》,1662 年),在其中,他批评了耶稣会的"或然论"。他还曾参加了当时一些自然科学和哲学的争论。当莱布尼茨致信阿尔诺的时候,正值其声望和活动的巅峰。莱布尼茨之所以致信阿尔诺,旨在推动天主教对他的《天主教推证》(Demonstrationes Catholicae,1668—1670)的支持。没有证据表明阿尔诺对莱布尼茨的这封信作过答复,但阿尔诺在后来与莱布尼茨的通信(1686—1690)中对莱布尼茨所作的批评对于莱布尼茨思想的深化起到了重要的促进作用。

莱布尼茨的这封信载格尔哈特编《莱布尼茨哲学著作集》第 1 卷。原文为拉丁文。原信比较长,有 15 页。莱姆克只选译了其中很小一部分,并收入其所编辑的《莱布尼茨:哲学论文与书信集》中。这一部分的内容主要在于进一步阐述《对物理学与物体本性的研究》一文中的一些结论。

本汉译本据 Leibniz:Philosophical Papers and Letters,translated and edited by Leroy E. Loemker,D. Reidel Publishing Company,1969,pp. 148—150 和 G. W. Leibniz:Die philosophischen Schriften 1,Herausgegeben von C. I. Gerhardt,Hildesheim:Georg Olms Verlag,2008,pp. 71—74 译出。《从位置哲学到心灵哲学》系汉译者依据本信的内容所加。

已经推证出了一些东西,这些东西此前只是为人们所相信,甚至人们对之一无所知,尽管它们意义非常重大。

我看到,几何学或位置哲学(philosophiam de loco)是达到运动和物体哲学(philosophiam de motu seu corpore)的一个步骤,而运动哲学又是达到心灵科学(scientiam de mente)的一个步骤。[①] 因此,我已经推证出有关运动的一些具有重大意义的命题,在这里我将谈到其中两个。首先,与笛卡尔所断言的相反,在静止的物体中根本没有任何黏合性或坚固性(cohaesionem seu consistentiam),再者,凡处于静止状态的物体,不管其如何小,都受到运动的驱动或划分。到后面,我将把这个命题进一步向前引申,发现没有任何一个物体处于静止状态,[②] 因为这样的事物与空的空间(spatio vacuo)将会没有任何差别。由此,我们还可以接着得出有

---

① 从莱布尼茨的这段话,我们不难看出,莱布尼茨之所以要研究位置哲学(几何学),乃是为了更好地研究运动哲学,而他之所以要研究运动哲学,乃是为了更好地研究心灵科学。由此看来,心灵科学以及与之相关的道德和幸福才是莱布尼茨哲学的旨归之所在。而且,也正是遵循这样一条致思路线,莱布尼茨才将自己的物体哲学引向了实体哲学(因为在莱布尼茨看来,物体的本性在于运动,运动的原因在于物体自身的努力,而努力无非是一种瞬间的心灵),并最终引向了单子论。

② 在西方近代流行着一种形而上学的静止观,这种静止观将运动与静止对立起来。例如,霍布斯就曾经宣布:"任何一件静止的东西,若不是在它以外有别的物体以运动力图进入它的位置使它不再处于静止,即将永远静止。"(参阅 Thomas Hobbes, *Concerning Body*, John Bohn, 1839, p. 115)在这里,莱布尼茨却明确主张"没有任何一个物体处于静止状态",显然是对当时流行的形而上学运动观的一种超越。其实,莱布尼茨在这里实现的不仅是对其时代的机械论运动观的超越,而且也是对他自己此前运动观的一种超越。因为他在此前不久发表的《抽象运动论:基本原理》第 8 节中也还声称:"在一个地方,一件事物一旦静止,它就将始终保持静止,除非有引起运动的新的原因出现。"莱布尼茨正是在不断地超越他人并不断地超越自己的过程中构建起自己的哲学体系的。

关哥白尼假说的推证以及自然科学中许多新奇的东西。另一个命题在于：所有处于充实中的运动都是同心的圆周运动（circularem homocentricum），任何一种直线的、螺线的、椭圆的运动，甚至那种围绕着不同圆心的圆周运动，都不能理解为在世界存在，除非我们承认存在有真空。在这里言说静止的事物是没有必要的。我之所以在这里说到这些，乃是因为从这些东西中能够推演出一些于我当前的目的非常有用的东西。从后面这项原则我们能够得出结论说，物体的本质并不在于广延，也就是说，并不在于大小和形状，因为空的空间，即使是有广延的，也必定不同于物体。从前面那项原则，我们能够得出结论说，物体的本质毋宁说在于运动（essentiam corporis potius consistere in motu），[①]因为空间的概念所包含的并非任何别的东西，而无非是大小、形状或广延。

在几何学中，我已经推证出了一些基本的命题，关于不可分事物的几何学即依赖于这样一些命题，也就是说，它们构成了发现和推证的源泉。这样一些命题有：任何一个点都是一个小于任何一个给定空间的空间；一个点具有多个部分，尽管这些部分没有什么差别并且是紧密结合在一起的（indistantes）[②]；欧几里得讲各个部分都具有广延并没有错；不存在任何不可分的事物，不过却有无广

---

　　① 如果说莱布尼茨在《对物理学与物体的本性的研究》中关于物体的本性所得出的最重要的结论是"物体与空间或广延不同"，那么，在这篇论文里，莱布尼茨则进而得出了一个肯定性的结论，这就是"物体的本性在于运动"。这就使得莱布尼茨向构建自己的心灵科学和实体学说迈出了极其关键的一步。

　　② "没有什么差别并且是紧密结合在一起的"对应的拉丁文为 indistantes。拉丁文单词 indistantes 的含义为"不分离的"、"离得不远的"、"不稀疏的"、"没有差别的"等。莱姆克将其英译为 dense。英文单词 dense 的基本含义为"密集的"、"稠密的"和"浓厚的"等。因此，这样的英译给人以言不尽意之感。

延的存在者；①一个点大于另一个点，但在关系上却小于任何一个
能够表达出来的事物，不可与任何一个可感觉到的差别相比较；一
个角是一个点的量。从不可分事物的运动论，我还可以补充说：静
止之于运动的关系并非点之于空间的关系，而是"无"之于"一"的
关系；一个努力之于运动，一如一个点之于空间；在同一个物体上
能够同时存在有若干个努力，却不能同时存在有若干个相反的运
动；在它的努力实施时，一个运动物体的单一的点有时可以处于许
多位置或许多空间的点，或者处于一个大于其本身的空间部分；凡
运动的物体永远都不会处于一个位置，甚至也不会处于一个无穷
小的瞬间；一如亚里士多德界定一个连续体（continuum）时所说，
如果一个物体努力反对另一个，这就是它们相互渗透、相互结合或
这两个物体的边界合二而一的开始。② 因此，所有这些物体，也只
有这些物体相互压迫相互聚合。还存在有一些瞬间的部分或符号
（signa），一个能够从连续加速运动得到理解的概念，这种运动的

---

① "不存在任何不可分的事物，不过却有无广延的存在者"是莱布尼茨在这篇论
文中提出了一个极其重要的本体论命题。这说明莱布尼茨对笛卡尔物质实体学说的
批判最终走上了"破中有立"的道路，走上了构建自己实体学说的道路。不难看出，这
里所说的"无广延的存在者"也就是莱布尼茨后来所说的"单子"。而且，也正是基于这
样一种本体论进展，使得莱布尼茨的运动论最终超越了笛卡尔和霍布斯的"位移论"，
提出了"不可分事物的运动论"这样一种新观点。

② 亚里士多德指出："既然一切运动都是连续的，那么，在一般意义上单一的运动
也必然是连续的（既然一切运动都是可分的），而且，如果是连续的运动，也必然是单一
的。因为在任何运动与任何其他运动之间是不会生成连续的，就像巧遇的东西与任何
其他巧遇的东西之间不会有连续，只有终端同一的东西之间才可能有连续一样。……
依据时间的连续，运动可以是接续的，和顺接的，但只有依据运动本身的连续，它才可
以是连续的；这就是说，只有在两运动的终端成为一个时才行。"参阅亚里士多德：《物
理学》，Ⅴ，4，228a 20—35。

速度在每一瞬间都在增加,从而一开始就有所增加。在一个给定的瞬间,一个符号必定先于另一个,却没有任何广延,也就是说,在那些其对于任何一个感觉得到的时间的比率大于任何一个给定的量的符号之间没有任何距离,就像一个点对于一条线没有任何距离一样。①

由这些命题,我得到了重大的收获,不仅在证明运动规律方面有重大收获,而且在心灵学说方面也有重大收获。因为我推证出,我们心灵真正的处所是某个点或中心(locum verum mentis nostrae esse punctum quoddam seu centrum),而由此我又进而推断出一些卓尔不凡的结论,既有关于心灵不朽的本性、思想停止的不可能性以及忘记的不可能性的结论,也有关于运动与思想之间的内在差异的结论。思想在于努力,一如物体在于运动。每个物体都能够被理解为瞬间的心灵(mentem momentaneam),或者说②是没有记忆的心灵。物体中的每一个努力就其方向而论,都是破坏不了的;③心灵中的每一个努力就速度的等级而论,也都是破坏不了的。正如物体在于一系列运动那样,心灵则在于各种努力之间的和谐。一个物体的当下的运动,亦即意志,是由此前的各

---

① 这就是说,这个比率趋向于零。

② "或者说"对应的拉丁文为 sed,拉丁文单词 sed 的基本含义为"但是","然而","而且还","不用说"等。从上下文看,sed 疑为 seu 的笔误。而 seu 的基本含义为"或者"。故而,莱姆克将其英译为 or 是正确的。

③ 后来,莱布尼茨在其于 1687 年 4 月 30 日致阿尔诺的信中更加明确地指出:"在自然中还存在有另外一条普遍规律,对这条规律笛卡尔先生虽然尚未认识到但它却相当重要,这就是:运动的倾向或方向的总量必定是守恒的。"参阅 G. W. Leibniz: Die philosophischen Schriften 2, Herausgegeben von C. I. Gerhardt, Hildesheim: Georg Olms Verlag, 1978, p. 94。

种和谐所组成的一种新的和谐产生出来的,或者是通过快乐产生出来的。如果这种和谐受到了强加给它的另一个努力的干扰,便会产生出痛苦来。我希望将这些以及我目前正在致力于完成的《心灵原理》(Elementis de Mente)中的许多其他问题都一一推证出来。由此,我敢冒昧地允诺对三位一体、道成肉身、前定、圣餐诸多奥秘提供一些说明,对于这些,我将到最后论及。①

我的生活方式本身使得我致力于探究道德问题,以比通常多少更为明晰更为确定的方式建立起正义和平等的基础。② 我正在致力于写作《罗马法的硬核》(Nucleum Legum Romanarum),这部著作将以它自己的话语简明扼要井然有序地展现出整部文集中真正法律的内容,既有新的内容,也有属于法律文本的东西,所有这些都可以视为甚至现在就能颁布的新的《永恒法令》(Edicti perpetui)的典范。同时,我现在还正在考虑以一种简短表格的形式摘编《罗马法原理》(Elementa Romani juris),使人一眼就能够看到少数几条清楚的规则,将其结合起来便能解决所有的案例,进而为简便的法律诉讼提供新的证明,所有这些在我看来,比任何别

①　在莱布尼茨看来,"三位一体、道成肉身、前定、圣餐"这些宗教奥秘问题本质上是一个有关人的救赎问题,是一个与人的道德和幸福直接相关的问题。

莱布尼茨的这样一个说法与他在 1668—1669 年制定的百科全书式的《至公宗教推证》草案有关。依照这一草案,《至公宗教推证》主要应包含五个部分:(1)"绪论"(主要是哲学基本原理);(2)"对上帝存在的推证";(3)"对灵魂不朽与非物质性的推证";(4)"对基督宗教信仰奥秘可能性的推证";(5)"对天主教会权威以及经文权威的推证"。在这个意义上,我们可以说,莱布尼茨的自然哲学思想,乃至形而上学思想,归根到底,都是为了论证基督宗教信仰奥秘可能性这一问题的。

②　正如莱布尼茨在《抽象运动论:基本原理》里,将对物体和运动本性的探讨最后归结为"公民科学"(道德学和政治学)一样,在这里,莱布尼茨对物体哲学或运动哲学的探讨最后归结为道德和正义问题。

处所提出的都便捷得多，有效得多，彻底得多，也自然得多。除了这些之外，我还计划以一本短著的形式探讨一下《自然法原理》(Elementa juris naturalis)，在这部著作中，一切内容都只从各种定义出发予以推证。我将好人或义人界定为爱所有人的人；爱，作为快乐，来自他人的幸福，作为痛苦，来自他人的不幸；①幸福，作为快乐，没有任何痛苦；快乐乃对和谐的感觉；痛苦乃对不和谐的感觉；感觉乃具有意志的思想，或具有活动努力的思想；和谐乃为同一性所补偿了的多样性。因为多样性当其归结到统一性时，便总能使我们高兴。由这些命题，我能够推断出有关正义和平等的所有定理。这就是允许一个好人能够做的事情。这就是一个好人必须履行的义务。因此，很显然，义人既然爱所有的人，也就必定努力使所有的人高兴，即便他做不到这一步时亦复如此，就像一块

---

① 莱布尼茨这里所说的"爱所有人"的爱，其实也就是他后来所说的"无私的爱"(l'amour désintéressé)。莱布尼茨在其 1693 年所写的《万民法法典》(Codex Juris Gentium Diplomaticus)的"序"中，曾给爱或无私的爱下了一个定义。这就是："所谓爱就是在他人的善、完满性和幸福中寻找快乐。"(参阅 *Leibniz：Philosophical Papers and Letters*，translated and edited by Leroy E. Loemker，D. Reidel Publishing Company，1969，pp. 421，430；Leibniz，*Theodicy*，Open Court，1997，pp. 422—423，也请参阅莱布尼茨：《神正论》，段德智译，商务印书馆 2016 年版，第 649 页)在莱布尼茨看来，这样一种对他人的爱必然导致对上帝的爱。因为一如莱布尼茨在《以理性为基础的自然与神恩的原则》第 16 节中所强调指出的："既然上帝是最完满的，也是最幸福的，从而上帝这个实体便是最值得为我们所爱的；而且，既然真正纯粹的爱(l'Amour pur veritable)就在于这样一种状态，它任凭一个人以所爱者的完满性和幸福为乐，而这样一种爱也必定使我们获得当上帝成为爱的对象时我们便能够享受到的那样一种最大的快乐。"也正因为如此，莱布尼茨在下文中强调指出："爱他人与爱上帝……是一回事。"《圣经》上说："你要尽心、尽性、尽意，爱主你的上帝。这是诫命中的第一，且是最大的。其次也相仿，就是要爱人如己。这两条诫命是律法和先知一切道理的总纲。"(《马太福音》22：37—40。)可以说，莱布尼茨通过"无私的爱"的观念，将《圣经》中所说的这两条诫命合二而一了。

石头努力下降一样,即便它被悬在空中时亦复如此。我表明,所有的义务都能够通过至上的努力得到履行;爱他人与爱上帝,上帝乃普遍和谐的根基,是一回事;其实,真正地爱或成为一个有智慧的人与爱超越万物的上帝是一回事;爱所有的人与成为义人也是如此。如果若干人的福利相互冲突,一个人便更愿意经由他的帮助到最后都获得更大的利益。因此,在冲突的情况下,其他的事物都是平等的,一个人越是善,也就是说,这个人越是更加普遍地爱他人,他就越是乐意爱人。因为无论给他什么样的东西,就其使许多人获得福利而言,都会由于反思而多倍地增加,从而许多人便在帮助他的过程中得到了帮助。总之,如果其他事物是同等的,一个人如果已经满足,他就更受到欢迎。因为这可以用来表明,使他人得到福利无论如何都不是以加法的形式进行的,而是以乘法的形式进行的。如果有两个数,其中一个大于另一个,它们与同一个数相乘,数字越大,增加的数值也就越大……因此,与同一个数相乘的数字越大,我们获得的就越多。在加法与乘法之间的这样一种差别应用到正义学说中意义重大。因为施人以好处就是相乘,加害于人就是相除,由于这一理由,受益的对象是一个心灵,心灵是能够将每一件事物应用到一切事物上面的,而这就其本身而言,就是在发展它或增加它……

论达到对物体真正分析和自然事物原因的方法①

首先，我认为确定无疑的是，所有的事物都凭借某些可理解的原因（per causas quasdam intelligibiles）而发生，或者说，所有的事物都凭借我们能够知觉到的原因而发生，只要某个天使希望将这些原因启示给我们，事情就是如此。而且，既然除了大小、形状、运动和知觉本身外，我们实际上不可能精确地知觉到任何东西，则我

---

① 本文写于巴黎时期之后的 1677 年 5 月。

巴黎时期过后，莱布尼茨抵达汉诺威，就任汉诺威公爵府法律顾问兼图书馆长职务，同时也开启了他的学术生活最富创造力的历史时期。在汉诺威，他不仅启动了他的"普遍字符"和"逻辑演算"的学术工程，而且他的实践哲学研究也进展到了一个新的层次。在 1677 年，他就接二连三地写下了《通向一种普遍字符》、《综合科学序言》、《关于物和词之间的对话》、《论达到对物体真正分析和自然事物原因的方法》和《自然法原理》等论著。

在《论达到对物体真正分析和自然事物原因的方法》这一短篇论文中，莱布尼茨力图将分析方法和综合方法应用到物理学和化学领域，以解决当时存在的物理学和化学难题。在其中，莱布尼茨的经验主义的和功利主义的动机跃然纸上。莱布尼茨的与物理分析相对的化学的实验控制与实际限制的概念值得关注。莱布尼茨对化学的兴趣在他那个时代很可能因磷的发现而受到关注。磷的最初发现者是汉堡的布兰德（Hennig Brand）。布兰德在 1669 年在试图用尿的蒸馏物将银练成金的时候发现的。这种蒸馏物并没有产生出布兰德所期望的奇迹，但却具有发光属性的性质（即磷）。莱布尼茨及其朋友克拉夫特（Johann Daniel Crafft）却从中发现了这样一种新的化学物质（即磷）的商业开发的可能性和前景，并在 1677 年 3 月讨论了有关磷的生产问题。随后，莱布尼茨于 1677 年 8 月 2 日又在《学者杂志》上刊文《克拉夫特先生的磷》，以推动磷的生产和商业开发。

们便可以得出结论说，一切都应当通过这四样东西才能够得到解释。但由于我们现在所讲的那些东西，诸如液体的反作用、盐分的沉淀等，似乎都是在没有知觉的情况下发生的，则除非通过大小、形状和运动，也就是说，除非通过机械论（per Machinam），我们就根本无法对它们作出解释。在这里，以这样一种方式得不到解释的东西将涉及某个在进行知觉的存在者的活动（cujusdam rei per-cipientis actionem）。①因此，我们试设想一下，一个天使将磁偏角及其中可以看到的自转周期的原因解释给我们听。他若说此乃磁的本性，或者说磁石中有一种同情心或一种灵魂使得这种情况得以发

　　本文原载格尔哈特所编的《莱布尼茨哲学著作集》第 7 卷。原文为拉丁文。莱姆克只选译了其中很小一部分，并收入其所编辑的《莱布尼茨：哲学论文与书信集》中。

　　本汉译本据 Leibniz：*Philosophical Papers and Letters*，translated and edited by Leroy E. Loemker，D. Reidel Publishing Company，1969，pp. 173—176 和 G. W. *Leibniz*：*Die philosophischen Schriften* 7，Herausgegeben von C. I. Gerhardt，Hildesheim：Georg Olms Verlag，2008，pp. 265—269 译出。

　　① 莱布尼茨将事物运动变化的原因归结为"大小、形状、运动和知觉本身"这样四种，而不是像当时机械论者所主张的"大小、形状、运动"三种。其中有两点值得注意：首先，这意味着在莱布尼茨看来，自然科学为要成为精确科学，它就必须注重对事物"大小、形状、运动"的考察，也就是说，它就必须坚持机械论。其次，我们对事物运动变化原因的考察不能只限于对事物"大小、形状、运动"的考察，还应当进而考察"知觉本身"，考察"在进行知觉的存在者的活动"（cujusdam rei percipientis actionem）。这后一个方面使得莱布尼茨超出了当时许多机械论者。不过在这里，莱布尼茨基本上还停留在他在《关于由现象得出有形事物本性的推证的一个例证》中所呈现出来的由现象达到有形事物本性的致思路线，而尚未达到后来他从"动力因的规律"和"目的因的规律"的角度来解读"动力因的界域"与"目的因的界域""互相协调"的理论高度。

　　从中可以看出，尽管莱布尼茨并非一个严格意义上的自然主义者，也非一个严格意义上的自然宗教论者和拜物论者，但呈现在我们感官面前的事物构成其自然哲学乃至形而上学思考的逻辑起点，无论如何是没有疑问的。正是这一点使他的自然哲学明显地区别于笛卡尔和斯宾诺莎，而又与培根的经验主义有某些相似或相近之处。

生,这将肯定不能令我真正感到满意。① 毋宁说他必须用某个原因给我作出解释,以至于如果我理解了它,我便能够看到这种现象必然地是由这一原因产生出来的,就像锤子击打的原因,当一个给定的时间已经消失过后也依然能够从我的有关时钟的知识推断出来一样。

那些在现象上是组合物的物体,诸如一株植物或一只动物,都能够还原成在现象上是单纯的物体,诸如躯体、肌腱、腺和血。那些在现象上是单纯的物体也能够归结为那些它们由之产生出来的事物,或那些它们结合而成的事物。例如,黄铜,当它被这样称呼的时候,便是由铜和锌在火和空气的作用下造出来的,而硫酸则是由硫磺或某种其他的酸与铜或铁造出来的。②

---

① 莱布尼茨对人们用"磁的本性"来解释"磁偏角及其中可以看到的自转周期"现象的这样一种批评,实际上是在批评"隐秘的质"的观点。"隐秘的质"(occult qualities)是西方中世纪自然哲学中的一个重要术语。其根本思想在于将事物的"共相"、"形式"或"本性"视为隐藏在事物属性的背后却又决定或制约着事物属性的"质",从而用事物的这样一种"隐秘的质"来解释事物所具有的种种属性。依照这一学说,当人们说某物具有某种属性时,我们只要跟着说某物之所以具有这样一种属性,乃是因为该物内部具有这种"隐秘的质",我们的认识任务就算完成了。例如,倘若有人问:为何这个物体会发热,你只要回答说:这个物体之所以发热,乃是因为它内部有"发热"的"隐秘的质"的缘故,就万事大吉了。在中世纪,隐秘的质的学说一般来说是与极端实在论联系在一起的。它也曾受到唯名论者和一些自然科学家(如罗吉尔·培根)的嘲笑和批判。至近代,随着自然科学的发展,哲学家和自然科学家们逐步扬弃了"隐秘的质"的学说,转向对事物的各种各样的"具体性质"和"能动性质"进行科学探讨。在莱布尼茨看来,中世纪"隐秘的质"试图解决的无非是事物及其属性存在的"原因"问题。他的这样一种努力最终导致了他的充足理由原则的提出和阐释。

② 分析的方法是当时哲学家普遍采用的方法。笛卡尔在《方法谈》中将分析方法解释为"把所考察的每一个难题,都尽可能地分成细小的部分,直到可以而且适于加以圆满解决的程度为止"(参阅北京大学哲学系外国哲学史教研室编译:《西方哲学原著选读》,上卷,商务印书馆1981年版,第364页)。霍布斯在《论物体》中,将方法界定为

　　既然在组合和产生的过程中存在有一种循环,例如硫磺能够再次由硫酸产生出来,而我们又不知道究竟是硫酸在本性上先于硫磺,还是硫磺在本性上先于硫酸,我们只要确定少数几个类别的事物(paucas quasdam species)① 使得我们能够人为地产生出来各种不同类别的事物和感觉性质,应该说也就绰绰有余了。因为一个结果只有当其原因得到理解时才可以说得到了理解。因此,只要我们能够精确地认知在准备过程中发生的情况,我们便能由这少数几个类别的事物完满地并且机械地解释所有其余种类的事物。

　　在其他的成分中,我们还必须将普遍的活动主体和工具(agentia atque instrumenta),如火、气、水和土也考虑进去,倘若没有这些东西,我们便不可能处理或准备任何事物。我们还必须注意到究竟是哪一类火、气、水和土介入其间,而且还要将这些东西还原成一些简单的成分。因为气肯定极大地有助于火,石灰因火而增加了它的重量,某种精妙的力量甚至能够穿透玻璃,例如在

　　"根据结果的已知原因来发现结果,或者根据原因的已知结果来发现原因时所采取的最便捷的道路",在此基础上,他将分析的方法界定为"分解法"(参阅 Thomas Hobbes, *Concerning Body*, John Bohn, 1839, p. 66)。由此看来,无论是笛卡尔还是霍布斯,都是把分析的方法视为一种认识的方法,旨在解释世界。莱布尼茨区别于笛卡尔和霍布斯的地方在于,他的分析方法不仅在于认识世界,而且还在于变革世界。在莱布尼茨看来,我们之所以要认识硫酸"是由硫磺或某种其他的酸与铜或铁造出来的",乃是为了用硫磺与铜或铁"造出"硫酸,我们之所以研究磷,不仅在于认识磷,更重要的在于进一步解决磷的生产问题和技术应用问题,阐述它的"商业前景"(参阅玛利亚·罗莎·安托内萨:《莱布尼茨传》,宋斌译,中国人民大学出版社 2015 年版,第 190 页)。

　　① "少数几个类别的事物"对应的拉丁文为 paucas quasdam species。拉丁文单词 species 既有"外观"、"形貌"、"姿态"、"形象"等含义,也有"种类"、"种相"等含义。故莱姆克将其英译为 classes[species]基本上是得体的。也正因为如此,倘若将 paucas quasdam species 汉译为"种类"和"种相"也未尝不可。

凝结中就会出现这样的情况；而各种晶体也能够从水里接纳某种东西，因为它们能够在各种溶液中出现。各种容器在准备活动中也有助于有些东西发生变化。最后，煤火也不同于火炬上的火。

当同样的结果由于运用不同的成分或工具产生出来的时候，这种结果也可以藉它们所共同具有的某种东西加以解释。当所有的事物，至少它们中的多数事物，已经被还原成诸如硝酸钾、食盐、硫磺、碳酸钾、煤烟、乙醇这样一些类别的事物时，那就有必要仅仅去构成或描述尽可能多的实验，以观察当这些类别的事物与每一种别的类别的事物组合在一起时，将会发生的情况。例如，当食盐放进肥皂里的时候，肥皂是用碳酸钾和脂肪组合而成的，土便沉淀下来，而脂肪便漂浮在水上。

尽可能多的实验都是孤立地进行的，也就是说，在尽可能多的实验中，除一种单一的同质物体之外，只有那些普遍的和必要的活动主体，而没有任何别的事物进入实验过程。接着，在各种孤立的实验完成之后，尽可能多的实验只致力于提炼结合在一起的两种，例如只致力于硝酸钾和食盐，藉火、水、气以不同的方式处理它们；而且，将这样造成的各种不同的产品结合起来，例如，将由盐造出来的产品同每一种别的产品以及与硝酸钾造出来的那些产品结合起来。在进行了这样一些组合之后，人们便应当继续进行组合，或者说继续前进以达到这些类别的事物的三位一体和四位一体（seu terniones ac quaterniones specierum）。①

————————————

①　关于这样一种运用组合理论的术语和方法，莱布尼茨事实上早在1666年他还是一个学生的时候，就在《论组合术》一文中论及了。

　　所有那些只有一些元素集合到一起的实验对于科学要比对于其他方面更为有用,因为在这样的实验中,发现那些其原因处于隐蔽状态的元素会更加容易。在由若干个物体的组合而造成的实验中,人们在不改变实验结果的情况下,也必定能够看到一切被改变或被排除的事物,例如亚麻籽油①在炼铁实验中便被改变或排除。

　　那些与其他实验类似却有望产生某种特殊结果的实验便首先为人们所尝试。那些在许多已知的因素方面相似的事物在其他因素方面很可能也是相似的,至少近乎如此,这些其他因素虽然尚未考察,却似乎与那些已经受过检验的各种因素存在一种联系。不管结果是否确实表明其他因素中具有这样一种相似性,我们都将从中获益。

　　有些物体在一个主体②中由于其极其精细而不可能为感官捕捉到和知觉到,但在另一个主体中却能够被捕捉到。例如,酒的气(Gas vini)虽然捕捉不到,但人们却能捕捉到其他物体的气。动物的情况也是如此,在一些种类的动物身上我们发现一些血管和器官是看不到的,而在另外一些种类的动物身上这些却非常清楚,显而易见。

　　那些被解释成其成功非常可靠且绝对无误的实验尤其如此,

──────────

　　①　"亚麻籽油"对应的拉丁文为 oleum lini。莱姆克将 oleum lini 英译为 linsed oil。参阅 *Leibniz：Philosophical Papers and Letters*，translated and edited by Leroy E. Loemker，D. Reidel Publishing Company，1969，p. 174。

　　②　"一个主体"对应的拉丁文为 uno subjecto。莱姆克将 uno subjecto 英译为 one substance,疑有误。参阅 *G. W. Leibniz：Die philosophischen Schriften* 1，Herausgegeben von C. I. Gerhardt，Hildesheim：Georg Olms Verlag，2008，p. 267 和 *Leibniz：Philosophical Papers and Letters*，translated and edited by Leroy E. Loemker，D. Reidel Publishing Company，1969，p. 174。

所有那些为他人所报告的实验都可以编入一个目录,只要这些实验是确定的,得到了一致认可,被清楚地(distinctissime)描述了出来。①

　　由它们所造成的各种物体和准备都能够藉实验的工具,如天平、温度计、湿度计、气动泵,也可以藉视觉(不管是藉肉眼看还是借助于各种仪器看)、嗅觉和味觉,得到检测。我相信,没有任何一种方法比味觉在识别物体的本质的本性②方面更加有效,因为味觉将各种物体的实体直接带到我们面前,并且使它们在我们身上溶解,以至于我们能够直接地知觉到全部溶液。③

----

　　① 在莱布尼茨这里,"清楚"与"明白"并不是一回事。对于莱布尼茨说来,与"明白"相对照的概念是"模糊"。他给明白下的定义是:"一个观念,当它对于认识事物和区别事物是足够的时,就是明白的。"他举例说,当我们对一种颜色有一个很明白的观念时,我就不会把另一种颜色当作我所要的颜色。否则,我们的观念就是模糊的。为要使一个明白的观念成为一个清楚的观念,我们必须不仅区别开两个事物,而且还要进而区别开这两件事物"所包含的内容"。因此,"我们并不是把能做区别或区别着对象的一切观念叫作清楚的,而是把那些被很好地区别开的、也就是本身是清楚的、并且区别着对象中那些由分析或定义给与它的、使它得以认识的标志的观念叫作清楚的;否则我们就把它们叫作混乱的"。参阅莱布尼茨:《人类理智新论》,陈修斋译,商务印书馆1982年版,第266—268页。
　　② "物体的本质的本性"对应的拉丁文为 corporum naturas,莱姆克将其英译为 the essential nature of bodies。参阅 Leibniz: Philosophical Papers and Letters, translated and edited by Leroy E. Loemker, D. Reidel Publishing Company, 1969, p. 175。
　　③ 笛卡尔根本否定感觉经验的可靠性,其实,他的"普遍怀疑"所怀疑的主要就是感觉经验的可靠性。斯宾诺莎在其主要著作《伦理学》中将知识分成三类,将由经验得来的知识称作"意见"和"想象",不仅不被视为"真理",反而被视为"错误的原因",而仅将由推理得来的知识和"直观知识"称作"必然真实"的和"可靠"的"真知识"。(参阅北京大学哲学系外国哲学史教研室编译:《西方哲学原著选读》,上卷,商务印书馆1981年版,第406页)莱布尼茨虽然与笛卡尔和斯宾诺莎一样,都是大陆理性主义哲学家,但在对待感觉经验方面显然有别于后者,可以说他是接纳和吸收了英国经验主义的一些合理的成分。

　　不仅显微镜,而且大口径的完全圆滑的凹面的和球形的镜子
也都可以用作实验工具。透镜的放大能力与它们的直径成反比;
镜子的放大能力在直接比例上却正好相反。而各种直径虽然可以
无限增加,却不能无限减小。因此,各种镜子更加有用。① 因此,
在镜子方面,只需要其表面好一点,最后,整个物体在一面镜子中
就可以成为可见的,这对于显微镜来说,则是不可能的。

　　各个物体所发生的情况的原因,尤其是从现象上看是同质的
物体所发生的情况的原因很可能并不太复杂,而且,倘若某个天使
乐意将它们昭示给我们,并且给我们作出解释,我们或许对我们自
己未能早些时候发现它们一点也不会感到惊奇。所以,那些从现
象上看是同质的物体很可能并不那么特别复杂,以至于就其对我
们的许多目的来说是必要的而言,我们根本无望发现它们的内在
结构。

　　尽管各种物体都可以无限地分割成更加微小的物体,从而说
存在有任何基本元素(prima elementa)令人难以置信,这并不妨
碍我们寻求原因。② 一个人如果在建筑中使用了石块,他不会在

---

① "镜子"是莱布尼茨经常使用的一个术语。在莱布尼茨这里,镜子既有物理学
方面的意义,也有心理学和认识论乃至本体论的意义。后来,他在《形而上学谈》、《新
系统》和《单子论》等著作中就反复强调人的心灵或精神不仅是世界的一面镜子,而且
"是照着上帝的影像造成的"。参阅莱布尼茨:《新系统》,第 5 节;《单子论》,第 56、
83 节。

② 莱布尼茨在这里针对的是原子论,原子论之为原子论,最根本的就在于其否定
物质的无限可分性。原子论为希腊的留基伯和德谟克里特首先提出,后来为伊壁鸠鲁
和卢克来修所发展,至近代又为伽森狄所复兴。但莱布尼茨并不是原子论的一个简单
否定者,而是在批判原子论的基础上,进一步阐述和发挥其物质无限可分思想,寻找事
物得以存在的"原因"即没有广延的不可分的"元素",最终走向了单子论。

乎用一些泥块塞在石块之间。一个在水利学中使用水的人,他也不会在意水中存在有气,他后来能够藉居里克^①泵将空气抽走。一个人如果用泥土筑起一道壁垒,他也并不至于认为其中零星地夹杂些小的石块会使他心神不安。所以,我们可以认为,我们所处置的物体中所夹杂着的那些微小的物体就跟这些石块一样与现象无关宏旨,甚至就像构成土的不可辨认的微粒对于一道壁垒的坚固无关宏旨一样。

如果隐藏在可见物体之中并且显然构成我们实验结果的不可见的物体具有如此多的种类,则它们也就会是极其微小的,而且,如果它们如此微小,则它们就会在最短暂的瞬间发生变化,像硝酸钾和硫磺之类的物体就不会如此长地保持同一种状态或继续产生同一种实验结果。如果那些有助于产生这种现象的物体我们如此难以见到,如此微小,则两种液体某种少量的和轻微的混合并不能产生出如此重大的结果,否则,我们就会得出结论说,无论什么样的一种混合就都会产生出最重大的结果。

各种物理的结果可以通过微小的机械操作,诸如摇动、搅拌、敲击、吹气、浇水而得到显著的增强或减弱;例如,水突然浇到浓硫酸上就能产生出惊人的高温,如果慢慢地一滴一滴添加上去的时

---

① 居里克(Otto von Guericke,1602—1686),德国物理学家、工程师和自然哲学家。1650 年,发明了第一台空气泵,用来研究真空以及在燃烧和呼吸过程中空气所起的作用。他的研究还表明,光纤能穿过真空,声音却不能穿过。1654 年,他在雷根斯堡为国王斐迪南三世进行了著名的试验,将两只铜碗(马德堡半球)扣合,形成一个直径约 35.5 厘米的空心球体。当球体内的空气被抽出后,两只碗靠周围空气的压力压在一起,用几匹马也不能把它们分开。这样就第一次演示了大气压力的巨大力量。1663年,他发明了第一台起电机,当与旋转的硫磺球摩擦时,产生静电。1672 年,他发现用这种方法产生的静电可使硫磺表面发光,因此他是观察到电致发光的第一位科学家。

候，就不会产生出这样的现象。许多物体通过磨碎也能发生极大的变化。所有这些事情都能确实表明，那些我们只要简单操作一下就极其容易使之成为可知觉得到的物体并不是我们非常难于见到的。

分析有两种。一种是通过各种现象或各种实验，将各种物体分析成各种不同的性质，另一种是通过各种推论将各种感觉性质分析成它们的各种原因或各种理由。所以，当我们在进行最精确的推理时，我们就必须寻找各种性质的形式的和普遍的原因（qualitatum causae formales et generales），各种性质的各种形式的和普遍的原因对于所有的假说（omnibus hypothesibus）都是公共的，我们还必须对所有可能的变形（possibilium modorum）进行精确而普遍的枚举，诸如重量、弹性、光或热、冷、流动性、坚固性、韧性、挥发性、固定性、溶解性、晶体化（crystallisatione）。如果我们将这些分析与实验结合起来，我们在无论任何一个实体中都将发现其各种性质的原因。① 但这藉各种定义和一种哲学语言（linguam philosophicam），②却能够非常有效地获得。③

---

① 强调"分析"与"实验"结合起来，是莱布尼茨"分析法"的一项重要特征。从这个意义上，我们不妨将莱布尼茨视为英国经验主义哲学家弗兰西斯·培根的继承人。

② 考虑到莱布尼茨早在 1666 年就写出了《论组合术》，再考虑到他写作本篇文章的同一年，他还先后写了《通向一种普遍字符》、《综合科学序言》和《关于物和词之间的对话》等文章，我们不妨将莱布尼茨在这里所说的"哲学语言"理解为他所倡导的"普遍字符"和"综合科学"。参阅段德智：《莱布尼茨哲学研究》，人民出版社 2011 年版，第 308—340 页。也请参阅玛利亚·罗莎·安托内萨：《莱布尼茨传》，宋斌译，中国人民大学出版社 2015 年版，第 53—54、211—218 页。

③ 由此看来，尽管莱布尼茨与笛卡尔和斯宾诺莎不同，并不完全排拒培根式的经验主义的和实验的方法，但其强调的却依然是推证式的理性主义方法。这一点不仅使其最终走上了理性主义道路，也为其日后提出"综合科学"设想奠定了方法论基础。

论两个自然主义者派别[①]

当今时代,自然主义[②]者(Naturalistes)有两个时髦的派别,其

① 本文写于 1677—1680 年间。原文为法文。阿里尤和嘉伯将其英译出来,加上上面这个标题,收入其所编译的《莱布尼茨哲学论文集》中。

本文集的译者据 *G. W. Leibniz: Philosophical Essays*, edited and translated by Roger Ariew and Daniel Garber, Hachett Publishing Company, 1989, pp. 281—284 和 *G. W. Leibniz: Die philosophischen Schriften 7*, Herausgegeben von C. I. Gerhardt, Hildesheim: Georg Olms Verlag, 2008, pp. 333—336 将该文译出。

② 彼得·A. 安杰利斯在其编著的《哲学辞典》中,曾将"自然主义"的意涵归结为下述 5 点:(1)"一元论的自然主义":断言世界(自然)是唯一实在,认为它是永恒的、自我实现、自我存在、自我运作和自我解释的。(2)"反超自然主义的自然主义":断言世界既不起源于也不依赖于任何超自然的或超验的存在或实存;根本不存在脱离肉体的灵魂、精神和心灵,也根本没有灵魂的不朽性、再生和轮回。(3)"科学进步的自然主义":认为所有的自然现象都能够由不断改进的科学方法论得到充分的解释。直观、神秘经验、信仰、启示都不可能成为获得关于真正实在的真理的适当的方法。(4)"人文主义的自然主义":认为人的行为类似于其他动物的行为,只是比其他动物的行为更加复杂一点;社会和环境的影响创造和影响着人类的需要和意识;价值是人造的,但却实在地以自然条件为基础。(5)"趋向于对自然事物作出非目的论的和万物有灵魂论解释的自然主义"(参阅安杰利斯:《哲学辞典》,段德智、尹大贻、金常政译,猫头鹰出版社 1999 年版,第 288—289 页)。不过,就本文的内容看,莱布尼茨主要是在"一元论的自然主义"、"反超自然主义的自然主义"和"趋向对自然事物作出非目的论的和万物有灵魂论解释的自然主义"这样三个意义上使用"自然主义"这个概念的。

源头可以一直上溯到古代。其中一个派别复兴了伊壁鸠鲁①的意见,而另一个派别实际上则由斯多葛派②的各种意见组合而成。前者认为,任何一个实体,包括灵魂和上帝本身,都是有形的,也就

---

① 伊壁鸠鲁(Epicurus,公元前342—前270),古代原子论的主要代表人物之一。其学说主要由物理学、准则学和伦理学三个部分组成。伊壁鸠鲁的物理学继承和发展了德谟克里特的原子论,断言原子不仅能有形状、大小和重量,而且在降落过程中还会由于自己内部的原因而发生"偏离"运动或"倾斜"运动。伊壁鸠鲁的准则学(认识论)也是德谟克里特认识的继承和发展,将"感觉"、"前定观念"(普遍感觉)和"感情"(主要指快乐和痛苦)作为真理的标准。伊壁鸠鲁的伦理学是一种基于自由选择的"快乐主义"。他将快乐区分为动态快乐和静态快乐。前者意指的是欲望的要求和满足,后者意指的是痛苦的消除,其主要特征在于心灵的"宁静"。伊壁鸠鲁特别注重伦理学,宣称哲学无非是一种通过论辩的方式产生幸福生活的一种活动,凡不能解除灵魂痛苦的哲学都是无用的空话。在本文中,莱布尼茨批评的主要是伊壁鸠鲁的原子论立场及其相关结论,尤其批评其否定诸神和灵魂的非物质性观点(即其认为诸神和灵魂都是由精细的原子组成的观点)。

② 斯多葛派(Stoics)是芝诺约于公元前305年在雅典创建的一个哲学派别。依照时间顺序和思想倾向,斯多葛派又分为早期、中期和晚期三个阶段,是希腊哲学中流行最为广泛、延续时间最长的一个派别。晚期斯多葛派几乎成为罗马帝国的"官方哲学"。其代表人物主要有西塞罗、塞涅卡、爱比克泰德和奥勒留。在物理学方面,斯多葛派有明显的唯物主义倾向,断言凡没有形体的东西都不可能存在。但他们又断言这个世界是一种活生生的有理智的存在。因此,实在的最终原则为受动的无规定性的物质和理性的能动的原因,即上帝。上帝只能通过"精致的火"这种物质载体或"理智的普纽玛"这种气和火的混合物作用于物质。人的理性及其知识、思想和作出决定的能力是与宇宙理性一样的实体,宇宙理性表现为命运、必然性和天命,是一切事物的能动的原因,它们都按同样的规则起作用。因此,结果因外在的和内在的原因而产生,带着类似于一个有效的三段论中结论从前提推出的那样一种必然性和不可避免性。我们的自由仅仅是一种自发性:我们能希望或不希望像我们所做的那样去做,但我们却不得不这样去做。"命运领着从命的人走,拖着不从命的人走。"在伦理学方面,斯多葛派严格遵循自然主义。至善即是"合乎自然地生活"。这意味着"合乎理性"和"有道德地"生活。斯多葛派认为,每个动物生来就有一种本能的自爱,这种感情使其"按自己的本性"行事,确保自己的生存。人由于赋有理性而能够"恰如其分"活动,能够忍耐,控制自己的情感(柔情),认为"和平和恒常的不动心"或纯粹的德性即是幸福或至福。

是说,都是由有广延的物质或物质团块(une matire ou masse étendue)组合而成的。① 我们由此可以得出结论说,根本不可能存在有全能和全知的上帝(un Dieu tout puissant et sçachant tout)。因为一个物体如何能够在不受到任何一件事物的影响又不曾遭到破坏的情况下作用于任何一件事物呢? 这一点是某个名叫沃斯特②的人所承认的。他拒绝赋予他的上帝以其他人通常赋予其上帝的宏伟属性(ces grands attributs)。一些人曾经认为,依据这样的意义进行判断的话,太阳无疑是所有可见事物中最有能力者,从而也就是上帝;③但他们并不知道恒星也和诸多太阳一样,从而仅仅一个太阳是既不可能看到一切事物,也不可能做一切事情的。所有的物体,凡是大的就是重的,特别活跃的,凡是小的就是弱的,但倘若它们体积虽然很小,能力却很大(如火药就是如此),则它们便能在其活动中毁掉自身。一个物体之所以不可能成为上帝,究

---

① 这句话,莱布尼茨原本以下述词语开头:"前者明白无误地否认天命。"

② 沃斯特(Conrad von dem Vorstius,1559—1622),一位自然哲学家,曾著《论关于上帝的教义》(*Tractatus theologicus de Deo*)。该著于 1610 年在施泰因富特出版。

③ 这里所涉及的其实是自然宗教通常持守的观点。"自然宗教,作为宗教的原始形式,是那种以自然事物和自然力为崇拜对象的宗教。其根本特征在于:在这种宗教形态里,人们所崇拜的并不是什么'超自然'或'超世界'的'神灵',而是存在于'自然界'之中或'世界'之中的自然物或自然力本身,是人们在感性的实践活动中所直接感知到或感受到的自然物或自然力。……自然崇拜首先表现为'大自然崇拜'",而"太阳崇拜"无疑是"大自然崇拜"中最经常、最重要的形式。例如,古代印度人就有"苏利耶"(太阳)崇拜,古代埃及曾有过对太阳神"瑞"(Re)的崇拜,古代巴比伦宗教中有对太阳神马尔都克(Marduk)的崇拜,我国《山海经·大荒南经》中也有所谓"羲生十日"的神话传说等。但自然崇拜并不限于"大自然崇拜",此外还有"动物崇拜"、"植物崇拜"和"图腾崇拜"等。而且,即使"大自然崇拜"也不限于"太阳崇拜",还另有月亮崇拜、星辰崇拜、风雨雷电崇拜、土地山川湖海崇拜等。参阅段德智:《宗教学》,人民出版社 2010 年版,第 99—102 页。

其原因,即在于此。再者,很久以前有伊壁鸠鲁,当今时代有霍布斯①,他们都认为所有的事物都是有形的,他们提供了足够的证据表明,按照他们的观点,根本不存在任何天命(providence)。

新斯多葛派(La secte des nouveaux Stoiciens)认为,存在有无形的实体(des substances incorporelles),人的灵魂并非物体,上帝乃世界灵魂(l'ame du monde),倘若您乐意的话,乃世界的原初的力(la premiere puissance du monde),如果您乐意的话,也可以说,上帝乃物质本身的原因,但一种盲目的必然性(une necessité aveugle)决定着他去活动。由于这层理由,上帝之于世界一如弹簧或重量之于时钟。他们还进一步认为,在所有的事物中,都存在有一种机械的必然性(une necessité machinale),各种事物实际上是藉上帝的能力而非由于这种神圣的理性选择(un choix raisonnable de cette Divinité)而活动的,因为严格地说,上帝既无理智也无意志,理智和意志都只是人的属性。他们认为,所有可能的事物都一个接一个发生,依照物质能够发生的所有变化而变化;我们绝

---

① 霍布斯(Thomas Hobbes,1588—1679),英国近代经验主义哲学家和政治学家。其代表作有《论公民》(1642)、《利维坦》(1651)、《论物体》(1655)、《论人》(1658)等。霍布斯认为世界上唯一真实存在的只有物体,而物体的根本特性在于有形性或广延性。他给物体下的定义是:"物体是不依赖于我们思想的东西,与空间的某个部分相合或具有同样的广延。"正因为如此,他将哲学区分为两个部分:自然哲学和公民哲学。其理由是:"因为主要有两类物体,彼此之间差别很大,它们的产生和特性供人们进行探究。其中一类是自然的作品,被称为自然物体(a *natural body*);另一类则称为国家(a *commonwealth*),是由人们的意志和契约造成的。因此,便产生出哲学的两个部分,分别被称作自然哲学(*natural philosophy*)与公民哲学(*civil philosophy*)。"也正因为如此,他宣布哲学排除神学、关于天使的学说、一切凭神的灵感或启示(Divine inspiration, or revelation)得来的知识以及上帝崇拜(*God's worship*)的学说。参阅 Thomas Hobbes,*Concerning Body*,John Bohn,1839,pp. 11, 102。

对不要寻找什么目的因①(des causes finales)；我们对灵魂不朽
(l'immortalité de l'ame)或来生(la vie future)都说不准；至于上
帝，也没有任何正义或仁慈可言，上帝决定构成仁慈和正义的东
西，从而他并未做过任何有违正义的事情，致使清白无辜者总是罹
难。因此之故，这些人只是在名义上承认天命。至于那些至关紧
要的东西，那些与我们的生命活动息息相关的东西，一切都归结为
伊壁鸠鲁派的意见，也就是一切都归结为这样一种观点：此世今
生，除因满足自己的命运而获得生活的宁静(la tranquillité)再无
任何幸福可言。因为阻挡奔腾不息的万物，抱怨无可变易的事情
实在是一件蠢事。要是他们知道万物都是为着那些知道如何使用
它们的人士的普遍的善和特殊的福利而受到安排的，他们就不会

---

①　"目的因"是亚里士多德"四因"中的一种。所谓四因，说的是事物运动的四种
原因，即"质料因"(用以解释事物为何在运动中继续存在)、"形式因"(用以解释事物为
何以某一特定的方式运动)、"动力因"(用以解释事物为何会开始或停止运动)和"目的
因"(用以解释事物为何要运动)。其中，"目的因"和"动力因"都统一于"形式因"，都是
内在于形式因的因素。亚里士多德在《形而上学》中曾经将其四因说成是对前亚里
士多德哲学的一个总结。泰勒斯的水、阿那克西米尼的气、赫拉克利特的火、恩培多克
勒的"四根"和阿那克萨哥拉的"种子"都是对质料因的说明；恩培多克勒的"爱恨"和阿
那克萨哥拉的"心灵"都是对"动力因"的说明；柏拉图在毕达哥拉斯之后，主张用形式
因统摄质料因；但所有的人都忽视了目的因。其实，柏拉图在《蒂迈欧篇》中已经把善
作为目的因，把造物主作为动力因，把依托或基体作为质料因，把数学型相作为形式
因，只是没有亚里士多德讲得明白和系统，也没有亚里士多德特意突出"目的因"。同
时，亚里士多德不仅明确提出和论证了"目的因"，而且还从中发展出自然目的论，断言
自然绝不会做无用或无目的之事，把目的理解为事物思想自己本性的自然倾向，宣布
自然哲学研究的自然其实"是一种为了一个目的而活动的原因"(亚里士多德：《物理
学》,199b 32)。莱布尼茨在恢复古代哲学中的"形式"范畴的同时，也恢复了古代哲学
中的"动力因"和"目的因"，并对它们之间的和谐关系作出说明。他之所以反对自然主
义者派别，一个根本的原因即在于无论是他同时代的自然主义者派别还是古代的自然
主义者派别都反对用目的因来解释自然和社会现象。

将幸福等同于单纯的忍耐了。我知道,他们的具体措辞与我刚才所说到的一些很不相同,但凡洞察他们观点的人都会赞同我的上述看法。其实,这些也就是斯宾诺莎的观点,而且,在许多人看来,笛卡尔似乎也持同样的意见。笛卡尔也确实值得怀疑,因为他反对探究目的因,主张既不存在任何正义,也不存在任何仁慈,甚至也没有任何真理,除非上帝以一种绝对的方式已然决定了它们,无意中(尽管是顺便地)透露物质中所有可能的变化都连续不断地一个接一个地发生。①

---

①　莱布尼茨这里说到的斯宾诺莎的观点可以在斯宾诺莎的《伦理学》第一部分"论神"的"附录"中找到。例如,斯宾诺莎在其中指出:"神只是由它的本性的必然性而存在和动作;⋯⋯万物都预先为神所决定——并不是为神的自由意志或绝对任性所决定,而是为神的绝对本性或无限力量所决定"。"自然本身没有预定的目的,而一切目的只不过是人心的幻象,⋯⋯这种目的论把自然根本弄颠倒了。因为这种说法是倒因为果,倒果为因;把本性上在先的东西,当成在后的东西,并且反而把那最高的、最圆满的认作最不圆满的东西了。"参阅斯宾诺莎:《伦理学》,贺麟译,商务印书馆1981年版,第34、36页。

对探究目的因的反对意见,笛卡尔在《第一哲学沉思集》和《哲学原理》中都有过明白的表述。他在《第一哲学沉思集》中写道:"你(指伽森狄——引者注)接着关于目的因所提到的一切话都应该是关于动力因的;这样,从在植物、动物等等的每一部分的这种值得赞美的用途上来看,对做成它们的上帝之手加以赞美,对通过工匠的作品来认识和歌颂这个工匠,这是完全正确的,而不应该去猜测他为了什么目的而创造每件东西。尽管在道德方面经常可以允许猜测的办法,去考虑我们能够猜测上帝给宇宙管理上制定的目的是什么,这有时是一件虔诚的事,可在物理方面,每一件事都必须依靠坚实的理由,运用猜测当然是不合适的。不要硬说有一些目的比另外一些目的更容易被发现;因为所有这些目的都同样是隐藏在他的智慧的捉摸不透的深渊里。你也不应该硬说没有人能够懂得其他原因;因为没有一个原因不是远比上帝给所指定的目的的原因更容易为人所认识的"(笛卡尔:《第一哲学沉思集》,庞景仁译,商务印书馆1986年版,第374—375页)。在《哲学原理》中,笛卡尔更加明确地指出:"我们也不从上帝或自然在创造自然事物时所定的目的方面来寻找自然事物的理由,因为我们不应当擅想自己可以同神明来共商鸿图。我们只当把他认为是一切事物的动因,并且把他所赋予我们的良知,应用在他愿意让我们窥知一二的他的一些品德上,以便发现,关于我们凭感官所见的那些结果,我们必须作出什么结论"(笛卡尔:《哲学原理》,关琪桐译,商务印书馆1959年版,第11页)。

　　如果说伊壁鸠鲁派和斯多葛派这两个派别对于虔诚①（la piété）有危险的话，则苏格拉底②和柏拉图③这一派别，在我看来其

---

　　① 莱布尼茨非常重视"虔诚"问题。在他看来，"虔诚"不仅涉及宗教信仰，而且涉及人类的德性和公共福利。他在《神正论》的"前言"中曾经写道："真正的虔诚，乃至真正的幸福（la veritable félicité），在于对上帝的爱。而这爱，乃是开明脱离了偏见，其炽热总是伴着洞见的。这爱，在善行中产生出来给美德以慰藉的愉快；这爱，使一切都相关于上帝，以上帝为中心，把人运载到上帝那儿。因为当一个人尽其职责、遵从理性时，他就在实现着最高理性的秩序。一个人把所有的旨趣都投到那公共的善，那上帝的荣光所在，他就会发现：维护整个社会的利益，也正是他个人的最大利益，在为人类谋取真实利益的乐趣中，他自己就获得了满足。不论他是否成功，他都会对所发生的一切感到满意，因为他顺从上帝的旨意，并知道上帝的旨意乃是最善的。"参阅莱布尼茨：《神正论》，段德智译，商务印书馆 2016 年版，第 59 页。

　　② 苏格拉底（Socrates，约公元前 470—前 399），希腊著名哲学家。他将自己与当时甚为风光的智者区别开来，自称自己是个"没有智慧"但"酷爱智慧"的人。在苏格拉底看来，哲学并非纯粹思辨的私事，而是他对城邦应尽的公民义务。他虽然没有哲学专著留传于世，但他却被奉为西方大哲和圣贤。西塞罗讲苏格拉底"把哲学从天上带到了地上，带到了家庭中和市场上（带到了人们的日常生活中）"（黑格尔：《哲学史讲演录》，第 2 卷，贺麟、王太庆译，商务印书馆 1981 年版，第 43 页）；法国近代哲学家罗斑称苏格拉底为"希腊思想史上最伟大的人物，以后哲学上所有的流派，都直接或间接地是从他发展出来的"（罗斑：《希腊思想和科学精神的起源》，陈修斋译，段德智修订，广西师范大学出版社 2003 年版，第 150 页）；黑格尔则将其称作一位"具有世界史意义的人物"（黑格尔：《哲学史讲演录》，第 2 卷，贺麟、王太庆译，商务印书馆 1981 年版，第 43 页）。苏格拉底的所有努力都在于实现哲学的根本转向：由外在自然转向人类心灵。他提出了"自知其无知"、"认识你自己"和"道德即知识"等著名的哲学口号，论证了灵魂的非物质性和不朽性，强调了"好的生活远过于生活"，不仅开创了西方道德哲学，而且对后世哲学境界和层次的提升也产生了深广的影响。

　　苏格拉底在柏拉图的多篇对话中（例如在《游叙弗伦》中）都系统深入地讨论过"虔诚"问题，但极其吊诡的是，苏格拉底本人却是以"亵渎神灵"的罪名在法庭上受到审判，并且到最后被判处死刑的。

　　③ 柏拉图（Plato，公元前 427—前 347），苏格拉底思想的继承者、阐述者和发展者。他的根本努力在于将苏格拉底的伦理原则普遍化和实体化（理念论化），使之成为涵盖伦理学、认识论和宇宙论的形而上学概念。对后世哲学产生了深远的影响，以至于过程哲学家怀特海说 2500 年的西方哲学只不过是柏拉图哲学的一系列注脚而已。

部分地来自毕达哥拉斯①,对虔诚则要适合得多。人们只要读一读柏拉图的值得赞赏的讨论灵魂不朽的对话,就会发现一些意见与我们时代的新斯多葛派的意见完全对立。②在这篇对话中,苏格拉底

柏拉图将苏格拉底的灵魂学说系统化,不仅将灵魂规定为人的本性,将灵魂视为"不可见的人"或"内在的人",而且还提出并论证了灵魂的"回忆说"和"不朽说";不仅将"善"宣布为最高理念,而且还将"善"宣布为"心灵的眼睛",断言:"知识的对象不仅从善所在之处获得它们的可知性,而且从善得到它们自己所是之处。善本身却不是一个所是的东西,它的尊严和统摄力量超过所是的东西"(柏拉图:《理想国》,509b)。此外,在《蒂迈欧篇》中,柏拉图还将"善"规定为造物主创造世界的"原型"和"目的"(柏拉图:《蒂迈欧篇》,27d—31b)。

①　毕达哥拉斯(Pythagoras,约公元前580—前500),古希腊第一个唯心主义哲学家和神秘主义者。他深受奥斐教等宗教的影响,并且亲自创办了一个宗教派别,他本人也被视为一个介乎神人之间的、能够与神灵沟通的人。他被认为是"哲学"一词的发明者和第一个界定者,断言哲学即"趋向智慧的努力"。在哲学上,他将"数"理解为万物的"始基"和"最智慧的东西"。毕达哥拉斯信仰灵魂的不朽和"转移","这种灵魂的转移其实是'身体的轮换',而不是如通常所说的'灵魂的轮回'。波尔费留曾说,在毕达哥拉斯的教义中只有三件事是知道得很清楚的,这就是:灵魂是不死的;它会转移到不同种类的各种动物身上,以及按一定的时期,生物会重新开始它们以前的生命(正如世界本身一样);最后,一切有生命的东西都是'同种的'。这些论点似乎都是源出奥斐教的,和这些论点相联系的是毕达哥拉斯肯定自己是黑梅斯的一个儿子的第五次降生,黑梅斯的这个儿子曾由他父亲给他一种能力,毕达哥拉斯也继承了这种能力,就是能记得自己以前各代的全部情况"(罗斑:《希腊思想和科学精神的起源》,陈修斋译,段德智修订,广西师范大学出版社2003年版,第69—70页)。罗素在谈到"柏拉图见解的来源"时,曾特别地谈到了毕达哥拉斯。他写道:"从毕达哥拉斯那里(无论是不是通过苏格拉底),柏拉图得来了他哲学中的奥尔弗斯主义的成分,即宗教的倾向、灵魂不朽的信仰、出世的精神、僧侣的情调以及他那洞穴的比喻中所包含的一切思想,还有他对数学的尊重以及他那理智与神秘主义的密切交织"(罗素:《西方哲学史》,上卷,何兆武、李约瑟译,商务印书馆1981年版,第144页)。

②　苏格拉底和柏拉图曾经指出:"既然不朽的事物也是不可灭的,那么如果灵魂真的不朽,它必定也是不可灭的。……所以当死亡降临一个人的时候,死去的是他的可朽部分,而他的不朽部分在死亡逼近的时候不受伤害地逃避了,他的不朽部分是不可灭的。……灵魂是不朽的、不可灭的,我们的灵魂真的会存在于另一个世界。……还有一点值得你注意。如果灵魂是不朽的,那么它要求我们不仅在被我们称作活着的这

是在临死的当天,在其接过盛满毒药的酒杯之前一会儿讲灵魂不朽这番话的。他努力消除其朋友心头的悲伤情绪,以其精妙绝伦的论证反而使他们惊愕不已,看来,他之离开今生今世,只不过是为了做准备使其崇高的灵魂到另一个世界享福而已。我相信,他说,当离开此世时,我将会发现有许多比现存世界更为优秀的人士;但至少我敢确定,在另一个世界将会有发现有诸多神灵。① 他主张,目的因是物理学的原则,为了解说事物,我们必须探究目的因。当他在嘲笑阿那克萨哥拉②时,他似乎也是在嘲笑我们时代

部分时间照料它,而且要在所有时间照料它。现在看来,要否定灵魂不朽是极端危险的。如果死亡是一种摆脱一切的解放,那么它对恶者来说是一种恩惠,因为借助死亡,他们不仅摆脱了身体,而且也摆脱了他们于灵魂在一起时犯下的罪恶,然而实际上,由于灵魂是不朽的,因此除了尽可能变得善良和聪明以外,它不能逃避恶而得到平安。灵魂在去另一个世界的时候什么都无法带去,能带去的只有它受到的教育和训练,这些东西,有人说过,在人死后灵魂开始启程去另一个世界的时候是极端重要的,会给刚刚死了肉体的灵魂带来帮助或伤害。"参阅柏拉图:《斐多篇》,106E—107E。

①　苏格拉底之所以能够坦然待死,与他将死亡理解为"灵魂从身体的开释"密切相关。当审判官判他死刑时,他回应说:"我们可如此着想,大有希望我此去是好境界。死的境界二者必其一:或是全空,死者毫无知觉;或是,如世俗所云,灵魂由此界迁居彼界。死者若无知觉,如睡眠无梦,死之所得不亦妙哉!……另一方面,死若是由此界迁居他界,如果传说可靠,所有亡过者全在彼处,那么何处能胜于彼,审判官啊"(柏拉图:《游叙弗伦、苏格拉底的申辩和克力同》,严群译,商务印书馆1983年版,第78—79页)? 请参阅段德智:《死亡哲学》,商务印书馆2017年版,第78—86页。

②　阿那克萨哥拉(Anaxagoras,约公元前500—约前428),著名的前苏格拉底哲学家。他是第一个将哲学引入雅典的人,伯里克利曾是他的学生。阿那克萨哥拉哲学的基本学说为"种子说"。这种学说断言:构成万物的元素为"种子"。这些种子:(1)在数量上无限多;(2)在体积上非常细微,以致肉眼看不到;(3)在种类上与可感性质相同,"有各种不同的形状、颜色和味道"。数目众多的一类种子构成事物的一种性质或一个部分,比如毛的种子构成动物的毛,肉的种子构成动物的肉。与恩培多克勒一样,阿那克萨哥拉也在元素之外,设定了致使事物运动的能动的本原。恩培多克勒用以解释事物运动的原因或力量为"爱"和"恨"。阿那克萨哥拉认为,恩培多克勒的"爱""恨"只不过是一些半物质性、半神秘性的东西,用以解释万物的运动似乎不够充分。他认

的新物理学家（nouveaux physiciens）。① 苏格拉底关于阿那克萨哥

为能够成为物质事物运动原因或力量的东西，应当是一种在知识和力量上都超出和高于物质事物的东西。他把这种东西称作"奴斯"或"心灵"。在他看来，奴斯或心灵之所以能够成为万物运动的"原因"或能动的本原，最根本的就在于它具有区别于"种子"和万物的下述特征：(1)奴斯或心灵具有无形性和绝对单纯性。这一方面是因为奴斯或心灵并非其他事物的一个部分，另一方面是因为其本身也没有任何部分。(2)奴斯或心灵的存在具有独立性。奴斯或心灵与"四根"及"爱根"不同，不与任何事物相混合，因为无形的东西不可能与有形的东西相混合。(3)奴斯或心灵具有精细性。任何一个部分都可以被无限地继续分割，从而即使一个无限小的部分也可以被继续分割下去，从而也不能算作最精细的东西，只有其本身根本没有任何部分从而根本不可进行分割的奴斯或心灵才可以说是最精细的。(4)奴斯或心灵具有无限性。这一方面是因为奴斯或心灵既然没有任何部分，从而根本不可能对之加以分割，另一方面是因为心灵支配着无限多的种子，从而它就必须是一种无所不在的力量。(5)奴斯或心灵具有安排万物的能力或力量。因为奴斯或心灵具有关于万物的"知识"，而知识不仅是一种纯粹的精神活动，而且还是一种作用于万物、安排万物的能动的力量。(6)奴斯或心灵具有对于灵魂的优越性。这是因为灵魂只能存在于某一具体事物或某一具体形体之内的相对的精神事物，而奴斯或心灵则是独立于所有外在事物、对所有外在事物都具有能动作用的绝对的精神事物，从而它便优越于灵魂并支配灵魂的各种活动。阿那克萨哥拉写道："别的事物都具有着每一件事物的一部分，但是心灵则是无限的，自主的，不与任何事物相混，而是单独的，独立的，自为的。……因为心灵是万物中最稀最纯的，对每一件事物具有全部的洞见和最大的力量。对于一切具有灵魂的东西，不管大的或小的，心灵都有支配力"（参阅北京大学哲学系外国哲学史教研室编译：《古希腊罗马哲学》，商务印书馆1982年版，第70—71页）。参阅 E. 策勒尔：《古希腊哲学史纲》，翁绍军译，山东人民出版社1992年版，第65—66页。

① 苏格拉底之所以嘲笑阿那克萨哥拉，一方面是因为苏格拉底虽然高兴地看到阿那克萨哥拉卓越地提出了奴斯观念或心灵观念，但却没有很好地将他的这一理论深入下去，另一方面苏格拉底觉得阿那克萨哥拉虽然断言奴斯或心灵为万物运动的原因，但他却与此同时又坚持"种子说"，把物质性的种子视为万物的元素和本原，这就势必陷入二元论。事实上，不仅苏格拉底批判过他，而且亚里士多德也批判过他。罗素在谈到这一点时曾经指出："无论是亚里士多德还是柏拉图笔下的苏格拉底，都埋怨阿那克萨哥拉在介绍了心灵之后，却没有把它加以运用。亚里士多德指出他仅仅是介绍了心灵作为一种原因，因为他并不知道有别的原因。凡是他能够的地方，他处处都做出机械的解释。他反对以必然与偶然作为事物的起源；然而他的宇宙论没有'天意'。关于伦理和宗教他似乎想得并不多；或许他是一个无神论者，像他的检举者所说的那样"（参阅罗素：《西方哲学史》，上卷，何兆武、李约瑟译，商务印书馆1981年版，第95页）。正因为如此，莱布尼茨讲苏格拉底嘲笑阿那克萨哥拉也就是在嘲笑他那个时代的自然主义者，即新物理学家。

拉所说过的这些话是值得我们认真倾听的。

　　他说，一天我听说有人在阿那克萨哥拉的书中读到，据说一个理智存在者[①]（un estre intelligent）是万物的原因，这个理智存在者决定并安排万物。这使我极为高兴。因为我认为倘若这个世界为一个理智的产物，一切事物就会以最可能完满的方式造出来。正因为如此，我才认为任何一个人，只要他想对万物何以产生或毁灭作出说明，或者说只要他想对万物何以存在作出说明，他就必须寻找与任何给定事物的完满性相称的东西。这样，一个人也就需要在他自身或某个别的事物中考察那唯一使其成为最好的或最完满的东西的东西。凡认知这最完满事物的人，他就能够轻而易举地判断由此产生出来的不完满的事物，因为认知其一也就等于认知其二。[②]

　　在考察所有这一切时，我高兴地发现了一位教师，他能够教给我们万物的种种理由，例如，他能够教给我们地球为何是圆的而不是扁平的理由，以及为何事情是这样一种方式而不是另外一种方

---

　　① 莱布尼茨这里所谓"一个理智存在者"，其所意指的即是阿那克萨哥拉的"奴斯"或"心灵"。黑格尔在谈到阿那克萨哥拉时说道："他第一个把绝对本质表述为'心灵'并把普遍者表达为思维(并非理性)"，"阿那克萨哥拉的原则，是他把普遍者(心灵)、思想或一般的心智认作世界的单纯本质，认作绝对。"不仅如此，黑格尔还依据亚里士多德的诠释，进一步将奴斯或心灵理解为"自身推动者"。他写道："关于阿那克萨哥拉如何说明'心灵'，如何提出'心灵'的概念，亚里士多德进一步说道：普遍者有两方面：(一)作为纯粹的运动，和(二)作为静止的、单纯的普遍者。因此必须做的就是把运动的原理指示出来，指示出这就是那自身推动者，就是思维(独立地存在的思维)。"参阅黑格尔：《哲学史讲演录》，第 1 卷，贺麟、王太庆译，商务印书馆 1981 年版，第 352、353—354 页。

　　② 之所以"认知其一也就相当于认知其二"，乃是因为无论对于前者还是对于后者，都只存在有一门科学。

式会更好一些的理由。再者,当人们说地球处于宇宙中心的时候,或者当人们说地球不在宇宙中心的时候,我期待他将给我解释清楚为何地球处于这样一种状态是最为合适的,而且,我还期待他将同样告诉我太阳、月亮和星辰及其运动的有关情况及其理由。最后,在表明每件特殊事物最适合的情况的同时,他也就表明了通常最好的东西。怀着这样一种希望,我很快地找到了阿那克萨哥拉的有关书籍,急匆匆地将它们浏览了一遍。但我却感到大失所望。[1] 因为我惊奇地看到,他虽然第一个设定了支配理智(cette intelligence gouvernatrice),他却并未利用之,此后他便既不再讲及对万物的安排,也不再讲及万物的完满性,而且,他还引进了一些天上的物质,而这样一些物质却几乎不可能。在这方面,他似乎像有些人,在说过苏格拉底藉理智行事,随后又继续特别地解释他

---

① 苏格拉底当听到有人说阿那克萨哥拉的心灵学说时之所以"极为高兴",乃是因为他自以为阿那克萨哥拉的心灵学说完全合乎自己的心意,能够解释所有的自然现象。但当苏格拉底发现阿那克萨哥拉最后还是用他的种子说来解释各种自然现象时,他便"大失所望"。关于苏格拉底的这样一种心理变化,《斐多篇》里有相当详细的描述。其中写道:"然而,我听某人说,他读了阿那克萨哥拉的一本书,书上断言产生秩序的是心灵,它是一切事物的原因。这种解释使我感到高兴。在某种意义上它似乎是正确的,心灵应当是一切事物的原因,我想如果心灵是原因,那么心灵产生秩序使万物有序,把每一个别的事物按最适合它的方式进行安排。因此,如果有人希望找到某个既定事物产生、灭亡或持续的原因,那么他必须找出对该事物的存在、作用或被作用来说是最好的方式。……这些想法使我高兴地假定,在阿那克萨哥拉那里我找到了一位完全符合自己心意的关于原因问题的权威。……我想,通过分别确定每一现象的原因,并进而确定作为整体的宇宙的原因,他能把每一事物的最佳存在状态和什么是宇宙之善完全说清楚。无论出多少钱,我都不会把我的希望给卖了。我一刻也不耽误地搞来那些书,开始尽快地阅读,以便尽可能知道什么是最好的和较好的。我的朋友,这个希望是多么美妙啊,但它马上就破灭了。当我读下去的时候,我发现心灵在这个人手中变成了无用的东西。他没有把心灵确定为世界秩序的原因,而是引进了另一些原因,比如气、以太、水,以及其他许多稀奇古怪的东西。"参阅柏拉图:《斐多篇》,97C—98D。

的各种行为的原因,说苏格拉底坐在这里,乃是因为他有一个由骨头、血肉和肌腱组成的身体,乃是因为他的骨头是坚硬的,但它们却为空隙或节骨眼所隔开,各个肌腱也能够绷紧或松开,而这也正是身体何以柔韧的原因,最后也是我何以坐在这儿的原因。否则,要是他想要对当前这个谈话作出解释的话,他将会说到空气,说到发声器官和听觉器官等等,然而他却遗漏了真正的原因,亦即希腊人认为谴责我要比赦免我更好一些,而且我也认为坐在这儿要比跑掉更好一些。因为我担保,如果不是这样,如果我不认为遭受我的祖国施加给我的处罚比到别处作为一个流浪者或被放逐者活着更为正义和更有体面,则这些肌腱和骨头早就到维奥蒂亚人(Boeotiens)和麦加拉人(Magariens)①中间了。② 正因为如此,将这些骨头、肌腱及其运动称作原因是不合理的。诚然,任何一个人,他若说倘若没有这些骨头和肌腱,我便无法做所有这些事情,这也不无道理。但除此之外的东西则构成了真正的原因,而这些

---

① 在苏格拉底时代,维奥蒂亚和麦加拉都是与雅典比较邻近的城邦,由于比较荒凉,很可能也是雅典罪犯的流放地。

② 据记载,苏格拉底在审判期间和在监狱关押期间不仅有越狱逃跑的机会,而且还有判处流放甚至获得赦免的机会,但所有这一切都被苏格拉底一一拒绝了。从这个意义上说,是苏格拉底自己选择了自己的死亡。用黑格尔的话说就是,苏格拉底的灾祸"只是由于当事人的意志和自由带来的灾祸",正因为如此,苏格拉底的灾祸或遭遇不仅是"悲剧性的",而且是"高度悲剧性的"。苏格拉底的死之所以具有"高度的悲剧性"还在于他的死不是自然对他执行的法律,而是社会对他执行的法律,充分体现了"两个合法的、伦理的力量相互冲突",体现了精神的神圣法律与世俗的国家法律的相互冲突。"苏格拉底以他的良知与法庭的判决相对立,在他的良知的法庭上宣告自己无罪",而且以"最高贵、最安静的(英勇的)""赴死"方式,既成全了他的祖国的法律,也使他自己的精神原则"得到了它的真正的荣誉"。参阅黑格尔:《哲学史讲演录》,第2卷,贺麟、王太庆译,商务印书馆1981年版,第44、103—105页。

东西构成的只是一种条件,倘若没有这样的条件,则这原因便不可能成为一个原因。那些只说各种物体环绕地球的运动使之保持在它所在的地方不动的人忘掉了上帝的能力以最好的方式安排了一切,他们并不理解连接、形成和维系这个世界的东西是善的和美的。① 至此,这就已经是苏格拉底的观点了,而按照柏拉图对话中的观念或形式(des idées ou formes)继续思考下去困难会更大一点,尽管其中也不乏卓越。

---

① 苏格拉底和柏拉图在这里谈论的其实是一种"分有说"。用《斐多篇》中的话说就是:"在我看来,绝对的美之外的任何美的事物之所以是美的,是因为它们分有绝对的美,而不是因为别的原因"(柏拉图:《斐多篇》,100C)。

论物体的本性与运动规律^①

有一段时间，我认为所有运动现象都能够藉纯粹的几何学原则（principiis pure Geometricis）予以解释，根本无需假设任何形而上学命题（Metaphysicis propositionibus），碰撞的规律（leges ex solis）仅仅依赖于运动的组合。^② 但通过更深刻的沉思，我发现这

① 本文写于约 1678—1682 年间。原文为拉丁文。阿里尤和嘉伯将其英译出来，加上上面这个标题，收入其所编译的《莱布尼茨哲学论文集》中。

本文旨在批判笛卡尔和霍布斯的物质观和运动观，强调为要阐明运动现象和运动规律就不能仅仅依靠几何学原则或机械学原则，而必须进而运用形而上学原则甚至道德原则，换言之，就必须深入考察"运动的动力和理由"。

本文集据 G. W. Leibniz：Philosophical Essays，edited and translated by Roger Ariew and Daniel Garber，Hachett Publishing Company，1989，pp. 245—250 和 G. W. Leibniz：Die philosophischen Schriften 7，Herausgegeben von C. I. Gerhardt，Hildesheim：Georg Olms Verlag，2008，pp. 280—283 将该文译出。

② 莱布尼茨在其早年曾用几何学原则来理解和解释物体的碰撞现象，其实这也是当时自然科学家和哲学家的一个通病。这样一种状况是由当时自然科学发展的一般水平决定的。在近代科学发展的初期，最早成型的是天文学、力学和数学。恩格斯在谈到当时的情况时，说道："占首要地位的必然是最基本的自然科学，即关于地球上的物体和天体的力学，和它靠近并且为它服务的，是一些数学方法的发现和完善化。在这方面已取得了一些伟大的成就。……最重要的数学方法基本上被确立了；主要有笛卡尔确立了解析几何，耐普尔确立了对数，莱布尼茨，也许还有牛顿确立了微积分"（《马克思恩格斯选集》，第4卷，人民出版社 1995 年版，第 263 页）。也正是在这种背景下，伽利略提出了风行一时的自然科学—数学的理论范式。按照这一范式，凡不能用数学描述的实体、性质和现象（如所谓"声"、"色"、"味"等第二性质），凡不能精确计量的东西，都必须排除在自然领域或有形世界之外。早年莱布尼茨信奉的就是这样一种理论范式。笛卡尔将这种理论范式推广到哲学领域，提出了"普遍数学"（mathes universalis）的观念。依照伽利略的这一理论范式和笛卡尔的"普遍数学"观念，碰撞的规律以及各种自然现象都应当用几何学原则加以解释。从这个意义上，我们可以说，莱布尼茨在本文中对笛卡尔和霍布斯物质观和运动观的批判其实也是一种自我批判。

是不可能的,我认识到一条比整个机械学(tota mechanica)更高的真理,这就是:自然中的一切虽然实际上都能够用机械学加以解释,但机械学原则本身却依赖于形而上学的甚至道德的原则(metaphysicis et quodammodo moralibus),也就是依赖于对最完满有效的、动力的和目的的原因即上帝的默思(contemplatione causae efficientis et finalis, DEI scilicet perfectissime operantis),这在任何意义上,都不能将其归结为各种运动的盲目的组合。①由此,我还认识到,像伊壁鸠鲁派所主张的那样,世界上除了物质及其种种变形之外一无所有是根本不可能的。为了把这一点讲得更清楚一点,我将首先扼要地回顾我曾经认为能够成立的东西,然后我将谈一下究竟是什么东西使我抛弃了这种观点。

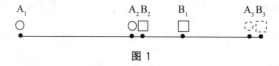

图 1

让我们在图 1 中设两个物体 A 和 B(为此,我们视这些点之间

---

① 伽利略的自然科学—数学理论范式和笛卡尔的"普遍数学"观念所反对的是在中世纪和整个文艺复兴时期盛行的亚里士多德的物理学范式,按照亚里士多德的科学范式,数学与物理学的研究对象不同,数学研究的是与质料分离的形式,物理学研究的则是与质料相结合的形式。按照伽利略和笛卡尔的理论范式,物理学研究的仅仅是能够精确计量的物质,从而根本排除了"形式因"、"动力因"和"目的因"问题,一句话,根本排除了形而上学和神学问题。现在,莱布尼茨认识到为要充分地理解碰撞规律,我们不仅应当坚持机械学原则,而且还要进一步恢复和坚持形而上学原则和神学原则,并且进一步正确认识和处理机械学原则与形而上学原则和神学原则的内在关联。正是这样一种认识驱使莱布尼茨从"位置哲学"走向"运动哲学"和"物体哲学",再进一步走向"哲学动力学"和"心灵科学"。

没有任何差别)在直线 AB 上相互之间直接碰撞；设它们在同时离开位置 A_1 和 B_1 之后，以匀速向前运动，在位置 A_2 和 B_2 相撞，这样一来，它们的速度便由直线 $A_1 A_2$ 和 $B_1 B_2$ 表示，它们在同一时间内完成运动。我便说，较慢的物体 B 是由较快的物体 A 带着走的，它们一起以速度 $A_2 A_3$（或 $B_2 B_3$）从碰撞点 $A_2 B_2$ 运动到 $A_3 B_3$，而速度 $A_2 A_3$（或 $B_2 B_3$）为在先的速度 $A_1 A_2$ 和 $B_1 B_2$ 之间的差。这就是说，在碰撞后，物体 A 将从 A_2 到 A_3，而物体 B 则同时将从 B_2 到 B_3，所花费的时间与其在碰撞前物体 A 从 A_1 到 A_2 以及物体 B 从 B_1 到 B_2 所花费的时间一样多，而 $A_2 A_3$ 或 $B_2 B_3$ 中每一个都等于 $A_1 A_2$ 减去 $B_1 B_2$。我从我的下述假设中找到了一个有关证明，这就是：在物体中，除体积外，任何东西都不能予以考虑，也就是说，除广延和不可入性、或者达到同样事物的东西，对空间和位置的填充外，任何东西都不能予以考虑。再者，我还设定，在运动中，除我们所提及的那些事物的变化外，也就是除位置的变化外，任何东西也不能予以考虑。但倘若我们想要仅仅断定跟随这些运动所产生的东西，我们就必须说，一个物体为何推动另一个物体运动的理由或原因就必须到不可入性的本性之中去寻找。因为当物体 A 虽然压迫物体 B 却不能穿透它，则它除非带着物体 B 一起运动，它便不可能继续它自己的运动。而且，既然在碰撞的瞬间，它致力于继续它自己的运动，它就将努力带着另一个物体与它一起运动，也就是说，它将开始将那个物体带走，亦即它将把某件事物以同样速度和方向运动的努力（conatus）强加给另一个物体。①因为每个努力都是一项活动的开端,从而便包含着在其所指向的方向上一个结果或一个受动性(passionis)的开端。而且,只要没有任何事物加以阻止的话,这项努力就将完全成功,物体 A 实际上就将以同样的速度继续运动,而物体 B 在碰撞后,就将受到物体 A 藉以运动的同样的速度和方向的推动。倘若物体 B 在碰撞前被设定为处于静止状态,如图 2 所示(在图 2 中,点 B_1 和 B_2 完全一致),也就是说,倘若物体 B 被设定为无论接受任何种类的运动都无所谓,那就没有任何事物能够阻止这样一种情况发生。

---

① 拉丁词 conatus 的基本含义是"努力",而这种努力关涉"体力",也关涉"智力"和"意志力",此外,还有"兴办"、"尝试"、"致力"、"追求"和"动能"等含义。斯宾诺莎在《伦理学》中曾经写道:"一物竭力保持其存在的努力不是别的,即是那物的现实本质"(斯宾诺莎:《伦理学》,贺麟译,商务印书馆 1981 年版,第 99—100 页)。他还写道:"这种努力,当其单独与心灵相关联时,便叫做意志。当其与心灵及身体同时相关联时,便称为冲动。所以冲动不是别的,即是人的本质之自身,从人的本质本身必然产生足以保持他自己的东西,因而他就被决定去作那些事情。其次冲动与欲望之间只有一个差别,即欲望一般单是指人对它的冲动有了自觉而言,所以欲望可以界说为我们意识着的冲动。从以上所说就很明白,及对于任何事物并不是我们追求它、愿望它、寻求它或欲求它,因为我们以为它是好的,而是,正与此相反,我们判定某种东西是好的,是因为我们追求它、愿望它、寻求它、欲求它"(斯宾诺莎:《伦理学》,贺麟译,商务印书馆 1981 年版,第 99 页)。但"努力"这个概念,莱布尼茨很可能是从霍布斯那里直接借用过来的。与笛卡尔一味拘泥于机械运动甚至将动物视为"自动机器"不同,霍布斯将"努力"视为其运动学说的一项基本原则。按照霍布斯的说法,所谓"努力"即是"在比能够得到的空间和时间少些的情况下所造成的运动"。霍布斯的"努力"概念是一个普遍概念,既意指物体的物理属性,也意指物体的心理属性和精神属性,意指动物和人的欲望、欲求或愿望。在霍布斯看来,动物不仅有"生命运动",而且还有"自觉运动"。也正是在这一"努力"概念的基础上,霍布斯提出了物体能够意欲和思维的观点。就此而言,莱布尼茨与霍布斯的观点是比较接近的。

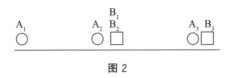

图 2

因此,在图 2 情况下,$A_1 A_2$ 将等于直线 $A_2 A_3$ 和 $B_2 B_3$。因为说物质抵抗运动,说物体 A 和物体 B 现在组合在一起的整体比物体 A 以前的运动更慢,就是在声称存在有某件事物,它不可能源于物体的单纯本性以及我们前面所设定的那类运动,如果在这种本性中除了空间的充满和改变之外我们什么也理解不了,事情就必定如此。如果实际上,在图 3 中,我们设定两个物体以同样的速度碰

图 3

撞,那么这两个物体在碰撞后便都将处于停止状态。因为在碰撞的瞬间,物体 A 便会具有两种努力,其中一个努力以它得以接近目标的那个速度继续运动,也就是以 $A_1 A_2$ 的速度继续运动,另一个努力则以另一个物体 B 接近物体 A 时的那个速度向后运动,也就是说,以 $B_1 B_2$ 的速度运动,而 $B_1 B_2$ 这个速度等于 $A_1 A_2$。所以,为使每个努力都可以理解为具有一个结果,我们就必须将物体 A 理解为受到两个相反却相等的运动的推动;也就是说,它将处于静止状态。因为如果在图 4 中的船 LM 上,球体 C 以速度 $C_1 C_2$ 从船头滚向船尾,同时这条船以速度 $M_1 M_2$ 向前运行,此时速度

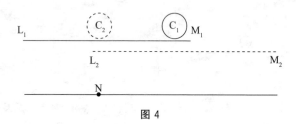

图 4

M_1M_2 等于速度 C_1C_2,则尽管它做了所有这些努力,这个球体将不会改变它的位置,而只是相当于处在固定不动的岸上面的同一个点 N。而我们关于图 3 中物体 A 所说的话也必定能够用来言说另一个。实际上,倘若像在图 1 中那样,两个物体中的一个更快地运动,它就将占上风,而这两个物体就肯定会沿着那个运动较快的物体的运动方向,以它们开初运动速度之差的速度继续运动。因为在那碰撞的瞬间,物体 A 将有两项努力,其中一项努力是以较大的速度 A_1A_2 继续运动,而另一项努力则以较小的速度向后运动;同样,物体 B 也将有两项努力,但这两项努力却正好相反,其中一项努力是以较小的速度 B_1B_2 继续运动,另一项努力则是以较大的速度 A_1A_2 向后运动。为使所有这些努力都产生出结果,我们就必须再次将这些努力所要求的各种运动相互结合起来。再者,事情永远都会这样:如果一个物体同时受到两个相反运动的推动,到最后,它就将沿着较大运动的方向受到推动,却以这两个运动速度之差的速度运动。例如,在图 1 中,它就会从 A_2B_2 向 A_3B_3 运动,其速度为 A_2A_3 或 B_2B_3,而 A_2A_3 或 B_2B_3 则相当于 A_1A_2 减去 B_1B_2。而且,我们还可以用用图 5 中那条船的例证来理解这种现象。因为如果 NPQR 是河岸,而船 LM 顺着河道以速度 NP 从

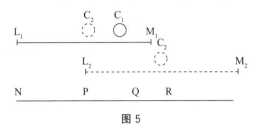

图 5

$L_1 M_1$ 运行到 $L_2 M_2$，并且载着物体 C 向前运行，而物体 C 与此同时在船上以速度 $C_1 C_2$ 从船头运行到船尾，很显然，这个物体以两个相反的速度受到推动，其中那个大的速度为 PR（等于速度 NP），此乃这条船的速度，而那个较小的相反的速度为 QR（与速度 $C_1 C_2$ 相等），此乃这个物体自身的速度。因此，对于河岸来说，这个物体实际上将由位置 Q 被推动到位置 R，沿着这条船所趋向的方向运动，也就是说，沿着那个较大的速度运动的方向前进，而且，它将以速度 QR 运动，而速度 QR 即是速度 PR 与速度 QP 之间的差。还有一个更进一步的例证。如果在图 6 中，物体 A 和物

图 6

体 B 沿着同一条线的同一个方向前进，但速度较快的物体 A 赶上了速度较慢的物体 B，从而与之发生碰撞，致使这两个物体将以较大的速度一起前进，也就是说，以速度 $A_2 A_3$ 或 $B_2 B_3$ 一起前进，而该速度则等于速度 $A_1 A_2$。例如，在上述情况下，两个速度之间的差必定是从它们相互迎面相撞时那个较大的速度里减去得来的，

所以现在,同样的量必定是被添加到较快的物体遭遇较慢的物体时那个较慢的速度之上。那个物体只是由于其有较大的速度而攻击另一个物体,因为它们具有同样的速度,一个物体便不可能作用于另一个物体了。这就好像它们因船的公共运动而被带到同一条船上,我们假定在那条船上,那个运动速度较慢的物体处于静止状态,而那个运动速度较快的物体以一种等于这两个开初运动的速度的差的速度与之相撞。如果我们只是假定,这个运动速度较快的物体把它的整个速度都强加到在它前面运动着的那个速度较慢的物体,则它们便不会一起向前运行了(不过在这里却始终会出现另外一种情况),而是那个运动较快的物体将保持它的运动速度,而那个运动速度较慢的物体则将以这些速度之和的速度向前运动,从而便有了与那个具有较快速度的物体一样的速度了。

关于物体的碰撞,我们以这样一种方式所得出的结论区别于经验,尤其是在图 2 中,当受到推动的那个物体的体积增大时,我们并不能因此确定其速度将会减小。因为从另一个方面看,如果两个缺乏弹性(它们因此在碰撞后将会飞离)的柔软的物体被允许碰撞,例如,两个用纸包裹起来的黏土形成的用绳子悬挂起来的球体,除非一个速度必定为物体的总数所整除,也就是说,除非当两个物体相等时,这个速度才必定被均分。再者,即使我所得出的结论被认为与被置放在一个有序体系的外面的各个物体的状态相关,可以说这些物体处于难于控制的状态,以致处于静止状态的最大的物体能够为最小的处于碰撞中的物体,以其所具有的速度(不管这一速度多么小)带走,我认为,在一个有序系统里,即相关于我们四周的各个物体而言，这样的情况是完全荒谬的。因为这样一来，哪怕是最微细的工作也会导致最大的无序。因此，我认为这种结果会受到各种设置的阻止。因为在我看来，各个物体都是具有弹性和柔韧可变的，而且往往是在其整体未受到推动的情况下其一个部分却受到了推动。① 但当我考察我们如何能够一般地解释

① "弹性自然"是英国剑桥柏拉图学派代表人物卡德沃思（R. Cudworth，1617—1688）在其代表作《真正理智的体系》中提出的学说。卡德沃思认为，弹性自然是一种精神实在，不是作为取代上帝的实在，而是作为上帝从属工具的实在，是体现在自然中的上帝的技艺。它为目的而活动，却没有意识到这些目的，它按照完满的理智印在它上面的法则"命定地同情地"工作着。其职责就是井然有序地安排物质，但它"生气勃勃地和魔术般地"工作着，而不是像人的技艺那样只是机械地工作着。他的弹性自然学说具有物活论倾向（参阅索利：《英国哲学史》，段德智译，陈修斋校，商务印书馆 2017 年版，第 84页）。培尔依据笛卡尔派的立场在其《再论关于彗星的各种思考》(1705)中指控卡德沃思的"弹性自然"学说容易导致无神论。但他的这样一种说法招致"弹性自然"说辩护者勒克莱尔的反对。勒克莱尔请求莱布尼茨从前定和谐的立场对卡德沃思的"弹性自然"说作出说明。于是，莱布尼茨在《学者著作史》1705 年 5 月号上发表了《前定和谐系统作者对生命原则和弹性自然的考察》一文。在该文中，莱布尼茨声援了卡德沃思和勒克莱尔的立场，批评了笛卡尔派的立场，明确表示"我的意见与卡德沃思的意见相似"。他写道："他的那部卓越的著作中大部分内容都很好地支持了我，在那些尚未形成任何有机体的地方(là où il n'y a rien encore d'organisé)，机械装置本身都不可能形成一个动物。我觉得他反对一些古代人在这个问题上所察觉到的东西是正确的，笛卡尔的人不仅很少考虑到人的形成(des Cartes dans son home，don't la formation luy couste si peu)，而且也很不像一个真正的人。"但莱布尼茨则主张用"有机自然说"和"预成论"取代卡德沃思的"弹性自然"说。他写道："我充实和加强了卡德沃思的这一意见，考察了如果物质受到了上帝智慧的安排，它本质上就必定能够被完全有机化，从而在这台机器的各个部分，就必定存在有无限多台机器。就必定存在有如此众多包封起来的结构，以及如此众多的被包封起来的有机体，一个有机体在另一个有机体之内，以至于一个人永远不可能产生出任何一个全新的没有任何预成的有机体，也不可能完全毁灭掉一个业已存在的动物。这样，我就根本无需像卡德沃思那样，诉诸一些非物质的弹性自然（Natures Plastiques immaterielles)，尽管这让我想起朱利乌斯·斯卡利杰和其他逍遥派，想起范·赫尔蒙特"地心之火"学说(la doctrine Helmontienne des Archées)的一些追随者，这种学说认为灵魂

我们到处经验到的现象，即速度由于体积的增大而减少，例如当一条船载得越多顺流而下行得越慢时，我却踌躇不决了，我所有的尝试都徒劳无益，我发现，可以说，各种物体的这样一种惰性（inertiam corporum）是不可能从最初设定的物质和运动的概念（initio posita materiae et motus notione）推演出来的，因为在这里，物质被理解为有广延的或充实空间的东西，而运动则被理解为空间和位置的变化。[①]但毋宁说，除那些仅仅由广延及其变形推演出来的东西外，在物体之中，我们还必须添加上并且承认有一些概念或形式（notiones sive formas），这些概念或形式是非物质的（immateriales），可以说是，不依赖于广延的（extensione independentes），您

制造了它自己的身体。对此，我只能说：我不需要它，而且它也不适合我的需要。因为这种预成（la preformation）以及这种无限复杂的有机体给我提供了适合这种需要的物质的弹性自然（des natures plastiques materielles）。相形之下，非物质的弹性自然由于其不能满足这一需要而没有必要。"参阅 *G. W. Leibniz*：*Die philosophischen Schriften* 6，Herausgegeben von C. I. Gerhardt，Hildesheim：Georg Olms Verlag，2008，pp. 543—544。

　　① 莱布尼茨在这里批评的实际上是西方近代的机械论，尤其是笛卡尔和霍布斯的物质观和运动观。因为无论是笛卡尔还是霍布斯，都是将"物质"理解为"有广延的或充实空间的东西"，将"运动"理解为"空间和位置的变化"。这在霍布斯那里是非常清楚的。因为霍布斯不仅明确地将"物体"设想为"广延和形状"，而且还明确地宣布所谓运动就是连续地放弃"一个位置"又取得"另一个位置"。笛卡尔既然宣布"物体的本性，不在于重量、硬度、颜色等，而只在于广延"，"所谓运动……乃是指一个物体由此地到彼地的动作而言"（参阅笛卡尔：《哲学原理》，关文运译，商务印书馆 1959 年版，第35、45 页），则他的物质观和运动观便与霍布斯的便并无二致。但在莱布尼茨看来，无论是霍布斯还是笛卡尔都只是宣布了物质和运动"是什么"，而未解释物质和运动"为什么"如此这般，也解释不了物质和运动究竟"为什么"如此这般。这实际上是点了近代西方机械论的物质观和运动观的死穴。而莱布尼茨写作本文的一项根本目标即在于从"物体本性"和"运动规律"的高度对物质何以有广延、物体何以能够运动作出说明，从他的运动哲学和哲学动力学推演出他的物体哲学和位置哲学。

可以将其称作各种力（potentias），凭借这些力，速度便与物体的大小协调一致了。这些力实际上并不在于运动，也不在于运动的努力或开始，而是在于运动的原因或内在的理由（causa sive ratione intrinseca motus），而这即是连续运动所要求的那种规律（lege continuandi consistunt）。① 而各种不同的研究者，就他们只考察运动而不进一步考察运动的动力或理由（potentiam motricem seu motus rationem）而言，是犯了错误的，即使这种动力或理由源自上帝、万物的造主和管理者，也绝对不能理解为存在于上帝自身之内，而必须被理解成为他在万物中已经产生出来并且被保存下来

---

① 从形而上学的角度看，莱布尼茨超越霍布斯和笛卡尔的地方在于：他的哲学思考并不局限于物体的广延，也不局限于运动本身，而是进一步追问"运动的原因或内在的理由"，追问不依赖于广延和运动的"形式"和"力"，追问广延和运动所依赖的"形式"和"力"。这样一种追问并非是机械学的，而是形而上学的，是对广延和运动之后、之上的东西的追问，也就是说，在莱布尼茨看来，构成其至极究竟的是原初的能动的力和原初的受动的力，而不仅仅是机械学上的作用力或反作用力，机械学上的作用力和反作用力只不过是原初的能动的力和原初的受动的力派生出来的东西，只是一种派生的能动的力和派生的受动的力。莱布尼茨在本文开头所谓"机械学原则本身依赖于形而上学原则"，即是谓此。

在莱布尼茨看来，既然物质的本性，如霍布斯和笛卡尔所说，只是广延，而广延本身既非一种机械学上的力，更非一种原初的力，从而力，尤其是形而上学意义上的原初的能动的力便势必是"非物质的，不依赖于广延的"。从而这种非物质的力归根到底便是灵魂一类和心灵一类的东西，莱布尼茨所谓"位置哲学"依赖于"运动哲学"，"运动哲学"依赖于"心灵科学"，即是谓此。而心灵超越普通灵魂的地方恰恰在于它不仅能够构成宇宙的一面镜子，而且还能成为上帝的"肖像"，成为上帝城邦的"公民"，成为"自然世界"中这个"道德世界"的成员。莱布尼茨在本文开头所谓"机械学原则本身"不仅依赖于"形而上学原则"，甚至也依赖于"道德原则"，即是谓此。

的东西。① 由此,我们还可以表明,世界上守恒不变的并非运动的量而是力(Unde etiam non candem quantitatem motus sed potentias in mundo servari ostendemus),而运动的量守恒不变的观点却曾经误导了许多人。②

---

① 对于莱布尼茨和笛卡尔派哲学家来说,对致使事物运动的原初动力之存在双方似乎是没有异议的,问题在于这样一种原初的动力究竟存在于何处? 在笛卡尔派看来,这样一种原初的动力即存在于上帝之内,在莱布尼茨看来,这样一种原初的动力即存在于万物之内。笛卡尔派由于断言这样一种原初的动力即存在于上帝之内,故而事物的运动乃至事物之间的协调一致便都需要上帝随时随地的干预,这就是他们所谓的偶因论。莱布尼茨既然认为这样一种原初的动力即存在于万物之内,事物的运动以及事物之间的协调一致便都是事物自身运动的结果。正因为如此,笛卡尔派以及其他一些不理解莱布尼茨学说的人(包括培尔和克拉克)便攻击莱布尼茨的学说有无神论之虞,而莱布尼茨则批评笛卡尔派对上帝缺乏真正的虔诚,因为他们的偶因论将上帝弄成了一个蹩脚的钟表匠或蹩脚的钟表修理匠。

② 莱布尼茨在这里首先批评的是笛卡尔。因为笛卡尔在《哲学原理》中明确地提出了运动的量守恒的定律,并断言一个物体的运动的量是由其速度与体积的乘积来决定。莱布尼茨则指出,笛卡尔的运动的量的守恒定律明显地与落体定律相冲突,于是他提出并论证了他的力的守恒定律。关于莱布尼茨对笛卡尔运动的量的守恒定律的批判,请参阅莱布尼茨的《形而上学谈》第17—18节。莱布尼茨在其中写道:"对力的这样一些考察,把力同运动量区别开来,意义非常重大。这不仅有助于我们在物理学或机械学层面发现自然的真正规律和运动的本性,纠正已经潜入一些颇有才华的数学家著作中的种种错误,而且也有助于我们在形而上学层面更好地理解各种原理。"

论自然科学原理①

一、该书的计划

我之所以写作这本小书，乃是为了讨论自然科学原理。还可以加上对磷（pyropum）的描述，亦即对作为一种既不耗费也根本

① 本文写于 1682—1684 年间。原文为拉丁文。其标题原为 Elementa physicae，若直译出来，便是《物理学原理》。《物理学原理》与《心灵原理》自前巴黎时代开始就一直是莱布尼茨研究规划的姊妹篇，而这两者也都被用作莱布尼茨研究规划《天主教推证》和《大百科全书》的导论。

1906 年，恩斯特·格兰（Ernst Gerland）发表了一篇题为《物理学原理》的短篇译文，该文作为莱布尼茨早年在汉诺威时期制定的一项初步研究规划，载于他所编辑的在莱比锡出版的《莱布尼茨论物理学、力学和技术遗著集》第 110—113 页。格兰似乎并未充分意识到这一手稿在莱布尼茨整个学术研究和写作生涯中的战略地位，从而抱怨莱布尼茨在这个规划中虽然允诺了许多，却未能一一落实，并对此深表遗憾。

60 多年后，莱姆克据爱德华·伯德曼（Eduard Bodemann）所编《汉诺威宫廷图书馆莱布尼茨手稿》（1895 年汉诺威出版）将其英译出来，并收入其所编辑的《莱布尼茨哲学论文与书信集》之中。考虑到《物理学原理》原文中的"物理学"这个术语的含义无论在古代还是在莱布尼茨时代都比现在宽泛得多，大体相当于我们今天所说的"自然科学"。故而，莱姆克将该文的标题英译为 On the Elements of Natural Science，若汉译出来，即为《论自然科学原理》。

《论自然科学原理》一文含有两个部分。其中，第一部分为《该书的计划》，第二部分为《自然科学的价值与方法导论》。其中《导论》讲的是科学的人文价值，以及对分析和综合方法用于有形现象研究的说明。它不仅可以视为通俗介绍自然科学知识的一个最初尝试，而且还可以视为同期著作《论普遍综合与分析，或论发现和判断的技术》（约 1679）以及《对知识、真理和观念的默思》（1684）的姊妹篇，强调的是对事物及其属性的客观参照而非仅仅对观念的参照。莱布尼茨对自然科学意义的说明是非常合乎时宜的。弗兰西斯·培根，尤其是罗伯特·波义耳对他的影响，在其中显而易见。

不需要任何燃料的其本身为火的"夜光虫"的描述。①

　　我们的自然科学探究的并非有关自然的各种观察或描述，而
是各种原理（rationes）或各种性质以及由这些原理必然推演出来
的东西或确定性②本身（也就是那些任何东西也不能阻止其被推

《该书的计划》原载爱德华·伯德曼所编《汉诺威宫廷图书馆莱布尼茨手稿》（1895
年汉诺威出版），XXXVII，iv，第 9—10 页。而《自然科学的价值与方法导论》则原载《汉
诺威宫廷图书馆莱布尼茨手稿》（1895 年汉诺威出版），XXXVII，iv，第 1—6 页。

　　本文由译者据 *Leibniz：Philosophical Papers and Letters*，translated and edited
by Leroy E. Loemker，D. Reidel Publishing Company，1969，pp. 277—290 译出。

　　① 磷是由德国化学家布兰德（Hennig Brand）于 1669 年在试图用尿的蒸馏物将
银炼成金的时候发现的，当时他称之为"载光物"或"冷光"。莱布尼茨及其朋友克拉夫
特（Johann Daniel Crafft）却从中发现了这样一种新的化学物质（即磷）的商业开发的可
能性和前景，并在 1677 年 3 月讨论了有关磷的生产问题。1677 年 5 月，莱布尼茨在
《论达到对物体真正分析和自然事物原因的方法》一文中即论及与磷的生产相关的科
学方法问题。紧接着，莱布尼茨于 1677 年 8 月 2 日又在《学者杂志》上刊文《克拉夫特
先生的磷》，以推动磷的生产和商业开发。此后，莱布尼茨在其 1679 年 9 月致克里斯蒂
安·惠更斯的信中对磷的本性作出了进一步的说明（参阅 *Leibniz：Philosophical Pa-
pers and Letters*，translated and edited by Leroy E. Loemker，D. Reidel Publishing
Company，1969，pp. 248—258）。在 1680 和 1682 年，罗伯特·波义耳发表文章对他
自己关于这一化学制品的实验作出了说明，并将磷称作"大气中的夜光虫"（the Aerial
Noctiluca）和"冰冷的夜光虫"（the Icy Noctiluca）。

　　② 确定性乃近代西方哲学的一项基本原则。英国经验论将感觉及其观念作为
确定的东西，并由此出发创建了各式各样的经验主义体系。大陆理性论将思维或思维
者作为确定的东西，并由此出发创建了各式各样的理性主义体系。笛卡尔虽然以"怀
疑一切"作为其哲学的"第一要义"，但笛卡尔的"怀疑"却不是以怀疑为"目的"，而只是
将怀疑作为其达到"确定性"或"确定的东西"的手段。也正因为如此，笛卡尔把在进行
怀疑一切的无可怀疑的"我"规定为他的哲学的"第一原理"。黑格尔在谈到这一点时，
曾经指出：笛卡尔哲学的"第二个命题就是思维的直接确认。我们必须寻求确定的东
西；确定的东西就是确认，就是一贯的、纯粹的认识本身。这就是思维……因此笛卡尔
同费希特一样，出发点是绝对确定的'我'，我知道这个'我'呈现在我心中。于是哲学
得到了一个完全不同的基地"（参阅黑格尔：《哲学史讲演录》，第 4 卷，贺麟、王太庆译，
商务印书馆 1978 年版，第 69—70 页）。莱布尼茨的确定性概念既有别于英国经验主
义，也有别于笛卡尔的理性主义。在一定意义上可以说是同时吸收了两者的精华。

演出来的东西）。因为只有后者才使得将这些推理应用到各种观察上面成为必要。因此，第一部分将探究各种性质，但第二部分将探究各种性质的主体，或者说将探究世界上存在着的各种物体，在这里，描述总是同推理结合在一起。因此，我们将探究物体及其各种性质，既探究我们清楚设想到的理性物体，也探究我们混乱知觉到的感性物体。①

一个物体是有广延的，可移动的和有抵抗力的；就其有广延而言，它是能够作用和遭受作用的东西；当其处于运动状态时，它在作用着，而当其阻碍着运动时，它在遭受着作用。因此，应当受到考察的，首先是广延；其次是运动；第三是抵抗或碰撞。

有广延的事物就是具有大小和位置（situs）的事物。大小乃一件事物的所有部分，或者说那件事物得以理解的所有实存藉以受到决定的模式。而位置则是决定一件事物得以知觉到的各种性质的模式。

一件事物的大小只有当其所具有的各个部分的数目被认知后才能确切地认知到，它的各个部分与某个给定的尺度是一致的。因此，我们必须研究数目，既要研究那些确定的和那些属于算术的数目，也要研究那些不确定的和那些属于代数学的数目。现在，我

---

① 莱布尼茨这里所说的"性质"既涵盖物体的感觉属性，也涵盖物体的非感觉属性。这和波义耳的性质概念非常接近。波义耳也非常重视物体性质的研究，在他看来，我们对自然的研究实际上就是对自然中各种事物的性质的变化进行研究。他在系统阐述其微粒哲学的《形式和性质的起源》（1666）中曾经将性质区分为两大类，即机械性质和非机械性质，又将机械性质进一步细分为"显明性质"、"隐秘性质"和"感觉性质"三类。所谓显明性质指的是源于物体自身的性质，不依赖于人的感知而存在，而感觉性质则不同，它同时依赖于物体和人的感官。其实，波义耳的性质学说与洛克的第一性质和第二性质学说非常接近。

们将首先研究相等和比例。因为那些能够形成一致的事物是同等的,而比例之于同等一如数目之于单一。

各个部分在它们之中的位置被称作形状。由此能够得出一些类似物,这只有当它们一起受到知觉时才有望区别开来。不过,同类的事物则是那些能够还原为类似物的东西。所有类似的和同等的事物都是一致的。①

在讨论形状之前,我们必须先行讨论空间本身和点;讨论球体和两个球体的交集或圆,讨论平面及两个平面的交集或直线,讨论三个球体的交集或点。由此,我们可以清楚地看到为何一个点当其与三个其他的点的距离以及一个除此而外的平面被给定时,它的位置也就被给定了,因为三个球体能够在两个点上相交。这样,我们也就能够发现一条直线的性质,以及两条直线为何不能只有两个公共点。而《几何学原理》的推证现在就变得容

---

① 这里涉及的观点与当时流行的微粒哲学有关。微粒哲学是 17 世纪西方自然哲学家在批判亚里士多德物理学的基础上形成的一种自然哲学观点,运动、大小和形状都是该学说的基本范畴。伽利略和波义耳曾借鉴了古代原子论奠基人德谟克里特物体固有属性的观点。伽利略提出物体具有"自然属性"与"非自然属性"的观点。波义耳进而提出了物体具有"第一类属性"和"第二类属性"的观点。笛卡尔则从根本上抛弃了德谟克里特的古代原子论立场。他将实在区分为"精神"实体和"物质"实体,并将"物质"实体的本质属性规定为"广延"。但他不仅以物质与空间的同一性否定了虚空或真空存在的可能性,而且他还以物质的无限可分性根本否定了原子(指不可分的原子)存在的可能性,并在此基础上引入了无处不在的精微物质或微粒。1674 年,波义耳在《微粒哲学或机械哲学的基础和优点》一著中,对微粒哲学作了较为系统和全面的阐述,赞赏和强调了微粒哲学具有综合性、合理性、简单性、明了性和可实验性等优点。1687 年,牛顿在《自然哲学的数学原理》一著中从数学的角度对伽利略、笛卡尔和波义耳的微粒理论作了概括,并将万有引力说引入了微粒哲学。但莱布尼茨和惠更斯等思想家则认为,物理学或自然哲学不仅应该描述自然现象,而且还应该分析原因,进而与形而上学相结合。

易了。至此,我们所考察的只是各种形状(即图形),而完全没有诉诸运动。①

因此,接踵而至的是运动或位置的变化;在这里就是产生圆和直线的方法。现在,我们就来解释运动轨迹学(the tornatorial science)。讨论获得一条直线、一个平面、一个球体、一个圆锥体、一个平面上的各种圆锥曲线及其外形;还要讨论一些更加复杂的图形;讨论运动的各式各样的组合。

我们将要讨论碰撞,或者说讨论结合在一起的运动和抵抗。在这里,我们要讨论各种不同的机械、旋转和器皿。

这样一来,空间延展的不确定性便得到了推证,因为既然凡关于任何特殊的事物能够推断出来的东西,任何一个与之类似的事物也同样能够推断出来,则对它在任何地方终止,我们便给不出任何理由。因此,对于一个更大的圆,我们只能推断出我们就一个较小的圆推断出来的东西。所以,在没有空间存在的地方,我们要指定出任何一个球体存在是根本不可能的。因为要是这样一个球体有其存在的任何理由的话,同样的理由对于所有别的球体便都相应地有效。不过,上帝是不会毫无理由地做任何事情的。

我们还要推证,每个物体实际上都可以分割成更小的部分,或者说根本不存在任何原子,在任何一个物体中都不可能指出

---

① 关于通过运动轨迹的交集来下几何学定义的方法的更进一步的内容,请参阅莱布尼茨的《位置几何学研究》(1679),载 *Leibniz: Philosophical Papers and Letters*, translated and edited by Leroy E. Loemker, D. Reidel Publishing Company, 1969, pp. 248—258。

任何一种现实的连续性。由这种分割的本性便产生出了流动性和坚固性。空的空间无论如何都不可能与完全的流体区别开来。根本不存在任何完全的流体。根本没有任何虚空。笛卡尔在引进他的精微物质(subtle matter)时,只是在名称上废弃了真空。

　　现在,我们接着讨论所谓无形物质(incorporeal matters)问题。[①] 一些事情在一个物体中发生不能够由物质的必然性(the necessity of matter)作出解释。运动的各种规律就是这样的东西,它依赖于因果相等的形而上学原则。因此,我们现在在这里必须讨论灵魂,说明所有的事物如何都是有生命的。倘若没有灵魂或某一种类的形式,物体就根本不可能存在,因为我们说不出物体的任何一个部分不是反过来又是由更多的部分组成的。这样,在

---

① "无形物质"是英国哲学家莫尔(Henry More,1614—1687)在与笛卡尔的通信中提出的一个概念。莫尔自称柏拉图的信徒,是英国剑桥学派的代表人物之一。1648 年 11 月 7 日,他曾带着钦佩的心情致信笛卡尔,称除非是柏拉图的哲学,没有一个哲学家的哲学能够像笛卡尔的哲学那样如此有力地反对无神论。不过他对笛卡尔的学说也有两点反对意见:一是对笛卡尔将广延与物体(物质)等同起来表示反对,一是对禽兽是自动机器的观点表示反对。他强调说,他倒宁愿承认所有动物不死。笛卡尔在他的答复中主张:真正的广延只有在物体中才能找到。他还进一步主张:物体倘若不定义为有广延就必须定义为有感觉的东西,也就是要通过它与我们的关系来定义,而这就使物体丧失了成为独立实体的权利。这个讨论由此便进展到了"无形体的广延"或"无形物质"问题。莫尔将它归于上帝、天使和人的心灵,但无形物质或无形体的广延这个说法却遭到了笛卡尔的否认。笛卡尔主张,上帝的无限并不在于他的"无处不在",而在于他的能力。莫尔却答复道:上帝的能力是上帝本质的一种样式,因此,倘若上帝的能力无处不在,上帝也就无处不在。它们之间的通信由于笛卡尔的去世而停止。参阅索利:《英国哲学史》,段德智译,陈修斋校,商务印书馆 2017 年版,第 74 页。

一个物体中,便没有任何东西能够指出来可以称作"这件事物"的东西,或者说可以称作统一体的东西。① 这就要说到灵魂或形式的本性;存在有一种知觉和欲望,它们实际上是灵魂的受动和活动。为何事情会是这样? 这是因为各种灵魂都是由上帝关于事物的知识产生出来的,换言之,它们都是各种观念的仿制品。所有的灵魂都是不可毁灭的,但作为宇宙共和国公民的那些灵魂尤其是不朽的,上帝不仅是这些灵魂的造主(author),而且还是他们的

---

① 莱布尼茨这里讨论的物质无限可分思想是对伽森狄复兴的古代原子论的否定和批判。在这一点上,他与笛卡尔并没有原则的区别。他们之间不同的地方在于:笛卡尔虽然否认了作为"物理学的点"的原子的不可分性,但他却用一种抽象的思想上的具有"不可分性"的"数学的点"取而代之,并在此基础上,提出了"物体实体"的概念和二元论哲学。与笛卡尔不同,莱布尼茨不像笛卡尔那样将"物理学的不可分的点"转向抽象的思想上的"数学的不可分的点",而是既超越德谟克里特的"物理学的不可分的点",又超越笛卡尔的"数学的不可分的点",而达到"形而上学的点",并因此而建立起他的"单子论"这一新的实体学说。莱布尼茨、笛卡尔与伽森狄关于物质是否无限可分之争可以说是古代亚里士多德与德谟克里特关于原子是否无限可分之争的继续。

其实,当年亚里士多德与德谟克里特在争辩物质是否可分的问题时,差不多在同时,我国的学者惠施、公孙龙和后期墨家等也就物质是否无限可分展开了论争。据《庄子·天下篇》载,惠施不仅提出了"历物十事",而且还提出了"一尺之捶,日取其半,万世不竭"等"辩者诸事",并与公孙龙等辩者就此展开了辩论。后期墨家也就此事提出了自己的主张。《墨经》中有"非半弗斫则不动,说在端"以及"非。斫半,进前取也。前则中无为半,犹端也。前后取,则端中也。斫必半,毋与非半,不可斫也"的说法。而且,据《列子·仲尼篇》载,公孙龙也曾有"有物不尽"的说法,但自称公孙龙信徒的公子牟却提出了"尽物者常有"的命题。所有这些都表明,在物质是否无限可分这一问题上,我国古代学者之间争论的激烈程度一点也不弱于亚里士多德与德谟克里特之间的争论。令人遗憾的是,我国古代的"尺捶之辩"由于种种原因,终究未能上升到实体论的高度,未能产生出更为积极的哲学成果。

君王（king）。① 由于上帝是在迥然不同的基础之上与他们联系在一起的，所以他们被称作心灵（minds）。这些心灵永远不会忘却他们自己。只有他们才能想到上帝，他们对万物也有清楚的概念。但试图将知觉仅仅归于人也是不适当的。既然所有的物体都依据其所具有的完满性程度而具有某种知觉，它们就将具有知觉，因为既然每件事物都以最完满的方式发生，则凡在不损害其他事物的情况下能够发生的事物实际上都将发生。在这里，欢乐和悲伤的本性也能够得到解释，这无非是一个人对自己的成功或完满性的一种知觉而已。因此，当一种努力如愿以偿时，这样的结果即是成功；当一种努力遇到抵抗时，于是便滋生了悲伤。有多少心灵，也就有多少面宇宙的镜子（the mirrors of the universe），因为虽然每个心灵都知觉到整个宇宙，但它们却是混乱地知觉到的。

接着，我们必须讨论力或能力（force or power）。在此，我们应当承认力是我们据力的结果的量判断出来的。但这种结果或这种原因的力相互之间是相等的。因为倘若结果更大一些，我们就

---

① 莱布尼茨虽然反对笛卡尔关于动物没有灵魂而只是一台自动机器的观点，但他也并未因此而将人与动物混为一谈。他反复强调的是：人的心灵高于普通动物的灵魂，不仅能够成为宇宙的一面镜子，而且还能认识上帝，成为上帝神圣城邦的公民。莱布尼茨在这里说的"上帝不仅是这些灵魂的造主（author），而且还是他们的君王（king）"，即是这个意思。人的灵魂即心灵的高贵性和优越性是莱布尼茨反复强调的一项根本原则。例如，莱布尼茨在《形而上学谈》第34—36节中就曾专门强调和阐述了"心灵与其他实体、灵魂或实体形式之间的区别"和"心灵的卓越"，指出："上帝喜欢它们甚于其他受造物；心灵表达的是上帝而非世界，而其他的单纯实体表达的则是世界而非上帝"；"上帝乃最完满共和国的君王，这一共和国由所有心灵组成，这一上帝之城的幸福是其主要目标"。在莱布尼茨的思想体系中，其思辨哲学始终服务于其实践哲学或道德哲学。莱布尼茨对心灵卓越的强调显然是由他的思想体系的这一宏观架构决定的。

会有永动机了,倘若结果更小一些,我们就不会有持续的物理运动了。而这就表明:运动的同样的量是不可能保存下来的,而能够保存下来的只能是力的同样的量。然而,我们必须看到在整个宇宙中运动的同样的量是否也能够得到保存。①

我们还讨论摄动和复原,以及由它们引起的颤动性运动。还讨论自由的以及所有种类的颤动的等时运动。其次数(times)因此是与各种力成比例的。在每台机械和复杂结构中,力都以一种不变的比例趋向于复原。

我们还讨论物体的重力和坚固性,讨论重力的中心,表明在每个物体中都有一个重力的中心。

我们还讨论弹力。讨论磁力。讨论碰撞和反射。

我们还讨论坚固的等级;讨论液态的、刚性的、柔性的和韧性的物体。讨论固体在液体中的运动。

我们还讨论从一种液体到另一种液体转变中的折射。所有的事物似乎实际上都是流动的,而在连续体中却只相互渗透而没有间隔。

我们还讨论从发射和折射的一些确定的规律推演出来的东

---

① 莱布尼茨在《学者杂志》1686 年 3 月号上刊文《短论笛卡尔的著名错误》,点名批评了笛卡尔的运动量守恒原理(参阅 Leibniz: *Philosophical Papers and Letters*, translated and edited by Leroy E. Loemker, D. Reidel Publishing Company, 1969, pp. 296—302)。而在《动力学样本》(1695)中,莱布尼茨又指出,在运动方向受到代数方法处理后,在一个系统中运动总量的守恒将会得到确认(参阅 *Leibniz: Philosophical Papers and Letters*, translated and edited by Leroy E. Loemker, D. Reidel Publishing Company, 1969, pp. 435—452)。值得注意的是,在对笛卡尔的运动的量守恒的观点进行批判时,莱布尼茨通常是藉解释落体运动这样一种物理现象来批判笛卡尔的运动的量守恒的观点的,而在这里,他则是用他的因果关系理论予以批判的。

西。我们还讨论各种绷紧的物体及其搏动和颤动。

我们还讨论液体之内的液体，讨论那种密封在固体之内的逃离不了的液体；讨论那种处于一个固体之外、无法进入这一固体之中的液体；讨论那种弥漫于空中的液体。

我们还讨论具有弹性的液体以及颤动在其中的传播；并且讨论那些传播着同样声调的物体。

我们必须研究流星、晶体以及各种其他的物体结构。①

我们最好暂缓讨论定义和证明的各种细节，连续不断地以清楚明白的语言解释每件事物。所以，我们将接着讨论如下事项：

既然我们的幸福在于心灵的完满，但在今生，我们的心灵总是以各种不同的方式受到其身体的影响，而人的身体又是由四周其他物体致使其愉悦和受苦的，那我们便可以因此而得出结论说，认知物体的本性应当被视为智慧的主要职能，以便我们避免四周物体的伤害，而体验到它们的友善，力……

二、自然科学的价值与方法导论

论自然科学的功用

每一门科学所追求的都不应当是好奇和卖弄，而应当是

---

① 在手稿中，后面两段文字所用的墨水和笔迹都与本段以前的文字不同。这说明莱布尼茨的初稿原本到此为止。后面这两段文字是他后来添加上去的。

活动。① 不过,我们之所以活动,乃是为了获得幸福,或达到一种持久愉悦的状态,而愉悦又在于一种完满感(the sense of perfection)。每一件事物在本性上越是自由,它的完满性的程度便越高。也就是说,它的能力越是高于周围的事物,它受外在事物的影响便越小。因此,既然心灵所特有的能力是理解,那我们便可以得出结论说,我们越是能够清楚地理解事物,我们越是能够按照我们固有的本性,即理性行事,我们就越是幸福。只有在我们正确推理的情况下,我们才算是自由的,我们才摆脱了周围物体强加给我们的种种被动性。不过,要完全摆脱这些被动性,也是不可能的,因为心灵总是以种种不同的方式受到其身体的影响,而我们的身体只不过是能够受到其周围各种物体帮助和伤害的宇宙的一个微乎其微的部分。因此,关于各种物体的知识由于下面两点理由而最为重要:首先,是使我们的心灵因理解各种事物的目

---

①　莱布尼茨将"活动"规定为科学的目标,这就明白无误地展示了莱布尼茨学术思想的实践品格。这与亚里士多德强调"理性智慧"对于"实践智慧"的优越性的立场迥然有别。亚里士多德曾经突出地强调了"理性智慧"的优越性和超越性。他说道:"理性的沉思的活动则好像既有较高的严肃的价值,又不以本身之外的任何目的为目标,并且具有它自己本身所特有的愉快(这种愉快增强的活动),而且自足性、悠闲自适、持久不倦(在对于人是可能的限度内)和其他被赋予最幸福的人的一切属性,都显然是与这种活动相联系着的——如果是这样,这就是人的最完满的幸福"(参阅北京大学哲学系外国哲学史教研室编译:《古希腊罗马哲学》,商务印书馆 1982 年版,第 327 页)。至近代,培根曾鲜明地强调了科学的实验品格和实用性质。他嘲笑传统的哲学和知识"只富于争辩,而没有实际效果",就像根本没有生育能力的妖怪斯居拉一样。因此,他的根本信条在于:"人的知识和人的力量结合为一,因为原因如果没有知道,结果也就不能产生。要命令自然就必须服从自然。在思考中作为原因的东西,在行动中便构成原则"(参阅北京大学哲学系外国哲学史教研室编译:《十六—十八世纪西欧各国哲学》,商务印书馆 1975 年版,第 9 页)。由此看来,莱布尼茨在这方面与英国经验主义哲学家培根的观点颇有几分相似之处。

的和原因而得以完满；其次，是藉增进身体健康、减少身体受到的伤害而保存和营养我们的身体，而我们的身体乃我们灵魂的器官。

探究事物原因和目的的理论自然科学的最大功用在于促进心灵的完满和对上帝的敬拜

这门科学在这些方面有两种用途：前者只能够在理论物理学（theoretical physics）中找到，后者则还可以在经验物理学（empirical physics）中找到。因为倘若一个人偶然地或者据口传获得了一个非常重要也非常有用的自然秘密，如受到众多作家高度称赞的酊金属（the tincture of metals），却根本不理解它的原因，则他便很可能表面看来更富有一些，但实际上却并不因此而更幸福一些或更聪明一些，除非他用以达到其心灵的自由。但倘若有人发现了某种值得赞赏的自然装置（some admirable device of nature），并且知晓它的运作方式，他便获得了一件伟大的东西，即使他的发现在日常生活中的应用价值尚未得到证明，亦复如此。因为尽管所有的科学由于它的运用而提供了适当的机会，增加了我们利用外在事物的能力，但还有另外一种用处，并不依赖于这样的机会，这就是心灵自身的完满性（the perfection of the mind itself）。借助于理解上帝发明的规律或机械装置，我们使我们自身得到完满的程度远远高于我们仅仅遵循人所发明的物品的功效。因为难道我们还能够找到一个比上帝这个宇宙造主更加伟大的大师吗？难道我们所唱的对他的赞歌比万物本身的证据所表达的对他的赞美还更加美妙动听吗?[①] 但一个人能够给出的对上帝的爱的理由越多,他就越是爱上帝。在他人的完满性中发现愉悦(to find joy in the perfection of another),此乃爱的本质。我们心灵的最高功能是认识最高存在者,或者说是对最完满的存在者的爱,在这里认识最高存在者与对最完满的存在者的爱是一回事,由此必定产生出最大量的或最持久的愉悦,亦即幸福。我们也不应当认为宇宙中有什么事物安排得不妥,或者认识上帝忽视了荣耀他的人。但更加充分地表明这一点的适当的地方却在另一门科学之中。不过,至少需要提及的是,理论物理学受到忽视的最重要的应用这种情况时有发生。

[①] 在近代许多科学家和思想家看来,自然科学研究不仅是一种高尚的"行业",而且还是一种洋溢着特别崇高性、神圣性和使命感的"行业"。加尔文曾经宣布,那些忽视研究自然的人,与那些在探究上帝的作品时忘记了创世主的人同样有罪。《尼德兰信仰声明》宣称"一切受造之物,无论大小,都是显示上帝之不可见事物的文字"。天文学家开普勒在致友人的一封信中称天文学家是"上帝传达自然之书的牧师"。物理学家和天文学家伽利略甚至认为,科学所昭示的正是《圣经》文字中所包含的"一种隐藏在纷纭万象之中的更为深邃的意义"。弗兰西斯·培根在《学术的进步》中曾强调指出:科学的使命和功能并不在于"我们在神的造物和作品上清晰地打上我们自身形象的印记",而是"从中仔细地、谨慎地观察和认识造物主本身的印记","谦卑地、崇敬地去致力于展现上帝创世活动的画卷"。以培根的"新哲学"为指导思想的英国皇家学会的《宪章》,与加尔文宗神学纲领几乎毫无二致,也将"荣耀上帝"规定为学会的宗旨。英国皇家学会的元老波义耳基于此不仅将斯特拉斯堡那座著名的大钟比作世界,把上帝比作神圣时钟制造者,而且还进而视科学为"一项宗教事务",断言"科学是宗教的一个学校",是"对上帝展现在宇宙中令人叹为观止的作品的揭示"。这就是说,在波义耳这里,也和在伽利略那里一样,阅读"自然之书"与阅读《圣经》之书是统一的。而牛顿这位近现代科学的泰斗也把科学探究的"自然法则"视为宇宙存在有全能造物主的证明。无怪乎英国诗人 A. 考利(1618—1667)称培根是指出"应许之地"的摩西,而牛顿则是进入这片应许之地的约书亚。不难看出,爱因斯坦所谓只有"深信宗教的人"、只有具有"宇宙宗教感情"的人,才有可能成为"严肃的科学工作者",与此完全是一脉相承的。参阅段德智:《宗教学》,人民出版社2010年版,第302—303页。

经验物理学对人生是有用的，我们在今生应当加以培植

　　适用于我们日常生活的另一种用途为理论物理科学和经验物理科学所共有。因为如果对一种疾病有一种所谓的特殊救治，却对其活动方式一无所知，我们依然可以治愈。不过，关于人的有效行为所需要的大多数东西，我们人都是由经验获得的。例如，对火和水的运用就是如此；金属通过冶炼而从矿石中分离出来，所以它们加热时便能够塑形，但冷的时候便会变硬；土的力量能够从种子长出植物；各种动物的狩猎、驯养和繁殖；有毒食物和有益健康食物之间的区别；服装和住所；最后，是人们之间的相互交往，人们之间若无交往，生活就会变得悲惨和野蛮。因此，各种人类社会建立起来，各种义务得到了分配：一些人管理公共事务，而另一些人则运用一些特殊技巧，这样，通过物质事物的搜集、准备和分配，公共需要的紧张形势趋于缓解。因此，物理科学在这种状态下始终受到最高等级的重视，而那些教导人们播种和栽培葡萄的人在古代往往是作为众神中的一员而受到顶礼膜拜。时至今日，最聪明的君王也往往奖赏那些发现者和发明家，而这些发现者和发明家也值得受到奖赏，因为有时哪怕一个很小的发现都往往会使许多城市和省份繁荣起来。我们可以举丝绸文化作为一个例证，多个世纪以前被引进到意大利，更近些时候被引进到法国，然而却使成千上万的人们享受到生活乐趣。我们也应当说到欧洲第一个烹制明矾的人，这项技术也已经从叙利亚的罗卡（Rocca）传到我们这里来了。还有，不管第一个表明盐腌过的鲱鱼（herring）不容易腐烂、可以长期保存的人是谁，这都是比利时人最容易赚钱的一项发明。确实,鲜有任何手艺不依赖于对自然的特殊观察。我还认为许多事物被一些人所认识,如果其他人想认识它们,一种应用便能够立即由各种不同的手艺发现出来。

应当编撰出一个有关各种实验的目录

因此,通过建立一部自然史(a history of nature),以目录的形式将各种实验搜集到一起,发表各种观察数据和意见,乃一项与国家利益攸关的大事,这种事情只有一些人关心,对科学家他们自己却往往似乎没有什么用处。①一个人如果只探究一个非常有限的领域,便很少能够发现新的事物,因为他在这一狭小领域能够一蹴而就。但那些研究许多不同事物的人以及那些具有组合天赋的人则不同,从他们那里,我们可望获得许多有关事物的新的和有用的内在关联的知识。倘若人们现在想要承担起编撰这样一种详细目录的重任,这项事业就将为所有科学和技术的新的发现准备了一个富饶多产的领域。因此,具有判断能力且勤奋有加的人们应该被委派利用各种不同的目录对人类业已知道的那些实验进行筛选、核实、整理和分类,不管这些实验是记录在案的还是仅仅口头流传下来的,都应该考虑在内。很久以前,君士坦丁堡的帝王们似

① 培根也非常重视"自然史"的研究,把它看作我们"解释自然"的首要工作和前提条件。他写道:"首先我们必须准备一部充足、完善的自然和实验的历史,这是一切的基础。因为我们不是要来想象或假想,而是要来发现自然所做的是什么或者可以使它做什么。"他还强调说:"但是自然及实验的历史是极其纷纭复杂的,如果不在适当的秩序中来加以安排和考察,便会使理智混乱和迷惑。因此我们必须根据这样一种方法和秩序来作出'例证表和例证的安排',以便使理智能够处理它们。"参阅北京大学哲学系外国哲学史教研室编译:《十六—十八世纪西欧各国哲学》,商务印书馆1975年版,第53页。

乎在所有的科学领域里做过这样一类的事情，虽然我们已经搜集到从他们那个时代以来流传下来的一些事实和引用（excerpts），但这些对用于学术研究这样一个目的来说，却是不充分的。

各种新的实验应当由公费负担，只有那些不仅在科学上杰出而且在德性上杰出的人才有资格主管此事

然而，许多具有重大意义的实验依然大可怀疑，甚至充满错误。而且，一些天才也能够提出许多依然应当开展的实验。由此，我们可以得出结论说，各种不同的实验室也应当由政府权威在各个不同的地方建立起来，与之相关的还有各种机械的储藏室和国外材料的搜集（exoticophylaciis），其中有关自然和技艺的各种各样的奇观都是既可以观察到也可以予以测试的。在这里，每个人将都能在公费资助下自由地进行试验，只要他的计划获得了公正审理的认可。除此之外，还应当加上动物园和医院。从医生、猎人、工人和外国人那里，我们也有机会学到很多东西，信实的账目也是必要的。必须对因勤奋工作而获得的成就予以奖赏。必须贯彻这样的原则，确保以小的花费获得重大的成就，但玩忽职守将会使最大额的开销付之流水，因此主要的事情在于：必须将那些不仅在能力、判断和学问上杰出，而且还具有独一无二的善的心灵的人挑选出来，并将他们安排到领导岗位上。在这些人身上，没有对抗和嫉妒心理；他们不会用卑劣手段将他人的劳动成果攫为己有；他们也不热衷于派系之争，不希望被视为一些派别的祖师；他们之所以工作，乃是出于对学问本身的挚爱，而非为了实现自己的野心及肮脏的回报。这样的人肯定能变成朋友，并且将推进对他人的值得称道的理解,从而也应当受到整个人类的赞赏。很早以前,伟大的梅森①就是这样一种人,我宁愿今天这些人在科学方面落后于他,而不是在正直方面落后于他。

各种实验应当仿照几何学的模式,与精确的和非常长的推理结合起来,因为只有这样,各种原因才有望发现

然而,即使最杰出的实验,如果没有使用它们的人才,那也徒劳无益。实验的用途有两种:一是各式各样的生活便利,它们可以藉由因至果的推理揭示出来;另一种则是藉由果溯因的推理,发现真正的原理。推理的每一种方式可以是组合的也可以是分解的。前一种方法,即组合法,在于一种单纯的反思,而且,当人们用一个单词向他指出来时,他即刻便理解了,而且诧异为何同样的事物不曾对他发生过。例如,迫击炮的发明在火药之后已经为人所知,而精密计时表的发明在钟摆震动的相等性之后已经为人所知,都是这样一种情况。在后一种方法中,原因与结果是以一个比较长的理由链条联系在一起的,而且,其中还包含了一种几何学和微积

① 梅森(Marin Mersenne,1588—1648),法国数学家、自然哲学家和宗教活动家。于1644年提出了梅森数,这是推导出可以代表一切素数的公式的开拓性探索,促进了数论的进展。1611年,他参加了巴黎的宗教活动,先后在两个女修道院教授哲学。他强烈反对炼金术和占星术,努力支持科学,保卫笛卡尔的哲学和伽利略的天文理论。从1620年起,在西欧广泛旅行。他的最重要的贡献之一是长期为欧洲哲学家和科学家提供通信服务,这在当时对推动科学成果和哲学思想的交流弥足珍贵。因为当时没有科学杂志,人们可能毕生研究同一个问题而互相并不知情。他经常会见一些著名人物并与他们通信,其通信者包括笛卡尔、德札尔格、费马、帕斯卡尔和伽利略等。笛卡尔的《第一哲学沉思集》等重要著作就是通过梅森与当时欧洲最为著名的哲学家和神学家交换意见后形成的。当时欧洲流传着一个说法:"告诉梅森一个发现就意味着在全欧洲发表。"

分,若不进行一番思考是理解不了的。曲线的发现就是如此,曲线控制着钟摆的各种不同的震动。

前一种方法,如我所已经说到的,一旦我们有了有关实验的详细目录时,就为那些才能之士准备好了。因为各种不同的用法和技艺工作的大量应用将会对研究这种发明的人涌现。原因的发现非常重要,[①] 舍此我们便没有希望在科学最紧迫的领域取得重大进展,但这样一种发现并不能藉灵光一现而获得,而只有藉深刻的几乎是几何学式的推理才能获得。因为我们的身体是一台液压气动的机器,而且包含着各种液体,这些液体不仅因重力和其他对于感官显而易见的方式而活动,而且还以各种隐蔽的方式以及其他的过程而活动,也就是以藉溶解、沉淀、蒸发、凝结等方式以及以复合事物分解成诸多不可感觉的部分的过程而活动。如果各项原理不能经由几何学和机械学提升上来能够同样容易地应用到感性事物和非感性事物上,我们就将捕捉不到自然的奥妙。而理性也必定能够将实验中所缺乏的最重要的东西提供出来。因为一颗微粒

---

① 原因的发现乃科学发现的基本目标之一。德谟克里特就曾经说过"只找到一个原因的解释,也比成为波斯人的王还好"(北京大学哲学系外国哲学史教研室编译:《古希腊罗马哲学》,商务印书馆1982年版,第103页)。培根从实验科学的角度更进一步指出:"只要不知道原因,就不能产生结果。要命令自然就必须服从自然。在思考中作为原因的,就是在行动中当作规则的"(北京大学哲学系外国哲学史教研室编译:《西方哲学原著选读》上卷,商务印书馆1981年版,第345页)。霍布斯则直接将原因称作"产生的知识",并且将哲学宣布为一种关于因果关系的知识,断言:"哲学是那些我们藉真实的推理(*true ratiocination*),从我们首先具有的有关原因或产生的知识中所获得的那样一些关于结果和现象的知识(*such knowledge of effects or appearances*);而且,哲学也可以是从我们首先具有的有关结果的认识中获得的那样一些关于原因或产生的知识(*of such causes or generations*)"(Thomas Hobbes, *Concerning Body*, John Bohn, 1839, p. 3)。

比在空气中飘着的一粒灰尘还要小千百倍，连同同样微小的其他各种微粒，都能够藉理性轻而易举地予以探究，就像一个运动员轻而易举地玩球一样。[①]

最完满的方法涉及由对上帝的默思而先验地发现物体的内在结构。但这样一种方法比较困难，并非任何一个人都承担得了

正如有两种来自实验的推理方式一样，其中一种方式导致应用，而另一种则导致原因，所以，发现原因的方式也有两种：其中一种是先验的，另一种则是后验的；而这两种中的任何一种都或者是确定的(certain)，或者是推测的(conjectural)。先验的方法是确定的，只要我们能够从已知的上帝的本性推证出世界的结构与上帝的理由相一致，并且由这种结构最终达到感性事物的原则就行。这种方法是最卓越的，从而似乎是并非完全不可能的。因为我们的心灵具有完满性概念，从而我们知道上帝是以最完满的方式工作的。不过，我承认尽管这种方式并非毫无希望，但也确实是困难的，并非任何一个人都可以胜任。此外，这样的事情由人来做也要花费太长的时间。因为感性的结果由于其本身太过复杂以至于很难还原到它们的第一因。不过，为使我们对整个宇宙、上帝的伟大以及灵魂的本性能够具有真正的概念，杰出的天才也应当开展这

---

① "理性也必定能够将实验中所缺乏的最重要的东西提供出来"充分展现了莱布尼茨的理性自信。莱布尼茨对在物体体系中运动的力和方向守恒原则的发现可以视为他的这个预言"一语成谶"的典范。参阅 *Leibniz*：*Philosophical Papers and Letters*，translated and edited by Leroy E. Loemker，D. Reidel Publishing Company，1969，pp. 435—452。

方面的工作,即使无望达到各种特殊的事物,但心灵却能够因此而成为最完满的,因为这是默思上帝的最重要的目的。然而,我们认为这种方法的绝对用处(the absolute use)将留给更好的来生。①

一些假设能够满足许多现象,并且如此容易满足这些现象,以至于它们被视为确定的。在其他的假设中,那些比较简单的则被挑选出来,暂时地提交出来,以代替真正的原因

先验推测的方法(the conjectural method a priori)始于假设,假定一些原因,尽管或许一时没有任何证据,但却表明现在发生的

---

① 在1686年之前,莱布尼茨便已经得出结论,断言:在事实真理的先验推导中,蕴含有无限的步骤,从而人是不可能推导出来的。正是由于这一点,使得莱布尼茨区分了两种真理,即事实真理和推理真理或偶然真理和必然真理,并且因此而提出了两大推理原则,即矛盾原则和充足理由原则。例如,莱布尼茨在其大约于1680—1682年间写作的《论自由与可能性》一文中,即提出了"两个原初命题"的思想,断言:"存在有两个原初命题:一个是关于必然事物的原则,凡蕴含有矛盾者都是假的;另一个是关于偶然事物的原则,凡更为完满的或更有理由的都是真的。所有形而上学的真理,或者所有绝对必然的真理,诸如逻辑学、算术、几何学等真理,都依赖于前一条原则,因为否认它们的人始终都能够表明,其反面蕴含有矛盾。所有偶然的真理,就其本性而言,只有依据上帝或某个别的存在者的意志这样一种假设才是必然的,所依赖的则是后一条原则"(G. W. Leibniz: *Philosophical Essays*, translated by Roger Ariew and Daniel Garber, Hackett Publishing Company, 1989, p. 19)。此后,莱布尼茨在其于1686年写作的《论偶然性》一文中,在谈到"必然真理与偶然真理的区别"时,进一步明确指出:"在必然命题中,当这种分析不确定地持续下去时,它就达到了一个相等的等式;这就是以几何学的精确性推证一条真理的方式。但在偶然的命题中,人们将这种分析无限地进行下去,从一些理由到一些理由,以至于我们永远不可能获得一个完全的推证,虽然在下面始终都存在有一个达到真理的理由,但这个理由只有上帝才能完全理解,只有他才能一举穿越这一无限的序列"(G. W. Leibniz: *Philosophical Essays*, translated by Roger Ariew and Daniel Garber, Hackett Publishing Company, 1989, p. 28)。

事物是由这些假定推演出来的。一个这样一类的假设就像是一把解读密码的钥匙,这种假设越是简单,它能够解释的事件的数目也就越多,它的可信度也就越高。但正如随便写一个字母,我们就可以以若干不同的方式来理解这个字母,但其中只有一种才是真的,所以同一个结果能够具有若干个原因。因此,由成功的假设形不成任何一个严格的推证。然而,我也不应当因此而否认,由一个给定的假设所幸运解释的现象的数目也可以如此的巨大,以至于它必须被视为具有道德的确定性①(morally certain)。其实,这样一类假设对于日月常行(everyday use)倒是绰绰有余的。② 然而,在一个更好的假设出现之前,也就是说,在一个能够更幸运地解释同一个现象或者在同样幸运的条件下能够解释更多现象的假设出现之前,暂时用一个不够好的假设取代真理也是有用的。只要我们慎重区别确定性与可信性或盖然性(probable),这样一种做法便无任何危险之虞。提供这样一种人们自知其虚构的假设虽然对知识并无用处,却可能有助于记忆。希伯来词根源于德语单词的语源学虚构就是这样一种情况,以至于德国的学龄儿童记起来更加容易了。各种现象实际上都包含在它们能够推演出来的那些假设

---

① "道德的确定性"是莱布尼茨哲学的一个极其重要的术语。按照莱布尼茨的理解,道德的确定性虽然是一种盖然性或可能性,但它却是一种可信度或概率很高的可能性。不过,它也并非那种绝对的确定性,因为绝对的确定性是以形而上学的必然性或几何学的必然性为基础的。也正因为如此,莱布尼茨也常常将道德的确定性称作道德的必然性。参阅莱布尼茨:《神正论》,段德智译,商务印书馆2016年版,第99页。

② 1525年,王阳明作诗《别诸生》,云:"绵绵圣学已千年,两字良知是口传。欲识浑沦无斧凿,须从规矩出方圆。不离日月常行内,直造先天未画前。握手临歧更可语?殷勤莫愧别离筵!"在这里,我们之所以将everyday use译作"日月常行",显然是借鉴了王阳明的用语。

中,以至于任何一个人只要他能够记住这些假设,当他想要想起这些现象时,他就能够更加容易地想起它们,即使他知道这些假设是虚假不实的,一些别的现象是以与之冲突的假设认识到的,亦复如此。因此,托勒密[①]的假说对于那些满足于了解天体运动一些普通概念的天文学初学者来说可能就足够了。不过,在我看来,当我们掌握了真的概念时,教授这种真的概念要更合适些。

类比在推测原因和进行预测时是有用的

后天假设的方法,虽然始于实验,但其大部分却依赖于类比。例如,鉴于许多陆地上的现象都与磁力现象相一致,一些人便教导说,地球本身即是一块大磁石,地球的结构也与此相称,重物受到地球的吸引,就像磁石吸引铁一样。有些人用发酵来解释一切,甚至用涨潮和退潮来解释一切。还有一些人看到碱液与酸类相冲突,便将所有的有形冲突归结为酸类与碱液的冲突。我们必须警惕类比的滥用。但它们在进行归纳和构建格言警句中却具有巨大的作用,藉着归纳和格言警句,我们便可以对至今经验甚少的问题进行预测(predictions)。这在探究事物真正原因的活动中也有用处,因为发现若干个事物共同具有的现象的原因总是要容易些。所以,我们发现了按照同一种方法所写出的具有隐藏意义的一些

---

① 托勒密(Ptolémée,活动时期为公元 2 世纪),著名的希腊天文学家、地理学家和数学家。其主要研究成果是在埃及亚历山大里亚完成的。他的地心宇宙体系,即托勒密体系,在天文学中占统治地位达 1300 年之久。其研究成果主要体现在他的《天文学大成》中。这部著作包含 13 卷。他在其中第 1 卷中,对地球处于宇宙中心静止不动的理论作了多方面论证。至 16 世纪哥白尼提出日心说后,托勒密的地心说才逐步丧失其在天文学中的统治地位。

数字之后,解开密码就会更容易一些。因此,同一个现象的原因在一个主体中比在另一个主体中探究起来要更加容易一些,就像解剖不同动物的解剖学家深刻认识到的那样。

据实验进行推理的方法将现象分解成它的各种属性,然后寻找其中每个属性的原因和结果

还有一种由实验达到原因的推理的方法,我认为需要比以前更加广泛和更加认真地培育。许多人之所以满足于各种类比,乃是因为类比激发了想象功能,即使它们不能够满足心灵的需要也在所不惜。但从实验出发的真正的推理方法(the true method of reasoning)却在于:我们必须通过分别考察颜色、气味、滋味、热、冷以及其他触觉的性质,最后是大小、形状和运动这些公共属性,将每一种现象都分解成它的各种元素。现在,如果我们发现了这些属性中的每个属性的原因本身,我们就将确定地具有了这整个现象的原因。但如果我们偶尔找不到一些属性的相互作用、持久不变的原因,而只能找到若干个可能的原因,我们就因此而能够排除掉那些并不相干的东西。① 例如,假设同一个现象具有两个属性 A 和 L,再假设属性 A 有两个可能的原因,即 b 和 c,而属性 L 也有两个可能的属性,即 m 和 n。现在,如果我们确定原因 b 不能够与原因 m 或 n 共存,则我们便必定能够得出结论说,属性 A 的原因是 c。如果我们能够进一步确定原因 m 不能够与原因 c 共存,则属性 L 的原因便必定是 n。但倘若完全列

---

① 这是建立普遍因果规律的方法。应当注意的是,莱布尼茨将方法(假设和类比)的不充分所导致的科学结论的不确定性与由列举一个问题所包含的所有因果因素的不可能性所产生的不确定性作了区分。因此他常常强调列举性质时要尽可能穷尽。

举所有可能的原因为我们力不所及,则这样一种排除法充其量就只不过是一种盖然的东西。如果寻求的是现象的结果,而非现象的原因,其方法也是一样的;各个属性的结果将必须予以考察。

复合属性应当被分解成简单属性,简单属性是就各种感官而言的而不是就理智原则而言的,它们都应当被还原为它们的直接原因

在那些呈现给各种感官的属性中,一些是简单的,其他一些则是由简单属性组合而成的。简单属性(simple attributes)包括热、坚固和绵延;复合属性则是一些如可溶性一类的属性,所谓可溶性,它在于一个物体当其受到加热时不再坚硬。因此,复合属性(composite attributes)能够分解成简单属性。再者,简单属性是因它们自己的本性以及理智的理由而成为简单的,或者说它们是就我们的感官而言才是简单的。因为在自然中,简单属性的例证能够呈现为"是其自身"或"持续"。另一方面,相对于各种感官而言的简单属性将会是热的,因为各种感官并不能藉某种机制向我们表明在我们身上产生暖和感觉这样一种身体状态是如何产生出来的。然而心灵却能够正确地知觉到这种暖和的感觉并非某种就其自身而言即可得到理解的绝对的东西,而是只有当我们对其成因或者明白归于它的最近因解释清楚之后,我们才可以说对此有了充分的理解,而诸如空气的膨胀,毋宁说某种比空气还稀薄的液体的某种特殊的运动,都可以说就是一种最近因。

混乱的属性只有显现出来才能充分地区别开来

再者,由此我们可以清楚地看到,各种可感觉的属性能够藉理智的原则区分为混乱的和清楚的。① 混乱的属性（confused attributes）是那些其本身是复合的或是由理智原则组合起来的，但对于各种感官来说却是简单的，从而其定义是无法解释的。这些属性不能藉描述告诉别人，而只能藉将它们指示给各种感官的方法才能告诉别人。我们能够想象一块大陆，在那里，人们并不知道太阳和火，也没有冷的不暖和的血液；他们便肯定不能够仅仅靠描述究竟什么是热而理解热这种属性的。因为即使有人将大自然的内在秘密解释给他们听，甚至对热的原因作出完满的解释，如果不将热的属性直接呈现给他们，他们还是不可能由这样的描述辨认出热来，因为他们不可能知道他们在其心灵中知觉到的这种特殊的感觉是由这种特殊的运动激发起来的，这又是因为我们不可能清楚地注意到我们心灵中和我们的感官中所出现的东西。但如果有人在他们附近点燃了一把火，他们就会非常详尽地知道了热究竟是什么。同样，一个生就的盲人即便能够学完整个光学，但他却依然对光没有任何观念。

---

① 莱布尼茨对"清楚"和"混乱"这两个观念有他自己的特有的规定。莱布尼茨认为"清楚"不同于"明白"。清楚的观念是明白的，但明白的观念却未必是清楚的。例如，当我们对一种颜色有一个很明白的观念时，我们就能把我们所要的颜色与其他颜色辨别开来。但倘若我们仅仅能够将两种不同的颜色辨别开来，还不够，我们还需要进一步能够辨别或区别它们各自不同的内容，辨别或区别这两个对象中那些由分析或定义给予它们的，使得它们得以认识的标志的东西，直到此时，我们才可以说对这些对象有了清楚的观念。正因为如此，莱布尼茨强调说："我们并不是把能作区别或区别着对象的一切观念叫作清楚的，而是把那些被很好地区别开的，也就是本身是清楚的、并且区别着对象中那些由分析或定义给予它的、使它得以认识的标志的观念叫做清楚的；否则我们就把它们叫作混乱的。"参阅莱布尼茨：《人类理智新论》，陈修斋译，商务印书馆 1982 年版，第 267—268 页。

清楚的属性是那些其分解已经得到认知的属性，如果它们能够分解的话

清楚的属性（distinct attributes）不是对于理智本身是简单的，或其本身能够理解为"存在"、"绵延"，就是它们能够藉定义加以解释的，也就是说，它们能够为我们借助一些符号辨认出来，例如，它们能够为我们借助于圆的特性或所有的点离一个点的等距离，以及引力或一种趋向于地球中心的努力这些符号辨认出来。前者在没有分解的情况下也能够清楚地知觉到，因为它们是不能够分解的；后者则应当分解成一些概念，藉着这样一些概念它们便可以得到理解和区分。尽管一些属性只能够分解成其他一些混乱的知觉，如可溶性，在可溶性的定义中，热一如我们已经说过的，只是一种要素，但它们却能够在其被分解的意义上被视为清楚的。不过那些被分解成其他一些清楚知觉的属性，则更为清楚；例如，一个圆的图形或直线运动的属性就是如此。

若干个感官共享的属性是清楚的，其清楚性超过其他属性，在清楚的属性中，同质的属性更简单

不过，我们必须注意，为若干个感官共享的属性①与其他属性

---

① 洛克在《人类理解论》中，曾经将简单观念分为四类：(1)"有些观念进入人心时，只通过一个感官"；(2)"有些观念进于人心时，要通过两个以上的感官"；(3)"有些观念是只由反省来的"；(4)"有些观念所以进入于人心，提示于人心，是通过反省和感觉两种途径的"。其中第二类大体对应于莱布尼茨在这里所说的"为若干个感官共享的属性"。至于这类简单观念的种类，洛克写道："至于我们由一个感官以上所得到的观念，则有空间观念、广袤观念、形相观念、静止观念和运动观念。因为这些观念在视觉上和触觉上都留有可觉察的印象。而且我们所以把物体的广袤、形相、运动和静止等等的观念传达在心中，亦是凭借于视和触两者的。"莱布尼茨将"大小、位置、绵延和运动"视为"为若干个感官共享的属性"，这也和洛克有相似之处。参阅洛克：《人类理解论》，关文运译，商务印书馆1981年版，第86、92页。

相比,被视为清楚的。因为它们不可能分解成混乱的属性,从而不可能再次分解成依赖于各种感官的属性,而只能够分解成理智所达到的各种概念。大小、位置、绵延和运动即是这样的属性。对此,我们无需诧异。因为既然它们为若干个感官所共享,它们便不依赖于某一个感官的特殊结构,或者说不依赖于它的感觉不到的运动,而正是它的这些感觉不到的运动导致特殊知觉的混乱。它们依赖的毋宁说是为不同感官所共有的本性,也就是说,它们依赖的是物体本身的本性,从而它们便没有特殊知觉的混乱。我们还应当注意到,在那些清楚的属性中,那些更为简单的属性同等地适用于整体和部分,从而被一些人称作类似属性(similars)。例如,广延便比形状简单,因为能够归于整体的却不能归于属于这一整体的各个部分,因为这一整体即是由这些部分组合而成的。因此,这样一种属性能够由对各个部分的考察得到解释。从而,这样一些属性便能够分解成它们所从出的那些部分的各种属性。这不能够用来言说那些同质的属性。但这样一些属性,我指的只是那些像广延一类的清楚的同质属性(homogeneous attributes),因为混乱的同质属性,如白色,实际上既能归于整体也能归于各个部分,但只能归于感觉得到的部分。因为若说一个白色物体的每一个部分,不管其如何感觉不到,也还是白色的,这种说法便不可能可靠。毋宁说,与此相反的说法更为真实可靠一些,因为我们看到泡沫是白色的,但单纯一个气泡却并非白色的。

一般而言,越是单纯和同质的属性越是受到我们思维的欢迎

同样,同质的物体(即使仅仅对于各种感官而言如此),如各种

液体、各种盐类和各种金属，都应当被视为比像植物和动物的各种
生物更为简单，这些物体都是由各种不同的部分组合而成的，其中
每一个部分在我们的观察中都比其他属性更受到欢迎，即使这一
切都是混乱的，亦复如此。那些探究和考察物体的方式更为有用，
在我们的考察中也更受欢迎，它们像化学家通常所说的，是"自行"
发生的，也就是说，除了物质的公共元素（the common elements of
matter）火、气、水和土外，不添加任何东西，从而这些都只具有最
高等级的纯粹性，而不保留任何特殊的性质。而且一般而言，如果
任何一种现象都同样地出现在单纯事物和复杂事物中，或者说任
何一个结果都能够同样地由单纯的事物或复杂的事物产生出来，
这种单纯的事物就更受到发生改变的那些物质的欢迎。因此，那
些借助于来自太阳光线的热实施出来的实验就比那些借助于来自
我们厨灶的火实施出来的实验更为简单一些，因为后者释放出了
由各种结果所产生出来的一种酸。

**有一种方式，能够将在实验中出现的混乱属性分解成
其他一些属性，这些属性无论在实际上还是在理论上都是
富有成果的，但这却不能够使它们不再成为混乱的**

不过，为了探究混乱属性的原因，并且为了获得它们的分解物
或对它们的分析，我们就必须把它们与其他属性以及那些包含着
它们的主体关联起来。各个主体本身只能够通过各种属性才得以
认识到。所以，一个水星与一个主体的结合在一起无非是这一属
性与出现在同一主体之中的其他属性的集合结合在一起。因此，
一个混乱属性能够或是相关于其他混乱的属性，或是相关于清楚

的属性。不过,一个属性与其他属性的相关在于使它们在同一个主体中同时发生、它们的相互关联以及它们的兼容性显而易见,另一方面,又在于一个属性如何变成另一个属性或是由若干个其他属性产生出来。因此,有时会出现混乱属性的另一种分解,我将这种分解称作实验的分解(experimental resolution),以区别于理智的分解(intellectual resolution)。例如,绿色能够由蓝色和黄色混合而成,着色的对象未发生任何变化,而仅仅在眼睛中发生了变化。再者,各种不同的要素有时能够藉显微镜区别开来,无论是黄色还是蓝色,它们中的每一个都有其自己的颜色。不过,我们尚不能确定地说,蓝色和黄色在本性上先于绿色,或者说比绿色更简单,因为我们并不理解,而仅仅是经验到绿色是由黄色和蓝色产生出来的。所以,无论是哪一个,我们都不曾预见到。另一方面,虽然我们经验不到,但我们却理解,一个正方形是由两个直角等腰三角形藉一个公共斜边并存在于同一个平面而形成的,或者说是由产生出一个偶数的两个奇数产生出来的。因为在理智的分解中,或者在定义中,当描述的各个要素得到理解后,人们便理解了所描述的对象。但在仅仅由感觉所造成的分解中,情况却并非如此。以这样一种方式分解的东西并不因此而不再是混乱的。我们并不理解第三种颜色究竟是如何通过这两种颜色的混乱外观而呈现给我们的。

当我们考察了任何一种混乱属性的主体,如光的主体,它藉以产生或增加的原因或方式,或与之相反的它藉以遭到破坏或减小的方式,最后是它的各种结果,我们就藉它与聚集到一起的许多其他混乱或清楚属性的结合到一起而完成这件事。但清楚属性更受到其他属性，如绵延、大小、运动、形状、角度以及其他方面的属性的欢迎，因为我们只能够在考察清楚属性的情况下才能够进行推理。数学在物理科学中的应用在于对伴随有混乱属性的清楚属性的这样一种考察。一旦我们了解了一条光线的入射角和反射角相等，了解到这些角都被认为相关于一条垂线，而这条垂线与入射点所在的表面相切的一个平面相交，则我们便能够轻而易举地建立起反射光学。同样，为建立起屈光学的基础也需要几个关于折射的实验。

　　既然一切混乱的事物，就其本性而言，都能够分解成清楚的事物，即使我们并不总是有能力做到这一步，则我们便可以得出结论说，各种物体的所有性质和变化按照它们的本性，最后都能还原成一些清楚的概念。但在一个仅仅被看作物质的物体中，或者说在一个仅仅充实空间的东西的物体中，除了大小和形状（它们本身即理所当然地包含在空间之中）以及运动（此乃空间的变化）外，是没有什么东西能被清楚地设想到的。因此，物质的事物通过大小、形状和运动便可以得到理解。我知道，一些博学之士不认同这样一种观点，而将诸如热、光、弹力、引力和磁力一类的性质视为从实体形式流溢出来的一些绝对实存。我也不完全反对他们的意见，因为探究这样一些性质的分解往往没有必要。所以，一台机械并不在乎一个物体是否重，这或是由于一种内在的原则，或是由于它是从外面驱使到地球上的。因此，这台机械可以允许将引力和光学的光视为某种就其本身即可以得到理解的绝对的事物。但物质的真理（the truth of the matter）却在于，人们必须对这样一些性质给出理由，必须解释清楚它们何以在一个物体中出现。人们想象，一些天使希望给我们解释清楚各种物体是如何被造成重的；不过，他若只是说一个实体的形式、同情或其他一些诸如此类的话，不管听起来多么动听，都将一无所获。① 毋宁说，只有当他给我们提供了一种能够得到充分理解的解释，他的这样一种解释在我们领会了之后，就能够使我们以几何学的确定性推证出引力必定是由此产生出来的，他就因此而满足了我们的好奇心。因此，这位天使必定只呈现那些我们清楚知觉到的东西。但我们在物质中，除大小、形状和运动外，什么东西也知觉不到。如果有人希望此外再将一种实体的形式或灵魂，同样还有感觉和灵魂，归于各种物体，我也不予否认，我只是强调这根本无助于解释纯粹物质的现象，说一个重物感觉或欲望地球理由也不充分，除非我们同时解释清楚这种感觉和这种欲望是如何产生出来的。这样，我们最终便必须达到对这个在感觉的存在者的器官的结构，也就是说，我们最终必须达到各种机械原理。因为伴随着知觉发生的那些事物的发生是机械地发生的，而相应于灵魂受动性的器官中的身体运动始终遵循的也是机械规律。

　　我还知道，有一些杰出的最博学的人士，他们并不能容忍以机械学来解释所有的物体现象。因为他们认为这样一种做法损害了宗教；他们还认为倘若我们接受了这样一种观点，这台世界机器就将既无需上帝，也无需任何别的无形实体（incorporeal substance）。

---

① 　在这里，莱布尼茨实际上是在批判中世纪盛行的"实体的形式"或"隐秘的质"（occult qualities）的观点，他认为这样一些观点和做法对于我们认识事物本身徒劳无益。

他们正确地将这样一种观点视为荒谬的和危险的。① 因此，他们中有些人便利用了上帝无处不在的直接干预，②而另外一些人则引进了各种精灵或天使，作为无处不在的动力。一些人还提出了一种世界灵魂(a world soul)或一种支配物质的原则(a hylarchic principle)，凭借这些东西的运作，就使得重物趋向地球运动以及其他一些为保存世界体系所需要的事情发生。③ 但所有这一切都不足以解释各种事物。因为不管我们是否引进上帝、天使、灵魂或无论什么别的无形的运作的实体，运作的原因和模式都始终能够在我们所具有的有关事物本身的真理中得到解释。但一个物体藉以运作的方式不可能得到清楚的解释，除非我们对其各个部分的

---

　　① 莱布尼茨虽然反对人们用"隐秘的质"的观点来随意解读自然现象，而主张用动力因或机械学来具体分析自然现象，但他却并不因此而摈弃"形式因"和"目的因"。事实上，莱布尼茨非但不摈弃"形式因"和"目的因"，反而将我们对自然现象的"形式因"和"目的因"的考察视为更深层面的东西，视为形而上学层面乃至神学层面的东西。

　　② 莱布尼茨在这里指的很可能是笛卡尔派的偶因论者。这些人断言，各种实体之间的和谐一致以及身心之间的和谐一致都来源于上帝的直接干预。也正是在这个意义上，莱布尼茨批评他们将上帝理解成了一个蹩脚的钟表修理匠。

　　③ 例如，英国剑桥柏拉图派代表人物莫尔就断言没有什么东西是纯粹机械的。机械论只是自然的一个方面，单凭它自身解释不了自然中的任何东西。上帝并不单纯地创造物质世界，把它置于机械规律之下，还有精神弥漫于整个物质宇宙。这种遍在的精神并非上帝自身，而是"自然精神"，用古老的术语讲，就是"世界灵魂"(anima mundi)。它是"一种无形的实体，但是没有感觉和评判力"(animadversion)，它将一种"弹力"(plastical power)施加到物质之上，"通过指引物质的轨道和它们的运动，在世界上产生出不能只被分解成机械力的现象"。可以说，它对整个自然所做的事情就是一个植灵魂对这棵植物所做的事情。此外，他还把受造精神区分为四个层次：(1)生殖形式，这些受造精神把精致的物质恰当地组织成为生命和增殖体，是各种植物所特有的；(2)禽兽灵魂，这种精神除植物所固有的能力外，还有感觉能力；(3)人类灵魂，这种精神除具有上述能力外，还有理性；(4)那些驱动天使的载体或赋予这些载体以活力的灵魂，这类精神并不生存在尘世。参阅索利：《英国哲学史》，段德智译，陈修斋校，商务印书馆2017年版，第78页。

贡献作出了解释。不过这是不可能得到理解的,除非我们在一台机械的意义上理解了它们相互之间的关系以及它们对于整体的关系,也就是说,除非我们理解了它们的形状和位置,这一位置的变化或运动,它们的大小,它们的各个气孔以及这类机械的其他事情,因为这些始终改变着运作。我承认,这些杰出的人士已经由于从一些近来思想家的哲学退缩回来,从而获得了无懈可击的基础,因为许多当代哲学家都仅仅诉诸动力因和质料因(efficient and material causes),而完全忽略了形式因和目的因(formal and final causes)。但那些有智慧的人却认识到,每一个结果都既有动力因,也有目的因,之所以有目的因,乃是由于所发生的每一件事情都是由一个有知觉的存在者做出来的,之所以有动力因,乃是由于在一个物体中自然发生的每一件事情都是通过各种器官,按照各种物体的规律而发生的。如果那些反对机械规律的人已经知道这些规律本身最终能够分解成各种形而上学的理由,而这些形而上学的理由则是由上帝的意志或智慧产生出来的,他们也就不会如此强烈地反对机械论解释了。实际上,我一向主张物理运动的各种理由不可能仅仅在数学规则中发现,从而也就必须添加上各种形而上学命题。这在其固有的层次上就变得更加明白了。①

---

① 莱布尼茨孜孜以求的是一种大全式的世界观和方法论,这种世界观和方法论既讲形而下学也讲形而上学,既讲质料因和动力因,也讲形式因和目的因。莱布尼茨在其提出"前定和谐系统"之后,便对这样一种世界观和方法论做了进一步的发挥,开始强调动力因和目的因之间的和谐一致。例如,莱布尼茨在《单子论》第79节中便强调指出:"灵魂凭借欲望、目的和手段,依据目的因的规律而活动。形体则依据动力因的规律或运动的规律而活动。这两个领域(les deux regnes),亦即动力因的领域和目的因的领域,是互相协调的。"

　　不过,在这里,稍微更加清楚地解释一下按照我的意见如何在
经院的哲学基础(the Scholastic basis for philosophy)和机械论的
哲学基础(the mechanistic basis for philosophy)之间找到一种中
道①很有必要;更加确切地说,就是稍微更加清楚地解释一下究竟
在什么意义上,这两个方面都存在有真理。如果懂得了这一点,两
败俱伤的战争就将停止,这样一种战争不仅使各个学派和各个大
学大动肝火,而且也不时地使教会和国家大动肝火。机械论者谴
责经院学者,说他们对生活日用(what is useful for living)一无所
知,而那些教导经院哲学的经院学者和神学家则仇恨机械论哲学
家,断言他们伤害了宗教。我必须承认,这两个方面都超出了其应
然的界限,即使哲学家们稍不留意也会说出一些根本证明不出来
的东西。这就是我思考的问题。每一件事物就其本性而言,都是
可以得到清楚明白理解的,都能够由上帝向我们的理智表明,只要
上帝意愿如此,事情就会这样。而一个物体的运作是不可能得到
充分理解的,除非我们知道其各部分贡献何在;因此,如果我们不
对其各个部分作出安排,我们便根本无望对任何一种有形现象作

---

　　① 莱布尼茨在中世纪经院哲学家的"目的论"和近代哲学家的"机械论"之间寻求
"中道":一方面,莱布尼茨坚持机械论,坚持用动力因而不是用中世纪经院哲学家的神
秘的"隐秘的质"学说来解说自然现象,另一方面,莱布尼茨又极力恢复中世纪经院哲
学家的"实体的形式"学说,坚持用目的论而不是仅仅用近代哲学家的机械论来解说世
界。因此,莱布尼茨的这样一种中道立场并非简单的调和折中,而是一种积极的选择
和兼收并蓄。亚里士多德曾经强调说:与愤怒和恐惧不同,"德性则是某种选择,至少
离不开选择";"德性是关于感受和行为的,在这里过度和不及产生失误,而中间就会获
得并受到称赞。……德性就是中庸,是对中间的命中。……过度和不及都属于恶,中
庸才是德性。……中庸在过度和不及之间,在两种恶事之间。……德性就是中间性,
中庸是最高的善和极端的美"(参阅亚里士多德:《尼各马可伦理学》,1106a1—5;
1106b25—1107a8)。孔子讲:"中庸之为德也,其至矣乎! 民鲜久矣",此之谓也。

出解释。但由此我们也根本不可能推论出，在各种物体中，除物质方面机械发生的东西外，再没有什么能够理解为真实的，我们也不能因此而得出结论说，在物质中只能找到广延。既然即使各种物体的混乱属性也能够回溯到清楚属性，我们便必须承认存在有两种清楚属性：其中一种必定能够在数学中找到，而另一种则在形而上学中找到。数学科学提供大小、形状、位置和它们的各种变化，而形而上学则提供存在、绵延、活动与被动、作用力及活动的目标或活动主体的知觉。因此，我认为，在每个物体中，都有一种感觉、欲望或灵魂，而且，我还认为，将一种实体形式和知觉或一个灵魂仅仅归于人是荒谬的，就和认为每一件事物都是为人而造的以及地球是宇宙的中心一样荒谬。① 但另一方面，我又认为一旦我们

①　莱布尼茨在这里倡导的实际上是一种泛机体主义的世界观。而他的这样一种世界观与他的物质无限可分思想也密不可分。早在古代希腊，亚里士多德为了反对原子论就曾提出和强调过物质的无限可分性，指出："没有一个连续的事物能分解成无部分的事物。在点和点之间或现在和现在之间也不可能有任何不同类的事物"（参阅亚里士多德：《物理学》，Ⅵ，231b 10—13）。莱布尼茨之所以主张单子无广延，在很大程度上得益于他看到了物质的无限可分性，从而看到了古代原子论的内在矛盾，而决心将世界的终极要素由物理学的点——原子转换成形而上学的点——单子。而且它也正是由于这一点，使他得以形成一种可以称作"中国魔盒式的有机体论"，即在一个有机体的任何一个层面的有机体都包含有进一步的有机体，而且它所包含的任何一个层面的有机体也都能够以它自己的方式知觉和表象整个宇宙。莱布尼茨在他的多部重要著作中都阐释和强调了他的"中国魔盒式的有机体论"。他在《基于理性的自然与神恩的原则》第 3 节中指出："一个形体，如果它构成了一种自动机或自然的机器，它就是有机的，它不仅从整体上看是一台机器，而且即使就其最微细的无法辨认的部分看，也是如此。"他在《单子论》第 66—67 中又强调指出："即使在最小的物质微粒（la moindre partie de la matière）中，也存在有一个由生物（de vivans）、动物、'隐德莱希'和灵魂组成的整个受造物世界（un Monde de creatures）。""物质的每个部分都可以设想成一座充满植物的花园，一个充满着鱼的池塘。但每株植物的每个枝桠，一个动物的每个肢体，它们的每一滴体液，也依然是另一个这样的花园或这样的池塘。"莱布尼茨的这样一种

由上帝的智慧和灵魂的本性推证出普遍的机械规律,则在解释自然的各种特殊现象时到处重提灵魂或实体的形式也是不合适的,这就好像将每一件事物都归因于上帝的绝对意志是不合适的。因为灵魂的活动是由灵魂对象的器官的状态决定的,而上帝则是依据各个个体事物的各种不同的条件而运作的,而这也不是依据物质的必然性(the necessity of matter)而是依据目的因或善的原因的原动力(the impulsion of the final cause or the good)运作的。

泛机体论的世界观的基础在于"到处都有生命"这样一种观念。而当时显微镜的发现,以及发现即使一滴水都包含有所有种类的微生物,在他看来都是他所倡导的这样一种理论的有力见证。在莱布尼茨的大部分著作中,"宇宙"与"世界"是两个含义不尽相同的字眼:当他强调自然的物理层面时,他往往使用"宇宙"(l'univers)这个字眼,而当其强调自然的有机层面时,他往往使用"世界"(le monde)这个字眼。罗伯特·胡克、马尔皮基、斯瓦姆默丹、列文虎克以及其他一些早期显微镜学家的工作始终受到莱布尼茨的关注,他甚至积极参与了有关微生物精子机体"预成"的生物学理论的论争。而且,早在巴黎时期尼古拉·马勒伯朗士《真理的探求》中所提出的在很小的受造物内也存在有向越来越小的受造物下降的无限链条的说法也引起了莱布尼茨的无限遐想。当时一些理论家,如帕斯卡尔等,面对宇宙范围内生命的无限增殖产生了人生的无意义感。但莱布尼茨却乐观地认为生命的这样一种增殖正好体现了上帝的慷慨和上帝关心的范围的无限广大。

简论笛卡尔等关于一条
自然规律的重大错误①

既然速度和质量在 5 种机械②中相互抵消,许多数学家便以

---

① 本文旨在批评笛卡尔的运动量守恒原则或动量守恒原则。在这篇论文中,莱布尼茨开始践履他早年的诺言:驳斥笛卡尔的物理学,尤其是以力的守恒原则驳斥笛卡尔关于运动规律的学说。他对宇宙中所消耗的能量与所做的功的各种关系的分析最终使其提出了适合于物理过程的力的量守恒的原则。两位杰出的笛卡尔派学者卡特兰神父和丹尼斯·帕潘先后于 1686 年和 1691 年对本文进行了质疑。在法国巴黎担任过神职人员的卡特兰神父(Abbé Catelan)曾在 1686 年 9 月出版的《文坛共和国新闻》(*Nouvelles de la Républque des Lettres*)上刊文对莱布尼茨的文章进行了激烈的反驳。法国物理学家丹尼斯·帕潘(Denis Panpin,1647—约 1712)不仅发明了高压锅,而且还首次提出由汽缸和活塞组成蒸汽机的设想。莱布尼茨曾对他的蒸汽机研究工作提供过帮助,使他最终完成了《利用蒸汽机抽水的新技术》一书。但帕潘在 1691 年却也对莱布尼茨对笛卡尔的批评表示了异议。莱布尼茨随后在一系列著作中对他们的批评做了进一步的回应,进一步阐释了他的力的守恒原则。本文的《增补》是后来添加上去的,其内容主要反映了《动力学样本》(1695)时期莱布尼茨对这一问题的思考。

本文原载《学者杂志》1686 年 3 月号。莱姆克据格尔哈特编《莱布尼茨数学著作集》(柏林与哈雷 1849—1855 年版)第 6 卷,第 117—119 页,将其英译出来并收入其所编辑的《莱布尼茨:哲学论文与书信集》中。其英文标题为:A Brief Demonstration of a Notable Error of Descartes and Others Concerning a Natural Law,According to which God is Said Always to Conserve the Same Quantity of Motion;a Law Which They Also Misuse in Mechanics。若全部汉译出来,即为:简论笛卡尔和其他人关于一条自然规律的重大错误,根据这条规律,上帝被说成始终保存同样的运动的量;而他们在力学中却滥用了这条规律。鉴于这一题目显得过长,我们现在将其扼要地译作《简论笛卡尔等关于一条自然规律的重大错误》。

本文据 *Leibniz:Philosophical Papers and Letters*,translated and edited by Leroy E. Loemker,D. Reidel Publishing Company,1969,pp.296—302 译出。

② 这里说到的"五种机械"指的是杠杆、绞盘、滑轮、楔子和螺丝。请参阅下文。

运动的量或物体与其速度的乘积来估量运动的力。若用几何学的术语讲,聚焦于运动之中并且既藉它们的运动也藉它们的质量发挥作用的同一种类的两个物体的力,被说成是共同地与它们的物体或质量以及它们的速度成正比。现在,既然运动的力的总数在自然中应当保持不变,而不应当减少,因为我们永远看不到力会由于一个物体在其未传送给另一个物体的情况下丧失,或者说运动的力的总数在自然中应当保持不变,而不应当增加,一台永动机(a perpetual motion machine)便永远不可能造出来,甚至整个世界,作为一个整体,在不受到外部事物推动的情况下也不可能增加它的力。这使得主张致动力(motive force)与运动的量相等的笛卡尔断言:上帝在世界上保存着同一个运动的量。①

另一方面,为了表明在这两个概念之间所存在的重大差别,我首先假定一个从某个高度落下来的物体,如果要将其提升到它原来的高度,就需要有同样的力,只要其方向是将其带回去,而且没有任何外在事物予以干扰,事情就是如此。例如,一个钟摆将会正好回到它降落时的那个高度,除非空气抵抗及其他类似的障碍消耗了它的一些力,而我们现在又未将这些因素考虑进去。其次,我还假定,为将1磅重的物体A(图1)提升到4码高度CD所需要的力与为将4磅重的物体B提升1码高度EF所需要的力是一样

① 参阅 Rene Descartes,*Principles of Philosophy*,translated by Valentine Rodger Miller and Reese Miller, Dordrecht:D. Reidel Publishing Company,1983, pp. 65—69. 也请参阅莱布尼茨的《对笛卡尔〈原理〉核心部分批判性思考》(1692)的有关部分(参阅 *Leibniz*:*Philosophical Papers and Letters*, translated and edited by Leroy E. Loemker,D. Reidel Publishing Company, 1969, pp. 383—412)。

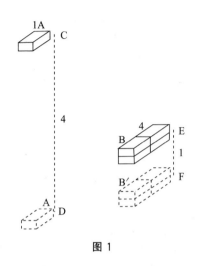

图 1

的。笛卡尔派和我们时代其他一些哲学家和数学家也都承认这样
两个假设。因此,我们可以得出结论说,物体 A 在从高度 CD 降落
时,其所需要的力的总量与物体 B 从高度 EF 降落下来所需要的
力的总量是完全一样的。因为物体 A 从 C 降落下来达到 D,则根
据第一个假设,它若再次上升到 C,就需要有这同一个力;也就是
说,它将需要有一个力来提升一个 1 磅重的物体(亦即它自身)达
到 4 码的高度。同样,物体 B 在从 E 降落至 F 后,根据第一个假
设,将具有再次上升到 E 所需要的力;也就是说,它将有足够的力
将一个 4 磅重的物体(亦即它自身)提升 1 码高。因此,根据第二
个假设,物体 A 当其达到 D 时所具有的力与物体 B 当其达到 F 时
所具有的力是相等的。

　　现在,让我们来看看运动的量在这两种情况下是否相等。与
人们期待的相反,这里有了很大的差别。我将以下述方式对此作

出解释。伽利略已经证明，在自 C 至 D 的降落中所需要的速度是
自 E 至 F 的降落所需要的速度的两倍。所以，如果我们将物体 A
的质量（其质量为 1）乘以其速度（其速度为 2），则乘积或运动的量
为 2；另一方面，如果我们将物体 B 的质量（其质量为 4）乘以其速
度（其速度为 1），则乘积或运动的量为 4。所以，物体 A 至 D 的运
动量只是物体 B 至 F 的运动量的二分之一，然而，一如我们刚刚
看到的，它们的力确实相等。①　因此，在推动力与运动量之间便存

---

① 莱布尼茨的结论可以概述如下：按照落体规律，d＝1/2gt²。但 v＝gt；因此，
v²＝2gd，或者说距离因速度的平方而改变。因此，莱布尼茨更为一般地主张，由一个
物体通过水平距离的运动所测度的相伴随的功与通过时间而积累起来的力的量是成
正比，从而是各种连续的原始动力本身的总体或总和，这些连续的原始动力在速度
方面的结果便被保存了下来，并积聚了起来。因此，它与 v² 成正比，而不是与 v 成正
比。处于均衡状态下的各种力，当所施加的力依然是死力（或者说被局限于瞬间加速）
时，便在所施加的力与所做的功之间形成了更加一般相等的特殊情况。

　　关于力、能和功的关系，初学者应当阅读一下詹姆斯·金斯等人所写的有关理论
机械学标准著作。金斯（Sir James Jeans，1877—1946）是英国物理学家、天文学家和数
学家，也是著名的科普著作家。其著作主要有：《气体动力学》（1904）、《理论力学》
（1906）、《电磁数学理论》（1908）、《环绕我们的宇宙》（1929）、《时间和空间》（1934）和
《气体运动论导论》（1940）。但伽利略的力学成就对我们理解莱布尼茨的思想背景意
义重大。伽利略（Galileo Galilei，1564—1642）是近代实验科学的奠基人之一和近代科
学革命的先驱。在力学方面成就尤其突出，被誉为"近代力学之父"。他第一次提出了
惯性和加速度概念，为近代动力学的奠基人，也为牛顿力学的建立奠定了基础。他通
过比萨斜塔落体实验，从理论上否定了统治两千年的亚里士多德的落体运动观点（重
物比轻物下落快），断言若忽略空气阻力，重量不同的物体在下落时同时落地，物体下
落的速度与物体的重量无关。但莱布尼茨的结论本身却首先建立在惠更斯的理论基
础之上。惠更斯（Christian Huyghens，1629—1695）是一位堪与伽利略和牛顿齐名的近
代科学家。作为经典力学的理论先驱，惠更斯曾比较详尽地研究过完全弹性碰撞问题
（当时叫作"对心碰撞"），曾著《论物体的碰撞运动》（De motu corporum ex
percussione）。在其中，惠更斯纠正了笛卡尔动量方向的错误，首次提出完全碰撞前后
的守恒。他还研究了岸上和船上两个人手中小球的碰撞情况，并把相对性原理应用于
碰撞现象的研究。他还提出了碰撞问题的一个法则，即"活力"守恒原则。作为这一能
量守恒原则的先驱，他断言：物体在碰撞的情况下，m 与 v² 乘积的总数保持不变。关于
笛卡尔与莱布尼茨之间关于运动量守恒定律的争论，请参阅 E. Mach，The *Science of
Mechanics*，5ᵗʰ ed. Illinois：Open Court，1960，pp. 364ff，451。

在有一个巨大的差距,从而一如我们业已表明的那样,其中一个便不能藉另一个予以计算。由此看来,毋宁说力似乎是由其所能产生出来的结果的量予以判断的;例如,是由其能将一个给定大小和给定种类的重物提升的高度予以判断的,而不是由其施加到这一物体之上的速度予以判断的。因为使同一个物体的给定速度达到两倍,所需要的就不只是两倍的力,而是比这更大的力。我们无需诧异,在普通的机械杠杆、绞盘、滑轮、楔子、螺丝之中,都存在有一种平衡,因为一个物体的质量往往为另一个物体的速度所抵消;在这里,这台机械的本性造成了各个物件的大小,假设它们属于同一个种类,它们与它们的速度相互之间成比例,以至于在任何一个方面所产生出来的运动的量都是一样的。因为在这个特殊的例子中,这个结果的量,或者说物体被提升或降落的高度在两个方面都是一样的,对平衡的无论哪一边,这个运动都同样适用。还有另外一些例证,例如,其中一个获得的运动较早一些,在这种情况下,它们并不完全一致。[①]

既然没有什么比我们的证明更加简单,对于笛卡尔或笛卡尔派这些最有学问的人,任何事情都不曾发生,这实在令人震惊。但前者由于对自己的天赋太过自信而误入歧途;而后者则由于对他人的天赋太过轻信而误入歧途。笛卡尔由于大人物的通病,最终变得太过自信,而我则担心笛卡尔派开始逐渐仿效起他们一向嘲笑的逍遥派了。他们正在形成一种习惯,一味就教于他们大师的

---

① 在机械处于静止状态的情况下,平衡要求整个系统重力公共中心不受这一系统各个要素之内实际位移的影响。但因位移或努力而导致的这些瞬间碰撞与速度成正比,从而笛卡尔的原理也适用。另一方面,在活力的情况下,或者说在通过时间而运作的力的情况下,距离是速度的积分,从而与 V^2 成正比。

书本,而不肯听从正确的理性和事物的本性。

因此,我们必须说,各个力是共同地与各个具有同样特殊的重力或坚固性的物体和产生它们的速度或它们的速度得以获得的高度成比例的。更一般地讲,既然没有任何速度能够实际地产生出来,各种力便与由这些速度可能产生出来的各种高度成比例。它们并非一般地与它们自己的各个速度成比例,尽管乍一看这有点似是而非,但在实际上却通常为人们所主张。许多错误都已经从这后一种观点产生出来,例如,这样的错误在霍诺拉提乌斯·法布里、克劳德·德夏勒斯、约翰·阿方索·博乐里以及其他一些在这些领域其他方面表现突出的人士的数学—机械学著作中也能够看到。实际上,我认为这种错误也是许多学者何以质疑惠更斯关于钟摆摆动中心的规律的理由,但惠更斯的这一规律却完全正确。①

增　补

已经表明,提升 1 磅重的物体 2 英尺所需要的力与提升 2 磅重的物体 1 英尺所需要的力是一样的

这一命题在笛卡尔的信件中以及在其对其信件进行编辑整理

---

① 霍诺拉提乌斯·法布里(Honoratius Fabri,1608—1688),法国耶稣会神学家、数学家和物理学家,曾著《物理学:有形事物科学》(莱顿,1669)。克劳德·德夏勒斯(Claude Francois Déschales,1621—1678),法国耶稣会神学家、数学家和物理学家,其最负盛名的著作是《数学世界》(Cursus seu mundus mathematicus)(里昂,1674),力图用伽利略的理论解释运动现象。约翰·阿方索·博雷利(Giovanni Alfonso Borelli,1608—1679),意大利生理学家、物理学家和数学家,著有《论动物运动》(罗马,1680—1681)和《论物理运动》(莱顿,1686)。惠更斯的《关于钟摆的运动》(1673),与其早期论碰撞的著作一样,包含了对致动力的新的测量方法,从而遭到笛卡尔派物理学家的反对。

而形成的短著中都不仅得到了认可,而且得到了明确无误地运用,并将其视为一项原理,即使分别地看也是如此。帕斯卡尔[1]在其论流体平衡的著作中认可这一命题。塞缪尔·莫兰(Samuel Morland)也认可这一命题,这位英国人在其最近出版的有关水泵的论著中发明了喇叭筒;[2]一个有学问的笛卡尔信徒也认可这一命题,这个人一直试图以各种回避的方式来回应我在荷兰《文坛共和国新闻》上发表的反对笛卡尔的证明,尽管他并不充分理解我的论证。[3] 我将不论及其他笛卡尔派学者,也不想讨论其他哲学家的意见。所以,我很有把握用这项原理来驳斥笛卡尔派的所谓自然规律。

同一个命题也为 5 个普遍承认的机械力——杠杆、绞盘、滑轮、楔子、螺丝——所证实;因为在所有这些方面,我们的命题似乎都是真实的。不过,为简洁计,只要在杠杆这一个例证中表明这一点也就够了,或者说,凡从我们的关于处于平衡状态之中的各个物

---

[1]　帕斯卡尔(Blaise Pascal,1623—1662),法国数学家、物理学家和近代概率论的奠基者。他提出了关于液体压力的一个定律,被后人称作帕斯卡尔定律。17 岁时即写出高水平数学著作《圆锥截线论》。1642—1644 年间,他制作了第一台数字计算器。1646 年,他为了检验伽利略和托里拆利的理论,制作了水银气压计,并反复进行了大气压的实验,为流体动力学和流体静力学的研究铺平了道路。在实验中,为了改进托里拆利的气压计,他在帕斯卡尔定律的基础上发明了注射器,并创造了水压机。

[2]　塞缪尔·莫兰(Samuel Morland,1625—1695),英国的数学家和发明家。他对数学、液压系统和蒸汽动力等问题都有过研究,曾发明过水泵、早期蒸汽机、计算器和扩音器等。将能量界定为做功的能力在开普勒和伽利略的著作就已经出现。笛卡尔与梅森在 1638 年曾讨论过这种关系。但莫兰的《流体静力学》发表于 1695 年。因此,本《增补》反映的是 17 世纪 90 年代中期的物理学研究状况。

[3]　这个简短证明(即《简论笛卡尔等关于一条自然规律的重大错误》)的法文译本连同卡特兰神父所作的回应,一并发表在《文坛共和国新闻》这一流亡者杂志 1686 年 9 月号上。

体的距离与重量成反比这项规则推演出来的都相等。让我们设
AC(图2)是 BC 的两倍,并且重量 B 两倍于重量 A;因此,我说 A 和

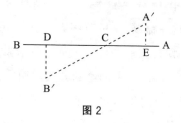

图 2

B 处于平衡状态。因为如果设它们中任何一个占优势,譬如设 B
占优势,从而下降至 B′,而 A 则升至 A′,并且从 A′和 B′向线 AB
画垂线 A′E 和 B′D,很清楚,如果 DB′是 1 英尺的话,A′E 就将会
是 2 英尺,从而,如果重量为 2 磅的物体下降 1 英尺的距离,则重
量为 1 英镑的物体就将下降 2 英尺高,并且既然这两个物体是相
等的,那就一无所获,而下降便毫无用处,处于平衡状态中的一切
便都一如既往。① 同样,我们还能够证明,物体 A 不可能下降或者
占优势。所以,我们的命题或假设便可以说是得到了后验的证实,
因为通过作出这样的设定,人们便能够证明,所有的普通力学命题
都适用于平衡或这 5 种机械。

　　其实,我甚至可以大胆地断言,根本不存在任何一条力学原
理,在其中我们的这一假设不受到证实或予以预设,这一点是能够
得到证明的,例如,通过斜面规律、喷泉或通过落体的加速度即可
以得到证明。即使其中有些与用质量与速度的乘积来计算力的假

---

　　① 　之所以如此,乃是因为距离与速度的平方成正比的缘故。

设不相矛盾，这只不过是出于偶然而已，因为这两个假设在死力(potentia mortuus)的情况下完全一致，而在死力的情况下，只有在努力的开始或终止处才实现出来。但在活力中或在以现实完成的动力活动的事物中，则存在一种差异，一如我在前面那篇已经发表的论文中已经举出的那个例子所表明的那样。因为活力之于死力，或者说动力之于努力，一如一条线之于一个点或者说一如一个面之于一条线的关系。正如两个圆并不与它们的直径成正比那样，相同物体的活力也不与它们的速度成正比，而只是与它们速度的平方成正比。

但既然在这个问题上，我们不能仅仅诉诸权威，从而设法认知的心灵将不会满足于纯粹的归纳和假设，我们现在就应当对我们这个命题给出一个推证，以便它能够在力学不可动摇的基础中被视为未来。

我假设一个重的物体，当其从任何一个高度落下时，就将确切地具有重新返回同样的高度所需要的力，只要它被理解为它在运动途中不曾因媒介或某个别的物体的摩擦或抵抗而失去任何力，事情就会如此。

推论。所以，一个具有一磅重的从 1 英尺高的地方降落下来的物体，确切获得的力能够将具有一磅重(其重量等于第一个物体本身)的物体提升到 1 英尺的高度。

此外，我还设定我被允许假定这些重的物体相互之间具有各种不同的联系，而它们的再度分开，虽然能够引进任何其他的变化却并不涉及力的变化。我还利用各种线路、轴线和杠杆与其他一些缺乏重量和抵抗的机械。①

定理。由于这些假设,我断言,1 磅重的物体 B 作距离 BB" 即

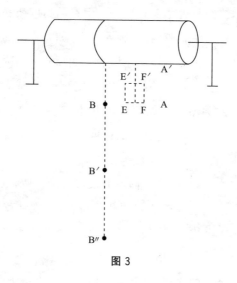

图 3

2 英尺高度的降落(图 3),它就将确切地具有能够将具有 2 磅重的物体 A 提升到具有 1 英尺 AA′高度的力。

推证。我假设物体 A 由两个部分组成,它们是 E 和 F,它们每一个都是 1 磅重。现在具有 1 磅重的物体 B,在从 1 英尺的高度 BB′下降中所确切地获得的力,依据推论,必然能够将具有 1 磅重的物体 E 提升到具有 1 英尺的高度 EE′,只要依据上述设定,假

---

① 　这种方法论意义上的假设根源于伽利略在获得落体规律时对钟摆和斜面的运用。但惠更斯将复合钟摆摆动中心分析成具有各种不同重量和长度的简单钟摆问题,从而能够在数学上结合成一个精确的体系,使得上述假设得到了光辉的发展。参阅 G. W. Leibniz, *Hauptschriften zur Gründung der Philosophie*, ed. by E. Cassirer; translated by A. Buchenau, 2d ed., vol. Leipzig, 1924, p. 253。

设它们之间存在有一种关联,事情就是如此。我们依据同一条假设,还可以进一步假定处于位置 B′的物体 B 不受其与物体 E 的联系的影响,依然处于位置 E′,而现在与物体 F 相关联。因此,物体 B 在继续其从距离 B′ B″的过程中,依据推论,将能够将 1 磅重的物体 F 提升 1 英尺高。所以,具有 1 磅重的整个物体 B 在下降 2 英尺 B B″过程中便将具有 2 磅重的由两个物体 E 和 F 组合而成的物体或者物体 A,通过 AA′,而提升到 1 英尺的高度。但正是这一点能够被证明是可能的。

附　注

如果对这个问题做一番仔细考察的话,那就很容易理解,根本无需任何仪器设备或图形:下述两件事情是相等的,将 1 磅重的物体提升 2 英尺(亦即先提升 1 磅重的物体 1 英尺,然后再提升 1 磅重的物体 1 英尺),与将 2 磅重的物体提升 1 英尺(亦即将 1 磅重的物体提升 1 英尺,与此同时,也将另一个 1 磅重的物体提升 1 英尺)。一般而言,各种力都应当经由它们的种种结果予以计算,而非经由时间予以计算;因为时间往往能够随着外在环境的变化而变化。例如,球体 C,具有一种特殊的动力(速度的等级),由于该动力的活动,它便能够沿着斜面 LM 或 LN 而将自己提升到 HG 的高度,其所需要的更多的时间与该平面所增加的长度成正比(图 4)。不过,在另一种情形下,如果空气和平面的抵抗理所当然地归零(在这些问题方面是必须做到的),则它就将提升到同一个垂直的高度。这个球体的力,不管其提升自己所经过的路线是否倾斜,

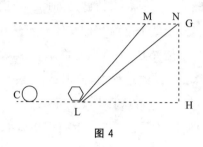

图 4

都始终是同一个量。在这里,我将这样一种结果理解为它自身构
成一种自然的力或者是该动力因其产物而减少的东西。这样一种
结果是任何一个重的对象的上升或提高,一个弹簧的拉紧,一个物
体趋于运动的原动力或它的运动的阻滞以及诸如此类的其他运
作。另一方面,一个物体曾经处于水平线上的运动的或大或小的
进展却并非我称作绝对的力所产生的结果,因为在这种情况下,在
这一物体进展期间,这种力始终如一。为避免错误起见,这一点是
显然值得注意的,因为它从未受到过充分的解释。诚然,我承认,
从一个给定的时间或它的相关物速度,以及从其他一些已知的情
况,对一个给定物体的力作出判断也是可能的;但我想强调指出的
是,不是时间,也不是速度,而只有这一结果才是力的绝对尺度。
因为当这个力守恒的时候,这个结果也就同样守恒,无论是时间还
是其他情况都不能使之发生改变。因此,毫不奇怪,两个同等物体
的力并不与它们的速度成正比,而是与它们速度的原因或结果成
正比,也就是说,与使它们达到的高度或它们能够产生出来的高度
成正比,或者说与它们速度的平方成正比。因此,我们还可以得出
结论说,当两个物体碰撞时,在碰撞后保留不变的并非运动或动力

的量,而是力的量。[①] 我们还可以得出结论说,一条线必须由 4 倍的重力拉紧才能使一块石头升高 2 倍,因为这重力体现了力,这声音体现的是这条线震动的速度。不过,其终极的理由在于,运动并非其自身即是某种绝对和实在的东西。

---

① 有关碰撞规律的更为详尽的讨论以及藉连续性原理对笛卡尔各种规律的批评,请参阅莱布尼茨《对笛卡尔原理核心部分的批判性思考》(1692)(*Leibniz：Philosophical Papers and Letters*, translated and edited by Leroy E. Loemker, D. Reidel Publishing Company,1969,pp. 383—412)。直到 1687 年,牛顿《自然哲学的数学原理》出版,对运动规律的讨论主要集中在两个碰撞物体的碰撞问题。不过,在莱布尼茨的后来研究中,碰撞变成了动力学系统的一种特殊情况,而在动力学系统中,绝对的力和相对的力均守恒。

发现整个自然惊人奥秘的样本①

在每个普遍的肯定真理中,谓词都存在于主词之中:②在原初的或同一的真理(veritatibus primitivis sive identicis)情况下,这一点显而易见,因为这些是仅仅靠其自身即可认识到的真理,但在所有其他情况下,事情便不那么一目了然了。这种隐然的包含只有藉对词项的分析,藉定义与定义对象的相互置换,才能够

① 本著原文为拉丁文,其标题为:Specimen inventorum de admirandis naturae Generalis arcanis;载格尔哈特编《莱布尼茨哲学著作集》第 7 卷第 309—318 页。在其所讨论的问题中,有许多涉及《形而上学谈》和莱布尼茨与阿尔诺的《形而上学通信》。据此推断,本著当写于 1686 年前后。

玛丽·莫里斯和 G. H. R. 帕金森将其译成英文,并收入 G. H. R. 帕金森编辑出版的《莱布尼茨哲学著作集》中。

本文据 Leibniz:Philosophical Writings,edited by G. H. R. Parkinson,translated by Mary Morris and G. H. R. Parkinson, J. M. Dent & Sons Ltd, 1973, pp. 75—86 和 G. W. Leibniz:Die philosophischen Schriften 7,Herausgegeben von C. I. Gerhardt,Hildesheim:Georg Olms Verlag, 1978, pp. 309—318 译出。

② 莱布尼茨在《形而上学谈》第 8 节中,在谈到"个体实体"概念时,曾经指出:"当若干个谓词(属性)属于同一个主词(主体)而这个主词(主体)却不属于任何别的主词(主体)时,这个主词(主体)就被称作个体实体。但对个体实体仅仅作出这样的界定还是不够的,因为这样一种解释只是名义上的。因此,有必要对真正属于某一特定主词(特定个体)的东西作一番考察。很显然,所有真正的谓词在事物的本性中都有一定的基础,而且当一个命题不是同一命题时,也就是说,当这个谓词并不明显地包含在主词之中时,它就在实际上包含在主词之中了。哲学家们所谓'现实存在'(in-esse),即是谓此,从而他们说,谓词存在于主词之中。所以,主词的项必定包含该谓词的项,这样,任何完满理解这个主词概念的人也就会看到这个谓词属于它。事情既然这样,我们也就能够说,一个个体实体或一个完全存在(un estre complet)就是具有一个非常全整的概念,

显示出来。①

所以,在所有的推理中,存在有两条第一原则(prima principia):一条是矛盾原则,其大意是:每个同一的命题都是真的,其反面都是假的;另一条是需要提供理由的原则(principium reddendae rationis),其大意是:每个并非藉自身认识到的真的命题都有一个先验的证据,或者说每条真理都能给出一个理由,依照通常的说法,就是任何一件事物如果没有一个原因便都不会发生。②算术和几何学并不需要这项原则,但物理学和形而上学却需要,阿基米德③就曾运用过这项原则。

在必然真理或永恒真理(Veritates necessarias sive aeternas)与事实真理或偶然真理(veritates facti sive contigentis)之间存在

以致它足以包含这个概念所属的主词的所有谓词,并且允许由它演绎出这个概念所属的主词的所有谓词。"罗素曾对莱布尼茨的主谓词逻辑给予了充分的肯定。他写道:"是否凡命题都可以还原为主—谓项形式这个问题对于所有的哲学都具有基本的意义,对于那些运用了实体概念的哲学就更其如此了。因为实体概念,如我们将会明白的,是由主项和谓项的逻辑概念派生出来的。"参阅罗素:《对莱布尼茨哲学的批评性解释》,段德智、张传有、陈家琪译,陈修斋、段德智校,商务印书馆 2000 年版,第 13 页。

①　本节所论的观点,莱布尼茨在《第一真理》中曾作过更为详尽的讨论。请参阅 *Leibniz*: *Philosophical Writings*, edited by G. H. R. Parkinson, translated by Mary Morris and G. H. R. Parkinson, J. M. Dent & Sons Ltd, 1973, p. 87。

②　主谓词的分析既是一个与分析命题和必然真理相关的问题,也是一个与综合命题和偶然真理相关的问题,从而也是一个既与矛盾原则相关的问题,也是一个与充足理由原则相关的问题。正因为如此,莱布尼茨在谈到主谓项逻辑时,便随即提到了矛盾原则和充足理由原则。关于矛盾原则和充足理由原则,请参阅莱布尼茨:《单子论》,第 31—37 节。其实,莱布尼茨在多篇论著中都阐释和强调过这两项原则,明确强调"物理学和形而上学需要充足理由原则"是本文的一个特殊贡献。

③　阿基米德(Archimedes,公元前 287—前 212),古希腊哲学家、百科全书式学家、数学家 物理学家、力学家,流体静力学的奠基人,享有"力学之父"的美称。曾发现浮力原理和杠杆原理。其名言有:"给我一个支点,我就能将整个地球翻转过来。"

有一种本质的区别；它们相互之间迥然有别，一如有理数和无理数迥然有别一样。因为凡必然真理都能够还原为同一真理，一如凡可通约的量都能够还原为一个公约数；但在偶然真理的情况下，例如在无理数的情况下，这样一种还原要进展到无限，从而永远达不到其终点。所以，偶然真理的确定性和完满的理由只有上帝才能认识得到，因为上帝只靠一次直觉便可掌握无限。一旦识破了这一奥秘，理解万物绝对必要性的困难也就冰消瓦解了，而存在于绝对无误的东西与必然的东西之间的差别也就跃然纸上了。①

真正的定义是那种所定义的对象是可能的且其中又不蕴含矛盾这样一种东西得以确立起来的定义。因为如果这不能将某种东西确立起来，则有关它的任何推理都不可能实施出来。因为如果它蕴含有矛盾，其反面就能够有同样的权利对其作出推断。笛卡

---

①　莱布尼茨在这里做了一个比较长的注释。其内容如下："这些事物存在而不是那些事物存在这样一个事实的真正原因源于上帝意志的自由命令，这些命令中首要的一个就是意愿以所有可能方式中最好的方式去做一切事情，这对于最有智慧者是合适的。因此，尽管有时较完满的事物也可能为较不完满的事物所排除，但在挑选出来用作创造世界的方法中却包含了更多的实在性和完满性，从而上帝就像一个最伟大的几何学家在活动，他更愿意对各种问题作出最好的解释和处理。所以，所有的存在者，就其包含在第一个存在者之中而言，除纯粹的可能性之外，还具有某种与它们的善相称的存在的倾向；而且，只要上帝愿意，它们便现实存在，除非它们与那些更完满的事物不可兼容。如果它们占有的容积太大，与它们的力太不相称，以至于占有的空间大于其充实的空间，诸如那些有角有棱的事物或那些到处都曲曲弯弯的事物。只要举一个例子，这个问题就更清楚了。由于这个理由，确定的事物便优越于不确定的事物，因为在那些不确定的事物中，选择的理由是识别不出来的。因此，如果一个科学家决定在某个空间标出三个点，其中又没有属于这类三角形而非另一类三角形的任何理由，他便会选择一个等边三角形，因为在等边三角形中，这三个点之间的关系一模一样。再者，如果要安排三个相等并且相似的球体而不附加任何别的条件，它们就将以相互接触的方式被安排在一起。

尔复活的安瑟尔谟①证明的错误正在于此,这一证明断言:既然最完满的或最伟大的存在者即包含存在,它就必定存在。因为它在没有证明的情况下假定最完满的存在者并不蕴含矛盾,这就给我提供了辨认实在定义本性的机缘。因此,内蕴有一件事物产生的原因的定义也是实在的;再者,在这里,我们并不考虑各种事物的观念,除非就我们默思它们的可能性而言,才可以这么说。

必然的存在者(ens necessarium),如果是可能的,便存在。此乃情态理论的巅峰(Hoc est fastigium doctrinae modalis),它使本质转化为

---

① 安瑟尔谟(Anselm,1033—1109),中世纪著名的经院哲学家,以提出"上帝存在的本体论证明"闻名于西方哲学史。安瑟尔谟是把从波爱修那里继承过来的亚里士多德逻辑学用于阐明自己基督宗教神学教条的首批中世纪哲学家之一,有"经院哲学之父"的声誉。他是在《宣讲篇》中系统提出这一证明的。安瑟尔谟的上帝存在的本体论证明其实是对上帝存在作的一种先天证明,一方面他将上帝概念作为证明的出发点,另一方面又着眼于对上帝概念进行逻辑分析。我们可以把他在《宣讲篇》中所提出和阐释的关于上帝存在的本体论证明概述为下面这个三段式推理:(1)"大前提":被设想为无与伦比的东西不仅存在于思想之中,而且还实际存在。(2)"小前提":"上帝是一个被设想为无与伦比的东西"。(3)"结论":上帝实际存在。安瑟尔谟的这一证明在当时就遭到人们的反驳。例如法国僧人高尼罗就曾写过一篇题为《就安瑟尔谟的论辩为愚人辩》,指出:一个画家作画之前构思的观念与其实际画出的图画不是一回事;我们不能够根据传说中有过一个最美丽的海岛而断定这样一个海岛必定存在。托马斯·阿奎那也曾对安瑟尔谟的关于上帝存在的本体论证明提出过异议。阿奎那的异议主要有两点:(1)"并不是每一个听到'上帝'这个词的人,都能理解它所意指的是某种没有什么比他更伟大的东西。因为有人就认为上帝是一个形体。"(2)"即使承认每个人理解所谓'上帝'意指某种没有什么能够设想比他更伟大的东西,这也并不意味着因此就可以得出结论说:他理解'上帝这个词所意指的东西在现实中存在,而只能得出结论说:他在理智中存在'"(托马斯·阿奎那:《神学大全》,第1集,第1卷,段德智译,商务印书馆2013年版,第30页)。至近代,笛卡尔在《第一哲学沉思集》中将安瑟尔谟证明中"上帝"观念与存在之间的逻辑必然性修改为结果与原因之间的必然性,却保留了安瑟尔谟"本体论证明"的基本精神,即从"上帝"观念的绝对完满性推导出上帝的实际存在(参阅笛卡尔:《第一哲学沉思集》,庞景仁译,商务印书馆1986年版,第53—54页)。正因为如此,莱布尼茨说笛卡尔"复兴"了安瑟尔谟关于上帝存在本体论证明的错误。

存在,从假设的真理转化为绝对的真理,从观念转化为世界。

　　如果没有任何一个必然存在者,那就不会存在有任何一个偶然存在者(Ens contingens)。因为必须要给偶然事物为何存在而不是不存在一个理由,但除非有一个存在者是自行存在,便不会有任何一个这样的理由,①也就是说,这个存在者即是其存在包含于它自己的本质之中的理由,以至于在它之外根本无需任何理由。即使人们想要无限地推论,以给出无限事物的理由,然而,整个事物系列的理由必定在这一系列(在这一系列之中并不存在其所以存在的充足理由)之外才能找到。由此,我们可以得出结论说,这个必然的存在者在数目上只有一个,而且它潜在地是所有的事物,因为就它们包含各种实在性和完满性而言,它就是所有这些事物的终极理由(ultima ratio)。而且,既然一件事物的充分理由乃所有原初必要条件的集合(并不需要其他条件),那就很显然,所有事物的原因便都能够还原成上帝的属性本身(ipsa attributa DEI)。

　　如果没有任何永恒实体(substantia aeterna),也就不会有任何永恒真理(aeternae vertates);所以,这也提供了上帝存在的一个证明,上帝乃可能性之根(radix possibilitatis),因为上帝的心灵乃各种观念或各种真理的领域本身(ipsa regio)。但若因此而假定永恒真

----

　　①　在莱布尼茨看来,自行存在或自存在乃上帝的特权。莱布尼茨在《形而上学谈》第23节中,曾特别地强调了上帝的这一特权。他写道:"上述论证只能够证明如果上帝是可能的,他就必然存在。这在实际上即是上帝本性的卓越的特权;为要现实地存在,只需要他具有可能性或本质就够了,所谓自行存在(ens per se),即是谓此。"参阅 *G. W. Leibniz*: *Die philosophischen Schriften* 4, Herausgegeben von C. I. Gerhardt, Hildesheim: Georg Olms Verlag, 2008, p. 449。

理和上帝的善都依赖于上帝的意志，那也是极端错误的；①因为意志行为预设了关于善的理智判断（judicium intellectus de bonitate），除非掩耳盗铃，将所有理智判断工作的承担者由理智这个名称换成意志这个名称；但即便如此，我们也不能够说，这种意志是真理的原因，因为判断并非这样一种原因。真理的原因在于事物的观念，但事物的观念却包含在上帝的本质自身之中。有谁敢说关于上帝存在的真理依赖于上帝的意志呢？

每个实体就其包含其原因即上帝而言都具有某种无限的东西；

① 莱布尼茨在这里实际上是在批评笛卡尔。因为笛卡尔强调上帝具有"完全绝对的自由"（参阅笛卡尔：《哲学原理》，关文运译，商务印书馆 1959 年版，第 15 页），从而永恒真理和上帝的善不依赖理性，而只依赖于上帝的意志。莱布尼茨在《形而上学谈》第 2 节中曾对笛卡尔所主张的这种观点进行了认真的分析批判。他写道："我承认，在我看来，相反的意见似乎极端危险（extremement dangereux），而且同近来一些革新家的意见也非常接近。这些人认为，宇宙的美以及我们归于上帝作品的善只是那些把上帝设想为同他们自身一样的人虚构出来的幻象。再者，当我们说事物之为善并不是在于某种善的规则而仅仅在于上帝的意志时，在我看来，我们就不知不觉地完全破坏了上帝的爱和他的荣光。因为如果他做完全相反的事情也同样值得赞赏的话，那我们有什么理由来赞美他所做过的事情呢？如果只有一种专制力量，如果意志取代理性，并且如果按照这个暴君式的定义，最有力量者所愉悦的事情由于这个理由也就是正义的，那上帝的正义和他的智慧究竟何在呢？此外，在我看来，凡意志都似乎预设了意欲的一定理由，而意欲的理由也应当自然地先于意志。这也是我们以觉得别的一些哲学家的意见非常怪诞的缘由。这些哲学家说，形而上学和几何学的永恒真理，并且因此善、正义和完满性的规则，都只不过是上帝意志的结果。在我看来，正相反，它们恰恰是上帝理智的结果，而且，它们根本不依赖上帝的意志，一如上帝的本质不依赖他的意志。"在《单子论》第 46 节中，莱布尼茨在谈到永恒真理时，又重申了上述立场。他写道："不过，我们也不能像有些人那样想像，以为永恒真理既然是依赖上帝的，就一定是任意的，就一定是依赖上帝的意志的，笛卡尔以及以后的波瓦雷先生似乎就曾这样主张过。这种看法只有对于偶然真理才是正确的，偶然真理的原则是'适宜性'（la convenance)或'对最佳者的选择'（le choix du meilleur)。但必然真理却仅仅依赖上帝的理智，乃上帝理智的内在对象。"

也就是说,它带有全知和全能的某种印记。因为在每个个体实体的完满的概念中,都蕴含有其所有的谓词,既蕴含有必然的也蕴含有偶然的,既蕴含有过去的和现在的也蕴含有未来的;其实,每个实体都依照它的位置和观点,就所有的其他事物都与之相关而言,表象着整个宇宙。因此,我们的知觉尽管是明白的也必然是混乱的,[①]因为它们包含着无限多的事物,诸如颜色、热度等等。[②]所以,希波克

---

① 按照莱布尼茨的观念学说,明白的观念并不是一个与混乱的观念相对立的观念,而是一个与模糊的观念相对立的观念。这就是说,明白的观念一定是一个不模糊的观念,但却可能是一个混乱的观念。这是由莱布尼茨的观念分类谱系造成的:

$$观点\begin{cases}明白观念\begin{cases}清楚观念\\混乱观念\end{cases}\\模糊观念\end{cases}$$

莱布尼茨在《人类理智新论》中曾经指出:"一个观念,当它对于认识事物和区别事物是足够的时,就是明白的;……否则观念就是模糊的。……一个观念是可以同时既是明白的又是混乱的;而那些影响感官的感觉性质的观念,如颜色和热的观念,就是这样的。它们是明白的,因为我们认识它们并且很容易把它们彼此加以辨别;但它们不是清楚的,因为我们不能区别它们所包含的内容。因此我们无法给它们下定义。我们只有通过举例来使它们得到认识,此外,直到对它的联系结构都辨别出来以前,我们得说它是个不知道是什么的东西。"参阅莱布尼茨:《人类理智新论》,陈修斋译,商务印书馆 1982 年版,第 266—267 页。

② 莱布尼茨本人在这里做了如下注释:"再者,各种各样的有限实体都只不过是依照其不同的关系以及每个实体所固有的局限性对同一个宇宙的不同表象而已。一如一个平面图具有无限个……"莱布尼茨的手稿到此为止,出了毛病,但莱布尼茨想表达的似乎是这样一种方法:一个平面图能够与无数多个透视图相关。这一点从莱布尼茨 1687 年 10 月 9 日到阿尔诺的信的内容可以推测出来。在这封信里,莱布尼茨在解释"表象"一词的含义时写道:"我将首先对您认为含义模糊的表象这个词作出解释,进而将其运用到您所提出的难题上。在我用表象这个词的时候,在我们对一个东西能够说到的事物与我们对另一个事物能够说到的事物之间倘若存在有恒常的和规则的关系,我们便能够说一个事物表象了另一个事物。例如,一个透视的投影图形就是这样表象它的原型的。表象为一切形式所共有,而普通的知觉、动物的感觉和理性知识都是这类表象的各个种相。在普通的知觉和感觉中,凡是可分的和物质的事物,以及凡是被发现在若干个存在物中所共有的东西,都足以在一个单一的不可分的存在物中被表象或呈现出来,或是在被赋

拉底对于人的身体所说过的话对于整个宇宙也真实无疑：这就是，万物协同并发（omnia conspirantia et sympathetica esse），也就是说，在一个受造物中，某种完全对应的结果没有不波及所有其他事物的。[①]再者，在事物中，也根本不存在任何绝对外在的东西（denominationes absolute extrinsecae）。

　　至此，有关前定和恶的原因的种种困难（difficultates de Praedestinatione et de Causa Mali）都已经排除。[②]因为不难理解，上帝虽然并不决定亚当是否应当犯罪，但上帝却决定着他是否更

予一种真正统一性的实体中被表象或呈现出来。对于若干个事物在一个单一事物中卓越呈现的可能性，我们是完全不能怀疑的，因为我们自己的灵魂就给我们提供了一个例证；但这种呈现，倘若是在理性灵魂之中的，那就伴随有意识，从而也就变成了所谓思想的东西。"参阅 G. W. Leibniz: Die philosophischen Schriften 2, Herausgegeben von C. I. Gerhardt, Hildesheim: Georg Olms Verlag, 1978, p. 112。

　　① 希波克拉底（Hippocrates，约公元前 460—前 377），古希腊医生，被誉为西方医学之父。出身世医家庭，医术超群。其独树一帜的地方在于，他从"万物协同并发"的原则出发，既注重对人的肉体结构的经验考察，注重医药对肉体疾病的疗效，也注重对人生整个本性的考察，注重人的饮食、生活方式和生活环境。在《单子论》第 61 节，莱布尼茨曾从本体论和宇宙论的高度对希波克拉底的"万物协同并发"原则做了发挥。他写道："每个物体都不仅受到与它相接触的物体的影响，并以某种方式感受到这些物体中所发生的每件事情的影响，而且还以这些事物为媒介，感受到与其所直接接触到的这些事物相接触的那些事物的影响。由此，我们可以得出结论说，物体影响的这样一种传递可以一直达到任何遥远的距离。这样一来，每个物体便都受到宇宙中所发生的每件事情的影响，以至于一个人若能看到一切，他便因此而能在每个事身上看到每个地方发生的事情，而且，他甚至还能够看到过去曾经发生过的事情以及将要发生的事情，能在当下即观察到在时间上和空间上都甚为遥远的事情。希波克拉底曾经说过：'万物协同并发'（συμπνοια παντα）。但一个灵魂在自身中却只能看到被清楚表象于其中的东西，而不可能一下子展现它所内蕴的一切，因为其所内蕴的东西趋于无限。"

　　②"前定"与"恶的原因"等问题构成了《神正论》的主题内容。这说明莱布尼茨自 17 世纪 80 年代起就已经开始系统思考和解决《神正论》的有关问题了。由此看来，《神正论》的写作尽管有这样那样的外因，但最根本的还在于莱布尼茨的自然哲学和形而上学思考所致。

加喜欢这个其中有一个其完满的个体性概念包含有罪的亚当的事物系列而非别的事物系列。圣维克托隐修院的于格①也看到了这一点。于格在回答上帝为何选择雅各而不是选择以扫时,他只是简单地说道:因为雅各不是以扫。②因为在上帝关于每个现实存在的命令颁布之前,他即在纯粹可能的状态中考察过了每个个体实体;从而只要一个个体实体存在,在这个个体实体概念中,便已经存在有将对它发生的一切,并且实际上已经存在有它构成其一个部分的整个事物的系列。所以,人们不应当去问亚当将是否犯罪,而且要去问一个将要犯罪的亚当是否应当获准存在。因为在普遍

---

① 圣维克托隐修院的于格(Hugh of Saint-Victor,1096—1141),德国奥古斯丁会哲学家和神学家,首倡奥秘神学。早年在哈尔伯斯塔特(今德国东部)哈默斯勒本隐修院加入奥古斯丁会,约于1115年到巴黎,定居于圣维克多隐修院。于格的圣经诠释有所创新,对自然神学的形成有重要贡献。他提倡世俗学问,主张知识是祈祷虔修的入门,提出"万事皆学"口号。长期从事圣经注释,曾著百科全书式的著作《学问之阶》。

② 根据圣经,雅各和以扫是以撒的双胞胎。其中,雅各这个名字的基本意思是"(神)赏赐或保护",但这个名字与"脚跟"一词有关联,从而其还有"他抓住脚跟"(也就是说,他是一个一味攫取和欺骗人的竞争者)。后来雅各也确实实施过欺骗行为。例如,以撒临终前原本打算祝福忠厚的以扫的,但雅各却假冒以扫的身份骗取了以撒的祝福。这个故事虽然表面上谈的是以撒家庭内部的矛盾,是雅各与以扫弟兄间的恩怨,但实际上谈的却是两个国家和两个族类的矛盾和恩怨,具体地说,是以色列人(雅各)和邻国(以东人,其代表为以扫)的矛盾和恩怨。整个故事强调的是神对雅各的保护以及神与雅各的同在。以撒的妻子利百加在怀双胞胎时曾求问先知,结果却得到了一个超乎寻常的解释:"两国在你腹内……将来大的要服侍小的",即是谓此。莱布尼茨之所以援引这样一个例子,旨在告诉人们要正确理解和看到上帝的"不公"问题,这也是后来他写作的《神正论》的一个主题。关于雅各和以扫的故事,请参阅《创世记》:25—35。

实体①和个体实体（substantias universals et individuales）之间存
在有下述差别：在个体实体概念中，偶然的谓词也包含其中。因为
毫无疑问，上帝在其决定创造亚当之前，他就已经看到了将对亚当
发生的事情，从而从这一刻起便没有任何障碍能够妨碍他的自由
活动。再者，可能亚当的概念中便已经包含了自由意志的命令，不
管是上帝的自由意志还是人的自由意志，当被视为可能的情况下，
事情便是如此。还有，若从可能性的方面看问题，宇宙的每个可能
系列都依赖于与之相称的某个自由的原初命令（quibusdam
decretis liberis primariis）。因为正如没有谁哪怕是随手一挥就能
画出一条并非几何学的且具有某种对其所有各点都共有的恒定不
变的本性的线段一样，也没有谁能够设想任何一个可能事物的系
列和创造世界的任何一种方式竟然如此无序，以致它竟然没有它
自己固定不变的确定的秩序，没有它自己的发展规律，尽管像在各

---

①　莱布尼茨这里所谓"普遍实体"（substantias univesales）所指的似乎是亚里士
多德在《范畴篇》里所说的"第二实体"。按照《范畴篇》，亚里士多德将"这一个"或个体
事物（大体对应于莱布尼茨的"个体实体"）视为第一实体，而将"其所是"或种相和属相
（亦即共相或形式）视为"第二实体"。他在《范畴篇》中写道："实体，在最严格、最原始、
最根本的意义上说，是既不述说一个主体，也不存在一个主体之中，如'个别的人'、'个
别的马'。而人们所说的第二实体，是指作为属相而包含第一实体的东西，就像种相包
含属相一样，如某个具体的人被包含在'人'这个属相之中，而'人'这个属相自身又被
包含在'动物'这个种相之中。所以，这些是第二实体，如'人'、'动物'"（亚里士多德：
《范畴篇》，2a 14—19）。在《形而上学》中，亚里士多德甚至明确否认共相是实体。他给
出的理由是，任何东西的实体都是独特的，不属于其他东西，而共相却是共同的，属于
众多的东西才是共相。"从这一点可以看出，普遍属性不是实体，共同的谓词表示的不
是'这一个'，而只是'这一些'"（亚里士多德：《形而上学》，1038b 35）。毋庸讳言，在《形
而上学》中，亚里士多德从本质或共相乃个别事物存在的依据或原因的高度出发，也曾
将本质或共相（属相和种相）视为"第一实体"，宣称"本质就是没有质料的实体"（亚里
士多德：《形而上学》，1032b 14）。

条线段的情况一样，一些事物的系列比另一些事物的系列更为有
力、更加简单，从而它们能够以较少的装备提供更多的完满性。①
由此看来，非常明显，恶的原因并非出自上帝，而是来自受造物的
本质的局限性，也就是说，来自它们在每个失误之前即具有的原初

---

①　莱布尼茨在《形而上学谈》第 5 节和第 6 节中，曾经突出地强调了上帝行为的
完满性和世界的秩序性。莱布尼茨断言：上帝行为的完满性即在于"手段的简单性与
效果丰富性的平衡"。他把上帝比作一个"精明的舞台设计"，能"使用所能发现的最简
易、最方便的手段达到他的预期效果"。莱布尼茨还进一步指出："至于上帝工作的简
单性(la simplicité)，这是同方法本身相关的，而另一方面，它们的多样性或丰富性(la
varieté，richesse ou abondance)，则同目的或结果相关。这里，一方面应该同另一方面
保持平衡，就像一座楼房所允许的花费同所欲求的楼房的大小和美相般配一样。"在谈
到世界的秩序时，莱布尼茨强调指出："上帝所做的事情没有一件是没有秩序的，即使
设想各种事件之间没有秩序也不可能。"莱布尼茨还进一步举例解释说："就普遍的秩
序而言，每件事物都是要遵从的。这一点如此确实无疑，以致不仅世界上所发生的任
何一件事物都并非绝对无规则，而且我们甚至想象不出这样一类事物存在。例如，我
们权且设定有人在一张纸上完全随意地画了许多小点子，就像人们实践标点占卜的荒
谬技巧所做的一样。关于这样一类情况，我要说的是，在这些点之间完全可以找出一
条几何学上的线。而这条线的概念是恒常的和始终如一的，总是符合一定规则，以致
这条线穿过所有这些点，并且所遵从的秩序也就是画出它们的秩序。如果有人依照这
种秩序画出一条连续不断的线，这条线有时是直的，有时其轨迹是顺着圆形的，有时却
属于某一别的种类的图形，则我们就可以由这样一条线找到一个概念、规则或方程式，
这一概念、规则或方程式对于这条线上的各点都是共同的，而所有这些变化也都是据
此而发生的。例如，没有任何一个面，其外形没有不属于这条几何学上的线的一部分，
而且也没有任何一个面不能由一条线通过合规则的运动画出来。但当一条规则非常
复杂的时候，本来符合这条规则的几何图形就会被看作无规则了。因此，我们可以说，
无论上帝以什么样的方式创造这个世界，它都永远有规则，都具有某种普遍秩序。但
上帝选择的方式却是最完满的，也就是说，它在理论上是最简单的，同时在现象上又是
最丰富的。这就像一条几何学上的线，虽然画起来很容易，然而，它的特性和结果却极
其精妙又极其深广。"

的不完满性，①正如一个物体的质量，即它的自然惯性越大，施予它的动力所产生的速度便越小一样。

由个体实体的概念，我们还可以以形而上学的严格性得出结论说，各个实体的所有运作，包括活动和受动两个方面（actiones passionesque），都是自发的，除受造物依赖于上帝外，一个实体对其他实体没有任何实在的注入（influxum realem）是可以理解的。因为对它们中每一个发生的无论什么事情都出自它的本性及它的概念，即使其他事物被设定不在现场，事情亦复如此，因为每个个体实体都表象整个宇宙。不过，那些其表象更为清楚的则被视为在活动（agere），其表象比较混乱的则被视为在受动（pati），因为活动是一种完满性，而受动则是一种不完满性。再者，一件事物，如果由其状态最容易给出种种变化的理由，则它便被认为是一个原因。因此，人们可以假定，一个在液体中运动的固体激起了各种不同的波浪，然而，这样的事件也能够理解为这一个固体被假定处在液体中间静止不动，而假设液体在进行着同样的运动。实际上，一种现象能够以无限多不同的方式加以解释。虽然运动是某种相对的东西，但将运动归于这一个固体的并由此推出液体波浪的假设比所有其他的假设都要无限简单得多，从而这一个固体便被视

---

①　在《神正论》中，莱布尼茨将恶区分为三类，这就是："形而上学的恶"、"物理的恶"和"道德的恶"。其中"物理的恶"指的是苦难；"道德的恶"指的是罪；"形而上学的恶"指的即是受造物的"原初的不完满性"。在莱布尼茨看来，受造物的"原初的不完满性"即"形而上学的恶"乃所有恶的终极来源。例如，莱布尼茨在谈到"道德的恶"时，便强调指出："自由意志是罪过的恶，从而也是受惩罚的恶的最近因；虽然已经存在于永恒观念中的受造物的原初的不完满性乃其第一个和最遥远的原因。"参阅莱布尼茨：《神正论》，段德智译，商务印书馆 2016 年版，第 465 页。

为这一运动的原因。各种原因并非是从一种实在的注入推断出来的，而是从提供理由的需要推断出来的。

这种真理也从物理学（physicis）中显现出来了，这从对下述事实的精确考察就可以看出来，这就是：虽然任何动力都不会从一个物体传送给另一个物体，但每个物体却都受到其固有的力的推动，而这仅仅为另一个物体的机缘或关系所决定。因为一些杰出人士已经认识到，一个物体从另一个物体接受推动的原因是物体的弹性本身，这个物体是凭借这种弹性才从另一个物体反弹回来的。但弹性的原因却又在于具有弹性的物体的各个部分的内在运动。因为虽然这可以由某种一般的流体获得，但渗透流体的各个部分却是通过它们所在的东西渗透过去的。为了正确地理解这一点，每个实施打击的物体的固有运动必定区别于它的公共运动，而这种公共运动始终能够在打击之前即可得到理解，而在打击之后得到保存；但这种固有运动，由于其仅仅构成其他运动的障碍，在另一个物体中便不会产生任何结果，除非通过另一个物体的弹性本身（per ipsius Elastrum）。①

同样，灵魂与身体的结合本身（ipsa Unio）也从我们的实体概念得到了充分的解释。因为一些人一向认为一些这样那样的东西是从灵魂到达身体的，反之亦然；这就是所谓"实在注入假说"（Hypothesis influxus realis）。而另一些人则似乎认为，上帝激起

---

① 莱布尼茨所谓多个物体的"公共运动"指的是那种能够归于这些物体公共的重力中心的运动。莱布尼茨在《动力学样本》（1695）中曾对这一观点作过更为详尽的阐述。请参阅《动力学样本》中有关内容。

灵魂中的思想对应于身体的运动,反之,上帝激起身体的运动对应于灵魂中的思想。这就是所谓"偶因论假说"(Hypothesis causae occasionalis)。但在那些明白遵循我们的原则的问题上,却根本无需召唤"救急神"(DEUM ex machina)。因为每个个体实体既然都按照其自身本性的规律以其自己的方式表象着同一个宇宙,则它的各种变化和状态便会完满对应于其他实体的各种变化和状态,但灵魂与身体也最完满地相互对应,而它们之间的亲密结合正在于这种最完满的一致。即使这样一种说法没有先验的证据,我们依然可以坚持认为这是一种最可信的假说(Hypotheseos maxime plausibilis)。因为人们为何不应当假定上帝最初创造灵魂和身体时就将灵魂和身体创造得如此精妙以至于当其中一个遵循它自己的规律、属性和运作活动时,所有的事物都最美妙地和谐一致呢?① 这就是我所谓的"和谐共存假说"(Hypothesin concomitantiae)。② 因此,根本无需上帝以某种持续不断的特殊运作来产生和谐一致,也根本无需招来所谓实在的注入,这些说法是肯

---

① 莱布尼茨在这里讲的其实也就是他的灵魂与身体的前定和谐。在其后来的著作中,莱布尼茨常常用目的因和动力因的前定和谐来解释灵魂与身体的前定和谐。例如,莱布尼茨在《单子论》第 79 节中就曾经指出:"灵魂凭借欲望、目的和手段,依据目的因的规律而活动。形体则依据动力因的规律或运动的规律而活动。这两个领域(les deux regnes),亦即动力因的领域和目的因的领域,是互相协调的。"

② 莱布尼茨在这里所说的"和谐共存假说",其实也就是莱布尼茨的"前定和谐系统"说法的一种早期表达形式。直到 1696 年,莱布尼茨才在答复傅歇的质疑和反驳时才正式使用了"前定和谐"这一术语。参阅莱布尼茨:《新系统及其说明》,陈修斋译,商务印书馆 1999 年版,第 46 页。

定解释不清的。①

　　我们还可以由个体实体概念得出结论说,一个实体既不可能产生,也不可能腐败,既不可能发生,也不可能受到破坏,除非经过创造或消灭。因此,灵魂的不朽(immortalitas animae)如此必要,以至于除非经过奇迹便不可能消除。我们还可以得出结论说,要么根本不存在任何有形实体,各种物体都只是一些真实的相互一致的现象,诸如一道彩虹和一场非常连贯的梦,要么在所有的有形实体中,都存在有类似灵魂的东西,古代作家常常称之为形式或种相。② 因

――――――――

　　① 莱布尼茨在这里做了下述注释:"对偶因论系统,我们必须部分地承认和部分地拒绝。每个实体都是其内在活动的真正而实在的原因,都有活动的能力,而且尽管它可能靠上帝的协助才得以维系,但它却不可能仅仅是受动的;无论是有形实体还是无形实体,情况都是如此。但每个实体(唯有上帝这个实体例外)只是那些其活动对于另一个实体是短暂的事物的偶然原因。所以,灵魂与身体结合的真正理由以及一个物体使自身适应于另一个物体状态这样一个事实的原因都仅仅在于这样一个事实,这就是:同一个世界系统中的不同实体在最初被创造时它们就由于它们自己本性的规律而相互之间协调一致了。"

　　至此,莱布尼茨提出并阐释了关于身心关系的三种假说:"实在注入假说"、"偶因论假说"和"和谐共存假说"。1696 年,莱布尼茨曾提出理解和解释身心一致关系的下述三种办法:"相互影响的办法"、"协助的办法或偶因系统的办法"和"前定契合的办法或前定和谐的办法"(参阅莱布尼茨:《新系统及其说明》,陈修斋译,商务印书馆 1999 年版,第 56 页)。不难看出,莱布尼茨在本文中提出的三种假说与其 1696 年提出的三种办法有相互契合的关系和对应关系。在一定意义上,我们不妨将本文所述的"三种假说"视为莱布尼茨后来提出和阐释的"三种办法"的前奏和先声。

　　② 在《形而上学谈》第 14 节中,莱布尼茨一方面将现象同物质事物(物体)关联起来,甚至等同起来,另一方面又将现象与我们的思想和知觉,甚至与我们的存在关联起来。他写道:"我们的所有现象,也就是说,能够对我们发生的每件事情,都只能是我们存在的结果。这些现象维持着一定的秩序,同我们的本性相一致,也可以说同我们之中的那个世界相一致。从而我们能够提出一些意见,用来指导我们的活动,并且其真理性可以由未来现象的有利结果得到验证,以致我们常常能够准确无误地由过去推断将来。我们因此能够说,这些现象是真实的,而根本无须考虑这些现象究竟是外在于我们的还是他人知觉到的这样一类问题。……凡对每个实体所发生的现象,都只是它的观念或完全

为仅仅聚集而成的东西,诸如一堆石头,也不是一个实体或一个存在者,诸多存在者也不能被理解为存在于没有任何一个真正存在者的地方。所以,要么存在有许多原子(科德穆瓦①试图以此对这一证明作出论证),从而我们可以具有一个存在者的某个第一原则;要么更确切地说,我们把下述观点作为已经获得证明的东西予以主张:每个物体都能够现实地再划分为其他部分(对此,我们马上就会作出更详尽的陈述),从而一个有形实体的实在性就在于一种个体的本性(individua quadam natura);也就是说,有形实体的实在性不在于物质团块,而在于一种作用和被作用的力(agendi patiendique potentia)。

我们还必须认识到(尽管这可能看起来像个悖论),广延概念并不像人们通常认为的那样清楚明白。因为任何一个物体都不至于如此小,以至于它不能分割成因各种不同的运动所造成的各个部分;由这样一个事实,我们便可以得出结论说,任何一个确定的形状都不可能指派给任何一个物体,一条直线、一个圆以及由事物的本性中所发现的可以指派给任何一个物体的图形也不可能指派

概念的一个结果,因为这个观念原本就已经包含了所有的谓项(属性)或事件,并且表象着整个宇宙。其实,除思想和知觉外,没有什么事情能够对我们发生,我们所有未来的思想和知觉仅仅是我们先前思想和知觉的结果(尽管这些结果是偶然的)。所以,如果我能够清楚明白地考察现在对我发生或显现的每件事情的话,我就能够在其中看到将来任何时候对我发生或显现的事情。而且,即使我身外的每件事物遭到了破坏,只要上帝和我还依然存在,这种情况就什么也阻挡不了,并且将依然对我发生。"

　　① 科德穆瓦(Géraud de Cordemoy,约1620—1684),法国哲学家和历史学家。他在发挥物理学说的一般原理方面颇具独创性。通过将物质性与统一性联系起来,他将一种新的原子论引入笛卡尔的机械论体系。在他看来,物质是同质的,但包含着各种各样的物体,而每一个物体都是一种个别的物质。其著作主要有《身体与灵魂的区别》(1666)。

给任何一个物体,尽管在无限系列的派生物中,一些规则天生就能观察到。所以,形状蕴含有某种想象的成分,没有任何其他的利剑能够斩断我们因我们理解的不完满而编织起来的关于连续体组合的死结。

　　这同样可以用来言说运动。因为运动,正如空间,也仅仅在于关系,笛卡尔也非常正确地承认这个事实,也没有任何一种方式能够精确地确定究竟有多少绝对的运动应当归于每一个主体。但运动的力,亦即作用力却是某种实在的东西,是能够在物体中识别出来的。① 所以,物体的本质不应当定位于广延及其变形,亦即不应当定位于形状和运动,因为这些都蕴含有某些想象的成分,一如热、颜色以及其他感觉性质。物体的本质仅仅应当定位于作用力和抵抗力(in sola vi agendi resistendique collocanda),而对于这样一种力,我们是藉理智而不是藉想象知觉到的。即使在物体的情况下,活动应当归于前者,但它们却并不具有抵抗能力。但所有的

---

① 莱布尼茨在《形而上学谈》第 18 节中,也曾经指出:"对力的这样一些考察,把力同运动量区别开来,意义非常重大。这不仅有助于我们在物理学或机械学层面发现自然的真正规律和运动的本性,纠正已经潜入一些颇有才华的数学家著作中的种种错误,而且也有助于我们在形而上学层面更好地理解各种原理。因为运动,要是仅仅考察它精确地和形式地包含的东西(也就是说,位置的变化),它就不是完全实在的事物。当若干个物体变化它们的相对位置时,通过仅仅考察那些变化来决定运动或静止应当归因于它们之中的哪一个,是办不到的。然而,如果用几何学的原理则可以做到这一步,只要我们愿意中断上述考察而采用几何学的方法就行。但这力或隐藏在那些变化背后的最近因(la cause prochaine)是一种更为实在的东西,我们有足够的理由把它归因于这一个物体而非另一个物体。而且,只有通过这一点,我们才能够知道这个运动属于哪一个物体要更妥当些。因此,这力是一种区别于大小、形状和运动的东西。而且,由此我们也可以看到:在物体中我们所能设想的东西,并不是像我们的现代思想家所相信的那样,仅仅是一个广延及其样式问题。这样,我们就不能不重新引进已经为现代思想家们所抛弃掉了的一些存在或形式。"

实体都蕴含在作用和受作用的力之中（Substantia autem omnis
agendi patiendique vi continetur）。①

　　再者，根本不存在任何原子（nullas esse Atomos），每个部分都具
有许多其他的部分，这些部分现实地与之相分离，并且是由各种不同
的运动引起的。也就是说，由此我们可以得出结论，断言每个物体，不
管其如何小，都可以具有现实无限的许多部分，在每一个微粒中，都存
在有一个由不计其数的受造物组成的世界。这可以由许多方式加以
证实。其中之一就是物质的每个部分都由整个宇宙的各种运动所推
动，也都以某种方式受到物质的所有其他部分的作用，不管物质的这
些部分距离多么远，它都以与其距离成比例的方式受到这些部分的作
用。既然受作用的每种情况都会产生一定的结果，则以不同方式受到
其他事物活动影响的这一物质团块的各个微粒便会以不同的方式受
到推动，从而这一物质团块便会被再次分割。

　　真空（vacuum）与事物存在的理由也不一致；倘若无视空间乃
没有任何实在性的东西，②真空与事物的完满性便没有什么不一

---

　　①　1671 年，莱布尼茨在其致阿尔诺的一封信中曾经道出了他当时的哲学路线，
这就是从位置哲学过渡到运动哲学，再从运动哲学过渡到心灵哲学。而在这篇短著
中，莱布尼茨则进一步明确地将自己的哲学路线表达为从位置哲学过渡到运动哲学，
再从运动哲学过渡到哲学动力学，过渡到实体的原初的作用力和受作用力，亦即过渡
到实体的活动和受动。

　　②　莱布尼茨在这里实际上是在批评牛顿的"绝对空间观"。牛顿曾经将绝对空间
界定为"与外界任何事物无关而永远是相同的和不动的"空间（参阅 H. S. 塞耶编：《牛顿
自然哲学著作选》，上海人民出版社 1974 年版，第 19—20 页）。针对牛顿的这样一种空间
观或真空观，莱布尼茨强调空间对于物体的相对性。他指出："我把空间看作某种纯粹相
对的东西，就像时间一样；看作一种（物体）并存的秩序，正如时间是一种（运动）接续的秩
序一样。"他还强调说："空间是一切事物的地点"，"我不相信有什么没有物质的空间。"参
阅《莱布尼茨与克拉克论战书信集》，陈修斋译，商务印书馆 1996 年版，第 18、48、39 页。

致之处。有什么东西能够阻止某个物体被设定存在于一个空的空间,另一个物体存在于空间的其余部分,如此循环往复呢?既然无此必要,它也就没有什么用处。它非但无用,反而妨碍物体之间的交通,致使一切物体与一切物体相互冲突。

但对于灵魂或形式(类似于灵魂)还有一些怀疑,而灵魂或形式是我们在有形实体中已经承认的。因为且不要说别的有形实体(一些有形实体似乎存在有不同等级的知觉和欲望),如果至少在低级动物中也能发现有灵魂,根据我们的原则就会得出结论说,低级的动物也会不朽。不过,正如有人一向主张的,每个动物的出生无非是曾经活过的同一个动物的转化而已,这就好像是一种增加①(accretionem),以便使其成为可以感觉得到的东西。所以,人们能够以同样的理由来捍卫下述观点:每次死亡都是某种活着的东西向某种较少动物性的东西的转化,从而似乎可以说是一种减少,而且由于这样一种减少,致使这种动物成了感觉不到的东西。② 这似乎是《论节食术》一书作者明确无误的意见,人们往往

---

① 与"增加"对应的拉丁词为 accretionem。拉丁词 accretionem 的基本含义除"增加"外,另有"长大"、"生长"和"扩充"等。莫里斯和帕金森将其英译为 accretion。英文单词 accretion 的基本含义为"外着生长"、"添加生长"、"连生"、"合生"、"增加物"、"添加物"、"添附"、"吸积"和"冲击层"等。若从词形方面看,莫里斯和帕金森的翻译更为逼真,但若从词义方面看,他们的翻译有点貌合神离,画蛇添足,甚至弄巧成拙。

② 在《单子论》第 73 节中,莱布尼茨对生死即增减的观点作了更精炼的概括。他写道:"我们所谓产生乃是发展与生长(des developpemens et des accroissemens),而我们所谓死亡乃是收敛和萎缩(des Enveloppemens et des diminutions)。"

将这种观点归于希波克拉底,大阿尔伯特和培根索普的约翰①也

---

① 大阿尔伯特(Albertus Magnus,约 1200—1280),出生于施瓦本(今德国境内),担任过雷根斯堡主教多年,是中世纪著名的多明我会哲学家和神学家,托马斯·阿奎那的老师。他是中世纪第一个全面系统评注和介绍亚里士多德著作的学者。其主要著作有《箴言四书注》、《受造物大全》和《神学大全》。大阿尔伯特对自然哲学有浓厚的兴趣。他不仅对亚里士多德的全部自然哲学著作进行了评注,而且其《受造物大全》主要也是用来阐述他的自然哲学思想的。在《〈物理学〉注》中,大阿尔伯特区分了运动的三种定义:(1)"形式上的定义",即运动乃"潜在东西的现实化";(2)"物质上的定义",即运动乃"能动东西的现实化";(3)"完全的定义",即运动乃"推动者之为原因与被动者变化之发生的同时实现"。根据这第三个定义,运动是"活动"与"受动"这两个范畴的统一,运动在活动的方面是"为自身"(a quo),运动在受动的方面是"在自身"(in quo)。他的《受造物大全》谈的其实是一种宇宙演化史和宇宙生成论。他将宇宙的生成分成四个阶段。其中第一阶段的受造物是质料,第二阶段的受造物是时间,第三阶段的受造物是"太空",第四阶段的受造物是"天使"。他所谓天使其实是"无形实体"或"精神实体"。大阿尔伯特区分了"能生的自然"(natura naturans)和"被生的自然"(natura naturata),断言:"能生的自然是上帝及其创造的天","被生的自然的作品是可朽的存在物"。他还认为,质料与形式的区分只适合于有形实体或物质实体,不适合于无形实体或精神实体。他认为精神实体并非由"质料"与"形式"组合而成,而是由"是这个"(quod est)和"其所是"(quo est)组合而成。其中,"是这个"指的是实体的个别存在,"其所是"指的是实体的本质。本质也是形式,但不是规定某一属性的形式,而是决定整个实体存在的"整体形式"(forma totius)。质料并不决定实体的个别存在,有形实体的个别存在是由质料与形式共同决定的;其次,有形实体的形式并非整个实体的形式,而是质料的形式,即最初与质料结合在一起的形式,由此形成的实体还会接受其他的形式。无形实体的"其所是"是单一的形式("单型论"),有形实体的形式则是多样的("多型论")。

培根索普的约翰(John of Baconthorpe,约 1290—1346?),英格兰神学家和哲学家,曾在剑桥和牛津任教。于 1329—1333 年间任加尔默罗会英格兰分会会长。曾抨击托马斯、司各脱和根特的亨利等神学家。对亚里士多德和阿维洛伊的著作十分熟悉,他虽然对这两人的基本哲学原理并不赞成,但也给予较多的肯定。他对阿维洛伊作品的注释受到文艺复兴时期阿维洛伊派的重视。

关于大阿尔伯特和培根索普的约翰,也请参阅莱布尼茨的《新系统》(1695)的第 4 节。莱布尼茨写道:"我看到这些形式和这些灵魂应该和我们的心灵一样是不可分的,其实我们记得,圣托马斯对于禽兽的灵魂也持这样的见解。但这一真理又重新引出了关于灵魂和形式的起源和绵延这些重大难题。因为一切有真正统一性的单纯实体,它们的开始和终结都只能是由于奇迹。由此推论,它们的开始就只能是由于创造,它们的终结就只能是由于消灭。因此,(除了那些上帝又特意创造出来的灵魂之外)我不得不认为那些实体的构成形式是和这个世界同时被创造出来的,并且永远存在着。有一些经院哲学家,如大阿尔伯特、培根索普的约翰,也已经隐约地窥测到了这些形式起源的部分真相。这种情形丝毫不应该显得有什么不寻常,因为这无非是认为形式有一种伽森狄派的学者认为原子所具有的绵延而已。"

没有回避这样的观点。因为他们既没有承认形式的自然的产生，也没有承认形式的自然的毁灭。因此，如果生物同样既没有生也没有死，如果它们有灵魂的话，它们的灵魂也就将是恒久的和不朽的，而且除非藉创造或毁灭，就不会有开始和终结（所有的实体也就因此而都会如此）。因此，为了取代灵魂的转化（我认为这一直受到不完满的理解），人们必须主张动物的转化（transformatio animalium）。但心灵却必须从其他灵魂的命运中排除出去。因为这与上帝的智慧相一致，上帝不仅创造了它们，而且在脱离身体后，它们将具有它们自己的运作，以至于它们不应当毫无理由地受到不计其数的物质的干扰。上帝既是事物的原因，又是心灵的君王（Rex Mentium），[①]而且既然上帝他自己也是一个心灵，他与他们便有一种特殊的关联。再者，既然每个心灵都是上帝形象的一种表达（因为我们能够说，其他的实体都表象宇宙，但心灵却表象上帝），各个心灵显然就是整个宇宙中最为重要的部分，从而一切

---

① 强调心灵对于其他实体乃至其他灵魂的优越性，是莱布尼茨一以贯之的思想。例如，在《形而上学谈》第35节中，莱布尼茨就曾经指出："我们必须不仅把上帝看作所有实体和所有存在的原则和原因，而且还应当把上帝看作所有的人或所有理性实体的首领，或者是最完满的城邦或共和国的绝对的君王（le Monarque absolu），而这个最完满的城邦或共和国则是一个由所有的心灵组合而成的世界。因为上帝既是所有存在物中最伟大的，也是所有心灵中最完美的。心灵无疑在存在物中最完满，同时也最好地表象着上帝（la Divinité）。（因为形体只不过是真正的现象，心灵倘若不是世上存在的惟一实体的话，至少他们也是最完满的实体。）……。理性实体与非理性实体之间的差别，可以说就同一面镜子与一个能看见事物的人之间的差别一样，非常巨大。"正因为如此，莱布尼茨在《单子论》第83节中，甚至将一个心灵称作"一个小小的神"。他写道："普通灵魂与精神之间的其他一些区别，我已经指出过一些。此外，还有下述一点区别（il y a encore celle cy），这就是：一般灵魂只是反映受造物宇宙的活的镜子，而精神（les Esprits）则又是神本身或自然造主的形象，能够认识宇宙的体系，还能够以宇宙体系为建筑原型来模仿其中的一些东西，每个精神在它自己的领域内颇像一个小神。"

其他事物都是为了心灵的缘故而存在的。这就是说，在选择事物的秩序时，最为重要的就是考虑到他们的利益，所有的事物都以这样的方式得到安排，以致它们看起来越美，它们便越是能够得到理解。所以，人们必定认为确定无疑的是：上帝最关心的是正义（justitiae），而且正像上帝追求事物的完满性那样，上帝也追求心灵的幸福（mentium felicitatem）。所以，我们根本不应当诧异，无论是在我们称之为人的动物起源方面还是在它的灭绝方面，心灵都区别于低级动物的灵魂，而且尽管无论是心灵还是低级动物的灵魂都不朽，记忆却只赋予那些具有意识从而理解奖赏的心灵。

我还倾向于认为，在低级动物中也存在有灵魂，因为当所有那些适应于灵魂的事物在场时，灵魂也就应当被理解为在场。灵魂，至少形式，并非相互妨碍，所以，存在有形式的真空（这一点也为老一辈作家所反对）似乎比存在有物体的真空的可能性要小得多。但没有谁会认为能够以同样的正当性推断出来在低级动物中也必定存在有心灵这样一种结论。因为人们必定知道，事物的秩序不允许所有的灵魂都不受物质事物的干扰，正义也不允许一些心灵遭受抛弃而焦虑不安。所以，将灵魂赋予低级灵魂这就足够了，它们的身体造出来并非为了推理，而是注定来履行各种不同的功能——桑蚕结茧，蜜蜂酿蜜，其他的动物做其他的事情，整个宇宙正因为如此而卓尔不凡。

为了防止任何人抱怨灵魂的概念就其区别于心灵而言不甚了了，致使形式的概念更为含混，我们必须告知人们，这些都依赖于前面已经解释过的实体概念。因为具有一个完全的概念乃个体实体的本性(substantiae enim singularis natura est ut habeat notio-
nem completam),同一个主体的所有谓项都蕴含其中。因此,虽
然一个圆究竟是木质的还是铁质的并不属于圆的概念,然而不仅
它之为铁的这一事实,而且对它所发生的一切也都属于这个现存
的圆的概念。但既然所有的事物都与其他事物有联系,不是有间
接的联系就是有直接的联系,其结果便是:以它自己作用和受作用
的力,亦即以它自己内在运作系列来表象宇宙乃每个实体的本性。
一个真正的存在者也必然如此,否则,它就不会是一个实体,而是
若干个实体了。① 但这一活动的原则,或者说这一原初的能动的
力的原则(hoc principium actionum, seu vis agendi primitiva)乃
实体的形式,实体的一系列各种不同的状态都是由此产生出来的。
同样明显的是,属于所有形式的知觉的本性,即在一中表达多,与
一个镜子或一个有形器官中的影像迥然有别,因为后者并非真正
的一。如果知觉更为清楚一些,它便形成了感觉。但在心灵中,除
了对各种对象的表象外,还发现有意识或反思(conscientia sive

---

① 莱布尼茨在其 1687 年 4 月 30 日致阿尔诺的信中,曾经指出:"通过聚集构成
一个存在物本质的东西似乎也仅仅在于其构成要素的存在模式。例如,究竟是什么构
成了一支军队的本质呢? 那只不过是组成这支军队的人的存在模式。因此,这一存在
模式预设了一种实体,其本质却并非一个实体的存在模式。因此,每台机器都在构成
它的各个部分之中预设了某种实体存在,从而倘若没有真正的单一体,便不可能有任
何的复多性;总之,我将这个同一命题(cette proposition identique)视为一条公理,这个
同一命题只要通过重音的改变便能获得两种意义。这就是:并非真正'一个'存在物的
东西就并不真是一个'存在物'(que ce qui n'est pas veritablement un ester, n'est pas
non plus veritablement un estre)。"参阅 *G. W. Leibniz*:*Die philosophischen
Schriften* 2,Herausgegeben von C. I. Gerhardt,Hildesheim:Georg Olms Verlag,
1978,pp. 96—97。

reflexio)；①这构成了对上帝本身的某种表象或影像，而且也正因为如此才使得只有心灵才能够有幸福和不幸。但尽管我们能够设定存在有形式或灵魂，舍此普遍本性便不可能得到正确的理解，然而在解释特殊物体的现象时，我们不仅要运用灵魂或形式，而且当我们描述人的身体的功能时，还要涉及人的心灵。② 因为我们已经证明，事物之间如此和谐，以致灵魂中发生的一切都能够仅仅藉知觉的规律得到解释，一如在身体中发生的一切只要藉运动的规律即可得到解释，然而所有的事物都相互一致，就好像灵魂能够推动身体，身体也能够推动灵魂似的。

但现在是我们逐步进展到谈论有形自然规律的时候了。首先，每个物体都有大小和形状。正如一个物体并不存在于若干个

---

① 莱布尼茨在《单子论》第29—30节中在谈到理性灵魂或心灵的优越性时特别强调了人的自我意识和反思。他写道："使我们与单纯的动物分开、使我们具有理性和各种科学、将我们提升到认识我们自己和上帝的东西，则是关于必然和永恒真理的知识。而这就是我们之内所谓的'理性灵魂'或'精神'（Esprit）。凭着关于必然真理的知识，凭着关于这些真理的抽象概念，我们还可以提升到具有反思活动（Actes reflexifs）。这些活动使我们思想到所谓'我'，使我们省察到这个或那个在'我们'之中。而且，当思想我们自身时，我们也就思想到存在、实体、单纯实体和复合实体和非物质实体，并且藉设想在我们身上是有限的在上帝身上则是无限的而思想到上帝本身。这些反思活动给我们的推理提供了主要对象。"

② 莱布尼茨在《形而上学谈》第10节中，曾经指出："在一定程度上，我坚持认为，如果没有实体的形式，我们就不能恰当地理解第一原理，也不能提升我们的心灵，去认识无形体的本性，通达上帝的奇妙。然而，一个几何学家并不需要烦神考察连续体构成的著名迷宫，而一个道德哲学家，更不用说法学家或政治学家，也无需费神思考在努力调和自由意志和上帝的天道关系时所发现的巨大困难。因为，几何学家能够作出所有的推证，政治学家能够得出所有的决断，而根本无需深入讨论这些问题。然而，深入探讨这些问题，对于哲学和神学却不可或缺，极其重要。"但在本文中，莱布尼茨似乎不仅在一般地强调实体的形式，而且在进一步强调事物之间的普遍和谐以及实体形式的个体性。

地方一样,若干个物体也不会存在于一个地方。所以,同一个物质团块既不会比它以前占有的容积更大些,也不会比它以前占有的容积更小些,而所谓稀薄或稠密也只不过是对更具有流动性的事物的吸收和挤压。每个物体都是可以运动的,都能接受一定等级的或快或慢的速度,并且都具有一定的方向。所有的运动之间都能够合成,它们的运动路线将是几何学予以命名的路线;一个被带着在曲线上运动的物体具有一个沿着与这条曲线相切的直线进展的方向,除非它受到阻碍,开普勒[①]是第一个观察到这一现象的科学家。再者,每个地方都充满了物体,而每个物体都是可分的,也都是可以变形的,因为对原子存在我们提供不出任何理由。这些长期以来却一直被视为已经确定起来的东西。

关于这些,我还要补充一点:在每个物体中,都存在有某种力或运动。没有一个物体竟能如此之小,以至于它不能再现实地分割成由不同运动所产生的各个部分;从而在每个物体中,也都现实

[①]　开普勒(Johannes Kepler,1571—1630),杰出的德国天文学家、物理学家和数学家。他发现了行星运动的三大定律:轨道定律、面积定律和周期定律,发现所有行星分别是在大小不同的椭圆轨道上运行;在同样的时间里行星在轨道平面上所扫过的面积相等;行星公转周期的平方与它同太阳距离的立方成正比。这些非凡的成就使他赢得了"天空立法者"的美誉。1609年,开普勒出版《新天文学》,提出了"开普勒第一定律",指出火星沿椭圆轨道绕太阳运行,太阳处于两焦点之一的位置。这是一项前无古人的成就。即使在开普勒时代,无论是主地心说的还是主日心说的天文学家,都认为行星作匀速圆周运动,但开普勒发现,对火星的轨道来说,无论是按照哥白尼的计算方法,还是按照托勒密的和第谷的计算方法,都不能推算出同第谷的观察相吻合的结果,于是,他放弃了火星作匀速圆周运动的传统观念,并试图用别的几何图形来解释,经过四年的观察和研究,终于发现了轨道规律。开普勒的天文学研究与数学研究紧密结合在一起,力图在自然界中寻找数学的规律性,他相信上帝是依照完满的数学原则创造世界的。早在1597年,开普勒就在《神秘的宇宙》一书中,设计了一个有趣的、由许多有规则的几何形体构成的宇宙模型。

地存在有无限数目的物体。任何一个物体的每一个变化都能将其
结果传送到任何距离的物体上去；也就是说，所有的物体都作用于
所有的物体，又都受到所有物体的作用。每个物体都受到它四周
物体的限制，以至于它的各个部分都不会散开，从而所有的物体相
互之间都相互抗争，而每个物体都抵抗着由各个物体组成的整个
宇宙。

　　每个物体都有一定程度的坚固性和易变性（firmitatis et flu-
iditatis）；它虽然自行具有易变性或可分性，但它的坚固性却来自
各个物体的运动。①

---

　　①　格尔哈特的手稿抄本就此结束。莱布尼茨在最后一页加上了许多未经加工的
注释。在这些注释中，他讨论了坚固性和易变性的本性，还加上了他的一个"有形自然
规律"的列表。参阅 G. H. R. Parkinson, 'Science and Metaphysics in Leibniz's *Spec-
imen Inventorum*', *Proceedings of the 2nd International Leibniz Congress*, *Hanover*
1972。

论一项对藉考察上帝智慧来
解释自然规律有用的普遍原则^①

在《文坛共和国新闻》上,我已经看到了尊敬的马勒伯朗士神父对我所作出的对他在《真理的探求》①中所创立的一些自然规律评论的答复。② 他自己似乎有点倾向于摈弃这些规律,其勇气最值得称道。但他所提供的理由和限定却又使我们回到了含混费解的境地,而含混费解正是我一向致力于摆脱的,而且也违背了我一向恪守的普遍秩序的原则(un Principe de l'ordre general)。因此,我希望他能够善解人意,允许我借机对这项原则做一番解释,这项原则在推理中具有很大的价值,但我发现它至今并未充分地运用到它的整个领域,或者说并未在其整个领域内得到充分的理解。

这项原则在无限者中有其根源,对几何学有绝对的必要性,但在物理学中也同样有用,因为至高无上的智慧,万物的源泉,作为一位完满的几何学家(parfait geometre)活动,遵照一种不能添加上任何一件事物的和谐行事。正因为如此,这项原则可以用作我的一个测试或标准,甚至在动手进行深入的内在考察之前,就能直接从外面来揭露一个构想拙劣的意见的错误。我们能够将其明确地表述如下:当在一个给定的系列中,或者说在一个预设的东西

---

① 《真理的探求》(Resherche de la vérité)是马勒伯朗士的第一部著作,1674—1675 年以两卷本面世。该著在当时哲学界和神学界引起了很大的反响。1678 年,马勒伯朗士出版了《关于〈真理的探求〉的说明》(éclaircissements)一书,该书是对《真理的探求》中几个问题的进一步说明,我们不妨将其视为《真理的探求》的第三部分。《真理的探求》在马勒伯朗士有生之年连续出了六版,为他赢得了极大的学术声望和社会声望。马勒伯朗士在该著中提出了一种身心关系理论,被称作偶因论。关于物理客体之间的因果作用,他断言,当两个物体碰撞时,一个物体的运动中并不存在有引起另一个物体运动的力,因为这两者之间并无必然的联系(这种观点开了休谟因果关系怀疑论的先河)。并由此得出结论说:"我们在上帝之中看到一切。"既然一个观念不可能由外在事物所产生,则我们的观念便都存在于上帝的观念之中。

② 参阅 *G. W. Leibniz*: *Die philosophischen Schriften* 3, Herausgegeben von C. 3. Gerhardt, Hildesheim: Georg Olms Verlag, 1965, pp. 46—49。

中,两个实例的差异能够减小,直至它能够变得比任何一个给定的量更小,则在所寻求的东西中或者说在它们的结果中的相应差也必定缩小,或者变得比任何一个给定的量都更小。如果讲得更通俗一点的话,那就是:当两个实例或数据相互连续地接近,以至于到最后被视为另一个,它们的结果或未知数也必定如此。这依赖于一项更为普遍的原则:这就是,一如数据所安排的那样,这些未知数也被如此安排(Datis ordinatis etiam quaesita sunt ordinata)。① 但为了理解这一点,需要举例说明。我们知道,一个给定的椭圆很像人们希望的那样非常接近一个抛物线,以至于椭圆和抛物线之间的差,当这个椭圆的第二个焦点足以撤离第一个焦点时,便变得比任何一个给定的差都要小,因为此时那个距离远焦点的半径与那些抛物线的差便会像人们能够希望的那样小。结果,所有用来普遍证明椭圆的几何学定理就都能够适用于抛物线,只要将其视为其焦点中的一个无限远离另一个的椭圆,或者说为了避免使用"无限"这样一个术语,只要将其视为一个因小于任何一个给定的差而区别于某个椭圆的图形就行。

同一项原则在物理学中也能够找到。例如,静止能够被视为无限小的速度,或是被视为无限慢。因此,凡对于速度或慢为真的一般而言对这个意义上的静止也同样是真的,以至于静止物体的规则必定被视为运动规则的一种特例。另一方面,倘若事情不是这样,那就表明人们在制定这些规律时出了错。同样,相等也可以视为一种无限小的

① 简言之,连续律断言:如果 $y=f(x)$,而且有两个值 x_1 和 x_2,如是,在 d 为任何一个可指定的差的地方,无论这差如何小,$x_2-x_1<d$ 因此也就将对应于值 $y_2-y_1<$ 任何一个可指定的差。

不等,而不等也能够被弄成如我们所期望的接近于相等。

正是由于他忽视了这样一种考察,像笛卡尔这样一个才华如此出众的人士在其所提出的自然规律中竟然有不止一处的失误。我在这里将不再重复我此前关于他的错误的其他源泉方面所说过的话,他将运动的量误认作力。但他的第一条规则和第二条规则相互之间并不一致。他的第二条规则说,如果两个物体 B 和 C 在一条直线上以相同的速度碰撞,但物体 B 仅仅以最小的量大于物体 C,物体 C 就将以它此前的速度回应,物体 B 却将继续它的运动。① 但依据他的第一条规则,如果物体 B 和物体 C 相等且在一条直线上相撞,这两个物体就将以与它们接近时的速度相等的速度回应并返回。② 不过,这两种情况的这样一种差别令人不解,因为这两个物体之间的不等能够变得如你所期望的那样小,而且,在这两种情况下两种假设之间的区别,亦即在这样一种不等与完全相等之间的区别,就比任何给定的区别还要小。因此,按照我们的原则,这两种结果的差

----

① 笛卡尔的"第二条规则"的具体内容为:"如果物体 B 略大于物体 C,而一切其他的事物则如先前所描述的不变,则只有物体 C 将弹回来,而这两个物体就将以同样的速度向左运动。因为物体 B 具有比物体 C 更大的力,便不可能受物体 C 的强制而弹回来。"参阅 Rene Descartes, *Principles of Philosophy*, translated by Valentine Rodger Miller and Reese Miller, Dordrecht:D. Reidel Publishing Company, 1983, p. 65。

② 笛卡尔的"第一条规则"的具体内容为:"如果这样两个物体,例如物体 B 和物体 C 在大小上完全相等,而且,以同样的速度向前运动,物体 B 从右向左运动,而物体 C 则沿着一条直线由左向右朝物体 B 运动。当它们相撞时,它们就将弹回去,然后继续运动,物体 B 向右运动,物体 C 向左运动,两者的速度都不会因此而减少。因为在这种情况下,没有任何一个原因能够从它们身上取走它们的速度,但一个显而易见的东西必定迫使它们弹回来;而且由于它在每个物体上面都是相等的,它们两个也就会以同样的方式弹回来。"参阅 Rene Descartes, *Principles of Philosophy*, translated by Valentine Rodger Miller and Reese Miller, Dordrecht:D. Reidel Publishing Company, 1983, pp. 64—65。

别也应当变得比任何给定的差别都要小些。然而,如果第二条规则也与第二条规则一样真实无疑,其结果就会相反,因为依据第二条规则,先前与物体 C 相等的物体 B 的任何一点增加,不管多么小,都会致使结果方面出现最大的差别,这将使一种绝对的倒退变化成运动的一种绝对的连续。这无疑是从一个极端向另一个极端的巨大跳跃,而物体 B 在这种情况下就只有微乎其微的回应,物体 C 也只会比它们相等情况下的回应略大一点,这种差别人们几乎无法辨别出来。

由笛卡尔的规则产生出来的诸如此类的不一致还有许多,这些不一致是那些运用我们原则的专心的观察者轻而易举就能发现的。我在《真理的探求》所阐述的各项规则中所发现的东西来自同一个源泉。尊敬的马勒伯朗士在一定的意义上也承认他的这些规则中确实存在有一些困难,但他却仍然坚持认为,既然运动的规律依赖于上帝的善良愿望(le bon plaisir de Dieu),则上帝便可能制定了这样一些不规则的规律。但上帝的善良愿望受制于他的智慧,几何学家看到自然界出现这样一类的不规则现象,就会差不多和看到一个具有无限远的焦点的椭圆的各种属性也能够适用于一条抛物线那样感到惊奇。我也不认为在自然中能够遇到任何一个这样不一致的例证;一个人越是认识她,他就越是发现她是个几何学图形(plus on la connoist et plus on la trouve Geometrique)。由此,我们也容易看到,这些不规则现象并不都是由马勒伯朗士归于它们的原因正确地产生出来的,也就是说,它们并不都是由物体坚不可破这一错误假设造成的;我认为这种情况在自然界是找不到的。因为倘若我们认可了这样一种坚固性,设想它具有无限敏感的弹性,则我们从这个假设中便推导不出任何东西不能完全适合于普遍应用于弹性物体的真正的自然规律,从而我们也将永远达不到那些如我已经发现其荒谬性的不可靠的规则。

诚然,在复合事物中,一个微小的变化有时就能产生出很大的结果。例如,一个小的火花,当其落到一大堆火药上面时,就能够炸毁整座城市。但这与我们的原则并不矛盾,因为它同样可以由这些普遍原则得到解释。不过,在原初的或简单的事物中,这样一类事情不可能发生,否则,自然界就不复是无限智慧产生出来的结果了。由此,比通常说的要略胜一筹,我们看到了真正的物理学实际上究竟是如何由上帝的完满性这一源泉产生出来的。构成万物终极原因的正是上帝,上帝的知识之为科学的起点正如上帝的本质和上帝的意志之为所有存在者的起点。最公道的哲学家都承认这一点,但其中却鲜有用它来发现重大真理的。或许这些为数不多的例证能够激发他们中一些人能够向前走得更远一些。我要使哲学神圣化(sanctifier la philosophie),由上帝各项属性的源泉形成它的一道道河流。这并非排除目的因,也并非无视以智慧行事的存在者,而只是在强调物理学中的一切都是由这些产生出来的。正因为如此,在柏拉图的《斐多篇》中,苏格拉底在反对阿那克萨哥拉①以及

---

① 阿那克萨哥拉(Anaxagoras,约公元前 500—约前 428)在主张唯物主义"种子说"的同时,又将"奴斯"或心灵视为种子运动的原因。对于阿那克萨哥拉的"奴斯"或心灵学说,苏格拉底开始时喜出望外,但后来却大失所望。因为他发现,阿那克萨哥拉虽然提出了"奴斯"或心灵的概念,却依旧用物质性的种子来解释自然事物和宇宙。用苏格拉底的话说就是:"我发现心灵在这个人手中变成了无用的东西。他没有把心灵确定为世界秩序的原因,而是引进了另一些原因,比如气、以太、水,以及其他许多稀奇古怪的东西"(参阅柏拉图:《斐多篇》,98b—e)。莱布尼茨之所以把阿那克萨哥拉与"其他一些过分唯物主义(trop matériels)和宁愿承认理智原则低于物质的哲学家"相提并论,正是基于《斐多篇》的上述描述和上述观点。

其他一些过分唯物主义(trop matériels)和宁愿承认理智原则低于物质的哲学家时,曾经最值得赞赏地说过,这些人在对宇宙进行哲学思考时根本不运用理智原则,不是去表明这种理智做一切事情都出于好意,是它所发现的对产生这个与其目的相一致的世界的好的理由,而是努力仅仅诉诸粗俗的微粒来解释一切,从而将条件和工具与真正的原因混为一谈。苏格拉底说,这就像我努力解释下面这样一个事实:我坐在监牢里等待别人将那个盛满致命毒酒的杯子端给我,而不是思想驰骋到彼奥提亚[①]人(les Boeotiens)以及一些其他人那里,在那里我能够知道我已经拯救了我自己,因为我说过我有骨头、肌腱和肌肉,使我能够弯曲自如,得以坐下来。他说,诚然,如果我的心灵不曾认定苏格拉底服从他的国家的法律所命令的事情将更有价值,则这些骨头和肌肉便都不会在这儿了,你也因此而看不到我的这样一种姿势了。[②]

---

① 彼奥提亚是希腊中东部的一个地区,南临科林斯湾,东濒埃维亚湾。为古代希腊一个具有重要军事和政治意义的地区。公元前 550 年左右,这个地区的主权国家在底比斯领导下组成彼奥提亚同盟。彼奥提亚防御同盟在维护自身独立以及在雅典和斯巴达的对抗中曾发挥过非常突出的作用。公元前 335 年,该同盟被马其顿解散,此后,彼奥提亚各国长期沦陷,处于外来民族统治之下。

② 柏拉图和苏格拉底批评阿那克萨哥拉的一段话原文如下:"在我看来,他的前后不一致就好比有人说,苏格拉底所做的一切事情的原因是心灵,然后在试图解释我的某些行为时,例如,在试图解释我坐在这里的原因时,却说我的身体是由骨头和肌肉组成的,骨头是坚硬的,在关节处分开,但是肌肉能够收缩和松弛,肌肉和其他类型的肉块一道包裹着骨头,而皮肤把它们全部都包起来,由于骨头能在关节处自由移动,那些肌肉,通过收缩和松弛使我能够弯曲我的肢体,这就是我能够盘腿坐在这里的原因。还有,如果他想按同样的方式解释我和你谈话的原因,那么他会归之于声音、空气、听觉,他可以指出成千上万的其他原因,但就是不提真正的原因。这个原因就是,雅典人认为最好宣判我有罪,而我也认为最好坐在这里,更加正确地说是待在这里接受雅典的任何惩罚,无论这种惩罚是什么。为什么这样说呢? 凭神犬的名义发誓,因为我想,

　　柏拉图的这段话整个来说值得一读,因为它包含了一些非常美妙、非常深刻的思想。不过,我赞成对自然的各种特殊结果能够而且也应当作出机械学的解释(expliquer mecaniquement),尽管不能因此而忘却它们的值得赞赏的目的和用途,这是天道已然知道如何图谋的事情。但物理学和机械学的普遍原则本身却依赖于至上理智的行为(la conduite d'une intelligence souveraine),倘若不考虑至上理智,它们也是不可能得到解释的。[①]正因为如此,我们必须使虔诚和理性协调一致(reconcilier la pieté avec la raison),惟其如此,方能说服那些对机械哲学或微粒哲学的后果心存疑虑的善良的人,似乎机械哲学或微粒哲学会使我们疏离上帝和非物质实体似的,但其实,只要我们作出必要的矫正并对之作出正确的理解,它反倒引导我们达到上帝和非物质实体。

―――――――――

如果我不认为待在这里接受雅典的任何惩罚比撒腿就跑更加光荣,如果我的这些肌肉和骨头不是受到究竟怎样做才最好这种信念的推动,那么它们早就去了麦加拉和彼奥提亚这些邻邦! 把这些东西称作原因真是太荒唐了。如果说没有这些骨头、肌肉以及其他所有东西我就不能做我认为正确的事情,那么这样说是对的。但如果说我做了我在做的事情的原因在于它们,……那么这是一种非常不严格、不准确的表达方式。奇怪的是他们竟然不能区别事物的原因和条件,诚然,没有这种条件,原因就不成其为原因! 在我看来,有许多人在黑暗中摸索,把条件称作原因,给条件加上这个并不正确的名称。"这就是说,在阿那克萨哥拉看来,尽管心灵在事物的存在和发展中也有一定的作用,但构成事物存在和发展的真正原因是物质性的"种子"。而在苏格拉底看来,尽管物质事物也是我们行为的必要条件,但构成我们行为的真正原因则是我们的心灵。他们的分歧全在于此。参阅柏拉图:《斐多篇》,98c—99b。
　　①　中世纪的自然哲学主要用目的论来解释自然和世界,而近代自然哲学反对中世纪对自然和世界的目的论解释,而力求用机械论来解释自然和世界。莱布尼茨一方面既反对中世纪的目的论又反对近代的机械论,另一方面他又既借鉴了近代的机械论又借鉴了中世纪的目的论,致力于构建机械论与目的论之间的和谐。

行星理论[①]

——摘自致惠更斯[②]的一封信

---

    ①   本文摘自莱布尼茨 1690 年致惠更斯的一封信。原文为法文。格尔哈特曾将其收入其所编辑出版的《莱布尼茨数学著作集》第 6 卷第 189—193 页。阿里尤和嘉伯据格尔哈特版本将其英译出来,加上上面这个标题,收入其所编辑和翻译的《莱布尼茨哲学论文集》中。

    在《自然哲学的数学原理》一书中,牛顿提出了著名的万有引力定律。依据这一定律,任意两个质点都通过连心线方向上的力相互吸引,其引力的大小与它们质量的乘积成正比,而与它们距离的平方成反比,与两物体的化学成分和其间介质的种类无关。这样,牛顿就对为何各个行星以它们遵循的特殊轨道围绕着太阳旋转提供了解释。但对于像莱布尼茨这样的机械论者来说,牛顿的解释并不充分。在莱布尼茨看来,我们还应当依据碰撞理论对这样一种现象作出进一步的说明。再者,莱布尼茨声称牛顿的理论也解释不了为何各个行星在一个平面上沿着轨道运行这样一种物理现象。莱布尼茨试图以行星运动的涡流理论对这种现象作出机械论的解释。笛卡尔在《哲学原理》中曾经讨论过涡流理论,并且因此而使涡流理论得到了普及。按照涡流理论,各个行星在细小物质的巨大旋涡中围绕着太阳旋转。莱布尼茨运用了两种这样的涡系来说明构成牛顿理论基础的天文观察。

    本文据 *G. W. Leibniz*:*Philosophical Essays*, edited and translated by Roger Ariew and Daniel Garber, Hachett Publishing Company, 1989, pp. 309—312 译出。

    ②   惠更斯(Christiaan Huyghens,1629—1695),荷兰物理学家和天文学家,光的波动理论的创立者。1655—1656 年间,他用他自己研磨的透镜改进了望远镜,发现了土星的一个卫星,并辨识出了土星的光环。1666 年,成为法国科学院的创始人之一。1673 年,他在其出版的《摆动的时钟》中阐述了他的有关曲率的数学理论和动力学理论,诸如推导单摆振动的时间的公式、物体绕稳定轴的振动以及匀速圆周运动的离心力公式等。1689 年访问伦敦,会见了牛顿,并向英国皇家学会讲述了他的万有引力理论。他的这一理论发表于 1690 年出版的《重力起因讲演录》之中。同年,出版《论光》,其中有只根据二次波阵面的所谓惠更斯原理对反射和折射所作的解释,优于牛顿的解释。1672 年秋季,莱布尼茨在旅居巴黎期间结识惠更斯,此后两人成为挚友。

　　早在罗马时,我就读过了牛顿的书。[①] 现在,在考察过这部著作后,我由衷地赞赏其中有许多出色的内容。不过,我并不理解他是如何设想引力的。依照他的说法,引力似乎只是一种无形的和不可解释的力(vertu),这样,你要藉力学规律来解释它便显得非常牵强。当我设计出我的关于和谐的圆周运动的证明时,也就是说,当我发现圆周运动的速度与距离成反比而且与开普勒的时间与面积成正比的规则[②]相抵触时,我知觉到这样一种圆周运动的卓越优势:只有这样一种圆周运动才能够在一种也处于圆周状态中的媒介中保存自身,才能产生固体与其周围流体的持久不断的和谐。这是一种我曾经要求对这种圆周运动作出的物理学解释,各个物体在受到这样的决定之后,更有利于相互之间和谐一致。因为只有和谐的圆周运动才具有这样一种特性,致使以这样一种方式作圆周运动的物体确切具有其方向上的力或先前的结果,仿佛它在真空中受到与引力结合在一起的它自己的动力推动似的。而且,这同一个物体也在以太中运动,仿佛它在平静地游泳,自身

---

　　① 莱布尼茨是 1689 年 4 月 14 日抵达罗马的,直到 11 月 20 日才离开罗马经佛罗伦萨、博洛尼亚和威尼斯返回汉诺威。据此推断,莱布尼茨是在 1689 年读到牛顿的《自然哲学的数学原理》的。参阅玛利亚·罗莎·安托内萨:《莱布尼茨传》,宋斌译,中国人民大学出版社 2015 年版,第 272—280 页。

　　② 莱布尼茨在这里指的是开普勒所发现的"面积定律"。1609 年,开普勒在对火星轨道的研究中发现了"开普勒第一定律",即火星沿椭圆轨道绕太阳运行,太阳处于两焦点之一的位置,之后他又发现火星的运行速度是不匀的,当它离太阳较近时运动得较快(近日点),离太阳远时运动得较慢(远日点),但从任何一点开始,向径(太阳中心到行星中心的连线)在相等的时间所扫过的面积相等。这就是开普勒第二定律(面积定律)。这两条定律刊布在 1609 年出版的《新天文学》(又名《论火星的运动》)中,该书还指出两定律同样适用于其他行星和月球的运动。

没有任何动力,也没有留下先前结果的任何印记,而旁边的同心异
构运动也仿佛绝对服从其四周的以太。……不过,我并不像牛顿
那样,斗胆拒绝四周以太的活动。而且,甚至至今,我都不信这是
多此一举。因为虽然当人们只考虑一个行星或卫星时,会对牛顿
感到满意,但他却不能说明为何同一个体系所有行星总是近似地
沿着同一条轨道运行,为何它们都沿着同一个方向运行,只运用与
引力结合在一起的动力。这就是我所注意到的情形,不仅是太阳
行星的情形,而且还有木星的情形和土星的情形。这有力地证明
了有一个共同的理由决定着它们以这样一种方式运转;难道还有
什么比某种涡流或公共物质带动它们运转更好的理由来解释这样
一种现象的产生吗?因为当存在有指定最近因①的方式时,诉诸
自然造主的决定无疑太缺乏哲理意味了;这种做法甚至比将同一
个系统内不同行星之间的这种一致归因于好运还不合情理,只要
这种一致在所有三个系统中,也就是在我们所认知的所有系统中
都能够找到,事情就是如此。牛顿认为根本无需对引力理论提供
解释,这也令我震惊,我也曾被椭圆运动引向这个问题。您在第
161页②上曾正确地指出,这样一种解释是值得寻找的。我希望听
听您对我有关这个问题的意见的看法,当我在《学者杂志》上发表
我的最初想法时,我就提供了另一个机会,一如我在那篇文章的结

---

① "最近因"是莱布尼茨自然哲学中的一个重要术语,其指的是事物运动变化的
直接原因,是相对于事物运动变化的原因,甚至第一因而言的。

② 惠更斯这一说法的出处实际上并非惠更斯的《论引力的原因》(*Discourse de la cause de la pésanteur*)莱顿1690年版的第161页,而是其中的第160页。

尾处所说的那样。① 这里有两种方式；您可以判断究竟哪一种在您看来更好一些，以及它们能否协调一致。让我们把重力设想成一种带有光线的引力。碰巧这种引力像光线照明一样保持完全一样的比例。因为有人已经证明，各个对象的照明与离开光源的距离的平方成反比，而球体表面每个部分上的照明也与光的同一个量度所穿过的上述球体表面成反比。由此看来，球体的表面便与距离的平方成正比。您可以判断人们能否认为这些光线是由试图离开中心更远一些的物质的努力产生出来的。我想到另外一种碰巧成功的方式，这种方式似乎与您藉以太圆周运动的离心力来解释引力的做法关系更为密切，这在我看来似乎极其可能。② 我所运用的是一个在我看来极为合理的假设：在这种进行圆周运动的物质的每个轨道中，或者说在每种进行圆周运动的物质的每个同心圆圆周中，都存在有同一个力的量。而这也意味着，它们相互之间最好相互抵消，但每个轨道都保存它自己的力不变。现在，我是通过其结果的量来测度力的。例如，需要将 1 磅重的物体提升 1 英尺的力就是一个能够将 1 磅重的物体提升 4 英尺的力的四分之一，为此只需要两倍于原来的速度。由此，我们可以得出结论说，绝对的力与速度的平方成正比。例如，让我们现在来考察一下两个轨道或两个同心圆的圆周。既然圆周与离开圆心的射线或距离成正比，则每个流体轨道中的物质的量也就同样成正比。现在，倘若两个轨道的力相等，它们速度的平方也就必定与它们的物质的

---

① 参阅 G. W. Leibniz, *Mathematische Schriften*, ed. by C. I. Gerhardt, VI, Berlin, 1849—1855, p. 161.

② 莱布尼茨在这里指的是惠更斯对地球引力的说明。

量成反比,从而与它们的距离也成反比。换言之,这些轨道的速度应当与离开圆心的距离的平方根成反比。由此可以得出两条重要的定理,它们都可以经观察得到证实。第一条定理在于:周期时间的平方与距离的立方成正比。因为周期的时间正好与轨道或距离成正比,而与速度成反比;而速度则与距离成反比,也与距离的平方根成反比;因此,周期的时间既与距离成正比,也与距离的平方根成正比,这就是说,周期时间的平方和距离的立方是一样的。而这就是关于太阳的行星所观察到的东西,这也是木星和土星的卫星的发现如此令人惊奇地证实了的东西,这些是我从阅读卡西尼①的观察报告中获悉的。另一条是我们需要引力的定理,亦即圆周运动的离心倾向既与速度的平方成正比,也与射线或距离的倒数成正比。此时此地,速度的平方也与距离成反比;从而,离心倾向与距离的平方成反比,一如引力应当与距离的平方成反比。当我提交我的论文准备发表的时候,这几乎就是我挑选出来准备

① 卡西尼(Gian Domenico Cassini,1625—1712),法国天文学家,是发现土星环的卡西尼缝(即土星 A、B 环之间暗区)的天文学家之一。他还发现土星的四颗卫星并率先对黄道光进行有记录的观察。他早期主要是观察太阳,但当其有了更好的望远镜后,便把注意力转向行星。他根据木卫穿越太阳和木星之间时投下的影子,测出了木星的自转周期。1666 年,他对火星也作了同样的观察,发现火星的自转周期为 24 小时40 分;而现今公认的数值为 24 小时 37 分 22.6 秒。两年后,他编了一本木卫位置表,后为人用来建立光速有限理论。1669 年,应法王路易十四邀请,到巴黎皇家科学院工作,1671 年,出任巴黎天文台首任台长。此后,相继发现土卫八(1671)、土卫五(1672)、土卫三(1684)和土卫四(1684)。1675 年,发现卡西尼缝并提出土星环是由大量小到不能用观察区分的小卫星组成的。他的这一看法现在已经得到证实。1683 年,他断定黄道光是一种有宇宙来源的物质,而不是像有些人所说的是一种大气现象。同年,他开始测量通过巴黎的子午线,使他得出地球略呈扁长状的结论(实际上地球只在两极处略扁)。他否定开普勒关于行星沿椭圆轨道运行的理论,认为行星的轨道应是某种卵形线(后人将其称作卡西尼线)。

予以单独讨论的所有问题;①但把我的思想交给您判断十分有益,因为这是它们得到纠正的一种方式。正因为如此,我才请您对它们下一个判断。考虑到这些幸运的一致,您不应当对我所具有的保留涡流的倾向感到吃惊,或许它们并非像牛顿所说的那样具有缺陷。而且考虑到我思考它们的方式,甚至被带着运行的各个物体也有助于证实带着它们运行的流体轨道。或许您可以说,速度平方与距离成反比这样一个假设与和谐的圆周运动并不一致。但要回答这个问题却是容易的:当每个物体被单个地看待时,和谐的圆周运动在每个这样的物体中都能找到,这里比较的是它的不同距离,但现实的和谐运动(在这种运动中,速度的平方与距离成反比)却只有在比较不同的物体时才能找到,不管它们形成的是一条圆周的线,还是我们将它们的平均运动(简单说来,其结果等于不同距离的各种运动的组合)说成是它们形成的圆周轨道,事情都是如此。不过,我在引起引力的以太(或许还有轴线的方向或平行)与带着行星运行的原因之间作出区别,这只不过是一种极其粗糙的想法而已。②

---

① 事实上,莱布尼茨的有关论文从未公开发表过。参阅 Christian Huygens, *Oeuvres Complètes*, La Haye, 1888—1950, IX, p. 526 注。

② 莱布尼茨和惠更斯始终都在使用 pésanteur 这个词,就像牛顿始终使用 gravitas 这个词一样。但严格说来,莱布尼茨和惠更斯用 pésanteur 所要表达的并非重力,而是那种支持行星沿着其轨道运行的力。关于莱布尼茨行星理论的更为详细的情况,请参阅 E. J. Aiton, *The Vortex Theory of Planetary Motions*, London, 1972, chap. 6。

《动力学:论力与有形自然规律》序[①]

我已经发现各种物体的力(potentia)并不在于运动的量,也就是说,并不在于通常所说的重量与速度的乘积,而在于从物体传送到物体的力,运动的量并不守恒,而运动的量守恒则是笛卡尔派极力劝说人们相信的东西。再者,我还发现,自然规律与此相反,坚

---

① 莱布尼茨 1689 年在罗马的时候,似乎已经读过牛顿的《自然哲学的数学原理》。在其待在罗马这段时间,莱布尼茨开始草拟他自己的物理学体系,当时他名之曰《动力学》(见《莱布尼茨数学著作集》第 3 卷)。虽然这部著作可以说是完全为了发表而写作的,但莱布尼茨在世时却从未发表过。这部著作的主体部分是依照非常正式的格式,以定义、公理和命题的顺序建构出来的,就像欧几里得的《几何原本》和牛顿的《自然哲学的数学原理》那样。这部著作以初步样式开篇,它其实是对驳斥笛卡尔守恒规律四种不同方式的非常有用的摘要。最初,在 1686 年以"简要推证"发表(参阅《形而上学谈》第 18 节,这一节的标题为"力与运动量的区别至关紧要。因为它表明为要解释其他事物之间的物质现象,除广延外,我们还必须诉诸诸形而上学的考量")。在第三个推证中,莱布尼茨提到了所有的力从一个物体现实传送到另一个物体这样一个难题,这使人想到原初样式是莱布尼茨后来添加到 1689 年初稿上面的。直到 1691 年 1月,莱布尼茨似乎都不曾思考过这一难题,那时,法国物理学家丹尼斯·帕潘(Denis Papin,1647—? 1712)曾在其中注意到莱布尼茨反笛卡尔证明的一个批评(参阅《莱布尼茨数学著作集》第 6 卷第 204 页以下)。

该文大约写于 1691 年。原文为拉丁文。原载格尔哈特编《莱布尼茨数学著作集》,第 6 卷,柏林与哈雷 1849—1855 年版,第 287—292 页。阿里尤和嘉伯将其英译出来,收入其所编辑的《莱布尼茨哲学论文集》中。

本文据 *G. W. Leibniz: Philosophical Essays*, edited and translated by Roger Ariew and Daniel Garber, Hachett Publishing Company, 1989, pp. 105—111 译出。

持认为整个结果与它的充分的原因(full cause)具有一样的力,从而我们不可能在不违背事物秩序的情况下,通过增加结果的力使之超出其原因的力来获得永久的运动(perpetual motion)。[①] 我认为世上有些东西确实荒谬之至,我业已表明这种与我的观点正相左的意见即具有这样一种荒谬性。当我发现这些东西时,我断定,这完全值得我通过最明白无误的推证来不厌其烦地展现我的推理力量,以便我能够一步一步地为这门关于力和活动的新科学的真正原理夯实基础,而关于这门新科学,人们可称之为动力学。我已

---

① 在这里,莱布尼茨强调因果等值,旨在阐述力的守恒原则,彻底粉碎人们多个世纪所抱有的制造"永动机"的幻想。永动机是人类所谓不需外界输入能源、能量或在仅有一个热源的条件下便能够对外做功的机械。关于不消耗能量而能永远做功的机器的这样一种想法违反了能量守恒定律,故称为"第一类永动机"。在没有温度差的情况下从自然界中的海水或空气中不断吸取热量而使之连续地转变为机械能的机器,它违反了热力学第二定律,故称为"第二类永动机"。这两类永动机违反近现代科学规律概念,是不可能造出来的。1775 年,法国科学院通过决议,宣布永不接受永动机。这篇论文表明,莱布尼茨早在 80 多年前就已经宣布拒绝接受"永动机"的幻想。

"永动机"的幻想源远流长。印度人曾最早产生了这样一种想法。公元 1200 年前后,这种想法从印度传到了伊斯兰教世界,并且进而传到欧洲。在欧洲,早期最著名的一个永动机设计方案是 13 世纪时一个叫亨内考的法国人提出来的。他的设计方案随后被许多人以不同形式仿制,但从未实现不停息的转动。文艺复兴时期,意大利的达·芬奇(1452—1519)也造过一个类似装置,在被实验结果否决后,他得出了永动机不可能实现的正确结论。17—18 世纪,人们又提出过各式各样的永动机设计方案,有采用"螺旋汲水器"的,有利用轮子的惯性、水的浮力或毛细作用的,也有利用同性磁极之间排斥作用的。这一任务像海市蜃楼般吸引着无数研究者和设计者。这时,惠更斯已经认识到用力学方法不可能制成永动机。莱布尼茨则在学理上作出了进一步的分析和批评。19 世纪中叶,随着能量守恒和转化定律的发现,宣布了人类制造"第一类永动机"幻想彻底破灭。1851 年,英国物理学家开尔文(1824—1907)提出了一条新的原理:物质不可能从单一的热源吸取热量,使之完全变为有用的功而不产生其他影响,从而宣布了"第二类永动机"幻想的彻底破灭。由此看来,在破除"永动机"幻想方面,莱布尼茨是走在时代前列的。

经有了作为这门科学专论①的一些预备性的成果,我想从中挑选出一些现成的样本,以便激发一些聪明的心智探求真理,接受自然的真正规律,取代那些想象的规律。由这样一个样本以盖然证明为基础来断言数学上的任何问题显然非常不可靠,因为蕴含在两个相等物体中却具有不同速度的力(vires)并非与它们的速度成正比,而是与它们坠落的速度所获得的高度成正比。再者,这也与下面一点相一致:那些速度并不与高度成正比,而是与那些高度的平方根成正比。另一个悖论将由此直接产生出来,这就是:赋予一个处于静止状态的物体以一个给定的度速(degree of velocity),要比将同样的度速赋予已经处于这一度速的运动状态的同一个物体容易些,以致其沿着同一方向运动的速度达到两倍。其反面似乎无可置疑地建立在对组合运动并未正确理解的基础之上。但为了不使人怀疑这只不过是一种语词之争,或者为了不使人认为我们正在争论的不过是"力"的不同意义而已,你必须理解我们正在探究的是一个此前处于静止状态重 1 磅的物体,如果一个具有一个度速的 4 磅重的物体所蕴含的全部的力或活动传送给了它,就必定获得的速度,以至于这个 4 磅重的物体将归于静止,只剩下这个 1 磅重的物体处于运动状态。这个意见虽然普通,却非常著名,与笛卡尔著作中所发现的观点完全一致:这样一个物体将接受 4 度速。而我的观点则在于:它只能接受 2 度速。他们之所以这样处理问题,只不过是为了达到运动量守恒的目的,他们将运动与力混为一谈。我之所以这样做,则旨在达到力的守恒,也就是保存原因

---

　　① 莱布尼茨所说的"专论"指的是《动力学》,这篇专论在本序之后。

与结果的等值,以免永久运动因其中一个超过另一个而滋生。但现在是我们进而进行推证的时候了。

命　题

设一个以一度速水平运动着的 4 磅重的物体的力将被传送到一个此前处于静止状态的 1 磅重的物体上,结果,只有 1 磅重的物体依然运动,而 4 磅重的物体反而处于静止状态。这样,与此前同样大小的运动的量不可能保持不变,而 4 度速也分拨给了那个 1 磅重的物体,而这个 1 磅重的物体却永远不可能接受大于 2 度速的速度。

这个为下面前三个推证所共有的定理已经得到了推证:

重物的垂直高度与它们因从那些高度坠落而能够获得的速度的平方成正比,或者说与它们藉以提升它们自身达到那些高度本身的速度的平方成正比。这一比例是由伽利略从作匀加速运动的重物的运动本性中推证出来的,不仅为数学家们所接受,而且也为许多实验所证实。[①]

---

① 莱布尼茨在这里指的是伽利略的落体实验。在古希腊,亚里士多德曾认为物体下落速度与物体的重量成正比,也就是物体越重,其下降的速度越大。1590 年,伽利略在比萨斜塔所做的落体实验推翻了亚里士多德的这一观点。因为伽利略的实验表明重量不同的两个铁球同时落地,这就意味着物体的下落速度与物体的重量(比重)无关。这里有两点需要说明:首先,伽利略实验证明的是"作初速度为零的匀变速运动的物体通过的位移与所用时间的平方成正比"。其次,如果说亚里士多德对落体运动的解释具有感性的和直观的性质,那么,伽利略的落体实验及其结论也依然具有感性和直观的性质,因为伽利略的实验及其结论并未考虑到空气阻力问题。如果充分考虑到空气阻力问题,则重量(比重)不同的物体落地的时间便必定存在有一定的差异。

第一推证

公理:提高 4 磅重的物体 1 英尺与提高 1 磅重的物体 4 英尺所花费的力一样多。

这一点理所当然,让我们设 4 磅重的物体 A,如果它能够以使它的力向上的方式在一个钟摆上或一个倾斜的平面受到推动,它就能藉它自己的速度(是为 1 度速)使它自己提升 1 英尺的垂直高度。所以,物体 A 所具有的力足以将 4 磅(即属于这个物体本身的 4 磅)提升 1 英尺,或者说它所具有的力足以提升 1 磅重的物体达到 4 英尺,依照上述公理这两种说法其实是一回事。另一方面,如果物体 A 藉 1 度速提升 1 英尺,则依据先前说到的伽利略提出的定理,具有 1 磅重的物体 B 便能够藉 4 度速提升 16 英尺。同样,物体 B 所具有的力也足以提升 1 磅(即属于这个物体本身的 1 磅)达到 16 英尺。所以,物体 B 所具有的力是物体 A 所具有的力的 4 倍,我们已经证明,物体 A 所具有的力只能提升 1 磅重的物体达到 4 英尺。这一点与上述假设相矛盾,依据该假设,我们假定存在于物体 A 中的同样的力将传送给物体 B。

第二个推证

公理:根本不存在任何一种永久的机械运动。

这一点理所当然。设物体 A4 磅重,以 1 度速沿着水平线 A_2A_3 向前运动。(见图 1。)让我们设它是所有的力都传送给具有

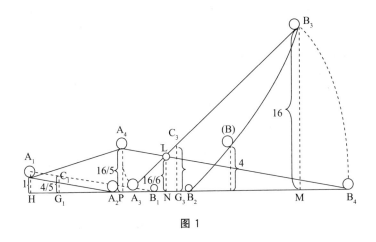

图 1

1 磅重在位置 B_1 静止不动的物体 B,结果,这时只有物体 B 通过
B_1B_2 运动,而物体 A 则在位置 A_3 静止不动,我则说,物体 B 中的
运动量并不与物体 A 中所具有的运动量相等,也就是说,物体 B
并不能接受 4 度速,甚至并不能接受任何大于 2 度速的任何东西。
因为设物体 B 接受 4 度速(如果有这种可能的话),让我们假定某
种情况能够发生,物体 A 便藉从 1 英尺的垂直高度 A_1 H 在斜面
A_1A_2 下降而获得其 1 度速。然而,让我们假定物体 B 在接受了 4
度速之后,上升到它在向上斜坡 B_2B_3 上所能达到的高度;依据前
面表述的由伽利略推导出来的定理,它将上升到具有 16 英尺的高
度 B_3 M。假定平衡线 A_3LB_3 已经准备就绪,从 A_3(此乃物体 A 处
于静止状态的水平位置)延伸至 B_3(此乃物体 B 上升达到的位
置),并且为它的力的支点或中心点 L 以臂 LB_3 稍大于 4 倍于臂
LA_3 的长度(例如它是臂 LA_3 的长度的 5 倍)的方式分开。所以,
物体 B 藉它自己的动力提升至 B_3,以致它能够从那儿落到平衡线

上,将比平行线上置放在对面终点 A_3 的物体 A 具有更大的重量。因为当物体 A 4 倍于物体 B 的重量时,物体 B 离开中心 L 的距离将大于物体 A 离开中心 L 的距离的 4 倍。从而,沿水平线 HM 下降至 B_4 的物体 B 将物体 A 从 A_3 提升至 A_4。现在,从 A,L 和 B_3 画垂线 A_4P,LN 和 B_3M 到水平线。这样一来,既然 B_3L5 倍于 A_3L(如果你愿意的话),A_3L 将为 A_3B_3 的六分之一,而 LN 因此将是 B_3M 的六分之一。另一方面,A_4B_4 与 B_4L 之比将为 6 比 5。我们已经表明,LN 与 B_3M 之比为 1 比 6。所以,A_4P 与 B_3M 之比为 1 比 5,也就是说,A_4P 为 5/16 英尺。所以,当开始时,我们曾使 4 磅重的物体 A 只被提升了 1 英尺高度 A_1H,但现在我们却使同一个物体提升了三又五分之一英尺,因为这一高度即是 A_4P 的高度。因此,仅仅藉由来自原初物体的力所导致的它的下降以及其他事物的下降,一个物体便能够提升它自己的高度差不多是此前的 4 倍。如果依据前面那条公理,这是荒谬的,因为照这样一种方式,只要我们乐意,我们便有了永久的运动。因为下面这种情况将会发生:重物 A 从 A_4 退回 A_1,并且当从大于 2 英尺的高度坠落下来时,便实施了一些所欲求的力学任务(如提升其他物体,或劈开一块木头,或一些类似的活动),然后又回到 A_1,在它曾经开始的地方,处于重复同一项任务的位置。因为如果我们假定当物体 B 在 B_4 时,它不曾直接降到水平线 HM,而是正好它上面一点儿,以至于它能够从 B_4 退回到 B_1。这样一来,我们就使回到其早先位置上的每件事物都能够成为一台进行永久机械运动的机器。而且,类似的荒谬性也能够证明出来,所改变的只不过是数字而已,只要高度 B_3M(物体 B 藉其所获得的速度能够上升达到的高度)大于 4 英尺,事情就是这样,也就是说,依据这项定理,只要物体 B 所接受的速度大于物体 A 所有的速度的两倍,事情就是这样。证讫。

第三个推证

公理:物体重力的中心不可能为其重力本身所提升。

这一点理所当然。由此可以得出结论说:在其最初位置 A_1B_1,设 B_1 在水平线上,设 A_1 被提升到高于水平线 1 英尺的高度 A_1H,则 A_1 和 B_1、C_1 的重力的共同中心将被提升到 1 英尺的 4/5。(见图 1。)因为直线 A_1B_1 将会以 B_1C_1 4 倍于 A_1C_1 的方式在 C_1 点分开,从而 C_1G_1 将处于 AH 的 4/5 处,亦即 1 英尺的 4/5 处。但在下述状态或位置即 A_3B_3 中,我们发现 C_3 作为重力的共同中心,已经提升到 C_3G_3,即 5/16 英尺。因为 A_3B_3 以 C_3B_3 4 倍于 C_3A_3 的方式在 C_3 处分开;C_3 将成为物体 A 和物体 B 的重力的中心,而且既然 C_3A_3 是 A_3B_3 的 1/5,C_3G_3 就将是 B_3M 的 1/5,也就是 16 英尺的 1/5。所以,它处于 5/16 英尺处,从而 C_3 作为重力的公共中心,便被提升至 C_3G_3 的高度,4 倍于此前的高度 C_1G_1,这一高度只有 1 英尺的 4/5。依据前面那条公理,这显然是荒谬的,因为这样一来,两个重物的重力的中心就将由于重力本身而提升了。人们也不能逃避这样一种荒谬性,除非物体 B 接受了一种速度并不大于两度速,从而它便不可能上升到超过(物体 B)4 英尺的高度。

注释:赋予一整个给定物体 A 的力能够传送给另一个此前处

于静止状态的给定的物体 B,我们能够现实地得出这样一个结论的方式,是以动力学原理的一个样本的方式得到解释的。[①]在这种语境下,我们足以尽可能地设想这样一种传送或转让,以至于由这样一个假设,我们能够理解物体 B 为了具有和物体 A 一样的力,应当从物体 A 中的一个给定的速度那里接受多大的速度。确实无疑的是,两个力(例如一个具有 1 度速的 4 磅重的物体所具有的力与一个具有 4 度速的 1 磅重的物体所具有的力)中如果一个替换另一个产生出永久运动,便不可能是相等的。

第四个推证

这一推证来自于与各种运动相关的考察,来自于对感性事件的抽象。

一个活动在一个单元时间里产生出两个结果两倍于那个在两个单元时间里产生出两个结果的活动;一个活动在两个单元时间里产生两个结果两倍于那个在一个单元时间里产生出一个结果的活动。所以,一个活动在一个单元时间里产生出两个结果 4 倍于那个在一个单元时间里产生出一个结果的活动,也就是 4 倍于在同一个时间量里产生出一个结果的活动。

但这个问题值得我们花费一些时间,进行更为详尽的阐明。设 L 为在一个单元时间穿过一个单元空间的活动,设 M 为在两个

---

① 参阅 *G. W. Leibniz*, *Mathematische Schriften*, ed. by C. I. Gerhardt, VI, Berlin and Halle, 1849—1855, pp. 1204ff。

单元时间里穿过两个单元空间的活动,最后,设 N 为在一个单元时间里穿过两个单元空间的活动。再者,设这些始终被理解为相关于自然的或无限制的运动,如在一种无抵抗媒介中的匀速的水平运动。而且,我们还可以进一步设我们理解在这三种情况下运动的物体是同一个物体,或至少运动的这些物体相等。现在,N两倍于 M(1 个小时穿过两个里格①两倍于两个小时穿过两个里格),而 M 两倍于 L(两个小时穿过两个里格两倍于一个小时穿过一个里格,因为如果两个里格在两个小时穿过,一个小时穿过一个里格的活动便需要实施两次)。所以,N4 倍于 L(一个小时穿过两个里格 4 倍于一个小时穿过一个里格)。这就是说,在相同时间里具有两倍速度 4 倍于这一活动,同样,在相同时间里具有 3 倍速度 9 倍于这一活动,等等。现在,在相同时间里匀速活动发生在它们中间与它们的活动力成正比。因此,确定无疑的是,在相同的运动物体中,其中一个物体的速度是另一个物体的速度的两倍,这个力就将有 4 倍大,或者说,如果这些物体被设定为相等的,它们的力就将与它们速度的平方成正比。由此看来,很显然,不相等的物体的各个力共同地与物体的大小和速度的平方成正比。因此,如果一个具有一个单元的速度的 4 磅重的物体 A 的所有的力赋予 1 磅重的物体 B,则物体 B 便接受两个单元的速度。因为物体 A 的力 4 乘以 1(一个单元的速度的平方)等于物体 B 的力,1 乘以 4(两个单元的速度的平方)。证讫。

第四个推证的注释。

---

① 里格(league)为旧时长度单位,约为 3 英里或 3 海里。

　　虽然这最后一个推证或许并不合每个人的胃口，也非每个人的理解能力所及，不过，它却应当特别地使那些探求真理明白知觉的人振奋。毫无疑问，在我看来，虽然这是最后说到的，但它却是最值得注意的，因为它是先验发生的，而且，它是在对时空的纯粹沉思中产生出来的，根本无需重力或任何别的本性上在后的假设。这样，我们就已经不仅使得各种真理之间获得了卓越的一致，而且也获得了在不运用伽利略曾经运用过的假设的情况下推证他的有关重物运动的各个命题的新路径，这就是：在它们匀加速运动的情况下，各个重物在相等的时间里所获得的速度的增量相等。因为这样一个事实以及上述定理，都能够从我们的第四个推证推出，而这个推证却并不以它们为前提。这似乎极其卓越，对于完善运动科学具有最大的意义。

对笛卡尔《原理》核心部分的
批判性思考①

① 本文可以视为莱布尼茨的一个读书笔记。写于 1692 年，原文为拉丁文，其标题为：Animadversiones in partdem generalem Principiorum Cartesianoum。格尔哈特将其收入其所编辑出版的《莱布尼茨哲学著作集》第 4 卷第 350—392 页。克莱姆据格尔哈特本将其英译出来，并收入其所编辑的《莱布尼茨：哲学论文与书信集》中。其标题为：Critical Thoughts on the General Part of the Principles of Descartes。

1644 年，笛卡尔为了使自己的哲学成为天主教的官方哲学，他以拉丁文按照教科书的形式写作了一部名为《哲学原理》(Principia philosophiae) 的著作。该著分为四个部分。其中第一部分"论人类知识原理"，旨在阐述他的形而上学思想，以更为逻辑化的形式重申《第一哲学沉思集》中的基本形而上学观点；第二部分"论物质对象原理"，旨在阐述他的自然哲学思想，着重阐述他的有关物质本性和运动本性的概念；第三部分"论可见世界"，旨在具体阐释现象世界；第四部分"论地球"，着重研究与动物和人相关的问题。

本文其实是莱布尼茨批判性思考和研究笛卡尔《哲学原理》前面两个部分的一个笔记，旨在以莱布尼茨的观点审视笛卡尔的整个体系，形成一个确定的基本判断，从而对其此前 20 年来对笛卡尔的种种特殊观点所作的特殊批评做出概括，并使它们形成一体。1692 年，莱布尼茨曾将这一手稿寄给荷兰的巴纳日·德·博瓦尔 (Basnage de Beauval)，同时又将其寄给了惠更斯、培尔和其他一些学者。1697 年，巴纳日又将其寄给了格罗宁根的约翰·伯努利 (John Bernoulli)。

莱布尼茨关于笛卡尔《哲学原理》第一部分的笔记的价值一方面在于它鲜明地表达了他自己的知识观和真理观，另一方面又在于莱布尼茨在其中对笛卡尔错误的心理本性和认识本性作了相当细致的分析。莱布尼茨关于笛卡尔《哲学原理》第二部分的笔记的价值主要是方法论方面的，可以视为其连续性原则在物理学中的应用。

本文据 *Leibniz：Philosophical Papers and Letters*，translated and edited by Leroy E. Loemker，D. Reidel Publishing Company，1969，pp. 383—412 和 *G. W. Leibniz：Die philosophischen Schriften* 4，Herausgegeben von C. I. Gerhardt，Hildesheim：Georg Olms Verlag，2008，pp. 350—392 译出。

对第一部分的评论①

对第 1 节的评论。② 笛卡尔的名言凡其中有哪怕是一点点不确定性的事物都应当受到怀疑,③已经在下面这句格言中得到了更为恰当、更为精确的表达;这就是:我们必须对一个问题值得同意和不同意的等级(assensus aut disssensus gradum mereatur)加

---

① 格尔哈特本在"论第一部分"和"论第二部分"之前,有"第一部分"和"第二部分"各节的小标题(其中"第一部分"的 76 个小标题和"第二部分"的 64 个小标题全然在列)。克莱姆的《莱布尼茨:哲学论文与书信集》则将这两个部分的目录(即各节小标题)全部略去。"第一部分"的标题为"论人类知识原理"。

② 笛卡尔《哲学原理》第一部分第 1 节的标题为:"不管是谁,只要他想探究真理,他就必须在其一生中,尽可能地将所有的事物都来怀疑一次。"

③ 这也就是笛卡尔的"普遍怀疑"或"怀疑一切"的方法。在《方法谈》(1637)中,笛卡尔就明确指出:"决不把任何我没有明确地认识其为真的东西当作真的加以接受,也就是说,小心避免仓促的判断和偏见,只把那些十分清楚明白地呈现在我的心智之前,使我根本无法怀疑的东西放进我的判断之中"(北京大学哲学系外国哲学史教研室编译:《西方哲学原著选读》,上卷,商务印书馆 1981 年版,第 364 页)。在《第一哲学沉思集》(1641)中,笛卡尔又进一步强调指出:"由于很久以来我就感觉到我自从幼年时期起就把一大堆错误的见解当作真实的接受了过来,而从那时以后我根据一些非常靠不住的原则建立起来的东西都不能不是十分可疑、十分不可靠的,因此我认为,如果我想要在科学上建立起来某种坚定可靠、经久不变的东西的话,我就非在我有生之日认真地把我历来信以为真的一切见解统统清除出去,再从根本上重新开始"(笛卡尔:《第一哲学沉思集》,庞景仁译,商务印书馆 1986 年版,第 14 页)。在《哲学原理》(1644)中,笛卡尔再次重申了他的"普遍怀疑"方法,断言:"不管是谁,只要他想探究真理,他就必须在其一生中,尽可能地将所有的事物都来怀疑一次。"这一方面是为了彻底排除"无确定性的偏见",另一方面是为了"更加明白地发现那些具有最大确定性并且最容易认识的事物"(Rene Descartes, *Principles of Philosophy*, translated by Valentine Rodger Miller and Reese Miller, Dordrecht:D. Reidel Publishing Company, 1983, p. 3)。

以考察,[①]更简洁一点说,就是:我们必须考察每个学说的理由。这将终结对笛卡尔怀疑的所有形式的吹毛求疵。但或许这位作者更喜欢使用一些似是而非的语言,以便通过猎奇来激发心灵迟钝的读者。不过,我倒是希望他能够牢记他自己的这句格言,更确切一点说,我倒是希望他真正懂得他这句格言的真实力量。我们能够以几何学家为例,对这个问题及其应用作出最恰当的解释。几何学家对公理和公设都意见一致,而所有其他的东西都依赖于这些公理和公设。对于这些,我们都众口一词地认同,这不仅是因为它们直接地满足了心灵,而且还因为它们得到了不计其数经验的证实;不过,对它们作出证明将有助于科学的完满性。正因为如此,在古代有阿波罗尼奥斯[②]和普罗克洛[③]对一些公理作过这样的

---

① 同意和不同意的等级问题也是近代西方哲学常常讨论的问题。例如,洛克在《人类理解论》第 4 卷第 16 章就曾专门讨论过"同意的各种等级"。洛克将同意和不同意的等级区分为"确信"、"信赖"、"信念"、"信仰"、"猜度"、"猜想"、"怀疑"、"游移"、"疑心"和"不信"等几个等级(参阅洛克:《人类理解论》,关文运译,商务印书馆 1981 年版,第 659—661 页)。莱布尼茨则依据法学实践从"证据、推定、猜测和症候"的角度讨论同意和不同意的等级。在谈到证据时,莱布尼茨提到了"彰明昭著"、"超充足的证据"、"充足的证据"、"超过半充足的证据"和"次于半充足的证据"等等级。其中,当具有"充足证据"时,法官便有了"推定";如果连"次于半充足的证据"也没有,便出现了"猜测和症候"等问题(参阅莱布尼茨:《人类理智新论》,陈修斋译,商务印书馆 1982 年版,第 551—553 页)。

② 阿波罗尼奥斯(Apollonius of Perga,约公元前 262—前 190),古希腊数学家,当时以"大几何学家"闻名于世,其专著《圆锥曲线》是古代科学巨著之一。流传于世的著作除《圆锥曲线》外,还有《比例截割》。其大部分著作均已失传。从他人著作中得知,他的著作还有《论切触》、《论点火镜》、《快速投球法》和《论无序有理数》等。他在《快速投球法》中计算了 π 的近似值,比阿基米德的还要精确;他的《论无序有理数》扩展了由欧多索斯提出并在欧几里得《几何原本》中出现过的无理数理论。

③ 普罗克洛斯(Proclus,约 410—485),著名的希腊哲学家、天文学家、数学家和数学史家。在哲学方面,他是新柏拉图主义雅典派的主要代表人物之一,著有《神学要

尝试,至近代又有罗贝瓦尔①作出这样的尝试。欧几里得试图证明一个三角形的两边加在一起大于第三边(事实上,一如一些古代作家打趣时说的,即使一头蠢驴也知道,它会走直线到达它的饲料跟前,而不愿意绕路过去),因为将几何学真理建立在理性的基础之上而不是感觉形象的基础之上,正乃他的目的。同样,要是他有一个关于直线的健全定义的话,他就还可以进而推证出,两条直线(当其延伸时不会重合)只能有一个交点。②我深信公理的推证对

义》和《柏拉图神学》等。在数学方面,其最主要的贡献是他写出了《欧几里得〈几何原本〉注释》,该著有许多版本和译本,其标准本为弗里德莱因的校订本,该著阐述了数学与哲学的关系以及数学在哲学上的应用,可以视为史上最早的数学哲学文献;此外,该著还叙述了几何学发展简史,常被称作《普洛克罗概要》(Proclus's Summary),列举了大量参考文献,是后世研究希腊数学史的重要原始资料。值得注意的是,他的重要哲学著作《神学要义》就是模仿欧几里得《几何原本》写作出来的,其演绎推理的原则是"三重发展律"。首先是与自身同一的"统一体",其次是由统一体活动产生出来的"生成体",最后是生成体返回统一体的"复生体"。其中,统一体包括太一、理智和灵魂,它们是纯粹的、真正的神;生成体包括理智对象、对象和活动的同一,以及理智活动;复生体包括上天世界、内在世界和可感的自然。从一定意义上,我们不妨将其视作古代的斯宾诺莎。在天文学方面,他写过《天文学家的假设》,对托勒密的天文学作了详细的解释。

　　① 罗贝瓦尔(Gilles Personne de Roberval,1602—1675),法国数学家。在曲线方面取得重要进展。研究了确定立体的表面积和体积的方法,发展并改进了意大利数学家B.卡瓦列里在计算某些较简单问题的不可分法。通过把曲线看作一个点运动的轨迹,并把点的运动分解为两个较简单的分量,他发现了作切线的一般方法。他还发现了从一条曲线得到另一条曲线的方法,借以找出有限维的平面区域等于某一曲线及其渐近线之间的面积。意大利数学家E.托里拆利把这些用来确定面积的曲线称作罗贝瓦尔线。罗贝瓦尔和当时的一些学者不断进行论战,其中包括法国哲学家和数学家笛卡尔。

　　② 欧几里得在《几何原本》第1卷"定义4"中曾给直线下了一个定义,这就是:"一条直线是均匀地处于两个端点之间的东西。"此外,他还曾说过,两条直线相交时,只有一个交点。莱布尼茨曾对欧几里得关于直线的这样一类定义开展过批评。例如,他在《人类理智新论》中就曾指出:"我支持这一真理,……即原则中的原则在某种方式下是观念和经验的良好运用;但深入考察起来我们就会发现,对于观念来说,这不是什么别的,无非是利用一些同一性的公理把一些定义联系起来。可是要达到这种最后的

于真正的分析或发现的技艺大有裨益。所以，如果笛卡尔确实希望将其规则中最好的东西实现出来，他就应当致力于科学原理的推证，以便在哲学领域取得普罗克洛在几何学领域取得的成就，在这个领域其必要性显然要小一点。但我们这位作家有时更喜欢哗众取宠而非确定性。如果他不曾如此强烈地渴望表白精确性，我也不至于过分责备他如此频繁地满足于貌似真实的东西。欧几里得也曾在没有证明的条件下设定了一些东西，但我对他的责备要少得多，因为他至少确立了这样一个事实：如果我们采取了一些假设，我们便能够确信，由此推论出来的东西至少在确定性方面等于这些假设本身。如果笛卡尔或其他哲学家已经做了一些与此相似的事情，我们便不会陷于困境。再者，怀疑论者既然以他们有时运用一些未经证明的原理为借口，便应当将这视为也说给他们听的。正相反，我认为几何学家由于他们似乎以这样一些理由来限定科学，并且因此而发现了从一些事物中提出和得出如此多的东西的技巧而应当受到赞赏。如果他们努力延宕一些定理和问题的发现，直到所有的公理和公设都得到了证明，我们今天或许就不会有任何几何学。

分析并不是始终很容易的事，而不论几何学家们，至少是古代的，曾表现出多么渴望能达到这目的，他们却还未能做到这一点。……例如，欧几里得曾把这样一条作为公理之一，这一条就等于说：两条直线只能有一次相交。从感觉经验得来的想象，是不允许我们设想两条直线有不止一次的相交的；但科学并不应该建立在这种想象的基础上。……就因为这样，欧几里得……对直线没有一个清楚地表明的观念，即定义（因为他在其时所给的定义是模糊的，并且在证明中对他毫无用处）。"参阅莱布尼茨：《人类理智新论》，陈修斋译，商务印书馆1982年版，第533—534页。

对第 2 节的评论。① 再者,我并未看到将可疑的事物视为虚假这样一种做法究竟有什么好处。② 这样一来就不是搁置成见而是在变换成见。但如果将这仅仅理解为一种虚构,那也不应当遭到滥用,例如,在下面第 8 节里将会看到的那种虚假就是在讨论心灵与身体的差异处出现的。

对第 4 节的评论。③ 关于可感觉的事物,除它们与无可怀疑的理性原则一致且它们之间相互一致外,我们既不可能知道更多的东西,也不应当企图知道更多的东西,从而未来的事件在一定意义上是由过去预见到的。除其所包含的东西外还要寻找任何别的真理或实在性都是徒劳无益的,怀疑论者不应当要求任何别的东西,独断论者也不应当允诺任何东西。④

对第 5 节的评论。⑤ 除非我们为了防止我们算术计算中的错误,数学的推证不容置疑(de mathematicis demonstrationibus non aliter potest dubitari)。因此,除不时重新审查算术计算,或是由

---

① 笛卡尔《哲学原理》第一部分第 2 节的标题为:"凡可疑的事物都必须进而认为是虚假的。"

② 笛卡尔这一节的中心思想在于强调将可疑的事物视为虚假的益处,这就是:我们因此而可以更加明白地发现那些最有确定性也最容易认识的事物。

③ 笛卡尔《哲学原理》第一部分第 4 节的标题为:"我们为何能够怀疑感觉到的事物。"

④ 这段话在一定程度上可以视为康德先天综合理论的先兆,蕴含了现象实在性的标准。只有当我们记住作为现象良好基础的理性原则本身即是上帝创造个体事物的形而上学基础时,它才有望与单子论和谐一致。

⑤ 笛卡尔《哲学原理》第一部分第 5 节的标题为:"为何我们甚至能够怀疑数学的推证。"

他人予以测试并且增添确凿的证据外,没有任何补救措施。人的心灵的这个弱点因缺乏注意和记忆所致,从而不可能完全克服,但笛卡尔说到这一点时,仿佛他有补救良策似的,但这无疑是枉费心机。如果其他领域的情况与数学的情况一样,这也就足够了。其实,所有的推理,甚至笛卡尔的推理不管多么可信和精确,也依然要受到这样一种怀疑,关于某些骗术高明的精灵的所有说法以及关于梦醒之间区分的所有说法都可以这样说。

对第 6 节的评论。[①] 我们不是在知觉活动中具有自由意志(liberum arbitrium),而是在行为中具有自由意志。蜂蜜对我来说究竟是甜的还是苦的,并不取决于我的意志,人们提出的一条定理在我看来究竟是真的还是假的,这也不取决于我的意志。考察它究竟怎么样纯粹是意识的职责。一个人只要他对任何一件事物作出了肯定判断,他不是意识到了一个现在的知觉或理由,就是至少意识到了一个现在的记忆,将他带回到一个过去的知觉或对一个过去理由的知觉,尽管我们往往由于记忆不可靠或注意力不集中而受骗上当。但对现在或过去知觉或理由的意识无论如何都不依赖于我们的意志。我们也承认,控制注意力和努力这样一类事情也在意志能力的范围之内。所以,意志虽然并不在我们身上直接产生任何意见,却能够造成一些倾向性的东西。因此,就会出现这样的情况:人们在心灵习惯于最有力地追求他们喜欢的事物之

---

① 笛卡尔《哲学原理》第一部分第 6 节的标题为:"我们具有自由意志,能够不去认同可疑的事物,从而可以避免错误。"

后,往往最后相信它们将会是真的。这样,他们便不仅成功地使之满足了他们的意志,而且也成功地满足了他们的意识。① 参阅下面"关于第 31 节"。

对第 7 节的评论。② 我思想,所以,我存在(Ego cogito,adeoque sum)。③ 笛卡尔完全有理由特别强调指出,这属于第一真理。但若忽略了其他一些具有同等意义的事物,那就不公平了。所以,一般而论,我们能够将此作出如下表述。真理若不是事实真理,就是理性真理。第一种理性真理是矛盾原则,或者说,是等于同一件事物的东西,亦即同一性原则,一如亚里士多德正确看到的。还有许多原初的事实真理,可以说,有多少直接的知觉,如果我可以这样说的话,有多少意识,也就有多少事实真理。不过,我不仅意识到

---

① "意识"(conscientia)这个词在这里显然与"理智"同义。

② 笛卡尔《哲学原理》第一部分第 7 节的标题为:"当我们在怀疑时,我们不可能怀疑我们存在,而当我们依照正确的秩序进行哲学思考时,这就是我们认知的第一个东西。"

③ "我思想,所以,我存在"往往被简称为"我思故我在"。这句话被笛卡尔称作"哲学"的"第一真理"或"第一原理"。其所以如此,归根结底在于在笛卡尔看来,他的"我思故我在"完全符合哲学"第一真理"或"第一原理"所包含的"两个条件":"首先,它们必须非常明白非常清楚,以至于人类心灵在注意考察它们时不可能怀疑它们的真理;第二,其他事物的知识必定以这样的方式依赖于这些原理,以至于虽然没有其他事物,我们依然可以认识这些原理,但反过来却不行"(Rene Descartes, *Principles of Philosophy*, translated by Valentine Rodger Miller and Reese Miller, Dordrecht: D. Reidel Publishing Company, 1983, p. xvii)。事实上,笛卡尔也正是从具有上帝观念的"我"的存在推证出上帝的存在,并且进而推证出外在事物的存在的。但笛卡尔既然将上帝视为"绝对实体",而将"心灵"称为相对实体,则上帝便事实上成了笛卡尔哲学的"第一真理"或"第一原理"。参阅段德智:《哲学的宗教维度》,商务印书馆 2014 年版,第 87—93 页。

我自己在思想,而且要意识到我的各种思想,而且我思想一点也不比我想到的这个或那个东西更为真实和更为确定(nec magis verum certumve est me cogitare, quam illa vel illa a me cogitari)。因此,各种原初的事实真理便能够极其方便地还原成下面两种东西:"我思想"和"我想到的各种不同的事物"。由此,我们不仅能够推论出我存在,而且还能够推论出我以各种不同的方式受到影响。

　　对第 8 节的评论。[①]"我能够设想或想象没有任何一个有形物体存在,却不能够想象我不存在或我不在思想。所以,我不是有形的,思想也并非物体的样式。"这样一种推理并不可信。让我震惊不已的是,一个如此才华出众的人士竟会将这么多东西押在一个如此脆弱的诡辩的宝上。在这一节里,他确实没有道出更多的内容。至于他在《沉思集》中添加上去的东西,我将在适当的地方予以考察。认为灵魂是有形的人没有一个会承认我们能够采取任何有形事物都不存在的观点,但他也会承认我们能够怀疑(只要我们对灵魂的本性一无所知)是否有任何有形事物存在。而且,既然我们明白地看到我们的灵魂存在,他也就会承认,只有一件事物会接踵而至:我们能够依然怀疑灵魂是有形的。我们这个证明一点也不牵强附会。但笛卡尔却在第 2 节中,由于特许拒绝将可疑的事物视为虚假而为这样一种谬论打开了通道,以至于由于我们能够

怀疑它们存在而使得设定根本没有任何有形存在者存在竟然成为可能。对于他的这样一种观点，我们是不可能认同的。如果我们像理解灵魂的存在那样完满地理解灵魂的本性，情况便会大不相同，因为这样一来，我们便会确立起这样一个信条，这就是：凡不在其中显现的东西就不会存在于其中。

对第13节的评论。[①] 我们在第5节中已经看到，能够由有缺陷的记忆或注意力产生出来的各种错误，以及即使在完满的方法找到之后在算术计算中，例如在计数中也能出现的那些错误，虽然提到了却毫无用处，因为设计不出任何方法，可以使人们不再担心重蹈覆辙，当推理延伸得无限长的时候，事情尤其如此。所以，我们必须诉诸标准。对于其他事物来说，上帝在这里似乎仅仅被称作一种显示或展品，[②]更不必说那些关于我们是否在最明白无疑的事物方面也会误入歧途的千奇百怪的虚构或怀疑了。这样一些东西没有谁会相信，因为证据的本性会阻止人们信它，而整个人生的经验和成功也会证明它之不当。而且，这样一种怀疑一旦被正当地提出来，那就径直成为不可克服的东西了；这也是个笛卡尔本人和任何一个他人都始终遭遇到的问题，不管他们的主张如何清楚明白，亦复如此。除此而外，我们还必须承认这种怀疑既不可能通过否认上帝建立起来，也不可能通过引进上帝予以消除。因为

---

　　① 笛卡尔《哲学原理》第一部分第13节的标题为："究竟在什么意义上，我们才可以说所有其他事物的知识都依赖于关于上帝的知识。"

　　② 这种说法针对的是笛卡尔以上帝的道德本性来验证我们的普遍原则的恶性循环。

即使没有上帝,我们还是有能力获得真理,只要我们存在依然可能。而且,即使承认了上帝存在,我们也不能因此得出结论说,根本不存在任何一个极其容易出错的和不完满的受造的存在者,尤其是因为它的不完满性很可能不是其固有的而是后来或许是由于犯了大罪(一如基督宗教神学家教导的人类所犯的原罪)才添加上去的,以至于这种恶不能够归咎于上帝。① 虽然在这里引进上帝并不合适,但我还是认为,关于上帝的真正知识乃比较高级的智慧的原则,尽管这是由于其他理由所致。因为上帝不仅是事物的终极理由,而且还是事物的第一因,而且,关于事物的知识,并没有任何比由其原因和理由获得的知识更好的知识了。

_____

① 笛卡尔形而上学的一项根本原理在于他从上帝的存在推证出外在事物的存在,而他的这样一种推证的根本理据在于用上帝来保证我们知识的可靠性和真实性。在《第一哲学沉思集》中,笛卡尔曾突出地强调了"引进上帝"对于消解他的怀疑主义的决定性作用。他写道:"可是当我认识到有一个上帝之后,同时我也认识到一切事物都取决于他,而他并不是骗子,从而我断定凡是我领会得清楚、分明的事物都不能不是真的,虽然我不再去想我是根据什么理由把一切事物断定为真实的,只要我记得我是把它清楚、分明地理解了,就不能给我提出任何相反的理由使我再去怀疑它,这样我对这个事物就有了一种真实、可靠的知识,这个知识也就推广到我记得以前曾经证明过的其他一切事物,比如推广到几何学的真理以及其他类似的东西上去。……一切知识的可靠性和真实性都取决于对于真实的上帝这个唯一的认识,因而在我认识上帝以前,我是不能完满知道其他事物的。而现在我既然认识了上帝,我就有办法取得关于无穷无尽的事物的完满知识,不仅取得上帝之内的那些东西的知识,同时也取得属于物体性质的那些东西的知识"(笛卡尔:《第一哲学沉思集》,庞景仁译,商务印书馆 1986 年版,第 14、74—75 页)。在《哲学原理》中,笛卡尔无疑重申了他的这一原理,强调"我们所有其他事物的知识都依赖于关于上帝的知识",强调认识上帝的人心不仅能够"自知",而且还能知道"还有别的事物"和"我们心中所有的许多事物的观念""相适应"。与笛卡尔不同(至少不完全相同),莱布尼茨则强调作为个体的人在自己认识活动中的主体作用。在莱布尼茨看来,他的这样一种主张不仅有助于阐释人在其认识活动中的能动性,而且也有助于说明我们认识错误的根源性,从而有利于彰显上帝的伟大和善。

　　对第 14 节的评论。^① 由上帝的概念出发所作的上帝存在的证明,就我们所知的而言,首先是由坎特伯雷大主教安瑟尔谟在他的《答愚人辩》中发现并陈述出来的,^②这样一种证明现在还依然存在。这种证明后来不时地受到各种不同类型的经院神学家的考察,也受到托马斯·阿奎那本人的考察;^③笛卡尔由于曾经在拉弗

---

　　① 笛卡尔《哲学原理》第一部分第 13 节的标题为:"由必然存在包含在我们关于上帝的概念之中这样一个事实推断出上帝存在是适当的。"

　　② 事实上,安瑟尔谟是在他的《宣讲篇》中提出他的关于上帝存在的本体论证明的。但他的这一证明却遭到了他的同代人法国僧人高尼罗的反对。高尼罗曾著文《就安瑟尔谟的论辩为愚人辩》予以反驳。安瑟尔谟将高尼罗的反驳附在自己的证明之后,并对高尼罗的《为愚人辩》进行了答辩。他在答辩中承认,一般而言,为心灵所理解的观念并不全都指示实际存在的事物,观念的完满性并不包括真实的存在性,从而不能仅仅因为观念的确切性而推导出观念表示的对象必定存在。但这些一般规则并不适用于"被设想为无与伦比的东西"的观念。因此,莱布尼茨这里所说的《答愚人辩》当是安瑟尔谟附在《宣讲篇》后面的用以回应高尼罗《为愚人辩》的内容。

　　③ 例如,托马斯·阿奎那在《反异教大全》第 1 卷第 11 章第 3 节中便对安瑟尔谟关于上帝存在的本体论证明作过有一定理论深度的批判。他写道:"我们并不能够得出结论说,只要我们知道上帝这个名称(nominis Deus)的意义,上帝的存在(Deum esse)也就被认识到了。其所以得不出这样的结论,首先是因为这条结论并不是为所有的人都知道的,即使对那些承认上帝存在,承认上帝是一个更伟大的不可能设想的东西的人,亦复如此。毕竟,许多古代思想家都说过,这个世界本身即是上帝。再者,这样的推论是不可能从大马士革的约翰那里所发现的对上帝这个名称的解释中引申出来的。还有,即使每一个人都把上帝这个名称理解成某个人们不可设想比其更伟大的东西,那也未必实际上就存在有某个不可设想的比其更伟大的东西。因为一件事物与一个名称的定义应当以同样的方式予以设想。然而,由于上帝这个名称所指谓的东西是由心灵设想出来的,那就不能够得出结论说,上帝现实地存在着,而只能说他仅仅存在于理智之中。由此看来,那不可设想的比其更伟大的东西也可能并不必然存在,而只能说他仅仅存在于理智之中。由此也就不能得出结论说,现实地存在有某个不可设想的更其伟大的东西。"参阅 S. Thomae de Aquino, *Summa Contra Gentiles*, Torino: Casa editrice Marietti, 1934, p. 9。

莱什的耶稣会学校学习过,对这种知识并不陌生,他似乎是从上述经院神学家那里了解到这一证明的。这一推理虽然包含了一些非常美妙的内容,却并不完满。[①] 我们不妨将这一证明归纳如下:凡能够由一件事物的概念推证出来的东西都能够归因于这件事物。如是,则从一个最完满或最伟大的存在者的概念中,便能够推证出它的存在。所以,存在便能够归于这个最完满的存在者即上帝,或者说上帝存在。小前提的证明如下:最完满或最伟大的存在者包含着所有的完满性,从而也包含存在,因为存在无疑是一种完满性,因为存在要比不存在更大些或更伟大些。但要是不用完满性和伟大这些概念,这种证明方式便会显得更加合适也更加严谨。必然存在者存在(也就是说,一个存在者其本质即是存在,或者说一个存在者自行存在),即使从这些术语本身看就是明白的。现在,上帝,照上

---

　　① “这一推理虽然包含了一些非常美妙的内容,却并不完满”,莱布尼茨对安瑟尔谟—笛卡尔关于上帝存在的本体论证明的这一评语表明莱布尼茨并不是像阿奎那那样,企图推翻这一证明,而是企图改造这一证明。罗素在谈到莱布尼茨的这一立场时曾经比较中肯地指出:“莱布尼茨不大采用笛卡尔从安瑟尔谟那里改造过来的本体论证明,而且他还对笛卡尔形式的这种证明提出了严厉批评。……对于这些证明,莱布尼茨反驳说,它们并没有证明上帝的观念是一个可能的观念。他承认它们证明了只有对于上帝下面一点才是真的,这就是如果上帝是可能的,他就存在着。这种反驳早已有人向笛卡尔提了出来,而笛卡尔在对他的《沉思》的第二篇诘难的回答中已作了答复。莱布尼茨轻而易举地证明了上帝的观念是可能的。它的可能性是后天地根据偶然事物的存在而得出的;因为必然的存在就是自己存在,如果这居然不是可能的,那就没有什么会是可能的了。但这种证明方法更确切地说属于宇宙论证明。”参阅罗素:《对莱布尼茨哲学的批评性解释》,段德智、张传有、陈家琪译,陈修斋、段德智校,商务印书馆 2000 年版,第 209—211 页。

帝的定义看,即是这样一种存在。所以,上帝存在。① 这些证明是可靠的,只要你承认一个最完满的存在者或一个必然的存在者还是可能的,且不蕴含任何矛盾,或者说是与同一件事物相等的东西,一个本质便可以从中推导出存在。但只要这种可能性并非推证出来的,上帝的存在便绝不能被视为完全是由这样一个证明推证出来的。一般来说,一如我很早以前就已经指出过的,我们必须承认,只要一件确定事物的定义不被认为表达了某种可能的事物,便不能可靠地从中推断出关于这件事物的任何东西。因为它偶尔蕴含了某种隐秘的矛盾,那就有可能从中推演出某种荒谬的东西。②

同时,从这个证明中我们确实了解到上帝的本性具有一种值得赞赏的优越性,这就是:只要它可能的,则由于这样一个事实本身,它就存在,但这个证明却不足以证明其他事物的存在。所以,

---

① 总的来说,笛卡尔在《哲学原理》中所作出的关于上帝存在的本体论证明有循环论证的嫌疑。因为按照笛卡尔《哲学原理》第一部分第13节的说法,我们心中的观念或知识的确定性、可靠性和实在性依赖于"上帝"或"我们关于上帝的知识",这就是说我们心中的观念是"果",上帝或我们关于上帝的知识则为"因";但按照他在第13节以及后面几节的说法,我们可以从我们心中的观念(关于上帝的观念)推断出"上帝的存在"来,这就是说,我们心中的关于上帝的观念为"因",上帝或上帝存在则成了我们心中关于上帝观的念的"果"。

② 在这里,第一个手稿还列举了一个莱布尼茨后来删除的例子。其内容如下:"例如,设一个有限事物A,其定义是'一个绝对必然的野兽'。A以下述方式被证明存在:依据一条无可怀疑的公理,凡绝对必然的事物都存在。根据定义,A是必然的。所以,A存在。但这是荒谬的。对此的回答必定是:这个定义或概念是不可能的,从而不能被允许作为一个假设。"

总的来说,莱布尼茨鲜明地将逻辑的可能性和必然性与存在区别开来,从而坚决反对主张本质存在的普遍逻辑原则,尽管他也强调本质也要求和追求存在。他的这一哲学主张也内蕴有反对斯宾诺莎主义的理论倾向。

在获得了有关上帝存在的几何学证明之后,以一种对几何学的严格性足够的精确性推证出来的依然只是一种可能性。同时,一件仅仅需要可能性的事物的存在因此便获得了很大的确实性和可信性;还有一些必然的事物是以另外一种方式确立起来的,偶然事物就是因此而得以存在的。

　　对第 18 节的评论。① 我们有一个关于完满存在者的观念,这个观念的原因因此存在,也就是说,一个完满的存在者存在(此乃笛卡尔的第二个证明),这一说法比由上帝的可能性出发进行的上帝存在的证明更加值得怀疑,从而遭到许多以最高热情不仅承认上帝的可能性而且也承认上帝存在的思想家的否认。② 按照我的

---

　　① 笛卡尔《哲学原理》第一部分第 18 节的标题为:"由此,我们还可以得出结论说:上帝存在。"该标题中的"此"指的是第 17 节的主题,亦即"我们每个观念的对象的完满性越大,其原因的完满性也必定越大"。

　　② 笛卡尔关于上帝存在的这一证明的出发点是上帝观念的来源,故而也被称作从上帝观念的来源出发的上帝存在的证明。笛卡尔的这二个证明其实是为了解决他的第一个证明中的困难提出来的。因为按照他的第一个证明,上帝存在的根据在于我们心中有一个完满的上帝观念,这就势必使笛卡尔陷入由"我思"推演出"我在",再由"我在"推演出"上帝在"的逻辑链条之中。因此,笛卡尔的这一证明虽然突出了"我思故我在"这一哲学第一原理的崇高地位,但却有可能削弱作为绝对实体的上帝的"本体论"地位。也许正是出于这样一种考虑,笛卡尔在作出他的关于上帝存在的本体论证明的同时,又提出了他的从上帝观念来源出发的上帝存在的证明,讨论了我们心中完满的上帝观念的来源问题。笛卡尔第二个证明的核心观点就是他在《第一哲学沉思集》中强调指出的:"如果一个至上的存在者不存在,这个观念就不能在我们心中。"而他的第二个证明的基本理据无非是"原因必须大于或等于结果"以及"无中不能生有"这些"首要概念"。他写道:"因为,在一个结果里没有什么东西不是曾经以一种同样的或更加美好的方式存在于它的原因里,这是首要的概念,这个概念是明显得不能再明显了;而无中不能生有这另一个普通概念本身包括了前一个概念,因为,如果人们同意在结果里有什么东西不是曾在它的原因里有过的,那么也必须同意这是从无中产生

记忆,笛卡尔大致说过当我们以理解我们所说的内容的方式说到
某件事物时,我们就有了关于这件事物的观念,这种说法并不可
靠。^①因为常常会出现这样一类事情:我们将一些原本不可共存的
事物结合到一起,例如当我们想到一个最快的运动时,但这肯定是
不可能的,因此并非一个观念;然而我们却可以言说它,理解我们
所意指的东西。因为我在别处也已经解释过,我们常常只是混乱
地想到我们所谈论的对象,我们并未意识到我们心灵中有个观念
存在,除非我们充分地理解了这件事物并对它作出了充分的
分析。^②

的;而如果显然这'无'不能是什么东西的原因,那只是因为在这个原因里没有和在结
果里同一的东西"(笛卡尔:《第一哲学沉思集》,庞景仁译,商务印书馆 1986 年版,第
139 页)。也许正因为笛卡尔本人已经考虑到了他的这两个证明之间的这样一种关联,
他在《哲学原理》中才强调说:"由于我们心中有上帝的或一个至上存在者的观念,所
以,我们才能够正当地考察我们是由什么原因获得这一观念的"(Rene Descartes,
Principles of Philosophy, translated by Valentine Rodger Miller and Reese Miller,
Dordrecht:D. Reidel Publishing Company, 1983, p. 10)。

①　莱布尼茨从巴黎时期起就一直反复不断地驳斥关于上帝存在本体论证明有
关观点。1684 年,莱布尼茨在《学者杂志》上刊文指出:笛卡尔从坎特伯雷大主教安瑟
尔谟那里借来的关于上帝存在的本体论证明虽然"很美并且真的很机智","但还有一
个漏洞需要加以修补。在《人类理智新论》中,莱布尼茨又进一步批评说:"笛卡尔的
另一个论证,是企图证明,因为上帝的观念是在我们灵魂之中,而它必须来自它的本
原,因此上帝存在,这论证是得不出这样的结论的。因为……这论证也和前一论证
共同的这一缺点,就是假定了有这样一个观念,即上帝是可能的。因为笛卡尔所引以
为据的,即当我们说到上帝时,我们知道我们说的是什么,因此我们对他具有观念,这
是一种欺人之谈,因为例如当我们说到永动机的运动时,我们也知道我们说的是什么,
可是这种运动是不可能的事,因此我们对它只能是表面上具有观念"(参阅莱布尼茨:
《人类理智新论》,陈修斋译,商务印书馆 1982 年版,第 514—515 页)。

②　第一个手稿还补充说:"同时,在我们身上存在有上帝观念,这也一点不假。
因为上帝是可能的,这一点最真实不过,从而上帝是存在的,并且这两个方面的意义也
都是我们所知的。所有的观念都以一定的方式为我们先天固有,感觉并未做任何事
情,无非是使心灵转向它们,这一点我在别处就已经证明出来了。"

对第 20 节的评论。① 这第三个证明，在所有其他的事物中也具有同样的缺点，这就是：当假定了在我们身上存在有一个关于至上完满性即上帝时，便由此得出结论说上帝存在，因为具有这一观念的我们存在。

对第 21 节的评论。② 由我们现在存在这个事实我们能够得出结论说我们下一个瞬间也将存在，除非存在有一个变化的理由。所以，除非以某个别的方式能够确定如果没有上帝的恩泽便不可能存在，从我们自己的绵延中便没有任何东西能够确定上帝的存在；这就好像这种绵延的一个部分完全不依赖另一个部分似的，对此，我们是不可能承认的。③

对第 26 节的评论。④ 即使我们是有限的，我们还是能够认识

---

①　笛卡尔《哲学原理》第一部分第 20 节的标题为："我们并非由我们自己造出来的，而是由上帝造出来的，从而上帝存在。"

②　笛卡尔《哲学原理》第一部分第 21 节的标题为："我们存在的绵延便足以证明上帝的存在。"

③　笛卡尔在第 21 节中写道："时间的本性或事物绵延的本性……是这样一种东西，其各个部分并不相互依赖，而且永远也不会同时存在；因此，我们不能由我们现在存在这个事实而得出结论说，下一个瞬间我们还存在，除非有某个原因（亦即最初产生我们的那一个原因）似乎重新继续产生我们；也就是说，保存我们。"这样，笛卡尔便将意识的内容原子化或碎片化，并且因此而使笛卡尔派将意识的每一个状态都解释成一种独特的上帝的创造。莱布尼茨的有关评论针对的正是笛卡尔和笛卡尔派的这样一种理论倾向。事实上，莱布尼茨是藉他的力的概念来为心灵的时间中的运行提供出一种内在统一性和自我决定性的。

④　笛卡尔《哲学原理》第一部分第 26 节的标题为："我们永远都不要讨论无限的事物，我们只要把那些我们觉察不到其界限的事物视为无定限的即可；如世界的广延、物质各个部分的可分性以及星辰的数目都是我们觉察不到界限的东西。"

无定限事物的许多东西：如关于渐近线的许多东西，或者说关于那些虽然无限地连续接近却永远不会相交的线段的许多东西；关于那些在长度上无限但在面积上却并不比一个给定的有限空间更大的空间的许多东西；以及关于无限系列总数的许多东西。否则，关于上帝，我们便不会知道任何确定的东西了。不过，对一个问题知道某些东西是一回事，理解这个问题，也就是说，这个问题中所隐藏的所有东西均在我们能力所及范围则又是一回事。

　　对第 28 节的评论。① 至于上帝自己行事的各种目的，我倒是既充分相信它们是能够被认识到的，也充分相信探究它们具有至上的价值；而且，鄙视这样一种探究并非没有危险，也并非没有什么可疑之处。一般而论，无论什么时候，只要我们看到任何事物有特殊的用处，我们便可以可靠地断言，上帝创造这件事物时他自己打算的各种目的中的一个目的正在于它提供这些服务，因为上帝不仅知道这件事物的这样一种用处，也计划到了这件事物的这样一种用处。我在别处已经指出，而且也已举例说明，一些具有重大意义的受到遮蔽的物理学真理是能够藉考察目的因予以发现的，藉动力因反倒不那么容易发现。②

---

① 笛卡尔《哲学原理》第一部分第 28 节的标题为："我们绝对不要考察受造物的目的因，而应去考察它们的动力因。"

② 反对目的因是近代西方哲学、特别是西方近代机械论哲学的一个比较普遍的特征。《哲学原理》的这一节典型地体现了这一特征。他写道："最后，关于自然事物，我们不应当从上帝或自然在创造这些事物时所设定的目的来进行任何推理，因为我们

对第 30 节的评论。[①] 即使我们承认完满的实体存在,它无论如何都不会成为不完满性的原因,我们还是不应当据此排除掉笛卡尔引进来的导致怀疑的真实的或虚假的理由,这一点,我在前面第 13 节中就已经指出来了。

对第 31、35 节的评论。[②] 我并不认为各种错误更多依赖的是意志而非理智。赋予真假东西的凭证(前者就是去认识,后者就是去犯错)无非是对一些知觉或理由的意识或记忆,从而并不依赖于意志,除非就我们可能为某种倾斜的装置带到某一点在那里我们似乎看到了我们希望看到的东西而言,在那种情况下我们甚至一

不应当擅自认为我们能够成为上帝的知己,可以与之共商鸿图。我们只能在将上帝视为万物动力因的前提下,看看从上帝愿意让我们对其属性具有某种概念的东西,关于他的显现给我们感官的各种结果,他赋予我们的自然智慧究竟能够启示给我们一些什么东西"(Rene Descartes, *Principles of Philosophy*, translated by Valentine Rodger Miller and Reese Miller, Dordrecht:D. Reidel Publishing Company, 1983, p. 14)。斯宾诺莎在《伦理学》中也明确反对目的论,强调指出:"自然本身没有预定的目的,而一切目的因只不过是人心的幻象"(斯宾诺莎:《伦理学》,贺麟译,商务印书馆 1981 年版,第 36 页)。莱布尼茨之所以恢复古希腊和中世纪的目的论,其目的正在于反对近代西方哲学的片面的机械论性质。

① 笛卡尔《哲学原理》第一部分第 30 节的标题为:"由此我们可以得出结论说,凡我们明白知觉到的一切事物都是真实的,从而上述种种怀疑都是可以排除掉的。"本句中的"此"指的是第 29 节阐述的上帝具有"最高等级的诚实无欺"这样一种美德。

② 笛卡尔《哲学原理》第一部分第 31 节的标题为:"我们的错误从上帝方面讲,只是一些否定,但从我们方面讲,它们是一些缺乏。"而第 35 节的标题为:"意志扩展的范围超过理智,从而构成错误的原因。"

无所知。① 请参阅前面第 6 节。因此,我们不是由于我们意愿才去作判断的,而是由于有些事物出现才去作判断的。至于意志达到的范围超过理智,这种说法与其说是真实,毋宁说是机巧。说白了,这未免有点俗气和花哨。我们意欲的只是那些显现给理智的东西。所有错误的源泉就它自己的方式而言与我们在算术计算中所观察到的错误的理由并无二致。因为由于缺乏注意或记忆,我们常常做了那些我们不应做的事情,或是没有去做我们应当去做的事情,或是我们认为我们已经做了我们未曾做的事情,或是我们以为我们并未做过我们已经做过的事情。所以,在计算活动(心灵中的推理与此相一致)中往往会出现下述情形:必要的数字并未记下来,但不必要的数字却记了下来,或是一些东西在结合中被遗漏了,或是并未充分遵守有关计算方法。因为当我们的心灵疲倦或

① 意志自由问题既是笛卡尔哲学中的一个重大问题,更是莱布尼茨哲学中的一个重大问题。笛卡尔也特别赞美人的自由和自由意志。他强调指出:"人的最高的完满性在于他能够通过意志而活动,或者说他能够自由活动,从而他才以一定的方式成为其行动的始作俑者,并且因此而值得赞赏"(Rene Descartes, *Principles of Philosophy*, translated by Valentine Rodger Miller and Reese Miller, Dordrecht: D. Reidel Publishing Company, 1983, p. 17)。但笛卡尔的自由或自由意志学说中有两点是莱布尼茨不肯苟同的。其一是笛卡尔特别强调的自由或自由意志的"任意性"。他在《哲学原理》中写道:"很显然,在我们的意志中存在有自由,对许多事物,我们都有完全的能力或是同意或是不同意。"其二是笛卡尔侧重于对自由或自由意志的负面评价,把我们的认识方面的错误归咎于我们的自由意志。他写道:"为了判断,我们不仅需要理智,而且还需要意志","我们错误的原因在于意志将其范围扩展到理智的范围之外","我们的一切错误都依赖于意志","我们虽然并非蓄意犯错误,但我们却是通过我们的意志犯错误的"(Rene Descartes, *Principles of Philosophy*, translated by Valentine Rodger Miller and Reese Miller, Dordrecht: D. Reidel Publishing Company, 1983, pp. 16、17、18、19)。莱布尼茨则主张将理智和意志的职能分开,将认识(判断)和真理方面的事情归于理智,将行为(实践)和善恶方面的问题归于意志,同时他还认为我们的意志活动应当建立在理智活动或理智计算上面。

心烦意乱时,它对其当下的运作便缺乏充分的注意,或是由于记忆出错,有些事物只是由于它常常给你留下印象,或者考察它时注意力更为集中,或是由于更加渴望获得它,我们的心灵便误认为这些在我们身上变得比较固定的东西在很早以前便已经得到了证明。对于我们各种错误的补救措施也和我们在计算中的补救措施没有什么两样:注意质料和形式,缓慢地进展,重复和改变我们的运作,引进测试和核实,将较长的推理链条分解成多个部分以便心灵获得喘息的机会,转而藉特殊的证据来证实每一个部分。而且,既然我们有时行为太过仓促,则通过实践使心灵到场便非常重要,就像在嘈杂声中或没有书面计算的情况下,依然能够计算很大数字的人进行计算那样。因此,心灵并不是那么容易走神的,不管是通过外在的感觉,还是由于它自己的想象和情感都是如此,但是容易超然于它正在做的事情,而保留其批评的能力,或是如通常所说的反思它自身,以至于它能像一个外在的监控器那样,不断地对它自己说:"关注你正在做的事情,你为何要做这件事情?逝者如斯!"德国人用了一个妙语:理解你自己(sich begeiffen);法国人有一个同样巧妙的字眼:想想你自己(s'aviser);仿佛是在提醒一个人的自我,使人想到一个人的自我似的,就像罗马侍从向罗马候选人指出有影响的公民的名字和功绩一样,或者就像提词人给一个喜剧演员说出一些线索一样,或者说就像某个年轻人向马其顿的菲利普喊道:"请记住你也是凡人!"但这种批评本身,这种想想你自己,并不在我们的能力范围之内,也非我们意志的选择;它必定首先是对我们的理智发生的,而且,它也依赖于我们当前的完满性程度。意志的事情在于事先以全部热情努力奋斗,事先妥当地装备心灵。做好这件事大有益处，部分地是通过对他人经验、伤害和危险的默思；部分地要利用我们自己的经验，如果可能的话，这是没有危险的，至少其包含的伤害微乎其微，以至于可以忽略不计；部分地通过训练心灵，使其在思考问题时能够遵循一定的序列和方法，以至于稍后所要求的态度可以说是自发地体现出来。不过，也有一些问题是我们注意不到或避免不了的，并不会因为我们不犯错便不对我们发生；在这些问题上，我们所出现的过失并非由于判断失误所致，而是由于记忆和精神能力所致，因此在犯错方面并不像在无知方面那么多，因为认识和记住我们所意欲的一切并非我们力所能及。这并非一个适合我们在这里深究的问题。我们藉以纠正注意力分散的那类批判性反思在这里对于我们就足够了。任何时候，只要记忆向我们报告了过去可能并不可靠的证据，我们就应当保存这种可疑的混乱的记忆，如果可能，如果这个问题重要，那就重复我们的探究，如果我们对它们极其细心和认真，我们就信赖这些过去的证据。

　　对第 37 节的评论。[1] 人的最高的完满性不仅在于他能自由活动，更重要的还在于他能够依据理性而活动。[2] 更确切地说，这两者其实是一回事。因为一个人运用理性时受到情感冲动的干扰越少，他就越是自由。

————————

　　① 笛卡尔《哲学原理》第一部分第 37 节的标题为："人的最高的完满性在于他能够自由活动，或者说他能够通过意志而活动，这使得他应当受到赞赏或责罚。"
　　② 从这个意义上讲，莱布尼茨比笛卡尔更加理性主义。因为他明确地把理性视为人的最高规定性。

对第 39 节的评论。①问我们的意志是否被赋予自由与我们的意志是否被赋予意志其实是一回事。自由与意志行为(liberum et voluntarium)其实是一个意思。因为自由与自发性加理性是一个东西,②而进行意欲活动也就等于通过由理智知觉到的一个理由而活动。但这种理由越是纯粹,它与低劣和混乱的知觉混合得越少,有关行为便越是自由。对判断的克制并非意志的事情,而是理智的事情,因为是理智将某种批判性反思加到自己身上的,这一点我在论第 35 节时便已经说到了。③

对第 40 节的评论。④ 任何一个人,只要他相信上帝虽然事先规定了所有的事物但他本人却是自由的,只要这些观点在他面前出现了冲突但他却只用笛卡尔推荐的答案予以回应,也就是用他的心灵有限而不能理解这些问题这样一个说法予以回应,在我看来,他就是在回答这个结论,而不是在回答这个证明,就是在砍断这一纽结而不是在解开这一纽结。问题并不在于我们是否理解这个问题本身,而在于当它被指出来以后我们是否理解了我们自己的荒谬。在信仰的奥秘之间确实不存在任何矛盾;在自然的奥秘

----

① 笛卡尔《哲学原理》第一部分第 39 节的标题为:"意志自由是自行认识到的。"

② 莱布尼茨曾经指出:"自由乃同理性结合在一起的自发性。"(libertas est spontaneitas intelligentis.)参阅 *G. W. Leibniz*:*Die philosophischen Schriften* 7, hrsg. von C. I. Gerhardt, Hildsheim: Georg Olms Verlag, 2008, p. 108。

③ 在这里,莱布尼茨针对的显然是笛卡尔对意志或意志自由"任意性"及其对我们判断影响的决定性的强调。

④ 笛卡尔《哲学原理》第一部分第 40 节的标题为:"所有的事物都是由上帝预先规定好的,这也是确定不移的。"

之间就更其如此了。所以,如果我们希望以哲学家的身份行事,我
们就必须再次审视这一证明,认识到这一证明由于貌似真理而蕴
含有来自你自己论断的矛盾的结论,而且我们还必须进而揭露其
中所蕴含的谬误,如果我们不犯错误的话,这样一种谬误便确实始
终是可能的。①

---

　　①　应该说,笛卡尔和莱布尼茨都是既承认上帝的前定也承认人的自由的,但他们
对于这两者之间的一致性或统一性的理论方式却大相径庭。笛卡尔认为,"如果我们
想要调和上帝的前定和我们的意志自由,并且同时理解这两者,我们便会很容易陷入
巨大的困难"。这是因为既然我们认识上帝,"知觉到他身上所具有的能力如此无限,
以至于如果我们判定我们能够craft上帝事先并未规定的任何事情便是一种罪过"。但在
笛卡尔看来,灵丹妙药还是有的,这就是充分理解人心的有限性和上帝能力的无限性。
他写道:"不过,我们也可以摆脱这些困难,只要我们记住我们的心灵是有限的;而上帝
的能力是无限的,凭借这种能力,上帝不仅能够事先永恒地知道现在存在或能够存在
的所有事物,而且还能够意欲这些事物和事先规定这些事物;从而我们便能够充分理
解这种能力,明白清楚地知觉到这种能力即存在于上帝之中;不过我们却并不能够充
分理解上帝的这种能力,不明白它究竟是用什么样的手段使人的自由行为未受到影
响。另一方面,如果我们记住,即便如此,我们还是能够非常清楚地意识到我们身上有
一种自由和漠然处事的能力,再没有什么东西比我们对此理解得更为明晰和完满了"
(Rene Descartes, *Principles of Philosophy*, translated by Valentine Rodger Miller
and Reese Miller, Dordrecht:D. Reidel Publishing Company, 1983, pp. 18、19)。在莱
布尼茨看来,人的自由却首先是一个重大的哲学问题。但笛卡尔在这里却不是以哲学
家的身份在讨论问题,而是以神学家的身份在讨论问题。纵观莱布尼茨的一生,他的
哲学人生的一项根本努力即在于以哲学家的身份来讨论和阐释这一哲学问题。例如,
莱布尼茨在《神正论》中就曾经通过区分"绝对的必然性"与"假设的必然性"批驳了一
些人将"上帝先知先见的确定性"与"人的自由"对立起来的观点。他写道:"(未来偶然
事件的)确定性来自真理的真实本性,而不可能损害自由;但还有来自其他方面的别的
确定性,首先是来自上帝先知先见的确定性,许多人一直认为这种确定性同自由相对
立。他们说,凡先知先见的事情便都不可能不存在,他们这样说也不无道理。但我们
却并不能够由此推断出凡先知先见的事情都是必然的。因为所谓必然真理是那种其
反面是不可能的真理,或者说是那种不能够包含矛盾的真理。但是,像我明天将写作
这样的真理却并不具有这种本性,从而它就不是必然的。不过,既然假定上帝事先看
到了它,则它之发生就是必然的;也就是说,这个结果是必然的,亦即它存在,因为它已

对第 43、45、46 节的评论。[①]我在别处已经注意到这样一个事实,即只有明白清楚的东西才应当予以承认这样一条著名的规则并无大用,除非有人能够对明白和清楚提供出胜过笛卡尔的标志。亚里士多德和几何学家的规则更为可取,这就是:除原则外,也就是除第一真理或假设外,我们什么都不应当予以承认,除非得到了可靠论证的证明。所谓可靠的论证,我指的是那种既没有形式错误也没有质料错误的论证。当除原则以及藉可靠的论证由原则进一步推证出来的东西外还假定了任何其他的东西时,便有了质料的错误。所谓正确的形式,我不仅将其理解为公共三段论形式,而且还将其理解为事先推证出来的别的形式,这种形式是由于其结构而成为确实的。算术和代数运作的形式也有这种要求,就像会计的各种形式一样,而且,其实在一个意义上,审判程序的形式也是如此,因为有时我们满足于依据一定程度的概率行事。不过,迄今为止,处理概率等级计算的具有很大实用价值的逻辑部分依然需要探讨;我自己在这方面已经写下了许多东西。关于形式,请进一步参阅我在下面"对第 75 节的评论"中说到的内容。

经被事先看到了;而上帝是绝无谬误的。这就是人们所谓假设的必然性(une nécessité hypothétique)这个术语的含义。但我们这里所说的却并不是这样一种必然性;我们所要求的是一种绝对的必然性(une nécessité absolute),从而我们能够说一个行为是必然的,不是偶然的,不是自由选择的结果。此外,我们很容易看到,先知先见本身并没有为这种未来偶然事件真理的确定性增加任何东西,除非这种确定性因此而成为已知的;但这却并没有增大这些事件的确定性或所谓未来性,而这些却是我们从一开始就认同的"(莱布尼茨:《神正论》,段德智译,商务印书馆 2016 年版,第 212 页)。

① 笛卡尔《哲学原理》第一部分第 43 节的标题为:"如果我们只同意我们明白清楚知觉到的东西,我们便永远不会犯错。"第 45 节的标题为:"何谓明白的知觉,何谓清楚的知觉。"第 46 节的标题为:"由痛苦这个例证可以看出,一个知觉即使不清楚,也能够明白;但除非它明白,它就不可能清楚。"

对第 47、48 节的评论。[①] 有人(我并不认识他,很可能是夸美纽斯[②])很早以前就曾正确地指出:虽然笛卡尔在第 47 节中允诺概略地列举所有的简单观念,但他在第 48 节中却立刻抛弃了我们,在列举了几个简单观念之后,他加上了"等等"字眼。此外,他列举的那些简单观念中,有几个其实并非简单观念。这种探究比现在思考的问题意义还要重大。

对第 50 节的评论。[③] 藉更简单的观念推证那些虽然相对简单但人们的偏见却使他们无法承认的真理是最值得做的一件事情。

对第 51 节的评论。[④] 实体的定义,作为其存在仅仅需要上帝协助(Dei concursu)的东西,不知是否适合我们所认知的任何受造

---

　　① 笛卡尔《哲学原理》第一部分第 47 节的标题为:"为了纠正我们年轻人的偏见,我们必须考察我们的简单观念,并且考察每个简单观念中究竟什么是明白的。"第 48 节的标题为:"进入我们知觉中的所有对象应当被视为各种事物,或是应当被视为各种事物的各种状态,或是应当被视为永恒真理;并附带列举一些事物。"

　　② 夸美纽斯(John Amos Comenius,1592—1670),捷克教育改革家和宗教领袖,深信通过全民教育制度可以促进人类的和平与合作。曾先后应邀到英国、法国、美国和匈牙利等国办学和讲学。其著作主要有《教学宏论》、《图画中见到的世界》、《敞开的语言之门》、《分析教学法》和《幼儿学校》等。

　　③ 笛卡尔《哲学原理》第一部分第 50 节的标题为:"这些永恒真理是可以明白知觉到的,但并非所有的人都能知觉到,这是由于偏见的缘故。"

　　④ 笛卡尔《哲学原理》第一部分第 51 节的标题为:"何谓实体? 这个术语并不能单义地应用到上帝和受造物上面。"

的实体,除非我们以异乎寻常的意义对它作出解释。①因为我们不仅需要别的实体;我们还需要我们自己的偶性,我们甚至还需要多得多的东西。所以,既然实体和偶性相互依赖,用其他标志来区别实体和偶性就必不可少。其中可能有这样一种标志:实体虽然总是需要一些偶性,但它却往往并不需要一种确定的偶性,而是当这一个偶性撤走后,它便满足于用另一种偶性取而代之。不过,一个偶性一般来说不仅需要某个实体,而且需要的还是那种其本身即固有这样一种偶性的实体,以致它不可能使之发生任何变化。但还有其他一些东西,意义更加重大,更值得深入讨论,关于实体的本性问题我将放到别处讨论。

---

① 这句话的原文为:Definitio substantiae, quod solius Dei concursu indigeat ad existendum, nescio an ulli substantiae creatae nobis cognitae competat, nisi sensu quodam minus pervulgato interpreteris。莱姆克将其英译为:I do know whether the definition of substance as that which needs for its existence only the concurrence of God fits any created substance known to us, unless we interpret it in some unusual sense。看来与原文有出入,似有误。

实体概念在近代西方哲学中所享有的哲学地位远远高于其在现当代西方哲学中的地位。罗素在谈到这一点时曾经指出:"实体概念支配着笛卡尔的哲学,而在莱布尼茨哲学中的重要性一点也不次于前者。但是,莱布尼茨赋予这个词的意义却有别于他的前辈,而这种意义转换正是他的哲学的创新性的主要源泉。莱布尼茨本人就曾强调过这一概念在其哲学体系中的重要地位。针对洛克,他极力主张实体概念并非模糊到哲学不可思考它的程度。他说,对实体概念的考察是哲学中最为重要又最富于成效的一点;最基本的真理,甚至那些关于上帝、灵魂和物体的真理,都是从他的实体概念推证出来的。……笛卡尔主义者曾经把实体定义为其存在仅仅需要上帝协助的。实际上,它们用实体意指的就是其存在不依赖于同任何别的存在物的关系的东西;因为上帝的协助是一个棘手的、令人尴尬的条件,这曾经使笛卡尔宣称:严格地说,只有上帝才是实体。"罗素还正确地说道,莱布尼茨与笛卡尔派不同,他将独立性和活动性,特别是将"内在的活动力"视为实体的本质规定性。参阅罗素:《对莱布尼茨哲学的批评性解释》,段德智、张传有、陈家琪译,陈修斋、段德智校,商务印书馆 2000 年版,第 45—52 页。

对第 52 节的评论。①我承认每个实体都有一个主要的属性来表达它的本质,但如果我们指的是一个个体实体(substantiam singularem),我怀疑它能否用言辞加以解释,尤其是用寥寥几个语词加以解释,这样一来,实体的其他属相就会藉定义来解释了。② 我发现,许多人都非常自信地断言:广延构成了有形实体的公共本性(substantiae corporeae naturam communem),但这样一种说法却从未得到证明。③ 毫无疑问,无论是运动或活动,还是抵

① 笛卡尔《哲学原理》第一部分第 52 节的标题为:"'实体'这个术语可以单义地应用到心灵和物体上面;以及实体是如何被认知的。"

② 关于个体实体及其属性,莱布尼茨在《形而上学谈》第 8 节中曾经作过比较详尽的阐述。他写道:"诚然,当若干个谓词(属性)属于同一个主词(主体)而这个主词(主体)却不属于任何别的主词(主体)时,这个主词(主体)就被称作个体实体。但对个体实体仅仅作出这样的界定还是不够的,因为这样一种解释只是名义上的。因此,有必要对真正属于某一特定主词(特定个体)的东西作一番考察。很显然,所有真正的谓词在事物的本性中都有一定的基础,而且当一个命题不是同一命题时,也就是说,当这个谓词并不明显地包含在主词之中时,它就在实际上包含在主词之中了。哲学家们所谓'现实存在'(in-esse),即是谓此,从而他们说,谓词存在于主词之中。所以,主词的项必定包含该谓词的项,这样,任何完满理解这个主词概念的人也就会看到这个谓词属于它。事情既然这样,我们也就能够说,一个个体实体或一个完全存在(un estre complet)就是具有一个非常全整的概念,以致它足以包含这个概念所属的主词的所有谓词,并且允许由它演绎出这个概念所属的主词的所有谓词。"在莱布尼茨看来,在个体实体情况下,属性的概念所指的只能是个体事物系列的规律。莱布尼茨指出,我们能够具有一个完全的属相的定义。因为一个特殊受造物的本质是不可能藉有限分析达到的,但属相的定义却可以仅仅藉局部概念达到。

③ 莱布尼茨在这里批评的"广延构成了有形实体的公共本性"这样的观点,主要针对的就是笛卡尔。因为笛卡尔在第 53 节中即明白断言:"每个主体都有一个主要的属性,例如思想是心灵的主要属性,广延是物体的主要属性。"笛卡尔还具体指出:"实体实际上是藉它的任何一个属性而被认知的;但每个实体都只有一个主要属性构成它的本性和本质,而所有其他的属性都与之相关。例如,具有长、宽和高的广延便构成了有形实体的本性;而思想则构成了能思想的实体的本性。因为凡能够归于物体的其他一切都以广延为先决条件,无非是有广延的事物的某种样式,都依赖于有广延的事物;同样,我们在心灵中所发现的所有属性都无非是思想的各种不同的样式。"参阅 Rene Descartes, *Principles of Philosophy*, translated by Valentine Rodger Miller and Reese Miller, Dordrecht:D. Reidel Publishing Company, 1983, pp. 23—24。

抗或受动,都不可能由广延产生出来。那些在物体的运动或碰撞中观察到的自然规律也不能仅仅由广延概念产生出来。这一点,我在其他地方已经证明出来了。其实,广延概念并非一个原初的概念,而是可以分解的。因为一个有广延的存在者蕴含有一个连续整体(totum continuum)的观念,在这一连续整体中同时存在有许多事物。更充分地说,在广延中要求有一种其本身是相对的概念,一件有广延的或连续的事物就像白色存在于牛奶之中一样,构成其本质的乃一个物体之中的事物(in corpore id ipsum quod ejus essentiam facit)。这种东西的重复,无论它如何重复,也都是广延。我完全赞同惠更斯的观点,高度评价他在自然问题和数学问题上的意见:空的空间概念与单纯的广延概念是一回事(eundem esse loci vacui et solius extensionis conceptum)。在我看来,可移动性或原型本身都不可能仅仅由广延得到理解,而只能由广延的主体加以解释,位置(locus)不仅为其所构成,而且也为其所充实。

对第54节的评论。[①] 我回忆不起我们的作者或者其信徒曾对思想实体没有广延或有广延的实体没有思想作过完满的推证,从而我们能够确定在同一个主体中一个属性不为另一个属性所要求,而实际上永远不可能与之一起存在。毫不奇怪,即使《真理的探求》的作者(他也曾作过卓越的批评性评论)也曾经正确地指出,

①　笛卡尔《哲学原理》第一部分第54节的标题为:"我们如何能够对思想实体、有形实体,同样对上帝,有明白而清楚的概念。"

笛卡尔派对思想并未给出一个清楚的概念；所以，他们并不精确地知道思想中究竟蕴含有什么样的内容也同样不足为奇。[①]

对第 60、61 节的评论。[②] 否认诸样式之间的实在的差别在语词的公认用法方面是一种不必要的改变。因为迄今为止，各种样式一直被视为各种事物，从而一直被视为在实在性上具有差别，就像蜡的球形不同于一块正方形一样。诚然，一个图形转变成另一个图形是一种真正的改变，从而它也有实在的基础。

对第 63 节的评论。[③] 将思想和广延视为能思想的实体和有广延的实体本身，在我看来，似乎既不正确也不可能。这样一种权宜之计实在可疑，这和嘱咐我们将"可疑的"视为"虚妄的"如出一辙。[④] 对事物的这样一种歪曲往往致使心灵固执己见、执迷不悟。

---

① 原稿中还有下面一句话："同时，物质和心灵也确实完全不同，我们将在适当的时候将这一点阐述得更加清楚明白一点。"(Interim verissimum est，toto genere diversaesse Animam et materiam，ut ex nostris aliquando melius apparebit.)参阅 *G. W. Leibniz：Die philosophischen Schriften* 4，Herausgegeben von C. I. Gerhardt，Hildesheim：Georg Olms Verlag，2008，p. 361。

② 笛卡尔《哲学原理》第一部分第 60 节的标题为："论各种差别，首先论实在的差别。"第 61 节的标题为："论样式的差别。"在第 60 节中，笛卡尔在断言存在有三种差别，也就是实在的差别、样式的差别和理性的差别之后，着重阐述了实在的差别。在第 61 节中，笛卡尔着重阐述了样式的差别。在第 62 节中，笛卡尔着重阐述了理性的差别。

③ 笛卡尔《哲学原理》第一部分第 63 节的标题为："我们如何能够清楚地认识到思想构成心灵的本性，而广延构成物体的本性。"

④ 笛卡尔是在前面第 2 节嘱咐我们将"可疑的"视为"虚妄的"。该节的标题即为"凡可疑的事物都必须进而认为是虚假的"。参阅 Rene Descartes，*Principles of Philosophy*，translated by Valentine Rodger Miller and Reese Miller，Dordrecht：D. Reidel Publishing Company，1983，p. 3。

对第 65—68 节的评论。[1] 笛卡尔追随古代学者在根除偏见方面提供了有用的服务,这些偏见使热、颜色和其他一些现象似乎成了我们的身外之物,因为水在一只手上感到很热,过了一会就觉得它不那么热了;一个人开始时在变成粉末的混合物中看到了绿色,但当他的眼睛受到工具的帮助时便不再看到绿色了,而是看到了黄色和蓝色的混合物,而且借助更好的工具以及其他的观察或推理,还能够进而理解这两种颜色的原因。由这些观察看来,这些东西似乎并非我们的身外之物,这些东西的错觉是显现给我们的想象力的。[2] 我们通常像孩子们那样,误以为彩虹的末端有一罐

---

① 笛卡尔《哲学原理》第一部分第 65 节的标题为:"我们如何也能认知它们的样式。"其中的"它们"指的是能思想的实体和有广延的实体二者。第 66 节的标题为:"对于我们的感觉、情感和欲望,尽管我们往往作出不正确的判断,可我们究竟如何能够明白地认识到它们。"第 67 节的标题为:"我们甚至在对痛苦的判断方面也往往犯错。"第 68 节的标题为:"在这些问题上,我们明白认识到的东西必定区别于我们能够受到欺骗的东西"。

② 莱布尼茨在这里所说的其实涉及西方哲学史上的第二性质学说。这种学说认为,物体的大小、形状等属性是物体本身所固有的,是不依赖我们的感觉器官而存在的,是为第一性质;但冷热、颜色和味道等却并非物体所固有的性质,而是依赖于我们的感觉器官,是为第二性质。在西方哲学史上,第一个提出这样一种学说的是德谟克里特。德谟克里特认为,原子的形状、位置和秩序是客观存在,但各种感觉却是我们人"约定"的。他说:感觉"不是按照真理,而是按照意见显现。事物的真理是:只有原子和虚空。甜是约定的,苦是约定的,热是约定的,冷是约定的,颜色是约定的"(《德谟克里特残篇》9)。至近代,德谟克里特的这种观点为伽利略所恢复,为笛卡尔所接受。例如,笛卡尔在第 66 节中就批判了那种将第二性质与第一性质混为一谈的做法。他写道:"我们大家都一无例外地自幼就认为我们所观察的一切事物在我们的心灵之外存在着,而且还认为它们与我们的感觉,即与我们所具有的有关它们的知觉完全一样。例如,当我们看见某种颜色时,我们就以为我们看到了一件坐落在我们身外的事物,而且还以为那件东西与我们那时在我们自身之中所经验到的那种颜色的观念完全一样。"也正因为如此,笛卡尔在第 69、70 节中强调指出:"我们认识大小、形状等与我们认识颜色和痛苦等的方式完全不同。""我们如果以为我们自己在对象中看到了颜色,我们便容易陷于错误,便容易主张说,存在于对象中的所谓颜色是和我们所知觉到的

子黄金,彩虹的末端触及大地,他们徒劳无益地跑向那里,试图找到这个金罐子。①

对第 71—74 节的评论。②在我对第 31 节和第 35 节的评论中,我已经对错误的原因作出了一些评论。这些也为我们在这里讨论的种种错误提供了理由。因为孩提时代的偏见属于那类未经证明的假设。再者,心智疲惫往往导致注意力减弱,而语词的含混则属于符号的滥用,从而蕴含了一种形式的错误。用一句德国谚语说就是:这就好像我们在计算中用 X 取代了 V 一样,或者说就像一个药剂师用雄黄取代龙血(sanguines draconis)放进药方中一样。

的颜色完全一样的一种东西,而且我们此后还会认为,我们对于我们自己所完全知觉不到的这种颜色有明白的知觉。实则我们自己并不知道所谓颜色究竟是什么,而且也不能设想我们所认为的存在于对象中的那种颜色与感觉中所意识到的那种颜色有任何相似之处"(Rene Descartes, *Principles of Philosophy*, translated by Valentine Rodger Miller and Reese Miller, Dordrecht:D. Reidel Publishing Company, 1983, pp. 30,31—32)。

①　原稿中还有下面一句话:"同时,当我们用来言说颜色和热这些现象的基础时,我们若说颜色和热存在于事物之中,便是正确的。"莱布尼茨的这样一种强调便将他自己与德谟克里特的"约定论"区别开来了。

②　笛卡尔《哲学原理》第一部分第 71 节的标题为:"我们错误的主要原因来自我们儿童时接受的偏见。"第 72 节的标题为:"我们错误的第二个原因在于我们不能够忘掉我们的偏见。"第 73 节的标题为:"第三个原因在于我们关注那些并不呈现给感官的对象而变得疲乏;从而,我们在判断这些对象时往往不习惯于依据现在的知觉,而依据先入为主的意见。"第 74 节的标题为:"第四个原因在于我们使我们的概念依附于语词,但这些语词却并不与事物完全一致。"

对第 75 节的评论。[①] 在我看来，似乎只有给古人以应有的评价而不去藉沉默来掩盖他们的功绩才算公正，而藉沉默来掩盖古人的功绩对我们自己是极其有害的。亚里士多德在他的逻辑学著作中所阐述的东西，虽然不足以让我们发现事物，但对于我们判断事物一般而言却是足够的，至少在那里与必然的结论是相关的。关于人类心灵的各个结论仿佛藉一些数学规则稳固下来是一件重要的事情。而我也曾经指出：引进一系列问题中的各种谬论所犯的是违反逻辑形式的过错，其犯错的频率比通常认为的还要高。所以，为要避免所有的错误，没有什么比极其坚定和严格地运用最普通的逻辑规则更为必要的事情了。但由于问题的复杂性往往使得极其坚定和严格运用最普通的逻辑规则很难坚持下去，我们便在科学和行为领域提供一些特殊的逻辑形式，但这些形式应当事先受到那些体现考察过的该学科特殊本性的普遍规则的推证。正因为如此，欧几里得对各个比例的转换、组合和划分都有他自己的确定的逻辑，他的这样一种逻辑都是先在《几何原本》的某一卷里证明过，然后才应用到整个几何学中的。因此，无论是简洁还是自信都确定不移，我们所具有的种类规则越多，我们便越能增进科学。[②] 还要补充一点的是，我在第 43 节以下各节所注意到的有关所谓"形式论证"的内容应当推广到超出通常认为的范围。

---

① 笛卡尔《哲学原理》第一部分第 75 节的标题为："综述我们为正确进行哲学思考而必须恪守的那些规则。"

② 莱布尼茨在这里所说的涉及欧几里得《几何原本》第 4 卷的内容。在第 4 卷里，欧几里得发展了他的比例原理。

对第二部分的评论①

对第 1 节的评论。② 笛卡尔用以表明物质事物存在的证明缺乏力量；他若不作这样的证明反倒更好些。他的这一证明的主旨在于：我们为何知觉到物质事物的理由在于我们身外；所以，这一理由不是在上帝身上或某个别的人身上，就是在物质事物本身上面。这一理由不会在上帝身上，因为倘若没有任何物质事物存在，上帝就会成了一个骗子；它不会在某个别的人身上，因为他可能忘掉证明这回事；所以，这一理由在这些事物本身上面，所以，它们存在。③ 对此，我能够这样回答：感觉可能来自上帝之外的某个别的存在者，因某些重要的理由他允许其他的恶存在，他也能允许我们在没有使他自己成为骗子角色的情况下受骗，尤其是因为这并不包含任何伤害，我们若不受骗反倒更加不利。此外，由于这个证明忽略了另外一种可能性而存在有一个更进一步的谬误，这就是：在我们的感觉实

---

① 笛卡尔《哲学原理》第二部分的标题为"论物质对象原理"。

② 笛卡尔《哲学原理》第二部分第 1 节的标题为："我们何以确定地知道物质对象存在的理由。"

③ 笛卡尔在这一节在"论证"我们确定知道物质对象存在的"理由"时指出："因为我们明白地理解这个信以为真的事物不仅完全异乎上帝，而且完全异乎我们或我们的心灵。再者，我们似乎明白地看到有关物质的这个观念来自外在的事物，它完全表象的就是外在的事物；而且，一如我们已经注意到的，成为一个骗子与上帝的本性也格格不入。所以，我们必须确定不移地得出结论说：存在有一种实体，具有长宽高三个维度，而且它还具有我们在有广延的事物身上明白设想到的所有那些特性；而这种有广延的实体也就是我们所谓的实体或物质。"参阅 Rene Descartes, *Principles of Philosophy*, translated by Valentine Rodger Miller and Reese Miller, Dordrecht: D. Reidel Publishing Company, 1983, pp. 39—40。

际上很可能来自上帝或某个别人的同时,判断(关于感觉的原因是否在于我们身外的某个对象的判断)以及由此产生的欺骗本身便可能根源于我们。当颜色和诸如此类的其他东西被认为是实在对象时,同样的情况也会出现。而且,由于先前的过失,灵魂可能会因这样一种充满欺骗的生活而受到谴责,在这样的生活中,他们接受到的是阴影而非事物。柏拉图派似乎并未收回这样一种意见,因为这种生活在他们看来就像莫耳甫斯①洞穴中做的一个梦,心灵就像诗人们常说的那样,在来到这里之前便由于致命的酗酒而丧失了理性。②

对第 4 节的评论。③ 笛卡尔通过列举物体的其他属性并且一一排除它们而试图证明物体只在于广延。但他本来应当证明,他的列举是完全的;而且,也不是所有的属性都能够正确地排除掉的;实际上,那些执着于原子,也就是执着于最硬物体的人所持守的并非硬度在于不屈服于手的压力的物体,而是在于保持它的形状。而且,那些在抗变性或不可入性中发现物体本质的人,不是从我们的手或任何一种感觉,而是从下面这个事实中推导出物体的概念,这一事实就是:一个物体并不让位于另一个与之同质的物体,除非它运动到别的地方。例如,如果我们设想一个骰子有六个

---

① 莫耳甫斯(Morpheus)即睡梦之神,是希腊神话中睡神许普诺斯(Hypnos)的一个儿子。他把各种各样的人形托给做梦的人,他的兄弟佛贝托尔和芳塔索斯则托以动物和无生命的形象。

② 莱布尼茨在原稿中还补充说:"我在别处曾讨论过物质事物的实在性究竟在于什么这样一个问题。也请参阅'对第一部分的评论'中'对第 4 节的评论'。"

③ 笛卡尔《哲学原理》第二部分第 4 节的标题为:"物体的本性并不在于重量、硬度、颜色或其他类似的属性;而仅仅在于广延。"

与之完全一样的骰子同时且以同样的速度聚集到它上面,以至于它们中每一个的一面都与这个受到限制的骰子的一面完全一致,则无论是这个受到限制的骰子还是它的任何一个部分受到推动离开它的位置,都是不可能的,不管它被认为是易弯曲的还是坚硬的都是如此。但如果这个中间的骰子被认为是可穿透的广延或纯粹的空间,则这六个一致的骰子就将以它们的边缘相互反对;但如果它们是易弯曲的,就没有什么东西能够阻止它们的中间部分闯入受到限制的骰子的空间。由此我们可以理解存在于坚硬性与不可入性之间的区别:坚硬性只是某些物体的一种属性,而不可入性则属于所有物体的属性。笛卡尔本来不仅应当考虑到坚硬性,而且还应当考虑到不可入性。①

---

① 事实上,笛卡尔在论证物体的本性仅仅在于广延时,只列举了"重量"、"硬度"和"颜色"等属性。他写道:"这样,我们就将知觉到,一般来说,物质的本性或物体的本性并不在于它是硬的、重的、有颜色的,或以其他方式影响我们的感官;而仅仅在于它是一种在长、宽、高三个维度上具有广延的事物。因为就与硬度相关的而言,我们的感官告诉我们的,不外是坚硬物体与我们的手接触时,就抵抗我们手的运动。但只要我们的手以一定的方向运动,位于那里的物体以我们的手接近的速度后退时,我们就将肯定永远感觉不到任何坚硬性。然而,我们以任何方式都无法理解,这样后退的物体会因此而不再具有物体的本性。由此看来,物体的本性并不在于坚硬性。"参阅 Rene Descartes, *Principles of Philosophy*, translated by Valentine Rodger Miller and Reese Miller, Dordrecht:D. Reidel Publishing Company, 1983, pp. 40—41。
　　莱布尼茨在解释物体的"坚实性"时,曾经写道:"一个物体抵抗另一个物体,或者是在它要离开已占有的位置时发生的,或者是当它准备进入一个位置,但由于另一物体也尽力要进入因而使它未能进入那位置时发生的,在后一种情况下,就可能发生这样的事,即一个不让另一个,它们就停住或互相推挤着。抵抗力是在那被抵抗者的变化中使人看到的,它或者失去了力量,或者改变了方向,或者两样同时发生。而我们可以一般地说这种抵抗力是来自两个物体的厌恶于共处在同一位置,我们可以把它叫作不可入性。"其中所谓"不可入性"也就是我们所说的"不可入性"。参阅莱布尼茨:《人类理智新论》,陈修斋译,商务印书馆1982年版,第96页。

对第 5、6、7 节的评论。① 笛卡尔值得赞赏地解释了稀薄和稠密；认为我们藉感觉知觉到的稀薄和稠密在我们既不必承认分散在物质内部的虚空存在，也不必承认同一物质部分维度变化的情况下也能够发生。

对第 8—19 节的评论。② 那些捍卫虚空观念的人有许多主张空间乃一种实体，从而不可能为笛卡尔的证明驳倒。要求有其他一些原则来终结这种争论。他们将承认在它们所属的事物之外没有任何存在的余地，但他们却否认空间或场所是物体的量；他们宁愿假设空间具有一种与包含在这一空间之中的那个物体的量相等的量或容积。笛卡尔本来应当证明，一个物体的空间或内在场所

---

① 笛卡尔《哲学原理》第二部分第 5 节的标题为："关于稀薄和虚空的偏见模糊了关于物体实在本性的真理。"第 6 节的标题为："稀薄是如何发生的。"第 7 节的标题为："以任何一种其他的方式，稀薄都不可能得到合理的解释。"笛卡尔认为稀薄的物体是那些"其各个部分之间有许多空间为别的物体所充实的物体"。参阅 Rene Descartes, *Principles of Philosophy*, translated by Valentine Rodger Miller and Reese Miller, Dordrecht：D. Reidel Publishing Company，1983，p. 41。

② 笛卡尔《哲学原理》第二部分第 8 节的标题为："量和数因其只存在于我们设想它们的方式中而不同于那具有量并被计数的事物。"第 9 节的标题为："有形实体，当其区别于它的量或广延时，便被混乱地设想，仿佛它是无形的。"第 10 节的标题为："空间或内在场所的本性。"第 11 节的标题为："空间实际上与物质实体并没有什么不同。"第 12 节的标题为："在我们设想的方式方面，空间与物质实体如何不同。"第 13 节的标题为："何谓外在的场所。"第 14 节的标题为："空间与场所在那些方面不同。"第 15 节的标题为："外在的空间如何被正确地视为周围物体的表层。"第 16 节的标题为："说虚空或空间中绝对一无所有是矛盾的。"第 17 节的标题为："'虚空'一词在通常运用中，并不排除一切物体。"第 18 节的标题为："我们关于绝对虚空可能性的偏见如何必须纠正。"第 19 节的标题为："这就正证实了关于稀薄前面曾经说过的那些观点。"

与它的实体并无二致。① 那些坚持相反立场的人则以凡人的流行
概念来捍卫他们的观点,按照这样一种观点,一个物体接着另一个
物体进入前一个物体所遗弃的同一个场所和同一个空间,如果空
间与这个物体的实体本身相一致,事情就不能这么说。不过尽管
具有一个确定的位置或处于一个给定的场所对于一个物体可能是
偶然的,但这些对手不仅会承认既然接触是一种偶性,所接触的物
体因此也是一种偶性,而且还会承认场所本身也是该物体的一种偶
性。其实,在我看来,笛卡尔并未像他答复对手证明那样给他自己
的意见提供出健全的理由,在答复对手证明时,笛卡尔的确得心应
手,极其老到。他常常运用这样一种手腕,而非运用推证。但我们
则期待某些更多的东西,而且如果我没有弄错的话,人们也是欢迎
我们有这样一种期盼的。必须承认,虚无并无任何广延,这对于所
有擅用某种想象的人来说也是一种合适的反击,我不知道虚无究竟
应当属于哪类空间。但这样一种证明并未触及那些将空间视为实
体的人;如果笛卡尔在前面已经证明了他在这里所假设的东西,即
每一个有广延的实体都是一个物体,他们便确实会受到影响。②

---

① 所谓内在场所,在笛卡尔看来,就是一个物体的体积;所谓外在空间,就是这一
体积在一个更大整体之内的位置。因此,他将运动定义为这种外在位置相对于附近物
体的变化。

② 在第一个手稿中,还补充有下面一段话:"至于其他,我在将来某个时候将会进
一步阐明,一个物质团块本身并非一个实体,而是一个由各个实体所产生的堆集,而空
间无非是所有共同存在的事物的共同秩序,就像时间是并非共同存在的那些事物的秩
序一样"(参阅 Leibniz: *Philosophical Papers and Letters*, translated and edited by Le-
roy E. Loemker, D. Reidel Publishing Company, 1969, p. 411)。

其实,莱布尼茨早在 1686 年 11 月 28 日—12 月 8 日致阿尔诺信件的手稿中,就针
对阿尔诺的疑惑,对他的物质团块并非实体的观点作出了说明。他写道:"既然每个有

对第 20 节的评论。[①]这位作者对原子论的攻击似乎并不能令人满意。那些捍卫原子存在观点的人将会不仅认为原子既能够藉上帝的能力加以分割,也能够在我们的思想之中予以分割。但笛卡尔在这里甚至并未触及的问题(这实在让我惊愕不已)在于:具有自然的力克服不了的坚硬性的那些物体(按照他们的说法,原子的真正概念即是谓此)是否能够自然存在。然而,他在这里却宣称,他已经摧毁了原子论,[②]他的进一步工作整个说来还将继续这

———————

广延的物质团块都被视为由两个或上千个其他的物质团块组合而成的,而这里存在的唯一的广延性也就是藉接触而形成的那种东西了。这样一来,我们便永远找不到我们能够真正称作一个实体的物体了;而它就将始终是若干个东西的聚集。更确切地说,它将并非一个真正的存在,因为它的各个组成部分也将遇到同样的难题,从而我们将永不会达到一个真正的存在,因为这些由聚集产生出来的各种存在物所具有的实在性也就只能是它们的聚集中所具有的实在性。由此我们便可以得出结论说:一个物体的实体,如果它具有一个实体的话,便必定是不可分的;无论我们称之为灵魂还是称之为形式,对我而言都没有什么分别"(*G. W. Leibniz*:*Die philosophischen Schriften* 2,Herausgegeben von C. I. Gerhardt,Hildesheim:Georg Olms Verlag,1978,p. 72)。

至于莱布尼茨的空间观,他在其生命的最后阶段(即 1716 年)在其致克拉克的一封信里,针对牛顿的绝对空间观,曾经明确指出:"至于我,已不止一次地指出过,我把空间看作某种纯粹相对的东西,就像时间一样;看作一种并存的秩序,正如时间是一种接续的秩序一样。因为以可能性来说,空间标志着同时存在的事物的一种秩序,只要这些事物一起存在,而不必涉及它们特殊的存在方式;当我们看到几件事物在一起时,我们就察觉到事物彼此之间的这种秩序"(参阅《莱布尼茨与克拉克论战书信集》,陈修斋译,商务印书馆 1996 年版,第 18 页)。

①　笛卡尔《哲学原理》第二部分第 20 节的标题为:"这也表明任何一个原子都不可能存在。"

②　笛卡尔在这一节宣布:"我们也容易理解,任何一个藉它自己的本性成为不可分的原子或物质部分都不可能存在。……所以,严格讲来,这种微粒将依然是可分的,因为其本性即是如此。"参阅 Rene Descartes,*Principles of Philosophy*,translated by Valentine Rodger Miller and Reese Miller,Dordrecht:D. Reidel Publishing Company,1983,pp. 48—49。

样的事情。关于原子,我们下面还将在"对第 54 节的评论"中更多
地论及。①

　　对第 21、22、23 节的评论。② 世界在广延方面是不受任何限
制的,从而只能是独一的,整个物质到处都是同质的,从而只有诵
过它的运动和形状才能区分开来,这些就是笛卡尔基于有广延的
东西与物体是一回事这个命题所构建出来的意见,尽管这既没有
得到普遍承认,也没有得到作者的论证。③

　　对第 25 节的评论。④ 如果运动只不过是接触物的改变或直
接临近物的改变,那就可以得出结论说,我们永远不可能对被推动
的事物下定义。因为正如在天文学上同一个现象可以由不同的假
说予以解释,则将这种实在的运动无论是归因于改变它们相互邻
近物或位置的两个物体中的这一个还是那一个也就都是可能的事
情了。因此,既然它们中的一个是随意挑选出来或是处于静止状
态或处于在一条给定线段上以一种给定的速度运动,我们便可以
几何学的方式将运动或静止的东西归因于另一个事物,从而产生
出这一给定的现象。因此,如果在运动中再没有任何比这种相互

---

　　① 在第一个手稿中,莱布尼茨还补充说:"我们可以得出结论:根本不存在任何一
个别的根据。"

　　② 笛卡尔《哲学原理》第二部分第 21 节的标题为:"这还进一步表明:这个世界的
广延是无定限的。"第 22 节的标题为:"这同样表明:天上的物质和地上的物质都是一
样的,根本不可能有多个世界。"第 23 节的标题为:"物质的全部变化,或其形式的全部
差异,都依赖于运动。"

　　③ 第一个手稿还补充说:"不过,这些意见若以其他事物为根据也可能是真的。"

　　④ 笛卡尔《哲学原理》第二部分第 25 节的标题为:"何谓严格意义上的运动。"

变化更多的东西,那就可以得出结论说:自然中根本不存在将运动归因于一件事物而不是另一些事物的理由。而由此得出的结论便是:根本不存在任何实在的运动。例如,为了说某物在运动,我们就将不仅需要它相对于其他事物改变它的位置,而且还要求在它自身之内也存在有变化的原因,即一种力,一种活动。[①]

对第 26 节的评论。[②] 由前面一节所述,我们可以得出结论说:笛卡尔关于一个物体的运动并不比一个物体的静止需要更多活动的论断不可能得到支持。我承认力对于处于静止状态的物体面对相碰撞的物体维持其静止状态是必不可少的。但这种力并非处于静止状态的物体本身之中,因为四周的物体本身,由于其运动的力相互反对,而使这个处于静止状态的物体得以保持其给定的

---

① 由此看来,莱布尼茨是用物体的内在的力来破解运动的相对性难题的。莱布尼茨早在 1671 年就曾经指出:"几何学或位置哲学(philosophiam de loco)是达到运动和物体哲学(philosophiam de motu seu corpore)的一个步骤,而运动哲学又是达到心灵科学(scientiam de mente)的一个步骤。因此,我已经推证出有关运动的一些具有重大意义的命题,在这里我将谈到其中两个。首先,与笛卡尔所断言的相反,在静止的物体中根本没有任何黏合性或坚固性(cohaesionem seu consistentiam),再者,凡处于静止状态的物体,不管其如何小,都受到运动的驱动或划分。到后面,我将把这个命题进一步向前引申,发现没有任何一个物体处于静止状态,因为这样的事物与空的空间(spatio vacuo)将没有任何差别。由此,我们还可以接着得出有关哥白尼假说的推证以及自然科学中许多新奇的东西。……"(参阅 *G. W. Leibniz*:*Die philosophischen Schriften 1*, Herausgegeben von C. I. Gerhardt, Hildesheim:Georg Olms Verlag,2008,p. 71)。莱布尼茨在这里对其运动哲学和心灵哲学(力的哲学)的阐释无疑是他的这种思想的继续或深化。关于这一点,请进一步参阅莱布尼茨 1694 年致惠更斯的一封信以及莱布尼茨的《动力学样本》(1695)。

② 笛卡尔《哲学原理》第二部分第 26 节的标题为:"产生运动并不比产生运动的停止需要更多的活动。"

位置。①

    对第 32 节的评论。② 阿基米德③在他的《论螺线》一书中第一
个将他的论组合运动的研究成果传播给我们。开普勒在他的《光
学补遗》④中第一次将其用来解释倾斜角与反射角的相等,他是通
过将倾斜运动分解成垂直运动和平行运动达到这一步的。在这个
问题上,笛卡尔是遵循开普勒的,他在他的《屈光学》中就是这么做
的。⑤ 伽利略第一个显示了组合运动在物理学和力学中的充分
运用。

---

    ① 原初的手稿还有一句:"尽管完全静止的物体实际上是永远找不到的。"

    ② 笛卡尔《哲学原理》第二部分第 32 节的标题为:"如何正确理解对每个物体的
单一的特殊运动也可以被视为复合的。"

    ③ 阿基米德(公元前 287—前 212),不仅是古希腊一位伟大的物理学家,而且也
是一位伟大的数学家,他与高斯和牛顿并列为世界上三大数学家。他的《论球和圆柱》
中有对"无穷"概念的超前研究,其中蕴含有微积分思想。他的《圆的度量》利用割圆法
求得圆周率的值介于 3. 14163 和 3. 14286 之间,而且还证明了圆面积等于圆周长为底、
半径为高的等腰三角形的面积。他的《抛物线求积法》研究曲线图形求积的问题。他
的《论锥型体与球型体》确定了由抛物线和双曲线旋转而成的锥形体体积,以及椭圆绕
其长轴和轴旋转而成的球形体体积。他的《论螺线》明确螺线的定义及螺线的计算方
法,导出几何级数和算术级数求和的几何方法。

    ④ 《光学补遗》的外文在格尔哈特本中为 paralipomenis opticis;在莱姆克的《莱布
尼茨:哲学论文与书信集》中为 Optical paralimpomena。该著的全称为 Ad Vitelionem
paralimomena, quibus astronomiae pars optica traditur。该著于 1604 年出版。参阅
Leibniz:Philosophical Papers and Letters, translated and edited by Leroy E. Loemk-
er,D. Reidel Publishing Company, 1969, p. 411。

    ⑤ 笛卡尔不仅是一位伟大的法国哲学家和数学家,而且还是一位伟大的物理学
家。他的《屈光学》首次对光的折射定律进行了理论论证,还对人的视力失常的原因进
行了解释,并设计了矫正视力的透镜。

对第 33、34、35 节的评论。① 笛卡尔在这里所说的最为美妙，也最配得上他的天赋，这就是：在充实空间的每一个运动都包含有圆周运动，物质必定在某个地方被现实地分割成比任何一个给定的量都小的部分（quod necesse sit materiam actu dividi alicubi in partes data quavis minores）。然而，他似乎并未充分认识到他的后一个结论的重大意义。②

对第 36 节的评论。③ 笛卡尔派最著名的命题是事物中的运动量守恒（eandem motus quantitatem conservari in rebus）。不过，他们并未提供任何证明。因为没有谁看不出他们由上帝的恒久不变推导出这样一个命题证明的无力。虽然上帝的恒久不变可以是至上的，但除非他依据他已经制定出来的有关各个事物系列的各种规律，他便什么也改变不了，因此，我们便必定依然会追问

---

① 笛卡尔《哲学原理》第二部分第 33 节的标题为："在所有的运动中，各种物体如何同时运动形成一个完全的循环。"第 34 节的标题为："由此可以得出结论说：物质可以分割成无定限数目的部分，尽管这超出了我们的理解能力。"第 35 节的标题为："这种分割是如何发生的，我们绝对不要怀疑这种事情发生，即使我们理解不了。"

② 莱布尼茨从物质的无限可分性中推导出了这一学说的本体论意义。主要体现在下述三个方面：(1)"他不像笛卡尔那样将'物理学的不可分的点'转向抽象的思想上的'数学的不可分的点'，而是既超越德谟克里特的'物理学的不可分的点'，又超越笛卡尔的'数学的不可分的点'，而达到'形而上学的点'，并因此而建立起他的'单子论'这一新的实体学说。"(2)"他据此提出了中国盒式的自然有机主义"。(3)"他据此提出的前定和谐系统为解决笛卡尔的'身心关系'难题提供了一条崭新的路径。"参阅段德智：《莱布尼茨物质无限可分思想的学术背景与哲学意义——兼论我国古代学者惠施等人"尺捶"之辩的本体论意义》，《武汉大学学报》2017 年第 2 期。

③ 笛卡尔《哲学原理》第二部分第 36 节的标题为："上帝是运动的原初因；他始终维持宇宙中同一个运动的量。"

他曾经命令在这个事物系列中予以保存的东西究竟是什么，究竟是运动的量抑或是某种不同的东西，诸如力的量。我已经证明，上帝命令予以保存不变的毋宁是后者，这不同于运动的量，而且也常常会发生这样的事情：在力依旧保持不变的同时运动的量却发生了变化。我针对各种异议藉以表明并且捍卫这种观点的种种证明可以在别处读到。①但既然这个问题意义重大，我就将举例说明我的概念的核心内容。设两个物体：其中一物体 A 质量为 4 而速度为 1，而物体 B 质量为 1 而速度为 0，也就是说，处于静止状态。现在，我们设想物体 A 的整个力传送给了物体 B，也就是说，物体 A 归于静止状态，而只有物体 B 在它的场所运动。如果我们问物体 B 必定会是什么样的速度这个问题，按照笛卡尔派的观点，其答案便是：物体 B 应当具有速度 4，因为运动原初的量与现在的量在这时是相等的，因为质量 4 乘以速度 1 等于质量 1 乘以速度 4。因此，速度的增加与物体量的增加成正比。但在我看来，其答案应当是：物体 B，在其质量为 1 的时候，将接受速度 2，以便具有与其质

---

① 莱布尼茨在他的著作中曾不止一次地强调和论证事物中力的量守恒原理。例如，莱布尼茨 1686 年在《简论笛卡尔等关于一条自然规律的重大错误》一文中就曾明确指出："既然运动的力的总数在自然中应当保持不变，而不应当减少，因为我们永远看不到力会由于一个物体在其未传送给另一个物体的情况下丧失，或者说运动的力的总数在自然中应当保持不变，而不应当增加，一台永动机（a perpetual motion machine）便永远不可能造出来，甚至整个世界，作为一个整体，在不受到外部事物推动的情况下也不可能增加它的力。这使得主张致动力（motive force）与运动的量相等的笛卡尔断言：上帝在世界上保存着同一个运动的量"（*Leibniz：Philosophical Papers and Letters*，translated and edited by Leroy E. Loemker，D. Reidel Publishing Company，1969，p. 296）。同年，他在《形而上学谈》第 17 节中再次强调并论证说："关于自然律次级规则的一个例证，表明上帝始终系统地保存着同一个力，但却与笛卡尔派和许多其他人的主张相反，并非保存着同一个运动量。"

量为 4 而其速度为 1 的物体 A 一样多的力的量。我将尽可能扼
要地解释我的理由，以免我这样说好像没有任何理由似的。因此，
我说，物体 B 只有物体 A 此前曾经具有的一样多的力，或者说现
在的力和从前的力相等，这种说法值得证明。而且，为了更深刻地
解释这种真正的计算方法（这也是任何真正普遍数学的职责所在，
尽管它尚未践履），首先，很清楚，当它的简单的量被两次、三次或
四次重复时，力也就分别被两倍、三倍或四倍地增加了。所以，具
有相同质量和速度的两个物体就将具有其中一个的力的两倍。不
过，我们不能由此得出结论说：具有两倍速度的一个物体必定只具
有简单速度的一个物体的力的两倍。因为即使速度的等级可以被
两倍，具有这个速度的主体其本身却并不因此而复制出来，这就像
一个物体两倍大或具有同一个速度的两个物体被一个取代后，它
们不仅在运动方面而且在大小方面也就完全重复了这个物体。同
样，被提升 1 英尺高的 2 磅在本质上和力上正好是提升同样距离
的 1 磅的两倍，而两个被同样拉长的弹性物体也是其中一个的两
倍。但当具有这种力的两个物体并非完全同质且不可能以这样一
种方式相互进行比较或还原为物质和力的公约数时，就必须尝试
通过比较其同质的结果或原因来进行一种间接的比较。无论什么
样的每个原因所具有的力都等于它的整个结果，或等于因耗费它
自己的力所产生的那个结果。所以，既然前面提到的那两个物体，
其中物体 A 具有质量 4 和速度 1，而物体 B 具有质量 1 和速度 2，
并不具有完全的可比性，从而具有其简单重复就将产生出两者的
力的任何一个量都不可能指定出来，则我们便必须考察它们的结
果。让我们设定，这两个物体都是重的，而且物体 A 能够改变它

的方向和高度；由于它的速度为 1，它就将上升到 1 英尺的高度，而物体 B 由于它的速度为 2，它就将上升到 4 英尺的高度，这一点伽利略和其他人都已经证明过了。在每种情况下，结果都将完全耗费掉这力，从而也就等于产生它的原因。但这两个结果在力的方面相等，也就是提升 4 磅重的物体 A 达到 1 英尺高与提升 1 磅重的物体 B 到 4 英尺高相等。所以，这两个原因也相等；也就是说，具有 4 磅重和速度 1 的物体 A 在力的方面与具有 1 磅重速度 4 的物体 B 相等，就像我们已经说过的那样。但如果有人否认同一个力也为提升 4 磅重的物体达 1 英尺高和提升 1 磅重的物体达 4 英尺高所需要，或者说这两种结果是相等的（虽然除非我弄错了，几乎每个人都会承认这一点），他就会为这一条原则所折服。为使两个不平等的前后臂保持平衡，只有以 1 磅重的物体下降 4 英尺使 4 磅重的物体正好提升 1 英尺一途，而不可能做出更进一步的工作；①这样一来，这一结果便完全耗尽了这个原因的力，从而在力的方面与之相等。现在，我来总结一下。如果具有 4 磅重速度 1 的物体 A 的整个力传送给具有 1 磅重的物体 B，物体 B 就

---

① 与"为使两个不平等的前后臂保持平衡，只有以 1 磅重的物体下降 4 英尺使 4 磅重的物体正好提升 1 英尺一途，而不可能做出更进一步的工作"对应的拉丁文为：Nam adhibita inaequalium barchiorum balance utique per libram 1 descenentem ex pedibus 4，praecise attoli possunt librae 4 ad pedem 1，nec quicquam ultra licet praestare (*G. W. Leibniz*：*Die philosophischen Schriften* 4，Herausgegeben von C. I. Gerhardt，Hildesheim：Georg Olms Verlag，2008，p. 371)。莱姆克将其英译为：If I take a balance with unequal arms，4 pounds can be raised exactly 1 foot by the descent of 1pound for 4 feet，and no further work can be done (*Leibniz*：*Philosophical Papers and Letters*，translated and edited by Leroy E. Loemker，D. Reidel Publishing Company，1969，p. 395)，似欠精准。

必定接受到一个速度 2；或者与之相等的是，如果物体 B 先是处于
静止状态，而物体 A 处于运动状态，然后，物体 A 处于静止状态而
物体 B 处于运动状态，在其他条件保持不变的情况下，物体 B 的
速度必定是物体 A 的 2 倍，因为物体 A 的质量为物体 B 的 4 倍。
如果照通常所认为的，物体 B 应当接受 4 倍于物体 A 的速度，因为
它是它的质量的四分之一，从而我们就应当有一种永恒的运动，或
者说我们就应当有一种大于其原因的力的结果。因为当物体 A 在
运动时，它只能提升 4 磅重的物体达 1 英尺，或提升 1 磅重的物体达
4 英尺；但后来，当物体 B 受到推动后，它就能够提升 1 磅重的物体
达 16 英尺，因为高度是所举物体的力的速度的平方，从而 4 倍的速
度将把一个物体提升到 16 倍的高度。因此，在物体 B 的帮助下，我
们不仅在物体 A 因下降已经使其获得了其原初的速度之后能够再
次提升物体 A 达 1 英尺，而且我们还能做除此之外的许多别的事
情，从而展现了一种永久的运动，因为原初的力不仅得到了恢复，而
且还剩下了更多的力。再者，即使物体 A 的整个力传送给物体 B 这
个假设不可能完全实现，对于这个问题也无碍大局。因为我们这里
所关心的只是真实的计算，或者说只是按照这一假说物体 B 必须具
有多少力这样一个问题。即使这个力的一个部分保留了下来，只有
一部分被传送了出去，同样的荒谬性也依然存在，因为如果运动的
量被保留的话，各种力的量显然也不可能保留下来，因为运动的量
被认为是质量与速度的乘积，而力的量，一如我们已经证明了的，是
质量与由它的力量的力能够提升的高度的乘积，而高度则与上升速
度的平方成正比。同时，这一规则是能够确立起来的：当碰撞的物
体在其碰撞前后都沿着同一个方向运动时，而且当这些碰撞的物体

都相等时,力的和运动的同一个量便得到了保存。①

　　对第 37、38 节的评论。② 同一件事物,就其所处的状态而言,始终持续存在于这同一个状态,这一自然规律是确实无疑的,伽利略和伽森狄③他们两个以及一些其他人士长期以来都表示赞成。

---

　　① 莱布尼茨在这里承认:在物体并不反向运动的情况下,运动的量也能够保存。这预示了莱布尼茨自己的关于进展的量守恒的更为普遍的原则。这不同于笛卡尔的原则,考虑运动的代数的总和而不考虑算术的总和。他的这个思想后来在《动力学样本》(1695)中得到了更为系统的阐述。

　　② 笛卡尔《哲学原理》第二部分第 37 节的标题为:"自然的第一规律:每个事物,就其存在于它的力之中而言,始终保持着同样的状态;从而它一旦运动,就将始终继续运动。"第 38 节的标题为:"为何被抛出的物体一旦离手就会继续不断的运动。"

　　③ 伽森狄(Pierre Gassendi,1592—1655),法国物理学家、天文学家、数学家和哲学家。早年从事数学和神学研究,1614 年获神学博士学位,第二年被任命为教士。1617 年,任埃克斯大学哲学教授。后因其反对亚里士多德主义而引起耶稣会神父们的不满,于 1623 年被迫辞职。翌年,发表《对亚里士多德的异议》。1628 年之后的一段时间,主要研究天文学和物理学,是观察行星凌日现象的第一人,曾先后出版《论假太阳》、《弗卢德学说批判》、《天文学指南》等著作,极力维护伽利略的机械论和天文学说。此后开始研究伊壁鸠鲁的原子论。1640 年笛卡尔《第一哲学沉思集》出版后,伽森狄写出了《对六个沉思的第五组反驳》,笛卡尔对他的反驳进行了答辩,伽森狄的反驳与笛卡尔的答辩一并收入笛卡尔于 1642 年再版的《第一哲学沉思集》。此后,伽森狄又对笛卡尔的答辩进行了反驳。1644 年,伽森狄将他对笛卡尔《第一哲学沉思集》所有的反驳和诘难结集成册,以《形而上学的探讨,或为反对笛卡尔的形而上学而提出的怀疑和异议》为书名单独出版。1645 年,被任命为法国皇家学院数学教授。自 1647 年起,他开始深入研究并采纳伊壁鸠鲁的原子论,先后出版《伊壁鸠鲁的生平和学说》(1647)、《伊壁鸠鲁哲学大全》(1649)和《哲学体系》(1658,该书在作者死后由他人代为出版)。在《哲学系统》中,伽森狄采用了伊壁鸠鲁的哲学三分法,将哲学区分为逻辑学、物理学和伦理学。在逻辑学部分,伽森狄否定笛卡尔的天赋观念学说,强调经验和归纳法,但作为数学家,他也接受了演绎的推理方法。在物理学部分,他主张从机械论的角度来解释自然和感觉,我们的灵魂之所以具有理性和不朽,乃是因为人们认识道德价值和进行反思的能力,因此,我们的灵魂及其活动并不能用原子论予以说明。自然界的和谐即可证明上帝的存在。在伦理学部分,他认为幸福(灵魂的宁静和肉体无痛苦)就是人生的目的,但在人生中这个目的只能部分达到。

所以，下面这种事实在让人感到奇怪，这就是：在一些人看来，一个被抛射物会由于大气的缘故而有其连续运动，但下面一点却没有对他们发生，这就是：藉同一个推理，我们应当有同样的权利去寻找空气本身持续运动的某个新的理由。因为大气并不能像他们所主张的，推动这块石头向前运动，除非它自己有力量持续它所接受的运动，并且发现它自身由于这块石头的抵抗而在这种运动中受阻。

　　对第 39 节的评论。[①] 开普勒不仅看到了这一美妙的自然规律，依照这一规律，那些围绕着一个圆形的或弯曲的轨道进行旋转的物体努力以切线的路径离开这一轨道（在这方面很可能有人在他之先就看到了这一点），而且他还运用了这条规律，我认为这条规律的运用对于我们澄清引力的原因非常必要。开普勒的这些贡献显然来自他的《哥白尼天文学概要》（Epitoma Astronomiae Copernicanae）。[②] 笛卡尔正确地肯定了这条规律并且对其进行了卓

---

　　① 笛卡尔《哲学原理》第二部分第 39 节的标题为："第二条自然规律：所有的运动都自行沿着直线进行；因此，进行圆周运动的物体便始终倾向于朝离开其所环绕的圆心的方向运动。"

　　② 开普勒作为一位杰出的天文学家，发现了行星运动的三大定律，即轨道规律、面积定律和周期定律，有"天空立法者"的美誉。曾著有《宇宙的奥秘》（1596）、《新天文学》（1609）、《宇宙谐和论》（1618）、《哥白尼天文学大要》（1620）和《鲁道夫星表》（1627）等。在《宇宙的奥秘》一书中，开普勒试图用毕达哥拉斯和柏拉图的数学神秘主义来解释宇宙的结构和哥白尼的日心说。在《新天文学》一书中，开普勒提出并阐述了他的两大行星定律，即轨道规律和面积规律。其中轨道规律说的是每个行星都在一个椭圆形的轨道上绕太阳运转，而太阳位于这个椭圆轨道的一个焦点上。面积规律说的是行星运行离太阳越近则运行就越快，行星的速度以这样的方式变化：行星与太阳之间的连线在等时间内扫过的面积相等。在《宇宙谐和论》一书中，开普勒提出并阐释了行星运

越的解释,但却并未对它作出证明,这原本是人们寄希望于他的。

　　对第 40—44 节的评论。[①]在第 37 和第 39 节中,笛卡尔提出了两条真正的自然规律,这些自然规律都是自明的。但第三条规律在我看来,非但不是真理,反而甚至没有可能性,我十分诧异,像笛卡尔这样一个卓越人士的心灵中竟然会冒出这样的东西。然而,他却同时构建了他的运动规律和碰撞规律,并且还进而说这包含了物体特殊变化的所有原因。他是这样设想的:一个物体当其与另一个更有力的物体碰撞时,它并不会因这一更有力的物体而失去其任何运动,而只是改变了其运动的方向;不过,它却能从这一更有力的物体那里接受一些附加的运动。但在与一个力量较小的物体进行碰撞时,它失去的却仅仅是它传送给力量较小的物体同样多的运动。不过,实际上,只有在反向运动的物体碰撞的情况

动的第三定律(通称周期定律,也被人称作谐和定律):行星绕太阳公转运动的周期的平方与它们椭圆轨道的半长轴的立方成正比。在《哥白尼天文学大要》一书中,开普勒依据他的行星三大规律进一步阐释了哥白尼的理论,叙述了他个人对宇宙结构及大小的看法。该书论及日月食甚详,记述 1567 年的日食为“四周有光环溢出,参差不齐”,由此可见这不是日环食,而是日冕现象。《鲁道夫星表》是开普勒晚年依据他的行星三大运动定律和第谷的观察资料编制的一个行星表,该表空前精确地标出了各个行星的位置,直到 18 世纪中叶还被视为天文学上的标准星表。至于莱布尼茨在这一节所谈的内容,请特别参阅开普勒的《哥白尼的天文学大要》(*Epitome astronomiae Copernoicanae*)第 4 卷。

　　①　笛卡尔《哲学原理》第二部分第 40 节的标题为:“第三条规律:一个物体当迎面与一个更有力的物体接触时,其运动毫发无损;但当迎面与一个力量较小的物体接触时,便会丧失其传送给后者的运动。”第 41 节的标题为:“关于这条规律第一部分的证明。”第 42 节的标题为:“第二部分的证明。”第 43 节的标题为:“推动或阻止每一个物体的力在于什么。”第 44 节的标题为:“运动并不与运动相对立,而是与静止相对立;一个方向的限定即是另一个方向限定的反面。”

下,一个物体与一个更有力的物体相撞才不失去任何运动,其速度
不是保持就是增加。当一个力量较小但速度较快的物体碰上一个
力量虽大但速度却慢的物体时,与之相反的情况便发生了:后面物
体的速度会因碰撞而减小,事情普遍如此,这种现象在自然中也能
够看到。因为如果它在碰撞后继续运动,在任何情况下,它都不会
以它先前的速度继续运动,而不将这一速度赋予在它前面的那个
物体,在这种情况下,全部的力整个来说便会增加。如果它在碰撞
后进入静止状态,则这件事情本身便很清楚,它的速度因为碰撞而
减少并且实际上遭到了破坏。再者,对静止状态的这样一种进入
是在坚硬的物体[1]中发生的,这样一种情况始终应当被理解为:这
时,前面那个物体的质量超出后面那个物体的质量之比两倍于前
面物体的速度与后面那个物体的速度之比。[2] 最后,如果这个物体

---

　　① 更确切地说,莱布尼茨在这里意指的是具有完全弹性的物体。请参阅莱布尼
茨下面对第 56 节、第 57 节的有关讨论。

　　② 换言之,如果 m 代表质量,v 代表第一个物体碰撞前的速度,而 V 代表其在碰
撞后的速度;而 m_1 代表第二个物体的质量,v_1 和 V_1 代表第二个物体碰撞前后的速度,
第二个物体追上第一个物体,因此,当 $m - m_1 = 2v/v_1$ 时,$V_1 = 0$。莱布尼茨的公式源
自活力(vis viva)与动量(或前进的量)守恒原则,这两者只有在完全弹性物体的情况下
才为真:

$$Mv^2 + m_1 v_1^2 = mV^2 + m_1 V_1^2;$$

和

$$Mv + m_1 v_1 = mV + m_1 V_1,$$

藉(1)除于(2),其商为 V,取代(2)中的 V,从而得出这种情况下的方程式:$V_1 = 0$。
此外,这两句的原文为:Si quiescat post ictum, per se paatet celeritatem ejus esse
ictu imminutam: contingit autem quies in duris (quae hic simper subintelligo), cum ra-
tio excessus praecedentis super assequens est ad assequens duplum, ut celeritas praece-
dentis ad celeritatem assequentis(参阅 *G. W. Leibniz*: *Die philosophischen Schriften*
4, Herausgegeben von C. I. Gerhardt, Hildesheim: Georg Olms Verlag, 2008, p.
373)。莱姆克将其英译为:If it came to rest after the collision, it would be clear in itself

在碰撞后被推了回来,这个被推了回来的物体的运动就会比以前减少。因为否则向前运动的物体的速度就必定因其后面物体的附加的推动而增加,而且不管我们认为它是在其弹回之后增加其速度的还是仅仅保持其早先的速度,力的总数都将增加,这显然是荒谬的。

如果有人想要捍卫笛卡尔的观点,主张他的关于物体碰撞的第三条规律必须被理解为仅仅关乎反向运动的物体的碰撞,我倒乐意认同。但因此也就必须承认,他并未为同向运动的物体碰撞提供什么规律,尽管我们已经看到,他自己声称这条规律覆盖所有特殊情况。还有,如果他在第 41 节中尝试作出的这一证明正确,它就涵盖了碰撞物体的所有情况,不管它们是同向运动还是反向运动都不例外。但在我看来,这只是披着证明的外衣而已。我承认将运动的量和方向区别开来是正确的,我也承认有时其中一项变化而另一项却保持不变。但这两者也确实往往一起变化。其实,这两者一起工作以相互保存,而一个物体倾向于以它的整个力和它运动的整个量来保存它的倾向或方向。从这方向取走的任何东西,当这个方向保持不变时,也由于这一倾向而失去了,因为一个沿着同一个方向向前运动得更慢的物体更少受到限定来保存它。此外,如果一个物体 A 与一个处于静止状态的较小的物体 B

---

that its velocity had been diminished, and indeed destroyed, by the blow. This coming to rest, moreover occurs in hard bodies (which are here always to be understood) when the ratio of the excess of mass in the first body over that of the one overtaking it to the mass of the body overtaken is double the ratio of the velocity of the first body to the one overtaking it(参阅 *Leibniz*: *Philosophical Papers and Letters*, translated and edited by Leroy E. Loemker, D. Reidel Publishing Company, 1969, p. 396)。请读者参照阅读之。

发生碰撞,它就将沿着同一个方向继续运动,但运动的量却会变小;如果它与处于静止状态但却与它本身相同的物体 B 碰撞,它便停止了运动,以致当它本身依然处于完全静止状态时,它的运动便传送给了物体 B;最后,如果它与处于静止状态但却大于它的物体 B 碰撞,或是如果它与与之相等且方向相反的物体 B 碰撞,物体 A 就将只会折回。[①]因此,我们能够理解:物体 A 为要沿着与其原初方向相反的方向反射过来就需要有一个比仅仅将其带向静止的更大的相反的力才行,这样一个事实与笛卡尔所宣称的东西正相反。因为既然所反对的事物更大一些,或者说既然相反的倾向更大一些,则反对也就必定要更大一些才行。我支持他关于运动作为一种简单状态除非受到外在原因的破坏便保持不变这样一个命题,但这个命题之所以为真不仅是由于运动的量,而且还由于它的倾向所致。运动物体的这种倾向,或者说运动物体向前运动的倾向,其本身即有它自己的量,它的这种量比归于零速度或静止更加容易减少,而且比变成反向运动或后退运动更加容易遭到破坏或归于静止,就像我们刚刚指出来的那样。因此,即使一个运动并不与另一种类的运动对立,现在的运动也依然与一个与之相撞的物体的现在运动对立,而且一种向前运动也与另一种反向的向前运动对立,因为一如我们已经表明的,使一个前进运动变小与使其完全破坏或使之变成一种后退运动相比,只需要一种较小的变化或较小的对立。所以,在我看来,笛卡尔的推理似乎力图证明当

---

① 这些结论都是在 m 小于 m_1,m 等于 m_1 和 m 大于 m_1 并且 v=0 的情况下,对莱布尼茨关于物体碰撞一般方程式(见上注)得出来的。

两个物体反向运动时,它们便永远不应当断裂或破碎,而应当相互屈服,致使它们的形状相互塑造,其根据在于物质区别于形状,但在这种情况下物质并不与物质对立,而是形状与形状对立,而且当其形状改变时,物体中的物质的量也依然能够守恒。在任何情况下,我们都能够得出结论说:一个物体的大小永远不会改变,改变的只能是物体的形状。如果笛卡尔曾经考察过每个同另外一个物体相碰撞的物体在其遭到抵制后先是减速运动,尔后逐步停止,而且只有在这时才会折回,从而它就必定不是跳跃式地而是一步一步地从一个方向转到相反的方向,他就为我们制定了其他一些运动规则。我们必须承认,每个物体,不管它多么坚硬,在一定程度上都是可以弯曲的和具有弹性的;像一个充满气的球当其落到地面上或撞到一块石头上时便会弹回来一点,直到撞击它的东西推动或前进致使它的运动逐渐变弱,到最后完全停了下来,此后,这个球逐渐恢复它的形状并抵制这块石头,而现在则不再抵抗,或者说直到它自身从它降落到的地面上弹回。种种实验都使我们相信,在每次弹回中都会发生诸如此类的事情,即使我们看不到这种弯曲或恢复,情况亦复如此。但由于太相信后人,笛卡尔高傲地谴责以弹力解释反射的工作,[①]这项工作首先由霍布斯记录在案。我们无需重新考察他在《哲学原理》第二部分第 42 节中为了论证他想要颁布的这条自然规律最后部分所进行的推理,他的这条自然规律的最后部分主张:一个在进行碰撞的物体所失去的任何一个量都会添加到另一个物体上面。由于这样一个假设,运动的量便必定依然守恒,而我们在"对第 36 节的评注"中已

---

① 笛卡尔曾于 1641 年 1 月 21 日、2 月 7 日和 3 月 4 日致信梅森,论及此事。

经表明这样一个错误究竟多么严重。

对第 45 节的评论。[①] 在回到考察这位作者所提供的运动特殊规则之前,我将设立一个普遍的标准,也可以说是试金石,凭借这些标准,这些规则便有望得到考察。我通常将这一标准称作连续律(Legem continuitatis)。[②] 在别的地方,我已经解释过这项原则,但在这里必须予以重申并加以详述。[③] 当两个假设的条件或

---

① 笛卡尔《哲学原理》第二部分第 45 节的标题为:"如何可能确定一个物体的运动因与另一个物体的接触发生改变的程度;以及依据下述规则如何可能将这事完成。"

② 莱布尼茨一贯强调连续律。早在 1671 年,莱布尼茨就在《对物理学与物体本性的研究》中指出:"运动是连续的,并不为静止的短暂间隔所打扰"(*G. W. Leibniz*: *Die philosophischen Schriften* 4, Herausgegeben von C. I. Gerhardt, Hildesheim: Georg Olms Verlag, 2008, p. 229)。在《人类理智新论》中,莱布尼茨又指出:"任何事物都不是一下造成的,这是我的一条最大的准则,并且是完全证实了的准则:'自然从来不飞跃'。我最初是在《文坛新闻》上提到这条法则,称之为连续律;这条法则在物理学上的用处是很大的"(莱布尼茨:《人类理智新论》,陈修斋译,商务印书馆 1982 年版,第 12 页)。在《神正论》中,莱布尼茨又将连续律与他着重处理的一个重要理性迷宫关联起来,写道:"有两个著名的迷宫(deux labyrinths famoux),常常使我们的理性误入歧途:其一关涉到自由与必然的大问题,……;其二在于连续性和看来是其要素的不可分的点的争论,这个问题牵涉到对于无限性的思考。……第二个问题则是让哲学家们费心"(参阅莱布尼茨:《神正论》,段德智译,商务印书馆 2016 年版,第 61 页)。

③ 参阅莱布尼茨 1687 年发表在《文坛共和国新闻》7 月号上的一篇论文《论一项对藉考察上帝智慧来解释自然规律有用的普遍原则》。在这篇论文中,莱布尼茨将连续性规律说成是他"一向恪守的普遍秩序的原则","这项原则在推理中具有很大的价值,但我发现它至今并未充分地运用到它的整个领域,或者说并未在其整个领域内得到充分的理解。这项原则在无限者中有其根源,对几何学有绝对的必要性,但在物理学中也同样有用,因为至高无上的智慧,万物的源泉,作为一位完满的几何学家(parfait geometre)活动,遵照一种不能添加上任何一件事物的和谐行事。正因为如此,这项原则可以用作我的一个测试或标准,甚至在动手进行深入的内在考察之前,就能直接从外面来揭露一个构想拙劣的意见的错误。我们能够将其明确地表述如下:当在一个给定的系列中,或者说在一个预设的东西中,两个实例的差异能够减小,直至它能够变得比任何一个给定的量更小,则在所寻求的东西中或者说在它们的结果中的相应差也必定缩小,或者变得比任何一个给定的量都更小。"

两个不同的数据连续相互接近直到最后一个变成另一个,则寻求的结果也就必定相互连续地接近,直到最后一个可以被视为另一个,反之亦然。例如,一个椭圆的焦点依然是固定的,而其他的焦点则一步步地向后撤回,当正焦弦依然保持不变时,由此产生的新的椭圆便连续不断地接近一个抛物线,最后便完全成了另一个。也就是说,当后退焦点的距离变得无限大的时候,这些椭圆的属性也必定越来越接近一个抛物线的属性,直到最后,前者便变成了后者,而这个抛物线也能够被视为一个其第二焦点无限远的椭圆。一般来说,一个椭圆的所有属性因此就都能在一个被视为这样一个椭圆的抛物线中找到。几何学充满这样一类例证,而自然由于其最智慧的作者运用了最完满的几何学也遵守着同一条规则;否则,自然就不会遵循任何有序的进程了。因此,逐渐减小的运动最后在静止中消失不见了,而逐渐减小的不等也就变成了完全的相等,以至于静止能够被视为无限小的运动或被视为无限的慢,而相等则能够被视为无限小的不等。关于一般运动所推证出来的无论什么东西,或者说关于一般不等所推证出来的无论什么东西,都必定由于这个理由也必定受到静止或相等的检验,如果这种解释正确无误的话,事情就必定如此。所以,关于静止或相等的各项规则在一个意义上也能够被视为运动或不等各项规则的一些特例。如果不可能这样做的话,我们便可以确定,所制定的这些规则就是不一致的,或是错误构想出来的。因此,我们还将在"对第53节的评论"中表明,对于体现各色各样假设条件的连续不断的曲线来说,必定相应地有一个连续不断的曲线,这条曲线虽然体现了各种各样的结果,而笛卡尔的运动规则却是以一个荒谬的和不相连贯的图像表现出来的。

对第 46 节的评论。[①] 现在让我们来考察笛卡尔的各条运动规则。我们必须理解，物体就其他条件而言涉及坚硬的和未受阻的。[②]

第一条规则：如果两个相等的物体 B 和 C，具有相等的速度，直接相撞，这两个物体就将以它们接近的速度转向。[③]

这第一条规则是笛卡尔的各条规则中唯一一条全真的规则。它能够以这样一种方式予以推证：既然这两个物体的属性相等，这两个物体不是继续它们的运动，就是趋于静止，或是这两个物体相互排斥；如果这两个物体继续它们的运动，它们就会相互渗透，这是荒谬的；如果这两个物体趋于静止，在这种情况下，力就会失去；如果这两个物体相互排斥，它们就会以它们最初的速度相互排斥，这是因为如果其中一个物体的速度减小了，由于这两个物体属性相等的缘故，另一个物体也就必定随之减小。但如果这两个物体的速度都减小了，整个速度也就将会减少，但这是不可能的。

---

① 笛卡尔《哲学原理》第二部分第 46 节的标题为："第 1 条规则。"从第 46 节开始到第 52 节，笛卡尔依次考察了七条运动规则。

② 与这句话对应的原文为：Intelligentur autem corpora dura ne cab allis cirumstantibus impedita.

③ 参阅 Rene Descartes, *Principles of Philosophy*, translated by Valentine Rodger Miller and Reese Miller, Dordrecht: D. Reidel Publishing Company, 1983, pp. 64—65。

对第 47 节的评论。第二条规则：如果物体 B 和物体 C 以相等的速度相撞，但物体 B 大于物体 C，则只有物体 C 转向，物体 B 将继续向前运动；这两个物体都以它们此前的速度运动，从而它们也都顺着物体 B 的原初方向运动。[1]

这条规则是错误的，与前面一条规则相冲突，从我们刚刚确立起来的标准看，这一点显而易见。因为如果不等，或物体 B 对物体 C 的超出逐渐减小，直到变成完全相等，不等的各个结果也就逐渐变成相等的各个结果。所以，如果我们假设物体 B 在撞击物体 C 的过程中，以一种如此过分的力胜过物体 C，以致在碰撞后能够继续向前运动，那就会出现这样一种情况：如果物体 B 逐渐减小，它的向前运动也必定会逐渐减小，直到物体 B 和物体 C 之间达到了一定的比率，物体 B 最后处于静止状态，这时由于连续的减小，又变成了相反的运动；这种运动将逐渐增加，到最后，物体 B 和物体 C 之间的不等便被消除，各种运动便在相等的规则中销声匿迹了，在这种情况下，碰撞后的每个物体的退化运动便等于碰撞前的渐进运动，而这正是第一条规则所述的内容。

所以，笛卡尔的这第二条规则不可能站得住脚，因为不管我们将物体 B 减少到无论多么大的程度，以至于它接近物体 C 的大小，甚至这两个物体之间的差别变得莫名的小，如果我们可以相信他的话，与不等和相等这样两种情况相对应的结果就将依然很大，

---

[1] 参阅 Rene Descartes, *Principles of Philosophy*, translated by Valentine Rodger Miller and Reese Miller, Dordrecht：D. Reidel Publishing Company, 1983，p. 65。

从而不可能相互接近,因为物体 B 将始终沿着同一个方向以同一个速度继续运动,不管在物体 B 和物体 C 之间的差别变得多么小,事情都是如此。这样一来,这种不规则性最后可以说将会立即得到纠正,在各种结果中便会引进与条件的微小变化相对应的巨大间隙。在这一点上,亦即物体 B 对物体 C 的超出最后完全消失,它们之间的微小差别进一步减小,运动便必定由一定的进展可以说是以在一次跳跃中完全省略所有中间阶段的形式变成一定的退化。这样一来,在这个假设或给定的条件中,这两个具有无限小的差别(也就是比任何一个给定的数量都要小的差别)的例证,其结果将会具有最大和最显著的差别,以至于在最后瞬间必定是这两个物体既同时开始又同时结束它们相互接近的瞬间,而且这两个物体在相撞的瞬间既相互接近也相互分开,这显然是荒谬的。由此便可以得出结论说,这条关于相等物体的规则或者说这条关于具有无限小不等的物体的规则不能归入关于不等事物的普遍规则。所以,既然两个物体 B 和 C 不仅相等且具有相等的速度,根据第一条规则,当它们相互碰撞时,它们便都以它们此前的速度反折回来,那就必定能够得出结论说,在这种情况下,当物体 B 稍微增加或保持不变,物体 C 却被减少时,其结果便必定发生某种变化,而当物体 C 被尽可能多地减少时,或者说被完全消除掉时,便必定有某种东西添加到这一结果上来。但当物体 C 减小,变得小于物体 C 时,我们便能够由完全相等或者说由物体 B 的完全折回那样一种情况达到最大不相等或者说达到完全排除物体 C 及物体 B 畅通无阻的情况,而这只有通过逐渐减小物体 B 本身的折射才能实现出来。因此,当我们逐渐增加物体 B 和物体 C 的差别时,就会出现一个节点,在这一个节点上,物体 B 将完全不折回,而是好像陷于后退与前进的中途。如果这种差别进一步增加,物体 B 将继续以它先前的速度向前运动,虽然它的大小永远不可能连续增加到这样一个节点,致使它的先前向前运动的速度并不因与一个反向运动的物体的碰撞而减小,直到它与物体 C 的比率成为无限的,也就是说直到物体 C 完全消失不见或是被消除掉。这即是两个不相等但以同样速度相撞的物体运动的真正的方式;这在每个方面都既与理性相一致也与其自身相一致。不过,这里并不是确定作为结果的速度的量的地方;这是一个需要进一步考察的问题,对于这个问题,我在别处已经作过特殊的论述。

对第 48 节的评论。第三条规则:如果物体 B 和物体 C 相等,并且以不相等的和相反的运动相撞,然后速度更快的物体 B 带着其自身速度较小的物体 C 一起运动,它们的速度减去物体 B 的速度之差的一半添加到物体 C 的速度上去,以至于它们以相等的速度一起运动。①

这条规则与前面一条规则一样,也是错误的,不仅与理性冲突,而且也同样与经验冲突。因为运用我们的标准,设速度更快的物体 B,依照假设,带着那个速度较慢的物体以上述方式一起运动,再设物体 B 的速度连续不断地减小,直到这两个物体变得相

---

① 参阅 Rene Descartes, *Principles of Philosophy*, translated by Valentine Rodger Miller and Reese Miller, Dordrecht:D. Reidel Publishing Company, 1983, p. 65。

等或变成等于同一件事物的东西,直到物体 B 的速度对物体 C 的速度的超出变得无可比拟地小。这时,这两个物体便一起以物体 B 本身的速度运动,以根本指定不出来的量减小。但这是荒谬的,并且与第一条规则相矛盾,而第一条规则正确地断言:在大小和速度都完全相等的情况下,这两个物体便都以它们自己的速度折回,至少在速度上以根本指定不出来的量区别于它们。而且,一个在消失的不等的结果也不可能不消失而成为相等的结果。

对第 49 节的评论。第四条规则:如果物体 B 小于物体 C,且当物体 C 处于静止状态时,物体 B 在运动,物体 B 就将以其接近的速度折回,但物体 C 却依然处于静止状态。[①]

这条规则在一定范围内是正确的,这就是一个较小的物体始终为一个处于静止状态的较大的物体折回,虽然并不是以其接近的速度折回。因为物体 C 的超出越是减少,斥力的减少也就越多,直到我们达到第六条规则所涉及的相等的情况。这是荒谬的。因为给定的条件逐渐接近这两个物体相等的情况,而结果却并不接近这种情况,而是保持不变,直到最后它们在一次打击下,似乎可以说是通过一跃而变成了相等物体的那种情况。人们也能够容易理解,在这些结果完全没有改变的情况下,给定的条件连续地改变,这样一种说法极其不合理,因为结果在所有的事物中毋宁应当

① 参阅 Rene Descartes, *Principles of Philosophy*, translated by Valentine Rodger Miller and Reese Miller, Dordrecht:D. Reidel Publishing Company, 1983, p. 66。

像条件那样,以同样的方式发生改变,除非在特定情况下,若干个不同的变量相互抵消。

对第 50 节的评论。第五条规则:如果物体 B 大于物体 C,物体 B 在运动,但物体 C 却处于静止状态,则物体 B 继续运动,而这两个物体也一起以同样的速度并以先前的运动量一起运动。①

这条规则也是错误的。它错就错在它固定了每个物体速度的真正的量,因为它设定这两个物体在碰撞后一起向前运动;但这种情况在两个坚硬的物体的碰撞过程中是永远不可能发生的。这条规则断言:每个撞击处于静止状态的物体的大的物体在碰撞后将继续运动。但按照我们的标准,这两个物体在这种情况下是不可能一起运动的。因为在一种情况下,物体 B 比物体 C 大得很少,而在另一种情况下,物体 C 也比物体 B 大得很少,这两种情况便可以看作是在藉一种无可比拟的小的差别相互接近。所以,它们的结果便不可能差别如此大,以至于在前一种情况下它们应当沿着物体 B 的方向一起运动,而在另一种情况下,物体 B 则应当沿着相反的方向以它的整个速度受到抵制。

对第 51 节的评论。第六条规则:如果物体 B 和物体 C 相等,但物体 B 在运动而物体 C 却处于静止状态,则物体 B 便以它接近

---

① 参阅 Rene Descartes, *Principles of Philosophy*, translated by Valentine Rodger Miller and Reese Miller, Dordrecht:D. Reidel Publishing Company, 1983, p. 67。

时的速度的四分之三折回,而物体 C 就将沿着物体 B 先前的方向以剩下的四分之一的速度运动。[①]

我们的作者就是这么说的;但我却不能确信,在这个问题上,任何与理性更不相关的东西竟能这样虚构出来。这样一种东西竟会出现在这样一位卓越人士的心中,实在匪夷所思。但我们应当让笛卡尔派为他们大师的这种意见寻找理由;这将足以向我们表明他的各项规则的自相矛盾。如果物体 B 和物体 C 相等且以同样的速度相撞,则依据第一条规则,这两个物体就将以它们接近时的速度相撞。现在,如果物体 C 的速度连续不断地减小,而物体 B 的速度保持不变,则物体 B 就将以小于此前的速度折回,物体 C 就将以大于此前的速度折回,因为从一个相等的物体取走的量添加到了另一个物体上面。现在,让物体 C 的速度消失,或是让它处于静止状态;我们问究竟应当从折回的物体 B 扣除多大的速度。笛卡尔的这条规则肯定地认为应当扣除掉的只有四分之一。但让我们将处于静止状态的物体 C 继续减少一点;这样,依据上一条规则,物体 B 就将继续它的运动。所以,通过在条件方面一个很小的变化,在结果方面就会产生一个巨大的变化,或者说就会出现一次飞跃。因为当物体 C 处于静止状态且等于物体 B 时,物体 B 折回的速度就大,也就是说,是它原来速度的四分之三,但当物体 C 减少很小一点时,物体 B 的折回便会突然完全遭到破坏;实际上,它会进一步转向它的反面,

---

① 参阅 Rene Descartes, *Principles of Philosophy*, translated by Valentine Rodger Miller and Reese Miller, Dordrecht: D. Reidel Publishing Company, 1983, pp. 67—68.

也就是转而向前了。所有那些中间的情况便统统变成了一次跳跃，这显然是荒谬的。因此，我们必须说，当物体 B 和物体 C 相等而物体 C 在碰撞之前处于静止状态时，物体 B 在碰撞之后便处于静止状态，而它的整个速度也就传送给了物体 C。这也能够从第四条规则和第五条规则中真实的东西中推断出来。因为依据第四条规则，物体 B 在其与一个较大的处于静止状态的物体 C 碰撞时，便会折回。再者，依据第五条规则，物体 B 当其与一个较小的处于静止状态的物体 C 碰撞时，便会沿着它的路线继续运动。所以，当物体 B 与一个处于静止状态等于它自身的物体 C 碰撞时，它便既不继续它的运动也不折回，而是介于两者之间，趋于静止，而它的整个力也都传送给了物体 C。

对第 52 节的评论。第七条规则：如果物体 B 和物体 C 沿着同一个方向运动，物体 B 在后面更加迅速地运动，而物体 C 在前面但运动得慢，而且物体 C 也更大一些，但物体 C 对物体 B 的比率小于物体 B 的速度对于物体 C 的速度的比率，则这两个物体在碰撞后将以与造成碰撞前一样的运动量的速度一起沿着它们此前的方向向前运动。但如果物体 C 依旧更大一些，但物体 C 对物体 B 的比率也大于物体 B 的速度对于物体 C 的速度的比率，物体 B 就将以它接近时的速度折回，而物体 C 将以它此前的速度继续向前运动。①

---

① 参阅 Rene Descartes, *Principles of Philosophy*, translated by Valentine Rodger Miller and Reese Miller, Dordrecht: D. Reidel Publishing Company, 1983, pp. 68—69。

我们的作者就是这么说的。很容易看到,这些规则自相矛盾,因为就在前面不远处,我们就已经看到,坚硬的物体在这里被设定为碰撞后永远不会一起前进,像被认为发生在这条规则前面部分的情况那样。也没有什么比这条规则后面部分所声称的东西更为不合理的东西:物体 B 在作用于物体 C 时,并不改变物体 C 中的任何东西,然而其本身却遭受来自碰撞的许多东西。如果我没有弄错的话,这些观点与理性之光赋予我们的自然形而上学(如果我可以这样说的话)相冲突。这些观点与前面的那些规则还存在有其他的矛盾。因为当物体 C 以无限小的量大于物体 B 的时候,也就是说,当其等于物体 B 的时候,也就是说,当它等于物体 B 并且以无限小的速度领先物体 B,换言之,当它处于静止状态的时候,这第七条规则的前面部分适用,这条规则的前面部分断定它们将一起运动;然而按照第六条规则,物体 B 归于静止,而它的整个力也传送给物体 C,而物体 C 此前处于静止状态且与之相等。为简洁计,我将忽略掉那些并非一致的各点。但最后,我必须提醒这位作者忽视了这样一种中间情况:两个物体的比率是它们速度的比率的倒数,在这种情况下,我们不清楚凭借他的规则究竟应当说些什么。其实,在这种中间情况中必定有一些结果,这些结果无疑应当受到这个或那个先前情况的限制。虽然依照这一假设,前面和后面的情况有一个共同的局限,但依照结果,它们却什么也没有。而这再次与我们的标准相冲突。物体 B 大于物体 C 的这样一种情况也被视而不见。因此,应当接着有第八条规则,对此,这位作者本来应当解释当两个不相等的物体以不相等的速度在反向运动中相撞是所发生的事情。在中心的与偏心的碰撞以及在垂直的和倾斜的碰撞之间也必须作出区别。但我们必须结束这项研究,不再细说这一名誉扫地的可悲的学说。

　　对第 53 节的评论。[①] 笛卡尔承认,他的这些规则难以应用,因为他看到,它们全都与经验相冲突。但在运动的真正规则中,在理性与经验之间存在有显而易见的一致,各种矛盾也无碍他似乎担心的那些真正规则的成功,因为他已经准备好了例外来逃避这种矛盾。相反,物体越硬越大,这些规则便越能精确地得到观察的支持。我们马上就会看到,各种物体的坚硬性或流动性所蕴含的内容;在这里为了容易理解起见,在这些问题上的真理即使在我们成功对之作出完满描述之前,也能够利用图形来表明根据我们的标准我们如何能够提前将它们勾勒出来,以为一种序曲或前奏。无论是从发现错误的角度看,还是从接近真理的角度看,这都是最为灵验的。[②]

_____

　　① 笛卡尔《哲学原理》第二部分第 53 节的标题为:"这些规则难以应用,因为每个物体都受到许多相邻物体的包围。"

　　② 对这一节,莱布尼茨曾附了一个很长的注释,其主旨在于对笛卡尔各个规则的种种非连续性和他自己的规律的连续性作出图形化的说明:他对碰撞物体相等时运动规则图解如下:

　　"依照笛卡尔的观点,形成一个奇形怪状的图形:

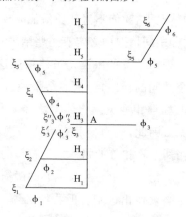

图 1

因此,让我们设物体 B 和物体 C 质量相等,设物体 B 的速度和方向由直线 BW 代表,从而它能够以与 BW 成正比的速度从 B 运动到 W。设物体 C 的速度和方向,因情况不同而不同,为 AH,以至于在 AH$_1$ 或 AH$_2$(在 A 的下面),物体 C 的方向将同于物体 B 的方向,而在 AH$_1$(等于 BW)的情况下,这两个物体的速度相等,它们的方向也相同。但当 H 靠近 A 的时候,如在 H$_2$ 中那样,

---

依照真理,形成一个井然有序的图形:

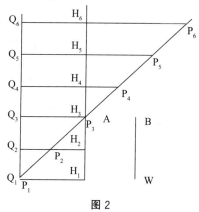

图 2

在碰撞之前,物体 B 的运动是 BW,物体 C 的运动是 AH$_1$,AH$_2$ 等。

在碰撞后,依照笛卡尔的观点,物体 B 的运动是 HΦ$_1$,HΦ$_2$ 等;而依照我的观点,物体 B 的运动为 HP$_1$,HP$_2$ 等。

在碰撞后,依照笛卡尔的观点,物体 C 的运动是 Hζ$_1$,Hζ$_2$ 等,而依照我的观点,物体 C 的运动是 HQ$_1$,HQ$_2$ 等。

H 在 A 下或在 A 上,而 P,Φ 和 ζ 在 AH 的右边或左边,表示其方向分别相同或相反,一如物体 B 在碰撞前一样。

φ$_1$,φ$_2$,φ$_3$,ζ$_1$,ζ$_2$,ζ$_3$ 均来自笛卡尔的第七条规则;φ$_3$,φ$_4$,φ$_5$,ζ$_3$,ζ$_4$,ζ$_5$ 均来自笛卡尔的第三条规则;φ$_3$,ζ$_3$ 均来自笛卡尔的第六条规则;而 φ$_5$,ζ$_5$ 也来自笛卡尔的第六条规则。我的各个线条与笛卡尔的各个线条在无限多个例证中只有两个是共同的:H$_1$ 和 H$_5$。"

物体 C 从 A 到 H_2 的方向就将依然与物体 B 的方向（从 B 到 W）
一样，但他的真正速度却小于物体 B 的速度，因为 AH_2 小于 BW；
所以，如果物体 C 领先的话，它就会受到尾随它而来的物体 C 的
撞击。当 H 与 A（或 H_3）巧合时，物体 C 的方向和速度为零，且
物体 C 处于静止状态。但当 H 超出 A 时，一如在 H_4、H_5 和 H_6 中
一样，物体 C 的方向便与物体 B 相反。现在画线段 PP 和 QQ，使
HP 始终是物体 B 的速度和方向，HQ 始终是物体 C 的方向和速
度，在碰撞后，观察到撞击后任何一个的方向（与物体 B 在撞击前
的方向一样）指向左边，所产生的与此相反的方向指向右边。现
在，让我们在线 PP 和 QQ 上确定一个点。方向和速度，换言之，
物体 B 在碰撞前的运动始终为 BW；现在如果物体 C 在碰撞前的
运动与之相等并且方向也相同，亦即 AH_1（等于 BW），则如果任
何方面都毫无障碍，物体 B 和物体 C 就将确定无疑地保持它们先
前的速度和方向。所以，表示物体 B 和物体 C 碰撞后运动的直线
H_1P_1 和 H_1Q_1 将等于 AH_1 和 BW，并且朝向左边。但如果物体 C
在碰撞前的运动为零或者为 AH_3（点 H_3 落在 A 上），或者如果物
体 C 处于静止状态，则所发生的情况也是清楚的。这就是：物体 B
在碰撞后将处于静止状态，而点 P_3 也将落在 A 上，但物体 C 将取
物体 B 曾经有过的速度和方向。所以，H_3Q_3 将等于 BW，并且方
向向左，致使点 P_3 和 Q_3 将被占据。最后，如果物体 C 的运动等于
物体 B 的运动，但方向相反，或者由 AH_5 表示，AH 等于 BW 但具
有在 A 上面的 H_5（这就是说，如果这两个依照设定相等的物体被
假定以相等的速度从相反的方向撞击）则其结果也相当清楚，因为
每一个物体都将以其接触时的速度折回，致使提供出 P_5 点和 Q_5

点;H_5P_5将等于 BW 但方向向右,因为物体 B 沿着与其最初方向相反的方向折回或运动,而 H_5Q_5 将等于同样的情况但方向向左,因为物体 C 采取了物体 B 曾经采取的方向。所以,我们有 P_1、P_3、P_5 这么多点落在一条直线上(这是值得注意的),就像点 Q_1、Q_3、Q_5 落在与线 AH 平行的另一条直线上一样:其余的点,如 P_2、P_4、P_6 等以及 Q_2、Q_4、Q_6 等当然并不仅仅为我们的标准所决定,或者说并不仅仅来自连续律,因为仅仅这些并不能将线段 PP 和 QQ 将来成为什么确定下来。这就足以说明有关它们的一切都因我们的标准由构成其焦点的一条连续线段关联到了一起。因此,所有这些不相连贯的规则在相信理解了这个问题或相信发现了所涉及的这样一种线段便都统统早已排除了。同时,我们实际上由另外一个源泉也知道,线段 PP 和 QQ 确实是直线,而且,由于在相等物体中速度和方向的变换,HP 始终等于 AH,而 HQ 也始终等于 LM,以至于 HQ 和 LM 都能够被认为用来表示沿着同一方向一起运动。至于其余部分,我并不将 H_1、P_1 和 Q_1 进一步延伸下去,因为如是,则物体 B 就会比物体 C 更慢一些,从而达不到它,而且这样一来也就不会出现任何碰撞。在两个物体被设定为具有同样的速度,但其中一个物体的大小保持不变而让另一个物体发生变化的情况下,一个图形也能够以同样的方式画出来,表明两个物体在两条线上碰撞的结果;实际上,一个类似的图形也能够由任何一个假设勾勒出来,只要其中一项可以变化而其他各项均保持不变即可。但这足以为一种情况提供一个样本,尤其是因为我们仅仅概述出来的一切能够因另一种方法而得到完满的理解,虽然我们能够表明这种程序在驳斥错误方面也有其用处。即使整个学说尚未发现,这也将引导我们发现这一学说的概貌。从笛卡尔的各项规则中,任何一种类型的连续线段都产生不出来,这是因为对应于这种连续线段的各种结果代表的是可变的数据;相反,所产生出来的是一个最为稀奇古怪的图形,也是一个反乎我们在"对第45节的评论"中所阐述的标准的图形,或一个反乎连续律的图形。如果拿我们的线段与笛卡尔的线段在图形上作一下比较,他的规则的自相矛盾,毋宁说他的规则的不可能性就将昭然若揭了。

对第54、55节的评论。[①]若说各个物体如果其微粒受到各种不同的运动从所有方向的搅动便是液体;如果其毗连的各个部分在相互的关联中相互处于静止状态,它们便是坚硬的;物质并不是由任何别的胶水粘合在一起的,而是由一个部分相关于另一个部分的沉寂造成的。我并不认为这些说法都是完全真实的,虽然其中也蕴含有某种真理。笛卡尔由此推断说:坚硬性,或如我乐意更加一般地称呼的,坚固性(甚至在一些软的物体中也有坚固性),仅仅是由静止产生出来的,因为粘合或凝聚的原因不可能是一个物体(因为倘若如此,这个问题便又重新提了出来),从而它就必定是一个物体的样式。但他却进一步推理说,静止只是适合于解释这个问题的物体的样式。事情为何会如此这般呢?因为静止与运动最相对立。对如此重要的一个问题竟用如此微不足道的其实是有几分诡辩的理由予以敷衍,不能不让我感到诧异。其三段论推理

————————

① 笛卡尔《哲学原理》第二部分第54节的标题为:"何谓固体和流体。"第55节的标题为:"固体的各个部分除它们自己相互关联的其余部分外,并不为任何别的纽带结合在一起。"

如下：

> 静止是与运动最相对立的物体的样式。
> 与运动最相对立的物体的样式是物体坚固性的原因。
> 所以，静止是坚固性的原因。

但这两个前提都是假的，虽然每一个也都对真理作出了微不足道的展示。把最不确定的问题说成是确定的这样一种做法在笛卡尔那里简直就是家常便饭，他以这种专横傲慢的手法来消除粗心读者的顾虑；例如，当他得出结论说广延构成了物质、思想不依赖物质，以及在自然中运动量守恒，所有这些宣称都是以权威为基础，而不是以证明为基础的。而我则认为反向运动比静止与运动更加对立，而且使一个物体折回比使它处于静止状态所需要的反向的力还要大些，这一点，我在"对第47节的评论"中便已经说明了。但另一个前提也必须得到证明，这就是同运动最对立的东西乃坚固性的原因。难道下面这个前三段论推理是这位作者的灵光乍现吗？

> 坚固性与运动最相对立。
> 凡与运动最相对立的，其原因是其自身即与运动最相对立。
> 所以，坚固性的原因与运动最相对立。

但这一前三段论的两个前提也都是有缺陷的。因此，我否认坚固性与运动最相对立；我承认一部分运动而另一部分不运动这才是最相对立的,而这才是他本来应当寻找的原因。我也根本不相信这样一条公理:凡与一件事物对立的东西,其原因也与那件事物对立。对于死,难道还有比生更加对立的东西吗?但有谁能否认死亡往往能够由一个生物变成一个动物呢?[①] 任何一个推证都不可能以这样的哲学规则为基础,这些规则完全含混不清,以致还原不到它们固有的范围。

将会有一些人当他们读到这一点时会对我们藉这样的三段论把这样一些伟大的哲学家说成具有经院哲学的局限非常生气;或许还会有一些人会谴责我们这样做太过支离破碎。但我们已经认识到,这些伟大的哲学家,实际上常常还有其他一些人,由于忽视

---

① 莱布尼茨是从单子论的高度来审视生死问题的。依照单子论,"不必担心单子会分解,因为设想不出任何一种方式,使一个单纯实体能够借以自然地消灭。……由于同样的理由,我们也设想不出任何一种方式,使一个单纯实体能够借以自然地产生,因为它根本不可能藉组合而形成。因此,我们能够说,单子不仅只能突然产生,而且也只能突然消灭;也就是说,它们只能藉创造而产生,也只能藉毁灭而消灭;至于复合物,则只能藉它们各个部分的组合与分解而产生或消灭"。"每个活的形体都有一个具主导地位的'隐德来希',这在动物身上即是灵魂;但这种活的形体的肢体中又充满别的生物、植物、动物,其中的每一个又都有其具主导地位的'隐德来希'或灵魂。但我们绝对不能像某些误解我的思想的人那样去想象,每个灵魂都有一块或一份属于它自己的物质,永远为其所固有或永远专门附属于它,而且,它也因此而具有另外一些低级的生物,注定永远为它服务。因为所有的形体都处于永恒的流变之中,就像各种河流那样,持续不断地有些部分进入它们之中,又有些部分离开它们。因此,灵魂只能逐渐地和一步一步地更换其形体,这样,它就永远不会一下子失去其所有的器官。在动物中,经常有形态的改变,却永远既不会有灵魂的转世,也不会有灵魂的轮回;永远既不会有与形体完全分离的灵魂,也不会有任何无形体的精神。只有上帝才能完全与形体相分离。"据此,莱布尼茨得出结论说:"既没有整体的产生,也没有严格意义上的完全的死亡,这里所谓死亡,是说灵魂脱离形体。我们所谓产生乃是发展与生长,而我们所谓死亡乃是收敛和萎缩。"参阅莱布尼茨:《单子论》,第3—6、70—73节;也请参阅段德智:《死亡哲学》,商务印书馆2017年版,第193—197页。

了这种孩提时代即习得的逻辑而在这些最严肃的问题上摔跟头；其实，他们几乎不曾在任何其他方面犯错。因为这种逻辑除容易理解的规则中所表达的至上理性的最普遍命令外还包含有什么东西呢？看来似乎值得举例说明这样一些规则对于将一个证明置放进规定的形式之内多么有用，以至于可以使证明力量变得显而易见，在那些想象并不能像它在数学中那样获得理性的援助的问题上，以及在那些讨论作者以仓促的证明来论述一些重大事项的问题上，事情尤其如此。既然笛卡尔并不能帮助我们在这一难题上进行推理，我们便必须转向考察这些问题本身。

因此，在坚固性问题上，我们必须不能像考察力那么多地来考察静止，一个部分就是藉力与它一起拉动另一部分的。设两个完全的立方体 A 和 B 连接在一起，并且相互之间处于静止状态，其表面极其光滑；设立方体 B 被放到立方体 A 的左边，其中一个的表面全等于另一个的表面，它们之间没有空间。现在设一个小球 C，沿着与这两个完全一致的表面平行的方向，撞击立方体 A 的中间（图 3）。这时，打击的方向并不能达到立方体 B，除非它被设想为追随立方体 A。当然，立方体 A 是藉它的静止来抵抗在碰撞中的物体 C 的，从而不可能在不减少球体 C 的力的情况下受到它的推动，从而在这种情况下，以其静止进行抵抗的立方体 A 也确实是与立方体 B 相分离的。但这是偶然的，并不是因为它与立方体 A 没有联系，而是因为它吸收了这一撞击本身的力，就像立方体 B 完全不在场似的。所以，一旦它接受了这个力，它就开始了它自己的路径，完全置立方体 B 于不顾，仿佛立方体 B 完全不在其附近似的。所以，如果试图由每个物体尽可能地保存它自己的状态而

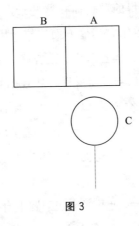

图 3

得出结论说:处于静止状态且相互关联的两个物体将相互粘附,从而因其纯粹的静止状态而具有坚固性,这实在是一种诡辩。因为你可以同样有权利得出结论说:两个相距 10 英尺的物体连接在一起,并且将努力活动,以至于它们将始终相距 10 英尺。因此,我们必定能够找到一个原因,以说明为何这两个立方体 A 和 B 有时粘附,并且形成一个稳固的平行六面体 AB,这个平行六面体当只有 A 部分受到推动时,它即整个运动起来;或者说我们必定能够找到一个原因,以说明为何立方体 A,当其受到推动时,就拖着立方体 B 与之一起运动。我们就是这样来寻找自然中牵引现象的原因的。诚然,有一些博学之士,他们肯定完满的统一其本身即是坚固性的原因,而这样一种意见似乎也使一些原子论的倡导者心满意足。因为如果这个平行六面体被视为一个从概念上可以分成两个立方体 A 和 B 的原子,但却不能实际地这样分割,他们便会说:这个平行六面体也是实际上不可分割的,从而将始终是坚固。

我们可以对此提出许多反对意见。首先,他们对他们的主张提供
不出任何证明。让我们设定有两个原子 D 和 E,这两个原子与立
方体 A 和 B 前面的表面相一致,同时顺着平行于立方体 A 和 B
共同表面的方向同时撞向平行六面体 AB,但却随着原子 D 从后
面由 F 的方向运动过来,由它的整个表面撞击立方体 A 的完全一
致的表面,而且与同样从前面运动过来的原子 E 一起,沿着来自
G 的方向,撞击立方体 B(图 4)。我们找到了立方体 A 的原因,并

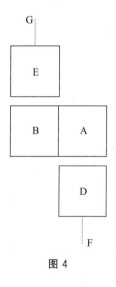

图 4

不与立方体相分离且被推向 G,而立方体 B 也不离开立方体 A,并
且被推向 F。我发现这在原子论派的学说中找不出任何理由。因
为在一个统一体由两个立方体 A 和 B 组成这样一个说法中,除它
们并不能现实地分割外还有任何别的理由吗?但是,如果你若像
一些思想家那样,也主张一个连续体,在其被现实地分割之前根本

没有任何部分，那你要么得出结论说，这根本无碍于分离，也就是说，当趋向于产生一种现实分割的进一步理由添加上去时，从而可以说这样决定着并且区分着各个部分（这个理由是物体 D 和 E 的撞击）；要么得出结论说，任何一个连续体都永远不可能分裂成各个部分。因此假设两个立方体的原子 A 和 B（原来它们是有区别的）相互接近，以至于它们的两个表面完全一致；难道在接触的瞬间，在它们与上述原子的平行六面体之间就没有任何一点差别吗？因此，两个原子就会因为简单的接触而仿佛是藉某种胶水粘着而相互支持，而且，即使它们表面各个部分仅仅触及到，同样的事情也会发生。借助一种自然的推进，我们由此还可以进一步得出结论说：各种原子就将连续不断地增加，就像雪球在雪地上滚动一样，到最后，其结果就会是：一切事物都结合成一种坚不可摧的坚硬性，凝固成永恒的冰，因为凝固的原因将持续存在，而分解的原因却荡然无存。对于持守这样一些观点的人来说，始终有一种逃避的手段，例如说在自然中根本没有任何平的表面，或者说即使有这么一个平的表面，它们在结合中也都消失不见了，同时，所有的原子都止于弯曲的表面，而且，这些原子都具有最可能小的接触面积，这种情况就像所有原子都是球形的，以至于任何一个完整的表面都没有任何一个触点。但撇开这点不说，我们并没有任何充分的理由来排除物体具有平的表面，或者说物体具有其他完全一致的表面，因此，我们将在此要求他们给我们提供为何一个连续体不能分解成各个部分的理由。

　　我们还有其他强有力的证明来反对原子论，但在这里我们不打算彻底探究这个问题。有些人解释物体的坚硬性，其所用的方法与我们藉以看到两个光滑的木板除非用很大的力便不可能分开破裂的方法一模一样,周围的物质不可能如此突然进入由木板的分开所放弃的地方。所以,他们说坚硬性是由压迫产生出来的,就大多数情况而言这无疑是正确的,但却并不能因此而将其理解为坚硬性的一个普遍的原因,因为它再次预设了某种坚硬性或坚固性已经存在,亦即预设了木板本身的坚硬性或坚固性。说两个立方体 A 和 B 由某种胶水粘结到了一起,这种说法也同样风马牛不相及,因为胶水本身也需要某种坚固性,也需要藉这种坚固性将它的各个部分相互之间粘附在一起,并且将它们粘结在一起的两个物体粘附在一起。但如果有谁认为一些微小的投影由立方体 A 进入立方体 B,进入立方体 B 的很小的空洞之中,而且这些微小的投影也由立方体 B 进入立方体 A,,进入立方体 A 的很小的空洞之中,而这也正是为何这一个没有另一个便不可能受到推动,除非这些点都被弄破的理由,但一个新的问题又冒出来了:这些点的坚固性又来自何处呢?

所以,为了把这些不是不能提出问题就是不能解决问题的理论置之脑后,我认为致使凝聚的首要原因是运动,即并发的运动。(显然,当没有任何出路的地方时,或当既没有一个物体让路的任何理由也没有另一个物体让路的任何理由时,人们便必须添加上不可入性本身;从而围绕着处于静止状态的匀质的充满物质的空间旋转的一个完满的球体为一种离心力所阻止而摆脱任何事物。)我认为物质本身,由于其是同质的并且始终是同样可分的,便只有藉运动区分开来。我们看到即使各种流体当其在运动时也获得一定的坚固性。例如,一股强劲喷出的水也能够阻止任何东西从外

部以比处于静止状态的同样的水阻断它自己的路径。因为新物质
的闯入必定在并列的运动中造出有力的干扰,而力也必定产生出
这种干扰,或是必定极大地改变这种运动。如果你用手指触一下
喷出来的水流,你就会看到这些小水滴以某种强制的力量撒向四
面八方,当你的手指伸进这股水流之中时你会感到它们受到了强
大的抵制。我们通过一种简单的实验也能够从磁石那里了解到,
那些本身分散的事物,可以说是一盘散沙,仅仅藉运动也能够获得
某种坚固性。当铁屑放得靠近一块磁石时,它们便突然变得像一
根绳子那样联系在一起,形成了一条条细线,物质自行一列列地排
起来。毋庸置疑,藉一定种类的磁力,即藉一种内在一致的运动,
一些物体的其他部分也能够连接在一起。所以,一致或凝聚的这
一首要原因不仅能够满足感觉,也能够满足理性。

　　对第 56、57 节的评论。[①] 探究流体的原因多此一举。因为物
质本身即是流动的,除非其中蕴含有运动,而这种运动又受到了一
些部分分离的干扰。所以,一种流体受到其各种不同的微粒运动
的搅动是没有必要的。但既然它是依据自然的普遍规律建立在其
他的基础上,所有的物体都是由各种不同的内在运动搅动起来的,
则其结论便是:各种物体就这些涌动是并发的而言,都是坚固的,
但就这些运动受到扰乱且与任何一个体系无关而言,它们依然是
流动的。由此,我们便可以进一步得出结论说:每个物体都包含一

---

　　① 笛卡尔《哲学原理》第二部分第 56 节的标题为:"各种流体的微粒趋向于以同
样的力各个方向运动;而一个浸入一种流体的固体能够以很小的力开始运动。"第 57
节的标题为:"对这个问题的证明。"

定程度的流动性,也同样包含一定程度的坚固性,以至于没有任何一个物体能够坚硬到没有某种柔韧性或弹性,事情恰恰相反。^①再者,这种内在的运动是感觉不到的,因为相互连续接替的各个部分由于其小和雷同致使感觉分辨不出来;由于运动迅速,就像一股喷射出来的水或像车轮的各个辐条一样,它们简直就像一个连绵不断的固体。各种流体的内在运动也为盐在水中的分解以及各种酸所造成的腐蚀并且实际上一般来说也为高温所造成的腐蚀所证实。因为当温度很高时,它便使各种液体沸腾,当它只是中等温度时,它就只产生一种搅动,但当由热所产生的这种搅动变小的时候,就像在冬天那样,这时物质各个部分的协调作用的恒久的内在运动在大多数液体里占主导地位;因此,它们变硬,并且有时结成固体。流体这种强烈扰乱搅动的另一个天然例子能够由灰尘微粒提供出来,灰尘微粒的这种搅动可以藉太阳光的光线在四周黑暗的地方充分展现出来。再者,既然按照我们的感官知觉似乎处于静止状态的各种流体实际上在所有方向到处都有同样畅通无阻的运动,那就可以得出结论说:它们的混乱运动在其内部似乎可以说是如此同等地散布和补偿,以至于当一个固体放进这样一种流体

---

① "由此,我们便可以进一步得出结论说:每个物体都包含一定程度的流动性,也同样包含一定程度的坚固性,以至于没有任何一个物体能够坚硬到没有某种柔韧性或弹性,事情恰恰相反"对应的拉丁文为:unde fit ut in omni corpore sit aliquis fluiditatis partiter ac firmitatis gradus; nec quicquam tam duram est, quin aliquam flexibilitatem habeat, vel contra. 莱布尼茨的这一结论极其重要。在这里,他是从物体的"内在运动"出发来诠释物体的"坚固性"与"柔韧性或弹性"的。更进一步说,他是用"原初的主动的力"和"原初的受动的力"以及与之相关的"派生的主动的力"和"派生的受动的力"来诠释物体的"坚固性"与"柔韧性或弹性"的。这样,我们便因此而达到了莱布尼茨自然哲学的幽深处。

里,它受到这一流体的撞击和波涛的攻击便同等地分散到其所有的侧面,以至于它在自己的运动中既得不到帮助,也受不到阻碍。

对第 59 节的评论。[①]当一个物体在一个流体中受到一种外力的推动时,这位作者认为这种力虽然其自身不足以推动这个物体,却能够与支持这种运动的流体的微粒一起推动这个物体,并且决定其余的微粒也通过保存它们自己的运动来支持它,但却改变它的方向。作者在第 56 节结尾处以及在第 57 节的论证中所说的观点也对此进行了补充。因此,他断言,一个在流体中运动的坚硬的物体不仅从推动它运动的那个坚硬的物体获得其整个运动,而且也部分地从周围的流体获得其运动。但很快,他自己在第 60 节中似乎就推翻了这种观点。一般来说,我认为他的种种意见徒劳无益,因为这些意见依据的是一种错误的原则(因为他在这里似乎又讲到静止与运动相对立),还因为笛卡尔之所以想到这些意见只不过是为了消除各种现象所表明的与运动第四条规则的矛盾,在其中我们的作者错误地否认一个处于静止状态的物体能够因一个小的以任何一种速度活动的物体而进入运动状态(参阅第 61 节结尾处),而他自己也在第 56 节被迫承认,一个处于流体之中的坚硬的物体能够为一个最小的力所推动。所以,他利用了令人惊奇的意见来逃避困难,求助于流体的微粒,但这徒劳无益,因为既然它们的来自反向的运动相互补偿,它们便毫无用处。因为如果它们有

――――――――――――

　　① 笛卡尔《哲学原理》第二部分第 59 节的标题为:"一个受到另一个物体推动的固体不仅从那个物体获得其所有的运动,而且还从周围的流体获得一些运动。"

任何功效的话,那就会太大,它们给运动对象的运动就会大于它能够从动力那里接受过来的运动。

不过,很显然,这样一个比较大的运动并未出现,因此,如果这种流体并未起任何作用,运动的物体便并未接受更多的运动。实际上,我们更应该肯定的倒是其反面:流体添加上去的远非运动,毋宁说一些运动是被它扣除掉的,而运动物体的速度之被减小,部分地是由于一定抵抗的结果,部分地也源于这样的事实:当一个坚硬的物体进入一种流体时,这一流体的与这一物体的体积相等的部分便必定连续不断地被置换,从而引起新的运动,而动力的一定部分也必定因进行这样的运动被耗费掉。我在别处已经将这两种抵抗的量转换成一种计算;其一部分是绝对的,并且在同一种流体中始终是一样的,而另一部分则是相对的,并且随着运动速度的增加而增加。

对第 63 节的评论。[①] 在这里提及的对有关为何我们的手弄不断一个铁钉的理由的考察实在令人惊异。他在一无所有的地方发现了困难,而且他的答案也与他的怪异的反对意见相匹配。的确,如果一个静止的物体能够为一个更大的物体所推动,我们便有理由进一步追问,为何我们的手不能够使比一颗铁钉本身小得多且被认为处于静止状态的这颗铁钉的一个部分运动,为何不能够将这颗铁钉的这一部分从这颗铁钉撕下。他将原因归于手的柔

---

① 笛卡尔《哲学原理》第二部分第 63 节的标题为:"为何一些物体如此结实,以至于尽管很小,我们的手却不容易将其分开。"

软,因此不能作为一个整体作用于这颗铁钉而只能以其一部分作用于这颗铁钉,手的一个部分始终比我们想要折断的那个铁钉的那个部分要小些。诚然,这并非一个运动问题,因为这手不仅容易使这颗铁钉的一个部分运动,而且也容易使整个铁钉运动。那我们就必定更应当追问:为何铁钉的一个部分拉着它的其余部分,而一个部分却不容易允许它自身在没有其余部分的情况下受到推动,再者,退回到手的柔软性也于事无补,因为即使我们设想以无论多么大的一块铁或一块石头取代人手,这颗铁钉的各个部分将依然粘附在一起。就算一个坚硬的物体更容易被一个坚硬的物体而不是一个柔软的物体弄破,我们必须追问的也并非为何或藉什么样的力来克服一颗铁钉两个部分的凝聚力,而是它为何存在。我们必须追问的,不是为何它们中的一个受到某个更大物体的推动(因为这是错误的),而是为何它不容易单独受到推动。

　　对第 64 节的评论。① 这位作者以这一节结束了该著的第二部分。这一部分是论述物质事物原则的管总的部分,有一些言论在我看来需要有某种限定。他说,为解释自然现象,除那些取自抽象数学或取自大小、形状和运动的学说的原则外,根本无需任何别的原则,而且除几何学这个科目的问题外,他不承认其他任何别的问题。我完全赞同,所有特殊的自然现象(omnia naturae phaenomena specialia)只要我们对之作出充分的探究,我们便都能够

---

　　① 笛卡尔《哲学原理》第二部分第 64 节的标题为:"在物理学领域,除几何学或抽象数学的原则外,我不接受也不欲求任何别的原则;因为所有的自然现象都可以依据这些原则得到解释,而关于它们的一些推证由此获得。"

对之作出机械论的解释(mechanice explicari)，我们不可能依据任何别的基础理解物质事物的原因。但我还是坚持认为，我们还必须进而考察这些机械原则和自然的普遍规律本身是如何来自更高的原则而不可能仅仅藉量的和几何学的考察得到解释；毋宁说在它们之中有某种形而上学的东西(Metaphysicum)，这些东西是不依赖想象提供的各种概念的，这将涉及一种没有广延的实体(substantiam extensionis expertem)。因为除广延及其变形外，在物质中还有一种力或活动能力(vis ipsa seu agendi potentia)，我们就是藉这种力或活动能力从形而上学过渡到自然(a Metaphysica ad naturam)，并且从物质事物过渡到非物质事物(a materialibus ad immaterialia)的。① 这种力有其自己的规律，这些规律不仅是由绝对的也可以说是无理性的像数学那样的必然性的原则派生出来的，而且还是由完满理性的原则派生出来的。②

----

①　在格尔哈特本中，与"因为除广延及其变形外，在物质中还有一种力或活动能力，我们就是藉这种力或活动能力从形而上学过渡到自然的，并且从物质事物过渡到非物质事物的"这句话相对应的原文为：nam praeter extensionem ejusque variabilitates inest materiae vis ipsu seu agenda potential quae transitum facit a Metaphysica ad naturam，a materialibus ad immaterialia (*G. W. Leibniz*：*Die philosophischen Schriften* 4，Herausgegeben von C. I. Gerhardt，Hildesheim：Georg Olms Verlag，2008，p. 391)。在这句话中，"力"这个概念在"形而上学"或"非物质事物"层面为"原初的力"，而在"自然"层面或在"物质事物"层面，亦即物理学层面则为"派生的力"。

②　莱布尼茨的这一段话对于我们理解莱布尼茨的自然哲学，甚至对于我们理解莱布尼茨的形而上学都至关紧要。在莱布尼茨时代，机械论是一种居主导地位的哲学思潮。莱布尼茨的努力并非在于从根本上否定机械论哲学，而是和同时代的许多哲学家一样，相信机械论哲学具有解释特殊自然现象的理论功能，也正因为如此，他强调说："我完全赞同，所有特殊的自然现象(omnia naturae phaenomena specialia)只要我们对之作出充分的探究，我们便都能够对之作出机械论的解释(mechanice explicari)，我们不可能依据任何别的基础理解物质事物的原因。"也正因为如此，他坚决地反对了中

　　一旦这些问题以普遍的方式确立了起来,我们在解释自然现象时,便可以用机械论来解释一切,在这里盲目地引进作为生命原则的地心之火①的知觉和欲望,运作观念,实体形式,甚至心灵,就像求助万物的一个普遍原因、一个救急神以他的单纯意志来推动个体自然事物一样徒劳无益,这使我想到《摩西哲学》一书的作者利用对《圣经》中的话语的荒谬解释所作的那些事情。无论是谁,只要他诚实地考察了这些问题,他都会坚持哲学上的一条中间路线,公平地对待神学和物理学。他将会理解,过去经院哲学家的过失并不在于他们执着于不可见的形式,而在于将这些形式应用到他们本来应当寻找实体的变形和工具及其活动的样式即机械现象

世纪哲学家"隐秘的质"的学说,反对形而上学的"僭越"。但与他同时代的大多数哲学家不同,莱布尼茨旗帜鲜明地反对人们将机械论哲学绝对化,致力于揭露机械论哲学的肤浅性和片面性,强调还存在有一种"更高的原则",即"形而上学的原则",亦即他的动力学原则或"单子论"原则;从而我们必须将机械论原则置放到形而上学的原则或单子论的原则上面,以便我们在从机械论哲学的角度审视自然和物质事物的同时,进而从形而上学原则的高度或从动力学的高度来审视自然和物质事物。可以说,这些就是莱布尼茨自然哲学的基本内容和真髓。莱布尼茨所谓"几何学或位置哲学(philosophiam de loco)是达到运动和物体哲学(philosophiam de motu seu corpore)的一个步骤,而运动哲学又是达到心灵科学(scientiam de mente)的一个步骤(参阅 *G. W. Leibniz*: *Die philosophischen Schriften* 1, Herausgegeben von C. I. Gerhardt, Hildesheim: Georg Olms Verlag, 2008, p. 71)",即是谓此。

　　① "作为生命原则的地心之火"的原文为 Archeus。炼丹术士西奥弗拉斯特斯·帕拉塞斯(Paracelsus,1493—1541)以及琼-巴普蒂斯特·范·海尔蒙特(Van Helmont,1577—1644)曾使用这种精神原理来解释物理现象,并使得这样一种学说得到了普及。英国医学家和神秘哲学家弗卢德(Robert Fludd,1574—1637)也深受这种学说的影响,宣扬万物有灵论。他采用《创世记》关于上帝创造人类始祖亚当的记载、犹太神秘哲学以及炼金术、占星术、交感术和手相术的一般传统,把人和世界并列对比,认为两者都是上帝的形象。他还试图采用对比人心与日光的方法来理解和阐释人体的正常机能和失调。他的主要著作 Philosophia Mosaica(1638)既可译作《摩西哲学》,也可译作《东拼西凑的哲学》。莱布尼茨在《论自然本身》(1698)和《前定和谐作者对生命原则和弹性自然的考察》(1705)中对这类观点作过更加充分的批判。

上面。自然好像有一个王国中的王国(imperium in imperio)，可
以说是有一个双重的王国①，一个既为理性的又为必然性的王国，

---

① 这里谈到的"双重王国"(regnum duplex)的观点有两层意涵：其中一个说的是
"自然的动力因王国"与"自然的目的因王国"，另一个说的则是"自然的物理王国"和
"神恩的道德王国"。而且，莱布尼茨"双重王国"的主旨一方面在于强调它们之间的区
别，另一方面又在于强调它们之间的一致或和谐。尽管如此，针对当时盛行的机械论，
莱布尼茨更多强调的是"自然的目的因王国"和"神恩的道德王国"。

早在 1686 年，莱布尼茨就在《形而上学谈》第 19 节中指出："正如我不喜欢从坏处度
人一样，我也不是在批评我们时代的新哲学家试图从物理学中排除目的因，但尽管如此，
我还是不能不坦然承认：这种观点的结论在我看来很危险，当这种观点同我在该著中一
开始就驳斥过的观点结合在一起予以考虑时，就更其如此了。我在该著开头的地方所批
驳的观点，向前走得太远，竟完全拒斥目的因，仿佛上帝在活动中根本不意向任何目的或
善，仿佛善并非上帝意志的对象或目标似的。我则坚持认为，事情正好相反，这正是应当
寻找所有现存事物的原则和自然规律的地方。"晚年，莱布尼茨在《基于理性的自然与神
恩的原则》第 11 节中再一次强调指出："毫不奇怪，倘若我们只是单独地考察一下动力
因，或只是考察一下物质，我们便不可能给出说明我们时代所发现(其中一些是我本人发
现的)的各种运动规律的理由。因为我已经发现，为要发现这一理由，我们还必需诉诸目
的因。"在《单子论》第 79 节中，莱布尼茨又强调指出："灵魂凭借欲望、目的和手段，依据目
的因的规律而活动。形体则依据动力因的规律或运动的规律而活动。这两个领域(les
deux regnes)，亦即动力因的领域和目的因的领域，是互相协调的。"

莱布尼茨也不止一次地强调了"自然的物理王国"和"神恩的道德王国"的和谐一
致和主从关系。例如，莱布尼茨在《神正论》中就曾经指出："诚然，自然界(le règne de
la nature)必须服务于神恩界(au règne de la grâce)。但既然在上帝的伟大设计中，一
切都相互联系在一起，我们就必须相信：神恩界也以某种方式适应于自然界，以致自然
蕴含有最大的秩序和美，从而使自然界与神恩界的结合达到能够企及的最完满的程
度"(莱布尼茨：《神正论》，段德智译，商务印书馆 2016 年版，第 280 页)。在《单子论》第
87—89 节中，莱布尼茨又强调指出："既然我们在上面已经在自然的两个领域之间，亦
即在动力因与目的因之间，建立了一种完满的和谐，我们现在就还应当注意到存在于
自然的物理领域与神恩的道德领域之间的和谐，也就是存在于作为建造宇宙机器建筑
师的上帝与作为精神神圣城邦君主的上帝之间的和谐。这种和谐通过自然途径本身
(par les voyes mêmes de la Nature)将各种事物引向神恩。例如，当精神的治理需要毁
灭和重建我们这个星球以惩罚一些人和奖赏另外一些人时，它就必定通过自然途径
(par les voyes mêmes naturelles)而得到毁灭和重建。我们还可以说，作为建筑师的上
帝，在一切方面都满足作为立法者的上帝。从而，各种罪恶便必定能够凭借自然秩序，
甚至凭借事物的机械结构而带来其惩罚；同样，高尚行为则通过形体方面的机械途径
而获致它的报偿，尽管这不可能也不应当总是立刻达到的。"

或者说一个既为形式的又为物质微粒的王国，因为正如所有的事物都充满灵魂一样，它们也都充满有机物体。这些王国都受到管理，其中每一个都受到它自己规律的管理，在这两个王国之间泾渭分明，没有任何混乱之处，正如营养与其他有机体的功能不能在形式或灵魂中去寻找一样，知觉和欲望的原因也同样不能到广延的样式中去寻找。但作为万物普遍原因的最高实体，由于其有无限的智慧和能力，而使万物得以产生，并使同一个有形实体中的两个完全不同的系列相互呼应，相互完全和谐，好像其中一个受到另一个的影响支配似的。而且，如果你注意到物质的必然性和动力因的秩序，你就会注意到如果没有一个能够满足我们想象的原因，任何事情就都不会发生，没有任何事物能够超然于机械的数学规律之外；但如果你默思一下各种目的的黄金链（finium velut auream catenam）和作为理智世界的形式圈（formarum orbem），你就将会发现既然形而上学的顶峰和伦理学的顶峰（Ethicae ac Metaphysicae aplicibus）因它们至上造主完满的理由而合二而一，如果没有至上的理由，任何事情都不会发生。同样，上帝是至上的形式（forma eminens），是第一动力因（efficiens primum），是整个宇宙的目的或终极理由（finis est sive ultima ratio rerum）。但我们的职责在于敬畏他在自然中的踪迹，不仅默思他的运作工具和他对物质事物的机械效能，而且还要默思他的值得赞美的技艺的更加崇高的运用；认识上帝，不仅要认识到他是各种物体的建筑师，而且首先要认识到他还是心灵的君王，他的理智将万物安排得最好，而且还把整个宇宙构造成一个最完满的国家，这个国家受治于这个最有能力又最有智慧的君主。通过对这两种类型解释的这样一种结合,在我们对个别自然现象的考察中,我们就将既有助于我们的人生幸福,也有助于我们心灵的完满,既有助于智慧,也同样有助于虔诚。①

---

① 莱布尼茨不仅强调"自然的动力因王国"与"自然的目的因王国"以及"自然的物理王国"与"神恩的道德王国"的和谐一致,而且强调"自然的目的因王国"与"神恩的道德王国"优先性,其目的显然在于突出上帝作为"整个宇宙的目的或终极理由"的至上地位,从而典型地彰显了他的哲学服务宗教和基督宗教神学的宗旨。莱布尼茨在《形而上学谈》第 32 节中就曾经突出地强调过他的哲学原理与宗教神学的一致性。他指出:"这些原理在虔诚与宗教问题上的用处。……我们现在已经解释过的这些思想,尤其是那些有关上帝运作完满性的伟大原理,以及蕴含着其所有的事件及其整个环境的实体概念完满性的伟大原理,非但不伤害宗教,反而有助于强化宗教。它们远比此前我们所看到的那些理论更加有助于排除某些极其严重的困难,更加能够激发我们的灵魂感悟到上帝的爱,更加有助于提升我们的心灵理解精神实体。"尽管莱布尼茨的这些说法有防范基督宗教神学家攻击自己哲学理论的用意,但从中也不难看出莱布尼茨另有宣扬对形而上学敬畏感、强调精神生活和道德人格的深层用意。

论物质的无限可分性与运动的相对性

——致惠更斯[①]

第一封信

汉诺威,1692 年 4 月 1/11 日[②]

我希望您业已从您最近讲到的微恙中完全康复,期望您身体

① 早在巴黎时期(1672—1676),荷兰数学家和物理学家惠更斯就曾帮助莱布尼茨了解和掌握现代数学文献。此外,惠更斯在力学领域的发现,尤其是他在碰撞理论的早期阐述以及他对复摆的分析也为莱布尼茨的动力学提供了基础。他们两个早在巴黎时期即开始通信,此后一直持续到惠更斯于 1695 年去世时为止。本文收录的是莱布尼茨于 1692—1694 年间写给惠更斯的四封信的节录本,主要讨论的是物理学与宇宙论的基础问题,既与笛卡尔的观点密切相关,也与牛顿的观点密切相关。惠更斯在其读到莱布尼茨的《对笛卡尔〈原理〉核心部分的批判性思考》一文后,对该文进行了选择性评论,尤其是对莱布尼茨一方面将运动归结为力、另一方面将坚固性、质量和不可入性归结为力的有关段落(第二部分第 25、54—59 节)进行了评论。莱布尼茨的这些信件内容更加广泛,从重力和天上运动问题到原子和内聚力问题,再到时间、空间和运动的相对性问题。此外,它们还涉及莱布尼茨与牛顿微分发明权之争的问题。莱布尼茨在这些信件中对牛顿的评论是早在牛顿及其信徒郑重指控莱布尼茨剽窃其微积分成果许多年前写出来的,从而具有重要的历史价值和学术意义。

该文原载 G. W. Leibniz, *Mathematische Schriften*, ed. by C. I. Gerhardt, II, Berlin and Halle, 1849—1855, pp. 133—136,141—146,179—185,193—199。原文为法文。莱姆克将其英译出来并收入其所编辑的《莱布尼茨:哲学论文与书信集》中。

本文据 *Leibniz: Philosophical Papers and Letters*, translated and edited by Leroy E. Loemker, D. Reidel Publishing Company, 1969, pp. 413—420 译出。莱姆克的标题为《与惠更斯的通信(1692—1694)选译》。我们依据信件内容,以《论物质的无限可分性与运动的相对性》为标题。

② 该文原载 G. W. Leibniz, Mathematische Schriften, ed. by C. I. Gerhardt, II, Berlin and Halle, 1849—1855, pp. 133—136。

健康,得以完成您所从事的重要的思考。我将始终如一地敦促您将您的思考转到物理学领域。我认为我已经不止一次地表明您近期写的论著使我感到无限愉悦。对冰洲石的解释可以视为您对光精确推理的一个证明。其中只有一种您不甚满意的情况,不过即使这一点或许您以后也会将其消除掉的。

看来,致使地球旋转和圆满完成四周每个方向的圆周运动的重力很可能都来自同一个原因。而且,这显然也是行星对于太阳引力的理由;这整个就仿佛是各个行星都保持着我们在地球上所看到那样一种磁场方向。如果我们设想重物的引力就像从一个中心辐射出来的射线那样,我们便能够解释行星的重力与它们同太阳的距离的平方成反比,这一点能够得到种种现象的证实。与牛顿先生的轨迹,或与我的和谐旋转理论结合在一起的重力的这一规律,产生了"开普勒椭圆"①,也得到了种种现象的证实。现在,各种物体受到光照的强度显然与其与光源的距离的平方成反比。我还进一步认为,依照这样一种以极其微小流体离心力解释重力的方式,人们能够将其视为引力的射线,视为那种并非任何别的东西而无非是一些迫使那些物体圆周运动减速至最小量的射线的结果。此外,为了解释各种轴线的平行,在诸天之间存在有一种涡流似乎是必要的。所有方向的天体运动都不足以成就这件事情;极

---

① "开普勒椭圆"指的是开普勒于 1609 年发现的关于行星运动的三大定律之一即"椭圆定律"。这条定律是开普勒从天文学家第谷观测火星位置所得资料中总结出来的。其基本内容是:"所有行星绕太阳的轨道都是椭圆,太阳在椭圆的一个焦点上。"后来的学者将这条定律修改为:"所有行星(和彗星)的轨道都属于圆锥曲线,而太阳则在它们的一个焦点上。"

点和子午线是必不可少的。最后,同一个系统中的行星或卫星之间所存在的一致也证实了存在有一种公共传送的流体物质……

……最近重读您对重力的解释,我注意到您赞同虚空和原子的观点。我承认要理解这样一种不容侵犯的理由颇有困难,我认为,要解释这样一种结果便必须诉诸一种恒久的奇迹。而且,我也没有看出您回到这样一种离奇的实存究竟有什么必要性。不过,既然您倾向于接受它们,您就必定有其重要的理由。

第二封信

汉诺威,1692 年 9 月 16/26 日[①]

今年夏天,我一直很忙,致使我不能更早地回复您 7 月 11 日的来信。您的来信触及许多重大问题,需要我静下心来很好地默思一番方能予以回答。由于这个缘故,我尚未达到作出令您完全满意答复那样一种精神状态,但在这种情况下,我还是尽力作出回应。

----

① 在 1692 年 7 月 11 日的信中,惠更斯设定在物质的各个部分中存在有无限的坚硬性。这与笛卡尔的理论正相反对。笛卡尔认为物体的所有属性都是由运动产生出来的,而这种坚硬性特别地来自各个角落和部分的磨掉,结果在它们中间只剩下带有迅速运动碎片的球体(参阅 Rene Descartes, *Principles of Philosophy*, translated by Valentine Rodger Miller and Reese Miller, Dordrecht:D. Reidel Publishing Company, 1983, pp. 109—110, 132—133)。惠更斯的这封信原载 G. W. Leibniz, Mathematische Schriften, ed. by C. I. Gerhardt, II, Berlin and Halle, 1849—1855, pp. 139—141。莱布尼茨的这封回信原载 G. W. Leibniz, Mathematische Schriften, ed. by C. I. Gerhardt, II, Berlin and Halle, 1849—1855, pp. 141—146。

　　我依然看不出有关水滴呈球体、地球上的物体具有重力以及各个行星趋向于太阳的引力似乎不同这许多问题为何不能和谐一致的原因究竟何在。我认为人们能够一般地说物质能够以无限的方式从所有的方向受到一定的搅动，并且全都具有不同的形状，以至于每个方向施加的压力很可能都是相等的。这种运动不仅有助于形成各种物体，而且也有助于确定它们的位置。因为各种物体不仅接受其运动最小介入的位置，而且它们自身也以某种方式相互调整。当它们分开时，这种情况能够使它们结合在一起，当它们结合在一起的时候，这种情况又能够使它们难以分开。人们还能够更进一步考察，如果一个物体为另外一个更富于流动性也更加颤动的物体所包围，但它又不肯让出一个充分自由的通道让这另外一个物体进入其内部，它就会受到来自外部的无穷大波浪的冲击，不仅使它变硬，而且还压迫它的各个部分紧密地结合在一起。一个球体对周围流体的这种打击则表现得较为微弱，因为它的表面可能最小，也因为它的外在运动和内在运动匀质的差异都有助于这种球形。就地球来说，人们能够获得多得多的细节，并且能够认为有限流体的颤动将会转变成自转，因为这样一来，它们便能够在受到最小干扰的情况下继续自己的运动；而且，这些自转在每个方向都发生，因为产生它们的颤动也是如此。而且，与地球毗邻的那些自转相互调整，并且围绕着一个共同中心而和谐活动，它们将是地球的自转，这无疑是因为通过这个球体的与一滴水的形成极其类似形成，这一中心区别于其他各点；这种旋转的物质极力离开这一中心，从而迫使颤动较少的那些物体接近它。而且，相较于它们使之接近中心的那些物体而言，物质的这种离心力也能够被视为离开中心的引力射线。自然的这样一种类似能够使我们相信在太阳系的自然中存在有某种与之极其接近的东西,各个行星因一种类似的理由趋向于太阳,它们的引力与其距离的负二次方成正比,就像它们处于照明状态之下一样。而且,既然地球与一块磁石极其类似,既然在磁石中不仅有引力而且还有方向,那我们就有理由相信在所有那些围绕着地球中心的自转中,虽然有无限多个极能够指派出来,但却存在有两个主要的极,地球上的物质被调整成与之相关的大太阳系中的一种物质过程,一如各种磁石使它们自己适应地球系统的物质过程一样。

先生,您似乎并不认可这样一些概括化的努力,但您却并未指出您发现其中究竟有什么具体的过错。例如,您并未说明为何您将水滴的圆心更加具体地归因于其中的一种急速的运动。您也没有说明为何物质的离心努力不能够被视为引力的射线。不过,我还是注意到了您在复信中可能说到的某些东西,这就是:在所有同心的球体表面中存在有光的同样的量,但却不能够怀疑也存在有同一个引力的量。无疑,我的这样一种尝试当我们考察自转的速度时还是非常可信的。我们必须考察哪一种解释会更好一些,或者说它们能否协调一致。关于牛顿先生对椭圆的解释,也能够作如是观。各个行星的运动如他所注意到的,仿佛只有一种与引力结合在一起的轨道运动,或是只有一种与引力结合在一起的固有方向的运动。不过,它们之运动就像它们是由一个其圆周运动是谐波运动的物质带着平稳运动似的,而且这种圆周运动与该行星的固有方向也协调一致。我之所以即使在获悉牛顿先生的解释后依然不能抛弃这一传送物质的理由,在于在其他事物之中,我发现所有的行星差不多都沿着同一个方向在同一个区域运动,这种情况甚至也适用于木星和土星的卫星。另一方面,如果没有这样一种传送物质,便没有什么东西能够阻止这些行星向每个方向运动。有关所有这一切,都还有许多话要讲,我希望有朝一日我能够更加清楚地阐明这些问题。① ……

……现在我来谈谈我们在虚空和原子问题上的差异。在这些问题上,我们之间的差异很难避免。先生,您设定物体中存在有一种原初的坚固性,而且,正因为如此,您得出结论说这必定是无限的,因为没有任何理由设定它具有某个确定的等级。我也同意,将某个等级的坚固性归于所有的物体非常荒谬,因为没有任何东西能够确定是坚固性的这样一个种类而非坚固性的另一个种类。但若把坚固性的不同等级归于不同的物体这样一种作法却并不荒谬;否则,人们便能够以同样的理由来证明各种物体必定其速度或是为零,或是无限大。如果设想自然必须变化,理性便要求根本没有任何一个具有无限坚硬性的原子或物体存在;否则,它们就会全都是无限坚硬的,但这完全没有必要。您似乎对原子论中所包含的困难作出如下回答也不甚满意:各个原子藉某个表面相互接触,从而它们相互勾连并且相互之间不可分离地相互依附。因为否认各个原子具有相互适合的平的表面,哪怕是仅仅否认在其最小的部分有这样的平的表面,实在是一个令人生疑的设想。但即使我

---

① 莱布尼茨的概括化的解释一方面依据充实和垂直运动来解释重力,另一方面又将其与光、磁力和坚固性打比。可以说,莱布尼茨一生都在于致力于这样一种探究。在其生命的最后时刻,他在《与克拉克论战书信集》中也还在进行这样一种探求和阐述。参阅《莱布尼茨与克拉克论战书信集》,陈修斋译,商务印书馆1996年版。

们承认如此,我也依然认为在这样一种推理中,我们不仅应当考察什么东西存在,而且还应当考察什么东西是可能的。因此,让我们假设所有的原子都只有平的表面,则它们的凝聚显然就有困难,从而完全坚硬的假设也就变得不可理喻了。① 在原子问题上,还有其他一些困难。例如,它们都不可能服从运动规律。因为两个以相同速度直接碰撞的相等的原子的力必定会失去,这又是因为它似乎只是一种使物体弹回的弹性。但即使不存在任何困难,我们似乎也不应当毫无理由地承认一种诸如原初坚固性的性质。我们看不到有致使两个物质团块粘附在一起的任何东西,我也看不出

① 莱布尼茨在《对笛卡尔〈原理〉核心部分的批判性思考》中曾经指出:"对于持守这样一些观点的人来说,始终有一种逃避的手段,例如说在自然中根本没有任何平的表面,或者说即使有这么一个平的表面的话,它们在结合中也都消失不见了,同时,所有的原子都止于弯曲的表面,而且,这些原子都具有最可能小的接触面积,这种情况就像所有原子都是球形的,以至于任何一个完整的表面都没有任何一个触点。但撇开这点不说,我们并没有任何充分的理由来排除物体具有平的表面,或者说物体具有其他完全一致的表面,因此,我们将在此要求他们给我们提供为何一个连续体不能分解成各个部分的理由。……所以,为了把这些不是不能提出问题就是不能解决问题的理论置之脑后,我认为致使凝聚的首要原因是运动,即并发的运动。……我认为物质本身,由于其是同质的并且始终是同样可分的,便只有藉运动区分开来。我们看到即使各种流体当其在运动时也获得一定的坚固性。例如,一股强劲喷出的水也能够阻止任何东西从外部以比处于静止状态的同样的水阻断它自己的路径。因为新物质的闯入必定在并列的运动中造出有力的干扰,而力也必定产生出这种干扰,或是必定极大地改变这种运动。……我们通过一种简单的实验也能够从磁石那里了解到,那些本身分散的事物,可以说是一盘散沙,仅仅藉运动也能够获得某种坚固性。当铁屑放得靠近一块磁石时,它们便突然变得像一根绳子那样联系在一起,形成了一条条细线,物质自行一列列地排起来。毋庸置疑,藉一定种类的磁力,即藉一种内在一致的运动,一些物体的其他部分也能够连接在一起。所以,一致或凝聚的这一首要原因不仅能够满足感觉,也能够满足理性。"参阅 G. W. Leibniz: *Die philosophischen Schriften* 4, Herausgegeben von C. I. Gerhardt, Hildesheim: Georg Olms Verlag, 2008, pp. 387—388。

先生您如何能够设想仅仅接触即能用作一种粘合剂。① 既然在接触和粘附之间根本没有任何的关联,则我们便必定能够得出结论说,如果接触由粘附所致,则这种情况便只有藉一种恒久的奇迹方能发生。但如果坚固性要成为一种可解释的性质,它就必须来自运动,因为只有运动才能够将各种物体区别开来。如果我们假设我能够言说到的有关物体原初关联的一切力都能还原成运动的话,则它对于将物质的一个部分与其另一个部分分离开便不可或缺,因为这样一种分离既改变了运动,也改变了物体的进程。在一个物质团块中,其所有部分的运动就其与相互运动的各个部分相比存在有某种规则或规律而言是和谐一致的,而这一物质团块则依照这一规则变得更加复合的程度受到干扰。人们也能够说,每个物体都有一定程度的坚固性和流动性。然而,当所考察的是一根铁条或其他一些大的物体时,大可不必即刻诉诸坚固性的原初根源,原子的情况即是如此;使用一些小的物体足矣,每个小的物体其内部就已经具有坚固性了,但它们中的每一个仍然依附于其他小的物体,这有点像两块甲板,它们相互以它们的平的表面接触,而四周的压力又阻止它们突然分开。

　　我一点也不想发表我对笛卡尔哲学核心部分的有关评论。德·博瓦尔(de Beauval)先生提议将它们随身带到波兰。既然您不辞辛苦考察了它们,除考察虚空和坚固性的那些段落外,我希望您关注您并不认同的那些段落。我期望某个才华出众的擅

---

① 莱布尼茨的基本反对意见在于原子论违背了充足理由原则和连续性原则,因为从聚集在一起的各个物体向单纯单子的转化虽然保留了诸如广延和坚固性一类的物质属性,但却蕴含了一种从一套运动规律和凝聚向另一套运动规律和凝聚的飞跃。

长推理的笛卡尔信徒也能够考察一下它们,以便我有望从其反
对意见中学到些东西。我已经致信德·博瓦尔,把我的这些想
法告诉了他。我希望将来有一天能够看到您对运动的有关看
法。我已经借助于在我看来并无任何缺陷的适宜性的普遍原则
(a general principle of fitness)①考察了笛卡尔的《哲学原理》,这
项原则对于追求真理驳斥错误似乎非常有用。运用这项原则极其
容易表明笛卡尔的各项运动规则如何自相矛盾。我作出这些评
论,其主旨只在于对笛卡尔进行批判性考察,并不企求获得真正的
哲学……

---

　　① 适宜性原则是莱布尼茨哲学的一项基本原则。莱布尼茨在《以理性为基础的
自然与神恩的原则》第 11 节中写道:"上帝的至上智慧使他首先去选择运动规律,这些
规律对于种种抽象的或形而上学的理由是最适应的,也是最适合的。在宇宙中,总体
的和绝对的力的量,或者说作用的量是守恒的,各个力的量,或者说反作用的量也是守
恒的;最后,派生的力的量也同样守恒。再者,作用始终与反作用相等,而整个结果也
总是与其完全的原因相等。因此,毫不奇怪,倘若我们只是单独地考察一下动力因,或
只是考察一下物质,我们便不可能给出说明我们时代所发现(其中一些是我本人发现
的)的各种运动规律的理由。因为我已经发现,为要发现这一理由,我们还必需诉诸目
的因。而且,我还发现这些规律并不是像逻辑学、算术和几何学真理那样,依赖于必然
性原则(le principe de la nécessité),而是依赖于适宜性原则(le principe de la conve-
nance),也就是说,依赖于智慧的选择。对于那些能够深入探究这些问题的人来说,这
即是对上帝存在的一个最有效和最明显的证明。"在《单子论》第 46 节中,莱布尼茨也
强调指出:"我们也不能像有些人那样想像,以为永恒真理既然是依赖上帝的,就一定
是任意的,就一定是依赖上帝的意志的,笛卡尔以及以后的波瓦雷先生似乎就曾这样
主张过。这种看法只有对于偶然真理才是正确的,偶然真理的原则是'适宜性'(la con-
venance)或'对最佳者的选择'(le choix du meilleur)。但必然真理却仅仅依赖上帝的
理智,乃上帝理智的内在对象。"

第三封信

汉诺威,1694 年 6 月 12/22 日 [①]

　　在如此之久的杳无音信之后,我极其高兴极其荣幸地收到您的来信。但我并不想对您抱怨,因为我太清楚您的时间有多么珍贵。此外,我总是极力劝告您留意自己的健康,当我从您的信中获悉您的身体状况时有反复时,我就更加劝告您了。愿上帝保佑我们,使我们的研究有望推动医学领域方面取得重大的进展。但迄今为止,这门科学却几乎完全是经验的。诚然,如果人们注意观察,哪怕是人们注意充分利用前人已经作出的所有的观察结果,即使经验主义也大有用处。但既然医学已经变成了一种生意,那些以此为职业的人们之所以研究医学只不过是为了获得一种谋生手段,从而终日营营于一些现象层面的东西,我们也就明白为何很少有人能够对他们所做的事情做出判断。我希望一些宗教修会人

---

　　① 在 1694 年 5 月 29 日的信件中,惠更斯选择了《对笛卡尔〈原理〉核心部分的批判性思考》中另外一个话题进行评论。莱布尼茨在对《哲学原理》第二部分第 25 节的评论中曾经指出:笛卡尔的理论涉及运动的相对性,因此,为了确定运动的主体,我们必须超出运动而达到力。惠更斯错误地将视运动为相对的这样一种荒谬的观点归于莱布尼茨,并且认为牛顿在其《自然哲学的数学原理》的第二版中将会修正他自己的意见。

　　莱布尼茨的这封回信原载 G. W. Leibniz, Mathematische Schriften, ed. by C. I. Gerhardt, II, Berlin and Halle, 1849—1855, pp. 179—185。

士,如嘉布遣会^①修士,依据仁慈的原则投身于医学事业。经过很好的管理,这样一种修会是能够将医学事业推向前进的。但这些无用的希望说到这里也就够了;我们还是言归正传,回到您信中所言及的各点吧!

我希望学界能够很快了解您的时钟理论的诸多细节,因为这些细节不能不具有重大的意义。^② 至于您对一个哲学问题的论述,如果有一天我能够知道它能够是什么,我会非常高兴。^③ 您一向为人太过低调,迄今为止除有关推证外,您不希望发表任何东西,而那些像您那样有能力的人也不应当甚至连他们的猜测也不肯提供出来。这就是为何您乐意做一些有益于表达所有种类意

---

① 嘉布遣会(Capuchins)是天主教方济各会的一支。嘉布遣是意大利文 Cappúccio 的音译,原义为"尖顶风帽"。因该会会服附有尖顶风帽而得名。1528 年,意大利人马窦·巴西(Mattéo da Bassi,1495—1552)在意大利创立该修会。该修会关注穷人的属灵和身体需要,并通过遵守由圣方济倡导的严格的贫穷誓言而与穷人保持一致。如同其他方济会,他们是行乞的修士,依靠捐赠的支持。嘉布遣会在世界所有地区进行传教工作。

② 1656 年,惠更斯在进一步确证单摆振动等时性的基础上,将这一理论应用到计时器上,制成了世界上第一架计时摆钟。这架摆钟由大小、形状不同的齿轮组成,利用重锤作单摆的摆锤,由于摆锤可以调节,计时便比较准确。1658 年,他在《时钟》中介绍了制作摆钟的一些情况。1659 年,惠更斯进一步发现了摆线的等时性,并且还启动了离心力的研究。1668—1669 年,惠更斯研究了阻力介质中的物体运动。1673 年,惠更斯开始开展简谐振动的研究,并设计出由弹簧而非钟摆来校准时间的钟表。同年,作为法国皇家科学院会员的惠更斯发表了《摆式时钟或用于时钟上的摆的运动的几何证明》,提出了著名的单摆周期公式,研究了复摆及其振动中心的求法,并将其献给了法国国王路易十四。

③ 在其最后的一封信中,惠更斯提及他的《对一个哲学问题的短论》。这很可能是他死后于 1698 年发表的《被发现的天上世界》(Cosmotheoros)。该著推测宇宙孕育生命的必要条件,断言火星上有生命存在。他在书中还将居民统统称作"行星居民",并断言各个行星上的居民的身高与星球的大小直接相关。

见,甚至是哲学方面的和尚有疑问的意见的根由。您的劝告使我确信我有必要写作一部论著,以解释积分学和差分学以及某些与之相关问题的基础和应用。作为附录,我还应当添加上一些充分利用我的方法的几何学家的美妙的洞见和发现,只要他们非常友善肯将他们的洞见和发现寄给我,我就会这样做。如果您觉得洛必达侯爵①适合于这件事的话,我希望他肯将他的洞见和发现寄给我。伯努利兄弟②也适合做这件事。如果我在牛顿先生的著作

---

① 洛必达侯爵(Marquis de l'Hôspital,1661—1704),法国数学家。曾在军队中担任过骑兵军官。其早年就显露出数学才能,15岁时就解出帕斯卡尔的摆线难题,此后又解出瑞士数学家约翰·伯努利向欧洲挑战的"最速降曲线问题"。曾在伯努利手下学习和研究微积分。1696年,他在其著作《阐明曲线的无穷小分析》中提出并阐明了一条重要的数学法则,这就是:在一定条件下通过分子分母分别求导再求极限来确定未定式值的方法。数学史上通称"洛必达法则"。但也有人认为这条法则原本是由洛必达的老师约翰·伯努利首先发现的,故而也被称作伯努利法则。

② 伯努利兄弟(the Bernoulli brothers)指的是瑞士数学家雅各布第一·伯努利和约翰第一·伯努利。雅各布第一·伯努利(1654—1705),原来学习神学,后来自学数学。1687年成为巴塞尔大学数学教授。莱布尼茨的著作引起了他及其弟弟对微积分的兴趣。1690年,他首先使用了"积分"一词。1691年,研究了悬链线,并很快用于设计吊桥。1695年,将微积分用于桥梁设计。1673年,出版鸿篇巨制《猜度术》,阐述了他的排列组合理论、伯努利数及概率论中的伯努利大数定律等重要成果。约翰第一·伯努利(1667—1748)跟随其兄雅各布学习数学,1695—1705年在荷兰的格罗宁根教授数学,1705年雅各布去世后,继任巴塞尔大学数学教授。他用微积分确定曲线的长度和面积。他还提出求一个分数当分子、分母都趋于零时的极限的方法,后由他的学生洛必达收入其著作《阐明曲线的无穷小分析》之中。他提出的求最速降线的问题,即一个质点仅受重力作用由一点无摩擦地下滑到另一个较低点,沿什么曲线时间最短的问题,标志了变分法的开端。

中发现某些东西(沃利斯①先生在其代数中已经涉足这些东西,这些东西将有助于我们向前发展),我将利用这些东西,并且对他持信任态度。② 但我还是斗胆希望您以恰如其分的判断对我予以支持,一如您运用这种微积分方法对伯努利先生的难题进行分析时那样。……

……我不知道我是否已经告诉您法提奥③先生已经将他对牛

---

① 沃利斯(John Wallis,1616—1703),英国皇家学会创始人之一和英国数学家。1649年,被任命为牛津大学萨维里几何学教授。意大利物理学家托里拆利从意大利数学家卡瓦列里的工作导出的用不可分量求曲边形面积的方法激发了他对化圆为方这一古老问题的兴趣。在1655年出版的《无穷算术》中,他设想了包括负指数的一种方法,对空间不可量赋以数值,以代替卡瓦列里的几何方法。1657年,他的论述代数、算术和几何的《泛数学》出版,进一步发展了数学符号,例如引进了无穷大符号"∞"以及负指数、分数指数符号。在《圆锥曲线简论》中,他用代数坐标的性质来描述圆锥曲线。在《力学—运动简论》(1669—1671)中,他较为严格地给出了力和动量等名词的意义,并设想地球引力集中于地心。1685年出版的《代数专论》对方程作出了重要研究,并将其应用于劈锥曲面,书中还使用了复数概念。他使用代数方法而非传统的几何方法对求解涉及无穷小的问题作出了卓越贡献。他是前牛顿时代英国最有影响的数学家。

② 莱布尼茨写作一部微分学和积分学著作的计划并未付诸实施,尽管他写了手稿,并且希望在巴黎出版。第一个标准文本是洛必达侯爵本人写出来的《阐明曲线的无穷小分析》(1696)。约翰·沃利斯的《数学著作全集》(牛津,1693)包含了牛顿的解说他自己方法的两封信件。这段话、附言以及下一封信对于理解莱布尼茨对于这两种方法的价值和独立性的意见意义重大,殊不知十年前牛顿的学生约翰·基尔(1671—1721)就已经向莱布尼茨发难,对其进行了不顾事实的剽窃指控。

③ 法蒂奥(Nicolas Fatio de Duillier,1664—1753),一个长期生活在伦敦的瑞士数学家,与牛顿的关系极其密切。法蒂奥曾经宣称牛顿的《自然哲学的数学原理》中存在有一些错误。他自视甚高,不仅以牛顿的代言人自居,而且自认为自己与牛顿不分伯仲。1691年,他在致惠更斯的一封信中以牛顿的代言人自居,强调说要求牛顿出一个新的版本"实在没有必要",不过他却又说他自己也"可以承担起这样一种修改的任务"。但莱布尼茨在其1697年的一篇文章中,当谈到解决最速降线难题时,虽然提到了牛顿,却并未提到法蒂奥,这一点使法蒂奥大为光火。1699年,法蒂奥称莱布尼茨是

顿先生机械论解释^①的一些意见告诉了我。实际上，他只是隔靴

微积分的"第二个发明人"，第一个含蓄地批评莱布尼茨并非微积分的原创者。在答复法蒂奥的挑衅时，莱布尼茨诉诸牛顿本人，称牛顿本人也曾承认微积分是莱布尼茨独立发明的这样一个事实。法蒂奥曾经将自己的答复寄给《学者杂志》的编辑，但该杂志拒绝发表他的答复。最后，法蒂奥煽动整个英国皇家学会投入这场争论。

　　不过，只是到了 1705 年牛顿的学生基尔重燃战火时，对莱布尼茨"剽窃指控"才真正严峻起来。1708 年，英国皇家学会的官方刊物《哲学学报》收录了基尔的文章，公开指责莱布尼茨剽窃了牛顿的流数法，微积分论战更趋恶化。关于这一点，莱布尼茨心里有数。1715 年 4 月 2 日，莱布尼茨在其致沃尔夫的信件中表示对基尔的粗暴攻击不屑一顾，强调他不能让自己"去回复这位粗暴的基尔"：他所写的东西几乎不值得阅读。后来在沃尔夫极力劝说下，莱布尼茨于 5 月 18 日终于对基尔的攻击作出了回应，他在致沃尔夫的回信中比较充分地宣泄了对基尔的毫无遮拦的鄙夷与恼怒："既然基尔的文字写得像一个乡巴佬，我希望我跟这样一个人没有任何瓜葛。为那些只对他的大胆断言与夸耀做出反应的人写文章是没有意义的，因为它们不懂得检查事情的真相……我希望某个时候用实物而不是用语言把这个人击倒……我自己，考虑到基尔的粗鲁，还没有想到要写一篇值得仔细阅读的回应文章。"在其生命的最后一年，即在 1716 年 2 月 25 日，莱布尼茨在其致他与克拉克论战中介人凯洛琳的信件中，曾经表达了他与牛顿"和解"的愿望。莱布尼茨坚信，既然所有的噪声不全是由牛顿本人而是由一位"大家不认为有自控力的""某个人"制造出来的，"这样的妥协是能够达成的"，其条件是："牛顿先生是第一个发现微积分的人，尽管他没有将其告知或暗示给其他人"。同时，他也谴责了基尔及英国皇家学会的"过火"行为。他写道："但他们的行为却太为过火以至于攻击了我的信仰，就好像是我从他那里学习了微积分但却掩盖了这一事实一样。为了公正地对待我，皇家学会完全有必要宣布不存在对我的真诚进行质疑的理由，而且也没有人会被允许这样做"（参阅 G. W. Leibniz, Der Werke, Ed. by O. Klopp, vol. X1, Hanover: Klindworth, 1864—1884, pp. 78—89）。

　　①　在《自然哲学的数学原理》第一卷中的有关注释中，牛顿试图在运动（绝对的非相对意义上的运动）与静止之间作出区分。牛顿打算通过他的著名的水桶实验表明由它的各种结果我们如何能够知道究竟在什么时候一个**物体**真正处于静止状态。"如果用长绳吊一水桶，让它旋转至绳扭紧，然后将水注入，水与桶都暂处于**静止**之中。再以另一力突然使桶沿反方向旋转，当绳子完全放松时，桶的运动还会维持一段时间；水的表面初是平的，和桶开始旋转时一样。但是后来，当桶**逐渐**把运动传递给水，使水也开始旋转。于是可以看到水渐渐地脱离其中心而沿桶壁上升形成凹状。运动越快，水升得越高。直到最后，水与桶的转速一致，水面即呈相对静止"（参阅 Isaac Newton, *Mathematical Principles of Natural Philosophy*, Berkeley and Los Angeles, 1966,

挠痒、连猜带蒙地做了这方面的工作。他认为物质填充的只是空间的很小的部分,各种物体就像骷髅一样具有敞开的结构,允许事物轻而易举地通过。他还认为如果空间在每个方向都为一种惰性的流体物质所充实,这就将极大地妨碍了物体的运动。他讲到了您已经提出的反对意见,这就是:地球周围的物质在那种情况下会变得稠密,从而会使运动停了下来,但他却说只要认真考察一下,这样的意见就烟消云散了;他还补充说,惠更斯先生现在对此确信不疑。他说道:在这个问题上,在人们看到您的反对意见之前就将一些必须批评的意见透露出去无关宏旨。

Vol. 1, p.10;也请参阅牛顿:《自然哲学的数学原理》,赵振江译,商务印书馆 2015 年版,第 12 页。具体地说,整个过程可以说是存在有三种前后相续的情况:(1)桶吊在一根长绳上,将桶旋转多次而使绳拧紧,然后盛水并使桶与水静止,此时水是平面的;(2)接着松开,因长绳的扭力使桶旋转,起初,桶在旋转而桶内的水并没有跟着一起旋转,水还是平面的。(3)转过一段时间,因桶的摩擦力带动水一起旋转,水就形成了凹面。直到水与桶的转速一致。这时,水和桶之间是相对静止的,相对于桶,水是不转动的。但水面却仍然呈凹状,中心低,桶边高。牛顿的水桶实验不仅旨在证明运动的绝对性,而且也旨在证明空间的绝对性。因为在牛顿看来,水的升高显示它脱离转轴的倾向,显示了水的真正的、绝对的圆周运动。这个运动是可知的,并可从这一倾向测出,跟相对运动正好相反。在开始时,桶中水的相对运动最大,但并无离开转轴的倾向;水既不偏向边缘,也不升高,而是保持平面,所以它的圆周运动尚未真正开始。但是后来,相对运动减小时,水却趋于边缘,证明它有一种倾向要离开转轴。这一倾向表明水的真正的圆周运动在不断增大,直到它达到最大值,这时水就在桶中相对静止。所以,这一倾向并不依赖于水相对于周围物体的任何移动,这类移动也无法定义真正的圆周运动。简单地说,就是水跟水桶相对静止时(都不转或者一起同步旋转),水面只有在水桶静止时才是平的,其他时候都是弯曲的。这就说明水的运动倾向不依赖于水相对周围事物的相对运动,而是取决于某个绝对参考系,亦即牛顿所说的绝对空间。所有这些都与莱布尼茨的自然哲学观念相左,从而不能不遭受莱布尼茨的反对。在这些信件中,特别是在 1694 年的两封信件中,莱布尼茨明确地表达了他对牛顿自然哲学这一重要方面的反对立场,强调所有的运动在一定意义上都是相对的,以至于人们永远不能够严格地讲:一个特定的物体现实地处于运动之中或静止之中。

在圆周运动或相互运动在自然中发生的情况下，一些虽然微小却非常稠密的或受到压缩的物质，当它离开吸引其他物体的物体运动时，似乎会迫使较大的物质接近这些物体。但当这粗大的物质到达时，它就被碾碎，变小，并且直接返回那样一种场景，在这种场景下，它再次被驱散，用作其他粗大物体的"食物"。就引力的存在来说，可以有许多理由，例如，离心力就是从圆周运动产生出来的，这一理由您已经使用过，但也可以从一些微粒的直线运动看出来，我曾经看到一位作家描述过这种情况，他试图以此为根据来解释物体的坚固性，以及通常归因于空气重力的各种现象，但您却在虚空中观察到了这种情况。既然地球这个物质团块似乎必定以这样的方式进行活动以致趋向于它的物质微粒多于能够达到它的物质微粒，人们便能够按照您已经注意到的前人的意见说，这将推动这个物体趋向于地球。除这些因素外，人们还可以添加上爆炸这个因素，就像是无限多个气枪爆炸一样。因为难道我们不能够说产生光、重力和磁力的那些物体，与那些仅仅产生它们自己的力的物体相比依然粗糙？难道我们不能够说后者因此而包含了一种受到压缩的物质，但当它们达到太阳或趋于进行喷射光热的其他物体的中心（其内部因此就像太阳）时，这个物体所发出的更大的运动便使它们破裂和分解，以使其中的物质免于受到压缩吗？实际上，火似乎就是由这种物质产生出来的。还可能有许多因素结合在一起形成重力，因为自然是以这样的方式工作的，以致一切事物都尽可能地和谐一致。无论如何，我们要确定这些事情始终都是非常困难的。在我们时代，如果有谁能够成功，那就是您。诚然，所有那些趋向于地球或趋向于某个别的物体而无需穿透它的缥缈的物质都不可能由它返回。因为那些并不穿透的东西将弹回并且将撞击尾随而至的某个别的物质。这样,物质便必定混合到一起,使它自身挤在那个物体的四周。但或许这样形成的物质团块即刻瓦解,这有点像太阳黑子。

至于绝对运动与相对运动之间的差异,我认为,如果运动,更确切地说,如果物体的动力是某种实在的东西,对此,我们似乎必须承认,则它之具有一个主体就必不可少。因为如果 a 和 b 相互接近,我则断定,所有相关现象就将以同样的方式发生,不管将运动或静止指派给哪一个物体,都是如此。即使有成千上万个物体,我依然坚持认为现象根本不可能给我们提供出绝对可靠的基础来确定运动的主体或等级,每个物体也不能分别设想为处于静止状态。而且,我还认为这正是您所询问的一切。但我认为,您也不会否认,每个物体都确实具有一定等级的运动,如果您愿意的话,都确实具有一定等级的力,尽管关于它们运动的这些假设都是一回事。由此,我确实可以得出结论说,在这方面,在自然中存在有一些几何学能够确定的东西中所没有的东西。除广延及其样式(它们是纯粹几何学上的东西)外,我们还必须承认某种更高级的东西,即力,我对此作过许多证明,但上述证明在我的许多有关证明中却并非最没有价值的证明。牛顿先生承认在直线运动情况下这些假设的等值,但却认为在圆周运动中,这些物体所产生的脱离圆心或旋转的轴心的种种结果将迫使我们承认它们的运动是绝对的。但也有一些理由,使我们相信等值的普遍规律。不过,在我看来,先生您自己对于圆周运动似乎曾经持牛顿的意见……

附言:我不知道究竟什么时候我能够看到沃利斯这本刚刚出

版的著作。不知先生您能否帮我将其中那些有关牛顿先生阐述其新发现的段落抄下来？我并不急于马上得到您发现级数的方法，但您能否将逆向切线或其他类似东西的方法告诉我。在更早些时候他写给我的信件中，他隐瞒了调换字母的方法。他表示，他有两种方法，其中一种方法更为普遍，另一种则更为典雅。我不知道他在这里是否讲到这些。

第四封信

汉诺威，1694 年 9 月 4/14 日[①]

我首先感谢您将沃利斯著作中关于牛顿先生有关内容的摘要寄给了我。我看到他的微积分与我的一致，但我认为对差分学和积分学的考察更适合于启迪心智，因为这也以一种与乘方和根的方式发生在数字的通常系列中。在我看来，沃利斯先生在讲到牛顿先生时相当漠然，并且暗示这些方法很容易从巴罗[②]的讲演推

[①]　在其 1694 年 8 月 21 日的复信中，惠更斯给沃利斯的著作添加了注释，并且说在两三年前他就已经主张运动的绝对性了，但他却并不同意莱布尼茨关于每个物体都有它自己的一定等级的运动的观点。

莱布尼茨的这封回信原载 G. W. Leibniz, Mathematische Schriften, ed. by C. I. Gerhardt, Ⅱ, Berlin and Halle, 1849—1855, pp. 193—199。

[②]　巴罗(Isaac Barrow, 1630—1677)，英国数学家和牛顿的老师。发展了确定切线的一种很接近微积分的方法，最先认识到微积分中的积分与微分互为逆运算。1660年，任英国圣公会牧师，并担任剑桥大学希腊文教授(1660—1663)，两年后出任伦敦格雷沙姆学院几何学教授。早期著作主要研究古希腊数学，其中最著名的是翻译了欧几里得的《几何原本·全十五篇》(1660)，该书在 18 世纪前期曾再版 6 次。在任剑桥大学

演出来。当各项事情作完之后,便平淡如水地说:"我们也能够完成这样一件事情"(Et nos hoc poteramus)。复杂的问题如果不运用字符是不可能为人类心灵轻而易举地解决的。最后,我也很高兴地看到牛顿先生在其致小奥尔登堡先生(the late Mr. Oldenburg)的信件中所包含的对密码的破译。但不无遗憾的是,在反正切问题上我并未发现我原本希望找到的新的光照。因为这并非任何别的东西而只不过是一种通过无限系列表达一条所求曲线的纵坐标价值的方法,对于有关原理,我在此前早些时候便已经知晓了,关于这一点,在那时我曾经向奥尔登堡提供了证据。①不久前,

---

卢卡斯讲座教授期间(1663—1669),致力于编写涉及光学(1669)、几何学(1670)和数学(1683)三个系列讲座,包含了他在科学和数学领域的主要贡献。所著《几何学讲义》(1670)中含有后来为莱布尼茨所发展的、为莱布尼茨和牛顿所掌握的微积分的内容。牛顿是巴罗的学生,听过巴罗后期的某些讲座,并受其影响,但影响的程度不甚了了。1669年,两人曾短期合作过。是年巴罗辞退了他的教授职位,并支持牛顿取得此席位。嗣后,他专心研究神学。1670年成为查理二世的牧师,1673年,被任命为剑桥三一学院院长,1675年当选为剑桥大学名誉副校长。

①　奥尔登堡(Henry Oldenburg 或 Heinrich Oldenburg,？1619—1677),德国神学家和外交活动家。1653年,被派往英国和克伦威尔谈判,从此长期留住英国伦敦。1660年,英国皇家学会创立,担任皇家学会首任首席秘书。1673年1月,莱布尼茨第一次访问伦敦时,曾与他会面,此后两人建立了密切关系。1676年10月24日,牛顿(Issac Newton,1642—1727)通过奥尔登堡致信莱布尼茨,用字谜的形式谈了他的微积分基本问题。这封谜语式的信件若颠倒语词的次序然后译出来,便是:"在一方程中已给定任意多个量的流量,要求出流数以及倒过来。"显然,当时牛顿的意图在于在不透露给莱布尼茨关于自己发明的任何具体内容的前提下通知莱布尼茨,他已经发明了微积分。但是,莱布尼茨却出乎意料地当即作答,并通报了他自己的研究成果。牛顿在1687年出版的《自然哲学的数学原理》中忠实地记录了这一事实。他写道:"十年前在我和最杰出的几何学家 G. W. 莱布尼茨的通信中,我表明我已知道确定极大值和极小值的方法、作切线的方法以及类似的方法,但我在交换的信件中隐瞒了这方法……这位最卓越的人在回信中写道,他也发现了一种同样的方法。他还叙述了他的方法,它与我的方法几乎没有什么不同,除了他的措词和符号之外。"这里,牛顿显然承认莱布尼茨也已独立地发明了微积分。关于莱布尼茨与牛顿微积分发明权之争,请参阅段德智:《莱布尼茨哲学研究》,人民出版社2011年版,第40—50页。

我在《莱比锡学报》上以一种通俗易懂的非常一般的形式发表了这种方法。……

　　……当年在巴黎时,我曾对您说认知运动的真正主体非常困难,您当时回答说,通过圆周运动即可以做到。我对此很感兴趣,当我在牛顿先生的书中差不多读到了同样的观点时,我又想到了您的话。不过在这时,我已经看到了圆周运动在这方面并无任何优势可言。那时,我主张,所有的假设都是等值的,当我将一些运动指派给一些物体时,除了我所选择的那个假设的简单性之外,我并没有,而且也不可能有任何别的理由。因为我认为人们能够主张最简单的假设(其他的事情也一样)乃真正的假设。① 既然我没有任何别的标准,我便认为,我们两个人的区别仅仅在于言说方式,我极力推荐的方式就是尽可能地适应通俗用法,此乃"健全的真理"(salva veritate)。我与您的意见也相去不远,我在一篇短文中曾经极力使我自己适应您的意见,②我曾经将这篇短文寄给了

---

　　① 简单性原则乃莱布尼茨的一项根本原则。早在 1686 年,莱布尼茨就在《形而上学谈》第 5 节中就明确地将"手段的简单性"视为上帝完满性的一项根本标志。他指出:"上帝行为的完满性在于什么? 手段的简单性与效果丰富性的平衡。……至于上帝工作的简单性(la simplicité),这是同方法本身相关的,而另一方面,它们的多样性或丰富性(la varieté, richesse ou abondance),则同目的或结果相关。这里,一方面应该同另一方面保持平衡,就像一座楼房所允许的花费同所欲求的楼房的大小和美相般配一样。诚然,上帝创造万物时无需花费上帝任何东西,实际上甚至比一位哲学家发明一套理论构建一个想象世界的花费还要小。因为上帝只需发布一条命令,现实世界就造了出来。但从智慧的观点看问题,命令或理论也构成一种花费,其花费的大小视它们相互之间的独立程度而定。因为理性要求避免假设或原理的复多性,毋宁像在天文学中,最简单的体系始终受欢迎。"

　　② 这篇论文为格尔哈特收入其所编的《莱布尼茨数学著作集》第 6 卷第 144—147 页。

维维亚尼①先生,在我看来它似乎也适合于用来劝说罗马的绅士接受哥白尼的假说。② 但如果您也主张这些有关运动实在性的观

---

①　维维亚尼(Vincenzo Viviani,1622—1703),意大利数学家和科学家。曾是托里拆利和伽利略的学生。1639 年,在伽利略完全失明的情况下,成为伽利略的学生、同伴和合伙人,与伽利略一起从事物理学和几何学研究,直到 1642 年伽利略去世。此后,又协助托里拆利进行大气压研究,并共同发明了气压计。他整理了大量古希腊数学著作,发现了维维尼亚定理,也曾测量声速,结果很接近近现代的测量值。

②　哥白尼(Nicolaus Copernicus,1473—1543),波兰天文学家和数学家。他最初在波兰克拉科夫大学学习医学,后到意大利的博洛尼亚大学、帕多瓦大学攻读法律、医学和神学,最后在费拉拉大学获得宗教博士学位,并长期在教堂里担任教士。哥白尼是一位虔诚的天主教徒。他在其主要著作《天体运行论》中写道:"如果真有一种科学能够使人心灵高贵,脱离时间的污秽,这种科学一定是天文学。因为人类真见到天主管理下的宇宙所有的庄严秩序时,必然会感到一种动力促使人趋向于规范的生活,去实行各种道德,可以从万物中看出来造物主确实是真美善之源。"他给自己预作的墓志铭的铭文为:"你不必赏我像赏给圣保罗的恩宠,但求你赏赐我像你给给圣保罗的宽赦和仁慈。"

哥白尼的历史性贡献在于他针对托勒密的"地心说"提出并论证了"日心说"。托勒密早在公元 2 世纪就在其《天文学大成》中提出并论证了"地心说"。这一学说在西方天文学领域一直统治了 1400 多年之久。托勒密天文学体系的一个致命缺点是其复杂性。托勒密认为,地球静止不动地坐镇宇宙的中心,所有的天体,包括太阳在内,都围绕地球运转。但是,人们在观测中,发现天体的运行有一种忽前忽后、时快时慢的现象。为了解释忽前忽后的现象,托勒密说,环绕地球作均衡运动的,并不是天体本身,而是天体运动的圆轮中心。他把环绕地球的圆轮叫作"均轮",较小的圆轮叫作"本轮"。为了解释时快时慢的现象,他又在主要的"本轮"之外,增加一些辅助的"本轮",还采用了"虚轮"的说法,这样就可以使"本轮"中心的不均衡的运动,从"虚轮"的中心看来仿佛是"均衡"的。托勒密就这样对古代的观测资料作出了牵强附会的解释。在以后的许多世纪里,大量的观测资料累积起来了,只用托勒密的"本轮"不足以解释天体的运行,这就需要增添数量越来越多的"本轮"。后代的学者致力于这种"修补"工作,使托勒密的体系变得越来越复杂,每个行星需要不止一个本轮,总数达 80 个以上的"轮上轮",并且还要引入"偏心点"和"偏心等距点"等复杂概念。这就使它缺少简单性,而简单性正是科学家们所追求的。对天文学的研究也就一直停留在这个水平上。而哥白尼的"日心说"的一个根本特征正在于它的简单性。哥白尼曾将自己的"日心说"归结为下述 7 点:(1)不存在一个所有天体轨道或天体的共同的中心;(2)地球只是引力中心和月球轨道的中心,并不是宇宙的中心;(3)所有天体都绕太阳运转,宇宙的中心在太阳附近;(4)地球到太阳的距离同天穹高度之比是微不足道的;(5)在天空中看到的任何运动,都是地球运动引起的;(6)在空中看到的太阳运动的一切现象,都不是它本身运动产生的,而是地球运动引起的,地球同时进行着几种运动;(7)人们看到的行星向前和向后运动,是由于地球运动引起的,地球的运动足以解释人们在空中见到的各种现象。正是在这个意义上,莱布尼茨认为哥白尼的日心说体现了"简单性"原则。

点,我想您关于物体本性的观点也应当有别于流俗的意见。我的观点虽然不同寻常但在我看来也是得到推证的。我希望将来有一天能够听到您对我的《对笛卡尔〈原理〉核心部分的批判性思考》的意见(事实上您已经给了我接受您的意见的希望),而且,我还想听听您对我已经寄给您的反对原子和虚空的观点的意见。……

动力学样本①

第一部分

既然我们已经论及动力学（dynamics）这门新的科学，尽管它依然在构建过程之中，不同领域的杰出人士却一直在请求对它的学说作出充分的解释。但由于我们尚未找到充足的闲暇将其写成

①　在意大利期间（1689 年 3 月—1690 年 3 月），莱布尼茨写作了一部内容广泛的动力学著作（载格尔哈特编《莱布尼茨数学著作集》第 6 卷第 281—514 页）。该著不仅总结了他对笛卡尔物理学原理的批评，同时也弥补了牛顿假说的不完善性。他将这部著作的手稿留在了佛罗伦萨巴隆·博登豪森处，旨在经过他的朋友传阅和批评后再予以公开发表。我们看到的这篇短著乃莱布尼茨的原本比这长得多的论著的一个摘要。莱布尼茨之所以写作这篇短著旨在满足人们渴望了解他的新观念的普遍要求。这篇短文含两个部分。其中第一部分曾刊于《学者杂志》1695 年 4 月号上；第二部分是格尔哈特在汉诺威皇家图书馆发现该手稿并将其收入他所编辑出版的《莱布尼茨数学著作集》之前则从未公开发表过。这两个部分一起成熟表达了莱布尼茨动力学理论。

该文写于 1695 年。其副标题为"旨在发现关于物体的力及其相互作用的惊奇的自然规律，并将其还原到它们的原因"。原载《莱布尼茨数学著作集》第 6 卷第 234—254 页。原文为拉丁文。莱姆克、阿里尤和嘉伯将其英译出来并分别收入其所编辑的《莱布尼茨：哲学论文与书信集》和《莱布尼茨哲学论文集》中。

本文据 Leibniz: *Philosophical Papers and Letters*, translated and edited by Leroy E. Loemker, D. Reidel Publishing Company, 1969, pp. 435—452 和 *G. W. Leibniz: Philosophical Essays*, edited and translated by Roger Ariew and Daniel Garber, Hachett Publishing Company, 1989, pp. 117—138 译出。

一部著作,我们在这里就将先行写下一些东西,以便对这一学说作出某种阐明,如果我们能够成功地引发那些将洞察力与风格的差异合为一体的人发表一些意见,我们的这样一种阐述就会反馈到我们身上,使我们更有兴致。我们承认,他们的判断最受欢迎,而且我们希望他们的意见将有助于这部著作的完善。

我们在别处已经提出,在形体事物中除广延外还存在有某种别的东西;实际上,存在有某种先于广延的东西,亦即为自然造主到处都植入的自然的力(a natural force),这样一种力并不仅仅在于一种诸如经院哲学家似乎曾经满足的那样一种简单的能力(a simple faculty),而是除此之外还提供一种除非受到相反努力的阻止便必定获得其充分结果的努力(conatus seu nisus)。① 这种努力有时也显现给感官,但在我看来是应当根据理性理解为在物质中到处存在的,甚至也存在于对于感觉并不显而易见的地方。但如果我们不能够

---

① 参阅莱布尼茨 1694 年发表在《学者杂志》3 月号上的《形而上学勘误与实体概念》一文。莱布尼茨在该文中指出:"从我所提供的实体概念来看,这些问题的重要性尤其明显。这是如此富有成效,以至于我们能够从中推演出原初真理(veritates primariae),甚至能够从中推演出关于上帝、心灵和物体本性的原初真理,这些真理中有一部分迄今为止藉推证几乎认识不到,有一部分则依然不为我们所知,但对其他科学将来却有最大的用处。为了指出一些预兆,我现在就不妨说一说'力'(virium)的概念。'力',德语称之为 Kraft,法语称之为 la force,为了对力作出解释,我建立了称之为动力学(Dynamices)的专门科学,最有力地推动了我们对真实体概念(veram notionem substantiae)的理解。能动的力(vis activa)与经院派(scholis)所熟悉的能力(potentia)不同。因为经院哲学的能动的能力(potentia activa)或官能(facultas)不是别的,无非是一种接近(propinqua)活动(agendi)的可能性,可以说是需要一种外在的刺激,方能够转化成活动(actum)。相形之下,能动的力则包含着某种活动或隐德莱希,从而处于活动的官能与活动本身的中途,包含着一种倾向或努力(connatum)。因此,它是自行进入活动的,除障碍的排除外,根本无需任何帮助。"在一定意义上,我们不妨将本文的这几句话视为莱布尼茨对他在《形而上学勘误与实体概念》一文中的这段话的转述。

藉某种奇迹将它归因于上帝,这种力便肯定有必要藉上帝从这些物体本身内部产生出来。① 其实,它必定构成该物体的内在本性,因为活动乃实体的特征(it is the character of substance to act),而广延所意指的只是一种以一个在活动着或抵抗着的实体存在为先决条件的连续或扩散。所以,广延本身远非包含有实体!

　　除此之外,所有的物质活动都是由运动产生出来的,而运动本身又仅仅来自于业已存在于那个物体之中的其他运动或是从外面强加给它的运动。因为和时间一样,精确意义上的运动从不存在,因为一个整体倘若没有任何共存的各个部分,它自身是不可能存在的。因此,在运动本身中,除了瞬息万变的状态外再无任何实在的东西,而这种瞬息万变的状态则必定是由一种致力于变化的力构成。在物体本性中,除几何学的对象或广延外,无论什么东西都

---

　　① 莱布尼茨在这里显然是在批评偶因论者和马勒伯朗士。在莱布尼茨看来,偶因论者和马勒伯朗士的错误最根本的就在于他们以连续不断的奇迹否认受造存在者内部具有依照规律运行的固有活动性,否认受造存在者之间存在有前定的和谐。在《新系统》一文中,莱布尼茨正是在批评马勒伯朗士的"偶因论"的基础上首次提出和阐述他的"和谐假说"的。莱布尼茨批评说:"就严格的形而上学意义上说,实际上并不存在一个受造的实体对于另一个受造的实体的影响,而一切事物及其所有的实在性都是'上帝的德性'(la vertu de Dieu)所连续不断地产生出来的;但要解决这些问题,只用一般的原因,及请出那位人们所称的 Deus ex machina 来是不够的。因为仅仅这样,而不能从次一级的原因方面来得出另外的解释,这恰好就是又去求助于奇迹。在哲学上,我们应当致力于说明理由,按照所论主题的概念,指明神圣的智慧是以什么方式处理事物的。"莱布尼茨由此得出的结论是:"我们应当说,上帝首先创造了灵魂或其他和灵魂同类的实在单元,而一切都[应当]从它(灵魂或单元)里面产生出来,就其本身而言完全是自发的,但又与外界事物完全符合。"莱布尼茨还进一步强调说:"一旦我们看清了这种和谐的假说(Hypothese des accords)的可能性,我们也就同时看到了它是最合理的,并且看到它使人对宇宙的和谐和上帝的作品的完满性有一种神奇的观念。"参阅莱布尼茨:《新系统及其说明》,陈修斋译,商务印书馆 1999 年版,第 8—11 页。

必定能够还原为力。这一推理最终不仅公平地对待了真理，而且还公平地对待了古人的各种学说。我们这个时代已经不再蔑视德谟克里特的微粒、柏拉图的理念和斯多葛派的宁静①，这些都是由事物的最好的联系（nexus）产生出来的；现在，我们应当将关于形式或隐德莱希的逍遥派传统（这一传统似乎为它的作者自身弄成神秘的和几乎不可理解的东西）还原成一些可理解的概念。因此，我们认为这么多世纪我们所接受的这种哲学绝对不应当遭到遗弃，而是应当以一种自身内在一致的方式（这是可能的）对它作出解释，并且以一些新的真理对它加以阐明并将其发扬光大。②

---

① 在古代，斯多葛派和犬儒派虽然都强调"按照自然生活"，但他们对"自然"的理解却不尽相同。对犬儒派来说，所谓"自然"指的是人的自然本能，从而他们要求不顾社会禁忌的束缚，随心所欲地生活。但斯多葛派则将"自然"理解为"正确理性"或自然规律，从而按照自然生活对于他们来说便意味着遵照理性，过一种丝毫不为外物所动的心灵始终宁静的生活。这种宿命论式的道德伦理倾向在罗马斯多葛派身上表象尤其明显。例如塞涅卡（公元前4—公元65年）就曾强调说："什么是幸福？和平与恒常的不动心。"

② 在《新系统》一文中，莱布尼茨曾结合自己哲学观点生成史畅谈了自己的哲学史观，强调应当公正对待哲学史上的各种哲学观点。他写道："虽然我是一个在数学上花过很多功夫的人，但从青年时代起我就从来没有放弃过哲学上的思考，因为我始终觉得，哲学可能有办法通过清楚明白的证明来建立某种坚实可靠的东西。我以前曾在经院哲学领域钻得很深，后来，近代的数学家及作家们使我跳出经院哲学的圈子，那时我也还很年轻。他们那种机械地解释自然的美妙方式非常吸引我，而我对那些只知道用一些丝毫不能教人什么的形式或机能［来解释自然］的人所用的方法，就很有理由地加以鄙弃了。但后来为了给经验使人认识的自然法则提供理由，我又对机械原则本身作了深入的研究，我觉得，仅仅考虑到一种有广延的质量（masse étendue）是不够的，我们还得用力（force）这一概念。这个概念虽然属于形而上学的范围，但却是很好理解的。我又觉得，有些人要把禽兽转变或降级为纯粹的机器，这种意见虽然［理论上］似乎是可能的，但［实际上］看起来却似乎并非如此，甚至是违反事物的秩序的。起初，我一摆脱亚里士多德的羁绊，就相信了虚空和原子，因为这能最好地满足想象。但自从经过深思熟虑而回过头来之后，我感到要仅仅在物质的或纯粹受动的东西里面找到真正统一性的原则（les principes d'une veritable Unité）是不可能的，因为物质中的一切都不过是可以无限分割的许多部分的聚集或堆集。要有实在的复多，只有由许多真正的单元（des unités véritables）构成才行，这种单元必须有别的来源，而且和数学上的点完全不同。"参阅莱布尼茨：《新系统及其说明》，陈修斋译，商务印书馆1999年版，第1—2页。

这种研究方法在我看来无论是对于教师的智慧还是对于初学者的进步都是最适合不过的。我们必须提防渴望破坏甚于渴望建设,并且提防在一些自由思想家所提出的恒久变化的各种学说之间像被大风吹得那样毫无定见地转来转去,在克制了各个派别的狂热(这种狂热往往是由标新立异的奢望煽动起来的)之后,人类最终将迈着坚定的步伐不仅走向数学的终极原则,而且也同样走向哲学的终极原则。因为如果我们完全撇开那些针对他人的苛刻的东西,杰出人士的作品,无论是古代的还是现代的,通常都蕴含有许多真的和善的内容,都值得我们收集和整理,放到公共知识宝库之中。人们就会乐意去做这样的事情,而不是以批评来打发他们的时间,仅仅用来满足他们自己的虚荣心。其实,尽管运气如此光顾我,使我自己凭一己之力发现一些新的事物,以至于朋友们常常催促我只干这样一类事情,但我还是在他人的观点中寻找乐趣,并且按照其自身的价值予以赞赏,不管其价值多么不同。这很可能是因为我在广泛的学术活动中不轻视任何东西的缘故。但现在让我们言归正传。

能动的力(active force),也完全有理由称作能力,一如一些人所作的那样,分两种。第一种是原初的力,这种力存在于所有的有形实体本身之中,因为我认为一个物体完全处于静止状态与事物的本性相矛盾。第二种是派生的力,这种力是藉由各个物体的相互冲突所产生出来的对原初的力的限制以各种不同的方式实现出来的。原初的力,不是任何别的东西,只不过是第一隐德莱希,相当于灵魂或实体形式,但正因为如此,与之相关的只是一些普遍原因,从而根本不足以解释各种不同的现象。所以,我完全赞同人们否认形式可以用来探究感性事物的具体的和特殊的原因的观点。① 我必须着重阐明,我强调将昭示事物源泉的特殊功能归还给形式,我并不打算回到同那些广受欢迎的经院学者的语词之争。同时,形式的知识对于正确地进行哲学思考必不可少,没有谁敢说他已经充分地掌握了事物的本性,除非他注意到了这样一些东西,并且进而理解了有形实体的这样一种粗糙概念仅仅依赖于感觉想象最近又因微粒哲学(这种哲学是卓越的,并且其本身是最真实不过的)②的滥用而粗心引进的,虽然不能说是错误的,但却是不完满的。③ 这一点也能够通过考察这样一种物体概

---

① 原初的力因此属于形而上学领域,而不属于力学领域。但它不仅为个体单子所固有,也为其功能所依赖的各种规律所固有,如果我们能够将物理的分析和综合进行到底的话,这一点也就昭示出来了。

② 微粒哲学是 17 世纪西方自然哲学家在批判亚里士多德物理学的基础上形成的一种自然哲学观点,运动、大小和形状都是该学说的基本范畴。伽利略、波义耳、笛卡尔和牛顿都曾为微粒哲学的建立和发展作出过重要贡献。但莱布尼茨和惠更斯等思想家却认为,近代微粒哲学虽然在描述自然现象方面必不可少,但也有一定的理论局限性,因为物理学或自然哲学不仅应该描述自然现象,而且还应该进一步分析自然现象的原因,进而与形而上学相结合。正因为如此,莱布尼茨并不反对微粒哲学的正当运用,但却反对微粒哲学的滥用。关于微粒哲学,详见前面有关注释。

③ 关于微粒哲学的本性和功能,请参阅莱布尼茨 1686 年 7 月 14 日致阿尔诺的信。他在其中写道:"不管我多么赞同经院哲学家对物体原则的这种普遍的也可以说是形而上学的解释,但关于各种特殊现象的解释,我还是尽可能有力地主张微粒说(the corpuscular theory),因为在那些情况下,诉诸形式或性质将会一无所获。自然必须始终从数学上和机械论上得到解释,但我们必须牢记机械或力的原理或规律不能仅仅依赖数学上的广延,而且还具有某种形而上学的原因"(*G. W. Leibniz: Die philosophischen Schriften 2*, Herausgegeben von C. I. Gerhardt, Hildesheim: Georg Olms Verlag, 1978, p. 58)。在莱布尼茨看来,将力学视为终极的东西或是认为力学可以用来解释实体本身的任何一种理论都是荒谬的。笛卡尔所倡导的"有形实体的粗糙概念"由于将实体归结为广延而大大超出了健全微粒哲学的范围。正因为如此,莱布尼茨批评的并非他们对微粒哲学的"运用",而是他们对微粒哲学的"滥用"。

念不能够从物质中排除掉停止或静止,也不能为适用于派生力的
自然规律提供理由彰显出来。

受动的力(passive force)也有两种:原初的受动的力和派生的
受动的力。原初的遭受或抵抗的力,如果正确解释的话,构成了经
院学者称之为原初质料①(materia prima)的那种东西本身。它使
一个物体不为另一个物体所穿透,而与它的障碍相对立,同时又可
以说具有一种惰性,或者说对运动具有一种抵触,从而在不以某种
方式冲破作用于它的物体的力的情况下并不允许它自身开始运

---

① 在这里,莱布尼茨在他的力的学说的基础上对"原初质料"作出了明确的界定。
原初质料在这里是相关于作为现象的物体抵抗和惰性的性质进行界定的。但莱布尼
茨在其他著作中,则又相关于单子或个体实体对原初质料加以界定。例如,莱布尼茨
在《论区别实在现象和想象现象的方法》一文中,便将原初质料称作形而上学的质料,
将其视为单子或个体实体的一个方面,而非复合物体的一个方面(参阅 *Leibniz: Phil-*
osophical Papers and Letters,translated and edited by Leroy E. Loemker,D. Reidel
Publishing Company,1969,p. 365)。单子中的原初质料(它的静态的和定性的方面)
与物体中的原初质料(广延与惰性)的关系问题是莱布尼茨在其与德·博塞斯通信中
争论的一个重要问题。原初质料的这两重功能似乎贯穿随后关于质料的整个讨论。
中世纪哲学家托马斯·阿奎那曾经将"质料"区分为"原初质料"、"泛指质料"和"特指
质料"。而他所谓"原初质料"(materia prima)意指的是一种抽象的质料概念或物质概
念,一种所谓不具有任何形式的质料,大体相当于我们所说的抽象的物质概念,一个纯
粹的逻辑概念"(参阅托马斯·阿奎那:《神学大全》,第 1 集,第 1 卷,段德智译,商务印
书馆 2013 年版,"译者序言",第 XLIX 页)。莱布尼茨的"原初质料"如上所述,作为一
种"原初的受动的力"属于"原初的力"的范畴。因此,相形之下,莱布尼茨的"原初质
料"具有更多的本体论意蕴。为区别计,我们将莱布尼茨的"原初质料"通常译作"原初
物质"。

动。因此,派生的遭受的力其后以各种不同的方式在次级质料①(secondary matter)中将自身显示出来。② 但是,撇开这些一般的

---

① 如果说在莱布尼茨这里,"原初质料"意指的是一种原初的受动的力的话,他的"次级质料"所意指的便是一种派生的受动的力。从西方哲学史的角度看问题,莱布尼茨的"原初质料"大体类似于托马斯·阿奎那的"原初质料",他的"次级质料"则大体类似于托马斯·阿奎那的"特指质料"(materia signata)。在托马斯·阿奎那看来,特指质料既有别于原初质料,也有别于泛指质料。因为特指质料关涉的并非一个抽象概念,而是一种个体实存,是一种"有限定的维度(determinatis dimensionibus)的质料"。托马斯解释说:"这种质料并不是被安置在人之为人的定义中,而是被安置在苏格拉底的定义中,如果苏格拉底有定义的话,事情就是如此。然而,被安置在人的定义中的是一种泛指质料。因为在人的定义里所安置的,并不是这根骨头和这块肌肉(*hoc os et haec caro*),而只是绝对的骨和肉(*os et haec caro absolute*),而这种绝对的骨和肉正是人的泛指质料。"这就是说,在托马斯看来,尽管与作为逻辑概念的原初质料相比,泛指质料对实存的个体事物也有所指,但它毕竟只是一种抽象概念,不能像特指质料那样构成实存的个体事物的特殊本质,不能用来述说个别实体或"个体的人"(参阅段德智、赵敦华:《试论阿奎那特指质料学说的变革性质及其神哲学意义》,《世界宗教研究》2006 年第 4 期。也请参阅段德智:《中世纪哲学研究》,人民出版社 2013 年版,第 166—176 页)。鉴于莱布尼茨的"次级质料"的含义与阿奎那的不尽相同,为区别计,我们通常将其译作"次级物质"。

② 莱布尼茨在这里第一次对他的力的类型学谱系作出了全面和系统的阐述。按照莱布尼茨的解释,他的力的类型学谱系可以分为两个层次或两个级别。其中,第一个层次或第一个级别的内容是将力区分为"能动的力"和"受动的力";第二个层次或第二个级别的内容是将"能动的力"和"受动的力"再进一步区分为"原初的力"和"派生的力"。这样一来,莱布尼茨的动力学学说里便包含了四种类型的力:(1)"原初的能动的力";(2)"原初的受动的力";(3)"派生的能动的力";(4)"派生的受动的力"。我们不妨将莱布尼茨的这一力的类型学谱系图示如下:

$$
力\begin{cases} 能动的力\begin{cases} 原初的能动的力 \\ 派生的能动的力 \end{cases} \\ 受动的力\begin{cases} 原初的受动的力 \\ 派生的受动的力 \end{cases} \end{cases}
$$

不过,倘若从形而上学→物理学的视角来审视莱布尼茨的力的类型学谱系的话,我们同样也可以将莱布尼茨的这一谱系分为两个层次或两个级别。其中,第一个层次或第一个级别的内容是将力区分为"原初的力"和"派生的力";第二个层次或第二个级别的内容是将"原初的力"和"派生的力"再进一步区分为"能动的力"和"受动的力"。照此,莱布尼茨的动力学学说里便同样包含了上述四种类型的力,只是它们之间的层

和原初的考察,并且在确认了每个物体都是藉它的形式而活动、藉它的质料而遭受这样一个事实之后,我们现在就必须进展到各种派生的力和抵抗的学说,来讨论各个物体如何藉它们各种各样的动力以各种不同的方式相互压制或抵抗这样一个问题了。因为适合于这些派生力的各种活动规律,不仅可以为理性所认识,而且通过现象也可以为感觉本身所证实。

所以,在这里,我们通过派生的力,或者说通过物体借以现实活动和相互作用的力只能够理解到与运动(即位移运动)相关并且反转来又进一步产生位移运动的力。因为我们承认所有别的物质现象都能够通过位移运动加以解释。运动是位置的连续变化,从而需要时间。但正如运动的物体在时间中开展其运动一样,它在时间的每一个瞬间都有速度,一个度数大的速度花费较少的时间能够穿过更大的空间。这种速度连同方向一起被称作努力(conatus)。①

次和级别有所差异而已。现据这样一种层次和级别,将莱布尼茨的力的类型学谱系图示如下:

力 { 原初的力 { 原初的能动的力 / 原初的受动的力 ; 派生的力 { 派生的能动的力 / 派生的受动的力 }

不难看出,其中原初的力(包含原初的能动的力和原初的受动的力)关涉的是力的形而上学层面或级别,或者说关涉的是形而上学层面或级别的力,而派生的力(包含派生的能动的力和派生的受动的力)关涉的则是力的物理学层面,或者说关涉的还是物理学层面或级别的力。

① "努力"这个概念可以说是莱布尼茨从霍布斯那里借用过来的。与笛卡尔一味拘泥于机械运动甚至将动物视为"自动机器"不同,霍布斯将"努力"视为其运动学说的一项基本原则。霍布斯在《论物体》第 15 章中指出:"我将努力(ENDEAVOUR)定义为在比能够得到的空间和时间少些的情况下所造成的运动;也就是说,比显示或数字(by exposition or number)所决定或指派给的时间或空间都要少些;也就是说,通过一个点的长度,并在一瞬间或时间的一个节点上所造成的运动"(Thomas Hobbes, Concerning Body, John Bohn, 1839, p. 206)。"努力"概念可以说是霍布斯运动学说中最大的亮点。

不过,动力(impetus)却在于物体的质量(molis)①与其速度的乘积,从而它的量即是笛卡尔派通常所谓"运动的量",也就是瞬间的量(momentaneous quantity),尽管更为确切地讲,运动的量在时间中具有存在之后,便是存在于运动物体中各种动力(不管是否相等)乘以相应时间间距的积。② 不过,在我们与笛卡尔派的争论中,我们一直遵循的是他们的言说方式。然而,在科学运用这些术语时,正如我们可以合适地将已经发生的增加或将要到来的增加与现在正在出现的增加区别开来,将后者说成是增加的增量或因素,我们同样也能够将运动的现在的或瞬间的因素与通过时间延

---

①　在莱布尼茨看来,质量并不等于物质,而是在次级质料中所经验到的惰性或原初质料的量的尺度。早在 1686 年,莱布尼茨在《形而上学谈》第 17 节中在批判笛卡尔的运动量守恒定律时就曾经指出:"前面,我常常提到次级规则或自然规律,现在,我认为很有必要举出一个例子来具体地解说一下这个术语。我们时代的新哲学家一般都喜欢引用下面这条著名规则:上帝总是在世界上保存同一个运动量。其实,这完全是似是而非的东西,在过去很长一段时间里,我也一直认为其无可置疑。但后来我看清楚了它错在何处。笛卡尔先生和其他一些颇有才华的数学家相信,运动的量,亦即运动物体的速度与其大小(质量)的乘积,同运动的力完全是一回事;用几何学术语来说就是:力同速度和物体(质量)直接成比例。这样,说宇宙中始终保存着同样的力就非常合理。"

②　笛卡尔派所谓运动的量指的是物体的大小与速度的乘积。笛卡尔在《哲学原理》中曾经指出:"上帝是运动的第一因;他在宇宙中始终维持同样的运动量。"米勒在对其中"运动量"的解释中特别强调指出:"注意到下面一点至关紧要:笛卡尔所谓'运动量'并非动量,也就是说,并非质量(mass)与速度(velocity)的乘积。毋宁说他所谓的运动量是由物体的大小(size 或 volume)和速度(speed)的乘积提供出来的。这无疑是由他的广延乃物质的本质属性这样一种观点得出来的结论。因此,他认为物体的种种表现都完全是由其广延、形状和运动决定的(形状和运动乃有广延的事物的本质属性)。笛卡尔之所以用 speed 而非 velocity,乃是因为他声称一个物体运动的方向依赖于另一个被视为处于静止状态的物体。所以,在这个物体本身中并无任何能够使我们确定它的运动方向的东西。"参阅 Rene Descartes, *Principles of Philosophy*, translated by Valentine Rodger Miller and Reese Miller, Dordrecht: D. Reidel Publishing Company, 1983, pp. 57—58。

伸开来的运动区别开来,并且也称之为"运动"。这样一来,通常被
称作运动的东西就将被称作运动的量①。不过,尽管我们在一些
术语的意义确立之后我们也乐意遵从这种认可的术语,但为了不
让这些术语的歧义将我们引入歧途,我们还是必须小心谨慎,真正
明白了解这些术语的意义究竟是什么。②

---

① 在拉丁文中,表达"运动"的词通常为 motus,但在这一段话中,莱布尼茨却用
了一个罕见的同义词 moti,以表明瞬间的运动与在时间中绵延的运动的区别。

② 莱布尼茨在这里是以他在 1686 年所使用过的运动的量和力的量的意义来界
定瞬间的运动和集合的运动的。每一个物体在时间的一个特定瞬间都有一个速度:v
=(ds/dt)。质量与速度的乘积被称作瞬间运动的量,或纯粹的"运动":mv=(mds/
dt),而越过这一时间段的运动的量将是一个积分:

$$m\int_0^t ds/dt \, dt = ms。$$

但既然距离与 v^2 成正比,这就是莱布尼茨在《简论笛卡尔等关于一条自然规律的重大
错误》中所界定的力的量。莱布尼茨在该文中指出:"诚然,我承认,从一个给定的时间
或它的相关速度,以及从其他一些已知的情况,对一个给定物体的力作出判断也是可
能的;但我想强调指出的是,不是时间,也不是速度,而只有这一结果才是力的绝对尺
度。因为当这个力守恒的时候,这个结果也就同样守恒,无论是时间还是其他情况都
不能使之发生改变。因此,毫不奇怪,两个同等物体的力并不与它们的速度成正比,而
是与它们速度的原因或结果成正比,也就是说,与使它们达到的高度或它们能够产生
出来的高度成正比,或者说与它们速度的平方成正比。因此,我们还可以得出结论说,
当两个物体碰撞时,在碰撞后保留不变的并非运动或动力的量,而是力的量"(*Leibniz*:
Philosophical Papers and Letters, translated and edited by Leroy E. Loemker, D. Rei-
del Publishing Company, 1969, p. 301)。

下面这个表格体现的是莱布尼茨各个概念的数学上的等量:

莱布尼茨	现代	公式
努力,瞬间速度	速度(向量的)	v=ds/dt
动力,瞬间运动		
(笛卡尔的运动的量)	动量	Mv
莱布尼茨的运动的量	……	$m\int_0^t v dt$
死力(引力)	加速的力(比较潜在能量)	a=dv/dt
活力	活力(比较运动的能量)	Ma
(1)单个物体中的		$m\int_0^t v dt = m\int_0^t ds/dt \, dt = ms$ 或 mv^2
(2)组合系统中的		
(a)绝对的或总体的力	……	$\sum mv^2$
(b)前进的方向	……	$\sum mv$

再者,正如通过时间实施的运动的计算是由无限多个动力积分而成的,这个动力本身(即使它是一个瞬间的事物)反转来又是由一系列作用于这同一个运动物体无限数目的动力产生出来的;从而它也包含有一些它能够藉无限的重复产生出来的一些因素。假设一根管子 AC 在这一页的水平面上以有限匀速环绕着固定中心 C 旋转(见图 1)。假设一个球 B 在这根管子内毫无束缚或毫无

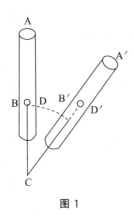

图 1

阻碍地运动,从而因离心力而开始运动。显然,离开中心的努力(这种努力即是这个球趋向于这根管子 A 末端的努力)在开始时相对于已经来自旋转的动力或者球 B 借以与管子本身一起从 D 趋向 D′ 的努力来说显得无限小,但同时却又保持着它与中心的距离。但如果这种由旋转开始的离心动力继续一段时间,在这个球中由于它自己的累积,便必定出现一种完全的堪与旋转动力 D D′ 相比的旋转动力。因此,这种努力显然有两种,一种是隐德莱希或无限小的努力,我称之为诉求(a solicitation);另一种则是这些基

本努力的连续或重复,也就是这种动力本身。但我这样说的意思,并非说这些数学实存在自然本身中即能现实找到,而只是说它们乃对通过心理抽象活动进行精确计算的工具。

因此,力也有两种:一种是基本的(elementary),我称之为死力(dead force),[①]因为其中尚不存在有运动,而只有一种运动的诉求,例如管子中的球的力或用绳子吊起来的一块石头的力就是这样,绳子吊起来的一块石头即使当其依然为绳子吊着的时候也是如此。另一种是与现实运动结合在一起的通常的力,我称之为活力(vis viva)。[②]死力的例子有离心力,重力或向心力也是死力;拉直的具有弹性的物体藉以开始恢复它自身的那种力也同样是死力。但在碰撞中,无论这是由已经降落了一些时候的重物产生出来的,还是由一张已经恢复了一段时间的弓产生出来的,这种力都是活力,都是由死力的无限数量的连续不断的效果产生出来的。伽利略以神秘的方式将无限碰撞的力称作重力(引力)的简单冲动,[③]此之谓也。但即使动力与活力结合在一起,这两者依然不同,关于这一点,我们将在下面作出说明。

活力,在物体的任何一种聚集中都再次被理解为有两种,即总体的力(total force)和部分的力(partial force),而部分的力又再

---

① 在莱布尼茨这里,所谓死力,即加速力。

② 这段话的早期版本与此小有区别。其内容为:"所以,各个物体相互现实作用的力有两种,用我的术语说就是死力或未充分发展的力和活力或成形的力。其实,死力之于活力,一如一个点之于一条线,在这个意义上,我们可以说活力是由死力的无限多的印痕中产生出来的。"

③ 伽利略在其晚年曾讨论过碰撞的力与重力的关系。参阅 Galileo Galilei, *Two New Sciences*, trans. Stillman Drake, Madison, Wis. , 1974, pp. 281f。

次被分成两种,不是相对的(relative)就是定向的(directive),也就是说,它不是属于各个部分,就是为整体所共有。相对的或特有的力是那些包含在一个堆集中的各个物体得以相互作用的东西;定向的或公共的力是这一堆集本身得以自行对外作用的东西。再者,我之所以称其为"定向的",乃是因为在方向上作为一个整体体现出来的整个的力被保存在各色各样的部分的力之中。如果我们想象物体的这样一种堆集突然凝结成固体,在排除了各个部分相互之间的运动之后,便只有这种力被保存了下来。由此看来,总体的绝对的力是由相对的力和定向的力结合在一起构成的。① 但所有这些东西只有从下面将要论述的各项规则出发,才有望得到更好的理解。②

---

① 在这两节里,莱布尼茨事实上又提出了一种力的类型学模式。力的这样一种类型学谱系也同样有两个层次或两个级别。其第一个层次或第一个级别在于将力区分为"基本的力"或"死力"以及"通常的力"或"活力",其理据在于运动的潜在性(运动诉求)和现实性(现实运动)。其第二个层次或第二个级别着眼的是"死力"和"活力"的具体存在形态。我们可以将其图示如下:

力 {
　基本的力(死力):运动诉求 { 离心力 / 向心力 / 弹力

　通常的力(活力):现实运动 { 总体的力(绝对的力) / 部分的力 { 相对的(特有的)力 / 定向的(公共的)力
}

② 所以,不仅一个物质系统的总体的活力守恒,而且,(1)它的各个部分相互之间的内在的相对的力以及(2)这个系统的定向的进展也守恒。其中,(1)的结果在于:这一系统的重力的中心并不因它的各个组成部分的各种运动所改变。进展方向的这一守恒原则也不同于笛卡尔的运动的量的守恒原则,它所考察的乃其各个成员前进运动(mv)的代数的总和,而不只是其算术的总和;从而反向的运动将带有相反的数字符号。关于这个问题,请参阅 H. Poincaré,'Note sur les princippes de la mécanique dans Descartes et dans Leibni',in Émile Boutroux's edition of *La Monadologie*,Paris 1881,pp. 225—231。

就我所知,古人只有关于死力的知识,这就是通常称作力学的东西,它涉及杠杆、滑轮、斜面(可适用于楔子和螺丝钉)、流体的均衡,以及一些类似的物质,这些物质其通过活动接受到动力之前仅仅与各种物体的原初努力本身相关。而且,尽管人们能够以一定方式将死力的规律转换成活力,但仍然需要极其小心谨慎。一些人之所以将一般的力与体积与速度的乘积混为一谈,乃是因为他们发现死力与这种乘积成正比,他们也正是在这个方面受到了误导。一如我们在很早以前就曾经指出过的,这种情况之所以发生,乃是由于某一特殊的理由所致,这就是:例如,当不同重量的物体降落时,这种下降本身或者说在下降过程中穿过的空间的量本身,在运动开始之初仍然无限地小或者说是极其初步的,这与它们下降的速度或努力相称。不过,当事情有了一些进展之后,一旦出现了活力,则所获得的速度便不再与下降中穿过的空间成正比,而是只与它们自己的各种因素的总和成正比。不过,我们已经证明,而且还将更加充分地证明,这力必定是依据这些空间本身予以计算的。伽利略虽然使用了另外一个名称,其实是使用了另外一个概念,但他却是第一个讨论活力问题的科学家,并且还是第一个解释运动如何从降落重物的加速中产生出来的科学家。① 笛卡尔正确

---

① 莱布尼茨说伽利略第一个讨论了"活力"问题,很可能与伽利略的"斜面实验"及其结论有关。伽利略斜面实验的基本内容是:在轨道的一边释放一颗钢球,如果忽略摩擦力带来的影响,我们就会发现钢球从左边滚下后,再从右边的斜面滚上,钢球将上升到与左边释放高度相同的点;若将右边的倾斜角减小,钢球还是上升到原来的高度,但通过的路程比原来更长;假设右边的轨道为水平,钢球想要达到原来的高度,但是钢珠无法达到原来的高度,钢珠将永远运动下去。伽利略通过"理想斜面实验"得出的结论是:力不是维持物体运动的原因。笛卡尔补充和完善了伽利略的观点,指出:如

地区别了速度与方向,而且还看到了物体碰撞的结果乃最少改变先前状态的东西。但他对这一最小的变化却没有作出正确的判断,因为他改变的要么仅仅是方向,要么仅仅是速度,殊不知这整个改变必定是由这两个方面结合在一起的结果决定的。不过,他没有看到这一点是如何可能的,因为在他看来,这两件如此异质的事物似乎根本无法加以比较或同时予以处置,在这个问题上,他关心的是样态(modalities)而非实在(realities);[①]更不用说在这个问题上他的学说的其他错误了。[②]

霍诺拉提乌斯·法布里[③]、马库斯·马尔齐[④]、博雷利(John

果运动中的物体没有受到除原来的力更多外力的作用,它将继续以同一速度沿同一直线运动,既不停下来也不偏离原来的方向。而牛顿则据此得出了牛顿第一定律(惯性定律),断定物体在不受力的时候,总保持匀速直线运动状态或静止状态,直到有作用在它上面的外力迫使它改变这种状态为止。匀速直线运动实质上是匀速圆周运动。莱布尼茨认为,伽利略的斜面实验虽然没有使用"活力"概念,但在事实上已经涉及势能和动能等"能量"及其转换问题。从这个意义上,我们不妨将伽利略的"理想斜面实验"及其结论视为能量守恒定律的一个理论先驱。

① 莱布尼茨所批评的笛卡尔样态或概念差异的具体化有静止和运动的区别,方向向同一运动和相反运动的还原,以及现在方向与速度的绝对分离。现在,莱布尼茨断言,运动的力和方向这两者都在一个物质系统里守恒,而这意味着心灵也不可能起到任何作用;因此,平行在所难免。参阅 Leibniz: *Philosophical Papers and Letters*, translated and edited by Leroy E. Loemker, D. Reidel Publishing Company, 1969, pp. 396—397。

② 莱布尼茨在这里很可能指的是笛卡尔 1645 年 2 月 17 日致克莱瑟里尔(Clerselier)的信。参阅 *Oeuvres de Descartes*, eds. by C. Adam and P. Tannery, IV, Paris, 1964—1974, pp. 183—188。

③ 法布里(Honoratius Fabri, 1608—1688),法国耶稣会神学家,数学家和物理学家。曾著《物理学》(1674)一书。

④ 马库斯·马尔齐(Johannes Marcus Marci von Kronland, 1595—1667),波希米亚医生和科学家,曾著述过一部讨论运动的著作(1639)。

Alph. Borelli)、伊格内修斯·巴普蒂斯塔·巴蒂斯①(Ignatius
Baptista Pardies)、克劳迪厄斯·德查勒斯②以及其他一些思维极
其敏锐的人士已经对运动理论作出了不应忽视的贡献,但他们也
难免犯下了一些致命的错误。惠更斯以其卓越的发现照亮了我们
的时代,就我所知,他似乎是在这个问题上达到纯粹明白真理的第
一人,他第一个通过他曾经公布的一些规律使这门科学摆脱谬论。
雷恩、③沃利斯④和马略特⑤这些饱学之士在这些研究领域也非常
卓越,他们的方法虽然不同,却几乎获得了同样的规则。⑥ 但他们

---

　①　伊格内修斯·巴普蒂斯塔·巴蒂斯(Ignatius Baptista Pardies,又 Ignace
Gaston Pardies,1636—1673),近代物理学家,曾于 1670 年出版的《论位移运动》一书。

　②　德查勒斯(Claude Deschales,1621—1678),法国数学家和物理学家。

　③　雷恩(Christopher Wren,1632—1723),英国天文学家、几何学家和物理学家。
英国皇家学会创始人之一,在 1661—1673 年间,担任英国皇家学会会长。在物理学
上,他用一悬球所做的实验,被牛顿认为是对他一条运动规律的验证。在几何学方面,
他在欧洲最先得到球摆线长度的方法。

　④　沃利斯(John Wallis,1616—1703),英国皇家学会创始人之一和英国数学和
物理学家。在《力学—运动简论》(1669—1671)中,他较为严格地给出了力和动量等名
词的意义,并设想地球引力集中于地心。详见前面有关注释。

　⑤　马略特(Edme Mariotte,约 1620—1684),法国物理学家和植物生理学家。独
立发现波义耳定律,即气体的体积与其压强成反比,这条规律在法国称作马略特定律。
他是天主教的司铎和圣马丁·苏·保隐修院院长。他是 1666 年法国科学院创建者之
一。他在《论空气的本质》(1676)一书中创造了气压计一词,阐述了波义耳定律,并进
一步指明该定律只适用于温度不变的条件。他还曾写出《流体的运动》、《颜色的本
质》、《气压计》和《物体的降落》等多篇论文,这些论文收入《科学院的历史和学术论文》
第 1 卷(1733)。

　⑥　力、能和功的关系问题是近代自然哲学中的一个基本问题。莱布尼茨对这一
问题的思考虽然与伽利略的力学成就有关,但与惠更斯等人的力学成就的关系更为密
切。伽利略作为"近代力学之父",从根本上颠覆了亚里士多德的落体运动观点,第一
次提出了惯性和加速度概念,从而奠定了近代动力学。但莱布尼茨的有关自然哲学思
想却首先建立在惠更斯的理论基础之上。惠更斯作为经典力学的理论先驱,曾比较详

关于原因的观点却并不一致，从而这些饱学之士虽然在这些研究领域非常优秀，却并不总是得出同样的结论。而且，在一定程度上，我们建立起来的这门科学的真正源泉至今也未揭示出来。也不是每个人都已经接受了在我看来似乎确定不移的命题：回弹或反射仅仅是由弹力产生出来的，亦即仅仅是一种内在运动提供的抵抗产生出来的。在我之前也没有任何一个人解释过力的概念本身，这个问题始终困扰着笛卡尔派和其他一些理解不了运动总和或各种动力总和的人士，他们将运动总和或各种动力总和视为力的总和，在碰撞之后能够不同于碰撞之前，因为他们认为这样一种改变同样也会改变力的量。

当我还年轻的时候，追随德谟克里特以及伽森狄和笛卡尔，在这个问题上是笛卡尔的信徒，[①]主张物体的本性仅仅在于惰性质

尽地研究过完全弹性碰撞问题（当时叫作"对心碰撞"），曾著《论物体的碰撞运动》(De motu corporum ex percussione)。在其中，惠更斯纠正了笛卡尔动量方面的错误，首次提出完全碰撞前后的守恒。他还提出了碰撞问题的一个法则，即"活力"守恒原则。作为这一能量守恒的先驱，他断言：物体在碰撞的情况下，m 与 v^2 乘积的总数保持不变。除惠更斯外，雷恩和马略特在运动规律方面的研究成果也对莱布尼茨动力学思想的发展产生过积极的影响。

① 关于这一点，莱布尼茨在《新系统》一文中曾经指出："虽然我是一个在数学上花过很多功夫的人，但从青年时代起我就从来没有放弃过哲学上的思考，因为我始终觉得，哲学可能有办法通过清楚明白的证明来建立某种坚实可靠的东西。我以前曾在经院哲学领域钻得很深，后来，近代的数学家及作家们使我跳出经院哲学的圈子，那时我也还很年轻。他们那种机械地解释自然的美妙方式非常吸引我，而我对那些只知道用一些丝毫不能教人什么的形式或机能[来解释自然]的人所用的方法，就很有理由地加以鄙弃了。"参阅莱布尼茨：《新系统及其说明》，陈修斋译，商务印书馆1999年版，第2—3页。

量,我出版了一本小书,其标题为《物理学假说》,[①]在其中我详细
解释了一种既是抽象的又是具体的运动理论,这个作品似乎曾经
让许多杰出人士感到高兴,其高兴的劲头远远超出了其本身的价
值。在这本小书中,我提出了一个命题,这就是:假设关于物体本
性的这个概念为真,每个碰撞的物体便必定将它的努力赋予接受
这一撞击的物体或直接与之相对抗的物体本身。因为既然它极力
在碰撞的瞬间继续前进,从而带着原来与之相向而行的物体前进,
而且(由于我那时所主张的对物体所具有的运动和静止的冷淡态
度)这种努力便必定对这相向而行的物体产生充分的影响,除非它
受到相反努力的阻止,其实,即使它受到了阻止,既然这些不同的
努力必定相互组合在一起,显然也没有任何理由用来说明为何相
向而行的物体不应当接受碰撞物体的完全的努力,致使这个相向
而行的物体的运动将由它自己的原初的运动与它从外来努力新接
受过来的运动组合而成。由此,我还进一步表明,如果这个物体仅
仅以数学的术语加以理解的话,也就是仅仅从大小、形状、位置及
其变化加以理解的话,而努力也仅仅被理解为是碰撞瞬间本身发
生的事情,而根本不运用诸如形式中能动的力或质料中受动的力
以及对运动的抵抗这样一些形而上学概念,如果因此就必须以各

---

①　莱布尼茨在这里所说的《物理学假说》其实是《新物理学假说》(Hypothesis
Physica Nova),写于 1671 年,后来寄给了英国皇家学会。《新物理学假说》与《抽象运
动论》也密切相关。《抽象运动论》同样写于 1671 年,不过是莱布尼茨寄给法国王室科
学院的。在这些著作中,莱布尼茨阐述了一系列几何学运动规律(后来莱布尼茨称其
为他的几何哲学或位置哲学)。与日常观察的一致性是通过关于物理世界的假说获得
的,这一假说与抽象的运动规律相结合便被认为产生了我们的周围世界。至 70 年代
后期,莱布尼茨开始抛弃了这一理论设计。

种努力的几何组合来确定碰撞的结果,那就必定会得出结论说,即使最小的碰撞物体的努力也必定传送给甚至最大的在接受的物体,从而这一处于静止状态的最大的物体也将被一个碰撞的物体所带走,不管这一物体多么小,对它的运动都没有任何阻滞,因为这样一种物质概念根本不包含对运动的任何抵抗,毋宁说它包含的是对运动的漠不关心。这样一来,推动一个大的物体与推动一个小的物体相比便不存在任何更大的困难。因此,如果没有反作用,便不会有作用,对力的任何一种估值都不复可能,因为任何东西都是伴随着任何东西而来的。[①] 既然这一点以及许多其他诸如此类的问题都与事物的秩序相矛盾,并且与真正形而上学的各种原理相冲突,那时我便相信(实际上这是正确的)在体系的这样一种建构中,事物的最智慧的造主便会尤其避免那些自行严格遵循运动的事物从纯粹的几何学推导出来。

　　不过,后来,在我更彻底地考察了一切事物之后,我看到了对事物的系统解释究竟在于何处,并且发现我早期关于物体定义的假设并不全面。由于这样一个事实,连同其他一些证明,我发现了证据,能够证明在物体中,除大小和不可入性外,还必须设想存在有某种别的东西,对力的解释就是从这种东西中产生出来的。藉着将这一因素的形而上学规律添加到广延的规律之上,便产生了

　　[①]　莱布尼茨在《抽象运动论:基本原理》第 20 节中,曾经指出:"一个运动的物体对另一个物体产生影响,根本无需减少它自己的运动,而无论什么样的其他物体也都能够在不丧失其此前运动的情况下接受这种影响……"参阅 Leibniz: *Philosophical Papers and Letters*, translated and edited by Leroy E. Loemker, D. Reidel Publishing Company, 1969, p. 142。

运动的那些规则,我将这些运动称之为有系统的,这就是说,所有的变化都是逐渐发生的,每个作用都蕴含有一个反作用,如果不减少此前的力,任何一种新的力都产生不出来,以至于一个带着另一个物体运动的物体总是受到被带着离开的那个物体的阻止。在结果中存在的力既不多于也不少于原因中的力。既然这条规律并不源自质量的概念,它就必定是从存在于物体之中的某种别的东西中推导出来的,也就是说,是从力本身推导出来的,力的量始终守恒,即使它为若干个不同的物体使用,亦复如此。① 因此,我得出结论说:除隶属于想象的纯粹数学原则外,还必须承认存在有一些形而上学的原则,这些原则只有心灵才能够知觉得到,而且某种更为高级的可以说是形式的原则也必须添加到物质质量的原则上面,因为关于有形事物的所有真理都不可能仅仅由逻辑的和几何学的公理推导出来,亦即都不可能由关于大与小、整体与部分、形状与位置的公理推导出来,而是还必须添加上关于原因与结果、活动与遭受的公理,以便对事物的秩序作出合理的说明。不管我们

---

① 在最初的手稿中有下面一段话,后来被删除了:"我也知觉到了运动的本性。此外,我还理解了空间并非某种绝对的或实在的东西,它既不经受变化,我们也不可能设想绝对的运动,整个运动的本性是相对的,以至于根据现象人们永远不可能以数学的精确性确定究竟哪个物体处于静止状态或某个受到推动的物体的运动量究竟是多少。这甚至适用于圆周运动,虽然这看起来有别于伊萨克·牛顿的意见。伊萨克·牛顿这位杰出的人士或许是英国学界迄今为止最伟大的学术精英。尽管他对运动说出过许多至理名言,但他却认为借助于圆周运动,我们便能够识别出究竟哪一个主体包含着来自离心力的运动,对此我是不能苟同的。但即使可能根本没有任何一种数学方式来确定这一真正的假说,我们依然能够有充分的理由将真正的运动归因于它的主体,这就产生了最适合于解释现象的最简单的假说。至于其他,它对于我们的实践目的也足够了,因为既然宇宙中并没有一个固定的点,则我们在实践中便不会去讨论运动的主体,也不会去探究事物之间的相对变化。"

是否将这种原则称作形式、隐德莱希或力都无关紧要,只要我们记住只有通过力的概念它才能够被解释得通俗易懂。

不过,我不能苟同当今时代一些杰出人士的意见,这些人士虽然看到了物质的流行概念不够充分和全面,但却招来救急神(God ex machina),从事物本身中撤走所有活动的力,这有点像弗卢德①在其《摩西哲学》(Philosophia Mosaica)一书中所说的那样。因为我虽然应当赞成他们已经明白地证明了如果以形而上学的精确性来对待物质的话,一个受造实体就不可能清楚的流入另一个受造实体,而且,我也坦率承认所有的事物都是由上帝的连续创造产生出来的,不过我还是认为在各种事物之中并没有任何一种自然的真理,为了获得这样一种真理,我们必须在上帝的活动或意志中发现这种理由,但上帝却始终将它们的所有谓项得以解释的一些属性置放进事物本身之中。诚然,上帝不仅创造了各种物体,而且还创造了诸多灵魂,这些灵魂即相当于原初的隐德莱希。但在其他地方,我将通过彻底贯彻其固有的理由对这些问题作出推证。

即使我坚持认为一项优于物质概念的并且可以说是至关紧要的活动原则在各个物体中到处存在,我也并不赞同亨利·莫尔②

①　弗卢德(Robert Fludd,1574—1637)是英国医学家和神秘哲学家。他将人和世界并列对比,认为两者都是上帝的形象。关于弗卢德的进一步情况,请参阅前面有关注释。

②　莫尔(Henry More,1614—1687),英国哲学家和神学家,剑桥柏拉图派的领袖人物之一。其早年曾受到笛卡尔著作的吸引,不仅把笛卡尔哲学与柏拉图哲学相提并论,而且还致力于"把柏拉图主义与笛卡尔主义相互交织"。但后来他进一步了解了笛卡尔的哲学后,便开始反对笛卡尔的机械论,宣称:"在整个宇宙中没有纯粹机械的现象","笛卡尔对我来说决不是形而上学大师,对他的机械论才智,我决不敢过分恭维"。

以及其他一些杰出人士关于虔诚和神灵的观点,他们这些人利用作为生命原则的地心之火①(我不知道其究竟为何物)或一种支配物质的原则②,甚至来解释各种现象;仿佛自然中存在有某些东西是力学根本解释不了的,仿佛那些进行力学解释的人旨在以一种不虔诚的怀疑态度否认无形事物的存在者似的,或者说仿佛像亚里士多德那样认为有必要指派一些神灵使星体旋转似的,或者说各种元素受其自己形式的驱动上上下下,这样一种学说无疑极其

莫尔反对笛卡尔将广延与物体等同起来的立场,坚持认为"无形体的广延"并不能像笛卡尔所断言的那样归因于物体,而应归因于上帝、天使和人的心灵,归因于"可入的和不可分解的实体",亦即一种"自然精神"和"世界灵魂"。由此看来,莫尔虽然和莱布尼茨一样,也看到了机械论的狭隘性和片面性,但与莱布尼茨的理性主义路线不同,莫尔走上了神秘主义。参阅索利:《英国哲学史》,段德智译,陈修斋校,商务印书馆 2017 年版,第 71—78 页。

　　① 莱布尼茨所说的"作为生命原则的地心之火"的原文为 Archeus。在《对笛卡尔〈原理〉核心部分的批判性思考》一文中,莱布尼茨就曾对人们用"作为生命原则的地心之火"取代力学来解释自然现象的做法进行了批评。他写道:"我们在解释自然现象时,可以用机械论来解释一切,在这里盲目地引进作为生命原则的地心之火的知觉和欲望,运作观念,实体形式甚至心灵,就像求助万物的一个普遍原因、一个救急神以他的单纯意志来推动个体自然事物一样徒劳无益,这使我想到《摩西哲学》一书的作者利用对《圣经》中的话语的荒谬解释所做的那些事情"(参阅 *Leibniz：Philosophical Papers and Letters*, translated and edited by Leroy E. Loemker, D. Reidel Publishing Company, 1969, p. 409)。

　　② 对于所谓"支配物质的原则",莱布尼茨在《论自然科学原理》(1682—1684)一文中就曾对其进行过批判。他当时写道:"一些人还提出了一种世界灵魂(a world soul)或一种支配物质的原则(a hylarchic principle),凭借这些东西的运作,就使得重物趋向地球运动以及其他一些为保存世界体系所需要的事情发生"(参阅 *Leibniz：Philosophical Papers and Letters*, translated and edited by Leroy E. Loemker, D. Reidel Publishing Company, 1969, p. 288)。

天真,徒劳无益。①

对于这些东西,我并不认可。我对这种哲学毫无兴趣,这与我对一些人的神学毫无兴趣并无二致。一些人极其坚定地相信朱庇特打雷和下雪以致他们甚至给那些探究事物特殊原因的人扣上无神论的罪名。在我看来,既能满足虔诚又能满足科学的最好的回答就是承认所有的现象实际上都能够藉力学的动力因得到解释,但这些力学规律本身却普遍地源于更高级的理由,从而我们只能用一种更高级的动力因来建立那些普遍的和间接的原则。一旦将这一点确立起来了,我们之需要承认隐德莱希,就与我们之需要承认不必要的官能或不可解释的同情没有什么两样,只要我们仅仅处理自然事物的直接和特殊的动力因就是了。因为除我们审视上帝的智慧在以这样的方式安排事物中所追求的目的外,第一的和最普遍的动力因绝对不可能进入特殊的问题中,免得我们因此而错过任何机会唱出对上帝的最美妙动听的赞歌。

实际上,正如我通过著名的光学原理这一著名的例证已经表明的(杰出的莫利纽克斯②在他的《屈光学》一书中热情地赞扬过

① 亨利·莫尔的《全集》于 1679 年出版不久即到了莱布尼茨手上,但除了一些修辞手法外,他对莱布尼茨的影响微乎其微。他对于力和运动归因于一种支配物质的原则的证明将一种"本质的密度"(an essential spissitude)赋予了各种物体。这种理论在莫尔 1671 年出版的《形而上学手册》第 13 章中作了进一步的发挥。参阅索利:《英国哲学史》,段德智译,陈修斋校,商务印书馆 2017 年版,第 76—78 页。

② 莫利纽克斯(William Molyneux,1656—1698),爱尔兰自然哲学家。其最著名的著作是他的《新屈光学》(Diotrica nova),该著于 1692 年在伦敦出版。在这部著作中,莫利纽克斯对莱布尼茨在其发表在《学者杂志》1682 年 6 月号上的一篇论光学和屈光学的论文中所提出的"光学普遍原则"进行了极其详细的讨论。参阅 William Molyneux, *Diotrica nova*, London, 1692, pp. 192ff.

我的解释），目的因即使用来解说物理学的特殊问题也非常富于成效：不仅可以增加我们对至上造主最美妙作品的赞美，而且还可以帮助我们通过那些并非显而易见的端倪进行预言，而不仅仅限于通过运用动力因进行假设。哲学家在过去或许并未充分注意到目的因的这样一种优点。必须普遍主张所有现存的事实都能够以两种方式得到解释：一是通过力的王国或动力因的王国，一是通过智慧的王国或目的因的王国。上帝以建筑学的方式按照大小或数学的方式像管理机器一样管理物体，但他之所以这样做乃是为了灵魂的好处；另一方面，上帝也统治灵魂，由于灵魂能够具有智慧，所以上帝是将其作为与他自己属于同一个社会的公民或成员进行统治的，是以一个君王或实际上是以一位父亲的身份进行统治，按照善的规律或道德的规律为了他自己的荣耀而管控着灵魂。因此，这两个王国虽然处处都相互渗透，但它们的规律却永远不会混淆和干扰，以至于力的王国最大的东西与智慧王国中最好的东西是一起发生的。但在这里我们试图建立的是动力的普遍规则，这样我们便可以用来解释那些特殊的动力因。①

----

① "两个王国"的思想是莱布尼茨的一个非常基本的思想，也是莱布尼茨长期坚持阐述的思想。早在 1686 年，莱布尼茨就在《形而上学谈》第 19 节中谈到了"动力因"和"目的因"及其关系问题。1692 年，莱布尼茨在《对笛卡尔〈原理〉核心部分的批判性思考》一文中，进一步明确提出了"双重王国"（regnum duplex）和"王国中的王国（imperium in impero）"等概念。1710 年，莱布尼茨在《神正论》中明确使用了"自然界"和"神恩界"这两个概念，并且提出了"自然界（le règne de la nature）必须服务于神恩界（au règne de la grâce）"的观点（莱布尼茨：《神正论》，段德智译，商务印书馆 2016 年版，第 280 页）。晚年，莱布尼茨在《基于理性的自然与神恩的原则》第 11 节和《单子论》第 79 节中对两个王国的思想作了更加系统的阐述。整个来说，莱布尼茨的"两个王国"的概念有两层意涵：其中一个说的是"自然的动力因王国"与"自然的目的因王国"，另一个说的则是"自然的物理王国"和"神恩的道德王国"。而且，莱布尼茨"两个王国"概念的主旨一方面在于强调它们之间的区别，另一方面又在于强调它们之间的一致或和谐。

接下来,我达到了这种测度力的真正的方式,而且,我虽然达到了完全一样的尺度,但得到的方式却迥然有别。一种方式是先验的,是以对空间、时间和活动的最简单的考察为基础的,这一点我将在别处作出解释。另一种方式则是后验的,藉力在耗费它自己的过程中所产生的结果来计算力。因为所谓结果,我在这里指的并不是任何一种结果,而是力为此而必定受到耗费而产生的那种结果,从而可以称之为强制(violent)造成的结果。一个重物在沿着完全水平的平面上运动所使用的那种力并不属于这种类型,因为不管这样一种结果延长多远,它都始终保持着同一个力,而且虽然我们在计算这一结果时也运用了同一项原则(我们可以称之为无害的),我们现在也要将这样一种情况排除在外,不予考虑。再者,我选择强制力(violent force)的这样一种特殊形式,这种形式的力最具有同质的能力,或者说最有能力分割成类似的或相等的各个部分,例如在具有重力的物体上升中所发现的就是这样一种情况。因为一个重物由 2 英尺上升到 3 英尺正好是同一个重量的物体上升 1 英尺的 2 倍或 3 倍。一个 2 倍重的物体上升 3 英尺正好 6 倍于提升一个简单物体(a simple body)1 英尺,当然为了方便解释,假设这些重物在不同的高度具有同样的重量,因为虽然事实上并不真的这样,但错误却微乎其微,察觉不到。同质性在弹性物体中也不是那么容易确定的。所以,既然我想比较具有不同质量和不同速度的物体,我当然就会看到如果物体 A 是一个简单的单元(a simple unit),而物体 B 是它的 2 倍大,但在这两种情况下,其速度是相等的:前者的力必须是一个简单的单元,而后者的力是后者的 2 倍,因为不管假定在前者上面发生了什么情况,都必定认为这种情况在后者上面出现了 2 倍。因为在物体 B 中的物质是物体 A 的等价物的 2 倍,除此之外,再无任何别的东西。如果物体 A 和物体 C 大小相等,但物体 A 的速度只有一个简单的单元,而物体 C 的速度却有两个单元,我看到物体 A 的特性并不正好是物体 C 的特性的 2 倍,因为虽然其速度是后者的 2 倍,但在物体大小方面却并非后者的 2 倍。从而,我看到了那些认为力本身仅仅因一种属性的两倍而得以 2 倍的人在这里所犯的一个错误。① 很早以前,我就注意到了并且解释说:我们并没有真正的计算术(the true art of calculating),尽管人们已经写了许多本关于"普遍数学原理"(Elements of Universal Mathematics)的著作,因为真正的计算术在于最终达到同质的事物,也就是说在于最终达到事物及其属性的一种精确的和完全的复制。关于这种方法,再提供不出一种比在这种证明中显示出来的东西更好的或更富于启发的例证了。②

---

①　莱布尼茨在这里实际上是在批评笛卡尔派。因为对于笛卡尔派来说,力与运动的量即物体的大小和速度的乘积相等,故而当速度或模态被两倍时,力也就被两倍了。

②　虽然,莱布尼茨此前已经在《简论笛卡尔等关于一条自然规律的重大错误》(1686)、《形而上学谈》(1686)和《对笛卡尔〈原理〉核心部分的批判性思考》(1692)作过类似的证明,但本文由于其对方法论(作为分析与综合普遍方法的一个特殊例证)的强调而发展了这一证明。在《简论笛卡尔等关于一条自然规律的重大错误》一文中,莱布尼茨将他的这种分析和等值替代方法归因于惠更斯复合钟摆分析,指出:"我还设定我被允许假定这些重的物体相互之间具有各种不同的联系,而它们的再度分开,虽然能够引进任何其他的变化却并不涉及力的变化。我还利用各种线路、轴线和杠杆与其他一些缺乏重量和抵抗的机械"(参阅 *Leibniz*:*Philosophical Papers and Letters*,translated and edited by Leroy E. Loemker,D. Reidel Publishing Company,1969,p. 299)。这种方法论意义上的假设根源于伽利略在获得落体规律时对钟摆和斜面的运用。但惠更斯将复合钟摆摆动中心分析成具有各种不同重量和长度的简单钟摆问题,从而能够在数学上结合成一个精确的体系,使得上述假设得到了光辉的发展(参阅 G. W. Leibniz, *Hauptschriften zur Gründung der Philosophie*, ed. by E. Cassirer;transited by A. Buchenau, 2d ed. , vol. I, Leipzig, 1924, p. 253)。

　　所以,为了获得这些结果,我考察了这样两个在大小上相等但在速度上却不同的物体是否能够产生出任何一个其原因相等且相互同质的结果。以这种方式并不容易直接进行比较的事物至少能够通过它们的结果进行比较。我设定如果整个力都消耗在产生它的结果上,则这一结果便必定等于它的原因。产生这一结果所花费的时间的长度在这里无关紧要。所以,假定物体 A 和物体 C 重量相等,而它们的力都转化成了一种上升运动,如果它们被理解为在它们接受一给定速度的瞬间处于垂直钟摆 PA 和 EC 的终端,速度 A′s 为一简单单元,速度 C′s 是前者的 2 倍大(见图 2)。但伽

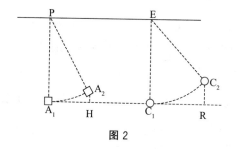

图 2

利略和其他人的推证已经确立了下面这个事实:如果物体 A 以 1 的速度上升到超过水平线 1 英尺的最高高度 A_2H,物体 C 以 2 的速度将上升到 4 英尺的高度 C_2R。由此,我们便可以得出结论说:一个其速度 2 倍于另一个重物的重物所具有的力 4 倍于另一个物体,因为它的所有的力的消耗能够正好同样完成 4 倍的工作结果。在将 1 磅重的物体(也就是它自身)提升 4 英尺的过程中,它提升的正好是将 1 磅重的物体提升 1 英尺的 4 倍。同样,我们也能够得出一个普遍的结论:同样大小物体的力与它们速度的平方成正

比,各个物体的力结合在一起,一般来说也与它们的简单的质量和它们速度的平方成正比。

我已经通过下述方式证实的这一点,这就是将反面意见归结为一种谬论,即将其归结为永久运动而证实了同样的事情,尽管这种反面意见受到广泛认可,尤其是在笛卡尔的信徒中受到广泛认可。按照这种意见,各种力被认为与物体的质量和它们的速度的乘积成正比。我有时也运用这种方法,对力的两种不同的状态下一个后验的定义,同时对区别它们之间的大小提供一个可靠的标准。如果用一个取代另一个,我们便能获得一种永久的机械运动(a perpetual mechanical motion),或者说获得一种大于其原因的结果,在这种情况下,这些力便一点也不能被视为等值的,被替代的东西反倒更为有力,因为它使某种更大的结果出现了。不过,我假设下面一点确定不移:自然决不会用与其不相等的一些东西来代替力,而是整个结果始终等于全部的原因(the full cause)。这样,我们反过来就能够在我们的计算中取代那些与这些力相等的事物,自由地设定这就好像我们现实地实施这一替代本身似的,而完全无需担心永久的机械运动。如果像人们通常受到劝告的那样,此话当真,则在大小上为两个单元(因为我们现在设定的就是如此)而在速度上为一个单元的重物 A 与在大小上为一个单元而在速度上为两个单元的重物 C 相互之间便等值,我们便能够毫发无损地用一个取代另一个,但这样的事情不可能为真。因为让我们假定在大小上为两个单元的重物 A 在其从高度为 1 英尺的 A_2H 下降到 A_2A_1 的过程中获得了一个单元的速度;这时,让我们用重物 C 来取代它,它存在于 A_1 的水平面上,而在大小上具有一个单元而在速度上具有两个单元的重物 C（他们声称重物 C 与重物 A 相等）则上升至具有 4 英尺高度的 C_2。因此，仅仅通过一个 2 磅重的物体 A 从 1 英尺的高度 A_2H 的下降，我们便以替代其假设的等值物的方式使 1 磅重的物体升高 4 英尺，这一结果是前面那样一种结果的 2 倍。所以，我们便已经获得了这么多力，或者说获得了一种永久的机械运动，这无疑是荒谬的。不管我们能否通过运动规律完成这样一种替代都无关紧要，因为等值的东西能够在心灵里非常安全地相互替代。但我已经想出了许多不同的方法，运用这些方法我们便差不多能够如愿地将物体 A 的整个力传送给此前处于静止状态的物体 C，以致当物体 A 进入静止状态时，只有物体 C 被置放到了运动中。其结果便会是：如果两个物体等值的话，一个具有 1 磅重具有两个单元速度的物体就将接替具有两个单元速度的 2 倍重的物体，而且，一如我们已经证明过了的，一种谬论便由此产生出来了。这样一些考察毫无价值，这也不只是一些语词之争，因为它们在机械和运动的比较中具有重大的应用价值。因为如果从水力、动物或其他原因中接受的力足以使一个 100 磅重的物体处于持久的运动状态，以至于它能在一分钟的四分之一时间里完成直径 30 英尺的一个水平圆周运动，从而有人便会宣称置放到它的位置上的两倍重的物体就将在同样的时间里完成半个圆周运动，并且花费更少的力，而且还会进而声称：这意味着对你有利，你可以知道你正在受骗，正在失去二分之一的力。但现在既然已经消除了这些错误，我们就将在本文的第二部分更加清楚地提出这些真正的确实值得赞赏的自然规律。①

第二部分

　　物体的本性(the nature of body),而且实际上一般实体(sub-stance in general)的本性并不是很容易理解的,这样一个事实,一如我们已经提到的,导致我们时代的杰出哲学家仅仅将物体的本性归结为广延,从而被迫诉诸上帝来解释灵魂与物体的结合乃至物体本身之间的交通。因为我们必须承认纯粹的广延只涉及几何学概念,其具有活动和遭受的能力是根本不可能的。所以,对于他们来说便只剩下一种可能,这就是:当一个人思想并且开始运动他的手臂时,上帝仿佛藉一种原初的一致运动帮他运动他的手臂;反之,当血液里或动物精神里存在有一种运动时,上帝便在灵魂中产生一种知觉。但这样一些观点与哲学思维方法风马牛不相及,而且已经向它们的作者表明:他们所依赖的是一种虚假的原则,从而并未建立起正确的实体概念,因为这样一些结论正是从中推导出来的。所以,我们证明在真正的实体中存在有一种活动的力(a force of action),如果它是受造的实体,其中还有一种遭受的力(a force of suffering)。我们还表明,广延概念就其本身而言是不完

---

　　① 不过,第二部分并未发表。莱布尼茨在第二部分对他的各项原则所作出的动力学解释可以看作是他在此前所写的《第一真理》(约 1680—1684)中进行的有关先验逻辑分析的一种深化。参阅 Leibniz: *Philosophical Papers and Letters*, translated and edited by Leroy E. Loemker, D. Reidel Publishing Company, 1969, pp. 267—271。

全的,而是需要与某种东西有一种关系,它蕴含有这种东西的扩散或连续不断的重复,从而它预设了一种形体的实体(a bodily substance),而这种实体则包含有能够活动或抵抗的力,而且像有形物质团块那样到处存在,它的扩散则包含在广延里。我们在将来某个时候将用这样一种观点对身体与灵魂的结合作出新的阐明。[①] 但现在我们必须表明,由此我们可以推论出一些适用于动力学的奇妙的也最为有用的实践的定理(practical theorems),动力学这门科学特别处理的正是有形的力的规律(the laws of corporeal forces)。

---

① 就在同一年,莱布尼茨在《学者杂志》6月号上匿名发表了《新系统——论实体的本性和交通,兼论灵魂和形体之间的联系的新系统》一文。在这篇文章中,莱布尼茨首次明确提出了身体与灵魂"和谐的假设",断言:"我们应当说,上帝首先创造了灵魂或其他和灵魂同类的实在单元,而一切都[应当]从它(灵魂或单元)里面产生出来,就其本身而言完全是自发的,但又与外界事物完全符合。因为我们的内心感觉(就是那些在我们灵魂本身之中,而不是在脑中或身体的精细部分中的东西),只是对于外界事物的一些彼此联系的现象或真正所谓的表面现象(apparences),像有次序的梦一样,所以,这些在灵魂本身之中的内在知觉就应该是由于它本身原来的构造而呈现于它之中的,所谓它本身原来的构造,就是说它的那种在被创造时即被赋予,并构成它的个性的能表象的本性(即能够表现与它的器官的性能相应的外物的能力)。也正是由于那使得每一实体都以它自己的方式并依照着一定的观点准确地表象着全宇宙这一情况,并由于对外物的知觉或表现,在某一特定的点并因灵魂本身的法则而到达灵魂之中,就像在一个分离独立的世界之中,并且好像除了上帝和它自己之外就没有别的东西存在似的(姑且用一位心灵高尚并以虔敬圣洁著名的人的说法),因而在所有这些实体之间就会有一种完全的协调,……此外,由于灵魂的观点所在的有机质料更切近地[为灵魂所]表现,这种有机质料又反过来自己准备每当灵魂有某种愿望时,就随时依照形体机器的法则而活动,而灵魂与这种有机质料彼此互不干扰对方的法则,如精气与血液,每当灵魂的情欲和'知觉'需要它们有所运动时,它们那时恰好作出反应,正是这种在宇宙的每一实体中预先规定好了的相互关系产生了我们所谓的实体之间的交通,也就是这种关系独一无二地造成灵魂与形体之间的联系。"参阅莱布尼茨:《新系统及其说明》,陈修斋译,商务印书馆1999年版,第9—10页。

　　首先,我们必须承认即使在受造实体中力也是某种绝对实在的东西,而空间、时间和运动则具有某种类似于心理结构的东西(de ente rationis),其自身并非真正的和实在的东西,而只是就其包含有无限、永恒、活动性和受造实体的力等神圣属性而言才可以说是真实的东西。因此,我们即刻便可以得出结论说:在空间和时间中根本不存在任何虚空;离开了力的运动(或者说就其仅仅包含有对大小、形状及其变形的几何学概念的考虑而言)实际上不是任何别的东西,而无非是位置的变化;从而作为现象的运动在于一种纯粹的关系。笛卡尔,当其将运动界定为从一个物体的位置向另一个物体的位置的转变时,也是承认这个观点的。[①] 但当由此推断出有关结论并且制定出运动的各项规则时,他却忘掉了他曾经给运动下过的这样一个定义,就好像运动是某种实在的和绝对的东西似的。所以,我们必须坚持认为不管有多少物体处于运动状态之中,我们不可能由有关它们的这些现象推断出它们确实具有绝对的和确定的运动或静止。毋宁说,我们能够将静止归于你可能喜欢的它们中的任何一个,不过同样的现象却也够产生出来。

---

　　① 笛卡尔在《哲学原理》中曾经指出:“运动(所谓运动,我指的是位移运动,因为我想象不到还有另外种类的运动,从而我认为在事物的本性中还有任何另外种类的运动),照通常解释的,不是任何别的东西,而无非是一个物体借以从一个位置转移到另一个位置的活动。”“所谓运动,我们能够说,它是物质的一个部分或一个物体从与之直接接触的并且被视为静止状态的那些物体的附近向某些别的物体的附近的转移”(参阅 Rene Descartes, *Principles of Philosophy*, translated by Valentine Rodger Miller and Reese Miller, Dordrecht:D. Reidel Publishing Company, 1983, pp. 50—51)。其实,这也是近代流行的运动观。例如霍布斯在《论物体》中就是这样给运动下定义的。他写道:“运动(MOTION)是连续地放弃一个位置,又取得另一个位置。被放弃的那个位置一般称为始点(*terminuus a quo*),所取得的那个位置则被称为终点(*terminus ad quem*)”(Thomas Hobbes, *Concerning Body*, John Bohn, 1839, p. 109)。

所以,我们能够得出结论(笛卡尔并未注意到这一点)说:各个假设的等值并不会因相互作用的各个物体的碰撞而改变,而且,运动的这样一些规则也必定能够制定出来,致使运动的相对本性也得以保存,也就是说,这样一来,由碰撞所产生的各种现象便不能为确定究竟在什么地方存在有静止或者确定在碰撞前是否存在有绝对运动提供任何根据。因此,笛卡尔的规则声称一个处于静止状态的物体无论如何也不可能为一个较小的物体从它的位置上驱逐出去,他的这样一种观点几乎不可能符合真理。① 由运动的相对本性,我们还可以进一步得出结论说:物体相互之间的作用或者说它们碰撞的力是一样的,只要它们以同样的速度相互接近,事情就必定如此。这就是说,如果给定的现象看起来是一样的,无论什么可能是真的假设,也不管我们可能以什么方式将运动或静止归于它们,同样的结果也会以未知的或导致结果的现象产生出来,即使相关于相互作用的各个物体的活动亦复如此。这也符合我们的经验;不管我们的手是击到一块由一条绳系着悬在空中的处于静止状态的石头,还是那块石头以同样的速度击到我们的处于静止状态的手,我们都将感到同样的疼。不过,如果情况需要,我们能够表明以无论什么样的方式都能对现象提供出更为合适也更为简单的解释,正

①　莱布尼茨在这里论及的是笛卡尔关于物体碰撞的第四条规则。笛卡尔断言:"如果物体C完全处于静止状态,也就是说,如果它不仅没有任何显而易见的运动,而且也不为空气或任何一种别的流体所包围(一如我将表明的,这将使得硬的物体浸入这样一些非常容易流动的流体之中),而且,如果物体C略大于物体B,后者就将永远没有力推动物体C,不管物体B接近物体C的速度如何大,亦复如此。毋宁说,物体B将会被物体C推向相反的方向。"参阅 Rene Descartes, *Principles of Philosophy*, translated by Valentine Rodger Miller and Reese Miller, Dordrecht: D. Reidel Publishing Company, 1983, p. 49。

如我们在星球研究中要利用原动天(primum mobile)而在行星理论中却必须采用哥白尼的假说一样。因此,我们已经使那些一向如此奋力进行的甚至一些神学家也卷入其中的激烈争论完全平息。① 因为即使力是某种实在的和绝对的东西,运动也属于相对现象一类的东西,而真理并不会像在现象的原因中那么多地在现象中发现。

由我们的物体概念和力的概念也可以推导出这项原则:实体中所发生的无论什么事情都必须理解为是自发并有序地发生的。与此相联系,还可以推导出任何一种变化都不可能通过飞跃而发生这样一项原则。如果这一点确立起来了,我们还可以进一步得出结论说:根本不可能存在有任何原子。为了使我们理解这一结论的力量,让我们设定物体 A 与物体 B 相撞,物体 A 从 A_1 到达 A_2,物体 B 从 B_1 到达 B_2,当它们在 $A_2 B_2$ 相撞时,它们分别从 A_2 反弹回 A_3,从 B_2 反弹回 B_3(图 3)。然后,设存在有原子,也就是存在有最硬的从而是不可改变的物体,变化显然只有通过跳跃或者在一瞬间发生,因为顺向运动在碰撞发生的一瞬间变成了一种倒退运动,除非我们设定这些物体在碰撞之后即刻变成静止了,也就

---

① 莱布尼茨在其 1694 年致惠更斯的一封信中就曾经强调过各种假说的等值性,以促使罗马教廷对哥白尼学说的承认。他写道:"既然我没有任何别的标准,我便认为,我们两个人的区别仅仅在于言说方式,我极力推荐的方式就是尽可能地适应通俗用法,此乃'健全的真理'(salva veritate)。我与您的意见也相去不远,我在一篇短文中曾经极力使我自己适应您的意见,我曾经将这篇短文寄给了维彻亚尼先生,在我看来它似乎也适合于用来劝说罗马的绅士允许哥白尼的假说"(*Leibniz: Philosophical Papers and Letters*, translated and edited by Leroy E. Loemker, D. Reidel Publishing Company, 1969, p. 419)。莱布尼茨在这里强调运动的相对性,其目的也在于调和罗马教廷所接受的这样两种观点,以促使罗马教廷对哥白尼学说的承认。

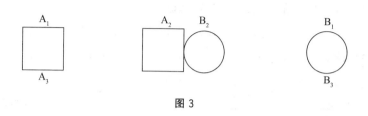

图 3

是说,它们即刻失去了力;除了在其他方面荒谬这个事实之外,它还包含着一个因一次跳跃而发生的变化,亦即从运动到静止无需通过任何中间阶段的即刻的改变。因此,我们必须承认,如果物体 A 和物体 B 相撞,而分别从 A_1 和 B_1 到达碰撞的位置 A_2B_2,它们在那里就像两个充了气的气球一样逐渐被压得偏平,当压力越来越大时,它们相互之间便越来越接近;但由于这样一个事实以及努力的力转变成物体的弹性,运动便变弱了,以至于它们这时完全达到了静止状态(图 5)。因此,当物体的弹性恢复时,它们以一种后

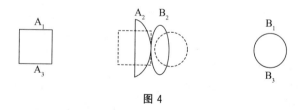

图 4

退运动从静止开始相互弹回并且连续不断地增加,最后重新获得与其相互接近时一样的速度,但方向相反,以致它们退回,重新回到 A_3 和 B_3 的位置上,如果这两个物体被设定为大小相等并且等速,A_3 和 B_3 就将与 A_1 和 B_1 重合。由此看来,现在很清楚,任何一种变化都不可能通过跳跃而发生,而只有通过逐渐减小的进展最

后才可以归于静止,然后再开始后退。正因为如此,一个图形不可能由另一个图形造出来(例如,一个椭圆形不可能从一个圆形造出来),除非经过无数个中间图形,也没有任何东西能够从一个场所到达另一个场所,或是从一个时间到达另一个时间,除非经过所有中间的场所或时间。因此,静止以及来自相反方向的小得多的运动都不可能来自运动,除非经过所有中间阶段的运动。这一点在自然中具有如此重大的意义,人们对此竟然熟视无睹,实在让人大感意外。由这些问题还可以得出结论说:笛卡尔在其书信中所抨击且一些大人物至今尚不愿意承认的一个观点,即所有的回弹运动都是由弹性产生出来的,其所以如此的一个理由则是由许多卓越的实验提供出来的,这些实验表明一个物体在其受到推进之前是弯曲的。马略特已经最美妙地展现了这一点。最后,我们还可以得出结论说:在所有的原则中,一条最值得称叹的原则在于,任何一个物体,不管其如何小,都不会没有弹性,从而都不会不为一种更加微小的流体所渗透;而且因此也就根本不存在任何作为元素的物体(elementary bodies),也根本不存在任何最有流动性的物质或任何由次级元素(second element)组成的坚固的球体,所有这些在我看来都是不可理解的。毋宁说,这样一种分析可以无限地进展下去。

　　这也与连续律(this law of continuity)相一致。连续律从变化中排除了飞跃。①静止的情况可以视为运动的一个特殊例证,

----

① 莱布尼茨在《人类理智新论》中也曾指出:"任何事物都不是一下子完成的,这是我的一条大的准则,自然决不作飞跃。我最初是在《文坛新闻》上提到这条规律,称之为连续律;这条规律在物理学上的用处是很大的。这条规律是说,我们永远要经过程

也就是说,可以视为一种正在消失的或变小的运动。而相等的情况也可以被视为正在消失的不等的一个情况。由此可以得出的结论是,运动的规律必定能够以这样的方式建立起来,以至于特殊的规则对于相等的和处于静止状态的物体没有必要,但这些却是由不等的和处于运动状态的物体本身产生出来的。或者说如果我们希望为静止和相等建立起特殊的规则,我们就必须小心从事,不要使这样一些规则与视静止为运动的限制以及视相等为最小的不等的假设相冲突。否则,我们就将违背了事物之间的和谐,而我们的各项规则也就会因此而相互冲突。我最初是在《文坛共和国新闻》1987年7月号第8篇文章中发布了测试我们自己的规则以及其他人的规则的新方法,并且称之为一项关于由无限和连续概念产生出来的秩序的普遍原则,这使人想到一条公理:当数据有序的时候,我们所寻求的未知的事物也同样有序(datis ordinatis etiam quaesita sunt ordinata)。我已经以一种普遍的方式表述了这一问题:如果在一个给定的系列里,一个值连续不断地接近另一个值,最终它不复存在,变成了后者,在这个未知的系列里依赖于这些值的结果也必定连续不断地相互接近,最后相互融为一体。所以,在几何学中,当一个焦点保持固定,而另一个焦点被推得越来越远时,一个椭圆的情况便连续不断地接近一个抛物线的情况,直到当

度上以及部分上的中间阶段,才能从小到大或者从大到小;并且从来没有一种运动是从静止中直接产生的,也不会从一种运动直接就回到静止,而只有经过一种较小的运动才能达到。"参阅莱布尼茨:《人类理智新论》,陈修斋译,商务印书馆1982年版,第12—13页。

这个焦点无限移开的时候,这个椭圆变成了一个抛物线。所以,这个椭圆的所有规则都必定能够在这个抛物线上得到证实(这被理解为一个抛物线的第二个焦点处于无限远的距离)。因此,在各个平行线上,与一个抛物线相交的各个射线能够被设想为来自另一个焦点或趋向这一焦点。因此,既然物体 A 在运动中撞击物体 B 的这样一种情况能够按照同一种方式连续不断地变化,以至于当物体 A 的运动保持不变时,物体 B 的运动也能够被设想为变得更大一些或更小一些,并且最终消失不见,进入静止状态,然后沿着相反的方向开始其不断加大的运动,我便主张:其碰撞的结果,当两个物体都处于运动状态时,不管是物体 A 中的结果还是物体 B 中的结果,都必定连续不断地接近物体 B 处于静止状态情况下发生碰撞的那样一种结果,并且最终必定合二而一。所以,在给定系列的静止情况下以及在其在未知系列的结果中都是对沿着直线运动情况的限制,或者说都是对直线运动或连续运动的一个公共限制,从而似乎可以说是这两种情况的一个特例。当我从几何学转向物理学,用这块试金石来考察笛卡尔的运动规则时,结果发现违背事物本性的裂缝或跳跃显露出来了,因为当相关的量实实在在地表现出来的时候,物体 B 碰撞前所有情况下的运动都被认为是横坐标,物体 B 在碰撞后作为求证的运动则被认为是纵坐标,这样一条线便依据笛卡尔的规则按照它们的值通过这两个纵坐标画了出来,这条线所显示出来的并不是一条连续的线段,而是某种具有令人诧异的间隙的东西,这样一些间隙或飞跃是一种荒谬的和不可理解的东西。① 当我已经注意到尊敬的马勒伯朗士神父在所有的方面都经受不住这样的测试,而且在以其惯常的坦率态度斟酌了这个问题之后,这位杰出人士承认这使他去修正他的规则,最后导致他出版了一本小书。不过,我们必须承认他依然未能充分地掌握这种新工具的用法,以至于他还是留下了一些至今都尚未

---

① 下面这个图表展现的就是莱布尼茨心里想到的东西:

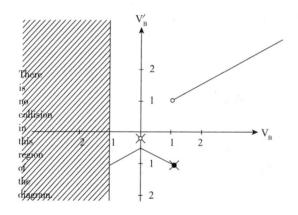

图 5

图表中的阴影部分表示在这一领域不存在任何碰撞现象。这个图表假定物体 A 和物体 B 大小相等,物体 A 以一个单元的速度自右向左运动;V_B 是物体 B 在碰撞前的速度,而 $V_B{}'$ 是物体 B 在碰撞后的速度,在这里,一个肯定的值表示从左向右的运动。这个图表是依据笛卡尔的第 1、3、6、7 条碰撞规则画出来的(参阅 Rene Descartes, *Principles of Philosophy*, translated by Valentine Rodger Miller and Reese Miller, Dordrecht:D. Reidel Publishing Company, 1983, pp. 64—65, 67—69)。参阅 *G. W. Leibniz: Philosophical Essays*, edited and translated by Roger Ariew and Daniel Garber, Hachett Publishing Company, 1989, p. 134。

彻底厘清的东西。①

　　由上面所说,我们还可以得出结论说:很显然,一个物体的每次遭受都是自发的,都是有一种内在的力产生出来的,虽然也要仰仗外在的机缘。但我这样说的意图在于强调遭受或受动是物体所固有的,是由碰撞产生出来的,或者说无论选择什么样的假设都是一样,无论我们把静止或运动归于什么样的物体,亦复如此。因为既然不管真正的运动属于什么物体,碰撞都是一样,则我们便可以得出结论说,碰撞的结果将同等地分配在两者身上,从而这两个物体在碰撞中就是同等作用的,以至于这一结果的一半来自一个物体的活动,另一半则来自另一个物体的活动。而且既然这个结果或遭受的一半也存在于一个物体之中,另一半也存在于另一个物体之中,它便足以由存在于其自身之中的活动获得存在于其自身之中的遭受,以至于我们根本无需一个物体对另一个物体施加一丁点儿影响;②即使一个物体的活动为另一个物体在其自身之内产生一种变化提供了机缘,亦复如此。诚然,当物体 A 和物体 B 相撞时,与弹性结合在一起的各个物体的抵抗会使它们通过碰撞

----

　　①　1687 年,莱布尼茨即在《文坛共和国新闻》上刊文《论一项对藉考察上帝智慧来解释自然规律有用的普遍原则》,明确指出:"在《文坛共和国新闻》上,我已经看到了尊敬的马勒伯朗士神父对我所作出的对他在《真理的探求》中所创立的一些自然规律评论的答复。他自己似乎有点倾向于摈弃这些规律,其勇气最值得称道。但他所提供的理由和限定却又使我们回到了含混费解的境地,而含混费解正是我一向致力于摆脱的,而且也违背了我一向恪守的普遍秩序的原则(un Principe de l'ordre general)。"参阅 *Leibniz：Philosophical Papers and Letters*, translated and edited by Leroy E. Loemker, D. Reidel Publishing Company, 1969, p. 351。

　　②　这里所说的遭受的力相当于本文"第一部分"所定义的相对的力或固有的力,而非定向的力或总体的力。船的例子可以把这一点揭示得更清楚一点。

而受到压缩,而且这样一种压缩在这两个物体身上都是一样的,不管对其原始运动作出什么样的假设,事情都是如此。各种实验也都表明了这一点:如果我们让两个充了气的气球碰撞,这时,不管是这两个气球都处于运动状态,还是其中一个处于静止状态,甚至悬挂在一条绳子上致使它能够很容易弹回,只要它们相互接近的速度也即这一相对的速度始终一样,这弹性的压缩或强度也就始终一样,并且在这两个气球上都相等。这时,气球 A 和气球 B 就将因其内部受到压缩的具有能动弹性的力而自行恢复,相互抵制,突然离开,从而受到自身弯曲的驱使,每一个都从对方那里以同样的力被驱赶了回来,从而不是因对方的力而是因它自己的力退了回来。但对充了气的气球为真的东西就其在碰撞中有所遭受而言,必定被理解为适合于每一个物体。这就是说,弹回和突然分离是由这个物体本身内部的弹力产生出来的,或者说是从渗透它的细微缥缈的流体物质的运动产生出来的,从而是由存在于其内部的一种内在的力产生出来的。但如我已经说过的,我这里所说的是一种特有的运动(the proper motion),这种运动属于各个具体的物体,是与公共运动(the common motion)相分离的,或者说是与那种能够归因于它们公共的重力中心的运动相分离的。因此,它们特有的运动以一种假设的方式便能够设想为,就好像这些物体被装载在一条与其重力中心具有共同运动的一条船上,而它们本身则以这样的方式运动,不仅能够使得与这条船或它们的中心所共有的组合运动相关的现象得以保留,而且还能够使得它们自己所特有的现象得以保留。① 从我们已经讲到的看来,我们还能够理解:各个物体如果没有反作用就永远不会有一种作用,而且其作用与反作用相等,只是方向相反。

还有,既然只有力及力所产生的结果在任何时候都存在(因为一如我们在前面曾经解释过的,运动永远不会真正存在),而且每个努力都趋向于直线运动,那我们由此便可以得出结论说:所有的运动都存在于直线中,或是由直线组合而成的。由此,我们不仅可以进一步得出结论说:凡以曲线运动的物体都始终努力沿着与之相切的直线继续运动,但这里也就产生了坚固性的真正概念,这是一个几乎出乎所料的概念。因为如果我们假设我们称之为坚固的某一个物体(尽管事实上根本没有任何东西是绝对坚固的或流动的,而只存在有一定程度的坚固性和流动性,被我们称作坚固性的东西只不过是呈现给我们感官的一种主导现象而已),如果我们假定这些物体中的一个围绕着它的中心旋转,它的各个部分就将极力沿着一条切线飞离;它们实际上也开始飞离。但由于这种相互分离妨碍了这个物体围绕着它们的运动,它们因此便再次相互抵制和相互拥挤,就好像在吸引它们的中心存在有一种磁力似的,或者说就好像在它们的各个部分之中存在有一种向心力似的。结果便是伴随这一切线运动的直线运动的努力与这种向心动力组合而成的一种旋转。所以,所有的曲线运动都是以直线运动的努力与向心运动的连续不断的组合的形式出现的;同时,我们也理解到,被四周物体拥挤在一起乃整个坚固性的原因。否则,所有曲线运

---

① "保留现象"不仅指避免与它们相矛盾的理论,而且还对解释它们的各种原因提供分析。

动之由纯粹直线运动组成就是一件不可能的事情了。这就为我们反对原子论提供了另一个出乎意料的证明。设想不出还有什么比在静止中寻求坚固性更加违背自然的事情了,因为物体中根本不存在任何真正的静止,而且除静止外也没有任何东西能够从静止中产生出来。① 虽然物体 A 和物体 B 就其相互比照而言可以说是处于静止状态,如果不是现实地处于静止状态,至少相对地处于静止状态(不过,确切地讲,这种情况永远不会发生,因为任何一个物体在任何一段时间里都不可能与另一个物体保持完全一样的距离,不管这个距离如何小),虽然无论什么样的一个东西一旦静止就将永远处于静止状态,除非添加上去了一个新的原因;但却不能由此得出结论说:由于物体 B 抵抗了一个实施打击的物体(a striking body),它也就将抵抗那个将其与其他东西相分离的东西,以至于当物体 B 的抵抗被克服或物体 B 自身受到推动时,物体 A 就会即刻跟随而至。但如果在自然中找不到的真正的引力由一种原初的坚固性或是通过静止或某种类似的东西加以解释,那就肯定会出现这样一种情况。所以,坚固性除非作为由四周物质的拥挤所造成的现象便不可能得到解释。因为仅仅压力并不足以解释这一难题,仿佛只有物体 B 同物体 A 的分离受到阻止似的;这必定被理解为:它们虽然实际上相互分离,但却再次为四周

---

① 莱布尼茨在这里批评的是笛卡尔的坚固性观念。笛卡尔在谈到物体的坚固性或坚实性时,曾经指出:"坚实物体的各个部分并不是由任何别的黏合剂连接到一起的,而是藉它们自己的静止连接到一起的。"参阅 Rene Descartes, *Principles of Philosophy*, translated by Valentine Rodger Miller and Reese Miller, Dordrecht:D. Reidel Publishing Company, 1983, p. 70。

的物质驱赶到了一起,以至于它们结合的这种保存是由两种运动的组合产生出来的。因此,一些人设想物体中存在有平板或知觉不到的层次的人,就像完全组装在一起的两块光滑的大理石一样,它们之难于分开乃是由于四周物质抵抗的缘故,①而且他们还以这样的方式解释两个感性物体的坚固性,它们很可能常常讲到这一真理;但既然他们在这些平板本身预设了某种坚固性,他们对坚固性便没有提供任何终极的解释。由这些考察人们便能够理解为何我不可能支持某些大数学家在这个问题上的哲学意见,因为这些人承认空的空间,似乎不仅规避引力理论,而且还主张运动是一种绝对的东西,并且要求证明这来自旋转以及由旋转产生的向心力。但既然旋转只是由直线运动的组合产生出来的,那就可以得出结论说:如果假设的等值性在直线运动中得以保留的话,不管它们是如何假定的,它在曲线运动中也就同样能够得到保存。②

----

① 伽利略就曾这样设想过。参阅 Galileo Galilei, *Two New Sciences*, trans. Stillman Drake, Madison, Wis., 1974, pp. 17ff。

② 莱布尼茨在这里进行的批评不仅指向了牛顿,而且也指向了惠更斯。因为他们两个都曾经坚持认为圆周运动乃绝对运动的一个证明。关于这一点,莱布尼茨在别处曾经点名批评过他们两个。例如,莱布尼茨在 1964 年 6 月致惠更斯的一封信中便明确指出:"至于绝对运动与相对运动之间的差异,我认为,如果运动,更确切地说,如果物体的动力是某种实在的东西,对此,我们似乎必须承认,则它之具有一个主体就必不可少。因为如果 a 和 b 相互接近,我则断定,所有相关现象就将以同样的方式发生,不管将运动或静止指派给哪一个物体,都是如此。即使有成千上万个物体,我依然坚持认为现象根本不可能给我们提供出绝对可靠的基础来确定运动的主体或等级,每个物体也不能分别设想为处于静止状态。而且,我还认为这正是您所询问的一切。但我认为,您也不会否认,每个物体都确实具有一定等级的运动,如果您愿意的话,都确实具有一定等级的力,尽管关于它们运动的这些假设都是一回事。由此,我确实可以得出结论说,在这方面,在自然中存在有一些几何学能够确定的东西中所没有的东西。除广延及其样式(它们是纯粹几何学上的东西)外,我们还必须承认某种更高级的东西,即力,我对此作过许多证明,但上

　　由我们已经说过的,我们还能够理解:一个系统的公共运动并不能改变它们之间的活动,因为它们藉以相互接近的相对速度,从而它们藉以相互接近的碰撞的力都不会发生改变。由此我们能够得出结论说:伽森狄在其一封信件中所报道的那些卓越的实验涉及的是一种由其自身受到转化的运动物体传送的运动;他之所以这样做乃是为了回答那些认为他们能够由各种抛射体的运动推断出地球静止不动的结论的人的看法。[①]的确,如果人们在一艘大船(假定这艘大船被密封,或者至少它是如此构建起来的以至于所有的乘客都看不到外面的事物)上被运输,这艘船又以很高的速度运行,然而运行得却又非常平稳而没有任何加速度,他们如果以船内发生的一切为根据,就将没有任何一条原则使他们自己得以辨别这艘船究竟是处于静止状态还是处于运动状态,即使他们在船内玩球或开展别的运动,亦复如此。为了支持那些自认为相信哥白尼理论其实他们并没有真正理解这一理论的人,上述一点是必须提到的。按照这些人的观点,从地球上发射到大气中的各种物体被与地球一起旋转的大气赶上,从而跟随着地球的运动,并且同样又返回地球仿佛这是处于静止状态似的。这种观点应当正确地判

述证明在我的许多有关证明中却并非最没有价值的证明。牛顿先生承认在直线运动情况下这些假设的等值,但却认为在圆周运动中,这些物体所产生的脱离圆心或旋转的轴心的种种结果将迫使我们承认它们的运动是绝对的。但也有一些理由,使我们相信等值的普遍规律。不过,在我看来,先生您自己对于圆周运动似乎曾经持牛顿的意见……"(参阅 *Leibniz*:*Philosophical Papers and Letters*,translated and edited by Leroy E. Loemker,D. Reidel Publishing Company,1969,p. 418)。

　　① 参阅 P. Gassendi,"Three Letters Concerning the Moyion Imparted by a Moving Body," in *The Selected Works of Pierre Gassendi*,ed. by Craig T. Brush,New York,1972,pp. 119—150。

定为并不十分充分,因为那些运用哥白尼学说的最有学问的人毋宁认为凡存在于地球表面的东西都与地球一起运动,而且,如果它为一把弓或一个弹射器所射,它就会由于地球的旋转带有传送给它的动力再加上由它的投射传送给它的动力。因此,既然它的两种运动一部分与地球共享,一部分为它的投射所特有,则这种共同运动什么也改变不了也就不足为奇了。绝对隐瞒不了的是:如果抛射物能够被推动得极其遥远,或者这艘船被设想为如此大而其运动的速度又如此快,以至于在其降到地球上或船上之前便形成了显然不同于一条直线的一条弧,这样一种差异将会知觉得到,因为在这种情况下,地球或船的运动,由于是圆周的,就将不会与船或地球的旋转传送给投射物的运动保持一样,因为后者是直线运动。再者,添加上去的那种外在活动能够产生各种各样的现象,正如如果在那艘封闭的船上有一个指南针,指向极点,精确表明这艘船航行方向的变化。但任何时候,只要涉及各种假说的等值,产生这些现象的每一个因素都必定包括在内。由这些问题我们也可以理解:各种运动的组合或一个运动分解成两个或任何数量的运动都能够得到安全地使用,即使按照沃利斯的说法:有一个杰出人士已经对此提出了似乎可信的怀疑。因为这个问题肯定值得予以证明,而不能被认为是自明的,尽管许多人一直将其视为自明的。

物质与无穷的本性

——致约翰·伯努利 [①]

第一封信 [②]

汉诺威,1698 年 11 月 18 日

您说,我对更多形而上学问题的讨论极其简洁,但在我看来,

① 约翰·伯努利(John Bernoulli,1667—1748)是欧洲杰出的数学家,也是最早拥护莱布尼茨新的无穷小分析的数学家之一。莱布尼茨与他的通信虽然内容广泛,但主要还是集中在数学领域和物理学领域。17 世纪末,莱布尼茨、约翰·伯努利和伯切尔·德·沃尔达三角通信集中讨论了物质与无穷的本性问题。1698 年初,莱布尼茨提出:他的微积分中的无穷大和无穷小虽然是"想象的",却也适合于用来确定实在的事物。它们在想象的理由中享有地位,各种事物受到这些理由的支配,一如受到各种规律支配,即使它们并不存在于物质的各个部分,亦复如此。他还提出:"实无限或许是绝对本身,它并不是由各个部分组合而成的,而是一种以卓越的与其完满性的等级相称的方式包含着具有诸多部分的各个存在者的东西"(G. W. Leibniz, Mathematische Schriften, ed. by C. I. Gerhardt, III, Berlin and Halle, 1849—1855, pp. 499—500)。下面两封信比较集中地表达了莱布尼茨的上述观点。信中所包含的纯粹数学问题均被略去。

莱布尼茨的这两封信分别写于 1698 年和 1699 年。原载格尔哈特编《莱布尼茨数学著作集》第 3 卷(G. W. Leibniz, Mathematische Schriften, ed. by C. I. Gerhardt, III, Berlin and Halle, 1849—1855, pp. 551—553, 574—575)。莱姆克将其摘要英译出来,并收入其所编辑的《莱布尼茨论文与书信集》。

本文由汉译者据 Leibniz: Philosophical Papers and Letters, translated and edited by Leroy E. Loemker,D. Reidel Publishing Company, 1969, pp. 511—514 译出。该文标题系汉译者所加。

② 本信载 G. W. Leibniz, Mathematische Schriften, ed. by C. I. Gerhardt, III, Berlin and Halle, 1849—1855,Leibniz: Philosophical Papers and Letters, translated and edited by Leroy E. Loemker,D. Reidel Publishing Company, 1969, pp. 511—513。

我为了把这些问题讲得确切和充分,可谓煞费苦心。不过,倘若还有某些疑点的话,也不妨提出来,我将尽力满足您的要求,对它们一一作答。您说,我已经下了各种定义,而不是在进行解释。但这些定义要是总能获得,那该多好啊!因为它们实际上包含了各种解释。至于无穷大的术语,在我看来,似乎我们不仅不可能洞察它们,而且它们中任何一个都不存在于自然中,也就是说,它们并不是可能的事物。否则,便如我已经说过的那样,我承认即使我认可它们的可能性,我也不会认可它们的存在。①因此,我们必须看到我们究竟能够运用什么样的理由来推证(例如)一条既是无限的但在其两端却是有终点的直线是可能的。现在我就来考察您的各个要点。

对要点一的评论。当我说原初物质是那种纯粹可能的并且与灵魂或形式分离的东西时,我是在两次言说同一件事物,因为倘若我说过它是纯粹受动,并且是与所有的活动相分离的,那就是在言说同一件事物。形式在我看来不是别的任何东西,无非是各种活动或隐德莱希,而实体的形式则是原初的隐德莱希。

对要点二的评论。我宁愿说能动的事物倘若离开了受动的事物便是不完全的,受动的事物倘若没有能动的事物也同样是不完全的,而不是说物质倘若没有形式或形式倘若没有物质便是不完

----

① 在这里,莱布尼茨显然预示了巴克莱(George Berkeley,1685—1753)后来对微积分基础的经验主义异议。虽然在 1702 年致皮埃尔·瓦利格农(Pierre Varignon,1654—1722)的信件(参阅 Leibniz: Philosophical Papers and Letters,translated and edited by Leroy E. Loemker,D. Reidel Publishing Company,1969,pp. 542—546)中提出来许多解释,但他对巴克莱的答复能够从他对洛克的答复中推演出来。各种观念在他看来并非只是心灵的对象,而且还是操作者;无限小的概念即是这样一种观念。

全的,我之所以这样说乃是为了运用那些已经得到解释的术语,而不是运用那些依然需要解释的术语,这也是在您的忠告提出来之前不知怎么就运用了您的忠告,因为我们的现代思想家普遍地不太介意的是"活动"而非"形式"。

对要点三的评论。我们无需因笛卡尔派否认物体中存在有类似于灵魂的任何东西而裹足不前,因为他们的这样一种否认毫无道理。而且由此也得不出结论说:一件事物之所以没有任何存在,只是因为我们对之不可能具有感觉印象。

对要点四的评论。说宇宙的本性竟如此吝啬,以至于在其本来能够将灵魂提供给所有的物体而无碍于它的其他目标的情况下,却只将灵魂提供给诸如我们这个地球上人的身体这样一些毫无意义的物质团块,这样一种说法在我看来似乎非常荒谬可笑。

对要点五的评论。对一块打火石为了达到有机的躯体,进而达到单子究竟必须被分割到什么地步这个问题,我并不清楚。但对于我们在这些事情上的无知对这个问题本身毫发无损,这一点倒是容易看到的。

对要点六的评论。我并不相信存在有任何最低等级的动物或生物,除有机躯体外竟一无所有,其躯体不能够进一步分割成更多的实体。从而,我们永远不可能达到生命点或被赋予形式的各点。

如果您对灵魂具有一个清楚的观念,您对各种形式也就有了观念。因为它们属于同一个属相,却属于不同的种相。

您得出结论说:我们不应当仅仅因为我们不能够清楚明白地设想一件事物就去反对这件事物,这无疑是正确的。不管善良的笛卡尔派如何大谈特谈清楚明白的知觉,在我看来,他们似乎甚至未曾以这样的方式知觉到广延。①

至于其他,如果我们将灵魂或形式设想为原初活动,次要的力或派生的力都由它们的变形产生出来,就像形状是由广延的变形产生出来一样,我则相信我们能够满足理智的要求。② 在其本质是纯粹受动的事物中,不可能存在有任何能动的变形。这是因为变形在于限制而不是在于增加。因此,除广延(乃形状的所在地或原则)外,我们还必须设定各种活动的所在地或第一承载者(proton dektikon),③也就是灵魂、形式、生命,第一隐德莱希或您愿意给它起的任何一个名称。

我完全认可您的意见:在我们与笛卡尔派以及其他立场与之相似的人们讨论问题时,应当尽可能地避免提及原初物质和实体形式,而满足于仅仅提及受动的物质团块本身和隐德莱希或原初活动、灵魂或生命。

您认为世界上所有的物体都是由各种内在的力交互作用产生出来的,您的这一看法完全正确。我毫不怀疑这些力与物质本身

---

① 笛卡尔把"清楚明白的知觉"规定为"真理"的规则或标准。他曾经强调指出:"凡是我们十分明白、十分清楚地设想到的东西,都是真的。我可以把这条规则当作一般的规则。"尽管他也承认"要确切地看出哪些东西是我们清楚地想到的,却有点困难",但他还是宣布他可以"清楚地"设想出"我"、"上帝"和"物质"等概念,并且将它们视为三种"实体"(请特别参阅北京大学哲学系外国哲学史教研室编译:《西方哲学原著选读》,上卷,商务印书馆1981年版,第368—369页)。笛卡尔派因此便以标榜这样一种认知标准和认识论路线而著称。莱布尼茨在这里尖锐指出,笛卡尔派根本不可能以"清楚明白的知觉"认识到作为物质本质属性的"广延"。

② 次要的力或派生的力是单子中活动的变量,从现象层面看,是任何一个物质系统的变量,从而是时间的一个功能,而原初的力则是活动的永恒的基础或过程。这两者是作为规律与其特征相互关联的。

③ 参阅亚里士多德:《物理学》,VI,4,248b—249a。

"同龄",因为我相信倘若没有力,物质是不可能自行独立存在的。不过,我还是认为,原初的或活的隐德莱希不同于各种死力(dead forces),这些死力本身很可能是由各种活力(living forces)产生出来的,当一种被视为死力的离心倾向由引起旋转的活力产生出来时,这一点便显而易见。生命或第一隐德莱希是某种超出任何简单死的趋向的东西,因为我相信它也包含有知觉和欲望,在动物身上,这两者都是与各种器官的现在状态一一对应的。

您的讨论与我的意见完全一致,而且,您还证实了我的一项原则:各种变化不可能藉飞跃而发生。此外,世界上所存在的动物比我们大得多,一如我们比显微镜头下的微生物大得多;这种说法并非一个笑话,而是对我的上述原则的一个坚定的证实。自然并不知道任何限制。因此,在一粒最微末的灰尘里,实际上,在各个原子中,都存在有许多世界,这些世界在美和多样性方面并不比我们自己所在的世界低劣,一方面这是可能的,另一方面这其实也是必要的。而且,下面一点似乎甚至更为奇妙,这就是:当各种动物死去的时候,没有什么事物能够阻止它们进入这样的世界。因为依照我的意见,死亡不是任何别的东西,而无非是一个动物的收敛,就像产生不是任何别的东西,而无非是一个动物的展开(evolutio)一样。①

----

① 参阅莱布尼茨:《单子论》,第73节。莱布尼茨在其中说到:"既没有整体的产生(generation entire),也没有严格意义上的完全的死亡(mort parfaire),这里所谓死亡,是说灵魂脱离形体。我们所谓产生乃是发展与生长(des developpemens et des ac-croissemens),而我们所谓死亡乃是收敛和萎缩(des Enveloppemens et des diminu-tions)。"我国哲学家庄子在《庚桑楚》篇里也曾提出"以生为丧,以死为反"的观点,与莱布尼茨的生死观虽然格调不尽相同,但也有异曲同工之妙。

在牛顿的著作发表之前很久,我即提出这样一种意见:引力与距离的平方成反比,我不仅藉后天的过程得出了这项理论,而且还藉先验的理由得出了这项理论。牛顿并未注意到这一点,实在让我吃惊。撇开对引力物理学基础的考察,依然存在于数学概念之内,我将引力视为由离开引力中心的半径或引力线段所产生的吸引;因此,就像在光线中光照的密度那样,在重力的吸引中,辐射的密度也将与距离辐射中心的距离的平方成反比。……

第二封信

1699 年 2 月 21 日

……可能的事物是那些并不蕴含有矛盾的事物;现实的事物并不是任何别的东西,而无非是可能事物中最好的事物,而最好的事物是在对一切事物考察过后得出的结论。因此,那些较不完满的事物并不是不可能的事物,因为我们必须将上帝能够做的事情与上帝愿意做的事情区别开来。上帝能够做所有的事情,但他却只愿意做最好的事情。当我说上帝是在无限多的可能事物中挑选事物时,我想说的与您说上帝已经永恒地选择了事物其实是一码事。您说上帝不可能收回成命,在他已然决定创造的事物之外另去创造别的事物;您的这个意见属于假设的必然性,这并非我们现在正在讨论的问题。

我知道,照您的意思,许多人都怀疑我们能够认知符合上帝的智慧和正义的东西。不过我却相信正如我们的几何学和我们的算术对上帝是真的一样,善的事物和正义的事情的普遍规律,具有数学的确定性,对于上帝也同样行之有效。而且,即使比无还贫乏的恶本身,当其与其他的事物结合在一起的时候,有时也能够增加实在性,就像阴影在绘画中,不和谐音在音乐中也大有用处一样。我毫不怀疑,当一种更大的善由之生成的时候,恶也是被允许的。①

最令人惬意的是,我的关于灵魂与物体结合和交往的意见与您和布朗先生(Mr. Braun)的观点并不冲突。但那些认为这一问题如此不可解释和不可思议的人,似乎可以说是不曾充分理解我的观点,因为如果我没有弄错的话,我在其中解决了每一个困难。对于在您看来似乎具有重大意义的这两个异议,我的答复曾让培尔先生感到不快。即使灵魂并不是由各个部分组成,它在其知觉中所表象的也是由各个部分组成的一个事物,也就是说,它所表象的也是一个物体。既然灵魂同时具有许多知觉,从而未来的结果都是由现在的知觉自然地产生出来的,则如此众多的变形从灵魂中流溢出来便毫不足怪了。同样毫无疑问的是,我们的未来状态已经以某种方式包含在我们现在的状态之中,尽管由于同时发生的各种知觉极其众多又极其微小,我们并不能够将它们一一识别出来。倘若我没有记错的话,我已经将这个问题以及其他问题以书信的方式告知了培尔先生,而巴纳日也答应将我的答复插入他

---

① 莱布尼茨在《神正论》中指出:"恶既可以从形而上学的角度看,也可以从物理学和道德的角度看。形而上学的恶在于纯粹的不完满性,物理学的恶在于苦难,而道德的恶则在于罪。虽然物理学的恶和道德的恶不是必然的,但凭借永恒真理它们却是可能的。既然真理的这一广阔的领域包含所有的可能性,那就必定有无限多的可能世界,恶便进入它们中的一些世界,甚至所有可能世界中最好的世界也都包含一定分量的恶。于是,就产生了上帝允许恶存在的问题。"参阅莱布尼茨:《神正论》,段德智译,商务印书馆2016年版,第199页。

的于去年秋季发行的最近一期的季刊上。①……

　　在您对我的隐德莱希主旨理论的解释中,有一些东西我不敢像您那样予以肯定。因为在那些能够获得确定性的问题上,我不喜欢运用假设,不过这对于考察整个问题也就足够了。对于您的异议,我应当作出的就是这样一种答复。当我说死亡的瞬间是不可能予以明确指定的时候,我还同时表示在形而上学的意义上,根本不存在这样的瞬间,我也看不出为何说一个重大的变化不知所以地在如此短暂的瞬间发生即破坏了连续律。因为这样的事情在自然中发生,尤其是在死亡中发生,是非常符合连续律的。不过,宇宙造主的智慧造出来的却是那些他认为对世界整体是最好的事物。在这个舞台上,同一个动物被不止一次地产生出来也是完全可能的,不过我相信,相反的情况也同样可能。因此,理性并不会轻而易举地确定这个问题,在我看来,我们应当对之作出更深入的探究。

　　您并没有对我所提出的下述观点的理由作出答复,这一观点是:在给定的无限多的项中,并不能得出结论说:也必定存在有一个无限小的项。其理由为:我们能够设想一个仅仅由有限的诸项构成的无限系列,或者说仅仅由置放进一个不断减小的集合系列中的各项构成的无限系列。我虽然也承认有无限多的项,但这种多本身却并不构成一个数字或一个单一的整体。这实际上也并不

――――――――――

　　① 莱布尼茨这里所指的是他刊登在《学者著作史》1698 年 7 月号上的《对于培尔先生在关于灵魂与形体的联系的新系统中所发现的困难的说明》一文(参阅 G. W. Leibniz: *Die philosophischen Schriften* 4, Herausgegeben von C. I. Gerhardt, Hildesheim: Georg Olms Verlag, 2008, pp. 517—524)。巴纳日为该杂志的编辑。

意味着别的任何东西,而只是意味着所存在的各项总是能够多于
由一个数字指定出来的各项的数值。虽然存在有许多各种数字或
存在有所有各种数字的一个丛,但这种复多却并非一个数字或一
个单一的整体。……

论自然本身,或论受造物的
内在的力与活动

—— 旨在证实和解说作者的"动力学"①

1. 最近,我从在数学和物理学问题上最负盛名的斯特姆那里

① 罗伯特·波义耳在其《对普遍接受的自然概念的自由探究》(1682)中建议:我们应当避免使用"自然"这个词,而用"机械装置"取而代之。1688年,他在《论自然本身》一文中重申并进一步阐释了他关于自然的机械论概念。他的这一建议引起了奥特多夫(Altdorf)的约翰·克里斯托弗·斯特姆(John Christopher Sturm)和基尔(Kiel)的冈瑟·克里斯托弗·谢尔哈默(Günther Christopher Schelhammer)之间长达六年的争论(1692—1698)。1692年,斯特姆根据波义耳的这一建议出版了《论自然活动的偶像》一书。1697年,谢尔哈默著《自然本身与救治辩》予以回应。1698年,斯特姆《对自然本身徒劳无益的辩护》回应谢尔哈默的批评。很显然,在这场争论中,斯特姆为波义耳的观点辩护,而谢尔哈默则捍卫自然概念。争论的焦点之一在于运动的源泉和本性。斯特姆捍卫笛卡尔的立场,断言上帝乃运动的唯一源泉。虽然莱布尼茨与斯特姆在自1695年开始的通信中回避了自然地位这一中心问题,但却指向了包括人在内的自然秩序的独立实在性问题。斯特姆坚持认为将事物的各种属性归于事物的本性乃是一种异教徒的和非基督宗教的做法,自然并无任何专属它自身的能量或力。莱布尼茨所发表的这篇回应文字不仅针对斯特姆,而且还针对偶因论者以及其他一些实际上否认物理世界实在性的人士。其中包含有对他所主张的一个多元的和充满活力的系统的诸多理由的细心阐释,以及对其各种动因的揭示及其证明本质的杰出说明。

斯特姆在物理学史上虽然是个小人物,但他在与谢尔哈默的争论中所发表的小册子以及他与莱布尼茨的通信却为莱布尼茨1698年在《学者杂志》9月号上发表这篇论文提供了机缘。这篇论文虽然不长,但却是莱布尼茨最重要的论文之一。在其后来的著作中,他也不时地援引这篇论文。这篇短文提供了莱布尼茨反对笛卡尔、斯宾诺莎以及一些笛卡尔信徒的偶因论倾向有关证明的一些最清楚明白的表述。这篇短文还极其清楚明白地阐述了构成莱布尼茨动力学理论基础的形而上学观点,断言力、活动即存在于物体本身之中,而不仅仅存在于上帝身上。正是在这种语境下,"单子"这个词首次出现在莱布尼茨公开发表的作品中。当我们在有关译文中读到

收到一部他在奥特多夫^①发表的自我辩护的论著，^②捍卫他在《论自然偶像》^③（De Idolo naturae）一书中所阐述的观点，回应基尔^④的一位杰出的最具才华的物理学家冈瑟·克里斯托弗·谢尔哈默在其一本讨论自然的书^⑤中对他的攻击。很早以前，我就对这个问题作过思考；而且，我通过书信的方式和这部著作的著名作者进行过一番争论，他本人最近还以一种让我感到荣幸的方式提及这场争论，因为他在他的《精选物理学》第一卷（第一篇第3章及结语第5节）中曾公开提及我们之间相互传送过的一些论文。^⑥因此，

"单子"这个词时，有必要记住以拉丁单词形式现身的"单子"这个词并没有定冠词。在这里，莱布尼茨关心的不仅有受造世界意义上的"自然"，而且还有通常认为作为自然的各种个体成分所具有的种种"自然"。

　　本文原载格尔哈特所编的《莱布尼茨哲学著作集》第4卷。原文为拉丁文。其标题为：De ipsa natura de vi insita actionibusque Creaturarum, pro Dynamicis suis confirmandis illustrandisque。莱姆克、阿里尤和嘉伯将其英译出来并分别收入其所编辑的《莱布尼茨：哲学论文与书信集》和《莱布尼茨哲学论文集》中。

　　本文据 Leibniz: *Philosophical Papers and Letters*, translated and edited by Leroy E. Loemker, D. Reidel Publishing Company, 1969, pp. 498—508, *G. W. Leibniz: Philosophical Essays*, edited and translated by Roger Ariew and Daniel Garber, Hachett Publishing Company, 1989, pp. 155—167 和 *G. W. Leibniz: Die philosophischen Schriften* 4, Herausgegeben von C. I. Gerhardt, Hildesheim: Georg Olms Verlag, 2008, pp. 504—516 译出。

　　① 奥特多夫（Altdorf），位于瑞士中部的一个城市。

　　② 莱布尼茨在这里所说的斯特姆自我辩护的论著指的是斯特姆1698年发表的《对自然本身徒劳无益的辩护》。

　　③ 莱布尼茨在这里所说的《论自然偶像》亦即斯特姆的《论自然活动的偶像》（De naturae agentis idolo）。该著发表于1692年。

　　④ 基尔（Kiel），位于德国北部的一个港口城市。

　　⑤ 莱布尼茨在这里所说的谢尔哈默的讨论自然的书指的是谢尔哈默1697年发表的《自然本身与救治辩》。

　　⑥ 莱布尼茨在这里说到的斯特姆的《精选物理学》的全称为《精选物理学或假说》（physica elective sive hypothetica）。该著于1697年出版。

我就更加愿意把我的心思和注意力用在这样一个本身至关紧要的
证明上,觉得很有必要根据我已经不止一次陈述过的原则,把我自
己的意见以及这个问题本身解释得更加清楚一点。他的这篇自我
辩护的著作似乎为我开始这项工作提供了一个可资利用的极好机
会。因为我们很容易判断,这位作者言简意赅地从一个单一的角
度提出了这一问题所涉及的最重要的问题。不过,我本人却并不
想介入这两位著名学者之间的争吵。

2. 我认为有两个问题最为重要。第一个问题在于:我们惯于
归诸事物的那些东西究竟在于什么? 通常所理解的事物的各种属
性难道真的如斯特姆先生所说或多或少散发着异教气味
(Paganismi redolere)吗? 第二个问题在于:在受造物中是否存在
有任何能量(ἐν ἐργεια)? 斯特姆先生似乎否认这一点。至于第一
个问题,即自然本身(ipsa natura),如果我们既要发现它是什么又
要发现它不是什么,我则赞成根本不存在任何一种世界灵魂(ani-
mam Universi)这样一种说法;我也承认种种奇妙的事件天天都
在发生,而且正因为如此我们通常才不无正确地说:自然的作品乃
一种心智的作品,从而这样一些奇妙事件不应当归之于生来即具
有与这样一种任务相称的智慧和能力的某种受造的心智。但整个
自然(naturam universam)可以说是一种"神的技艺"(artificium
Dei),从而这样一种作品乃至任何一台无论什么样的自然机器都
进一步由无限器官所组成(此乃自然与人工技术之间的真正不同

之处，①但却很少引起人们的关注），从而需要它的造主和管理者具有无限的智慧和能力。所以，希波克拉底②认为有全知的热（calidum omniscium），阿维森纳③所说的灵魂给予的"修尔哥德"（Cholcodeam animarum），斯卡利杰④及其他人所说的最具智慧的

---

① 关于"自然与人工技术之间"的区别，莱布尼茨在《单子论》第 64 节中曾作过精辟的说明。他写道"每个生物的有机形体都是一种神圣的机器或一个自然的自动机，无限地优越于一切人造的自动机。因为一架由人的技艺制造出来的机器，它的每个部分并非一架机器，例如一个黄铜轮子的齿有一些部分或片段，这些部分或片段对我们说来，也不再具有任何标志，能够表明它是一架机器，像铜轮子那样有特定的用途。但自然的机器亦即活的形体却不然，哪怕是它们的无限小的最小的部分也依然是机器。就是这一点造成了自然与技艺之间的区别，亦即神的技艺与我们的技艺之间的区别。"

② 希波克拉底（Hippocrates，约公元前 460—前 377），古希腊医生，被誉为西方医学之父。出身医生世家，医术超群。其独树一帜的地方在于，他从"万物协同并发"的原则出发，既注重人的肉体结构的经验考察，注重医药对肉体疾病的疗效，也注重对人生整个本性的考察，注重人的饮食、生活方式和生活环境。现存《希波克拉底文集》，内容涉及解剖、临床、妇儿疾病、饮食、药物疗法、医学道德、哲学等。

③ 阿维森纳（Avicenna，980—1037），其阿拉伯原名为伊本·西拿，中世纪阿拉伯哲学家，"东部亚里士多德主义"的代表人物。其哲学著作主要有《论治疗》（一译《充足之书》）和《论解脱》（一译《拯救论》）。其中《论治疗》主要阐述的是他的存在论思想，《论解脱》主要阐述的是他的灵魂学说。阿维森纳强调灵魂与肉体的区别，强调灵魂是一种独立存在的本质。但他也承认灵魂与肉体的关联性。此外，他还强调灵魂的单纯性和永恒性。他将人的灵魂称作"会说话的灵魂"，断言人的灵魂不仅具有认识力，而且还具有能动力。也正是在上述意义上，他将人的灵魂或人类理智区分为四种理智，即"物质理智"、"习惯理智"、"现实理智"和"获得理智"。参阅穆萨·穆萨威：《阿拉伯哲学》，张文建、王培译，商务印书馆 1996 年版，第 102—117 页。也请参阅段德智：《中世纪哲学研究》，人民出版社 2013 年版，第 57—62 页。

④ 斯卡利杰（Julius Caesar Scaliger，1484—1558），一个出生在意大利却长期生活在法国的古典学者。从事植物学、动物学、语法研究和文学批评。其主要著作有《植物论》（1556 年）、《培养智慧的秘法》（1557 年）、《论拉丁语》（1540 年）、《诗论》（1561 年）。

"弹力"(virtutem plasticam),亨利·莫尔[①]所说的"支配物质的原则"(pricipium hylarchicum),所有这些在我看来部分地是不可能的,部分地是多此一举。对于我来说,世界这台机器是以这样的智慧建构起来的,以至于这些奇妙的事物都仰仗着这台机器自身的运转,尤其是那些有机事物,一如我所相信的,都是依照某种前定的秩序进展的,如此而已,岂有他哉?因此,当这位杰出人士拒绝承认人们虚构出来的某个智慧的受造的自然产生并管理这台有形物体机器时,我也是认同的。但我不能苟同,而且我也并不认为,我们应当否认任何一种能动的受造的力寓于事物之中这样一种说法也符合理性。

3. 关于自然不是什么,我刚才已经说过了;现在让我们更加

---

①　　在英国剑桥柏拉图派代表人物莫尔看来,哲学的一项基本任务就在于了解和阐述"物质的机械能力的精确范围"和局限性。他断言:"没有什么东西是纯粹机械的。"机械论只是自然的一个方面,单凭它自身解释不了自然中的任何东西。"上帝并不单纯地创造物质世界,把它置于机械规律之下,还有精神弥漫于整个物质宇宙。这种遍在的精神并非上帝自身,而是'自然精神',用古老的术语讲,就是'世界灵魂'(anima mundi)。它是'一种无形的实体,但是没有感觉和评判力(animadversion)',它将一种'弹力'(plastical power)施加到物质之上,'通过指引物质的轨道和它们的运动,在世界上产生出不能只被分解成机械力的现象'。可以说,它对整个自然所做的事情就是一个植灵魂对这棵植物所做的事情。而它进一步要做的事情就是'每当灵魂离开躯体时就按照他的等级和价值来安顿她们,并且因此独立担当神圣天道伟大的总经理的工作'。"(参阅索利:《英国哲学史》,段德智译,陈修斋校,商务印书馆 2017 年版,第 78 页)对于所谓"支配物质的原则",莱布尼茨在《论自然科学原理》(1682—1684)一文中就曾对其进行过批判。他写道,无论是"世界灵魂",还是"支配物质的原则(a hylarchic principle)","都不足以解释各种事物"(参阅 *Leibniz*: *Philosophical Papers and Letters*, translated and edited by Leroy E. Loemker, D. Reidel Publishing Company, 1969, p. 288)。详见前面有关注释。

切近地考察一下自然究竟是什么。亚里士多德曾经相当恰当地把自然称作运动和静止的本原，[①]尽管在我看来哲学家[②]（Philosophus）似乎是在比公认意义更为宽泛的意义上使用自然这个术语的，不仅将其理解为场所方面的位置移动和静止，而且还将其理解为一般的变化或持久（generaliter mutationem，et στάιν seu persistentiam）。我还可以顺便指出：他给运动所下的定义虽然太过模糊，不甚得体，但似乎也不像那些认为他只是想界说位移运动的人所设想的那样荒谬。现在，让我们言归正传。罗伯特·波义耳[③]在自然观察方面可谓享有盛誉、游刃有余，他曾写过一本题为《论自然本身》的短著，该著所要证明的，如果我没记错的话，其实如下：我们必须坚持认为自然不是别的，而无非是由各种物体组成

①　亚里士多德曾经在《物理学》中指出："所谓自然，就是一种由于自身而不是由于偶性存在于事物之中的运动和静止的最初本原和原因。"他还进而指出："既然自然是运动和变化的本原，而我们所进行的又正是关于自然的研究，那么就必须了解运动是什么。因为如若不熟悉运动，也就必然不会知晓自然。"亚里士多德：《物理学》，192b 23—24；200b 12—14。

②　莱布尼茨在这里所说的"哲学家"指的就是亚里士多德。这和中世纪的托马斯·阿奎那非常相似，在阿奎那的著作中，当说"哲学家"时，指的就是亚里士多德。这说明亚里士多德在莱布尼茨这里也同样具有崇高的地位，尽管莱布尼茨也非常尊重柏拉图。

③　波义耳（Robert Boyle，1627—1691），英国化学家和自然哲学家。英国皇家学会创始人之一。他认为物质由微粒组成，是近代化学元素理论的先驱。1656—1668年，以实验论证了空气的物理特性，论证了空气对于燃烧、呼吸和声音的不可或缺性。1661年，在英国皇家学会发表了著名的波义耳定律，即在恒温下，气体的体积与压力成反比。同年，在其《怀疑的化学家》一书中，抨击了亚里士多德的"四元素"（土、气、火、水）理论和帕拉塞尔苏斯的"盐、硫、汞三要素"学说。他发展了基本微粒概念，用以取代上述"元素说"。他认为，正是那些基本微粒的结合，产生了物质的粒子；不同的粒子是由于基本微粒的数目、位置和运动的不同造成的。1680年，当选为英国皇家学会会长。波义耳虽然是一个杰出的自然科学家，但他同时也是一位虔诚的宗教徒。

的机械本身。倘若粗略地看，我们也不妨赞成这样一种见解；但若更细心地考察一番这个问题，在世界机械之内，我们还必须把原则和从原则引申出来的东西分别清楚。例如，在对钟表的解释中，只说它是受机械原则推动，而不进一步分别它究竟是受钟摆推动还是受发条推动，显然是不充分的。我已经不止一次地表达了下述一种观点，我相信我们只要运用这种观点来看问题，就可以避免对自然事物的解释遭到滥用，从而损害虔诚，仿佛物质自身即能够独立存在，物质机械根本无需任何心智或精神实体似的；这一观点就是：这一机械的根源本身并非仅仅来自物质原则和数学的理由，而是来自一种更高的根源，可以说是来自形而上学的根源（Meta-physico fonte）。

4. 这一观点，除了许多别的证明外，还有一个极其重要的证明，我可以藉运动规律的基础将其提供出来。这样一种基础并不能像人们通常所认为的那样，在运动量守恒（conservetur eadem motus quantitas）这样一条原则中找到，而毋宁说应当在能动的力的量必定守恒（quod necesse est servari eandem quantitatem potentiae actricis）这样一条原则中寻找，而且，我已经发现其实这种情况的发生是有其最美妙的理由的，动力活动的量（quantitatem actionis motricis）也是如此，它的值远非笛卡尔派所设想的运动量的值。有两位无疑是最有才华的数学家曾经部分地通过书信部分地通过出版物同我讨论过这个问题。在我们讨论过后，他们中一个已经完全站到了我这一边，而另一位在经过长时间缜密思考之后也已经放弃了他的所有异议，并且坦率地承认对我的推证他尚未想出究竟如何答复。[①] 所以，令我更为震惊的是，在其《精选物理学》已发表的部分中解释运动规律时，斯特姆这位著名学者竟接受了有关问题的流俗意见，仿佛这种意见毫无疑问似的，尽管他自己也承认这种意见并非基于任何推证，而仅仅是基于一种或然性。在其最后的讨论中，他还是在该著第三章第二节中重复了他的这样一种说法。但或许他是在我自己的观点发表之前写作这部著作的，但他不是没有时间来修改他已经写出来的东西，就是他从未想到这一层，这尤其是因为他相信各种运动法则都是武断的缘故，而这样一种观点在我看来则是全然矛盾的。因为我认为上帝乃是通过确定的智慧的原则，在秩序的种种理由引导下为运动颁布自然中万物所遵守的规律；而这也解释清楚了我在讨论光学规律时曾经指出过的东西（后来著名的莫利纽克斯[②]先生在他的《折光学》中对此大加赞赏）：目的因不仅对伦理学及自然神学的道德及虔诚有用，而且对物理学本身的发现和探究隐蔽的真理也同样有用。

---

① 莱布尼茨在这里说到的两位数学家，其中一个很可能是约翰·伯努利，另一个很可能是克里斯蒂安·惠更斯。约翰·伯努利（John Bernoulli，1667—1748）是瑞士数学家和物理学家。他用微积分确定曲线的长度和面积。他还提出求一个分数当分子、分母都趋于零时的极限的方法，后由他的学生洛必达收入其著作《阐明曲线的无穷小分析》之中。他提出的求最速降线的问题，即一个质点仅受重力作用由一点无摩擦地下滑到另一个较低点，沿什么曲线时间最短的问题，标志了变分法的开端。克里斯蒂安·惠更斯（Christiaan Huyghens，1629—1695），荷兰物理学家和天文学家，光的波动理论的创立者。法国科学院的创始人之一。1672 年秋季，莱布尼茨在旅居巴黎期间结识惠更斯，此后两人成为挚友。关于伯努利和惠更斯，详见前面有关注释。

② 莫利纽克斯（William Molyneux，1656—1698），爱尔兰自然哲学家。都柏林哲学学会创始人。其最著名的著作为《新折光学》（Dioptrica nova）。该著 1692 年在伦敦出版。作者在该著中不仅强调了《新折光学》的自然科学的意义和价值，而且还强调了它的人生的意义和价值。

所以，既然著名的斯特姆在其《精选物理学》中讨论目的因时也将我的意见列入了各种假说之中，我就能够希望他在批评中对之作出充分的鉴定；因为在那种情况下他无疑有机会来谈论许多卓尔不凡的东西，以彰显这一证明的卓越和富有成效，这些东西对于虔诚也同样有用。

5. 但现在我们必须考察一下他在为其辩护的论文中关于自然概念所说的话，并进而考察一下他的解释中似乎依然缺乏的东西。他承认（第 4 章第 2、3 节以及其他地方），现在发生的各种运动都藉上帝曾经建立起来的一种永恒规律（aeternae legis）产生出来，因此他将这一规律称作一种意志和命令（volitionem et jussum），从而除此之外，上帝再无需任何新的命令或意志，更不用说新的努力或某种新的操劳了（第 4 章第 3 节）。他还将下述一种看法作为其论敌错误地归咎于他的观点拒绝接受，这就是：上帝推动事物就像木匠使用斧头或磨坊工人引水入槽以转动磨石一样。但真正说来，这种解释在我看来不合乎真相。因为我所追问的其实是：这种意志或命令，如果您愿意的话，上帝曾经建立起来的这种神圣的规律，究竟只是加给事物的一种外在的名称，还是真的赋之以某种在其内部持续存在的受造的印记，或是如谢尔哈默这位无论在判断上还是在经验上都十分杰出的人士理由充分地指出的那样，是一种事物的活动和遭受都藉以产生出来的内在规律，即使这一规律在大多数情况下都不为其所固有的受造物所理解，亦复如此。前一种意见是偶因论体系（systematis causarum occasionalium）

的作者所秉持的观点，尤其是为颇有创新意识的马勒伯朗士①所秉持的观点；后一种意见是一种受到公认的观点，我以为这一观点最为正确。

6. 既然这种过去的命令现在已不复存在，则它现在就将一事无成，除非它留下了某种效果，迄今还在继续存在并发挥作用，无论什么人，只要他以另外一种方式思考问题，如果我予以裁决的话，他就是在放弃对事物作出清楚解释的努力。因为如果在时间和空间上遥远的东西无需任何中介依然能够在此时此地发挥作用，则任何一件事物便都有同等的权利从任何一件别的事物产生出来了。因此，如果想象上帝的意志如此不起作用，以致万物根本不受其影响，而且在事物中也产生不出任何持久的效果，而只说上帝在创造万物时一开始就希望它们在其进展中遵守某种规律，这样一种说法是远远不够的。在任何情况下，说上帝有意志活动，然而他的意志活动却既产生不了任何东西也改变不了任何东西，说他始终在活动却永远不能如愿以偿，其后永远也不会留下任何作品或成就（ἀποτελέσμα），这也和关于纯粹而绝对的上帝能力和意志的概念相冲突。诚然，如果上帝说了"地要生出活物来，各从其

---

① 马勒伯朗士（Nicolas Malebranche, 1638—1715），法国天主教神父、神学家和哲学家。他力图将笛卡尔主义与奥古斯丁的思想和新柏拉图主义结合起来。其代表作为《真理的探求》（1674—1675 年）。在其中，他提出了一种被称作偶因论的关于身心关系的学说，断言两个物体碰撞时，一个物体的运动并不引起另一个物体的运动，身心之间也不存在任何相互作用，它们之间的相互作用都是上帝干预的结果。参阅冯俊：《法国近代哲学》，同济大学出版社 2004 年版，第 181—185 页。

类"(producat terra，multiplicemini animalia)这样的话之后，^①没
有任何印记加到受造物上，如果万物在这项命令颁布后没有受到
任何影响，就像没有受到任何命令干预过似的，那我们便可以得出
结论说:既然某些联系无论是直接的联系还是以某些事物为中介
的联系，在原因和结果之间是必然的，则无论是与上帝的命令相一
致的事物现在都没有发生还是上帝的命令只在当下有效、将来便
会不停更新，对于这样一种观点，我们这位博学的作者是完全有理
由拒绝承认的。另一方面，上帝所制定的规律如果在事物上实际
上留下了他所印上去的某种痕迹，如果各种事物是由上帝的命令
而如此形成的，以至于它们被造得能够实现命令它们的上帝的意
志，那就必须承认有某种功效寓于事物之中，这就是我们以自然的
名义称呼的一种形式或力，一系列现象就是由这种形式或力依照
第一命令(primi jussus)的指示产生出来的。

7. 这种内在的力其实是能够得到清楚明白的理解的，尽管它
不可能由感官知觉加以解释。而且，对灵魂的本性也同样不能藉
感官知觉加以解释，因为这种力属于那种不能藉想象而只能藉理
智才能理解的东西。这位博学人士在《对自然本身徒劳无益的辩
护》第 4 章第 6 节中要求我们依据"想象"对这样一种内在的规律
如何能够在对这一规律一无所知的物体中发挥作用的方式作出解
释，而我则将他提出这种要求的意思解释为他是想要我们通过理

<hr>

① 参阅《创世记》1:24—25。其中写道:"上帝说:'地要生出活物来,各从其类。'
牲畜、昆虫、野兽,各从其类。事就这样成了。于是上帝造出野兽,各从其类,牲畜,各
从其类。地上一切昆虫,各从其类。上帝看着是好的。"

智来对这种内在的规律如何能够在对这一规律一无所知的物体中发挥作用的方式作出解释。因为否则那就可以认为他是在要求我们画出声音或听到颜色。再者，如果有些事物解释起来比较困难，我们因此就将其当作我们拒绝接受这些事物的充足理由，这就必定也可以合乎逻辑地适用于将他所抱怨的那种观点（第1章第2节）不正当地还治于他，这就是他宁肯断定事物只为上帝的能力所推动，而不肯在自然的名义下承认他对其本性一无所知的东西。在这一点上，霍布斯及其他一些极力使一切有形事物都依赖于这一证明的人士无疑非常正确，因为他们深信只有形体才能够藉感觉想象得到清楚的解释。[①] 但这些人却正好受到了下面这个事实的批驳，这就是：在事物之中存在有一种活动的力，不过，我们根本不可能从感觉想象推导出这样一种力。仅仅提到上帝在过去某个时刻曾经颁布过一道命令但在其后这道命令既不以任何方式影响事物也不留下任何效果，远远没有解释这一问题，而毋宁说是放弃

----

①　霍布斯是英国经验主义的主要代表人物之一。他坚持我们的知识起源于感觉的认识论原则。他强调说："在我们周围的所有现象中，最可惊叹的是显现（apparition）本身，το φαινεσθαι；也就是说，有些自然物体在其自身中具有几乎所有事物的样式，而另外一些事物则完全没有。这样一来，如果现象就是我们借以了解所有其他事物的原则，我们就必须承认感觉就是我们借以了解那些原则的原则了，而且，我们所拥有的一切知识都是由感觉得来的。"正因为如此，霍布斯强调我们必须以感觉想象，而不是以理智来解释物体。他写道："就是这个东西，由于它有广延，我们一般称其为**物体**。由于它不依赖我们的思想，我们说它是**一个自己存在的东西**（*a thing subsisting of itself*）。它也是**现实存在的**（*existing*），因为它在我们以外。最后，它又被称为**主体**（the *subject*），因为它是如此这般地放在想象的空间里面，并且从属于想象的空间，因而可以为感觉所知觉，并且为理性所理解。所以，我们可以给物体下这样一个定义：**物体是不依赖于我们思想的东西，与空间的某个部分相合或具有同样的广延**。"参阅 Thomas Hobbes, *Concerning Body*, John Bohn, 1839, pp. 389, 102。

了哲学家的身份，用利剑斩断了戈尔迪之结。① 此外，还可以从我的《动力学》中获得一个比迄今所提出的一切说法更为清楚也更为精确的关于能动的力的解释，这部论著包含有对自然规律和运动的评价，这一评价不仅真实，而且也与事物和谐一致。

8. 因此，倘若有人倡导一种新的哲学，主张事物的惰性和死寂(torporem)，他们就应当进而剥夺上帝的命令在未来具有的所有持续存在的效果和功效，将其视为无，从而要求上帝始终进行新的安排(斯特姆先生聪明地拒绝了这种观点，认为这样一种观点并非他自己的意见)，则他自己就有责任来确定他这样考察上帝的命令究竟有多大的价值。但我们不可能原谅他，如果他不给我们说出一个理由，说明为何事物本身能够有一种经久不衰的永久性，而事物的属性(attributa rerum)，也就是我们定名为"本性"(naturae)的东西，却不可能具有这样一种永久性。因为正如上帝在说"要有"(fiat)这个语词之后便留下了某种永久性的事物，也就是持续存在的事物本身，②在上帝说过"祝福"(benedictionis)这个词之后在事物中同样也会留下奇妙的东西，即一种能够产生出其

---

① 戈尔迪之结(Gordian Knot)乃流行于西方的一个谚语。指只有经过激烈行动才能解决的问题。公元前333年，当亚历山大大帝行军途中经过安纳托利亚的时候，曾经到达弗里吉亚的首都戈尔迪。在那里，有人向他展示早先建造这座城市的戈尔迪曾经使用过的双轮马拉战车，战车上的轭是用不露出头的绳结绑在辕杆上的。据说，这种结只有征服亚洲的人才能解开。亚历山大是用自己的剑将其劈开的。

② 参阅《创世记》1:3—31。其中写道："上帝说：'要有光。'就有了光。……这是头一日。上帝说：'诸水之间要有空气，将水分为上下。'上帝就造出空气，将空气以下的水、空气以上的水分开了。事就这样成了。……"

活动或运作的丰硕成果或动力，只要没有任何东西加以阻碍，这样的丰硕成果或动力便势必从这种活动或运作中产生出来。对此，我们还可加上我在别处已经解释过的一点，尽管或许尚未被每个人都充分理解，这就是：事物的实体本身在于其具有活动并且受到作用的力（agendi patiendique vi）；由此便可得出结论说：如果没有任何长久持续存在的力由上帝的能力印到事物上面，则任何持久存在的事物都产生不出来。因此，我们还可以进一步得出结论说：任何一个受造的实体，乃至任何一个在号数上保持同一的灵魂，都永远不会持久存在，从而便不会有任何东西为上帝所保存，一切事物也都因此而可以说被归结为一个独一无二持久存在的上帝实体的转瞬即逝、飘忽不定的样式或幻象。这样一来，上帝，作为万物归宗的同一件东西，就成了万物的本性和实体，此乃一种最为邪恶的学说，最近一位思维缜密实际上却毫无宗教信仰的作家将它强加给了整个世界，至少复兴了这样一种学说。① 诚然，如果有形事

---

① 莱布尼茨在这里显然是在谴责斯宾诺莎的哲学。斯宾诺莎（Benedict Spinoza，1632—1677），荷兰哲学家。他在其名著《伦理学》中主张：除上帝外再无任何别的实体，其他所有的事物都是上帝的样式。他虽然反对笛卡尔的那样一种二元论或平行论，但他又提出了一种新的二元论或平行论。他断定作为实体样式的个体物体的广延和思维的属性是平行的，其原因都在于唯一实体。他写道："按事物的本性，不能有两个或多数具有相同性质或属性的实体。"斯宾诺莎常常将实体称作"神"，有时也称作"自然"。他写道："人人必须承认，没有神就没有东西可以存在，也没有东西可以被理解，因为没有人不承认，神是万物本质即万物存在的唯一原因，这就是说，神不仅是万物生成的原因，而且是人们所常说的万物存在的原因。"也正是在这个意义上，斯宾诺莎将"实体"界定为"在自身内并通过自身而被认识的东西"，而将"样式"界定为"实体的分殊（affectiones），亦即在他物内（inalio est）通过他物而被认知的东西（per alium concipitur）"（参阅斯宾诺莎：《伦理学》，贺麟译，商务印书馆1981年版，第5、49、3页）。也正是在这个意义上，黑格尔批评斯宾诺莎主张"无世界论"。黑格尔写道："斯宾诺莎主义是无世界论。世界、有限本质、宇宙、有限性并不是实体性的东西，——只有神才是。"

物除物质外再没有包含任何东西,则它们就确实可以说成是由变动不居的东西所构成,没有任何实体性的东西,一如柏拉图派很久以前就承认的那样。[①]

9. 第二个问题在于:受造的存在者能否被严格和真正地说成活动(agere);如果我们了解到它们的内在本性与活动和遭受的力无异,这个问题便还原成了前面一个问题,因为根本不可能有任何活动而没有一种活动的力,反之,一种能力倘若永远不可能实现出来便毫无意义。然而,既然活动和能力是两种不同的东西,前者是一种连续的问题,而后者则是永久的,那就让我们也考察一下活动。我承认在这里要解释清楚我们的斯特姆先生的意见确实有不小的困难。因为他否认从严格的意义上讲,受造事物本身能够活

斯宾诺莎"只是把一切投入实体的深渊,一切都萎谢于实体之中,一切生命都凋零于自身之内;斯宾诺莎本人就死于痨瘵。——这是普遍的命运"(参阅黑格尔:《哲学史讲演录》,第4卷,贺麟、王太庆译,商务印书馆1978年版,第95、99、103页)。而斯宾诺莎的《伦理学》于1677年出版。因此,斯宾诺莎在《伦理学》中阐述的实体学说成为莱布尼茨的批评对象是相当自然的。

① 柏拉图派哲学的基本立场是理念论,即将运动变化的个体事物视为虚妄不实的东西,而将不动不变、不生不灭的"理念"视为"真正的实在"和独立不依的精神实体。柏拉图将不动不变、不生不灭的理念称作"原型",而将运动变化、有生有灭的个体事物称作"摹本"。柏拉图有一个著名的比喻叫"洞穴比喻"。他将相信运动变化、有生有灭的个体事物及其组成的感性世界的人称作"囚犯",将相信不动不变、无生无灭的理念及其组成的理念世界的人称作"挣脱锁链者"或自我解放者,从而生动地阐述了他的理念哲学的使命。新柏拉图主义的主要代表人物普罗提诺(Plotinus,204—270)提出"流溢说",宣称生灭变化的个体事物及其组成的感性世界都是由不动不变、不生不灭的"太一""流溢"出来的。他还具体地设计出了太一流溢的程式,断言从太一中首先流溢出来的是"理智"(即奴斯、心灵),接着从理智中流溢出灵魂,太一流溢的终端是质料,于是随着灵魂的堕落,便产生了个别的、可感的事物,产生了感性世界。在莱布尼茨看来,近代偶因论的观点以及斯特姆的观点与柏拉图派的观点一脉相承。

动,不过他却承认它们确实在活动,因为他不甘心将他自己比作一个木匠所使用的一把斧头。由此,我辨认不出任何确定无疑的东西;在我看来,他似乎也不曾对他离开公认的意见究竟有多远说得很清楚,对他心中所有的究竟是哪一种类的清楚的活动概念,他也不曾说得很清楚。因为活动概念并非那种容易获得的或显而易见的概念,这一点从形而上学家之间的冲突或争论即可以清楚地看出来。就我制定的活动概念在我自己看来是明白的而言,我相信我们可以由此推断出并且建立起一项最智慧的公认的哲学原则,即凡活动都属于实体(actiones esse suppositorum)。^① 我还坚持认为上述命题作为一个交互的或等值的命题也能成立,以至于不仅凡活动的事物都是一个个体实体(substantia singularis),而且每个个体实体也都在不间断地活动,即使物体本身也不例外,因为在物体本身之中永远找不到一种绝对静止的状态。^②

---

① 莱布尼茨将"凡活动都属于实体"视为"一项最智慧的公认的哲学原则",由此足见他对"活动"原则的高度重视。这也是莱布尼茨一项一以贯之的原则。早在 1686 年,莱布尼茨就在《形而上学谈》中明确指出:"实体的整个本性、目的、德行或功能都只在于表象上帝和宇宙"(参阅莱布尼茨:《形而上学谈》,第 35 节)。1695 年,莱布尼茨在《新系统》中又明确指出:"实体"或"实在的单元",与数学上的点完全不同,它应当是一种"实在的和有生命的点","它应当包含某种形式或能动的成分,以便成为一种完全的存在"。莱布尼茨将这种"能动的成分"称作"原始的力","它不但包含着实现(acte)或可能性的完成,而且还包含着一种原始的活动"(参阅莱布尼茨:《新系统及其说明》,陈修斋译,商务印书馆 1999 年版,第 3 页)。1714 年,在《以理性为基础的自然与神恩的原则》中,莱布尼茨更是开门见山地宣称:"实体是一个能够活动的存在(un Etre capable d'Action)。"

② "凡活动都属于实体"向"每个实体活动"的转换需要经验根据。莱布尼茨的整个物理学、生物学和心理学可以说都是旨在为这样一种转换提供经验根据。不过,莱布尼茨这样做并不在于利用这项原则建立一种多元论。莱布尼茨的根本努力在于将这两样东西,即一方面是上帝的个体化规律的印记,另一方面是上帝赋予受造物的力的印记,合二而一。

10. 但现在,让我们更细心一点地考察一下那些否认受造物具有一种真正和固有活动的人士的意见,例如,在很久以前,《摩西哲学》一书的作者罗伯特·弗卢德①就持这样一种意见,现在一些笛卡尔派人士也相信并非事物本身在活动,而是上帝当着事物的面在按照事物的适宜性原则活动,以至于种种事物都不过是"偶因"(occasiones),而非"原因"(causas),它们只是接受一些东西,而永远不能完成或产生任何东西。虽然这样一种学说已经由科德穆瓦②、拉福格③及其他一些笛卡尔派人士提了出来,但它却是由马勒伯朗士④具体详尽地阐述出来的,他以其特有的敏锐和华丽

---

① 弗卢德(Robert Fludd,1574—1637),英国医学家和神秘哲学家。宣扬万物有灵论。他采用《创世记》关于上帝创造人类始祖亚当的记载、犹太神秘哲学以及炼金术、占星术、交感术和手相术的一般传统,把人和世界并列对比,认为两者都是上帝的形象。他的主要著作为《摩西哲学》(Philosophia Mosaica),1638 年出版。详见前面有关注释。

② 科德穆瓦(Géraud de Cordemoy,约 1620—1684),法国哲学家,最重要的笛卡尔派哲学家之一。他通过把物质性与统一性联系起来,将一种新的原子论引入笛卡尔的机械论体系。在他看来,物质是同质的,但包含着各种各样的物体,而每一个物体都是一种个别的物质。详见前面有关注释。

③ 拉福格(Louis de la Forge,1632—1666),法国哲学家。笛卡尔的朋友,也是笛卡尔思想的最有才华的阐述者之一。作为偶因论的理论先驱,其主要著作为《论人的心灵及其官能与它与形体的结合》(*Traité de l'esprit de l'homme et de ses facultés ou fonctions et de son union avec le corps*),该著 1664 年于阿姆斯特丹出版。

④ 偶因论是笛卡尔派的一项基本理论。其理论基础在于笛卡尔的二元论,旨在借助于上帝的意志来弥补笛卡尔的二元论或平行论所造成的物质与精神、心灵与身体之间的鸿沟。在马勒伯朗士之前,法国哲学家科德穆瓦(约 1620—1684)、拉福格(1632—1666)和比利时哲学家格林克斯(Arnold Geulincx,1624—1669)等都曾提出和阐述过偶因论思想。但相形之下,马勒伯朗士的偶因论"在理论形态上最为完整,影响最大"。参阅冯俊:《法国近代哲学》,同济大学出版社 2004 年版,第 181—185 页。

的辞藻润色了这一学说。但据我所知，无论谁都没有给它提供出健全的理由。毫无疑问，如果把这种学说推而广之，以至于甚至否认实体的内在活动（斯特姆先生在他的《精选物理学》第 1 卷第 4 章"结语"第 11 节中对这样一种解释也是反对的，这表明他在这个问题上还是相当谨慎的），那就似乎再没有任何一种别的观点比这种说法更加悖理了。因为有谁会怀疑心灵能够思想和意欲？有谁会怀疑许多思想和意志能够在我们身上并由我们产生出来？又有谁会怀疑存在有一些属于我们的自发的东西？怀疑这些不仅是在否认人的自由，在将恶的原因转嫁给上帝，而且还是在否认我们内在经验和良心的证言，我们正是藉着这样一种证言才意识到这些论敌在甚至连一条理由的影子都没有的情况下就转嫁给上帝的罪过原本属于我们自己。但倘若我们将一种产生内在活动的内在的力归于我们的心灵，或是将一种内在活动着的同样的东西归于我们的心灵，那就没有任何东西能够阻止同样的力寓于其他灵魂或形式之中，如果你愿意的话，也可以说寓于其他实体的本性之中。其实，它之如此这般是完全一致的，除非人们相信：在对我们敞开的事物的本性中，只有我们的心灵是能动的，或者说所有的活动能力都是内在地，从而可以说都是生死攸关地与理智结合在一起。但这样一些论断既不能以任何理由加以证实，也不能在不歪曲真理的情况下得到辩护。至于对受造物之间的外在活动我们能够确立的东西，我们在别的地方予以解释或许更合适些；其实，我已经对此作过部分的解释，这就是，实体之间或单子之间的交往并不是藉一种外在影响产生出来的，而是由根源于上帝在其预先生成中

所造成的一种协调一致产生出来的,①以至于每一个实体或单子
在其遵循内在的力以及符合它自己本性的规律活动的同时也都适
应外部世界。灵魂与形体的联系也正在于此。

　　11. 不过,如果我们能够在正确的意义上加以理解的话,各种
物体本身也确实是具有惰性的;也就是说,这是就一个物体由于某
个理由一经假定处于静止状态,它就不可能驱使它自己开始运动,
或是在毫无抵抗的情况下而遭受某个别的物体的驱使而言的;它
能够改变的充其量是其曾经具有的速度和方向,或是比较容易地
和毫无阻碍地遭受这样一些变化。因此,我们必须承认:广延或一
个物体的几何学本性,仅仅就其自身而言,其中并没有包含任何得
以产生活动或运动的东西。其实,物质毋宁说是藉它自己的开普
勒②曾经合适地称之为自然惰性(inertiam naturalem)而抵抗着受

---

　　①　"单子"这个词普遍认为是莱布尼茨在 1696 年 9 月 3 日/13 日致法德拉
(Fardella)的一封信中首先使用的。人们也普遍认为,莱布尼茨是从小海尔蒙特那里
将这个词借用过来的。海尔蒙特(Franciscus Mercurius Van Helmont,1618—1698)是
一个通神论者和炼金术士,曾于 1696 年初访问汉诺威。尽管单子这个词从布鲁诺
(Bruno,1548—1600)时代开始就一直被人使用(参阅 *Leibniz*：*Philosophical Papers
and Letters*, translated and edited by Leroy E. Loemker,D. Reidel Publishing Compa-
ny, 1969, p. 508)。莱布尼茨在《人类理智新论》中在谈论人的同一性时也曾经提及小
海尔蒙特的观点,即认为"灵魂是从一个身体向另一个身体过渡的,但永远是在同类的
身体之间,所以同类的灵魂永远保持同样的数目,因此人的数目和狼的数目也都永远
是同样的"(参阅莱布尼茨:《人类理智新论》,上卷,陈修斋译,商务印书馆 1982 年版,
第 238 页)。莱布尼茨曾为他写过墓志铭。

　　②　"自然惰性"在开普勒那里被称作"惯性"。这一概念是开普勒在其著作《哥白
尼天文学概要》(1618—1621)里最早提出来的,并且被用作其天体物理学的理论基础。
在开普勒看来,一个行星或行星的卫星("卫星"这个词是他引入天文学的),或者某一
物理客体,像是一块没有生命的大石头;它本身没有什么内在的或能动的力。由于具

到推动；从而事情并不是像通常解释的那样在静止和运动之间并无任何差别，而是因一种与其大小相称的能动的力而极力趋向运动。我认为原初物质或质量的概念就在于这种受动的抵抗的力，这种抵抗力包含着不可入性以及别的某种东西，而且在物体中到处都与其大小成正比。因此，我指出，即使物体或物质本身只具有这种不可入性和广延，也能够从中推演出完全不同的运动规律。而且，正如在物质中有一种自然的惰性对抗着运动一样，在物体本身之中以及实际上在每个实体之中同样也有一种自然的常住性（constantiam naturalem）对抗着变化。但这种观点并不认为那些否认事物存在有活动的人有正当理由，而毋宁说是反对他们的立场的。因为，愈是肯定物质本身不能开始运动，也就愈是肯定（这一点也为关于运动由一个运动物体的碰撞所产生的一些著名实验

有这种惰性（开普勒称它为"惯性"），这种物体既不能自己使自己运动起来，也不能保持自己的运动。要想运动，这种物体就需要有一种推动作用。显然，由于这种被动性或惰性，无论何时何地，一旦动力消失或不再起作用，物体便必然会停止运动。开普勒的"惰性"或"惯性"概念在天文学史上具有"革命"的意义，是对亚里士多德"运动"理论的清算和超越。按照亚里士多德的思想，一个物体，只有在它到达了它的"自然位置"时才会停止运动。这种自然位置学说假定了一种等级制空间，在其中，重的物体"自然而然"会向下面的一个中心运动，而轻的物体则向上运动。天国中物体运动的空间不同于"尘世"中物体运动或静止的空间，这是因为，这类物体在自然界中的等级不同而且它们的终极构成也不同。开普勒的"惰性"概念或"惯性"概念不仅从根本上否定了亚里士多德的"自然位置"概念，而且还从根本上否认了亚里士多德的空间等级概念，努力用物体本身的属性来解释物体的运动和静止现象。毋庸讳言，开普勒的"惰性"概念或"惯性"概念也有其历史的局限性。其局限性主要表现在开普勒以对于运动变化的抗拒来定义惯性这就表明他的运动理论仍然没有摆脱亚里士多德运动学说的藩篱，仍然是以亚里士多德以静止状态为自然状态的原理为其运动学说的理论前提。只是随着伽利略和牛顿"惯性定律"的发现（惯性定律也被称作牛顿第一定律），人们才最终摆脱了亚里士多德运动理论的羁绊，提出并阐述了完全近代意义上的运动理论。

所证明)物体就其本身而言,一经获得一种动力,它就在其速度中保持这种动力并且使之持久不变,或者说它在已经开始的一系列变化中具有保持这种变化的趋向。现在,既然这些活动及隐德莱希不会成为作为本质上受动的原初物质或质量的样式,一如我们在下一段即将表明明智的斯特姆自己也明确承认的那样,则我们便能够由此得出结论说:在有形实体中必定能够发现一种原初的隐德莱希(entelechiam primam)或活动的第一接受者(πρῶτον δεχτιχὸν activitatis),也就是一种原初的动力(vim motricem primitivam),这种原初的动力在添加上广延或纯粹几何学上的东西以及质量或纯粹物质的东西之后,就实在地始终活动,只是由于各种物体的共同作用而通过一种努力或动力而以各种不同的方式发生改变而已。而这种实体的原则本身,在生物那里就称之为灵魂,在其他存在者那里,则称之为实体的形式。而且由于它确实与物质一起构成了一个实体,或者说构成了一个单元本身,它就构成了我称之为"单子"(Monadem)的东西。因为排除掉了这些真正的和实在的单元,剩下的实际上便只有那些堆集而成的存在者了,则我们由此便可以得出结论说:在物体之内没有剩下任何真正的存在者。因为即使存在有实体的原子(atomi substantiae),亦即我所说的单子,而我所说的单子又是没有任何部分的,也不会存在有任何具有质量的原子,具有最小广延的原子,或任何最后的元素,因为一个连续体是不可能由诸多点组合而成的。再者,也并没有任何一个存在者,其质量是最大的,或在广延上是无限的,即使始终存在有比任何给定的事物更大的事物,亦复如此。只有一个存在者在完满性的程度上是最大的,或者说在能力上是无限的。

12. 不过,我注意到著名的斯特姆在其《对自然本身徒劳无益的辩护》(第 4 章第 7 节以下)中已经试图用一些证明来反对动力(vim motricem)寓于物体之中的说法。他说道:"我将充分证明,有形实体根本不可能具有任何能动的运动能力(potentiae alicujus ACTIVE motricis)",尽管我不懂究竟一种什么样的能力能够能动地成为运动的能力。不过,他说道,他将以两个证明对此加以论证:其中一个证明取之于物质与物体的本性,而另一个证明则取之于运动的本性。第一个论证可归结为这样:物质就其本性看,本质上是一种受动的实体;因此,赋予它一种能动的力就和上帝想要一块石头当其依然是一块石头时又是活的和有理性的,也就是说它又不是一块石头一样不可能;其次,置于物体之中的就无非是一种物质的样式;但一个本质上是受动的东西的样式并不能使这个东西成为能动的(我承认这样一种说法是卓越的)。但对于这一点,从公认的和真正的哲学观点看是很容易给出下述答复的:物质可以被理解为不是次级的就是原初的;次级物质虽然实际上是一种完全的实体,但却并不是纯粹受动的。① 原初物质虽然是纯粹受动的,但却不是一种完全的实体,在它之中必须添加上一种灵魂或

---

① 莱布尼茨的这个说法很容易引起误解。因为次级物质,作为物质,是现象的,只不过是堆集而成的诸多单子,这些单子的受动的力表现为抵抗或惰性,它们是实体性的。莱布尼茨在同一年致约翰·伯努利的信中说道:"物质本身,或质量(moles)可以称作原初物质,它并非任何实体,甚至也不是诸多实体的一种堆集,而是某种不完全的东西。次级物质(massa)并非一个实体,而是多个实体"(参阅 G. W. Leibniz, *Hauptschriften zur Gründung der Philosophie*, ed. by E. Cassirer; transited by A. Buchenau, 2d ed., vol. II, Leipzig, 1924, pp. 370—371)。不过,从有形实体的角度看问题,莱布尼茨的这个说法也是成立的。而且,在莱布尼茨看来,除上帝外,世界上现实存在的实体都是具有次级物质的,从而也就都是有形实体。

与灵魂类似的形式,即第一隐德莱希,也就是一种努力,一种原初的活动的力,其本身即是上帝的命令植于其中的内在规律。我并不指望这位著名的杰出人士放弃这种意见,因为他最近还在捍卫物体由物质和精神组成这样一种观点;只要精神在这里不是像通常所认为的那样被视为一种理智存在者,而是被视为一种灵魂或一种与灵魂相似的东西。也不能把精神视为一种单纯的样式,而是要将其视为某种常住性的、作为构成要素的和实体性的东西。这种东西我惯于称之为单子,其中可以说是包含有知觉和欲望。这种受到公认的学说与经过有利解释的经院派的学说相一致,因此,我们这位著名人士的证明如果想要具有足够的力量,他首先就得驳倒这一学说。同样,由此我们也可以清楚看到我们也根本不可能认同他的假说:凡存在于一个有形实体之中的东西都必定是物质的一种样式。因为众所周知,依照公认的哲学,在生物的形体中都存在有灵魂,而这种灵魂却肯定不是这些物体的样式。因为,虽然这位博识之士可以认定相反的一面,而似乎否认不会说话的禽兽有任何一种真正意义上的感觉及一种适当的灵魂,但他却不能够将这种意见设定为其推证的基础,除非他的这样一种意见本身也得到了推证。在我看来,事情正好相反,他的这样一种意见不仅与事物的秩序不相一致,而且与事物的美和合理性也不相一致,因为依照事物的秩序、美和合理性,如果说只应当在物质的一小部分中存在有某种有生命的或具有内在活动的东西的话,则这样的东西无处不在便蕴含有更大的完满性。而且,即使主导灵魂(dominantes animae),从而有智力的灵魂,像人的灵魂一样,不可能无处不在,这也无碍于到处都应当存在有灵魂,至少存在有与灵魂相类似的东西这样一种观点。

13. 在第二个证明中，这位杰出人士是从运动的本性出发进行推证的，这一证明在我看来似乎与第一个证明一样，也未必确实可靠。这位作者说，运动不是别的，无非是被推动事物在不同地点的连续存在。让我们权且承认这一点，虽然这种说法不尽如人意，而且其所表达的只是运动的结果而并非我们称之为其形式理由（formelem rationem）的东西。不过，我们也不能据此就把动力排除掉。因为在其运动的当前瞬间，一个物体不仅处于与其本身一样大小的位置，而且它还有一种要改变它的位置的趋势或迫切要求，以至于它凭着自然的力自身使其未来的状态随着它的现在状态到来。否则，处于运动状态的物体 A 在当下这一瞬间，从而在任何一个别的瞬间与处于静止状态的物体 B 便会毫无区别。而且，由这位杰出人士的这种意见我们还可以得出结论说：如果在这个问题上他的意见与我的意见正相反对，则照他的见解，那就没有任何办法在物体之间作出任何分别，因为在齐一的质量的充满本身之中，除非考虑到运动，便不存在作出这样一种区别的任何根据。因此，这种观点还会产生进一步的结果：在各种物体中，能够绝对没有任何变化，一切都将始终如一。因为如果在物质的任何一个部分都没有任何差别，另一部分都与之相等乃至全等（这位杰出人士必定承认这一点，因为他已经破坏了能动的力或动力以及所有其他的性质和样式，而只允许它存在于这一位置以及随后在将来某个瞬间存在或在别的位置存在，以及已经移动了所有性质和样式）；而且，还有，如果这一物质在这一瞬间的状态与其在另一瞬间的状态之间并无任何不同，而只有物质在一切方面都完全一致的相等和全等的各个部分的转换，我们显然便能得出结论说：由

于在任何情况下发生的都只不过是不可辨别者的持久不断的取
代,则形体世界的状态在任何不同的瞬间都无法区别开来。因为
物质的一个部分藉以区别物质的另一个部分的名义,也就是一个
未来的部分,将会是纯粹外在的,也就是说,它在将来将会处于一
个位置或另一个位置。但在现在实际上却没有任何区别;其实,在
将来也不可能以任何根据来设想有任何区别。因为即使在将来,也
依然永远不可能有任何现在的区别可资利用,因为到那时如果我们
依据物质本身具有这样一种完全齐一性的假设,我们就依然得不到
任何标志使我们得以将一个位置与另一个位置区别开来,或者说将
处于同一个位置的物质的这一部分与物质的另一个部分区别开来。

　　在运动之外,诉诸形状也同样徒劳无益。因为在一种完全同
质、毫无差别的和充实的质量中,各个不同部分之间除非通过运动
本身便产生不出任何形状、界限或区别。因此,如果运动不包含任
何区别的标记,它就也不能够将任何东西置放到形状上面;而且既
然凡是取代其在先事物的都与在先的事物完全相等,任何一个观
察者,哪怕他是一个全知的观察者,也无法把握一种变化的最微不
足道的征兆。因此,一切事物都将依然如故,仿佛在物体中任何变
化或变异都不曾发生过似的,而且,对我们藉感觉经验到的各种不
同的现象,我们也提供不出任何理由。① 这就好像我们设想有两

---

①　莱布尼茨断定:如果没有一种内在的力,我们便无识别个体差异和变化的任何
标准。他的这个证明对于反对对物理世界的纯粹逻辑的和数学的分析似乎非常有效。
但我们并不清楚,除运动外,他是如何确证这种内在的力的。他对几何学相似性原则
的运用及其因此引入变化和力而产生的局限,都必须依据他在 17 世纪 80 年代对笛卡
尔物理学的批判之后所形成的动力学、隐斜测量(phorometry)与几何学的分离加以理
解和解释。

个完全一样的完全同心的球体（其中一个与另一个不仅作为整体完全一样，而且它们的各个部分也完全一样），一个包容在另一个之内，以至于它们之间没有一点空隙；这样，如果我们设定那个被包容的球体处于旋转状态或处于静止状态，哪怕是一个天使，更不必说别的了，也无法察知这两个球体在不同时间的状态之间有任何不同，也没有任何标准能够用来确定这个被包容的球体究竟处于静止状态还是处于旋转状态，以及如果它在旋转，它究竟实际上遵照运动的哪一条规律在旋转。事实上，甚至这两个球体的界线也由于它们同时既没有间隙也没有差别而无以确定，正如运动仅仅因为没有差异便识别不出来一样。因此，即使那些并未深入洞悉这些问题的人对此毫无知觉，我们也一定能够确信，这样的事物都是有悖于事物的本性和秩序的，在任何地方都没有完全一样的东西。此乃我的新的最重要的公理之一。由此，还可以推演出一条结论：在自然中既找不到任何极端坚硬的微粒，也找不到任何最稀薄的流体，既找不到普遍扩散的精细的物质，也找不到一些思想家称之为原初的和次级的终极元素。① 我认为，亚里士多德早已

---

①　这里涉及笛卡尔所提出的"三元素"说。笛卡尔断言："在可见世界里存在有三种元素"，亦即三种不同的"物质"。第一种物质具有一种搅动力（the force of agitation），由于与其他物体相碰撞，而被分割成大小不等的微粒，使其形状适合于为其他物体所留下的几乎没有什么角度的极小的部分。第二种物质是那些被分割成球体的微粒，这些微粒极其小，我们的肉眼根本看不到，但还是具有一定的量，还可以分割成更小的东西。第三种物质，是由适合于运动的或大或小的各个部分组成的物质。他写道："我们将表明：这个可见世界的所有物体都是由这三种元素组成的：太阳和恒星属于第一种；三种天属于第二种，地球、行星和彗星属于第三种。因为既然太阳和恒星发光，三种天传送光，地球、行星和彗星反射光，我们便应当粗略地将对可见现象中的这三种差异归因于这三种元素。"参阅 Rene Descartes, *Principles of Philosophy*, translated by Valentine Rodger Miller and Reese Miller, Dordrecht: D. Reidel Publishing Company, 1983, p. 110。

看到了这些原则中的一些内容,在我看来他的思想比许多人认为的都更为深刻,他断定:除位置上的改变外,还需要有性质上的变易(alteratione),而且物质也不是到处都跟自身一样,以致不能保持不变。对于性质方面的这些差异或多样性以及这种变易(Dissimilitudo autem illa vel qualitatum diversitas),亚里士多德并未作出过充分的解释,但我们可以从动力的不同程度和不同方向,从而从存在于单子本身之内的种种样式得到性质方面的这些差异或多样性以及这种变易。我想我们由这样一些思考便可以进一步理解:在物体之中,除绝对没有变化的齐一的质量及其转移外,还必须设想有某种别的东西。当然,即使那些主张有原子和虚空的人至少也还是将物质多样化的,他们使物质在一个地方成为可分的,在另一个地方成为不可分的,在一个地方是充满的,在另一个地方是有孔的。但很久以前,当我放弃了我自己年轻时的偏见时,我看到了:我们必须拒绝原子与虚空。我们这位著名人士又说,物质在不同瞬间的存在应该归因于上帝的意志;他问道:那为什么我们就不能把物质此时此地的当下实际的存在也同样归因于上帝的意志呢?我的回答是:这毫无疑问也应当归因于上帝,这就好像所有别的事物就其包含有一定程度的完满性而言都应归因于上帝一样。但正如保存所有事物的这种第一的和普遍的原因,非但不破坏而毋宁说支持一件已经开始存在的事物的自然持久性,或支持曾经赋予这件事物的那种存在的常住性,它也同样不会破坏而毋宁说确证一件被置于运动中的事物的自然功效,或确证曾经赋予这件事物的那种活动的常住性。

14. 在这篇为他自己辩护的论文中还有许多别的问题看来是包含有困难的。例如他在其中第 4 章第 11 节中说道，当一个运动的球经过许多中间位置传送而与另一个球相撞时，结果便是这最后一个球以推动第一个球的同样的力受到推动。在我看来，在这里，它们虽然是以同值的力受到推动的，但却不是同一个力受到推动的，因为其中每一个球都是藉它自己的力而进入运动状态的，也就是说，是藉因撞击它的那个物体驱赶回来而引起的弹力进入运动状态的，尽管这可能并不引人注目。我现在并不是在讨论这种弹性的原因，而且，我也不否认这必须藉存在于这些物体之中并且流经这些物体内部的一种流体的运动从力学上加以解释。还有，他在第 12 节评论说：一件事物，如果不能够给自己提供出原初的运动，它便不可能自行继续它的运动，这样一种说法也似乎让人感到诡异。因为很清楚，事情正好相反，正如力对赋予运动必不可少一样，则一旦给予一种动力之后，所需要的远非继续这一运动，而毋宁是停止这一运动。普遍原因所实施的这样一种保存对于这些事物是必不可少的，不过这里并非讨论这个问题的合适地方，但正如我已经提醒过的，要是破坏了这些事物的功效，也就破坏了这些事物的实体。

15. 再者，这些考察还表明：一些人所维护的偶因论（doctrinam causarum occasionalium）（除非它以一种可以受到节制的方式得到解释，就像斯特姆部分已经承认部分似乎想要承认的那样）显然有导致产生危险结论之虞，即使它的博学的辩护者并不希望如此（这一点也是真实无疑的）。迄今为止，这一学说非但没有藉排除自然的偶像（idolum naturae）增加上帝的荣耀，毋宁说它似乎像斯宾诺莎，使上帝成为作为这一世界本身的自然，将受造物消解成这独一神圣上帝的纯粹的样式。因为凡不能活动，缺乏能动的力，丧失了所有区分标志甚至丧失了存在的所有理由和根据的，无论如何都不能成为一个实体。我最确定不过地深信，像斯特姆先生这样一位无论在虔诚方面还是在学问方面都极其卓越的人士一定会远离这样一种奇谈怪论。所以，毫无疑问，他将不是依照他的学说清楚地表明任何实体、甚至任何变化依然存在于事物之中的根据究竟何在，就是将他的手伸向真理。

16. 其实，存在有许多东西使我更加怀疑我不曾充分地理解他的意见，而他也不曾充分理解我的意见。他在某个地方向我表白，总有上帝能力的一种微粒能够，而且实际上也必定在一定意义上被理解为属于并且归于事物的。在我看来，这样一种微粒必定是上帝能力的一种表现，一种模仿，一种近似的结果，因为这种能力本身在任何情况下都不可能切割成各个部分。这一点从他给我的来信中就可以看出来，在他这篇论文开头所援引的《精选物理学》的那段话中又转述了这一意见。如果由他的话所表现出来的意思看，这应当在我们将灵魂称作上帝气息的一部分的意义上加以理解。如是，则我们之间的一切争辩就都可以就此告结。但我更不愿意说这即是他的意思，因为我并没有看到他在别的地方说过诸如此类的话，或是解释过由这一观点得出的任何结论。相反，我倒是看到他的其他看法鲜有与这一意见相吻合的，而他的《对自然本身徒劳无益的辩护》更是得出了全然不同的结论。的确，我的关于内在的力的意见首次发表在莱比锡的《学者杂志》1694 年 3 月号上，继而在同一份杂志 1695 年 4 月号上刊发的我的《动力学样本》中又得到了进一步的阐述，①那时，他在给我的一封信中提出了一些反对意见，而他在接到我的回信后，却又非常大度地说道：除我们的言说方式外我们之间并无任何区别。但当我对此作出评论，并且提出了若干个问题后，他却突然改变了主意，指出了我们之间存在着诸多区别，对于他的这一说法我倒是承认的。不过，这些区别刚刚被发现，他却又再次给我写信，说除了一些用语的差别外，我们之间并无任何区别。这于我自然是件最高兴不过的事情了。因此，我希望就其发表这最后为自己辩护的论文的机会将这一问题做一番解释，以便我们每个人的意见及其真理得以更加容易地确定下来。由于这位杰出人士在阐述问题时眼光锐敏、思想深邃、多有创见，故而我希望他的研究能够更加清楚地阐述我们的难题，而我的工作也不是徒劳无益的，因为它已经为他提供了很好的机会，使他得以以其惯常的勤奋和判断力来斟酌和阐明当前讨论的重要方面，对这些方面迄今为止无论是其他作者还

---

　　① 莱布尼茨发表在《学者杂志》1694 年 3 月号上的那篇文章是《形而上学勘误与实体概念》(De primae philosophiae Emendatione, et de Notione Substantiae)，载 *G. W. Leibniz : Die philosophischen Schriften* 4，Herausgegeben von C. I. Gerhardt，Hildesheim：Georg Olms Verlag，2008，pp. 468—470，也请参阅 *Gottfried Wilhelm Leibniz : Philosophical Papers and Letters*，ed. and trans. by Leroy E. Loemker，Dordrecht：D. Reidel Publishing Company，1969，pp. 432—434。他发表在《学者杂志》1695 年 4 月号上的文章是《动力学样本》(Specimen Dynamicum)，载 *G. W. Leibniz : Philosophical Essays*，edited and translated by Roger Ariew and Daniel Garber，Hachett Publishing Company，1989，pp. 117—138，也请参阅 *Leibniz : Philosophical Papers and Letters*，translated and edited by Leroy E. Loemker，D. Reidel Publishing Company，1969，pp. 435—452。

是我自己都有所忽视。这样一些考察将会由新的更为深刻、其内容也更为宽泛的公理加以补充,从而有朝一日能够由此产生出一个改进过的充满生机的系统,这一系统虽然介于形式哲学与物质哲学的中途(mediae inter formalem et materiariam philosophiae),但却同时保留了两者并且将它们正确地结合在一起。

论原初的力和派生的力与
简单实体和有形实体

——致德·沃尔达①

① 伯切尔·德·沃尔达(Burcher de Volder,1643—1709)是莱顿大学哲学、物理学和数学教授。受到其同代人高度尊敬,为他的同胞惠更斯任命为他的遗著保管人,授权鉴定莱布尼茨哲学分析的一致性和明晰性。虽然被视为一个笛卡尔信徒,他在考察笛卡尔的物理学和形而上学方面却表现出了判断的独立性。

德·沃尔达由于对他提供给约翰·伯努利的对微积分的批评而被带进了同莱布尼茨的通讯。伯努利从笛卡尔的观点出发,不赞成莱布尼茨的力的守恒理论,也不赞成莱布尼茨关于在物体中除广延和不可入性外还必须假定有弹力。伯努利对莱布尼茨的这些异议导致了莱布尼茨对力的守恒的辩护以及对实体运动理论的发展。开始时,莱布尼茨的信件(这里翻译的仅是其中最为重要的部分)表明莱布尼茨并不太情愿讨论他的尚不完满的实体概念,表示他自己所作出的努力还是假说性的和不完满的,从而只能构成共同事业的一部分。不过,到了最后,在德·沃尔达的推动下,他肯定了他自己的动力学的唯心论,以反对后者的实在论。

本文含莱布尼茨在 1699—1706 年间写给德·沃尔达的 10 封信。这些信件原载格尔哈特所编《莱布尼茨哲学著作集》第 2 卷。原文为拉丁文。莱姆克将其摘要英译出来并收入其所编辑的《莱布尼茨:哲学论文与书信集》中。其标题系汉译者依据莱布尼茨信件的内容自己加上的。

本文据 Leibniz: *Philosophical Papers and Letters*, translated and edited by Leroy E. Loemker, D. Reidel Publishing Company, 1969, pp. 515—541 和 *G. W. Leibniz*: *Die philosophischen Schriften* 2, Herausgegeben von C. I. Gerhardt, Hildesheim: Georg Olms Verlag, 1978, pp. 168—283 译出。

第一封信①

汉诺威,1699 年 3 月 24 日/4 月 3 日

　　无论是在您的洞穿一切的判断方面,还是在您对真理的非同寻常的热爱方面,再找不到比您的卓越的最为友善的来信提供给我的东西更为杰出了。我希望我有足够的能力能够如愿公正地对待它。但"人们能够向前推进一点点,即使无可推进也无妨";②尚未得到严格论证辩护的东西应当自我节制,将其视为一种明白的不仅在其内部具有美妙一致而且与现象也具有美妙一致的假说。我还相信,对于任何一个精心考察过这一假说的人来说,其大部分内容都将是确定不移的。

　　这就是我所运用的公理:任何一种转变都不可能藉飞跃实现(nullam transitionem fieri per saltum)。我认为这条公理是由秩序的规律得出来的,并且依赖于每个人都知道的运动不可能以飞跃的形式发生的同样的理由;这就是:一个物体只有通过中间的位置才能从一个场所到达另一个场所。我承认,一旦我们设定事物的造主已经有了运动连续性的意愿,这本身就将排除掉飞跃的可

---

　　① 本信载 G. W. Leibniz: *Die philosophischen Schriften* 2, Herausgegeben von C. I. Gerhardt, Hildesheim: Georg Olms Verlag, 1978, pp. 168—175, *Leibniz: Philosophical Papers and Letters*, translated and edited by Leroy E. Loemker, D. Reidel Publishing Company, 1969, pp. 515—518。

　　② "人们能够向前推进一点点,即使无可推进也无妨"原本是贺拉斯的一行诗,其原文为:est aliquid prodire tenus。该行诗原载贺拉斯:《书简》,I,32。

能性。但如果不通过经验或是由于秩序,我们又如何能够证明上帝意欲过运动的连续性呢?因为既然所有的事情都是因上帝连续不断的产生而发生的,或者如他们所说,是因上帝连续不断的创造而发生的,那为何上帝就不能使一个物体可以说是从一个场所到另一个远距离的场所的转变或是在时间上或是在空间上留下间隙呢?例如,为何上帝就不能造一个物体处于 A 点,然后即刻又处于 B 点呢?经验教导我们这种情况是不会发生的,而秩序的这项原则也证明了这一点,依据这项原则,我们越是分析事物,它们就越是能够满足我们的理智。这确实不适合于飞跃。因为在这里,分析将我们引向了种种奥秘(ἄρρητα)。因此,我相信同样的事情不仅适合于从一个场所到另一个场所的转变,而且也适合于从一种形式到另一种形式的转变,或是从一种状态到另一种状态的转变。因为经验也同样反驳了藉飞跃而产生所有的变化。而且,我并不相信任何一条先验理由能够用来反对从一个场所到另一个场所的飞跃对于反对从一种状态到另一种状态的飞跃却竟然无效……①

　　……我不认为实体仅仅由广延构成,因为广延的概念并不完全。我也不认为广延就其自身而言能够设想,而是将其视为一种可分析的和相对的概念,因为它能够分解成复多、连续性和共在或

---

　　①　莱布尼茨在《人类理智新论》中曾将"自然决不作飞跃"这条准则称作"连续律"。他写道:"任何事物都不是一下子完成的,这是我的一条大的准则,自然决不作飞跃。我最初是在《文坛新闻》上提到这条规律,称之为连续律;这条规律在物理学上的用处是很大的。"参阅莱布尼茨:《人类理智新论》,陈修斋译,商务印书馆 1982 年版,第 12—13 页。

各个部分的同时存在。复多又进而包含在数字之中,而连续性则又包含在时间和运动中;但共在实际上却仅仅适合于广延。但由此看来,有些事物必定始终假设是连续的或扩散的,诸如牛奶的白色,黄金中的颜色、延展性和重量以及物质的抵抗。[①] 因为单独地看,连续性(因为广延不是别的,无非是同时发生的连续性)同复多和数字一样不能构成实体。在那里一些东西对于被数、被重复和被连续是必不可少的。所以,我相信,我们的思考是在力的概念中完成并结束的,而不是在广延的概念中完成并结束的。而且,除了变化由以产生的那种属性以及其主体是实体本身的东西外,我们根本无需寻求任何别的力的概念。在这里,我看不出有任何事物能够逃避理智。物质的本性并不允许任何东西更为明确,就像一幅画一样。我认为有广延的事物只能在一种抽象的意义上具有一种统一性(Unitatem extensi puto nullam esse nisi in abstracto),也就是说,有广延的事物只有当我们在考察中对其各个部分的内在运动忽略不计的情况下才能有一种统一性,因为物质的每个部分其自身都是可以进一步再细分成实际不同的各个部分的;这样一种丰富性是完全不可避免的。物质的各个部分如果为始终存在的灵魂和隐德莱希相互区别开来,它们也就只是在其样式方面有所不同罢了。

在您来信的一些地方,我已经注意到,您说到笛卡尔也遵照开

---

① 这里值得注意的是,莱布尼茨在描述有广延的事物时,是从新产生的具有特殊性的性质入手,也就是从有良好基础的现象的分析入手,从不清楚的感觉性质(如白色)通过量的特性(延展性和重量)进展到抵抗和有形的力。

普勒的榜样,也承认物质中存在有惰性(inertiam)。① 这是您由力(vi)得出的结论,您说每一件事物在它自己的状态中都必定保持有这种力,而且这种力与一件事物的本性本身无异。所以,您相信

---

① 笛卡尔在其 1639 年 4 月 30 日致 F. 德·鲍于那的信件以及 1648 年 3 月或 4 月致纽卡斯特勒的信件中,曾特别详尽地阐述了"物体的自然惰性"问题(参阅亚当—坦纳里编:《书信集》,II,第 543 页;V,第 136 页)。在《神正论》中,莱布尼茨曾对这一概念作出过比较深入的解析。他指出:"著名的开普勒以及此后的笛卡尔先生(在其《书信集》中)曾经讲过过'物体的自然惰性'(l'inertie naturelle des corps);而且,人们可以把这种惰性视为受造物原初局限性的一种完满的图像,甚至是一种标本,表明缺乏构成了存在于行为和实体之中的不完满性和不利状态的形式特征。……现在,让我们把水流作用于这些船只以及传导给它们的力量同上帝的行为做一番比较。上帝产生了并且保存了受造物中一切实在的东西,并且赋予它们以完满性、存在和力。让我们权且把物体的惰性同受造物本性的不完满性、把货船的慢动同受造物的在性质和活动方面中所能发现的缺陷比较一下,我们就将发现:这一比较是再恰当不过的。水流是船只运动的原因但却不是它减速的原因;上帝虽然是受造物的本性和活动完满性的原因,但受造物的接受能力的局限性则是其活动有缺陷的原因。因此,柏拉图派、圣奥古斯丁和经院哲学家们都正确地说道,上帝是存在于确定的东西之中(qui consiste dans le positif)的恶的质料因素的原因,而不是存在于缺乏之中(qui consiste dans le privation)的形式因素的原因。人们同样也可以说,水流是减速的质料因素,但却不是其形式因素;也就是说,它是船只的速度的原因,而并非这种速度受到限制的原因。如果河水不是船只减速的原因,上帝就更加不是犯罪的原因了。力之相关于物质,正如精神之相关于肉体;精神有意志,而肉体则软弱,精神总在活动……"(参阅莱布尼茨:《神正论》,段德智译,商务印书馆 2016 年版,第 206—208 页)。后来,莱布尼茨在与克拉克的论战中,针对牛顿将物质视为物质的一项绝对原则的观点,又强调指出:"可是,那使得世界机器就像一个坏钟表匠的机器一样不完善的事,总是一种缺陷。人家现在说,这是物质的惰性的一种后果。但这一点也是人家未加证明的。这种由刻卜勒提出并命名的惰性,笛卡尔在其书信中也曾加以重复,我在《神正论》中也曾用来给人受造物的自然不完满性的一种影像,同时也是一种样品,这种惰性只是使得物质增加时速度就减小,但这并没有任何力的减小"(参阅《莱布尼茨与克拉克论战书信集》,陈修斋译,商务印书馆 1996 年版,第 87 页)。与牛顿不同,莱布尼茨将惰性视为定量的变量,这一变量与速度一起决定一个物质系统中力的常量。因此,莱布尼茨的物理学是其形而上学的一种现象的确证。在其形而上学中,力具有能动的和受动的两个层面。

广延的简单概念也足以解释这一现象。但一个物体保存它自己的状态这条公理也需要其自身予以变化,因为例如,一个沿着曲线运动的物体其所保存的并非它的曲线的路径,而只是它的方向。但就算在物质中有一种力在维持着它的状态,这种力也肯定不能够以任何方式仅仅由广延产生出来。我承认,每一件事物都保存着它自己的状态,除非存在有一个发生改变的理由;这就是形而上学必然性原则(metaphysicae necesitatis principium)。一方面,一件事物保持它自己的状态,除非有某件事物改变这一状态,即使它本身对这件事物究竟处于何种状态漠不关心,亦复如此;但另一个远为重要的问题在于:如果一件事物虽然对改变漠不关心,但却可以说是具有一种力或一种倾向,保持它的状态,从而抵抗运动。例如,在很早以前我还是一个年轻人的时候写出来的一本书里,我从物质本身对于运动和静止漠不关心这样一个假设出发,得出结论说:处于静止状态的最大的物体必定为任何一个驱动的物体在其丝毫不受到减弱的情况下所推动,不管这个驱动的物体多么小,事情都是如此。我还由此为这一系统推演出了若干条抽象的运动规则。[①] 而且,这样一个其中处于静止状态的物质将毫无任何抵抗

---

① 参阅莱布尼茨:《形而上学谈》,第 21 节。莱布尼茨写道:"现在,既然上帝的智慧总是能够在特殊物体的机械结构的细节中辨认出来,那么,它也必定可以在世界的一般结构以及自然规律的构成中清楚地展现出来。这一点千真万确,因为上帝智慧的谋划可以从运动的一般规律辨认出来。如果物体只是有广延的团块,而运动只是位置的变化,如果一切事物都应当并且能够通过一种几何学的必然性仅仅从这些定义中演绎出来,那我们就可以,如我在别的地方已经表明的,得出结论说:最小的物体,当碰到处于静止状态的最大的物体时,就会把它自身所具有的速度一点不少地传递给后者,而它自身的速度却一点也不会因此而减小。而许多别的这样一些规则,尽管与一个体系的结构(la formation d'un systeme)完全相反,也将不能不予以承认。不过,上帝的智

地服从运动物体的世界虽然的确能够想象成可能的,但这个世界
实际上却只是一种混沌。因此,我始终依赖的两个测试,即经验的
成功与秩序的原则,使我后来承认物质是由上帝这样创造出来的,
以至于其中对运动固有某种抵触,简言之,抵抗,这是就下面这样
一种情况而言的:这个物体本身抵抗受到外物的推动,从而如果它
处于静止状态,便对抗所有运动,如果它处于运动状态,所有更大
的动力便都用到同一个方向,以至于它能减弱正在驱动着它的那

慧关于始终保存同样整体的力和方向(la même force et la même direction en somme)
的决断已经提供了这样一个系统。我发现,事实上,许多自然结果可以两重地推证出
来:首先是可以根据动力因(la cause efficiente)推证出来,其次也可以根据目的因(la
cause finale)推证出来。"也请参阅莱布尼茨的《动力学样本》。在其中,莱布尼茨又进一
步指出:"不过,后来,在我更彻底地考察了一切事物之后,我看到了对事物的系统解释
究竟在于何处,并且发现早期关于物体定义的假设并不全面。由于这样一个事实,
连同其他一些证明,我发现了证据,能够证明在物体中,除大小和不可入性外,还必须
设想存在有某种别的东西,对力的解释就是从这种东西中产生出来的。藉着将这一因
素的形而上学规律添加到广延的规律之上,便产生了运动的那些规则,我将这些运动
称之为有系统的,这就是说,所有的变化都是逐渐发生的,每个作用都蕴含有一个反作
用,如果不减少此前的力,任何一种新的力都产生不出来,以至于一个带着另一个物体
运动的物体总是受到被带着离开的那个物体的阻止。在结果中存在的力既不多于也
不少于原因中的力。既然这条规律并不源自质量的概念,它就必定是从存在于物体之
中的某种别的东西中推导出来的,也就是说,是从力本身推导出来的,力的量始终守
恒,即使它为若干个不同的物体使用,亦复如此。②因此,我得出结论说:除隶属于想
象的纯粹数学原则外,还必须承认存在有一些形而上学的原则,这些原则只有心灵才
能够知觉得到,而且某种更为高级的可以说是形式的原则也必须添加到物质质量的原
则上面,因为关于有形事物的所有真理都不可能仅仅由逻辑的和几何学的公理推导出
来,亦即都不可能由关于大与小、整体与部分、形状与位置的公理推导出来,而是还必
须添加上关于原因与结果、活动与遭受的公理,以便对事物的秩序作出合理的说明。
不管我们是否将这种原则称作形式、隐德莱希或力都无关紧要,只要我们记住只有通
过力的概念它才能够被解释得通俗易懂"(参阅 Leibniz:*Philosophical Papers and
Letters*,translated and edited by Leroy E. Loemker,D. Reidel Publishing Company,
1969,pp. 440—441)。

个物体的力。因此,既然物质本身藉一种普遍的进行抵抗的受动的力抵抗运动,但却藉一种特殊的能动的力或隐德莱希开始运动,那就可以得出结论说:惰性在物体运动期间也不断地抵抗着隐德莱希或动力。因此,我在前一封信①中指出:这种统一起来的力更大一些,或者说,如果两个度速在 1 磅的物体上结合到了一起,相较于它们藉 2 磅重的物体分散开来,其力就是后者的两倍;而且,以两倍速度受到推动的 1 磅重的物体的力因此便两倍于以简单速度受到推动的 2 磅重的物体,因为虽然在这两种情况下,速度的量一样,物体的惰性所提供的抵抗却只有在 1 磅重的物体的情况下的一半。在 1 磅重的物体和 2 磅重的物体之间所存在的力的这样一种不等,由于速度与它们的质量成反比,曾经以另外一种方式由我们对力的测度得到推证,但它也能够藉我们对惰性的这样一种考察得到很好的推证,一切事物竟如此完全和谐一致。因此,物质的抵抗包含着两种因素:不可入性或反抗型式(antitypiam)以及抵抗或惰性。而且,既然这两种因素在一个物体中到处都相等,或者说与其广延成正比,我便将被动原则的本性或物质的本性置于这两种因素之中,甚至如我所承认的,置于以各种不同方式通过运动自身实现出来的能动的力之中,置于原初的隐德莱希之中,简言之,置于某种类似于灵魂的东西之中,这些类似于灵魂的东西的本性在于它藉以毫无阻碍运行的同一个变化系列的某种持久的规律。我们不可能清除掉这一能动的原则或活动的根据。因为虽然

---

① 莱布尼茨这里指的是他给德·沃尔达 1698 年 11 月 21 日来信的回信。请参阅 G. W. Leibniz: *Die philosophischen Schriften* 2, Herausgegeben von C. I. Gerhardt, Hildesheim: Georg Olms Verlag, 1978, pp. 153—163。

各种偶然的或变化着的能动的力及其运动本身即是某个实体性事物的一些样式,但各种力和活动却不可能成为一种诸如物质一类纯粹受动的事物的样式。我们因此可以得出结论说:存在有一种原初能动的或实体性的存在者,受到一种附加上去的物质倾向或被动倾向的修正。因此,次级的或运动的力以及运动本身必定归因于次级物质,或是归因于由能动的力和受动的力一起产生出来的那个完全的物体。

同样,我也达到了有机体的灵魂或隐德莱希与其器官机制的交通。非常高兴我的这个假设并没有让像您这样的思想敏锐、洞察力极强的人士感到不快。其实,当您将形体机制的充分观念归因于灵魂的时候,您便使之非常明白了;我说表象物体乃灵魂的本性,即是谓此。因此,由物体的这些规律所能得出的东西都必定由灵魂依序向它自身表象出来,其中一些表象得清楚,一些表象得混乱(也就是说,在其中包含了许多物体)。在前一种情况下,灵魂在理解;在后一种情况下,灵魂则在感觉。同时,我还认为,您也赞同我的这样一个观点:灵魂是一回事,物体的观念则是另一回事。这是因为灵魂始终如一,但物体的观念却像物体本身那样不断变化,它显示的始终是其当前的样式。当然,这个物体当前状态的观念始终处于灵魂之中,但它却并非简单的,从而并非纯粹受动的,而是与一种趋向于由一个更早的观念所产生出来的新的观念的倾向结合在一起,以至于这一灵魂构成有关这同一个物体的不同观念的源泉和基础,而这个物体的不同观念则是依照一种受到规定的规律产生出来的。但如果您认为“充分的观念”这个术语指的并非变化的事物,而是关于变化本身的恒定不变的规律,我则没有任何异议;在这个意义上,我将说:在灵魂中存在有这一物体的观念,也存在有由此产生的现象。

至于其他,在所有这些问题中存在有一些东西应当予以更加彻底的讨论,一旦有机会,我将不会不予以认真讨论。因为即使我不可能轻而易举地以几何学的严格性先验地推证出一切,或者说甚至在我看到理由的地方,提供出精确的解释,但我还是敢于保证没有什么反对意见是我不能作出满意答复的。我认为就远离感觉而言,这些问题也不应当受到蔑视,这尤其是因为诸多科学学说的一致,不仅是因为它们与现象相一致,而且还因为它们之间也相互一致,此乃它们具有真理性的最有力的测试。具有任何分量的异议始终都有助于澄清任何问题的本性,因此,我承认我本人以及所有热爱真理的人士多么对您心怀感激,因为我觉得您竟如此照亮了我,以至于我通过阅读您的来信似乎更深刻地理解了我自己的观念。如果在您的帮助下,以及在伯努利和其他一些人(这样的人并不在少数)的帮助下,总有一天我会以明白的推证成功地支持我现在只能够以这样那样的方式予以辩护的东西,我将毫不吝惜地将我在很大程度上受惠于您的智慧与别人分享。至少,有了您的判断,我便更不担心他人的意见了。① ……

_____

① 这封信的结尾处包含着莱布尼茨对其反对笛卡尔的另一个证明的解释,这就是守恒的是力的量而非运动的量。

第二封信①

汉诺威,1699 年 6 月 23 日

您关于实体概念的说法一如既往地精妙,且具有独创性。给各种概念起什么名字完全是任何一个人随意选择的事情,不过,这样命名的概念却并不总是符合现实存在的事物,甚至也不总是符合公认的用法。

您断言,实体概念是由各种概念产生出来的,而不是由事物产生出来的。但各种概念本身不正是由事物形成的吗? 您说道,实

---

① 德·沃尔达在其于 1699 年 5 月 13 日的复信中,攻击莱布尼茨对实体的分析,说莱布尼茨将实体复杂化,坚持回到对这一难题的逻辑研究而非物理学的和形而上学的研究。他坚持认为,我们只有具有了一个简单的概念,任何本质的东西都不可能在不破坏整个概念的情况下从中消除,我们方能具有一个实体观念,而广延即是这样一种概念;变化、运动和力都不是这样的概念。"一个变化主体"的概念只是一个纯粹形式的名称,对于解释这种实体的本性毫无用处,起不到广延在解释它的偶性、运动中所具有的那样一种作用(参阅 G. W. *Leibniz*: *Die philosophischen Schriften* 2, Herausgegeben von C. I. Gerhardt, Hildesheim: Georg Olms Verlag, 1978, pp. 175—181)。

本信是莱布尼茨原本用作他对德·沃尔达 1699 年 5 月 13 日的信件的复信,却并未寄给德·沃尔达。我们之所以选译了这封信,乃是因为它答复了德·沃尔达的批评。取代这一封信却署同一个日期的另一封信主要回答了实体的物理方面和经验方面的难题。关于后一封信的内容,请参阅 G. W. *Leibniz*: *Die philosophischen Schriften* 2, Herausgegeben von C. I. Gerhardt, Hildesheim: Georg Olms Verlag, 1978, pp. 185—187。

本信载 G. W. *Leibniz*: *Die philosophischen Schriften* 2, Herausgegeben von C. I. Gerhardt, Hildesheim: Georg Olms Verlag, 1978, pp. 182—185, *Leibniz*: *Philosophical Papers and Letters*, translated and edited by Leroy E. Loemker, D. Reidel Publishing Company, 1969, pp. 518—520。

体概念是心灵的概念,或者照他们的说法,是一种理性实存。但倘若我没有弄错的话,这个说法也同样可以言说任何一个概念。再者,我们所谓实存不是实在的就是理性的,其实言说的并非概念,而是概念的对象。但我认为实体乃一种实在的实存,实际上是一种最实在的实存。您说:存在有两种概念,其中一些表象一种单一的和统一的事物,如果不破坏这一整体,任何东西都不可能与之相分离;按照您的意见,这种概念即是实体概念,而且您还说广延即是这样一种概念。另一种概念则能表象两件或三件事物。这在我看来,有那么一点含混不清。诚然,每一个概念或定义都是这样,以至于您不可能在不破坏整个定义的情况下消除掉任何东西;但在这种情况下,另一种概念也可能进入定义之中。例如,如果您从一个正方形的定义中消除掉等边的概念,正方形虽然被破坏了,但一个长方形却依然存在。一个任何东西都不能从中消除掉的概念必定是简单的和原初的,但我并不认为实体概念应当以这样一种方式建立起来,或者说广延概念即属于这样一种概念。再者,您说那"两个或两个以上的事物"竟如此紧密地相互关联,以致如果没有另一件事物,这一件事物便不可设想,而知觉和广延也就因此而同样如此紧密地相互关联,以至于任何一个都不包含另一个;广延被包含在运动之中,但却不能反过来说。运动因此就是一种偶性或样式。在所有这些事物方面,我都持有很不相同的意见。我相信,知觉包含在广延之中,运动也是如此,而且,实体和偶性相互之间不仅同等地包含,而且也同等地被包含。广延乃一种属性;有广延的事物或物质并非实体,而是诸多实体。再者,绵延、特殊的时间和持续存在的事物一方面处于一种关系之中,另一方面,又与广

延、场所和占据场所的事物成正比。似乎有一些事物不可能没有
公共属性。[①] 我也不认为广延的概念是原初的,或者说是一个任
何东西都不可能从中撤走的概念。因为它可以分析成复多,这与
数字没有什么两样;也可以分析成连续性,这与时间没有什么两
样;它还可以分析成共在,这甚至与没有广延的事物没有什么两
样。我从未相信过复多在有广延的事物中应当予以否定,如果我
们承认它有现实的各个部分,事情就更其如此了;我不相信在一群
野兽或一支军队的情况下,换言之,在任何地方,都必须否认复多
性。运动的连续性有别于场所的连续性,因为在速度的度中既包
含有时间的连续性,也包含有变化的连续性。时间与空间完全一
样,也是一种理性实存。以前或以后的共在和存在则是某种实在
的东西;我承认它们与物质和实体不同,可以共同理解。但要表明
这些概念不是什么东西要比用语词解释它们是什么东西并且给出

---

　　① 莱布尼茨在对马勒伯朗士的批评中,在谈到这一问题时,明确地阐述了绵延与
广延以及时间与空间之间的区别是一种关系的和实际的区别,前者(绵延与时间)作为
抽象概念内在地适用于各种事物,后者(广延与空间)则外在地适用于各种事物,而且
有助于测量的目的(参阅 *Leibniz: Philosophical Papers and Letters*, translated and
edited by Leroy E. Loemker, D. Reidel Publishing Company, 1969, pp. 618—628)。
莱布尼茨在其于 1704 年 6 月 21 日致德·沃尔达的信(即下面第 9 封信)中,也曾明确
指出:"广延的概念因此便是相对的,或者说广延总是某件事物的广延,正因为如此,我
们说:一种杂多或一种绵延总是某件事物的一种杂多或一种绵延。但这种被说成是扩
散的、重复的和连续的这样一种本性是那种构成一个物理物体的东西,这种本性除藉
活动原则和绵延原则外,藉任何别的原则都不可能发现,因为通过现象,我们想不到任
何别的原则。"1716 年,莱布尼茨在其致克拉克的信中针对牛顿的绝对空间观,指出:
"我已经证明空间不是什么别的,无非是事物的存在的一种秩序,表现在它们的同时性
中。因此以为有一个有限的物质宇宙整个地在一种无限的空的空间中移动,这种虚构
是不能承认的。它是完全不合理也不可行的"(参阅《莱布尼茨与克拉克论战书信集》,
陈修斋译,商务印书馆 1996 年版,第 62 页)。

理由来证明这一点更容易一些。

　　您说变化的主体只是一种逻辑概念。但只要这是真的也就够了,尽管您也完全有理由称之为形而上学概念。我们往往轻视那些显而易见的东西,但那些不明显的东西有时却是由它们得出来的。我们必须从名义上的定义开始,但名义定义却是这样一种定义,以至于当我说名义定义的时候,我讲的是我们所需要的不是任何别的力的定义,而只是我曾经提出的那个定义。因此,别的考察变成了对变化如何发生的因果关系的考察。而且,在这里也能够有一些东西避开我们的理解。您说,一个有广延的事物的统一性即使它被分割成了以各种不同的方式受到推动的各个部分也知觉不到,因为这些部分中的一个部分倘若没有其他部分便既不可能存在,也不可能被设想。因此,您假设了我根本不可能承认的两样东西:一个有广延的事物如果没有其他部分便既不可能存在,也不可能被设想,因此,这样的事物便形成了一个统一体。您由此证明:虚空是不可能的。但您的证明却没有达到这一步,而且,如果承认了,那实际上便会得出结论说:虽然物质的一个部分如果没有某个别的部分它便不可能存在,但我们却几乎得不出结论说如果没有这些特殊的其他部分,它就不可能存在。此外,除非我上当受骗了,这一论证证明的东西也太多了,因为按照这一证明,相互消除掉的事物依然是一个事物。照我对统一性的理解,这样的事物更合适称之为多,而且,它们也确实并不构成一个统一体,除非当它们在一个想法中被一起加以理解的时候被视为多个实体的一种堆集。在一个真正的实体中并不存在有多个实体。我既不承认广延中有惰性，也不承认广延中有运动；在有广延的物质中，我则承认两者，但我却并不是由于广延才承认它们的。

您与我自己的意见相一致，非常正确地注意到：一个大的物体在毫无阻碍的情况下受到一个较小的物体推动，这显然与力、原因和结果的规律（legibus potentiae, causae, effectus）相左。但由这一事实，我却能证明这一物体包含有动力的东西，而且正是由于这种东西的存在，我们才观察到了力的规律。因此，除广延和反抗型式（ἀντιτυπίαν）外，它还包含有某种东西，因为这样的东西不可能仅仅由这两者得到证明。许多年以前，我在巴黎的一个杂志上就以这样的观点答复了人们的异议。我承认，抵抗除受动性外还包含有某种东西，次级的动力并非某种纯粹受动的东西的变形，从而必定存在有一种能动的实体性原则。我曾经认为，为那些至今尚未认识到所有实体都是能动的人指出这一点是值得的。我认为完全处于静止状态的实体属于那些我们不可能对其有清楚概念的事物，速度最快的运动即是这样一种事物。

先生您问，在我的判断中，"能动的原则"究竟"是广延"，"还是广延的一种样式，抑或是区别于广延的一种实体"？（Quaeris, Vir Celeberrime, principium activum sitne meo judicio extensio, an modus extensionis, an substantia ab extensione distincta?）我的答复是：这项原则在我看来是实体的，并且是由有广延的事物本身或物质组成的，也就是说，是由不仅具有广延和反抗型式，而且还具有活动和抵抗的东西。广延，就其本身而言，在我看来，乃一种属性，这种属性是由同时连续存在的许多实体产生出来的。因此，原初的力既非广延，也非广延的一种样式。它也不会作用于广延,而是存在于有广延的事物之中。当您进一步问无生命的物体是否具有它自己的"区别于灵魂"的隐德莱希时,我的回答是:它具有无数的这样一种隐德莱希,因为它转而是由许多部分组合而成的,而这些部分中的每一个又都是活的或被赋予生命的,或者说都仿佛是活的或被赋予生命的。在灵魂中,存在有一种充分的物质观点,不过,在我看来,却不是物质的观念本身,而是其自身即为观念的源泉:各种观念虽然是由于它自己的本性才产生出来的,但却依序表象着物质的各种不同的状态。一个观念可以说是某种死的东西,其自身是不可变化的,就像一个图形一样;但灵魂却毋宁是某种活的东西,充满着活动;而且,在这个意义上,我并不是说它是任何一种由于其自身而趋向于变化的观念,而仅仅是各种不同的前后相互连续的观念,不过这些观念中的一个却能够由另一个观念获得。但在这个词的另一个意义上,我却能够说,灵魂在一定程度上是一种有生命的或实体性的观念,更确切地说,它是一种"形成观念"的实体(rectius tamen esse substantiam ideantem)。我也不认为,当您说在相互表象的活动中相互作用时,您是在意指任何一种别的事物,因为我不相信您将观念视为相互冲突的实体,就像各个物体相互冲突那样。……

名公,这些就是我能够作出的各种答复。我期望它们全都得到了更清楚的解释和更健全的证明,但在我的哲学的初级阶段,我只能指出一些似乎无可辩驳的东西,并且从那些在数量上极少又值得尊重的假设中推导出其他的东西。或许将来我们有时间,使得我们的讨论能够向前走得更远,如果我能继续得到您的思想的光照,事情就更其如此了。

第三封信[①]

至于其他,说到其他一些问题,您要求我先验证明变化的连续性规律(legem continuitatis in mutationibus);我答复说,一种先验的证明可能有同等权利为运动的连续性规律所要求。您以方向为基础提供了一个理由,也就是以运动的物体始终采取直线进行运动这个事实为基础提供了一个理由。对此,我答复说,我并不明白这个结论是如何得出来的,因为使任何地方的物体通过飞跃而转变的原因依然能够以这样的方式活动以至于使它们始终以直线的方式转变。所以,除非我弄错了,您就将依然必须表明:为使您的证明成为绝对的,这是不可能的。为了把问题解说清楚,我添加上了连续创造的假说(Transcreationis hypothesin),哲学地和特殊地讲,就像笛卡尔派那样,他们据某种根据说,上帝连续不断地

---

① 实际上,莱布尼茨并未寄出上一封信,而是寄出了一封短得多的信(请参阅 G. W. Leibniz: *Die philosophischen Schriften 2*, Herausgegeben von C. I. Gerhardt, Hildesheim: Georg Olms Verlag, 1978, pp. 185—187)。德·沃尔达 1699 年 8 月 1 日的复信回到了力的守恒原则,尤其是回到了莱布尼茨在前面第一封信中提到的连续性难题。在此前的通信中,莱布尼茨曾经断言:对连续性运动根本不可能提供出任何先验的证明。莱布尼茨的复信未署日期,但却写于 1699 年。在这封信中,莱布尼茨再次概述了这些问题。本信载 G. W. Leibniz: *Die philosophischen Schriften 2*, Herausgegeben von C. I. Gerhardt, Hildesheim: Georg Olms Verlag, 1978, pp. 192—195, *Leibniz: Philosophical Papers and Letters*, translated and edited by Leroy E. Loemker, D. Reidel Publishing Company, 1969, pp. 521—523。

创造了所有的事物。① 因此,对于他们来说,推动一个物体不是任
何别的东西,而无非是连续不断在不同的场所重新创造这个物体。
毋宁说,如果不回到我为普遍的连续律(lege continuitatis in uni-
versum)提出的那个理由,就根本不可能表明这一点。不过,如果
您不接受事物的这样一种再创造,不管运动的原因可能是什么,同
样的东西都必定说到。因此,人们在答复对手时,便能够采取一个
他并不接受的假说,除非这一假说已经被驳倒了。您说运动的中
断既与运动的速度不相一致,又与运动的方向不相一致,这无疑是
正确的,一旦您认定了这一点,运动就其本性而言,即成了一种连
续的东西。但任何一个人,只要他拒绝事物的连续性,他便会说:
运动就其本质而言,不是别的任何东西,而无非是通过介于中间的
间隔而实现的一系列飞跃,而这样一些飞跃则是由上帝的活动产
生出来的,而不是由受推动的事物的本性产生出来的,或者说它们
是上帝在不同场所的再创造。因此,上帝的哲理式的意志几乎就
像是那种将纯粹离散的点合成物质的东西,就像是那种假借围绕

---

① 莱布尼茨在前面第一封信中在阐释他的"自然决不作飞跃"的公理时即批驳
了笛卡尔派的这样一种创世说,他写道:"我承认,一旦我们设定事物的造主已经有
了运动连续性的意愿,这本身就将排除掉飞跃的可能性。但如果不通过经验或是由
于秩序,我们又如何能够证明上帝意欲过运动的连续性呢?因为既然所有的事情都
是因上帝连续不断的产生而发生的,或者如他们所说,是因上帝连续不断的创造而
发生的,那为何上帝就不能使一个物体可以说是从一个场所到另一个远距离的场所
的转变或是在时间上或是在空间上留下间隙呢?例如,为何上帝就不能造一个物体
处于 A 点,然后即刻又处于 B 点呢?经验教导我们这种情况是不会发生的,而秩序
的这项原则也证明了这一点,依据这项原则,我们越是分析事物,它们就越是能够满
足我们的理智。"

着连续性本性而滋生的迷宫式的困难而支持这一意见的东西，①
其实，由此推导出来的并非飞跃的必然性，而是某种其他的东西，
对这样一些东西，通常是不可能得到充分理解的。不过，对飞跃的
这样一种假设除非通过秩序的原则，借助于至上的理性，便不可能
驳倒，而至上的理性是以最完满的方式做一切事情的。

　　既然每个有广延的物体，一如在世界上实际发现的，实际上都
像受造物的一支军队，一群禽兽，一个汇聚场所，就像一盘爬满蛆
虫的奶酪，一个物体各个部分之间的联系就与一支军队各个部分
之间的联系一样没有任何必然性。② 而且，正如在一支军队里，一

---

　　① 在《神正论》中，莱布尼茨曾提出了人类理性容易陷入的两个"迷宫"；其中一个
涉及"自由与必然"问题，另一个则涉及"连续性和看来是其要素的不可分的点"的关系
问题。他写道："有两个著名的迷宫(deux labyrinths famoux)，常常使我们的理性误入
歧途：其一关涉到自由与必然的大问题，这一迷宫首先出现在恶的产生和起源的问题
中；其二在于连续性和看来是其要素的不可分的点的争论，这个问题牵涉到对于无限
性的思考。第一个问题几乎困惑着整个人类，第二个问题则只是让哲学家们费心。或
许我还会有机会陈述我对于第二个问题的观点，并且指出，由于缺乏关于实体本性的
正确概念，人们采纳了导致不可克服的困难的错误立场，这些困难是理应用于废除这
些错误立场的。"参阅莱布尼茨：《神正论》，段德智译，商务印书馆 2016 年版，第 618 页。
　　② 莱布尼茨在这里讨论的实际上涉及他的所谓"实体链"思想，莱布尼茨 1716 年
5 月 29 日致德斯·博塞斯的信件中曾从连续律的高度比较充分地讨论并阐释了他的
"实体链"学说。他写道："实在的连续性只能够由一个实体链产生出来。倘若除单子
外没有任何实体性的事物(substantiale)存在，也就是说，倘若复合物只是各种现象，则
广延本身就不是任何别的东西，而无非是一种由同时发生的相之间排列有序的外观
产生出来的现象，由于这样一个事实，有关连续体组合的争论就会偃旗息鼓了。为使
现象成为实在的而追加到单子上的东西并非各种单子的变形，因为它在它们的知觉中
并未改变任何东西。因为将两个单子结合在一起的各种秩序或各种关系，都并非存在
于一个或其他的单子之中，而是同时在这两个方面都同样地合适，也就是说，都不是实
在的，而是仅仅存在于心灵之中。倘若您不追加上一个实在的链条，您就理解不了这
种关系，而所谓追加上一个实在的链条，也就是追加上某种实体性的东西(substantiale
aliquid)，这种实体性的东西是它们的公共谓词和变形的主体，亦即将它们结合在一起
的各个谓词和各种变形的主体。"参阅 *G. W. Leibniz：Die philosophischen Schriften*
2，edited by C. I. Gerhardt, Hildesheim：Georg Olms Verlag, 1978, p. 517。

些士兵能够为另一些士兵取代一样,在每个有广延的物体里,一些部分也能够为另一些部分所取代。因此,在一个有广延的物体里,没有一个部分与任何别的部分具有必然的联系,尽管当任何一部分被撤销后,它就必定由某个别的部分予以取代,一般而言,这也是事实,正如当士兵被关禁闭时,另一个士兵就需要取代任何一个离任士兵的职位。对此,我在前面的信件里已经提出了足够多的建议,而且,我也没有看出倘若离开灵魂,关于无论什么样的任何一个物体的任何一点能够造出来,这对于一支军队或一台机器并非同样有效。因此,我推断出,一个真正的单元(而不仅仅是一个可感觉的单元),或一个单子,仅仅存在于存在有某种并不包含许多实体的东西的地方。

我也把运动(包括运动的原因)归于每个物体,但我承认在物质的各个部分之间存在有实体性的区别。所有那些将作为某种实体性的东西但却没有广延的理性灵魂也归于人的人士也都承认这一点,尽管他们并不总是承认在物质的所有部分都存在有这样一种心灵。

您似乎将那些什么也解释不了的概念称作逻辑的或形而上学的概念,但我却根本就不承认这样一些东西也是概念。不过,迄今为止我所提出的概念并不是什么也解释不了,相反,我认为最重要的证明都是从这样一种概念以及与之相类似的概念推导出来的。但我们构建的概念如此多地充满先见(praeoccupati),①以至于虽

---

① 在莱布尼茨时代,"先见"、"前见"或"成见"基本上是一个贬义词。在当时的许多思想家看来,反对"先见"、"前见"或"成见"就是反对"权威"、反对"传统"和反对"迷信"。至现代,情况发生了根本的变化。海德格尔从"在"总是"此在"和"在此"的本体

然我们能够恰当地区别在理论上可理解的事物与可以说是在感官知觉中所给予的东西,并且宣称我们能够识别它们,但我们实际上却看不到这种区别,从而几乎将在想象中捕捉不到的一切统统视为空无(nullis)。

没有任何别的方式使我得以将您所说的关于不能够理解的东西视为我所断言的一种先于广延的能动原则的事物。您的意思是说,您不能够想象它们。同时,如果一种意见一定能够从得到理解的前提推演出来,我们便可以将其本身视为得到了理解。如果我没有弄错的话,当笛卡尔讲到人的灵魂时,您肯定理解了某种东西,在我看来,人的灵魂与其他隐德莱希在种类上并无什么差别。因此,对于您的第一个问题(这种能动的原则可能是什么东西),我也必定和对灵魂可能是什么东西那样,作出同样的回答,尽管我作出的答复可能会更清楚一点。顺便说一下,先见和权威的力量如

论高度,对"先见"作了存在主义的解读。他写道:"解释向来奠基在先行见到之中,它瞄着某种可解释状态,拿在先有中摄取到的东西'开刀'。被领会的东西保持在先有中,并且'先见地'('谨慎地')被瞄准了,它通过解释上升为概念。……任何解释工作之初都必然有这种先入之见,它作为随着解释就已经'设定了的'东西是先行给定了的,这就是说,是在先行具有、现行见到和先行掌握中先行给定了的"(海德格尔:《存在与时间》,陈嘉映、王庆节译,熊伟校,三联书店 1987 年版,第 184 页)。伽达默尔则从"理解的历史性"的高度以及从"为权威和传统正名"的高度将"前见"规定为"理解的条件"。他强调指出:"一切理解都必然包含某种前见,……实际上前见就是一种判断,它是在一切对于事情具有决定性作用的要素被最后考察之前被给予的。……所以,'前见'其实并不意味着一种错误的判断。它的概念包含它可以具有肯定的和否定的价值。""理解首先意味着对某种事情的理解,其次才意味着分辨并理解他人的见解。因此一切诠释学条件中最首要的条件总是前理解,这种前理解来自于与同一事情相关联的存在"(伽达默尔:《真理与方法》上卷,洪汉鼎译,上海译文出版社 1992 年版,第 347、378 页)。莱布尼茨既然强调连续律,强调现在孕育着未来,它对传统和前见的理解便会不同于许多同时代的思想家,但他既然处于启蒙时代,他就难免带有他那个时代的俗见。

此之大，以至于许多人都深信，他们在笛卡尔那里理解到了他们否认他们在别人那里理解的东西。如果您以将有生命的物体视为一个整体而不是单单着眼于其有生命的部分的方式来解释您的第二个问题(一个有生命的物体是否具有一个区别于灵魂的隐德莱希)，我将答复说：这样一种物体除灵魂和其特别能动的部分的隐德莱希外，并无任何别的隐德莱希。其实，如果一个灵魂并不藉这个有生命整体的结构主导这一有生命的整体的话，则除了每一个特别具有生命的部分外，根本不会存在有关于这一整个有生命的物体的整体的这样的灵魂。

当您说以给定的速度推动一个更大的物体比以同样的速度推动一个较小的物体需要更大的原因或力时，您已经心照不宣地设定这个物体在抵抗运动。因为如果这个物体不抵抗运动，而是取一种可以说是漠然的或均衡的状态，我便看不出它的大小能够对一种驱动力造成什么样的障碍，因为任何一种抵抗都永远不可能由这样一种漠然的物质团块的增加产生出来。同样，如果没有必要穿过介于中间的阶段，则无论什么样的运动的任何原因或推动(这使一个物体倾向于一个给定的速度和方向或决定一个物体达到一个给定的速度和方向)就足够了，从而 任何一个运动的物体，不管其多么小，都将足以在对它自己的运动毫无抵抗或阻碍的情况下带动任何一个物体，不管这个物体多么大，亦复如此。既然这样的情况并不会发生，而毋宁相反，亦即要产生一个大的物体的运动就必须花费和消耗一个更大的力，则我们便必定理解物质抵抗运动。因此，各个物体在其允许自身被带走之前，便必定也遭受到压迫；因此，在变化中始终遵循连续律，除非穿过更少的运动阶段，任何一个更大的运动都不可能产生出来。

如果隐德莱希完全不同于广延,您由此得出结论说,它便不可能对广延有任何作为。但运动不是有别于广延吗?可运动却能够对广延有所作为。再者,确切地讲,广延和数字和时间一样,只是一种情态或样式一类的东西,而并非一件事物,因为它只是共存事物连续可能复多的一种抽象的名称,而物质则实际上却是事物本身的一种复多,从而是包含着众多隐德莱希的事物的堆集。所以,如果广延这个词您在这个意义上指的是物质的话,我将不承认隐德莱希能够完全脱离物质。最后,说一件事物对另一件事物做了某些事情,这从严格的形而上学意义上讲,没有任何意义,除非一件事物自发地符合另一件事物,这就像我们对灵魂与物体交通这样一种情况所理解的相互一致那样。

无需为您的异议致歉,因为这些东西并非选择的问题。追求真理,细心探究,言辞坦率但温和,这些对于我们就足够了,它们也不可能是任何别的东西,而无非是那些有用的,能够使善良人们感到愉悦的东西。

又及:从我们的朋友伯努利那里我已经获悉您已经发现阐述实体的活动比估价力更加重要。我相信同样的东西,从而认可您的判断。不过,在我看来,后一个问题始终似乎是达到真正形而上学的入门,心灵一定会逐渐摆脱物质、运动和有形实体的错误概念(这些概念非常流行,且为笛卡尔派所坚持),只要他逐步理解力和运动的规则能够从这些概念产生出来,我们就必定不是在"救急神"那里寻求避难,就是主张在物体本身之中存在有某种更高级的东西。如果心灵毫无准备地被引进这种神圣中的神圣,它就能够在这里突然一眼就充分看到实体和物体的整个新的本性，我们就必定担心我们的心灵将会被这样一种四射的光芒弄得失明。

第四封信[①]

汉诺威，1701 年 7 月 6 日

　　我沉浸到了我自己的默思当中，很长时间没有与外界通信，请您谅解我未能及时回复您上次来信。在通常情况下，我之所以延宕一件事情，乃是因为这件事情是我期望尽最大努力完成的事情。因此，事情耽搁这么久，我只是希望能更好地满足您的要求。但现在我就来给您回信。

　　您说，一个实体是这样一种东西，其概念如此表述一个统一体，以至于它所表述的事物在其整体不招致毁灭的情况下，其中的任何事物都不可能被消除掉。但难道不能够有一个实体将一种完

---

　　① 莱布尼茨的努力收效甚微，德·沃尔达依然故我，在他的回信中又回到了他自己的实体定义上，按照德·沃尔达的理解，实体自身被设想为一种简单观念，在不破坏这一观念的情况下任何东西都不可能从中排除掉。在其写给莱布尼茨的 1701 年 2 月 13 日的信件中，他甚至向前走得更远，以至于将实体观念称作独立于所有属性的活动样式（参阅 G. W. Leibniz：Die philosophischen Schriften 2，Herausgegeben von C. I. Gerhardt，Hildesheim：Georg Olms Verlag，1978，p. 223）。德·沃尔达的挑战激发莱布尼茨进一步发展他自己的实体观念。本信载 G. W. Leibniz：Die philosophischen Schriften 2，Herausgegeben von C. I. Gerhardt，Hildesheim：Georg Olms Verlag，1978，pp. 224—228，Leibniz：Philosophical Papers and Letters，translated and edited by Leroy E. Loemker，D. Reidel Publishing Company，1969，pp. 523—526。

满性（perfectio）添加到其他事物的实体上面吗？[1] 不过，如果我没
有弄错的话，所表述的事物的每个单一的完满性即是物质。例如，
德谟克利特便认为空间即是一个实体，而将物体视为一个更完满
的实体，因为它将抵抗添加到了广延上面。（正如您充分注意到
的，这些例子并不需要是真的；只要它们能够使问题明晰即可。）一
些现代思想家认为一种新的完满性，亦即思想的完满性，是能够添
加到一些物体上面的，这个学派长期以来坚持认为：除简单的有生
命的物体外，还有一种能够感觉的更完满的物体，在所有物体中最
为完满的物体则是理性的。我之所以要说这些，旨在指出：您的实
体概念似乎与通常所谓的实体概念并不一致，而仅仅与最简单的
实体的概念相一致。当您说实体是那种就其本身而设想的东西
时，这也是真的，我曾经反对过这个命题：通过其原因来设想结果
乃设想一个结果的最好方式，但所有的实体除第一实体外都有一
个原因。您回答说，我们需要一个原因去设想一个实体的存在，而
不是为了设想它的本质。但对此，我的答复是：一个可能原因的概
念对设想其本质是需要的，但要设想其存在就需要一个现实原因
的概念。我能够基于一个几何学的例证预见到您对此作出的优雅
的反驳。例如，一个椭圆的本质并不依赖于一个原因，因为同一个
椭圆能够由不同的原因——一个圆锥体的截面、一个圆柱形的截

---

[1]　在 E. 卡西勒尔（E. Cassirer）编辑、A. 布克瑙（A. Buchenau）翻译的《莱布尼
茨哲学基础主要著作集》（G. W. Leibniz, Hauptschriften zur Gründung der
Philosophie）（莱比锡 1924 年版）中，译者将这句话中的"完满性"一词译作"实在性"。
莱姆克先生并未采取这样一种冒失的做法，但他却明确地宣称，读者确实有充分的理
由记住：对于莱布尼茨来说，尤其是对于莱布尼茨的这封信来说，"完满性"与"实在性"
这两个词是等值的，因为各种原初的概念或本质正是上帝的完满性。

面和一条线的运动——产生出来。但一个椭圆的存在是不能够被认为无需设定某个确定的原因的。不过,对此,我的答复有两点。首先,虽然为设想一个确定的产生方式无需想到一个椭圆的本质,但这一本质,不管是一个椭圆的本质还是任何别的图形的本质,都不可能完满地设想出来,除非它的可能性能够藉某种形式的原因得到先验的推证,而这些原因则存在于每个个别产生方式之中。而且,为了达到这一步,我们就必须添加上某些更简单的线段。其次,我已经确定了这样一个事实:不完全的事物,如线段或者数字,能够相互类似,即使它们是由不同的原因产生出来的,如由一个圆锥体的截面产生出来的一个椭圆便可以类似于因在一个平面上运动而造成的一个椭圆,亦复如此。但在完全确定的事物中,这种情况则不可能发生,因此一个实体不可能与另一个实体完全一样,而同一个实体也不可能以许多不同的方式产生出来。① 据此(也同时依据其他一些考察),我曾经得出结论说:根本不可能存在有任何一个原子,空间并非一个实体,与所有的活动相分离的原初物质本身或物质,都不可能属于实体之列。

现在,我来谈谈单子,在单子和有别于其他谓词方面,也就是区别于属性和特性方面,我与您的观点是一致的。不过,若我们仅仅依据它们需要另一个概念来界定它们,则各种特性就将也成了样式。无论是特性还是样式都共同存在于某个事物之中。但这同一个定义也将适合于那些并不包含在某个事物之中的东西,例如

---

① 一个完全的词项因此是一个具体的词项,而一个不完全的词项则是一个抽象的词项。这重申了莱布尼茨的逻辑观点:许多实在定义作为一个抽象概念是可能的,但只有一种充分的或终极的分析才有可能属于确定的概念。

结果就需要藉原因才能得到理解，这一点我已经说过了。在这个基础上，所有的结果就成了它们原因的变形，而同一件事物也能够同时成为许多事物的样式，因为同一件事物能够成为许多并发的原因的结果。有谁会否认一个实体因另一个实体的干预（例如当一个物体受到处于其前进道路上的某个障碍的抵抗时）而发生改变呢？因此，为了设想这些物体中的一个物体反弹，这两个物体的概念都是必要的，但这种反弹却只能成为其中一个的变形，因为另一个物体可以毫无反弹地继续沿着自己的路径前进。因此，在这种变化的定义中，需要有比另一个概念的必要性更多的东西，从而"被包含在"（这是一种为特性和样式所共有的性质）便不只是需要某种别的事物。按照我的意见，在整个受造宇宙中，没有任何一个事物为使自己具有完满的概念而不需要每一个别的事物的概念，这种说法是就事物的普遍性而言的。因为每一件事物都以这样的方式流入（in-fluo）[①]每一个别的事物，以至于如果任何一件事物被消除了或改变了，世界上的每一个事物都将区别于它现在之所是的样子。

　　至于其他，如果事物 A 和事物 B 在您界定它们的意义上是两个实体，也就是说，是最简单的，则我承认它们不可能具有公共谓词；但由此并不一定能够得出结论说：它的概念中不可能存在有需要它们两个的第三个事物 C。因为正如各种关系是由多个绝对的项产生出来的一样，各种性质和活动也同样是由多个实体产生出来的。而且，正如一个关系并不是由像存在的相关的项那样多的

---

　　① 　按照莱布尼茨对经院哲学影响说的反对意见，莱布尼茨在这里使用动词 influo 是令人吃惊的。不过上下文却澄清了这一点：他在这里讨论的是逻辑的或功能的因果性，而非动力学或物理学上的因果性。

关系组合而成的一样,依赖于许多事物的其他样式也同样不会分解成许多样式。① 因此,我们并不能得出结论说:需要多个事物的一个样式并非一个统一体,而是多个样式的一个合成物。此外,任何一个样式如何能够产生出来,依据您的有关概念,这一点也不甚了了。因为一个实体,照您所界定的,只有一个简单的表象或一个属性,从而将只有一个样式,因此也就显现不出任何一种变化或多样性,因为只有"一"能够从"一"产生出来。所以,它的样式就将不会发生任何变化。这与您的假设正好相反。不仅如此,甚至还不会存在有任何一种样式,因为这样一来便根本不可能有一种样式有别于一种属性。因此,如果我们像通常断定的那样,说一个物体不包含任何别的东西,而只包含广延,从而也就把广延设想成一种简单的和原初的属性,这样一来,我们便毫无办法解释各种物体中如何能够产生出任何一种变化,多个物体如何能够存在。其实,我

---

① 由此,我们可以得出结论说:在莱布尼茨看来,独立的实体在一种和谐的复合体中相互关联;在这个意义上,各种关系是外在于这些实体的。在《人类理智新论》中,莱布尼茨在谈到关系和关系项时,在援引了洛克关于"那些关系名词,凡必然地把心灵导向人们假定为实在存在于这关系名词或语词所指事物之中的观念之外的其他观念者,是相对的;其他的则是绝对的"的观点之后,紧接着补充说:"加上了必然性这个词就很好,而且还可以加上明确地或首先这些词,因为,例如可以想到黑色,而并没设想到它的原因;但这是由于停留在这样一种知识的界限之内,这种知识是首先呈现出来的,而它是混乱的,或虽清楚但不完全的;当没有将观念加以分割时是混乱的,当你加以限制时就是虽清楚但不完全的。否则就没有什么关系名词是这样绝对或这样分离开,以至于不包含关系,并且对它做完全的分析不会导致其他事物甚至导致一切事物的;所以我们可以说,相对的关系名词,是明确地标志着它们所包含的关系的"(参阅 G. W. Leibniz: *Die philosophischen Schriften* 5, Herausgegeben von C. I. Gerhardt, Hildesheim: Georg Olms Verlag, 1978, p. 211)。由此,我们还可以得出结论说:一个个体实体的本质或一个个体概念的本质所包含的特性并不能还原成作为其组成成分的各个概念的特性。

在别处，即我在莱比锡《学者杂志》上刊发的答复斯特姆的那篇论文中，便已经推证出：如果物质不是异质的（物质是通过隐德莱希而变成异质的），便不会产生各种不同的现象，这样一来，各种等值物就将始终相互取代。① 至于其他，我在那里并没有在普遍的实

① 莱布尼茨指的是他于1698年在《学者杂志》上发表的《论自然本身，或论受造物的内在的力与活动》一文。在该文中，莱布尼茨针对斯特姆的观点，指出："由这位杰出人士的这种意见我们还可以得出结论说：如果在这个问题上他的意见与我的意见正相反对，则照他的见解，那就没有任何办法在物体之间作出任何分别，因为在齐一的质量充满本身之中，除非考虑到运动，便不存在作出这样一种区别的任何根据。因此，这种观点还会产生进一步的结果：在各种物体中，能够绝对没有任何变化，一切都将始终如一。因为如果在物质的任何一个部分都没有任何区别，另一部分都与之相等乃至全等（这位杰出人士必定承认这一点，因为他已经破坏了能动的力或动力以及所有其他的性质和样式，而只允许它存在于这一位置以及随后在将来某个瞬间存在或在别的位置存在，以及已经移动了所有性质和样式）；而且，还有，如果这一物质在这一瞬间的状态与其另一瞬间的状态之间并无任何不同，而只有物质在一切方面都完全一致的相等和全等的各个部分的转换，我们显然便能得出结论说：由于在任何情况下发生的都只不过是不可辨别者的持久不断的取代，则形体世界的状态在任何不同的瞬间都无法区别开来"（参阅 G. W. Leibniz：Die philosophischen Schriften 4，Herausgegeben von C. I. Gerhardt，Hildesheim：Georg Olms Verlag，2008，p. 513）。此外，莱布尼茨在《动力学样本》中还更加充分地证明说：个体物体除非通过运动，从而通过其固有的力，根本不可能区别开来。他写道："所有的形体活动都是由运动产生出来的，而运动本身又仅仅来自于业已存在于那个物体之中的其他运动或是从外面强加给它的运动。因为和时间一样，精确意义上的运动从不存在，因为一个整体倘若没有任何共存的各个部分，它自身是不可能存在的。因此，在运动本身中，除了瞬息万变的状态外再无任何实在的东西，而这种瞬息万变的状态则必定是由一种致力于变化的力构成。"他还进而写道："能动的力（active force）也完全有理由称作能力，一如一些人所做的那样，分两种。第一种是原初的力，这种力存在于所有的有形实体本身之中，因为我认为一个物体完全处于静止状态与事物的本性相矛盾。第二种是派生的力，这种力是藉由各个物体的相互冲突所产生出来的对原初的力的限制以各种不同的方式实现出来的。原初的力，不是任何别的东西，只不过是第一隐德莱希，相当于灵魂或实体形式，但正因为如此，与之相关的只是一些普遍原因，从而根本不足以解释各种不同的现象。所以，我完全赞同人们否认形式可以用来探究感性事物的具体的和特殊的原因的观点"（参阅 Leibniz：Philosophical Papers and Letters，translated and edited by Leroy E. Loemker，D. Reidel Publishing Company，1969，pp. 435—436，436）。

体概念与关于一个确定实体的概念之间作出区别,因为所有的实体都是确定的,尽管不同的实体是以不同的方式受到决定的。至于我自己的实体概念,我宁愿由我们的相互讨论获得它,而不是由我自己造出它,或者说由我自己将它强加于人。在我看来,我们确实已经有了一个良好的开端。

再看您前面的两封信,[①]我注意到了一些问题,依然需要加以评论,以便对整个问题形成一个更好的观念。要举出一个例子,说明任何一个典型的标志都不可能从中排除掉,相当困难。原初概念潜藏于派生的概念之中,但却难以对它们作出区分。我怀疑一个物体离开了运动还能够设想;尽管我也承认运动若离开了物体,也是难以设想的。但在运动概念中,不仅包括有物体和变化,而且还包括有变化的理由和决定因素,如果物体的本性被认为是纯粹受动的,也就是说,只在于广延,抑或只在于广延和不可入性,在其中我们便既找不到变化的理由,也找不到变化的决定因素。在广延中,我想到许多事物集合在一起,一方面有连续性,它为广延与时间和运动一起所共同;另一方面我想到了共在。所以,想到广延并不一定不是想到一个整体,就是什么东西也想不到。再者,为使广延成为可能,就必定明白无误地具有某种连续重复的东西,或是连续共同存在的许多事物。先生您问,除这种广延本身外,在一件我们将广延归于它的事物中我们还能够想到什么东西呢? 我则回

---

① 莱布尼茨在这里提到的德·沃尔达的两封信当指格尔哈特所编《莱布尼茨哲学著作集》第 2 卷《莱布尼茨与德·沃尔达的通信 1698—1706》中的第 11 封信和第 13 封信。载 *G. W. Leibniz*: *Die philosophischen Schriften* 2, Herausgegeben von C. I. Gerhardt, Hildesheim: Georg Olms Verlag, 1978, pp. 207—210, 214—219。

答说,除广延外,我必须添加上活动和遭受(受动)。然后,您回答说:广延将会成为有广延的事物的一种样式。我则答复说:广延,按照我对这个术语的理解,将不会成为产生它的那个实体的一种样式。因为它本身是不可变化的,只不过标志着这些在任何变化中始终保持不变的事物的数值的限定。而且,您将一定会赞同我的意见:各种样式必定是可以变化的。同时,我也承认:不仅广延,而且活动和遭受也都不能单独地被想到,达到终极的简单性概念既无必要,也不容易,这一点我早就说过了。所以,如果我们坚持只有这样一种概念才是实体概念,我担心我们将不得不撇开所有受造的实体,而这将是在斩断连接的纽带,而不是将其连接起来。……

第五封信[①]

汉诺威,1702 年 4 月

　　……我并不相信在实体的一般概念中,只能看到一种独一无二的完满性。实际上,除具有一种属性外,您似乎并不承认任何一种实体,您的这样一种看法与您的实体概念倒是一致的。因为假

---

①　这两位通信者的进一步努力在于精炼他们各自的实体概念以及广延中连续性、共在和复多的关系。这最终使莱布尼茨对这些概念和问题作出了更为明白的陈述。本信载 G. W. Leibniz: Die philosophischen Schriften 2, Herausgegeben von C. I. Gerhardt, Hildesheim: Georg Olms Verlag, 1978, pp. 239—241, Leibniz: Philosophical Papers and Letters, translated and edited by Leroy E. Loemker, D. Reidel Publishing Company, 1969, pp. 526—527。

设有一个实体具有属性 A 和 B,因此,既然能够存在有另一个实体具有属性 A,那就很显然,实体 AB 便不可能通过自身而被设想,而只能通过实体 A 才能设想。因此,您将不会将其视为一个实体。如果一个绝对的简单的属性能够自行构成一个属性,那就不可能有任何理由来说明为何另一个属性不能够也同样如此。但一旦您假定了每个实体都只能够有一个简单的属性,您便不可能在事物的本性中理解到变形和变化的根源,因为这些东西除实体外还能来自何处呢? 与此相反,我则认为根本不存在任何一个实体能够不包含与无论什么样的任何一个别的实体所具有的所有完满性的一种关系 。因此,只具有一个属性的实体是不可设想的,就我所知,我们也不可能单独地设想一个属性或一个简单的绝对的谓词。我知道笛卡尔派觉得前者不是这样,而斯宾诺莎则觉得后者不是这样,但我却还知道:他们之所以如此,乃是由于他们缺乏充分分析的缘故,其试金石在于谓词来自主词的一种推证。对每个可推证的命题来说,我们并不具有的这样一个命题的推证必定包含有一个未经充分分析的词项。

当我说每个实体都是简单的时候,我将其理解为实体没有部分。实际上,如果相互之间具有一种必然联系的所有事物构成了一个实体,如果我们排除了虚空,那我们便会得出结论说:物质的所有部分组合成了一个实体,因为它们具有一种必然的联系。但这同一个推理却混淆了实体与实体的堆集而您却非常正确地指出:我们在这里寻求的是实体的概念,而非多个实体堆集的概念。

事实上,我也确实接受了下面这样一个命题,我认为您却认为我不应当这样做,这个命题是:"如果有广延的事物仅仅单独地被设想,那它就不是有广延的事物了。"因为这样一个有广延的存在者就会蕴含有一种矛盾。我也认为能够仅仅单独设想的东西确实不可能位于空间之中。存在于空间之中并非一个纯粹外在的名称;其实,也没有任何一种名称能够如此外在,以至于没有一种内在的名称作为其基础。这本身即是我的一个重要学说(κνρίας δόζας)。①

……如果我没有弄错的话,您说过如果同属于一个主词 C 的两个概念的谓词是可以分离的,就像我所解释的那样,如果它们在别的主词中并不能彼此发现,则概念 C 就不是一个统一的概念。我举了正方形这个例证,正方形有成直角的和等边的这样两个谓词,这两个谓词在其他地方并非一起出现的。再者,这种分离确实并不是在心灵中造成的分离;它存在于自然中,因为一个四边形可以是一个长方形而不是一个等边形,而一个三角形可以是一个等边形,但却不是一个长方形。对您在您的上一封信中所作出的答复,我不可能做出令人满意的运用。我承认,至少它的各个边之间的某种比例与一个长方形的概念不可分离,但这样一种比例是一个谓词,而相等的比例则是另一个谓词,它们两个之间的差异一如属相与种相之间的差异。不管这一正方形是否对其他矩形享有

————————————

① 莱姆克认为,莱布尼茨在这里采用了伊壁鸠鲁的术语"κνρίας δόζας"。但莱布尼茨在这封信和前面的信件中所阐述的这种关系学说颇有一些含混之处。倘若按照他在前面几封信中的说法,所有的实体虽然都必定相互关联但却依然独立不依,而倘若依照他在这里的说法,各种外在关系都依赖于内在的名称或关系的性质,他便必定主张各种关系虽然都是必然的但却不一定属于实体,而各种关系所依赖的关系的性质因此便是确定的。参阅 Leibniz: *Philosophical Papers and Letters*, translated and edited by Leroy E. Loemker, D. Reidel Publishing Company, 1969, p. 540。

"简单性的特权",即使它实际上享有这样一种特权,它们之间也毫无区别。再者,这两个谓词也普遍地需要不同的原因。设 AB 沿着与之垂直的 CD 受到推动;则使 A 或 C 成为一个直角的原因是一件事物,而使 AB 等于 CD 的东西则是另一件事物。因此,我们容易看到:这一运动产生了不同的结果,尽管如此,正方形的概念却只有一个。

任何两件事物 A 和 B 不仅在它们都是实物或实体方面是共同的,而且它们还有某种"同情"(sympathiam),依照我的记忆,您在前面的信件中,对我的这样一种意见似乎也没有表示过什么异议。

笛卡尔派认为,一些实体不能够仅仅由广延构成,因为他们把广延设想成某种原初的东西。但如果他们分析一下这个概念,他们便会明白,单靠广延是不足以形成有广延的事物的,这和数字不足以形成被数的事物没有什么两样。我赞同您的观点:正如仅仅靠数字 3 的概念并不足以理解三个特殊的事物一样,仅仅靠扩散的概念也同样不足以理解扩散的事物的本性。我认为我们应当探究的是事物的本性本身。至于除活动和被动所从出的力外,这是否能够成为任何别的东西,还是由您自己做出判断吧!

最后,就算不可能为一切事物都提供出您所想要的先验推证,难道这也会使我的假设不怎么符合事实吗? 如果您容许它能够得到后验证明,它就会比一个假设更为有效。而且,您自己现在也承认,在您的实体概念的基础上,任何一种变形和变化都不可能产生出来,为了反对您的这一实体概念,难道我们还能提出一个比这还更有效的理由吗? 因此,即使它的不可能性得不到推证,那也足以建立起我们的概念，以至于它们与经验和实际相一致，从而克服我们的种种困难，从而通向更高级理由的道路已经打开。因此，如果对我的说法有任何疑问，我都将慷慨直率地予以答复，正如迄今为止我已经做过的那样。您若到别的假设中来寻求实体概念，恐怕到头来也只是枉然。

第六封信[①]

汉诺威，1703 年 6 月 20 日

我在同一篇作品中对您两封思想深邃的信件作出回应。我希

---

①　1695 年，莱布尼茨在《学者杂志》上刊出了《新系统》一文，首次提出和阐述了他的前定和谐系统。1697 年，培尔在其《历史批判辞典》"罗拉留"条中曾经对莱布尼茨的前定和谐系统提出过一些质疑。1698 年，莱布尼茨在《学者著作史》上刊文，对培尔的质疑作出了回应。1702 年，培尔在《历史批判词典》第二版"罗拉留"条中再次提出质疑，并要求莱布尼茨予以说明。当年，莱布尼茨写出《对〈批判词典〉第二版"罗拉留"条关于前定和谐系统再思考的答复》一文（该文载 G. W. Leibniz：Die philosophischen Schriften 6，Herausgegeben von C. I. Gerhardt，Hildesheim：Georg Olms Verlag，2008，pp. 529—538；也请参阅莱布尼茨：《新系统及其说明》，陈修斋译，商务印书馆 1999 年版，第 108—129 页）。1702 年 8 月 19 日，莱布尼茨将其副本寄给了德·沃尔达。在其下一封信中，德·沃尔达要求如果物质团块和隐德莱希结合在同一个实体之中，就应当对它们之间存在有一种必然的联系作出证明。鉴此，莱布尼茨在他们之间所有通信中这封最为重要的信件中，全面地阐述了他的个体实体概念。该信的附言（莱姆克略掉）表明：这封信原本于 1703 年初从柏林寄出，但在从伯努利那里获悉德·沃尔达并未收到原件后，莱布尼茨于 1703 年 6 月 20 日将这封信的一个副本从汉诺威寄给德·沃尔达。本信载 G. W. Leibniz：Die philosophischen Schriften 2，Herausgegeben von C. I. Gerhardt，Hildesheim：Georg Olms Verlag，1978，pp. 248—253，Leibniz：Philosophical Papers and Letters，translated and edited by Leroy E. Loemker，D. Reidel Publishing Company，1969，pp. 528—531。

望我对培尔的答复也使得我关于大多数问题的意见对您也同样更加清楚明白。如果我没有弄错的话,您的来信表明事情已然如此。培尔先生本人写道:他现在对我的假设已经有了更为深刻的洞察。他至今依然存在的唯一困难似乎在于思想在灵魂中自发进展的可能性。但这个问题于我却不存在任何困难,无论是从经验方面看,还是从先验根据看,都是如此;我之所以说这从经验方面看没有困难,乃是因为既然我们常常知觉到这样一种进展,为何我们就不能相信这样的事情在其他方面也有其可能性呢?我之所以说这从先验根据看没有困难,乃是因为我由所有实体的本性得出结论说:必须活动或具有倾向这一点对于所有实体都不可或缺。除此之外,还有下面这个重要事实:现在到处都孕育着未来(也就是在完全确定的事物中)①,以至于所有的未来状态都是由现在状态前定的。

　　您自己的异议则另有根源。我首先回到您较早的一封信上。在那封信中,您要求物质(或抵抗)和能动的力之间存在有一种必

---

①　在《人类理智新论》中,莱布尼茨在谈到微知觉的本体论意义时强调指出:"这些环绕着我们的物体给予我们的印象,那是包含着无穷的,以及每一件事物与宇宙中所有其余事物之间的这种联系。甚至于可以说,由于这些微知觉的结果,现在孕育着未来,并且满载着过去,一切都在协同并发(如希波克拉底所说的 συμπνοια παντα),只要有上帝那样能看透一切的眼光,就能在最微末的实体中看出宇宙间事物的整个序列"(参阅莱布尼茨:《人类理智新论》,陈修斋译,商务印书馆 1982 年版,第 10 页)。在《神正论》中,莱布尼茨又进一步强调指出:"我的普遍和谐体系的规则之一就在于:现在孕育着未来(le présent est gros de l'avenir),那看到一切的他是在现在存在的事物中看到将来存在的事物的。还有,我已经令人信服地证明,上帝是在宇宙的每个部分中看到整个宇宙的,这是万物联系具有完满性的缘故。上帝比毕达哥拉斯眼光敏锐得无限多,尽管毕达哥拉斯仅仅依据赫丘利脚印的大小就能准确地判断出他的身高"(参阅 Leibniz, *Essais de Théodicée*, GF Flammarion, 1969, p. 329。也请参阅莱布尼茨:《神正论》,段德智译,商务印书馆 2016 年版,第 526 页)。

然的联系,以至于它们根本无需仅仅表面上的那样一种连接。但
这种联系的原因却在于这样一个事实:每个实体都是能动的,从而
每个有限的实体也都是受动的,而与这种被动性相关联的则是抵
抗。因此,这样一种连接为事物的本性所要求,各种事物不可能竟
如此贫乏,以至于缺乏一种活动的原则,除物质外没有任何形式,
更不用说活动与统一性同出一源这样一个事实了。

我根本不认可现在人们制定的那种属性学说(doctrinam de
Attributis);似乎一个简单绝对的谓词(他们称之为一个属性)便
构成了一个实体。在概念中,我也找不到任何一个简单绝对的谓
词,也就是任何一个并不包含与其他谓词相联系的谓词。思想和
广延,虽然通常提出来作为例证,但也确实远非这样的属性,我已
经不时地表明了这一点。而且,除非谓词被具体地看(in
concreto),与主词并非一回事,以至于心灵与思想者实际上往往
完全一致(尽管从形式方面看并非如此),但与思维却并不是一回
事。因为它是除包含有现在的思想外还包含有未来和过去的思想
的主体的一种特性。①

那些发现各种物体之间的区别仅仅在于他们视为广延样式的
东西(照您的说法,几乎每个物体都像今天这样)的人声称:除虚空
外,他们并不反对各种物体相互之间的区别仅仅在于样式的不同

---

① 值得注意的是,这段话将逻辑主体与心理主体等同起来。"从形式方面看"或
从形而上学方面看,"我"是一种功能性的规律;从逻辑层面看,它是一个与其谓项"具
体"总和相等的主体;从心理学层面看,它是一个包含着其谓项整体的"思想者"或具有
自我意识的心灵。

这样一种观点。①但两个个体实体之间的区别必定不限于样式。
此外,就像物质被通常理解的那样,它们甚至也发现在样式上也没
有区别。因为如果你假设两个物体 A 和 B 相等,具有同样的形状
和运动,则由这样一个物体概念,亦即仅仅由假定的广延样式推导
出来的概念,我们便可以得出结论说:这些物体根本没有任何内在
的标志得以相互区别。难道这就意味着 A 和 B 并非不同的个体
吗? 或者说,难道两件事物不同却无论如何也不可能将它们区别
开来这样的事情也是可能的吗? 这样一种考虑以及诸如此类的不
可计数的其他一些考虑最终表明:这样一种新的哲学仅仅从物质

---

①　笛卡尔在《哲学原理》第一部分第 60、61 节中曾明确否认样式之间具有实在的
区别。他的《哲学原理》第一部分第 60 节的标题为:"论各种区别,首先论实在的区别。"
第 61 节的标题为:"论样式的区别。" 在第 60 节中,笛卡尔在断言存在有三种区别,也就
是实在的区别、样式的区别和理性的区别之后,着重阐述了实在的区别。在第 61 节中,
笛卡尔着重阐述了样式的区别。在阐释样式的区别时,笛卡尔指出:"样式的区别有两
种:也就是说,其中一种区别存在于严格称作样式的东西与作为其样式的实体之间;另一
种区别则存在于作为同一个实体的两种样式之间。第一种区别是由于下面这一个事实
而被认知的,这就是:我们实际上能够在没有我们所说的区别于一个实体的那个样式的
情况下明白地知觉到那个实体,但反过来我们却不能在没有实体本身的情况下理解这一
样式。而且正如形状和运动在样式方面区别于它们所在的有形实体一样,肯定和回忆在
样式方面也同样区别于心灵。另一方面,存在于同一实体两种不同样式之间的区别则是
由下面这个事实而被认知的,这就是:我们能够在没有另一种样式的情况下识别出这一
种样式,反之亦然,但我们在没有它们所属的那个实体的情况下却识别不出它们中的任
何一个"(Rene Descartes, *Principles of Philosophy*, translated by Valentine Rodger Miller
and Reese Miller, Dordrecht:D. Reidel Publishing Company, 1983, p. 27)。莱布尼茨在《对
笛卡尔〈原理〉核心部分的批判性思考》一文中对此评论说:"否认诸样式之间的实在的区
别在语词的公认用法方面是一种不必要的改变。因为迄今为止,各种样式一直被视为各
种事物,从而一直被视为在实在性上具有区别,就像蜡的球形不同于一块正方形一样。
诚然,一个图形转变成另一个图形是一种真正的改变,从而它也有实在的基础"(参阅 *G.
W. Leibniz: Die philosophischen Schriften* 4, Herausgegeben von C. I. Gerhardt,
Hildesheim: Georg Olms Verlag, 2008, p. 365)。

的或受动的实存形成实体,完全颠覆了事物的真正概念。不同的
事物必定在某些方面有所不同,或者说在其内部必定有一些能够
注意到的差异。奇怪的是,人们不曾运用这条最显而易见的公理
以及许多其他公理。人们普遍致力于满足他们的想象,而不为他
们的理性操心;因此,他们引进了如此多的莫名其妙的东西,损害
了真正的哲学。例如,他们通常只使用那些不完的和抽象的概
念,思想虽然支持这些概念,但自然却不知道其赤裸的形式;时间
的概念、空间的概念或仅仅由数学广延的东西的概念、纯粹被动物
质团块的概念、数学考察的运动的概念等都是这样一类概念。人
们能够轻而易举地想象这样一些概念不同但却没有差异,例如,人
们能够轻而易举地想象一条直线有两个相等的部分,因为这条直
线是某种不完全的和抽象的东西,只需要从理论上予以考察。但
在自然中,每一条直线都因其内容区别于每条别的直线而成为可
以识别的。因此,在自然中不可能出现两个物体同时完全一样和
相等。即使位置上不同的事物也必定表达它们的位置,也就是说
也必定表达它们的周围事物,从而也不能仅仅靠它们的地点或单
单靠一种外在的名义加以区别,像这样的事物被通常理解的那样。
因此,自然中不可能存在有任何一个如他们通常所设想的那样的
物体,他们所设想的物体就像德谟克里特派的原子以及笛卡尔派
的完满的球体(globuli perfecti)一样,而这些东西不是任何别的东
西,而无非是不完全的事物。① 在我对斯特姆的最后答复中,除推

---

① 存在于物质的分析与抽象的分析之间的这样一种区别(在理论上有用,但却
不充分,尽管始终适用于自然),支持着莱布尼茨在理性真理与事实真理之间以及在事
实真理的内涵维度与外延维度之间的区别。现存的实存是具体的,是完全确定的;数
学的和逻辑的实存则只是局部确定的。

证外,我还使用了另外一个无懈可击的证明:在获得充实之后,物质不可能像通常认为的那样仅仅由广延的变形构成,或者如果您愿意的话,仅仅由受动的物质团块构成,便足以充实整个宇宙,在物质中假设存在有某种别的东西显然是必要的,由此我们可以获得一种变化的原则,一种各种现象得以区别的原则;因此,在物质中,除增加、减少和运动外,我们还需要某种变化(alteratione),从而也需要某种异质性。但我并不承认实体本身有任何产生和毁灭。

现在,我来谈谈您的另一封信。当我说即使它是有形的,一个实体也包含无限多台机器,我认为还必须同时添加上它形成了一台由这些机器组成的机器,而且,此外,它还受到一个隐德莱希的驱使,倘若没有这个隐德莱希,这个实体就将不会包含任何一项真正统一的原则。我认为,已经说过的这些内容表明了这种迫使我们承认隐德莱希的显而易见的必要性。而且,倘若我们想要具有实在的存在者和实体,我看不出我们如何能够避免真正的统一。诚然,在这里,力学中所运用的那些随意的统一并不合适,因为它们也能够用于那些表面的实存,诸如那些藉堆集形成的所有存在者(一群禽兽,一支军队),这些存在者的统一来自思想。每个由堆集形成的存在者都是如此;如果您取走了这一隐德莱希,您将找不到任何一种真正的统一性。

严格和确切地讲,或许我们不应当说,原初的隐德莱希驱使作为它自己躯体的物质团块,而应当说:它只是与一种由它所成全的原初的受动的力结合在一起,或者说它只是与之一起构成一个单子的一种受动的力结合在一起。它也不可能影响(influere in)存在于同一个物质团块中的其他隐德莱希或实体。但在现象中,或在作为结果的堆集体中,每一件事物都能够由力学得到解释,而这样一些物质团块被理解为相互推动。一旦派生的力所从出的源泉确定了,也就是说,一旦认定由各种堆集体所形成的现象来自单子的实在性,在这些现象中,我们就只需要考虑派生的力了。

按照我的意见,永远不会出现一种新的自然的有机机制(machina organica nova naturae),因为它始终具有无限多的器官,以至于它能够以它自己的方式表象整个宇宙;事实上,它始终包含着所有过去和现在的时间。此乃每个实体最确定的本性。而且,我还知道:灵魂中所表象的东西也表象着身体;因此,这灵魂也和这台为其赋予生命的机器一样,以及这动物本身,都会与这宇宙一样不可毁灭。由于这一理由,这样的机器是不可能藉任何机械过程组装在一起的,从而它也就不可能为任何机械过程所毁灭。任何一个原初的隐德莱希既不可能自然地产生,也不可能自然地毁灭。至少就我对事物的研究使我认识到的而言,事情不能不如此这般,由于这一理由,我的意见便不是由对"胎儿"形成(formatione foetuum)的无知产生出来的,而是由更为高级的原则产生出来的。

实体本身,由于其被赋予了原初的能动的和受动的力,我将其视为一种不可分的或完满的单子,就像自我或类似于自我的东西,但我并不将被发现是连续变化的派生的力视为单子。但倘若没有真正的一(vere unum),则每个真正的存在者就将被消除。那些由质量和速度产生出来的力,是派生的,属于堆集形成的物体或现象。当我讲到原初的力持续存在时,我指的并不是总体的动力的保存,对此,我们在此前曾经一起讨论过,而是一种隐德莱希,这种隐德莱希不仅表象其他事物,而且也表象这种总体的力。派生的力实际上并非任何别的东西，而无非是原初的力的变形和回声（modificationes et resultationes primitivarum）。

所以，尊敬的先生，您看到了有形实体不可能仅仅由与其抵抗结合在一起的派生的力所构成，也就是说不可能仅仅由不断消逝的各种变形所构成。每一种变形都预设了某种恒久的东西。因此，当您说"让我们设定在物体中除了派生的力外再无任何别的东西"时，我答复说：这样一种假设是不可能的，这里再次出现了将事物的不完全的概念误认为事物的完全确定的概念的错误。

在严格意义上，我并不承认实体相互之间有任何作用。因为我们根本找不到一个单子影响另一个单子的任何理由。但在由各种堆集组合而成的外观（这些外观确实不是任何别的东西，而无非是各种现象，尽管是具有良好基础的和井然有序的现象）中，没有谁会否认碰撞和撞击。同时，我在现象和派生的力中还进一步发现各种物质团块确实并不是像将确定的方向赋予已经在其中存在的力那样将新的力赋予其他物质团块，以至于一个物体藉它自己的力受到驱动而离开另一个物体，而毋宁说是受别的物质团块所驱使的。

各个隐德莱希必定相互之间不同或必定相互之间不完全相同；其实，它们是多样性的原则，因为它们每一个都从它们自己的观点表象着整个宇宙。这正是它们的职责，它们应当成为如此众多的活生生的镜子，或者说如此众多的浓缩的世界。但我们也有权利说，同名动物的灵魂（animalium cognominum Animas），诸如人的灵魂，不是在数学的意义上属于同一个种相，而是在物理学的意义上属于同一个种相，在物理学的意义上，父与子属于同一个种相。

如果您把物质团块设想为包含有许多实体的一种堆集，您也能够设想其中有一个单一的杰出的实体或原初的隐德莱希。至于其他，我在这个单子中或这个简单实体中，完全与一个隐德莱希一起，只安排了一个原初的受动的力，其与这一有机体的整个物质团块相关。位于这一有机体中的其他次要的单子并不构成它的一个部分，尽管它们也是它直接需要的。而且，它们与这一原初的单子相结合，以构成这一有机的有形实体，或是动物或是植物。因此，我作出如下的区分：(1)原初的隐德莱希或灵魂；(2)原初的物质或原初的受动的力；(3)由这两者形成的完全的单子(monada completam)；(4)物质团块或次级物质(Massam seu materiam secundam)，或有机机器，其中，不计其数的次要单子(Monades subordinatae)相互一致；以及(5)动物或有形实体，主导单子(Monas dominans)使其形成一台机器。

　　您怀疑一个单一的简单事物是否经历各种变化。但既然只有简单的事物是真正的事物，其余的则都是藉堆集形成的存在者，从而便都是现象，它们一如德谟克里特所说，是由于约定(νομφ)而存在的，而不是藉本性(φυσει)而存在的，①那就很显然，除非在简单

---

① 德谟克里特(Democritus，约公元前46—约前370)，古希腊原子论的主要代表人物。他认为，原子和虚空是世界的本原，原子的基本规定性是形状、位置和秩序，万物就是由原子在虚空中的运动中产生出来的。在认识论上，他从感觉论的角度提出了"约定说"。他说：感觉"不是按照真理，而是按照意见显现的。事物的真理是：只有原子和虚空。甜是约定的，苦是约定的，热是约定的，冷是约定的，颜色是约定的。"他还说："各种性质都是约定的，只有原子和虚空是自然的"(参阅北京大学哲学系外国哲学史教研室编译：《西方哲学原著选读》，上卷，商务印书馆1981年版，第47、51页)。由此看来，对于德谟克里特来说，"约定"是一个与"自然"相对的概念，"自然"指的是那种依照事物"本性"生成的东西，而"约定"则是那种并非由事物的本性生成的东西，而是由人的共同感觉造成的东西。德谟克里特的"约定说"强调人为的东西(感觉或意见)与"自然"的区分，反对将自然归结为"人的感觉"或"人的意见"，从而论证和捍卫了他的原子论的本体论立场。

事物中存在有变化，在这些事物中便根本不会有任何变化。而且，每一种变化也必定是由外部事物造成的。但正相反，一种内在的变化趋向对于有限实体是本质的，在单子中，任何一种变化都不可能以另外任何一种方式自然地发生。但在现象中或在堆集物中，每一种新的变化都是由碰撞依照各种规律发生的，这些规律部分地是由形而上学规定的，部分地是由几何学规定的，因为各种抽象概念对于科学解释事物是必不可少的。因此，我们将一个物质团块内部的各个单独的部分视为不完全的，而且还认为每个部分都起到了它那一部分的作用，但只有藉所有的结合才能成为完全的。所以，任何一个无论什么样的物体，单独地看，都能够被理解为在努力沿着切线的方向前进，尽管它在一条曲线上的连续不断的运动是作为其他物体压迫的结果出现的，但在一个严格的其本身是完全的并且内蕴着一切事物的实体中，其本身即包含着和表象着这种曲线的结构，因为未来的一切事物都在这一实体的现在状态中被前定下来了。因为存在于实体和物质团块之间的差别之大，与存在于就其自身看的完全事物与我们通过抽象概念接受的不完全的事物之间的差别没有什么两样。正是藉着这样一种抽象概念，我们才能在现象中界定归于物质团块每一部分的作用，能够理性地区别和解释整个现象，有些事情是必定需要一些抽象概念的。

您似乎已经正确地理解了我的学说，理解了无论什么样的每个物体如何表象所有其他的事物以及每一个灵魂或无论什么样的隐德莱希如何表象它的躯体并通过它的躯体表象所有其他的事物。但当您发现了这一学说的充分力量时，您将会发现我所讲过的所有其他观点没有一个不能从中推演出来。

我曾经说过：广延乃可能共存事物的秩序，而时间乃可能的前后不一致事物的秩序。如果事情如此,您说您诧异时间究竟是如何进入所有事物之中的,是如何不仅进入有形事物也进入精神事物的,而广延则只进入有形的事物。我答复说:各种关系在一种情况下和在另一种情况下是一样的,因为每一种变化,无论是物质的变化还是精神的变化,不仅在共存事物的秩序中或在空间中都有它自己的位置,而且在时间的秩序中,也可以说有它自己的位置(sedes)。因为单子虽然并非有广延的事物,但它们在广延中也有一定种类的处境(situs),也就是说,它们通过它们所控制的这台机器,与其他单子具有一种有序的共存关系。我并不认为任何有限的实体都能离开一个躯体而存在,它们因此在与宇宙中其他共存事物的关系中没有一种位置或秩序。[①]有广延的事物包含了许多具有位置的事物,但这些事物是简单的,尽管它们并不具有广延,但却必定在广延中具有一种位置,尽管要像在不完全的现象中那样精确地指出这些位置是根本不可能的。

第七封信[②]

汉诺威,1703 年 11 月 10 日

　　……您似乎想在您自己尚不承认结果的地方得到其原因。因

---

　　①　空间因此是一种现象,但空间性却是单子的各种共存的和同时发生的知觉之间的功能性关系的一个基本方面。

　　②　接下来的 4 封信大部分在重申前面已经提出和阐述的各个论点,但在用语方面更加清晰、机智和鲜明。本信载 G. W. Leibniz: Die philosophischen Schriften 2, Herausgegeben von C. I. Gerhardt, Hildesheim: Georg Olms Verlag, 1978, pp. 257—259,Leibniz: Philosophical Papers and Letters, translated and edited by Leroy E. Loemker,D. Reidel Publishing Company, 1969, pp. 532—533。

此，我们首先必须对"那个"（το öτι）取得一致意见，也就是对事实问题取得一致意见，亦即对每个实体，至少为我们所认知的每个实体是否能够视为能动的这样一个问题取得一致意见。而这是一个能够由现象作出回答的问题。

您认为实体中的抵抗什么也干不了，只不过意味着这个实体在对抗它自己的能动的力。您有这样的想法一点也不奇怪，因为准实体（quasi-substantiis）或物体的物质团块限制了另一个物体强加给它们的速度这样的事情甚至在准实体或物体中也发生。但在那些受到限制的事物中，我们需要一项关于限制的原则，正如我们在活动的事物中需要一项活动的原则一样。

对物体之间的内在差异（intrisecam differentiam inter corpora），您并没有像我的假设那么多地归因于事物本身。但我还添加上来自现象的推证，这一推证的大意是：如果这种差异并不存在，处于充实中的一种物质状态便不能够相互区别，因为等值的东西始终能够相互替换。这首先适合于笛卡尔派，笛卡尔派并不承认物质中有性质和力，而只承认转化，仿佛上帝将一个物体现实放在一个位置，然后再放到另一个位置，然后给予心灵一些随意的感觉，而这些感觉却并不符合这个物体的特性。这尤其适合于马勒伯朗士、斯特姆和其他一些偶因论者，他们将所有的力或活动能力都仅仅归因于上帝，以至于在有形事物本身中根本没有区分的原则。因此，您不同意这两种观点，而和我一样，同意接受派生的力，希望以这种方式使现象的多样性能够得到解释。但您却没有公平对待我的其他证明：派生的力或附属的力只是各种变形，而一种能动的事物不可能成为某种被动事物的变形，各种样式仅仅限制事物而不能增加事物,因为一种变形只是对变化的一种限制,从而不可能包含任何绝对的完满性,因为这种完满性并不存在于它们所限定的事物本身之中。否则,这些偶性便必定会被以实体的方式加以设想,也就是说,会被视为某种自行存在的东西。因此,您必定或是接受我的意见,或是在"误称"(ἀλλόγλωσσον)中避难,您的做法使人想到了或许整个宇宙只是一个实体这样一种观点。在这个意义上使用"实体"这个词,就是在歪曲他人赋予这个词的意义。而且,我也没有看到有任何一个证明能够表明这样一种悖论有成为可能的迹象;如果让我裁决的话,本尼狄克特·德·斯宾诺莎(B. de S.)为这样一种观点所提供的那些证明似乎连证明的影子也没有。此外,即使将"实体"这个语词的讨论撇在一边,您只要承认有包含着不同样式的不同主体或事物也就够了;只要承认了这一点,我所提供的证明,即一个样式只是在限制它的主体,而不是在增加它的主体就依然有效。这就使得下面一点清楚明白了:运动若没有力便是不充分的,而派生的力若没有原初的隐德莱希也是不充分的。

　　为了反驳我的关于一种变化的内在趋向对于有限实体是本质的观点,您说:"凡由一件事物的本性推导出来的东西都以一种不变的样式存在于那件事物之中,至少只要同一个本性持续存在于那件事物之中,就不能将这一样式从那件事物之中取走,因为在这一样式与这件事物的本性之间存在有一种必然的联系。"但由此便会得出结论说:没有任何一件事物就其本性而言是能动的,因为活动在活动着的受造物中,始终是一种变化。对此,我回答说:我们必须在事物的特性与事物的变形之间作出区分:事物的特性是永久的,而事物的变形则是短暂的。凡随一件事物的本性产生出来的东西不

是由它永久地产生出来，就是由它暂时地产生出来，如果是暂时地
产生出来的，不是同时地和直接地产生出来的，就是以某种在先的
变形为中介产生出来的，倘若是同时地和直接地产生出来的，便处
于现在状态中，倘若是以某种在先的变形为中介产生出来的，便处
于未来状态之中。在具有力或被置放进运动中的准实体或物体中，
存在有这样一种影像（imaginem）。如果不设定任何外来的力，则由
以一个给定的速度沿着直线运动的物体的本性便可以推论出：在消
逝了一段给定的时间后它将会达到这条直线上一个给定的点。难
道这就意味着这个物体恒久地达到了这一点吗？所以，请允许我到
原初的趋向中去寻找派生的趋向中必须承认的东西。这种情况就
像是各个系列的数学规律的本性或曲线的本性一样，在那里，整个
进展充分地包含在开始里。自然作为一个整体必定这样；否则，它
就会是荒谬的，与智慧不相称。我甚至连怀疑它的理由的外观也不
曾看到过，除非我们为这样一种不同寻常的景象吓破了胆。……

第八封信①

布伦瑞克，1704 年 1 月 21 日

　　……当我说派生的力只是各种不同的变形，而能动的力则不

---

　　①　本信载 G. W. Leibniz：Die philosophischen Schriften 2，Herausgegeben von
C. I. Gerhardt, Hildesheim：Georg Olms Verlag, 1978, pp. 262—265, Leibniz：
Philosophical Papers and Letters，translated and edited by Leroy E. Loemker,D. Rei-
del Publishing Company, 1969, pp. 533—535。

可能是受动的力的一种变形的时候,您说您似乎弄不懂我这样说的意图究竟何在。难道您不理解所谓变形究竟是什么意思?所谓能动的和受动的究竟是什么意思?同时,在解释我不知道将什么样的模糊不清的东西带进这一证明时,您如此粗心地吹毛求疵地对待我写过的东西,甚至将我根本不曾说过的东西,毋宁说与我所说过的正相反对的东西归于我。例如,您说我否认派生的力是能动的,因为您写道:"因此,我不明白为何这些派生的力不是能动的。"但我远不是在否认它们是能动的,我只是在由它们是能动的却只是一些变形这样一个事实推断出存在有某种原初的和能动的东西,它们只不过是这些东西的变形。

您断言:运动或质量与速度的乘积构成了派生的力。不过,我并不认为运动即是派生的力,而毋宁认为:运动,作为变化,是由这样的力产生出来的。派生的力本身是现在状态,在这一状态下,它趋向或事先包含了一种接踵而至的状态,因为每一个现在都大于未来。但持续存在的东西,就其包含有所有的情况而言,包含着原初的力,以至于原初的力似乎可以说是这一系列的规律,而派生的力则是识别这一系列中某个项的确定的值。

我并不想召回此前的斯宾诺莎,说整个宇宙只存在有一个实体,[①]所以您会谅解我心里想到他,这尤其是因为我常常举他作为

①　在《伦理学》中,斯宾诺莎特别地强调了实体的独一性。他写道:"实体,我理解为在自身内并通过自身而被认识的东西。换言之,形成实体的概念,可以无须借助于他物的概念。""按事物的本性,不能有两个或多数具有相同性质或属性的实体"(斯宾诺莎:《伦理学》,贺麟译,商务印书馆1981年版,第3、5页)。黑格尔在谈到斯宾诺莎的这一哲学立场及其与莱布尼茨的对立时,曾经相当中肯地指出:"这种特殊的东西只是被他堪称绝对实体的变相,本身并没有什么实在的东西;对它作出的事情只是剥掉它

一个例子。

如果就它们是这个或那个具体的物体而言，各种物体并非实体，则它们并非个体实体（substantiae singulares）。这就像说彼得只是就他是一个人是一个实体，或者说这一种相是各种实体，但这些个体却不是。此外，各种物体的总和在这个意义上也不是一个个体实体，因为这无非是所有个体实体的堆集，除非您召来某种别的持续存在的东西，我讲到的这位思想家就是被迫这样作的。而且，这种持续存在的东西之所以是一个实体，也只是因为它也是一个单子。其实，他本来可以在这个宇宙的每个部分中都发现他归于宇宙整体的东西的一种类似。实体不仅是形式上包含着各个部分的各个整体，而且也是卓越地包含着其各个部分的各个总体的事物。①

如果任何一个事物都不能藉它自己的本性成为能动的，那就根本不会有任何一个事物能够成为能动的。因为在一件事物的本

_____

的规定和特殊性，把它抛回到唯一的实体里面去。这是斯宾诺莎不能令人满意的地方。区别是外在地摆在那里，始终是外在的，人们不能对它有任何理解。在莱布尼茨那里，我们将看到把相反的一面、个体性当成了原则；所以说，斯宾诺莎的体系是被莱布尼茨以如此外在的方式成全了。斯宾诺莎的思想的伟大之处，在于能够舍弃一切确定的、特殊的东西，仅仅以唯一的实体为皈依，仅仅崇尚唯一的实体；这是一种宏大的思想，但只能是一切真正的见解的基础。因为这是一种死板的、没有运动的看法，其唯一的活动只是把一切投入实体的深渊，一切都萎谢于实体之中，一切生命都凋零于自身之内；斯宾诺莎本人就死于痨瘵之中。——这是普遍的命运"（黑格尔：《哲学史讲演录》，第4卷，贺麟、王太庆译，商务印书馆1978年版，第103页）。

① 在这里，莱布尼茨突然从数学术语转向经院哲学的术语，从这一系列的规律转向了具有形式的和卓越特性的实体，在这里不应当模糊了一条形而上学的真理——一种决定着它自己的活动和各种被动状态的创造的秩序具有超越这些变化的样式本身的统一性；它即使在获得了类似的空间概念后，也不只是其各个部分的堆集。

性中没有能动性的理由,还能存在有活动性的什么理由呢?但您却补充了一个条件:"一件事物的活动能够始终以同一个样式保持它自身,这件事物便能够藉它自己的本性成为能动的。"但既然每个活动都包含有变化,在其中就必定恰恰有您似乎要予以否定的东西,亦即由这件事物的本性可以推导出来的一种达到内在变化的趋向和一种时间上的连续。

您当然否认"从一件事物的本性推导出仅仅暂时属于它的东西"。您虽然藉三角形的本性来证明这一点,但您并未在普遍本性与特殊本性之间作出区分。从普遍本性我们推导出来的是永恒的结论;而从特殊本性我们推导出来的则是暂时的结论,除非您认为暂时的事物没有任何原因。

您说:"我不明白任何一种连续,就其自身看,能够从一件事物的本性推导出来。"如果我们假设这种本性不是个体的,这实际上就是不可能的。但所有个体的事物都是连续体,或者说都经历着连续,因此您的观点与我自己的观点其实是一致的。在我看来,在事物之中除包含有持续不断的连续的规律本身外,没有任何一件事物是恒久的,而这在个体事物中,也与决定整个世界的那条规律相对应。

此外,您自己也承认在准实体(我是这样称呼它们的)的情况下,从一个运动的物体的本性中我们能够推导出:如果没有任何事物阻止它,它就将在一个给定的时间达到一个给定的点。因此,您也承认暂时的事物是从特殊事物的本性中推导出来的。我不明白您的异议究竟何在。

您说,在一个系列里,如在一个数字系列里,没有任何东西被认为是连续的,那它又是什么呢?我并不是说,每一个系列都是一种时间的连续,而只是说一种时间的连续是一种系列,它与其他系列具有共同的特性:这一系列的规律表明了它在其持续的进展中必定达到之处,换言之,表明了一种秩序,依照这种秩序,当其获得其起点及其进展的规律时它的各项就将持续进行下去,不管这一秩序只是一种本质上的优先,还是兼有时间的优先,都是如此。

我并不赞同您的这个说法:"一个系列的所有各项都是以一种不变的方式包含于其中的。"这种情况只能在一种均衡的系列里以某种方式发生,但却存在有许多包含有极大值、极小值和弯曲点的系列。

当您说"上帝在创世之初只赋予物质以派生的力"时,您已经心照不宣地在物质中设定了原初的力,因为我们理解不了除非通过单子物质还能成为什么,因为它始终是一种堆集,毋宁说它始终是许多现象的结果,除非我们达到了这些简单的事物。

您说:"任何事物都阻止不了具有同一种本性的实体相互作用。"但您知道哲学家毋宁否认同类事物的任何作用。那么,有什么东西能够阻止本性不同的事物相互作用呢?当您解释这一点的时候,您将会看到您的解释阻止了所有有限的实体相互影响,更不用说所有实体在本性上都是不同的这样一个事实了,而且,也没有任何两件事物仅仅在号数上不同。当这样一种事物被设想时,它无非是对这种差异一无所知的心灵的一种虚构,这种心灵或是遮蔽了这种差异或对这种差异置若罔闻。只有一种情况是一个实体直接作用于另一个实体的:这就是无限实体作用于有限实体,这样一种作用在于连续不断地产生或构建它们。因为必定存在有一个这些有限实体为何存在以及它们相互一致的原因,而且,这也必定是由那个自身必然存在的无限实体产生出来的。但如果声称这些实体并非保持不变,而是随着前面实体到来的不同实体始终都是由上帝创造出来的,这就会招致语词之争,因为在事物中根本不存在任何一项更进一步的原则,凭借这样的原则这样一种争论才得以解决。只要这一系列或简单连续转变的规律保持不变,后来的实体就会被视为与在前的实体没有什么两样,这就使得我们相信它们都存在于同一个变化主体或单子之中。一定规律持续存在这个事实蕴含了我们设想其属于同一件事物的所有的未来状态,在我看来,构成持续存在的实体的正在于这样一个事实。

而且,如果有人向我让步,说存在有无限多个感知者,在他们的每一个当中,都存在有一条关于现象进展的固定不变的规律,这些不同感知者感知到的现象相互一致,从而在各种事物中便存在有一个我称之为上帝的共同理由,它既是它们存在的理由,也是它们相互一致的理由,这就是我在物质中所要求的一切,这也就是能够要求的我思的一切。我相信,所有其他的见解和问题都只是由缺乏分析的概念产生出来的,倘若有人认为还能进一步画蛇添足,我将会为此感到震惊。如果我们在争论中始终将其牢记在心,我们就会避开许多无谓的争吵。

您说:"经验教导我们,各种变化在发生,但我们的问题并非经验教导我们的究竟是什么,而是从事物的本性中究竟能够得出什么。"但倘若不预设变化,您就真的以为我不是能够就是应当在自然中证明任何东西吗? 但您却说:"任何经验都没有教导我们各种变化是由内部(ab intrinseco)产生出来的。"可我也不曾依据经验主张这一点。

　　您说:"心灵中活动的样式太过模糊不清。"我则认为它们倒是最清楚不过的;其实,只有它们才是明白的和清楚的。我认为您也赞成至少心灵中的某些东西是来自心灵内部的,或者说它们并不是来自任何别的有限实体的,因此我或许能够推断出:我的意见对于您来说是可以理解的。但您却认为这意味着我已经像公理那样假设心灵中的一切都具有这样的本性。我承认这是我支持的观点,但我并没有视之为理所当然。……

第九封信①

汉诺威,1704 年 6 月 30 日

　　……您继续说:"尽管如此,您的证明也并未使我确信一个数学的物体没有任何实在性,除非在'实在性'这个词中存在有某种模棱两可的东西。因为我以最大的明证性设想这样的物体具有不可计数的特性。"对此,我从两个方面予以答复。首先,由我的原则看,一个数学物体不是实在的,乃一个必然的推论;这也是您极力主张的证明,因为您以最明白的方式设想一个物体是实在的这样一个说法并未确立其实在性。

---

　　①　本信载 G. W. Leibniz: *Die philosophischen Schriften* 2, Herausgegeben von C. I. Gerhardt, Hildesheim: Georg Olms Verlag, 1978, pp. 268—271, *Leibniz: Philosophical Papers and Letters*, translated and edited by Leroy E. Loemker, D. Reidel Publishing Company, 1969, pp. 535—538。

就第一点来说,从一个数学物体不可能分解成原初的成分这样一个事实,我们能够得出结论说它不是实在的,而是某种精神的(mentale)东西,除了各个部分的可能性外,它指定不了任何东西,但各个部分的可能性却不是某种实际存在的东西。一条数学的线,就这个方面而言,就像算术的单元;在这两种情况下,各个部分都只是可能的和完全不确定的。一条线之为可以切割开的多条线段的堆集与一个单元之为可以分割的各个片段的堆集没有什么两样。而且,正如在计数活动中,倘若没有被计算的事物,一个数字并非一个实体一样,没有能动的和受动的实存或运动,数学的物体或广延也同样不是实体。但在实在的事物中,也就是在各个物体中,其各个部分却不是不确定的,就像它们存在于作为精神性事物的空间中那样,而实际上现实地通过各种各样的运动依照自然实际引进的分割和再分割而被指定出来。而且,即使这样的分割进展到无限,它们也依然全都是确定的原初成分或实在单元的结果,尽管它们在数量上无限。不过,确切地讲,物质并非由这些基本的单元组合而成的,而是它们的结果。因为物质或有广延的物质团块不是任何别的东西,而无非是扎根于事物之中的各种现象,就像虹和幻日那样,从而所有的实在性都仅仅属于这些单元。因此,各种现象始终都能够分割成更小的现象,这些更小的现象是其他一些更加敏锐的动物能够观察到的,而我们却永远不可能看到那些最微细的现象。① 实体的单元并非现象的各个部分,而是现象的

———————————

① 莱布尼茨在这里预示了对巴克莱以及其他经验主义者的批判,因为他们这些人企图以"可知觉的最微小的东西"(minima sensbilia)来限制分析;但对于我们必须进行因果分析的任何经验的难题来说,分析都是一种永无止境的任务。

基础。

现在,我们来谈谈尊敬的先生您的异议的根据。您说:"我明白不过地设想到一个数学物体所具有的不可计数的特性。"在同一个意义上,也就是说,在数字和时间的各种特性都可以被设想的意义上,我也承认这一点;这些作为各种秩序或关系的概念仅仅属于可能性和有关世界的永恒真理,从而进一步适合于各种现实事件。但您又进一步说:"我把数学物体设想为不存在于任何别的事物之中,也不为任何别的事物所固有。"我并不承认这一点,除非我们也把时间设想为不存在于任何事物之中,也不为任何事物所固有。倘若您将这种数学物体视为空间,它就必定与时间相关;如果您将这种数学物体视为广延,它就必定与绵延相关。因为空间不是任何别的东西,而无非是各种事物可能在同一时间存在的秩序,而时间也无非是各种事物可能连续存在的秩序。正如物理的物体之相关于空间一样,各种事物的状态或系列也相关于时间。物体和各种事物的系列增加了空间与时间,运动或活动与被动,亦即运动的原则。因为正如我反复提醒您的(尽管您似乎对我的提醒置若罔闻),广延乃对有广延的事物的一种抽象,与数字或杂多一样,也不能被视为实体,它所表达的并不只是某种非连续的东西(亦即与绵延不同),而是某种特殊本性的同时性扩散或重复,或是与同一件事物相等的东西,许多具有同一种本性的事物,这些事物以某种秩序一起存在;在我看来,被说成是有广延的或被扩散的东西正是这种本性。广延的概念因此便是相对的,或者说广延总是某件事物的广延,正因为如此,我们说:一种杂多或一种绵延总是某件事物的一种杂多或一种绵延。但这种被说成是扩散的、重复的和连续的这样一种本性是那种构成一个物理物体的东西,这种本性除藉活动原则和绵延原则外,藉任何别的原则都不可能发现,因为通过现象,我们想不到任何别的原则。至于这种活动和遭受究竟属于什么种类,我们到后面再说。因此,您看到一旦我们开始对各种概念进行分析,我们到最后便总是能够达到我现在所主张的观点。笛卡尔派不理解有形实体的本性,从而达不到真正的原则实在是不足为奇的,因为他们把广延视为某种绝对的、不可分解的、不可言喻的或原初的东西。由于信任他们的感官知觉,或许也为了赢得人们的喝彩,他们满足于止步在他们感官知觉停止之处,即使他们在别的地方也自夸他们在感觉领域和理智领域之间作出了鲜明的区分。

您说:"所谓力,我始终意指的不是实体的东西,而是实体中所固有的东西。"倘若您意指的是易变的力,您的这个说法也是正确的。但当力被视为活动与遭受的原则,从而受到派生的力或是受到活动中暂时的东西的修正时,您从我所说过的话中便足以理解这包含在广延概念的本身之中,而广延概念本身则是相对的,从而依据您自己对有形实体的分析,我们也必定能够得出这样的结论。当我们考虑到对各种单元和实在的堆集或现象的分析时,这一点一如我们在前面所指出的,就更其明白了。

您还进一步指出:"除将力视为它们所从出的基础外,我还一向将它们视为存在于一种外在名称的本性之中。"我更愿意相关于各种派生的力的基础来考察力,就像相关于广延来考察形状一样,也就是说,将派生的力视为一种变形。而且,在我的微积分中,我已经先验地推证出派生力的真正尺度,您从中也可以看出:力乘以它借以活动的时间等于活动,从而力虽然是活动的瞬间因素,但却与随后的状态有关。我常常说到(但却不记得由这种观点得出结论说):除非我们身上存在有某种原初的能动的原则,我们身上便不可能存在有任何派生的力和活动,因为凡偶然的或可变的东西都必定是本质的和恒久东西的变形,从而除其所改变的东西外它便不可能包含任何确定的或实在的东西。因为每种变形都只是一种限定———一种受到改变的事物的形状和一种在改变的事物的派生的力。

您继续说道:"存在于事物之中的这样一种基础或许与您所谓原初的力是一回事,而派生的力正是从中流溢出来的。"我相信这是最真实不过的东西,由此看来,在这个问题上,我们的观点是一致的。

您又进一步补充说:"但对于这些东西,我什么也知觉不到,我的理解力竟如此微弱无力,除非您断言所有其他的变化都是由它们流溢出来的。"但您的过分谨慎从事,反倒伤害了您自己,因为就这个问题所允许的范围而言,您已经理解了这一问题。您这不是在以感觉追求本来只能藉理智才能认知的事物吗?您这不是试图看到声音、听到颜色吗? 其实,您并不赞同我所断言的东西,即各种变化都是由它们产生出来的,难道您认为认识到这一点完全无关紧要吗?

不过,考虑到活动的这项原则是最好懂的这一点至关紧要,因为其中存在有某种与存在于我们身上的东西相似的事物,亦即知觉和欲望。因为事物的本性是到处一致的,而我们的本性不可能无限地区别于构成整个宇宙的其他单纯实体。实际上,只要细心地思考这一问题,我们便可以说,世界上除简单实体外根本不存任何事物,而在这些单纯实体中,除知觉和欲望外也根本不存在任何事物。不过,物质和运动与其说是实体或事物,不如说是有知觉能力的存在者的现象,而各种现象的实在性即在于有知觉能力的存在者同他自身(在不同时间)与其他有知觉能力的存在者之间的和谐一致。

当笛卡尔和其他人说"所有的有形存在者只有一个实体"时,它们意指的是一种类似的本性,在我看来,他们意指的并不是所有的物体一起构成了一个实体。毫无疑问,这样一个事实便表明整个世界只是一种堆集,就像一群禽兽或一台机器一样。

我曾经说过:瞬息万变的各种事件都是由各种特殊事物产生出来的。您说您并不反对这种看法,但特殊事物如何区别于共相以及为何瞬息万变的各种事件是由前者产生出来的而不是由后者产生出来的依然需要解释。但如果我没有弄错的话,各种特殊事物的本质的秩序与时间和空间的确定的部分是一一对应的,而各种共相则是心灵从这些特殊事物中抽象出来的。

最后,您又补充说:"各种特殊事物相互作用,从而遭受有关各种活动的变化。这种情况如何能够藉并不相互作用的实体得到解释呢?这实在让我大惑不解。"您的这个说法针对的似乎是我的关于不能相互作用的简单实体之间前定和谐这种意见。但它们本身确实产生了一种变化,即使从您自己的观点看,这样一种情况的发生也是必然的。因为您在前面承认各种力或各种活动存在有一种内在的基础,因此,我们便必须承认存在有变化的一种内在原则。而且,除非我们承认这一点,那就根本不会存在有变化的任何自然原则，从而也就不会存在有任何自然的变化。因为如果变化的原则外在于一切事物而不内在于任何事物，那就根本不会存在有任何事物，我们因此也就必须与偶因论者一起回到上帝，把上帝作为唯一的活动主体。因此，变化的原则乃真正内在于所有简单实体之中的东西，因为根本没有它应当存在于这一个简单实体而不是存在于另一个简单实体之中的任何理由，而它则在于每个单子中各种知觉的进展，除此之外，各种事物的整个本性并不包含任何东西。您看到了当我们达到了那些显然既必要又充分的各项原则后，这个问题变得多么简单，以至于倘若添加任何更进一步的东西，似乎不仅显得多此一举而且还会显得前后矛盾，从而根本无需作任何解释。超出这些原则，追问简单实体中存在有知觉和欲望可以说是在探究某种超凡脱俗的东西，也就是在要求上帝对他为何意欲种种事物成为像我们设想的那样的种种理由。

为了以重复您自己的话语的方式开始我借以建立各点的推理，在我的答复中，我一直不得不显得比较啰嗦一些。因为我已经注意到，更早些时候，当我们更为自由地写作的时候，我们几乎忘掉了在证明过程中此前经历的东西，有时又偏离正题，转到了其他问题上去，这样一种岔开有时是缺乏耐心的无意识的标志。至于其他，我们两个共同的尊贵的朋友约翰·伯努利曾经说到您的健康状况并非处于最佳状态；他本人也几乎没有从大病中痊愈。这令我黯然悲伤。我多多受惠于您的思想，盼望依然能够从中取得许多丰硕的成果。因此，我认为您急需心情放松、加强活动，简言之，您需要一种适合于您的身体状况的饮食起居习惯。这样一种饮食起居习惯是治愈慢性疾病和无序生活的真正的灵丹妙方，尽管我们为不良习惯和繁忙事务所累,往往将这样一种良好的饮食起居习惯置之脑后,弃之不顾。

第十封信[①]

汉诺威,1706 年 1 月 19 日

您有理由对从我这里获得我能给予您毫无希望接受的东西感到失望,也对从我这里获得我既不希望也不欲求为我自己发现的东西感到失望。学者们通常不仅追求超凡脱俗的事物,而且还追求理想化的东西或乌托邦的东西。杰出的法国耶稣会士图尔纳米在这方面给我提供了一个卓越的典范。总体而言,他认可我的普遍前定和谐系统,在他看来,我的这个系统似乎为我们知觉到的存在于灵魂与身体之间的一致提供了理由,但他却又说到他依然希望更进一步,这就是去认知这两者之间的结合,他坚持认为这两者之间的一致与这两者之间的结合不同。我则答复说:对这种形而上学的"结合",我不知其为何物,学院派所设想的与它们不一致的那种结合并不是一种现象,从而既不存在任何有关概念,也不存在任何有

---

① 本信载 G. W. Leibniz: *Die philosophischen Schriften 2*, Herausgegeben von C. I. Gerhardt, Hildesheim: Georg Olms Verlag, 1978, pp. 281—283, *Leibniz: Philosophical Papers and Letters*, translated and edited by Leroy E. Loemker, D. Reidel Publishing Company, 1969, pp. 538—539。

关知识。因此,我也想不出对于这种一致能够提供出什么理由。[①]

　　我担心力具有这样一种本性:它一方面被认为存在于广延或物质团块之中,另一方面却又被认为处于有知觉能力的存在者及其知觉之外。因为在自然中除各种简单实体以及由它们产生的各种堆集外,根本不可能存在有任何实在的事物。但在简单实体本身中,除各种知觉或它们存在的各种理由外,我们一无所知。倘若有人设定有更多的东西,他就必须拿出各种标志,凭借这些标志,各种额外的本性便可以得到证实和解释。我认为这已经得到了推证,我曾不止一次地指出了这一点,尽管我尚不能以这样的方式井然有序地安排一切,以至于能够轻而易举地将这样一种推证呈现到其他人的面前,实体的现在状态孕育着它的未来状态,反之亦

────────────

　　①　尽管莱布尼茨在这里对德·沃尔达所提出的现象之间的"一致"与"形而上学的结合"的"区别"并未有充分的意识,但到了1712年,当耶稣会神学家和数学家德斯·博塞斯(Bartholomew des Bosses,1668—? 1728/1738)在阐释有形实体概念中重新提出"形而上学的结合"问题时,莱布尼茨便充分意识到了这个问题的意义和价值,从而比较系统地提出并阐释了他的"实体链"(vinculum substantiale)思想。他强调指出:"倘若没有任何形成一体的实体(substantia uniquae),那就只有它们存在。倘若没有这种单子的实体链(vinculum substantiale),所有的物体,连同它们所有的性质,就将不是任何别的东西,而无非是有良好基础的现象(phaenomena bene fundata),就像一道彩虹,或镜子里面的一个影像,简言之,就像一个相互之间完全一致的持续不断的梦,现象的实在性就仅仅在此"(G. W. Leibniz: Die philosophischen Schriften 2,edited by C. I. Gerhardt, Hildesheim: Georg Olms Verlag, 1978, pp. 435—436)。凭借"实体链"这一术语,莱布尼茨将他的单子主义和他的现象主义连成了一体,将他的单纯实体学说与他的复合实体学说连成了一体。因此,"实体链"术语的提出和阐释,不仅是他的有形实体学说的系统化,而且也是他的整个实体学说的系统化,从而可以视为莱布尼茨后期形而上学探索中取得的一项重大成就。与"实体链"的"链"相对应的拉丁词是vinculum,其含义有"束带"、"绳索"、"桎梏"、"枷锁"、"图圄"、"结构"和"和谐"等。令人遐想,耐人寻味。

然,这对于实体是本质的、不可或缺的。在任何别的地方都发现不了力,都发现不了向新的知觉转变的基础。

　　由我已经说到的上述观点看,很显然,在现实的物体中,只存在有一种不连续的量,也就是许多单子或许多简单实体,虽然在任何一个可感觉的堆集中或一个与各种现象相对应的堆集中,其量都有可能大于任何一个既定的数字。① 一个连续体,一方面,包含有许多不确定的部分,另一方面,在现实的事物中却不存在任何不确定的事物,在其中凡能够被分割的都被现实地分割了。各种现实的事物被组合而成就像一个数字由许多单元(亦即"一")组合而成那样,各种观念事物组合而成就像一个数字由各个片段组合而成那样;各个部分现实地存在于一个实在的整体中,而不是存在于一个观念的整体中。但当我们在可能事物的序列中寻找各个现实的部分,在现实事物的堆集中寻找各个不确定的部分时,我们便混淆了观念的实体与实在的实体,使我们自己陷进了连续体的迷宫(labyrinthum continui),陷进了无可解释的矛盾。同时,关于连续事物的知识,亦即关于各种可能事物的知识,包含着各种永恒的真理,对于这些真理,现实的现象是永远不会违背的,因为其间的差别永远小于任何给定的可以指出的数量。而且,在各种现象中,除了它们之间相互一致以及它们与永恒真理也相互一致外,我们并不希望、也不应当希望任何别的实在性的标志。……

---

　　① 因此,"无限性"根本没有任何可以应用到相互分离的现存的各种存在者上面的经验意义,而只有一种不确定的连续性的意义。另一方面,数学的连续性却适用于可能性事物的领域。参阅 *Leibniz*: *Philosophical Papers and Letters*, translated and edited by Leroy E. Loemker, D. Reidel Publishing Company, 1969, p. 514。

论物体和力

——反对笛卡尔派①

　　我尚未出版过任何一部著作来反对笛卡尔的哲学,尽管在莱比锡的《学者杂志》上以及在法国和荷兰的杂志上到处都可以发现我所勾勒的梗概,由于这些梗概,我已经使得我与笛卡尔哲学的不合沸沸扬扬、路人皆知了。毫无疑问,笛卡尔派将物体的本质仅仅置放到广延之中。② 但即使与亚里士多德和笛卡尔一致,且反对德谟克里特和伽森狄,我不承认虚空,即使我反对亚里士多德,而

---

　　① 本文写于 1702 年 5 月。原载格尔哈特所编《莱布尼茨哲学著作集》第 4 卷。原文为拉丁文。阿里尤和嘉伯将其英译出来,加上上面这个标题,收入其所编译的《莱布尼茨哲学论文集》中。

　　汉译者据 G. W. Leibniz: *Philosophical Essays*, edited and translated by Roger Ariew and Daniel Garber, Hachett Publishing Company, 1989, pp. 250—256 和 G. W. Leibniz: *Die philosophischen Schriften* 4, Herausgegeben von C. I. Gerhardt, Hildesheim: Georg Olms Verlag, 2008, pp. 393—400 将该文译出。

　　② 在《哲学原理》中,笛卡尔强调指出:"每个实体都有一个主要属性,例如,思想即是心灵的属性,广延即是物体的属性。"他还写道:"虽然任何一个属性都足以使我们知道存在有一个实体,但每个实体却只有一个主要的特性,这一特性构成了它的本性或本质,而所有别的特性都与之相关。例如长、宽和高的广延即构成有形实体的本性,而思想则构成了思想实体的本性。因为凡能够归诸物体的一切都预设了广延,而且也都只是有广延的事物的一种样式。同样,我们在心灵中发现的全部特性也都只是思想的不同样式。"参阅 Rene Descartes, *Principles of Philosophy*, translated by Valentine Rodger Miller and Reese Miller, Dordrecht: D. Reidel Publishing Company, 1983, pp. 23—24。

与德谟克里特和笛卡尔相一致,我将所有的稀疏或稠密仅仅视为表面的东西,我还与德谟克里特和亚里士多德相一致,而与笛卡尔相反,认为在物体中存在有某种超越受动的东西,也就是某种抵抗渗透的东西。再者,与柏拉图和亚里士多德相一致,而与德谟克里特和笛卡尔相反,我承认物体中有一种能动的力或隐德莱希。因此,在我看来,亚里士多德将自然界定为运动和静止的原则是正确的,其所以如此,并不是因为我认为任何物体都能够自身运动,或者因诸如沉重一类的性质而进入运动状态,除非它已经处于运动状态之中,而是因为我相信每个物体都已经具有动力,其实也就是具有现实的内在的运动,这种内在的运动是各种事物从一开始即具有的。不过,我也赞同德谟克里特和笛卡尔的观点,而反对许多经院哲学家,认为动力的实施(potentia motricis)和物体的各种现象,除运动规律的原因本身外,始终都能够藉力学得到解释;这是因为运动规律的原因本身来自一项更高级的原则,亦即来自隐德莱希,而不可能仅仅来自受动的物质团块(massa)及其变形。

但为使我的观点能够更好地得到理解,使我的各种理由变得显而易见,我首先将谈谈为何我相信物体的本性不可能仅仅在于广延这个问题。在解析广延概念时,我注意到广延是相对于某种必须延展开来的东西(extendi)而存在的,而这则意味着某种本性的扩散或重复。因为每一种重复(或同类事物的集合)如果不是离散的,就是连续的;例如在被计数的事物中,其重复就是离散的,在这里,整个堆集的各个部分是相互区别的;在其重复是连续的事物中,其各个部分是不确定的(indeterminatae),人们能够以无限多的方式获得各个部分。再者,存在有两种连续,一种是前后相继的

(successiva)，时间和运动的连续性就是这样，另一种是同时的（si-multanea），也就是说，它是由共存的各个部分构成的，空间和物体的连续性就是这样。实际上，正如在时间中，我们能够设想的无非是能够在时间中所发生的各种变化的秩序（dispositionem）或系列本身，我们在空间中所理解的也无非是各种物体的可能的秩序。因此，当空间被说成是有广延的时候，我们对这种说法的理解就和我们把时间说成是绵延，把数字说成是被数的事物一样。其实，时间并未给绵延增加任何东西，空间也没有给广延增加任何东西，正如前后相继的变化存在于时间之中一样，在能够同时延展（diffundi）的物体中也存在有各种不同的事物（varia）。因为既然广延是一种连续的和同时的重复（正如绵延是一种前后相继的重复），那我们便可以得出结论说：任何时候，只要同一个本性通过许多事物同时扩散，例如，延展性、特别重或黄色存在于黄金中，白色存在于白银中，抵抗性或不可入性普遍存在于物体中，广延则被说成是占有空间。不过，我们也必须承认，颜色、重量、延展性以及仅仅存在于现象中的同质的类似事物都只是一些显而易见的东西，从而在物体的最微细的部分发现不了。因此，只有通过物体而扩散的具有抵抗能力的广延才根据严格的考察保持了这一名称（hoc nomen）。由此看来，很显然，广延并非一个绝对的谓词，而是相对于有广延的或被扩散的事物而言的，从而不可能脱离被扩散的事物的本性而存在，这就和一个数字不可能脱离被数的事物而独立存在一样。因此，那些将广延视为存在于物体之中的某种绝对的和原初属性的人，含混不清，语焉不详，由于分析方面的缺陷而犯了错误,在所谓隐秘的质①中避难(他们在其他方面也受到其他的谴责),仿佛广延是某种不可解释的东西似的。

现在,您问:其扩散构成物体的那种本性究竟是什么东西?我们已经说过,毫无疑问,物质在于抵抗的扩散。但按照我们的观点,在物体中,除广延外,还存在某种别的东西,人们便可以进一步追问:这种东西的本性究竟是什么?因此,我们说,它不在于任何别的东西,而无非是一种动力,或者说是变化和持续存在的一种内在原则(ἐν τῷ δυναμιχῷ seu principio mutationis et perseverantiae)。由此,我们还可以得出结论说:物理学所运用的是来自两门其处于从属地位的数学科学的各项原则,即几何学和动力学(Dynamices)的各项原则。(我已经允诺对这两门科学中的后一门科学的原理作出阐释,但迄今为止,尚未取得令人满意的结果。)再者,几何学本身,或者说广延科学(scientia extensionis),反过来又从属于算术,因为一如我在前面所说,在广延中,存在有重复或复多;动力学从属于形而上学,而形而上学则是一门处理因果关系的学问。

再者,物体中的动力或力(τὸ δυναμικὸν seu potentia in corpore)有两种:其中一种是受动的,另一种是能动的。严格说来,受动的力(vis passiva)构成的是物质或物质团块(Massam),能动的力(vis activa)构成的则是隐德莱希或形式。受动的力是抵抗本身,凭借受动的力,一个物体不仅抵抗穿透,而且还抵抗运动,同时由

---

① "隐秘的质"(qualitates occultas)是西方中世纪自然哲学中的一个重要术语。其根本思想在于将事物的"共相"、"形式"或"本性"视为隐藏在事物属性的背后却又决定或制约着事物属性的"质",从而用事物的这样一种"隐秘的质"来解释事物所具有的种种属性。详见前面有关注释。

于这样一种抵抗,便使另一个物体不可能进入它的位置,除非这个物体从这个位置撤了出来,如果不以某种方式减慢这个强有力的物体的运动,它就将达不到这一步。因此,一个物体总是极力坚持其先前的状态,不仅在它不会自行离开这一状态的意义上是如此,而且在其抵抗(repugnet)改变这一状态的物体的意义上也是如此。因此,物质中存在有两种抵抗和物质团块(Resistentiae sive Massae):其中第一种是所谓的反抗型式(Antitypia)或不可入性(impenetrabilitas),第二种是抵抗(resistentia),或如开普勒所说的物体的自然惰性(inertiam naturalem),笛卡尔在他的信件的某个地方也承认这种东西,他们是从下述事实看到这种东西的:只有通过力,物体才能接受新的运动,而且只有通过力,物体才能够抵抗压迫它们并且削弱它们的力的那些东西。① 如果在物体中除广延外,没有动力或运动规律的原则,这种情况便不会发生,这就使得力的量不可能增加,且一个物体也不可能受到另一个物体的推动,除非它与它的力相对抗。再者,物体中的这种受动的力到处都是一样的,且与其大小成正比。因为即使一些物体比另一些物体

---

① 莱布尼茨在其于 1699 年致德·沃尔达的信中就曾经指出:"在您来信的一些地方,我已经注意到,您说到笛卡尔遵照开普勒的榜样,也承认物质中存在有惰性(inertiam)。……物质的抵抗包含着两种因素:不可入性或反抗型式(antitypiam)以及抵抗或惰性。而且,既然这两种因素在一个物体中到处都相等,或者说与其广延成正比,我便将被动原则的本性或物质的本性置于这两种因素之中,甚至如我所承认的,置于以各种不同方式通过运动自身实现出来的能动的力之中,置于原初的隐德莱希之中,简言之,置于某种类似于灵魂的东西之中,这些类似于灵魂的东西的本性在于它藉以毫无阻碍运行的同一个变化系列的某种持久的规律。"参阅 G. W. Leibniz: *Philosophical Essays*, edited and translated by Roger Ariew and Daniel Garber, Hachett Publishing Company, 1989, pp. 172—173。

的密度大些,这也只是因为前者的小孔在更大的程度上为属于这一物体的物质所充实,而另一方面,其他密度较小的物体具有海绵状的构造,以至于其他的物体具有精细的物质,这也不能被视为这些物体的部分,既不会跟随也不会等待它们的运动,使之得以在它们的小孔中滑行。

人们通常将绝对意义上的力称作能动的力(vis activa),但能动的力不应当被视为经院派的简单的和公共的能力(potentia)①或活动的接受能力(receptivitas actionis)。毋宁说,能动的力蕴含着一种趋于活动(ad actionem)的一种努力(conatum)或一种奋斗(tendentiam),②以至于即使没有某些别的物体推动它,它也能产

① 早在 1694 年莱布尼茨就在《形而上学勘误与实体概念》一文中将他的“能动的力”的概念与经院哲学的“能力”概念作出了明确的区分。他写道:“‘力’,德语称之为 Kraft,法语称之为 la force,为了对力作出解释,我建立了称之为动力学(Dynamices)的专门科学,最有力地推动了我们对真实体概念(veram notionem substantiae)的理解。能动的力(vis activa)与经院派(scholis)所熟悉的能力(potentia)不同。因为经院哲学的能动的能力(potentia activa)或官能(facultas)不是别的,无非是一种接近(propinqua)活动(agendi)的可能性,可以说是需要一种外在的刺激,方能够转化成活动(actum)。相形之下,能动的力则包含着某种活动或隐德莱希,从而处于活动的官能与活动本身的中途,包含着一种倾向或努力(connatum)。因此,它是自行进入活动的,除障碍的排除外,根本无需任何帮助。”参阅 G. W. Leibniz: Die philosophischen Schriften 4, Herausgegeben von C. I. Gerhardt, Hildesheim: Georg Olms Verlag, 2008, pp. 469—470。

② “努力”这个词对应的拉丁文是 conatus。它在西方近代哲学史上,是一个相当重要的概念。斯宾诺莎曾经将其称作事物的“现实本质”、“意志”和“冲动”(参阅斯宾诺莎:《伦理学》,贺麟译,商务印书馆 1981 年版,第 99—100 页)。莱布尼茨则更喜欢称之为“隐德莱希”、“活动”或“力”。在《神正论》中,莱布尼茨指出:“关于形式起源(l'origine des formes)的哲学争论也进入了这场关于人的灵魂起源的神学争论之中。亚里士多德和他身后的经院哲学将作为一种活动原则且在活动者身上所发现的东西称作形式。……这位哲学家还给灵魂起了一个总体名称‘隐德莱希’(d'entéléchie)或活

生出活动。① 而且，隐德莱希之为隐德莱希正在于此；从这个意义上讲，经院派对隐德莱希的理解是不充分的。因为这样一种力内蕴有活动（actum），并不局限于纯粹的官能（facultate nuda），即使它并不总是能够实现它极力趋向的活动，无论什么时候，只要遇上了一种障碍，这种情况无疑便会发生。再者，能动的力有两种：一种是原初的，一种是派生的，也就是说，不是实体性的，就是偶性的。原初的能动的力（vis activa primitiva），亚里士多德称之为第一隐德莱希，人们统称之为一个实体的形式，是另一种自然的原

———————

动（d'acte）。隐德莱希这个词显然来自其意思为'完满'（parfait）的希腊词，因此，著名的艾尔莫拉奥·巴尔巴罗依照这个拉丁词的字面意义将其表达为'完成'（perfectihabia）。因为活动乃潜能的实现。……我在别处已经证明，隐德莱希这个概念是不可以受到鄙视的，由于其持久不变，它就不仅自身拥有一种纯粹的活动能力，而且还具有人们称之为'力'（force）、'努力'（effort）、'追求'（conatus）的东西，只要不受阻碍，活动便能从中产生出来。能力（la faculté）只是一种属性（attribut），有时又是一种样式（un mode）。但力，当其并非实体本身的一种成分（也就是说，它不是原初的而是派生的力）时，便是一种性质，它区别于并且独立于实体。我还曾经指出，人们何以能够假设灵魂是一种原初的力，它藉派生的力或性质变型或改变，并且在各种活动中实施出来"（参阅 Leibniz, *Essais de Théodicée*, GF Flammarion, 1969, pp. 151—152。也请参阅莱布尼茨：《神正论》，段德智译，商务印书馆 2016 年版，第 251—252 页）。莱布尼茨的"努力"概念很可能是从霍布斯那里直接借用过来的。与笛卡尔一味拘泥于机械运动甚至将动物视为"自动机器"不同，霍布斯将"努力"视为其运动学说的一项基本原则。按照霍布斯的说法，所谓"努力"即是"在比能够得到的空间和时间少些的情况下所造成的运动；也就是说，比显示或数字（*by exposition or number*）所决定或指派给的时间或空间都要少些；也就是说，通过一个点的长度，并在一瞬间或时间的一个节点上所造成的运动"（参阅 Thomas Hobbes, *Concerning Body*, John Bohn, 1839, p. 206）。"努力"概念是霍布斯物体哲学的一个重要亮点，但其明显地具有机械论性质。莱布尼茨则在很大程度上剔除了霍布斯这一概念中的机械论意蕴。

① 《象传》讲："象曰：天行健，君子以自强不息。……象曰：地势坤，君子以厚德载物。"宋代大儒陆九渊说："东海有圣人出焉，此心同也，此理同也；西海有圣人出焉，此心同也，此理同也；南海北海有圣人出焉，此心同也，此理同也；千百世之上有圣人出焉，此心同也，此理同也；千百世之下有圣人出焉，此心同也，此理同也。"此言不诬也。

则,与物质或受动的力一起构成了有形实体。这种实体当然是一种自行存在的实体,而非许多实体的一种纯粹的堆集,因为在一个动物和一群动物之间存在有重大的差别。还有,这种隐德莱希或者是一个灵魂,或者是某种与灵魂相类似的东西,并且总是能够使某个有机的躯体活动起来(actuat),这些有机躯体如果孤立地看,脱离了灵魂来看,则并非一个实体,而是许多实体的一种堆集,简言之,是一台自然的机器。

再者,一台自然机器(Machina naturalis)对于一台人造机器(Machina artificiali)具有巨大的优越性,在展现无限造主的标志的同时,它也是由无限多个仅仅缠绕在一起的各种器官构成的。正因为如此,一台自然机器永远不可能受到绝对的破坏,正如它永远不可能绝对地开始一样,而只有减少或增加,收敛或展开,在一定程度上始终保持着实体本身,不过,在自行保存某个生命(vital-itatis)等级的同时,或者如果您愿意,在自行保存某个等级的原初活动(actuositatis primivae)的同时,也不断地变形或转化。因为人们用来言说有生命事物的东西必定也能够用来类比地言说那些严格说来并非动物的事物。① 不过,我们也必须承认理智或更高

①　类比法也是中世纪哲学家托马斯·阿奎那常常使用的方法。在托马斯·阿奎那看来,由于我们不可能藉理智认识到上帝的本质,所以我们便只能藉类比来言说上帝。他写道:“从我们已经言说到的看来,事情只能是:言说上帝和受造物的名称既不是单义地也不是多义地称谓的,而是类比地(analogice)称谓的,也就是说,是根据达到某个事物的秩序和关系称谓的。这能够以两种方式发生。在一种方式下,这种情况是就许多事物关涉到某一件事物而言的。例如,当谈到健康时,当这个主体是健康的时候,我们就说一个动物是健康的,医药是就它的原因而言是健康的,食物则是就它的保存是健康的,尿则就其作为标志而言是健康的。在另一种方式下,由两件事物的秩序和关系而获得的类比,并不是就别的事物而言的,而是就它们中的一个而言的。例如,存

级的灵魂（他们也被称作精神），他们不仅作为机器受到上帝的统
治，而且也作为臣民受到上帝的统治，①他们并不遭受根本性的变

在之被用来言说实体和偶性，则是就偶性与实体相关而言的，而不是就实体和偶性相
关于第三件事物而言的。然而，用来言说上帝和事物的名称却不是就类比第一种方式
类比地说到的，因为我们因此而必须指出先于上帝而存在的某种东西，而是就第二种
模式类比地说到的"（参阅 Saint Thomas Aquinas, *Summa Contra Gentiles*, V. 1,
translated by Anton C. Pegis, University of Notre Dame press, 1975, pp. 147—148,
也请参阅托马斯·阿奎那:《反异教大全》，第 1 卷，段德智译，商务印书馆 2017 年版，第
196—197 页）。与托马斯·阿奎那主要着眼于受造物与上帝的类比不同，莱布尼茨侧
重的则是有机物与无机物的类比。因此，如果说阿奎那的类比法具有明显的神学性
质，莱布尼茨的类比法则明显地具有有机论的性质。

　①　关于心灵或精神的特殊地位问题，亦即上帝和心灵或精神的君臣关系，一直
受到莱布尼茨的强调。在《形而上学谈》第 36 节，莱布尼茨就写道:"只有心灵才是按
照他的形象造出来的，似乎可以说和他是一个族类，或者说是他的家族的孩子。因为
只有他们能够自由地服侍他，并且有意识地（avec connaissance）仿效神的本性行
动。……也正是由于这一点，他使他自己成为人，也乐意蒙受拟人化的苦难（qu'il veut
bien souffrir des anthropologies），同我们建立一种社会关系，宛如君王和臣民一样。"莱
布尼茨在《基于理性的自然与神恩的原则》第 15 节中，又进一步明确指出，精神（心灵）
之所以能够与上帝一起进入一个社会，最根本的就在于精神（心灵）有"理性"，能够掌
握"永恒真理"。他写道:"所有的精神，不论是人类的还是天使的，都能凭借理性和永
恒真理，与上帝一起进入一个社会，成为上帝城邦中的成员，也就是说，成为由最伟大
和最贤明的君主所建立和统治的最完满国度的成员。"在《单子论》第 83—84 节中，莱
布尼茨又指出:"一般灵魂只是反映受造物宇宙的活的镜子，而精神（les Esprits）则又
是神本身或自然造主的形象，能够认识宇宙的体系，还能够以宇宙体系为建筑原型来
模仿其中的一些东西，每个精神在它自己的领域内颇像一个小神。正是这一点使精神
能够与上帝一起，进入一种社会关系，从而上帝与精神的关系，不仅是一个发明家与他
的机器的关系（如同上帝对其他受造物的关系），而且也是一位君主与他的臣民的关
系，甚至还是一个父亲与他的子女（ses enfans）的关系。"亚里士多德从伦理学的角度，
也用家庭关系来比喻过政体中的君臣关系。他写道:"在不同的家庭中，作为样板也可
以看到与政体相同之点。父亲对儿子的关系就类似于君主对臣民的关系。父亲所关
心的是儿子，所以荷马把宙斯称为父亲。一个王国愿其君主与父亲一般"（亚里士多
德:《尼各马可伦理学》，VIII,9,1160b 24—26）。但莱布尼茨却进一步从宗教神学和形
而上学的角度处理上帝与心灵或精神的"家庭关系"或"社会关系"问题。

化,而其他的有生命的事物则遭受这样一种变化。

一些人将派生的力称作动力(impetum)、努力(conatus)或奋斗(tendentia),这种力可以说是趋向某种确定运动的东西,从而,它可以说是原初的力或活动原则藉以变形的东西。我已经表明派生的力在一个确定的物体里,其量并不是守恒的,但其总数却是守恒的,不过它可能被分散到许多事物当中。同时,派生的力也不同于运动本身,运动本身的量并不守恒。而且,这种派生的力是一个物体在碰撞中所接受的效果,凭借着这样一种效果,被抛掷的物体(projecta)均保持它们的运动,根本无需任何新的推动,伽森狄藉在一条船上所进行的卓越的实验也证明了这一点。[①] 因此,一些人认为这些被抛掷的物体是由于气的缘故才保持它们的运动,这显然是错误的。[②] 再者,派生的力区别于活动(Actione),只是与瞬

---

① 参阅伽森狄:《关于由运动物体所赋予的运动的三封信》,载 *The Selected Works of Gassendi*, ed. And trans. By Craig B. Brush, New York, 1972。

② 亚里士多德认为强制的运动要求有一个推动者连续在场,他的这样一种观点使人难以明白一支箭在其离开弓之后究竟如何能够继续向前运动。亚里士多德及其追随者认为,由在媒介中运动的物体所建立起来的这些趋势能够用来解释碰撞物体运动的连续性。亚里士多德指出:"如果一切被推动的物体都是被某物所推动(当然,自己运动自己者不在此列),那么,有些事物,譬如被抛掷的东西,在它们的推动者与它们不再接触时是如何继续被推动的呢? 如果推动者同时还在推动另外的事物,例如气,而这个被推动的物体依然能够运动,则当最初的推动者不再与它接触或不再推动它时,它也就同样地不能受到推动了;相反,一切被推动的物体必定同时受到推动,而且在最初推动者停止运动时,它们又同时停止受到推动,即使最初推动者磁石般地使它已然推动了的物体继续运动,情形也是如此。因此,我们必定可以说:是最初推动者使本性上既能运动也能受到推动的气、水和其他某种类似的东西成为运动者;但这类东西并不同时停止运动和受到推动,而是在最初推动者停止推动它的同时它便停止了受到推动,但却依然在运动;所以,它是在推动着另外某个接续着它的东西。对于这后一个东西,道理也是一样。"参阅亚里士多德:《物理学》,VIII,10,266b 27—267a 10。

间的活动区别于连续的活动相像。因为在第一瞬间便已经存在有
力，而活动则要求时间的过渡，以至于活动成为力与时间的乘积，
当考虑到一个物体的每个部分时，事情便是如此。因此，活动与一
个物体的大小、时间和力（virtutis）都成正比，即使笛卡尔所说的
运动的量也只是由速度和一个物体的大小的乘积来测度的；力与
速度根本不同，对这一点，我马上就会讨论。

　　再者，许多事物都迫使我们将能动的力置放进物体之中，尤其
是表明各种运动存在于物质之中的那种经验本身。虽然从根源上
讲，它们应当归因于上帝这个事物的普遍原因，不过直接地看，就
特殊的情况看，它们还是应当归因于上帝置放进事物之中的力。
因为说在创造活动中，上帝将一种活动规律赋予了各种物体，这等
于什么也没有说，除非它在同时赋予了它们某种东西，凭借这种东
西，这种规律就会接踵而至；否则，他自己就总得以超常的方式来
实施这一规律。但实际上他的规律非常灵验，它也使各种物体非
常灵验，也就是说，它赋予了各种物体一种固有的力（vim
insitam）。还有，我们必须将派生的力和活动视为某种模式
（modale）的东西，因为它容许变化。但每一种模式都是由某种持
续存在的东西组成的，也就是由某种更绝对的东西组成的。正如
形状是受动的力或有广延的物质团块的一种限制或变形一样，派
生的力以及致动的活动（actioque motrix）也同样是一种变形，不
是某种纯粹受动的东西的变形（否则这种变形或限制就将比所限
制的东西内蕴有更多的实在性），而是某种能动的东西的变形，也
就是说，是一种原初的隐德莱希（entelechiae primitivae）的变形。
因此，派生的、偶性的或可以变化的力将是原初的力（virtutis

primitivae)的一种变形,这种原初的力对于每一个有形实体都是本质的,都持续存在于每一个有形实体之中。因此,既然笛卡尔派根本不承认物体中存在有任何能动的、实体性的和可变动的原则,他们也就被迫从物体中排除掉所有的活动(actionem omnem),从而将所有的活动统统转让给了上帝,召唤来了救急神,这几乎说不上是什么好的哲学。

再者,通过派生的力,原初的力在物体的碰撞中发生改变(variatur),也就是按照原初的力的实施究竟是转向内部还是转向外部而发生改变。因为实际上每个物体都具有内在的运动,从而永远不可能完全进入静止状态。这种内在的力当其发挥弹力功能时,也就是当内在的运动在其通常的进程中遭遇障碍时,它便会转向外部。由此,我们可以得出结论说:每个物体本质上都是具有弹性的,即使水也会以极大的强制性反弹回来,甚至就像炮弹所呈现的那样。而且,除非每个物体都是有弹性的,运动的真正的和特有的(debitae)规律就不可能获得。不过,在物体的可以感觉的部分中,也就是当物体并不足以成为固体的时候,力并不总是使其自身成为可以看到的东西。但一个物体越硬,其弹性就越大,其反弹也就越是有力。其实,当各个物体在碰撞中相互弹回的时候,这样一种现象就是通过弹力产生出来的。由此,我们可以得出结论说:物体在碰撞中实际上始终是从它们自己的力那里获得它们的运动的,另一个物体对它的推动所提供的可以说只不过是活动的机缘(occasionem agendi)和一种限制(determinationem)而已。

由此,我们还可以理解,即使我们承认这种原初的力或实体的形式(实际上在其产生运动的同时它也固定物质的形状),在解释弹力和其他现象时,我们依然必须运用力学的手段,也就是说,我们必须通过形状(形状乃物质的变形)和动力(动力乃形式的变形)来解释它们。直接的跨越是毫无意义的,而且,在所有的情况下,当清楚的和特殊的理由应当给出的时候,强调存在于一件事物之中的形式或原初的力也是毫无意义的,正如在对有关上帝造物的现象的解释中,诉诸第一实体或上帝是毫无意义的一样,除非上帝的各种手段或目的同时得到了详细的解释,最近的动力因,甚至相关的目的因都被恰当地指定了出来,以至于他藉他的力和智慧将他自己展现出来。因为总的来说,笛卡尔可能已经讲到的一切,无论是动力因,还是目的因,都用来解释物理学的问题,这就好像对一栋房子我们只是一味地描述其各个部分的布局,而不考虑它的用途,这样一种解释就会是极其糟糕的一样。此前,我就曾经提醒过,尽管我们说自然中的每件事物都可以藉力学得到解释,但我们还是排除了对运动规律本身或力学原则的解释,运动规律本身或力学原则不是仅仅来自数学的事物,从而隶属于想象,而是来自形而上学的源泉,来自原因与结果的相等,来自其他诸如此类的规律,而这些对于隐德莱希都是本质的或不可或缺的。其实,一如我已经说过的,物理学是通过几何学而从属于算术的,从而是通过动力学而从属于形而上学的(Physica per Geometriam Arithmeticae, per Dynamicen Metaphysicae subordinatur)。

笛卡尔派由于并未充分理解力的本性而混淆了动力和运动(Vim motricem cum Motu),导致他们在建立其运动规律时犯了极大的错误。因为虽然笛卡尔理解同一个力应当在自然中被保存下来,并且理解当一个物体将其力的一部分(当然这里说的是派生的力)给了另一个物体时，它自己依然保留了一部分，以至于其总的力依然守恒，但由于受到均衡例证的欺骗，或者如我所说的，受到死力（vis mortuae）的欺骗（在这里，死力并未计算在内，而且死力也只不过是活力（vis vivae）的一个无穷小的部分，这个问题现在尚有争议），他便相信：力与质量和速度一起成正比，也就是说，力与他所谓的运动量是一回事，而所谓运动量，他将其理解为质量和速度的乘积，尽管我在别处已经先验地推证出力与质量和速度的平方成正比。我知道，最近一些博学之士既然他们被迫承认运动的量并不是像笛卡尔派所说的那样在自然中是守恒的，①既然他们只将运动的量视为一种绝对的力，他们也就得出结论说：绝对的力并不是保持不变的，他们便只有在相对的力（vis respectivae）的守恒中寻求庇护。但我们已经了解了自然在保存绝对的力方面并没有忘却它的恒久不变和完满性。因此，尽管笛卡尔关于运动的量守恒的意见与所有的现象冲突，我们的意见还是得到了各种经验的出色证明。

既然笛卡尔派并不理解弹力在物体碰撞中的用处，他们也就错误地认为种种变化都是经过飞跃而发生的，就像一个静止的物体能够在一瞬间进入一种确定运动状态似的，或者说就像一个被置放进运动状态的物体能够突然归于静止，根本无需经过速度的许多中间等级似的。倘若缺乏弹力的话，我便坦然承认我所谓的可以用来避免飞跃的连续律（lex continuitatis）在各种事物中就不

---

① 莱布尼茨在这里想到的是马勒伯朗士。参阅 A. Robinet, *Malebranche et Leibniz*, *Relations personelles*, Paris, 1955, pp. 333, 334—335, 337—338。

会得到遵守,绝对的力借以得到保存的等值规律(lex aequivalen-
tiae)也同样得不到遵守,自然建筑师(Naturae Architectae)的卓
越谋划也就无以彰显,但正是通过这样一种谋划,物质的必要性和
形式的美才有机地结合到了一起。再者,这种为每个物体所固有
的弹性的力表明:在每个物体中不仅存在有内在的运动,而且还存
在有一种原初的也可以说是无限的力,虽然在碰撞中,它本身由于
环境的要求而受到派生的力的限制(determinetur)。因为正如在
一个弓形中,每一个部分都承受着将重量置放于其上的事物的充
分的力,在一条拉紧的绳索中,其每一个部分都承受着将这条绳索
绷紧的事物的充分的力,受到压缩的气体的每一个部分都具有与
施压气体的重量一样多的力,这样,每个微粒便都受到四周整个物
质团块的结合在一起的力的激发而进入活动状态,它们唯一需要
等待的就是发挥它的力的一种机缘,正如火药的例证所表明的
那样。

　　还存在有许多别的问题,在这些问题上,我一向不得不与笛卡
尔拉开距离。但我现在提出的内容主要涉及的是有形实体的原则
本身(principia ipsa substantiarum corporearum),也能够用来证
明一个古老学派比较稳健的哲学[①]的正确,如果恰当解释的话,我
看到,在那些没有必要这样做的地方,已经为现代许多最博学的人

---

　　① "一个古老学派比较稳健的哲学"对应的拉丁文为 antiquam Scholae sanioris
philosophiam。其中,sanioris 一词的基本含义是"比较健康"、"比较正常"、"比较饱
满"、"比较有正义感"、"比较纯正"和"比较稳妥"等。英译者将其译作 sounder。这种
译法本身并没有什么错误,但 sounder 一词在英文中有"音响机"、"发声器"、"测深机"
和"测深人"等含义,因此,容易招致误解。

士所摈弃,甚至也为那些曾经倾向于他的观点的人所摈弃。尊敬的托勒密神父(R. P. Ptolemae)既精通古人的意见,也精通现代人的意见,我本人在罗马期间[①]曾经考察过他的杰出的学说,发现他的哲学是一种最有希望的哲学,尽管如此,还是没有达到我们的学说的理论高度。

再者,[②]最后,我还要高兴地补充说,即使许多笛卡尔派人士贸然拒绝物体中存在的形式或力,不过笛卡尔讲得还是比较克制,他只是声称他找不到运用它们的任何一个理由。[③] 就我而言,我则承认,如果它们没有任何用处,它们就有很好的理由遭到拒绝;但我已经表明笛卡尔在这个问题上之所以犯错误,乃是因为不仅支配着物体中的一切的力学原则处于隐德莱希之中或动力($\tau\varphi$ $\delta\upsilon\nu\alpha\mu\iota\chi\varphi$)之中,而且我在《学者杂志》上以无可辩驳的推证表明(当时我回应了最著名的约翰·克里斯托弗·斯特姆先生,他在其《精选物理学》中攻击我的观点,但他对我的观点却并不充分理解):假设在充实的情况下,如果在物质中除了物质团块本身及其各个部分位置的变化别无其他,那么在任何事物中就不可能存在

---

① 莱布尼茨在 1689 年 4 月 14 日—11 月 20 日期间,曾访问了罗马这座意大利的"永恒之城"。这也是他的物体哲学或动力学发展的一个极其重要的时期,一些重要的概念都是在这一阶段形成的。参阅玛利亚·罗莎·安托内萨:《莱布尼茨传》,宋斌译,中国人民大学出版社 2015 年版,第 272—278 页。

② 这段话是后来添加上去的,而且,在手稿中是作为一条注释写上去的。

③ 参阅 René Descartes, *Discourse on Method*, *Optics*, *Geometry*, *and Meteorology*, trans. Paul J. Olscamp, Indianapolis, 1965, p. 268。也请参阅 *Oeuvres de Descartes*, eds. by C. Adam and Tannery, Paris, 1964—1974, III, pp. 491—492; *René Descartes*, *Philosophical Letters*, ed. And trans. by Anthony Kenny, Minneapolis, 1981, pp. 126—127;在这些地方,笛卡尔向他当时的信徒亨里克斯·雷吉乌斯(Henricus Regius)推荐了类似的策略。

有任何可以知觉得到的变化,因为处于边界上的任何等值的事物就都永远能够相互替代了,而把为着未来而奋斗的努力或力撇在了一边(也就是消除了隐德莱希),事物在一个瞬间的现在状态便不可能与另一个瞬间的现在状态有所区别。① 我认为,亚里士多德当他看到了为了解说这种现象,在位移运动之上必定存在有改变时,他便看到了上述一点。再说,改变虽然和各种性质一样,看来也有许多种类,但归根到底都可以还原为力的变种。因为物体的所有性质也就是除形状外,它们所有实在的和稳定的偶性(也就是那些像运动一样并不仅仅以短暂的方式存在的东西,而是被理

---

① 在《论自然本身》(1698)一文中,莱布尼茨针对斯特姆撇开力来解释运动本性的做法,就曾经指出:"这位作者说,运动不是别的,无非是被推动事物在不同地点的连续存在。让我们权且承认这一点,虽然这种说法不尽如人意,而且其所表达的只是运动的结果而并非我们称之为其形式理由(raison formelle)的东西。不过,我们也不能据此就把动力排除掉。因为在其运动的当前瞬间,一个物体不仅处于与其本身一样大小的位置,而且它还有一种要改变它的位置的趋势或迫切要求,以至于它凭着自然的力自身使其未来的状态随着它的现在状态到来。否则,处于运动状态的物体 A 在当下这一瞬间,从而在任何一个别的瞬间与处于静止状态的物体 B 便会毫无区别。而且,由这位杰出人士的这种意见我们还可以得出结论说:如果在这个问题上他的意见与我的意见正相反对,则照他的见解,那就没有任何办法在物体之间作出任何分别,因为在齐一的质量的充满本身之中,除非考虑到运动,便不存在作出这样一种区别的任何根据。因此,这种观点还会产生进一步的结果:在各种物体中,能够绝对没有任何变化,一切都将始终如一。因为如果在物质的任何一个部分都没有任何差别,另一部分都与之相等乃至全等(这位杰出人士必定承认这一点,因为他已经破坏了能动的力或动力以及所有其他的性质和样式,而只允许它存在于这一位置以及随后在将来某个瞬间存在或在别的位置存在,以及已经移动了所有性质和样式);而且,还有,如果这一物质在这一瞬间的状态与其在另一瞬间的状态之间并无任何不同,而只有物质在一切方面都完全一致的相等和全等的各个部分的转换,我们显然便得出结论说:由于在任何情况下发生的都只不过是不可辨别者的持久不断的取代,则形体世界的状态在任何不同的瞬间都无法区别开来。"参阅 *G. W. Leibniz*: *Die philosophischen Schriften* 4, Herausgegeben von C. I. Gerhardt, Hildesheim: Georg Olms Verlag, 2008, pp. 511—512。

解为在现在存在的东西，即使它们涉及未来）只要将分析进行到底，到最后都可以还原为力（instituta Analysi ad vires demum revocantur）。还有，如果我们撇开了力，则在运动本身中便不会留下任何实在的东西，因为仅仅由位置的变化，人们根本不可能决定真正的运动或这种变化的原因真正何在。

反对野蛮的物理学[①]

　　我们的命运非常不幸：由于对于光明的厌恶，人们总是喜欢返回黑暗。今天，我们便看到了这一点，获得学问的极其轻松已经使人们对所教授的学说产生了蔑视的态度，大量的最为清楚明白的真

---

　　① 在这篇论文中，莱布尼茨着力批判的是牛顿的万有引力理论，说牛顿的万有引力理论实质上是在求助于经院学派的"隐秘的质"，而经院学派的这一学说业已遭到了当时机械论者的全面批判。这篇论文并未表明日期，但可以确定的是，它是莱布尼茨晚年的作品。就主旨看，这篇论文在批评牛顿的引力理论方面与其 1710 年出版的《神正论》极其相似。因为正是在这部著作中，莱布尼茨点名批评了牛顿的这一引力理论。他写道："诚然，近来现代哲学家并不承认一个物体对另一个遥远物体具有直接的自然运作，而我也承认自己也持有与他们一样的意见。同时，遥远的运作在英国为值得赞赏的牛顿所复兴，牛顿主张：物体之相互吸引和相互作用乃物体的本性，这与每个物体的质量以及它所领受的引力射线成正比。因此，著名的洛克先生在他致斯蒂林弗利特主教的答复中声明，他在读到牛顿先生的著作之后，收回了他自己在《人类理智论》中依据现代思想家的意见曾经说过的话，这就是：如果一个物体不藉接触另一个物体的表面并藉其运动来驱动它，便不可能直接地作用于另一个物体。他现在承认，上帝能够将一些特性置放进物质之中，使它得以远距离地进行运作"（参阅莱布尼茨：《神正论》，段德智译，商务印书馆 2016 年版，第 117—118 页）。莱布尼茨在 1716 年 8 月写给克拉克的信中从区别奇迹与自然的角度和高度谴责牛顿的引力理论"求助于经院哲学的那些隐秘的质"，"只能把我们重新带回黑暗的王国。他写道："在好的哲学和健全的神学中，应该在用受造物的本性和力量能够解释的东西，和只有用无限实体的力量才能解释的东西之间作出区别。应该在上帝的作为和事物的作为之间放进无限的距离，上帝的作为是超出自然本性的力量之外的，事物的作为是遵照上帝给与它们的规律，他使它们凭自然本性就能遵照这些规律，虽然也有上帝的协助。正因为上述这一点，那些真正所说的引力，和其他一些用受造物的自然本性所不能解释的作为才失手的，那些东西须由奇迹来使之实现，或须求助于荒谬的东西，也就是求助于经院哲学的那些隐秘的质，人家开始在似是而非的力的名义下向我们兜售这些东西了，但那只能把我们重新带回黑暗的王国"（参阅《莱布尼茨与克拉克论战书信集》，陈修斋译，商务印书馆 1996 年版，第 91 页）。鉴此，我们可以将这篇论文的写作日期推定为 1710 年与 1716 年之间。

理已经使人们喜欢考究那些令人费解的废话。一些聪明人士如此贪婪地追求花样，以至于他们虽然身处许多水果之间，却似乎想要回到捡食橡子的时代。藉数字、尺寸、重量、或大小、形状和运动来解释物体本性中的一切的物理学教导说，除接触和运动外，没有任何事物能够自然地受到推动，因此又进一步教导说，在物理学中，一切都是机械地发生的，也就是说，这种物理学极其清楚明白，理解起来毫不费力。我们必须回到喀迈拉、[①] 作为生命原则的地心之火[②]

本文原载格尔哈特所编《莱布尼茨哲学著作集》第 7 卷。除上述主标题外，它还有一个副标题"旨在建立一种关于实在事物的哲学，反对复兴经院哲学家的质和荒诞神灵说"（pro Philosophia Reali contra renovations qualitatum scholasticarum et intelligentiarum chimaericarum）。这个副标题昭示了这篇文章的主旨和基本内容，对于读者掌握该文的内容极其重要。但由于其过长，我们没有将其放到标题之中。我们在这里特别指出来，旨在引起读者注意。原文为拉丁文。阿里尤和嘉伯将其英译出来，收入其所编译的《莱布尼茨哲学论文集》中。

汉译者据 *G. W. Leibniz*：*Philosophical Essays*，edited and translated by Roger Ariew and Daniel Garber，Hachett Publishing Company，1989，pp. 312—320 和 *G. W. Leibniz*：*Die philosophischen Schriften 7*，Herausgegeben von C. I. Gerhardt，Hildesheim：Georg Olms Verlag，1978，pp. 337—344 将该文译出。

① 喀迈拉（Chemeras）是希腊神话中的一个喷火女妖，前部像狮子、中部像山羊、后部像龙。她蹂躏了卡里亚和吕喀亚，最后，被柏勒洛丰杀死。在艺术作品中，她通常被描绘成一头狮子，背部中心处有一个山羊头。喀迈拉一词现在通常指荒诞不经的念头或想象中虚构出来的事物。因此，通常被译作"怪物"、"怪兽"、"幻想"和"妄想"等。

② "作为生命原则的地心之火"对应的拉丁文为 Archaeos。炼丹术士西奥弗拉斯特斯·帕拉塞尔苏斯（Paracelsus，1493—1541）以及琼－巴普蒂斯特·范·海尔蒙特（Van Helmont，1577—1644）曾使用这种精神原理来解释物理现象。在《对笛卡尔〈原理〉核心部分的批判性思考》（1692）中，莱布尼茨即批判过这样一种学说。他写道："一旦这些问题以普遍的方式确立了起来，我们在解释自然现象时，便可以用机械论来解释一切，在这里盲目地引进作为生命原则的地心之火的知觉和欲望，运作观念，实体形式，甚至心灵，就像求助万物的一个普遍原因、一个救急神以他的单纯意志来推动个体自然事物一样徒劳无益，这使我想到《摩西哲学》一书的作者利用对《圣经》中的话语的荒谬解释所做的那些事情"（*G. W. Leibniz*：*Die philosophischen Schriften 4*，Herausgegeben von C. I. Gerhardt，Hildesheim：Georg Olms Verlag，2008，p. 391）。在《论

和某些具有塑造力的精灵①,致力于胎儿的形成(formationi foe-
tus),然后致力于动物和各种精灵的照料,这些动物和各种精灵有
时非常活泼和胆大,有时又非常胆怯、温顺和绝望,到最后,像人一
样,完全失控。我们也常看到,心灵中的各种情感(affectus animi)
往往导致疾病,但这毫不足怪,因为令人愉快的运动总是伴随有喜
悦的情感,重大的运动总是伴随有热烈的情感。不过,这已经给一
些人提供了口实,想象在动物身上存在有某种内在的监护者
(praesides quosdam intus),这些内在的监护者随着环境的变化或
是受到激励,或是趋于安静,或是非常亢奋,或是变得呆滞,它们中
的一些是支配整个身体的总的监护者,而另一些则是某些肢体或
内在器官的特殊监护者,如心脏的监护者、胃的监护者以及诸如此
类的其他监护者。令人诧异的是,他们并没有教导说我们能够像
有些僧侣那样以魔术的语言来召唤这些精灵,而是企图以哲学家

自然本身》(1695)中,莱布尼茨又重申了他的立场。他写道:"即使我坚持认为一项优
于物质概念的并且可以说是至关紧要的活动原则在各个物体中到处存在,我也并不赞
同亨利·莫尔以及其他一些杰出人士关于虔诚和神灵的观点,他们这些人利用作为生
命原则的地心之火(我不知道其究竟为何物)或一种支配物质的原则,甚至来解释各种
现象;仿佛自然中存在有某些东西是力学根本解释不了的,仿佛那些进行力学解释的
人旨在以一种不虔诚的怀疑态度否认无形事物的存在者似的,或者说仿佛像亚里士多
德那样认为有必要指派一些神灵使星体旋转似的,或者说各种元素受其自己形式的驱
动上上下下,这样一种学说无疑极其天真,徒劳无益"(参阅 *Leibniz*:*Philosophical
Papers and Letters*,translated and edited by Leroy E. Loemker,D. Reidel Publishing
Company,1969,p. 441)。
　　① "某些具有塑造力的精灵"对应的拉丁文为 intelligentias quasdam plasticas。
关于它的内涵,请参阅索利:《英国哲学史》,段德智译,陈修斋校,商务印书馆 2017 年
版,第 78 页。

的点金石(lapidam philosophorum)来召唤墨丘利神灵。[①] 他们非常出色地承认了在动物躯体内存在有一种更为神圣的机械。但他们却相信，任何事物如果不反乎理性便不足以完全神圣，而且，他们还认为有生命的物体中所发生的事情被人拔得过高，以至于即使上帝的技能很可能也造不出这样的机器。这些几乎毫无技能可言的判官认为：上帝的工作是必不可少的，因此，他们进而认为上帝处处都是用一些小的代理神(vicariis Deunculis)(以免上帝他自己总是不得不奇迹般地活动)，就像那些曾经有助于星辰运动的神灵总是不得不使用它们自己的特殊的精灵一样。

这使得其他一些人宁愿回到隐秘的质(Qualitates occultas)或经院学者的官能(Facultates)，但既然那些粗鲁的哲学家和物理学家很可能看到这些术语名誉扫地，于是他们便改头换面，称之为力。但真正的有形的力(vires corporeae)只有一种，这就是那种藉动力(impetus)的影响而产生的力(例如，当一个物体被抛掷出去的时候，情况就是这样)，这种力即使在感觉不到的运动中也能发挥作用。但这些人却想象着各种特殊的力(vires peculiares)，他们使这些力随着需要的变化而变化。他们列举了吸引、保持、排

---

① "墨丘利神灵"对应的拉丁文为 Spiritum Mercurii，对应的英文为 the Spirit of Mercury。墨丘利是西方古罗马宗教信奉的神灵。司掌商品，保佑商人。一般认为他相当于希腊的赫尔墨斯。他与女神玛伊亚有关。据说女神玛伊亚是他的母亲，母子两神同在 5 月 15 日受奉祀。墨丘利的像作站立握钱囊状，象征他务商。

斥、引导、膨胀、收缩官能。这样一种做法在吉尔伯特[①]和卡巴尤斯（Cabaeus）那里是情有可原的，即使在最近的法布里[②]那里也是情有可原的，因为哲学思考的明白的基础或理据（ratio）在这些人的时代不是尚未为人所知，就是尚未得到充分的领会。要是充分领会的话，还有谁至今还会提出这样一些怪诞不经的性质呢？而这样一些性质不是一向被人提出来用作事物的终极原则的吗？承认磁力、弹力以及其他一些诸如此类的力是可以允许的，但这只是

---

① 吉尔伯特（William Gilbert of Colchester, 1540—1605），英国伊丽莎白女王的御医、英国皇家学会物理学家。他是近代磁力学的奠基人。他于 1600 年出版的《磁石论》是物理学史上第一部系统阐述磁学的专著。伽利略曾称他的这部著作"伟大到令人嫉妒的程度"。吉尔伯特在近代科学史上的最为重大的贡献在于他在很大程度上突破了古代科学中"工匠传统"与"学术传统"、机械技术与人文科学二分的藩篱，将"实验"的方法引进自然科学研究中。吉尔伯特按照马里古特（Petrus Peregrinus de Maricourt）的办法，制成球状磁石，取名为"小地球"，在球面上用罗盘针和粉笔划出了磁子午线。他证明诺曼所发现的下倾现象也在这种球状磁石上表现出来，在球面上罗盘磁针也会下倾。他发现两极装上铁帽的磁石，磁力大大增加，他还研究了某一给定的铁块同磁石的大小和它的吸引力的关系，发现这是一种正比关系。吉尔伯特根据他所发现的这些磁力现象，建立了一个理论体系。他设想整个地球是一块巨大的磁石，上面为一层水、岩石和泥土覆盖着。他认为磁石的磁力会产生运动和变化。他认为地球的磁力一直伸到天上并使宇宙合为一体。在吉尔伯特看来，引力无非就是磁力。吉尔伯特关于磁学的研究为电磁学的产生和发展创造了条件。在电磁学中，磁通势单位的吉伯（gilbert）就是以他的名字命名，以纪念他的贡献。因此，吉尔伯特的工作是实验和理论结合的范例，是用实验方法探索自然界和从理论上解释自然界结合的范例。但吉尔伯特没有能够避免旧学术传统的影响。虽然他的理论是建立在实验上面，但仍然具有思辨性质。正如弗兰西斯·培根指出的，吉尔伯特没有用他的假说来指导进一步的实验，他在完成他的实验以后提出他的理论，但并没有打算进一步作些实验来证实他的理论。

② 法布里（Honoratus Fabri, 1608—1688），法国耶稣会神学家、数学家和物理学家。由于他在弹力和振动等力学实验和理论工作方面成就卓著，被莱布尼茨视为堪与伽利略和托里拆利相媲美的科学家。

就我们将其理解为并非原初的或者并非不可能再予以解释的,而是由运动和形状产生出来而言的。不过,这些事物的新的庇护者并不需要这个。在我们的时代,人们已经注意到,一些此前的思想家曾经主张各个行星相互吸引,并且相互趋向对方。这使他们作出直接的推论:所有的物体都具有一种上帝赋予的并且是其固有的引力,可以说是都具有一种相互的爱,仿佛物质具有感觉,仿佛某种理智赋予了物质的每一个部分,凭借这样一种方式,物质的每个部分都能够知觉和欲望,甚至能够知觉和欲望最遥远的事物。他们争辩说,仿佛根本没有力学解释的任何余地,凭借着这种解释,显而易见的物体在趋向宇宙中巨大物体的过程中所作出的努力能够通过较小的无所不在的物体的运动得到解释。这些人甚至恐吓我们,说要给予我们其他一些诸如此类的隐秘的质,这样一来,到最后,他们就有可能把我们带回到黑暗王国(regnum tenebrarum)。

首先,古人以及以古人为榜样的许多近人都曾经正确地运用解释事物本性的中介原则(principiis intermediis),这些原则虽然实际上并未得到充分的阐释,但这些原则却本来是能够得到解释的,我们也是能够希望将它们还原到先验的和更简单的原则的,而且,到最后,我们还是能够希望将它们还原到第一原则的。我认为,只要组合的事物被还原成简单的事物,这样的事情就是值得称道的。因为在自然中,各种事物必定是一步步地向前进展的,从而人们不可能直接达到第一原因。① 因此,那些已经证明各个天文

———————————

① 在这里,莱布尼茨实际上是在强调他的连续性原则,即"自然决不作飞跃"的原则。培根曾经指出:"不能够允许理智从特殊的事例一下跳到和飞到遥远的公理和几乎是最高的普遍原则上去(如所谓技术和事物的第一原理),站在它们上面,把它们当

学规律能够通过假设各个行星之间相互吸引得到解释的人士业已作出了一些很有价值的事情，即使他们可能并未对这样一种吸引给出理由，亦复如此。但倘若一些人滥用这一美妙的发现，认为所给出的这样一种解释(ratio)如此令人满意，以至于再也没有任何东西需要解释，倘若他们认为引力对于物质来说是一件本质的必不可少的东西，则他们在物理学领域便陷入了野蛮的深渊，陷入了经院学者的隐秘的质的深渊。他们甚至捏造了他们通过现象根本证明不了的东西，因为迄今为止，除感性物体借以向地球中心运动的力外，他们在我们的活动范围内，根本找不到物质万有引力的任何踪迹。因此，我们必须谨慎从事，不要从很少几个例证出发得出关于一切事物的结论，不要像吉尔伯特那样，在一个地方看到一块磁石，就将其有关结论推广到一切地方，也不要像化学家那样闻到了盐、硫磺和汞的气味，就将其有关结论推广到每个地方。这样一种解释通常被认为是不充分的，有时我们从所假设的这样一些解释中不仅得出了不一定存在的事物，而且还有可能得出荒谬的和根本不可能的事物，例如物质对物质的普遍追求(generalis materiae

作不能动摇的真理，并且进而根据它们来证明和形成中间公理；这是一向所实行的办法；人的理智之所以走上了这条道路，不仅是由于一种自然的冲动，而且还是由于使用它所习用的三段论的证明。但是我们只有根据一种正当的上升阶梯和连续不断的步骤，从特殊的事例上升到较低的公理，然后上升到一个比一个高的中间公理，最后上升到最普遍的公理，我们才可能对科学抱着好的希望。……因此，决不能给理智加上翅膀，而毋宁给它挂上重的东西，使它不会跳跃和飞翔。但是这一点一向还没有做过。当这一点做了之后，我们就可以对于科学抱着更好的希望"(参阅北京大学哲学系外国哲学史教研室编译：《西方哲学原著选读》，上卷，商务印书馆1981年版，第360页)。至少就方法论而言，近代理性主义哲学家莱布尼茨与近代经验主义哲学家培根可谓殊途同归。

ad materiam nisus)就是不可能的。

现在,物理学家不是将各种事物,就是将各种性质当作原因。一些物理学家一直把各种事物当作各种元素,就像泰勒斯把各种事物当成水、赫拉克利特把各种事物当成火以及其他人将各种事物当成火、气、水、土四种元素①一样。甚至为持这后一种观点的普通人所信服的最为古老的某个身份不明的发明家(inventor),《论产生和消灭》②这本书的作者,归到卢卡纳斯③(Ocellus

① 恩培多克勒在西方哲学史上是第一个提出"四元素说"的哲学家。他虽然继承了伊奥尼亚派唯物主义的传统,但却不赞成用某一种具体的感性物质来说明宇宙万物,在综合伊奥尼亚派始基说以及毕达哥拉斯派和埃利亚派关于"意见"(现象)的学说的基础上提出了"四根说",认为世界万物都是由火、气、水、土这四种物质元素("根")结合而成的,这四种元素混合的比例不同,就形成了各种不同性质的事物。例如,他说,肌肉是由四种等量的元素混合而成的,神经是由火和土与双倍的水结合而成的,骨头是由两份水、两份土和四份火混合而成的,等等。这样,他就把构成万物的本原看成是火、气、水、土的微小单位或元素了。恩培多克勒的"四根说"与伊奥尼亚派的始基说的另一个不同之点在于:伊奥尼亚派的构成万物的元素和万物变化的动因是朴素地结合在一起的,而恩培多克勒却把这两个方面分割开来。因为按照恩培多克勒的观点,火、气、水、土虽然是构成世界万物的元素,但它们本身却是不变的和永恒的;它们只能结合和分离,而致使它们结合和分离的则是另外两种对立的物质力量,这就是"爱"和"根"。关于恩培多克勒的"爱"和"根"的学说,详见后面有关注释。

② 《论产生和消灭》对应的拉丁文为 Generatione et corruptione,对应的英文为 On Generation and Corruption。因此,其作者当是亚里士多德。

③ 卢卡纳斯(Ocellus Lucanus,生活于公元前 2 世纪),一位毕达哥拉斯派哲学家,很可能是毕达哥拉斯的学生。他被认为是《论宇宙》一书的作者,但这个问题似乎尚无定论。该著的基本观点是:宇宙是非创造的和永恒的;宇宙有三个部分,对应于三种存在者:诸神、人和恶魔;人具有所有的组织机构和制度,如家庭和婚姻制度等,必定是永恒的。它倡导一种苦行的生活方式、完满的人类生殖和人类训练。该著在 19 世纪曾出版过多个版本。

Lucanus)头上的《论宇宙》这本书的作者,以及盖伦[1]在这个问题上都一直追随这样一种普通意见(亚里士多德似乎还添加上了第五种元素——以太)[2]。后来,老一辈化学家提出硫磺和汞作为元

---

[1]　盖伦(Galen,129—199)是位古罗马著名医学家,在古代医学史上其地位仅次于希波克拉底。其思想对拜占庭及伊斯兰文明产生深刻影响达 1400 年,对文艺复兴时期西方科学的复兴也起了重要作用。他多次进行过活体解剖,由此推断出人体的构造。他对骨骼、肌肉进行过细致观察,辨认出 7 对颅神经,描述过心瓣膜,区分了动脉、静脉,认为动脉中流通血液而无空气,脉管系统最重要的器官是肝脏,肝造血,静脉由此发出,血液流到外围组织转化为肉体,血液通过心室间隔上的微孔从右心室流入左心室。亚里士多德曾认为人类有三种灵魂——生殖灵魂、感觉灵魂和理性灵魂。盖伦则设想人的三级活力的基础都位于人的某个内部器官里,而且都发源于一个共同的活力、纽玛或者说灵气。认为人的这三级活力的基础分别在于消化系统、呼吸系统和神经系统。他还认为人体健康有赖于四种体液(黏液、黑胆汁、黄胆汁、血液)的平衡。盖伦相信目的论,认为人体的构造,如手上的肌肉和骨骼,都执行着事先安排好的功能。盖伦曾根据希腊体液学说提出来人格类型的概念。其主要著作有《气质》、《本能》和《关于自然科学的三篇论文》。他不仅注重经验(如动物解剖),而且也非常注重医学理论研究,他甚至特别重视哲学研究。他认为好的医生也应当是哲学家。他曾研究过柏拉图、亚里士多德、伊壁鸠鲁、斯多葛派的哲学,并形成其折中主义的哲学思想,从而他也被认为是一位哲学家。他的著作多被译成阿拉伯文和拉丁文,但现在仅存部分阿拉伯译本。

[2]　亚里士多德的物理学将整个宇宙区分为"地界"和"天界"。他认为地界的事物由土、水、气、火四大元素组成。其中每种元素都代表四种基本特性(干、湿、冷、热)中两种特性的组合。例如,土是干和冷的组合;水是湿和冷的组合;气是湿和热的组合;火是干和热的组合。天界的事物,即天体,则是由第五种元素"以太"构成的。在亚里士多德看来,天界高于地界。因此,以太也高于土、水、气、火;以太并不是像由土、水、气、火组成的地界的事物,做直线运动,而是做匀速圆周运动;并且因此,天界以及由以太构成的天体都是球形;天体的运动是连续的,永恒的;凡天体都是不朽的。

19 世纪的物理学家断言以太是一种曾被假想的电磁波的传播媒质。但后来的实验和理论表明,如果不假定"以太"的存在,很多物理现象可以有更为简单的解释。也就是说,没有任何观测证据表明"以太"的存在,因此"以太"理论被科学界抛弃。

以太学说对我国的哲学家和思想家也有影响。例如,孙中山在阐述他的宇宙进化论时就曾经使用过"以太"概念。他写道:"原始之时,太极(此用以译西名'伊太'也)动而生电子,电子凝成元素,元素合而成物质,物质聚而成地球,此世界进化之第一时期也"(参阅《孙中山选集》,人民出版社 1981 年版,第 156 页)。文中孙中山称作"太极"的"伊太"亦即西学中的"以太"。

素,新近的化学家又提出盐、硫磺和汞作为元素,①他们还将受动的物质黏液(passivas phlegma)和"地神的控制"(terram damnatam)添加到这些原初能动的物质(materiis primariis activis)上。波义耳在他的《怀疑派化学家》②一书中曾经考察过这些化学家。

---

　　① 莱布尼茨在这里所说的"新近的化学家"指的是医疗化学家帕拉塞尔苏斯。帕拉塞尔苏斯(Paracelsus de Hohenheim,1493—1541)是中世纪后期著名的专门从事神秘科学的医学家、炼金术家和自然哲学家。他出生于瑞士德语区的一个医生家庭,在家里受到矿物学、植物学方面的教育,在费拉拉大学学习医学,后来在斯特拉斯堡行医,曾被任命为巴塞尔市政医生和医学教授,著有《药学著作》、《真正的自然》等书。他曾发现和使用了多种新药,促进了药物化学的发展,对现代医学,包括精神病治疗的兴起作出了贡献。他曾当着学生的面,烧毁了阿维森纳和盖伦的著作,被称作医学界的路德。他强调自然的医疗能力,反对一些错误的医疗方法和无用的药剂。他曾写出当时最精确的关于梅毒的论文,指出口服适量汞剂可医治梅毒病。又指出"矿工病"(硅肺病)因吸入金属蒸汽所致,而非罪谴所致,小剂量有毒物质有治疗作用。最早将甲状腺肿与饮水中的矿物质(尤其是铅)联系起来。他采用多种含汞、硫、铁及硫酸铜的新药,将医疗与化学结合在一起,成为医疗化学的鼻祖。在医学上,帕拉塞尔苏斯摒弃了盖伦的人体健康由四种组织体液所决定的观点,提出人体本质上是一个化学系统的学说。这个化学系统由炼金术士的两种元素汞和硫同他自己所增加的第三种元素盐所组成。在他看来,疾病可能是由于元素之间的不平衡所致,而不是像盖伦派医生所说的是由体液之间的失衡所致。他还认为平衡的恢复可以用矿物的药物而不用有机药物。帕拉塞尔苏斯之所以坚信三要素说,与他的宗教思想密切相关。他认为世界的基本物质必定都具有三重复杂性,因为造世主上帝即是三位一体。他写道"这三元素是基本的物质,并且只有一个名称;第一位的物质就是上帝,而正像神是三位一体的,所以地上的物种都各自有其分别的职能,但这三种职能都能包括在第一物质的唯一名称下面。"莱布尼茨之所以对帕拉塞尔苏斯的医疗化学特别熟悉,很可能与他早年参加过纽伦堡的一个叫作玫瑰十字架兄弟会(Fraternitas Rosae Crucis)的炼金术士团体并出任秘书职务一事有关。
　　② 《怀疑派化学家》是1661年波义耳匿名出版的一部著作,该著一版再版,使得波义耳名声大震。该著以对话形式写成:在一个炎热夏天,四个哲学家在一棵大树下争执起来,其中一个代表怀疑派哲学家,亦即波义耳本人,另一个代表逍遥派哲学家,第三个代表医疗化学家,第四个哲学家保持中立。逍遥派哲学家把以亚里士多德为首的逍遥派哲学家的观点奉为圣典,认为冷、热、干、湿是物体的主要性质,这些性质两两

最近的化学家已经将碱和酸作为能动的事物引进到化学当中。博尼乌斯(Bohnius)已经说到这种做法的不充分性。还有一些人,如阿那克萨戈拉①这个种子说的发明者(autor Homoeomeriae),他们设立了无数的原则,他们将他们自己的种子赋予了各种不同的事物,不仅将他们自己的种子赋予了动物和植物,而且还赋予了各种金属、各种珠宝以及其他一些诸如此类的事物。

———————————

结合就形成了土、水、气、火"四元素"。照这样的观点,物质的性质是第一性的,物质本身反而是第二性的。改变物质的性质即可以改变物质本身。炼金术就是这种思想的产物。医疗化学家,亦称医药化学家,他们主张用"三元素说"取代"四元素说"。他们断言:万物皆是由代表一定性质的盐、汞和硫三种元素以不同的比例组成。某一种元素的多寡就决定了该物质的性质。该著集中批判了逍遥派哲学家和医疗化学家的观点,主张用"微粒哲学"取代上述"元素说",将化学点放到了近代机械论的基础之上,使波义耳成为近代化学的奠基人之一。从化学史的角度看,该著的历史贡献主要表现在:(1)波义耳认识到化学值得为其自身的目的而进行研究,既无需从属于医学或炼金术,也无需从属于物理学或力学,从而强调了化学作为一门自然科学的独立性。他写道:"我不是作为医生,也不是作为炼金术士,而是作为哲学家来看待化学的。"(2)波义耳认识到,"必须依靠实验"才能"确定"化学的"基本规律"。作为培根的信徒,他写道:"如果人们……把自己的精力都献给了做实验,搜集并观察事实,那么他就很容易证明,他们在世界上建立了伟大的功勋。"(3)他给化学元素下了一个体现近代科学精神的定义。他写道:所谓元素就是"具有确定的、实在的、可觉察到的实物,它们应该是用一般化学方法不能再分为更简单的某些实物"。关于波义耳的生平,详见前面有关注释。

① 阿那克萨戈拉(Anaxagoras,约公元前500—约前428),希腊自然哲学家。因创立宇宙论并发现日蚀、月蚀而闻名。他认为前人用某一种或某几种元素来解释宇宙万物行不通,他质问说:从非肉之物何以能产生肉?于是,他提出了"种子"说,认为种子是构成宇宙万物的基本成分。他的种子说的主要内容有:(1)种子在数量上无限多;(2)种子在体积上非常小,甚至肉眼看不到;(3)种子在种类上与可感性质的数量相同,事物有多少种性质,构成它的种子就有多少类别,数目众多的一类种子构成事物的一种性质或一个部分,比如毛的种子构成动物的毛,肉的种子构成动物的肉;(4)他的种子论既是一种合成的观点,又是一种分离的观点,种子的合成导致事物的生成变化,种子的分离决定了事物的性质;(5)种子的存在和性质是"设定"的,是我们由事物的存在和性质推断出来的。

还有,倡导无形实体(substantias incorporeas)在物体中运作的也不乏其人,例如有人倡导世界灵魂(Animam Mundi)或者属于每一件事物的特殊灵魂。同样,也有一些人将感觉归于每一件事物,例如,康帕内拉①在他的书中就论述过事物的感觉和想象,而亨利·莫尔以他的支配物质的原则(principium hylarchicum)将感觉归于事物,他的支配物质的原则相当于世界灵魂,②斯特姆

---

① 康帕内拉(Tommaso Campanella,1568—1639),文艺复兴时期的著名的空想社会主义者和经验自然主义的主要代表人物之一。他试图调和文艺复兴的人文主义和天主教神学。因其写设具有社会主义性质的《太阳城》一书而闻名于世。除《太阳城》外,他的著作还有《感官哲学》(1591)、《论基督王国》(1593)、《神学》(1613—1614)和《形而上学》(1638)。康帕内拉继承和发展了特勒肖的感性自然主义。他把感觉视为认识的最高形式,断言概念只是感觉的微弱形式和再现。他否认主动的意向在认识中的作用,感觉是消极的观察,被动地接受自然赋予的印象。他反对经院式的亚里士多德主义,反对对权威的偶像崇拜,断言真正的权威是自然,人们应当直接研究自然这部“活书”。他继承了特勒肖的唯物主义感觉论,认为人的知识来源于感觉经验,离开感觉经验,人们就无法认识世界;对自然的解释应以感觉或感觉经验为基础,而不应以过去的权威人士的先验推断为依据。但他的认识论是以神学自然观为基础的。在他看来,《圣经》和大自然是显现上帝的两本大书,因此他要求人们用读《圣经》的方式来观察大自然,因此,感觉不仅是对现在事件的知觉,而且还包括对未来事件的察觉。预言并不神秘,也有其感觉依据。

② 莫尔在《灵魂不死》一著中,为了反对狭隘的机械论,强调指出:没有什么东西是纯粹机械的。机械论(可以这么说)是自然的一个方面,但是它不能单凭它自身解释自然中的任何东西。上帝并不单纯地创造物质世界,把它置于机械规律之下。还有精神弥漫于整个物理宇宙。这种遍在的精神并不是上帝自身,而是“自然精神”或者(用个古老的术语)世界灵魂。它是“一种无形体的实体,但是没有感觉和评判力”,它把一种“塑造力”施加到物质之上,“通过指引物质的轨道和它们的运动,在世界上产生出不能只被分解成机械力的现象”。“可以说它要对整个自然做一个植物灵魂对这棵植物所做的事。而它进一步要做的事就是按照他的等级和价值来安顿他们,并且因此独立担当‘神圣天道伟大的总经理的工作’”。参阅索利:《英国哲学史》,段德智译,陈修斋校,商务印书馆2017年版,第78页。

曾著文反对他的这样一种观点。^①古人就已经讲到过某种有智慧的自然(Natura quaedam sapiens),这种自然做任何事情都有它自己的目的,不会徒然地做任何一件事情,如果这样一种说法被理解为适合于上帝或从上帝一开始就置放进物体之中的某种技巧(artificio),倒也内蕴有某种值得赞赏的东西,否则,就是一句空话。一些人将各种不同的"永世"(Archaeos)置放进事物之中,这些"永世"就像许许多多的灵魂或精神,实际上就像许多小神,许多有惊人智慧和塑造能力的实体(substantias quasdam plasticas mire intelligentes),这些实体安排着和控制着各种有机的躯体。最后,还有一些人以异教徒的方式召唤来上帝或各种救急神(Deosque ex machina),异教徒们曾想象朱庇特^②降雨或打雷,并且曾经以各种小神或准神(Diis aut semideis)来充实各种树木和水。一些古代基督宗教徒以及我们时代的弗卢德^③(《摩西哲学》一书的作者,伽森狄曾经极其典雅地批驳过他),以及最近偶因体系的作者和倡导者,^④全都相信上帝是通过持续不断的奇迹直接作用于自然事物的。

──────────

① 关于斯特姆的立场,请参阅《论自然本身,或论受造物的内在的力与活动》一文中的有关论述。

② 朱庇特(Jupiter)是罗马神话中的主神,克洛诺斯和瑞亚之子,掌管天界;他以雷电为武器,维持天地间的秩序。朱庇特和希腊神话中的宙斯一样,其象征物是雄鹰、橡树和山峰。橡树作为雷神朱庇特以及耐久和胜利的象征,拥有无以复加的王权,可以控制雷电。

③ 弗卢德(Robert Fludd,1574—1637),英国医学家和神秘哲学家。宣扬万物有灵论。详见前面有关论述。

④ "偶因体系的作者和倡导者"指的是法国哲学家科德穆瓦(约1620—1684)、拉福格(1632—1666)和马勒伯朗士(Nicolas Malebranche,1638—1715)以及比利时哲学家格林克斯(Arnold Geulincx,1624—1669)等,但其主要代表人物则为马勒伯朗士。详见前面有关注释。

　　这些人实际上是将实体用作原因的。但一些人还添加上一些性质，他们往往将这些性质称作官能或功能、美德或功效（virtutes），而在最近，他们又称之为力。这些也就是恩培多克勒[①]的同情或憎恶、争吵或友好[②]；这些也是逍遥派和盖伦信徒的热、冷、潮湿和干燥等四种原初性质；这些也是经院哲学家的感觉的和意图的种相（species sensibiles et intentioanales），以及野蛮时代物理学家所教导的排除、保留和致使变化的官能。比较晚近的特勒肖[③]曾经致力于以操控热（calore operante）来直接点燃许多事

[①]　恩培多克勒（Empedocles of Acragas，约公元前 490—约前 430，一说卒于前 433）是希腊哲学家、政治家、宗教教师和生理学家。其著作主要有《论自然》、《净化论》和《医书》，文字优美，亚里士多德曾推他为"修辞学的创始人"。尽管受到巴门尼德的影响，但他却主张"四根说"，认为一切物都是由火、气、水、土构成，一切事物不生不灭，它们的变化只依赖于基本物质相互之间的比例。和赫拉克利特一样，他也认为存在有两个力量，即爱和斗争（恨），它们相互作用使这四种不同元素结合和分散。伊奥尼亚派设想事物运动的动力来自事物内部的"灵魂"，恩培多克勒则首次提出了"外在动力"观念。他之所以将这种动力称作爱和恨，这与他的生理学、医学知识和伦理学观念有关。在恩培多克勒看来，爱与愉悦和美有关，恨与痛苦和丑相关，这样作用于四根的合力和斥力便被赋予了道德和审美价值。正是在这个意义上，亚里士多德说恩培多克勒首次提出以善恶为本原的思想。恩培多克勒相信灵魂转生说，宣称：罪人要在世界的许多躯体里游荡三万季，从四个元素中的一种被抛向另一种。摆脱这一惩罚需要经过净化，特别需要禁食动物的肉，因为动物的灵魂可能一度寄生于人体之内。

[②]　在恩培多克勒那里，"争吵"和"友好"的原文（希腊文）分别为 νεικος 和 φιλοτης。"争吵"和"友好"是这两个希腊词的原义。现在，我们通常将其译作"恨"和"爱"。

[③]　特勒肖（Bernar dino Telesio，1509—1588，一说 1508—1588）是达·芬奇之后意大利最卓越的哲学家和自然科学家。他对于不依据具体经验材料即进行推理的独断论做法进行了文艺复兴式的经验主义的批判。其主要著作《依照自然本身的法则论自然》（共 9 卷）于 1586 年出版。该著的中心命题为：要理解物质世界中的事物，唯一的办法就是研究自然界本身，而为要进行这样的研究，我们就必须注意到物质的物理性质和热与冷的各个方面。他强调指出：物质并不是像亚里士多德所说的那样，只是一种纯粹的"潜能"，而是一种可以摸得着的材料。他对植物和动物的研究使他相信，热是生命的源泉。在他看来，冷对热是一种补充，它是解释一切自然现象的另一项积极

物,而一些化学家,尤其是范·海尔蒙特①和马尔齐②的追随者,还引进了在场理念或运作理念(ideas operatrices)。最近,在英国,一些人已经在重拾引力和斥力,关于引力和斥力,我将马上予以更为详尽的论述。我们还应当添加上一些人,他们把运动想象成和无形的实体或毕达哥拉斯的灵魂一样,不断地从一个身体轮回到另一个身体,还有一些人把实体当作各种原则使用,凡解释不了的

———————

原则。他以重感觉证据的方法取代亚里士多德执着于概念分析的研究方法。因此,弗兰西斯·培根称他为"第一个现代人"。后来的意大利思想家康帕内拉和英国哲学家霍布斯继承和发展了他的经验主义方法。特勒肖的自然科学思想虽然有经验主义和唯物主义倾向,但也明显地具有泛灵论的思想。在他看来,自然界的一切都具有灵性。他认为人有两种灵魂:一种是物质的,是细微的精气,这种精气集中在脑内,由脑通过神经分布全身,从而统制身体的动作;另一种灵魂是非物质的、不死的,是上帝所赋予的。他还断言一切心理作用的基础是感觉,感觉有两个方面:一方面是受动的,是物质过程;另一方面是主动的,是心理过程。联想是由于与观念相当的精气在运动以前彼此相连过。

　　① 范·海尔蒙特(Jan Baptist van Helmont,1577—1644),比利时化学家、生物学家和医学家,是从炼金术到化学的过渡阶段的代表人物。他认识到个别气体的存在,并鉴定出二氧化碳。他虽然有神秘的倾向,且相信点金术,但他尊重哈维和伽利略的学说,他还是一位细心的观察者和实验家。他用以定量土壤栽培一棵树的实验来"证明":水即使不是物质的唯一成分,也是物质的主要成分。他认为消化、营养和运动都归因于发酵,而发酵的本质是将死的事物转变为活肉。他认为主宰人体生存的是一种超自然力,但这并不妨碍他根据化学原理来选用药品。例如,他用碱来中和消化液中的过量的酸。其论文集出版于 1648 年。

　　② 马尔齐(Marcus Marci,1595—1667,一说生于 1585 年)是一位捷克的物理学家和通才,在医学、力学、光学和哲学方面,都作出过值得注意的贡献。作为一个物理学家,他支持帕拉塞尔苏斯的观点;他因对癫痫病本性的研究和治疗而对医学作出了重要贡献。在数学方面,他由于试图解决化圆为方问题而著名。更为重要的是他在自然哲学领域出版了两部重要作品《运作理念》(Idearum operatricium)(1635)与《古代哲学的复兴》(Philosophia vetus restituta)(1662),旨在为物活论进行辩护,反对他那个时代的耶稣会经院哲学家。《运作理念》中的"运作"(operatricium)一词既有"运作"、"劳作"、"实施"和"完成"等含义,也有"出席"、"在场"和"服务"等含义。

性质都归于它们。例如,他们将常常提及的那四种性质都归于各种元素,[①]他们还把他们的争吵和友情,各种致使发酵、分解、凝聚和沉淀的力依然都归于各项化学原则;他们将他们的在场观念或运作观念以及他们的塑造能力归于他们的支配物质的原则。最近,培尔[②]开始攻击这些东西。一本古代医学著作的作者(人们将它的作者说成是希波克拉底)很早以前就反对将这四种性质说成是充分的原则。森纳特[③](Daniel Sennert)在这四种性质之外还添加上了疾病(morbos),他将疾病从总体上归于整个实体。

这些人中有一些人是可以得到谅解的,他们甚至应当受到称赞,因为他们试图通过一些简单的物体或性质来解释一些更为复杂的东西。许多事物就都这样得到了解释:先是通过火、气、水、土得到解释,接着是通过溶解于水中的盐、溶解于火中的油或硫磺得到解释,最后是通过火中存留的石灰或土以及火中蒸发的"精"或水(spiritibus vel aquis)得到解释,而这样一些解释也并不十分糟糕。其实,以这样一种方式,各种感觉的结果便藉属于各种感觉的原因得到了解释,一些最有益于实际应用与仿效和改进自然的事

① 指热、冷、湿、干这四种性质。

② 培尔(Pierre Bayle,1647—1706),法国哲学家。其代表作为《历史批判辞典》(1696)。该著扼要地叙述了其反对神学和哲学独断论的怀疑论论证,并强调指出:理性的努力是无用的,人必须诉诸信仰来证明他所相信的事物存在和上帝不是一个骗子的观点。这部著作虽然受到多方面的攻击,但它在启蒙运动的怀疑哲学中仍产生了重大影响,休谟和伏尔泰在攻击传统神学时常常运用它的论证。

③ 森纳特(Daniel Sennert,1572—1637),著名的德国医生,曾长期担任维滕伯格大学医学教授。其著作主要有《医学教育学》(1611)、《自然哲学概论》(1618)和《物理学摘要》(1636)。他虽然赞同帕拉塞尔苏斯的观点:化学是医学的一种适当的基础,并因此成为一切科学之首,但他却并不希望看到亚里士多德、盖伦和希波克拉底的著作在市场上被人们抛弃并遭焚毁。

物,其习性(consuetudines)在植物和动物领域可以说是能够最充分地观察到,在繁殖、生长和萎缩方面尤其如此。这也非常有助于我们注意到那些因力而相互分离开的事物或那些与之相似的迅速结合在一起的事物,即使在使别的事物进入运动状态的情况下亦复如此;而且这还有助于我们注意到矿物领域的许多物体都是自然化学实验室的真正产品,这些产品都是藉实在的火产生出来的,不是现在藉地下火,就是很早以前藉蕴含在整个地壳之内的火产生出来,使它们中的一些成为玻璃一样的东西,而使另外一些得以蒸发。由此,我们便表明了究竟如何去解释海、沙、海滩、石头以及我们在它们之中所看到的其他性质。①

但还是有许多感觉结果我们并不能将其还原成可以感觉到的原因,例如,磁石的工作或属于简单事物的特殊的力(vires)就是这样,通过化学分析,我们并不能从起源于它们的各个部分中发现任何踪迹,这就好像有毒的或药用的植物的情况一样。在这种情况下,我们有时便转向了类比,如果我们能够依据很少几个例证和类似即能解释许多事物,则我们做的事情就并不怎么糟糕。这样,

----

① 莱布尼茨在这里所说的涉及他的《元神盖亚》(protogaea)一书。该著写于1691—1693年间。本来用作莱布尼茨所承担的韦尔夫家族史的一项前期工程,但它却基本上是一部关于地球发展史和地质史的著作。在该著中,莱布尼茨提出了他对地球形成史的各种观察,火与水的作用,岩石和矿物的成因,盐和泉水的起源,化石的形成及其作为生物残骸的鉴定。该著直到莱布尼茨死后30多年才于1749年出版。现在市场上流行的是柯亨(Claudine Cohen)和韦克菲尔德(Andre Wakefield)联合翻译,由芝加哥大学出版社2008年出版的英文版本。尽管该著的内容与韦尔夫家族史的关系有些牵强,但其标题"元神盖亚"与书中的内容倒是非常贴近。因为盖亚在希腊神话中为大地之神,是众神之母,是所有神灵中德高望重的显赫之神,她是混沌中诞生的第一位原始神,也是能创造生命的原始自然力之一。

当我们观察到一些事物的吸引和排斥，例如磁石和由琥珀制成的东西就是这样，我们似乎便能够确定在这里起作用的是力，这种情况在其他事物中也能够发现。因此，吉尔伯特便推测说，磁力也隐藏在许多别的事物之中。吉尔伯特是第一个写出关于磁石的著作的，他的努力也并非没有产生出好的影响。不过，在这一方面他却反复犯错误，这与开普勒一样，尽管在其他方面是一位最为卓越的人物，但他却竟然图谋在各个行星之间发现吸引或排斥的磁力纤维。同样，普通的哲学家用泵和风箱所做的一些实验虚构了一种"回避虚空"(fugam quondam vacui)，直到伽利略证明他们所称谓的抽吸泵的力或气体不可能进入其位置的那些事物的力，对他们归于"回避虚空"的分离的抵抗都能够得到克服。① 托里拆利②最

---

① 虚空问题一直是西方哲学史上一个争论不休的问题。古代原子论派提出了绝对的虚空观念。这一观念遭到了亚里士多德的强烈反对，并因此而提出了自然厌恶虚空的名言。在亚里士多德看来，倘若存在有虚空，虚空便非但不是物体运动的条件，反而使得物体的运动成为不可能。其次，虚空中不可能存在有阻力，倘若存在有虚空，在虚空中运动的物体的速度便会无限大。亚里士多德的这种观点至近代遭到了伽利略的挑战。伽利略晚年一直在解决佛罗伦萨工程师建造水泵抽取矿井里的水时遇到的问题：似乎在某个深度以下使用阀门的水泵不能工作，32英尺好像是可以抽水的最大深度。1643年，伽利略的学生和秘书托里拆利建造了一台仪器，用缩小的模型再现了水泵不能抽水的情况。他用一端封闭的一码多长的玻璃试管注满水银，再把试管倒立，小心地不让空气进入，然后把开口的一端浸入水银槽。他发现，垂直的水银柱不会达到试管的顶端，而是下降了大概11英寸。试管的顶端显然有空间，但不可能是空气，因为没有东西进入那里面。他进一步发现水银柱的高度随大气的条件以及仪器所处的海平面高度而发生变化。实际上托里拆利发明了第一个气压计。试管的顶端现在仍然称之为托里拆利真空。莱布尼茨则强调指出，人们所说的虚空和真空只是一种相对的概念，因此，并不妨碍宇宙的充实性。关于伽利略的有关观点，请参阅 Galileo Galilei, *Two New Sciences*, trans. Stillman Drake, Maidison, Wis., 1974, pp. 1926。

② 托里拆利(Evangelista Torricelli,1608—1647)意大利物理学家和数学家，曾发明晴雨计，他对几何学的研究促进了积分学的发展。他是创造持续真空的第一人，在《几何学研究》(1644)一书中，发表了有关液体运动和抛体运动的研究成果。他于1643年所发现的液体流动速度的规律被称作托里拆利定理。

后将其归结为我们头上的大气的重量,存在于自然中的一种感知得到的原因,从而并没有任何理由说明它们为何将一种厌恶虚空的性质归于自然。因为我们知道了虚空不可能由任何数量的力创造出来,我们也就足以知道每一件事物都一劳永逸地是充实的,而且,完全充满一个场所的物质根本不可能被挤压到一个更小的空间。我们藉机械创造出来的那种感觉得到的虚空,长期以来人们一直认为自然是予以厌恶和拒绝的,实际上这样一种虚空并不排除更精细的物体的存在。因此,一些博学人士常常想象一些并不存在的事物,在一些情况下,他们一直过分地延伸到他们曾经确实观察到的东西上面。不过,我们也应当赞赏他们,因为他们使我们得以推测出不应当受到蔑视的东西,至少得以推测出一些在某些方面是成功的东西。再者,我们也不应当批评这些人,因为他们试图将一些从属的原则放在适当的地方,以至于他们有望一步一步地达到他们的原因。

但我们也应当批评一些人,这些人坚持认为这些从属的原则是原初的和不可解释的,就像那些编造奇迹的人,或者说就先给那些编造产生、规范和管理各种物体的无形臆想①的人一样,他们提出四种元素或四种原初性质,仿佛这些东西蕴含有对各种事物的终极解释似的;或者说这些人就像那些对理解特殊的力毫无兴趣的人一样,其实,我们正是凭借这种力用泵抽空事物的,我们发现这种力在抵抗着我们打开一个没有气孔的风箱,在似乎憎恶虚空

_____

① "无形臆想"对应的拉丁文为 sententias incorporeas。其中,sententias 的基本含义为"意见"、"主张"、"思想"、"念头"、"看法"、"愿望"、"要求"、"目的"、"意图"、"字义"、"意义"和"意思"等。阿里尤和嘉伯将其英译为"idea",在当前语境下,似欠精确。

的自然中建立起一种原初的、本质的和克服不了的性质。有谁不和我们一起渴望认知迄今为止一直隐藏着的亦即一直不为人知的各种性质呢？但这些人却虚构了种种永远模糊不清的、神秘的和不可解释的性质，对于这样一些性质，即使最伟大的天才也知晓不了，也不可能使之成为可理解的东西。

这样一些人由成功的发现推导出这一行星体系的大的物体及其可感觉的部分都相互吸引，想象无论什么样的每个物体都由于物质本身中的力而受到每一个其他物体的吸引，不管这是由于一件事物以另一件类似的事物为乐所致，即使事物之间的距离非常遥远亦复如此，还是这是由上帝引起的，都是如此。在后一种情况下，上帝是通过持续不断的奇迹照料这样的事情的，以至于各个物体相互追求，仿佛它们相互感觉到似的。不过，这些人无论如何也不可能将这种吸引归结为推动或可理解的理由（像柏拉图在《蒂迈欧篇》中曾经做过的那样），他们也不想这样做。这种观点在罗贝瓦尔[①]的《阿利斯塔克》中便已露出端倪，笛卡尔在致梅森的一封短信中曾经对之作出过精彩的批评，虽然罗贝瓦尔或许并未排除

①　罗贝瓦尔（Gilles Personne de Roberval，1602—1675），法国数学家。长期担任巴黎法兰西学院数学教授。在曲线几何方面做出过重要贡献。他研究了确定立体的表面积和体积的方法，发展并改进了意大利数学家卡瓦列里在计算某些较简单问题的不可分法。通过把曲线看作一个动点运动的轨迹，并把点的运动分解为两个较简单的分量，他发现了制作切线的一般方法。他还发现了从一条曲线得到另一条曲线的方法，借以找出有限维的平面区域等于某一曲线及其渐近线之间的面积。意大利数学家托里拆利把这些用来确定面积的曲线称作罗贝瓦尔线。罗贝瓦尔曾与笛卡尔等学者进行过论战。《阿利斯塔克》一著的全称为《萨摩斯的阿利斯塔克之后的宇宙体系》（Le Système du Monde d'aprés Aristarque de Somos）（1644）。阿利斯塔克（Aristarchus of Samos，约公元前310—前230）是希腊天文学家，是断言地球有自转和绕日公转的第一人。曾著《论太阳和月亮的大小和距离》一文。

机械的原因。① 但令人惊奇的是,在我们这个伟大光明的时代,竟
然还有些人企图劝说世界相信一种如此反乎理性的学说。约翰·
洛克在其《人类理智论》的第一版中曾经非常中肯地判定说:任何
一个物体除非通过一个与之接触的物体的推动,便不可能受到推
动,他的这样一种观点与他的著名同胞霍布斯和波义耳的观点相
一致,而且追随着他们,许多人加强了机械论的物理学。但此后,
在我看来,由于其追随的与其说是他的判断,毋宁说是其友人的权
威,他竟然收回了他的这个意见,转而认为我并不知道在物质的本
质中能够隐藏有什么样的令人诧异的事物。这就好像一些人相信
在受到考察的数字、时间、空间和运动中,就其本身而言即隐藏有
隐秘的质,也就是说,这就好像一个人无中生有、自寻烦恼,希望使
清楚明白的东西变成含混不清的东西。②

---

　　① 参阅 *Oeuvres de Descartes*, eds. C. Adam and P. Tannery, Paris, 1964—
1974, IV, pp. 397—403。

　　② 在《人类理智论》第 2 卷第 8 章第 11 节中,当论述到"第一性质产生观念的途
径"时,洛克写道:"其次应当考察的,就是物体如何能在我们心中产生观念。这分明是
由于推动力而然的,因为我们只能想到,物体能借这个途径发生作用"(参阅洛克:《人
类理解论》上册,关文运译,商务印书馆 1981 年版,第 101 页)。但到了后来,当他致信
沃塞斯特主教时,却改口说:"我承认我说过(《理智论》第 2 卷第 8 章第 11 节),物体活
动是靠冲击而不是以别的方式。我当时写这句话的确是持这种意见,而且现在我也还
是不能设想有别的活动方式。但是从那时以后,我读了明智的牛顿先生无可比拟的
书,就深信用我们那种受局限的概念去限制上帝的能力,是太狂妄了。以我所不能
设想的方式进行的那种物质对物质的引力,不仅证明了上帝只要认为好就可以在物体
中放进一些能力和活动方式,这些都超出了从我们的物体观念中所能引申出来、或者
能用我们对于物质的知识来加以解释的东西;而且这种引力还是一个无可争辩的实
例,说明上帝已实际这样做了。因此我当留意在我的书重版时把这一段加以修改"(参
阅莱布尼茨:《人类理智新论》上册,陈修斋译,商务印书馆 1982 年版,第 17—18 页)。

罗伯特·波义耳当其抵制弗兰西斯科·莱纳斯①和托马斯·怀特(Thomas White)提出的线性粘合物质(Funiculo materiam connectente)时,曾相当精细地批驳了这样一种观点,这无疑是因为它假设了一些想象的和不可解释的东西使线性的东西本身结合到了一起。②但至少这些线段是有形的,与新的和无形的引力相比,更加容易理解(实际上,这在某些相接触的事物中是可以理解的),而这种无形的引力被说成是在无论多么遥远的距离都起作用,根本无需任何媒介或手段。我们几乎想象不出在自然中有什么比这更愚蠢可笑的事情了!不过,这些人似乎认为他们所说的一些东西值得赞赏。因此,他们将继续努力,寻找下述观念的毛病:星辰之光的流动是通过媒介瞬间传播出去的,经院哲学家曾经通过这样一种方式使得远距离事物之间的运作变得更加可以理解。倘若笛卡尔或波义耳重新回到世上,他们现在又会说些什么呢?究竟什么样的辩驳才足以使他们埋葬掉这样一种新的和复兴的喀迈拉呢?一旦假定如此,他们便势必为物质本质上即具有引力的观点所迫来为虚空辩护,因为每一件事物对每一件别的事物

---

① 弗兰西斯科·莱纳斯(Franciscus Linus,亦写成 Francis Line,1595—1675),英国耶稣会牧师,数学家和自然科学家。他以发明了一个磁钟、批评牛顿的理论、挑战波义耳及其气体规律(即波义耳—马略特定律)而闻名于世。

② 参阅波义耳的 *New Experiments physico-mechanical Touching the Spring of Air and its Effects Whereunto is added A defence of the authors explication of the experiments*, *against the objections of Franciscus Linus*, *and Thomas Hobbes*(1662),载 *The Works of the Honourable Robert Boyle*, edit. Thomas Birth, I, London, 1772。莱纳斯在回应波义耳的气泵实验时,详细阐述了一种理论,按照这种理论,它是一种粘合在一起的细线,在真空管的顶部,能将一个人的手指拉进去。解释气泵现象的这样一种理论被扩展成了一种用来解释物质结构的一般理论。

的吸引将会因每一件事物都是充实的而变得不中肯綮,毫无意义。但在真正的哲学中,虚空则因许多其他的理由而遭到拒绝。其实,我自己在年轻的时候,在一本论述物理假设的小册子里,也曾经将所有的现象都归结为三种运作性质,这就是引力、弹力和磁力。①不过,实际上,我并不否认我曾明确地断定它们应当通过最为简单的且最为真实的原初事物予以解释,也就是通过大小、形状和运动加以解释。

如所周知,德谟克里特,与留基波②一起,是第一个试图净化物理学神秘主义性质的哲学家,认为各种性质仅仅由于意见③而存在,它们只是现象,而非真实的事物。不过,依然存在有一种神秘的性质,这就是他的原子的不可克服的坚硬性,至少他所想象的存在于他的原子之中的那种不可克服的坚硬性是如此;而且既然

---

① 莱布尼茨这里提到的是他写于 1670—1671 年的《新物理学假说》(*Hypothesis physica nova*)。该著分两个部分:《抽象运动论》和《具体运动论》。参阅 *Leibniz：Philosophical Papers and Letters*, translated and edited by Leroy E. Loemker, D. Reidel Publishing Company, 1969, p. 139. 对《新物理学假说》内容的更为详尽和深入的阐述,请参阅莱布尼茨的《动力学样本——旨在发现关于物体的力及其相互作用的惊奇的自然规律,并将其还原到它们的原因》(1695)。

② 留基波(Leucippus,约公元前 500—约前 440),古希腊唯物主义哲学家,原子论的奠基人之一。他率先提出万物由原子构成的原子论。其思想受到泰勒斯、芝诺、恩培多克勒和阿那克萨戈拉的影响,被认为是德谟克里特的老师。

③ 文中"意见"对应的拉丁文是 opinione。德谟克里特曾说过:感觉"不是按照真理,而是按照意见显现的"(参阅北京大学哲学系外国哲学史教研室编译:《西方哲学原著选读》,上卷,商务印书馆 1981 年版,第 47 页)。从这个意义上看,将 opinione 英译为 opinion 可能更确切些。但在德谟克里特那里,"意见"和"约定"都是基于他的感觉论的,因而两者是同义词或近义词。正因为如此,德谟克里特又说:"各种性质都是约定的,只有原子和虚空是自然的"(参阅北京大学哲学系外国哲学史教研室编译:《西方哲学原著选读》,上卷,商务印书馆 1981 年版,第 51 页)。从后一个意义上讲,阿里尤和嘉伯将其英译为 convention(约定)也未尝不可。

各种错误都是滋生进一步错误的肥沃土壤,由此便将他引向了为虚空辩护的道路。伊壁鸠鲁又进一步虚构了两样东西,这就是原子的重量(gravitationem Atomorum)以及它们的无缘无故的偏斜(declinationem sine causa),①西塞罗曾对之做出过相当典雅的嘲笑。② 亚里士多德在《物理学》中极为恰当地从对这些观点的报告出发,相当明白地阐述了他反对为笛卡尔和霍布斯后来所复兴的虚空和原子的立场。在其他一些著作中,亚里士多德的哲学思考似乎比较朴实一些,而这些著作或者其实并不是亚里士多德本人著述的,或者写得比较通俗。伽森狄也主张原子和虚空(这两样东

---

① 早期原子论者留基波和德谟克里特与此前的元素论者不同,尤其是与阿那克萨戈拉的种子说不同,强调原子只有三种基本的性质,这就是"形状、次序、位置"(参阅亚里士多德:《形而上学》,I,4,985b)。留基波和德谟克里特虽然强调原子在虚空中运动,但对原子何以能够在虚空中运动并未作出说明。为了对原子的运动作出说明,伊壁鸠鲁在形状、次序和位置外,又进一步强调原子具有"重量"这一重要性质。他强调说:"我们要认定原子除了形状、重量、大小以及必然伴随着形状的一切以外,并没有属于可知觉的东西的任何性质。"此外,德谟克里特只讲到原子的漩涡运动和碰撞运动,但并未对这一运动作出更进一步的说明,伊壁鸠鲁则进一步区分了两种形式的碰撞运动:一种是垂直下落运动(主要由原子具有重量所致),另一种是偏斜运动(主要由原子的相互碰撞所致)。而且,如果说原子的垂直下落运动内蕴了原子运动的必然性,则原子的偏斜运动则内蕴有原子运动的偶然性。他写道:"原子永远不断在运动,有的直线下落,有的离开正路,还有的由于冲撞而后退。"参阅北京大学哲学系外国哲学史教研室编译:《古希腊罗马哲学》,商务印书馆1982年版,第354、351页。

② 莱布尼茨在《神正论》中曾经批评过伊壁鸠鲁的"无缘无故的偏斜"。他写道:"按照伊壁鸠鲁的说法,原子的微小偏离是没有任何原因或理由而发生的。伊壁鸠鲁引进原子微小偏离说乃是为了避免必然性,他的这种观点遭到西塞罗的言之有理的嘲笑。原子的这种偏离在伊壁鸠鲁的心里有一种目的因,其目标在于使我们免去命运的束缚;但是,它却不可能在事物的本性中找到动力因,此乃所有幻想中最不可能的事情"(参阅莱布尼茨:《神正论》,段德智译,商务印书馆2016年版,第478页)。关于西塞罗对伊壁鸠鲁"偏斜说"的嘲笑,请参阅西塞罗:《论命运》,X,22—23;XX,46—48。

西都是神秘的和荒谬的）。迪格比[①]在他的主要著作中所进行的
哲学思考并不怎么差（因为我并没有对他的论同情的小册子中那
些难以置信的段落花费太多的时间去细心品味）；但他和托马斯·
怀特一起，却保留了一种绝对的压缩和稀薄，这与法布里[②]的观点
没有什么两样，他因此在重量之外，还把弹性的力或一种塑造的力
说成是一种原初的东西。伽利略·伽利莱、焦吉姆·荣格、[③]勒
内·笛卡尔和托马斯·霍布斯，还可以添加上伽森狄[④]及其追随
者，都不理会原子和虚空，都曾经相当明确地将那些无以解释的妄
想从物理学中清除出去，同时复兴阿基米德的数学在物理学中的

---

　　① 迪格比（Kenelm Digby, 1603—1665），英国著名自然哲学家。曾担任过英国廷
臣和外交家。他是英国皇家学会创始人之一。其著作主要有《论物体的本性》（1644）、
《论理性灵魂的不朽性》（1644）、《论植物》（1661）和《在一次庄重集会上所作的一次演
讲……触及同情力疗伤》（1658）。他的一本关于食谱的小书《打开博学多闻的迪格
比爵士的橱柜》也使他享有很高的声誉。

　　② 法布里（Honoratius Fabri, 1608—1688，一说生于 1607），法国耶稣会神学家，
数学家和自然哲学家。他在数学、日心说、土星光环、潮汐理论、磁学、光学和运动学
（动力学）等领域都有所建树。曾著《几何学》（1659）和《物理学：有形事物科学》（1669）
等著作。也请参阅前面有关注释。

　　③ 荣格（Jaochim Jungius, 1587—1657），德国数学家和物理学家。他长期担任数
学教授，但他特别注意数学的物理学应用。他将数学广泛地应用于光学和声学、天文
学和地理学；并将数学的力学理论应用到折射理论、流体静力学和建筑学领域。

　　④ 伽森狄（Pierre Gasendi, 1592—1655），与笛卡尔同时代的法国哲学家。为了
反对笛卡尔的唯心主义，他倡导复兴古希腊的原子论。但他所复兴的原子论明显地具
有一些近代特征。首先，他并不认为原子和虚空是世界和万物的终极根源，而认定上
帝才是一切事物的终极原因。第二，他认为一切事物的运动都不仅仅是自发的，而是
上帝赋予每个事物的力引起的，从而一切事物的运动都明显地具有机械论倾向。第
三，他认为灵魂及其运动并不能以原子论加以说明。最后，在他看来，原子论只不过是
便于解释自然现象、自然原因的一种物理科学假说而已。从这些方面看，伽森狄与笛
卡尔并无本质的区别。参阅冯俊：《法国近代哲学》，同济大学出版社 2004 年版，第
99 页。

应用,这些人都还进而相当明确地将那些不可解释的妄想从哲学中排除出去,教导说有形自然中每一件事物都应当藉力学加以解释。但(更不必说,他们目前过分沉溺的那些并不十分可靠的力学假说了)他们却并未充分承认那些真正形而上学的原则,或者说他们并未充分承认源于这些原则的对运动和自然规律的解释。

因此,我将致力于填补这一空白,最终表明:在自然中每一件事物都是以力学的形式发生的,但力学的原则却是形而上学的,运动和自然的规律并不是以绝对的必然性(absoluta necessitate)建立起来的,而是由智慧原因的意志(voluntate causae sapientis)建立起来的,不是由纯粹意志的实施(mero arbitrio)建立起来的,而是由事物的适宜性(convenientia rerum)建立起来的。[①]我已经表明,力(vim)虽然必须添加到物质团块上,但这力却只有通过一种外加上去的动力(impetum)才有可能实施。神圣力学(mechanismi divini)无需作为神圣原则的地心之火、精灵或具有塑造力的官能、本能、厌恶或类似的性质,单凭其技巧便足以解释各种事物是如何工作的,在植物和动物的有机体中尤其如此,它们始终保持着灵魂的知觉和欲望,排除了物体对于灵魂或灵魂对于物体的任何物理的流入。尽管并非所有的物体都是有机的,但有机的物体依然隐藏在每个事物之内,即使在无机的物体中也是如此,这样,所有的物质团块(omnis massa),不管看起来是粗野的或混沌未分的(rudis)还是完全一样的(plane similaris),其自身之内

① "适宜性原则"是莱布尼茨哲学的一项基本原则。在《单子论》第46节中,莱布尼茨曾强调指出:"偶然真理的原则是'适宜性'(la convenance)或'对最佳者的选择'(le choix du meilleur)。但必然真理却仅仅依赖上帝的理智,乃上帝理智的内在对象。"

都不是一样的,而是多种多样的,只是相形之下,看起来有序的物质团块(ordinata)在其多样性中并不显得混乱罢了。① 因此,我已经表明,有机体无处不在,在任何地方都不存在与智慧不相称的混乱,自然中所有的有机体都是活的或具有生命特征的,②但无论是

---

① "所有的物质团块(omnis massa),不管看起来是粗野的或混沌未分的(rudis)还是完全一样的(plane similaris),其自身之内都不是一样的,而是多种多样的,只是相形之下看起来有序的物质团块(ordinata)在其多样性中并不显得混乱罢了"的原文为 ita ut omnis massa in speciem rudis vel plane similaris, intus non sit similaris sed diversificata, varietate tamen non confuse sed ordinata。阿里尤和嘉伯将其英译为 so that all mass [massa], either unordered [rudis] or completely uniform in appearance, is within itself not uniform but diversified, however, ordered, not confused in its diversity。从意译的立场看,阿里尤和嘉伯的做法无疑有其可取之处,但从直译的角度看,似乎也有不尽精确之处。例如,拉丁词 rudis 的基本含义为"生"、"粗糙"、"劣"、"未修治者"、"未砍削者"、"未炼治者"、"粗鲁"、"鲁莽"、"拙笨"和"愚蠢"等,因此,倘若译作"无序",似有过分引申之嫌。此外,拉丁词 similaris 的基本含义为"一样"、"相仿"、"相似"和"相像"等含义,倘若将其译作"一致"(uniform)似乎也内蕴有与作者意图相左的内容。当然,照我们的译法,将"粗野"与"完全一样"相对照,也让人感到费解。故而,我们在"粗野"之后另加上"混沌未分",意在将直译与意译结合起来。效果究竟如何,敬请读者自行揣摩。

② 莱布尼茨从物质无限可分的思想出发,得出了他的有机主义理论。他写道:"由此可见,即使在最小的物质微粒(la moindre partie de la matière)中,也存在有一个由生物(de vivans)、动物、'隐德来希'和灵魂组成的整个受造物世界(un Monde de creatures)"(G. W. Leibniz: Die philosophischen Schriften 6, Herausgegeben von C. I. Gerhardt, Hildesheim: Georg Olms Verlag, 2008, p. 618)。当代著名的莱布尼茨专家雷谢尔在谈到这一问题时不无中肯地指出:"无广延单子的理论使他脱离了古典原子论,看到了物质的无限可分性,达到了点状的单子的层面,从而使得他的中国盒式的有机体理论(his Chinese-box organicism)成为可能,所谓中国盒式的有机体论是说每个有机体内部都包含有无数多个有机体,而这些有机体又进一步包含有无数多个有机体,如此下去,以致无穷"(Nicholas Rescher, G. W. Leibniz's Monadology, University of Pittsburgh Press, 1991, p. 227)。也请参阅参阅段鹏智:《莱布尼茨物质无限可分思想的学术背景与哲学意义——兼论我国古代学者惠施等人"尺捶"之辩的本体论意义》,《武汉大学学报》2017 年第 2 期。

灵魂还是物体都不能相互改变对方的规律。① 我还表明,物体中的一切都是通过形状和运动而发生的,而灵魂中的一切则都是通过知觉和欲望而发生的,在后一个领域,存在有一个目的因的王国,在前一个领域,则存在有一个动力因的王国,这两个王国实际上是相互独立的,不过它们却是和谐一致的;上帝(既是事物的目的因,也是事物的动力因)藉自行活动的中介使每件事物都适合于他的目的,而灵魂和身体虽然绝对无误地遵循它们各自的规律,但它们却因上帝前定的和谐而相互一致,而根本无需它们相互之间有任何物理的影响,关于神性的一种新的最美妙的证明即藏匿其间。

最后,我证明了各种物体只不过是构成一个统一体的东西的偶然的堆集或外表的堆集,而在一定意义上,则可以视为一种有良好基础的现象(bene fundata Phinomena);只有单子(单子中最好的是灵魂。灵魂中最好的则是心灵)才是实体。由此,我还可以证明所有灵魂的不灭性(这在心灵中也就是人格的真正不朽)无可争议。因此,我还证明,一种更为高尚的形而上学和伦理学(sublimiorem Metaphysicam Ethicamque),也就是一种更为高尚的自然神学(Theologiam naturalem)及一种永恒的和神圣的法理学(Jurisprudentiam divinam perpetuam)可望建立起来,而且由事物的已知原因,我们便可以获得关于真正幸福的知识。

---

① 在《单子论》第 79 节中,莱布尼茨曾经强调指出:“灵魂凭借欲望、目的和手段,依据目的因的规律而活动。形体则依据动力因的规律或运动的规律而活动。”

斐拉莱特与阿里斯特的对话^①

在泰奥多尔离开之后,阿里斯特接受了斐拉莱特的访问。斐

---

① 自从莱布尼茨与马勒伯朗士于 1675 年上半年第一次在巴黎相会(那时,他和马勒伯朗士两个都还很年轻)并围绕着马氏的新作《真理的探求》(1674—1675)展开广泛讨论之后,他就一直对马勒伯朗士的思想感兴趣,马勒伯朗士(Nicholas Malebranche,1638—1715)是奥拉托里会(天主教的在俗司铎修会)会友和神父、形而上学家、神学家,而且在很大程度上还是笛卡尔的追随者。这篇对话是莱布尼茨对马勒伯朗士在其长期的学术生涯中形成的形而上学体系的一个最直接的考察。它本身可以视为马勒伯朗士自己的形而上学对话的一个续篇,马勒伯朗士的对话以《关于形而上学和宗教的对话》(*Entretiens sur la métaphisique et sur la religion*)为题最初发表于 1688 年,但在其后来的版本中,其思想内容得到了更为详尽的阐述,可以视为马勒伯朗士代表作《真理的探求》的升级版。马勒伯朗士的对话是在泰奥多尔和阿里斯特之间展开的,其中,泰奥多尔代表的是马勒伯朗士本人,而阿里斯特代表的则是泰奥多尔的一位易于接受他人影响的朋友。莱布尼茨的对话则是从泰奥多尔已经离开,而阿里斯特接受斐拉莱特的访问开始的,斐拉莱特代表的是莱布尼茨(这与《人类理智新论》的做法一脉相承,只是在《人类理智新论》中,斐拉莱特的对话对象不是阿里斯特,而是作为洛克代表的德奥斐勒),他对泰奥多尔(马勒伯朗士)所提出的一些观点持有异议。

该文初稿写于 1702 年,1715 年莱布尼茨对之作了重大修订。原文为法文,1715 年修订版载格尔哈特所编《莱布尼茨哲学著作集》第 6 卷。阿里尤和嘉伯据此将其英译出来,并收入其所编辑的《莱布尼茨哲学论文集》中。

汉译者依据 *G. W. Leibniz: Philosophical Essays*, edited and translated by Roger Ariew and Daniel Garber, Hachett Publishing Company, 1989, pp. 257—268 和 *G. W. Leibniz: Die philosophischen Schriften* 6, Herausgegeben von C. I. Gerhardt, Hildesheim: Georg Olms Verlag, 1978, pp. 579—594 将该文译出。

拉莱特是阿里斯特的一位老朋友,也是索邦神学院①一位德高望重的博士,他曾经以经院的方式教授过哲学和神学,不过他并不贬损现代学者的种种发现,而是相当谨慎又相当精确地探究它们。为了使他自己更好践履虔诚,他进入了一种隐修状态(une espece de retraite),而与此同时,他又致力于阐明各种宗教真理,以期勘正和完善有关证明。这使得他为了确定有关证明如何需要得到加强,而相当严谨地考察了这些证明。

　　阿里斯特在看到斐拉莱特时,惊喜地喊道:我亲爱的斐拉莱特,我们如此长久未曾见面,您的到来真是适逢其时! 我刚刚完成了一场令人陶醉的对话,期待与您也有一场这样的对话! 斐拉莱特,您这位思想深邃的哲学家,卓越的神学家,令我倾倒;他将我从这个有形的有朽世界带进了不朽的理智世界。不过,当我在没有他的情况下思索这一世界时,我便很容易退回我曾有过的种种偏见,有时我甚至弄不清我究竟身在何处。 没有谁比您更有能力安

----

① 索邦神学院(Sorbonne),法国巴黎大学旧称。1253年,由罗贝尔·德·索邦创建,故名。索邦(Robert de Sorbon,1201—1274)是位法国神学家,曾为宫廷牧师。1258年起,担任该院院长。1259年该院获罗马教皇正式批准。1261年,该学院改称巴黎大学。该学院或大学是当时欧洲最有影响的大学之一。受拿破仑教育改革影响,巴黎大学于1793年被撤销,1896年重建。1968年,受中国文化大革命影响,巴黎大学发生学潮。在学潮推动下,巴黎大学被改革成13所独立的大学。其中,巴黎第一大学(先贤祠—索邦大学)、巴黎第二大学、巴黎第三大学(新索邦大学)、巴黎第四大学(巴黎索邦大学)、巴黎第八大学、巴黎第九大学和巴黎第十大学等7所大学以人文科学和社会科学为主,兼设其他学科。巴黎第五大学、巴黎第六大学、巴黎第七大学、巴黎第十一大学、巴黎第十二大学和巴黎第十三大学兼有文、理、医、法、经济学等学科,其中,巴黎第十一大学、巴黎第十二大学和巴黎第十三大学还设有工科。

顿我,使我进行判断时既满怀信心又沉着平静。因为我坦然承认泰奥多尔优美雅致的措辞不仅令我感动,而且也提升了我。但在他离开我之后,我便不再知道我是如何被提升得如此高的,我甚至感到有点眩晕,这令我烦恼不已。

斐拉莱特:对泰奥多尔的价值,我是通过他的著作了解到的。他的著作包含了许多重要的和别致的思想。他的思想中,有许多已经得到了充分的证实,但其中也有一些需要加以进一步的阐述,而且这些思想在他的整个思想体系中还属于最基本的层面。我并不怀疑,他说过成千上万的事情,非常适合帮助您对之作出精到的分析,但我也提请注意,为了抛弃尘世的空虚,人们发表了许多喧闹不已的议论,开展了许多有关尘世的徒劳无益的甚至是有害的对话,也使您自己放弃了那些导致我们发誓立德并引导我们臻于幸福的坚实的默思。我耳闻的有关您幸福转变所言说到的东西使我登门拜访,重温我们的友情;而且,您也不可能给我提供出一个更好的开始对话的机会,使我借以宣示我对您的热诚,这就是一开始就对我谈论长期以来一直构成我的默思对象同时也必定是您最感兴趣的对象之一的东西。如果您记得泰奥多尔所谈论的实体,或许我就能帮助您阐明泰奥多尔提供给您的一些概念,这些概念在我们看来依然显得含混或可疑,也是泰奥多尔本人后来通过澄清和调整而得以完善的内容。①

---

① 马勒伯朗士有一个重要的学术习惯,这就是对已经出版的学术著作经常进行反思,不断予以修订。例如,如上所述,马勒伯朗士的《关于形而上学和宗教的对话》(1688)在一定意义上就可以视为他的《真理的探求》(1674—1675)的修订本。1688年以后出版的《关于形而上学和宗教的对话》实际上也是其初版的修订版。

　　阿里斯特：我很高兴能得到您的帮助，我也将努力从泰奥多尔告诉我的东西中概括出实体概念；但却不要指望我也有由他所说的一切所产生的那样一种魅力。他首先允诺向我表明"思我"①并非一个物体，因为各种思想并非那些适合于广延的存在方式，物体的本质只在于广延。我请求他给我证明我的身体不是任何别的东西，而无非是广延；在我看来当我倾听他时，他似乎确实证明了这一点，但我并不知道他的这一证明究竟是如何逃脱了我的注意的，不过，它确实又一点一点地回到了我的心里。他对我说，广延即足以形成物体。他还补充说，倘若上帝毁灭了广延，物体也就因此而毁灭了。②

　　斐拉莱特：除笛卡尔派外，哲学家并不赞成广延足以形成物体这样一种说法；他们还要求某种别的东西，古人称之为反

<hr />

　　①　"思我"的原文为 ce Moy qui pense，阿里尤和嘉伯将其英译为 the I who thinks。我们不妨将其汉译为"作为思维的我"。马勒伯朗士使用"思我"这个概念，并且将其作为阐述其实体概念的起点，这就表明马勒伯朗士与笛卡尔一样，都是以"我思故我在"作为其哲学的起始点或出发点的。参阅冯俊：《法国近代哲学》，同济大学出版社 2004 年版，第 165 页。

　　②　从自然哲学的角度看问题，物体的本质问题无论对于马勒伯朗士还是对于莱布尼茨都是一个至关紧要的问题。对于马勒伯朗士来说，物体的本质即在于广延不仅与他的二元论哲学密切相关，而且与他的偶因论也息息相关。对于莱布尼茨来说，为要克服笛卡尔的二元论哲学以及笛卡尔派的偶因论学说，他就必须彻底驳倒笛卡尔的同时也是马勒伯朗士的物体的本质在于广延的观点，为阐述其动力学体系和前定和谐系统扫清障碍。这就是莱布尼茨在这篇对话中开门见山地讨论物体本质或实体学说的根本缘由。

抗型式，①也就是那种使一个物体不可穿透另一个物体的东西。
按照他们的说法，纯粹的广延只能够构成各种物体所寓的场所或
空间。而且，在我看来，当笛卡尔及其追随者试图驳斥这一意见
时，他们作出的似乎只是一些假设，而且若要用专业术语来称呼的
话，他们就是犯了"预期理由"错误或"窃取论点"错误（des
petitions de principe）。②

---

①　"反抗型式"的原文为 antitypie，阿里尤和嘉伯将其英译为 antitype。就字面意
义讲，其基本含义为"相对之型范"、"对范"和"本体"。在近代哲学中，通常被理解为与
"抵抗力"（"阻力"）相关的物体的"坚实性"或"不可入性"。例如，洛克在《人类理解论》
中就曾写道："我们的坚实性观念是由触觉得来的。甲物如果不离开原位，则乙物在进
入它的位置时，便发生了阻力。因此，我们就有了坚实性的观念。有感觉得来的一切
观念，最恒常的就是坚实性观念。……两个物体相对运动时，能阻止它们接触的，亦是
所谓坚实性。……不过，有人如果愿意称它为不可入性较为合适些，则我亦可以同意
于他"（参阅洛克：《人类理解论》上册，关文运译，商务印书馆 1981 年版，第 97—98 页。
请注意，关文运将 solidity 译作"凝性"）。莱布尼茨在《人类理智新论》中也指出："坚实
性的观念是由抵抗力引起的，一个物体，当另一个物体实际进入它所占据的位置时，直
到它离开原有位置，我们都可在它之中发现这种抵抗力。因此当一个物体和另一个物
体彼此相向运动时，那阻止这两个物体相遇合的，我就叫作坚实性。如果有人认为叫
作不可入性更恰当些，我也同意。但我认为坚实性这个名辞带有某种更积极的意义。
这个观念似乎对物体来说是最本质的东西，并且是和物体联系得最紧密的，而我们也
只有在物质中才能找到它"（参阅莱布尼茨：《人类理智新论》上册，陈修斋译，商务印书
馆 1982 年版，第 95—96 页）。莱布尼茨在本文中将"抵抗型式"解释成"那种使一个物
体不可穿透另一个物体的东西"，与其在《人类理智新论》中的说法一脉相承，也与洛克
的说法比较接近。
②　"预期理由"一词最早出自亚里士多德《前分析篇》第二卷中。亚里士多德指
出："当三段论是否定的，当相等同的谓项否定同一主项时，我们就犯了'预期理由'
（τò ἐν ἀρχῇ αἰτεῖσθαι）的错误"（亚里士多德：《前分析篇》，II，16，65a 33—34）。在"'预
期理由'（τò ἐν ἀρχῇ αἰτεῖσθαι）"这个术语中，"αἰτεῖσθαι"意为"要求"、"请求"，或逻辑学
上的"假定"、"默认"；"ἀρχῇ"意为"起始"、"起源"。因此，所谓"预期理由"的错误，也就
是把假设的未经证明的判断当作本源的东西或不证自明的论据的逻辑错误。中世纪的

阿里斯特:但难道您没有发现广延的毁灭致使物体毁灭这样一个假设即证明了物体仅仅在于广延吗?

斐拉莱特:这只是证明了广延进入了物体的本质或本性,并不能证明它构成了它的整个本质(Cela prouve seulment que l'étendue entre dans l'esssence ou la nature du corps, mais non pas qu'elle fait toute son essence)。这和大小(la grandeur)的情况有点相像,大小虽然进入了广延的本质,却不足以构成那种本质,因为数字、时间和运动也有大小,尽管它们不同于广延。倘若上帝毁灭了所有现实的大小,他就毁灭了广延,但在创造大小中,他却可能或许只创造时间,而不创造广延。这与广延和物体的情况一样。倘若上帝毁灭了广延,他就毁灭了物体,但在仅仅创造广延中,他可能仅仅创造空间而没有创造物体,至少按照笛卡尔派尚未正确驳倒的人们的意见看,事情就是这样。

阿里斯特:很抱歉,我此前并未注意到这一困难,但我将记住这一点,择机向泰奥多尔提出来。不过,倘若我记忆无误的话,他还为这一结论提出另外一个证明,但他的这一证明在我看来太过玄奥,因为它是由实体的本性出发的。泰奥多尔给我证明说:广延

翻译者把这个术语译为拉丁语"petitio principii"。其中,"petitio"在古典时代早期是指"要求"、"请求",但古典时代晚期亦用于逻辑学上的"假定"、"默认";"principii"意为"起始"、"起源"。至16世纪,人们又将拉丁语"petitio principii"英译成"begging the question"。其中"beg"意为"请求"、"乞讨";而"question"("问题")可理解为"议题"(讨论中、争议中的主题)或"疑问"。故而,也有"丐词"错误或"乞题"谬误的说法。

是一种实体,而我则认为,他需要由此推论出物体只能是广延,否则,它就会是由不止一个实体组合而成的东西。但我不敢担保这就是泰奥多尔的。我很可能把他在不同地方说的那些话以不同于他心里所想的方式组合到了一起,从而做出错误的结论;我将努力查明这样一种情况。

斐拉莱特:我担心我再次在您归于泰奥多尔的这一结论里发现有困难。因为您知道,对于逍遥派来说,物体是由两条实体原则(deux principes substantiels)组合而成的,这就是质料和形式。[①]人们必定会说:物体同时由两个实体组成是不可能的,也就是说,物体由广延(如果我们承认广延即是一个实体的话)和某个别的实

---

① 莱布尼茨在这里谈到的是亚里士多德及逍遥学派的"个体质型论"。按照亚里士多德和逍遥派的个体质型论,凡个体事物或具体实体都是由形式和质料、实在与潜在这两个因素构成的。在个体质型论这个概念中,所谓"个体"指的是"这一个",亦即个体事物或具体实体。所谓"质"指的是"质料"或"物质"。所谓"型"指的是形式或型式。他们认为,质料对于个体事物或具体事物是不可或缺的。个体事物或具体实体的运动或变化其实也就是个体事物或具体实体在不变的质料的基础之上形式或位置的变化。如果没有质料这一不变的基础,形式之间的过渡或是从存在到存在(当一个形式代替另一个形式时),或是从非存在到存在(当一个形式突然出现时),便都是不可能的。因此,亚里士多德强调说:"凡是自然地或人为地产生出来的东西都有质料,因为它们中的每一个都具有存在或不存在的能力,这种能力就是每一个事物的质料"(亚里士多德:《形而上学》,1032a 20)。但从潜在与实在(或现实)的角度看,形式或型式对于质料具有明显的先在性、规定性和能动性。如果没有"形式"或"型式",个体事物或具体实体便无以运动变化,甚至无以现实存在。但在亚里士多德和逍遥派那里,在"个体质型论"之外还存在有"形式实体论",在"这一个"之外,还另行提出来了"其所是",宣布"形式"也是一种"第一实体"。这就是说,在亚里士多德和逍遥派那里,质型论并不是普遍的,并不适用于一切实体,只适用于个体事物或具体实体。在西方哲学史上,"普遍质型论"的倡导者是奥古斯丁。在奥古斯丁看来,无论是物质事物还是精神事物,无论是"地"还是"天"都是由质料和形式组成的,只不过精神的事物的质料也是无形的罢了。

体组合而成是不可能的。但让我们首先看看泰奥多尔究竟是如何证明广延即是一个实体的吧，因为这一点至关紧要。

阿里斯特：我将极力回忆。凡能够单独设想到的东西，而不考虑任何别的事物，也就是我们对它没有代表任何别的事物的观念，要不，凡是能够单独设想为现存的、独立于任何别的事物的东西，即是一个实体；凡我们不能单独设想的东西，也就是根本不考虑某个别的事物的东西，即是一种存在方式，或实体的一种变形。

这就是当我们说实体是一种自行存在的存在时所意指的东西；除此之外，我们没有任何别的方式能够将实体与变形区别开来。不过，泰奥多尔也曾经向我表明：我能够想到广延而不考虑任何别的事物。①

斐拉莱特：关于实体的这样一个定义也摆脱不了困难。因为归根到底，只有上帝才能够被设想为独立于每一个别的事物；难道我们也应当像一位闻名遐迩的革新家那样，②也说上帝乃唯一的

---

　　① 笛卡尔在《哲学原理》中，在谈到实体的自在性时曾强调指出："所谓实体，我们只能将其理解为不是任何别的事物，而无非是一种以其为了存在而无需任何别的事物的方式存在的那种事物"（参阅 Rene Descartes, *Principles of Philosophy*, translated by Valentine Rodger Miller and Reese Miller, Dordrecht：D. Reidel Publishing Company，1983，p. 23）。马勒伯朗士的实体定义从本质上讲，与笛卡尔的并无二致。

　　② 莱布尼茨在这里所说的"革新家"不是别人，正是斯宾诺莎。斯宾诺莎的实体概念与笛卡尔的和马勒伯朗士的非常相似。斯宾诺莎给实体下的定义是："实体，我理解为在自身内并通过自身而被认识的东西。换言之，形成实体的概念，可以无须借助于他物的概念。"而且正是从这样的实体概念，斯宾诺莎强调了实体的独一性。他写道："按事物的本性，不能有两个或多具有相同性质或属性的实体"（斯宾诺莎：《伦理学》，贺麟译，商务印书馆 1981 年版，第 3、5 页）。

实体,受造物都不过是它的样式吗?

　　但是,①倘若您以实体是那种能够不依赖任何其他受造事物
而被设想的东西来限制您的定义,我们便可以发现各种事物都和
广延那样具有那么多独立性,但却并非实体。例如,能动的力、生
命以及反抗型式都是本质的同时又都是原初的事物,而且,它们也
能够不依赖于其他概念而通过抽象加以设想,即使它们的主体,亦
复如此。其实,正相反,那些借助于这样一些属性加以设想的东西
正是各种主体。

　　不过,这些属性不同于它们为其属性的那些实体。因此,存在
有一些并非一个实体的东西,然而,它们也不能被设想为是从属于
实体本身的东西。因此,一个概念的独立性并不能构成一个实体
之为一个实体的标准(caratére),因为这种标准应当进一步符合作
为实体本质的东西。

---

　　①　在一个早期手稿中,这段话是这样表述的:"但如果您以添加上实体是那种能
够设想为独立于任何别的受造物的方式来限制您的定义,我们便可以发现一些事物像
实体本身那样也具有那么多独立性,因为我们必定考虑到下面这个事实:除实体和变
形外还存在有某些东西。我们能够将各种实在区分为各种主项和实在的或附属的谓
项,毋宁说区分为具体的实在和抽象的实在,一种对于它们的主体是本质的,另一种则
是偶然的。抽象的偶然的各种实在是各种变形或样式,例如物体的运动即是如此。但
附属的或实在的谓项不是原初的,就是派生的。原初的谓项(亦即那些被接受过来的
和自行存在的谓项)通常被称作属性。派生的谓项则被称作特性。但人们将会发现各
种特性只是将各种关系添加到各种属性的实在性上,它们是各种外在模式
(formalités),而非各种形式。各种属性有时构成了实体的原则;例如,能动的力即是一
种本质的原初的谓项,毋宁说是实体的属性,抵抗型式是物体的属性,生命是灵魂的属
性。既然如果这些属性能够被设想为依赖于实体之外的某种别的东西,则实体便也能
够如此,因为各种实体是藉这样一些属性而被设想的。"参阅 *G. W. Leibniz: Philo-
sophical Essays*, edited and translated by Roger Ariew and Daniel Garber, Hachett
Publishing Company, 1989, p. 259。

阿里斯特:①我认为各种抽象概念并不能不依赖于某件事物而加以设想;至少,它们必须设想存在于具体的主体之中,这种具体的主体与足够本质的原初属性结合在一起,构成了完全的主体(le sujet complet)。但为了摆脱这样一些烦恼,我们便必须说这种定义只能从具体事物出发加以理解。因此,一个实体将是一件具体事物,这种事物不依赖于任何一个别的受造的具体事物。

斐拉莱特:这是对您的定义的一个新的限制;但许多困难依然存在。因为(1)或许对何为具体的解释将预设要旨,从而所下的定义将陷入逻辑循环。(2)我否认广延是一个具体的事物(Je vous nic que l'étendue soit un concret),因为它是从有广延的事物中抽象出来的。② (3)由此,我们便可得出结论说:这一精确的和不完全的主体(le sujet precis et incomplet),或者说这一简单的和原初的具体事物(le concret simple et primitif)与本质的属性(l'attribut essentiel)结合到一起,方能构成一个完全的实体,方能配得上实体的名称(le nom de substance),因为抽象概念也和完

---

① 在一个早期手稿中,这段话是这样表述的:"根据这一证明,任何一个受造的实体都不能被设想为不依赖一些别的受造物,因为它不能被设想为不依赖于构成它的那些实在以及它的原初属性。但这不就足以说明一个实体应当被设想为不依赖于一些其他的受造实体吗?"参阅 *G. W. Leibniz*: *Philosophical Essays*, edited and translated by Roger Ariew and Daniel Garber, Hachett Publishing Company, 1989, p. 260。
② 具体原则是莱布尼茨物体哲学或实体学说的一项根本原则,也是莱布尼茨用以反对笛卡尔自然哲学或物理学的一项根本原则。在莱布尼茨看来,"广延"和"有广延的事物"是两个完全不同的概念,其中,"广延"是一个抽象概念,而"有广延的事物"则是一个具体概念。正因为如此,莱布尼茨坚决反对笛卡尔将"广延"规定为"物体""本质属性"的粗暴做法。

全具体的事物一样，倘若没有它，便既不可能设想，也不可能存在。① 暂时，我并不坚持（4）依据那些主张在圣餐礼仪中，各种偶性即使没有其主体也依然能够存在的神学家的学说，这些偶性在本质上是不依赖于它们的主体的，从而您的定义便适用于它们。

阿里斯特：我们正在探究许多微妙问题，所以，我曾经在法兰西学院读过书，②记住了一些经院哲学的术语，看来是件幸事。不过，我承认，这些微妙的问题在这里是不可避免的，您把它们表述得通俗易懂，并将我置于答复您的位置。我现在就来答复第一点，一个具体事物的定义并不要求实体的定义，因为各种偶性也能成为具体事物。例如，热也能够是大的，或者说具有大小；但"大"是一个具体事物。一个数字可以被称作大的、成比例的、可通约的等。至于第二点，我可以答复说：既然广延、空间和物体按照泰奥多尔的意见都是一回事，他就会说，广延是一种具体事物。对于第三点，我的答复是：广延或物体确切地说即是这种被设想为物质的

---

①　"不完全的主体"与"完全的实体"的区分也是莱布尼茨物体哲学或实体学说的一项根本原则。正是凭借这样一种区分，莱布尼茨才超越了"几何哲学"和普通"运动哲学"而达到了"动力学"，达到了他的单子论。

②　我们称作法兰西学院的在法国有两个机构，一个是 L'Institut de France，另一个是 Collège de France。L'Institut de France 成立于 1795 年，下设五个分支机构：（1）法兰西人文学院，成立于 1795 年，1803 年取消，1832 年恢复；（2）法兰西学术院，成立于 1635 年；（3）法兰西铭文与美文学院，成立于 1663 年；（4）法兰西科学院，成立于 1666 年；（5）法兰西美术院，成立于 1816 年，由成立于 1648 年的绘画和雕塑学术院与成立于 1671 年的建筑学术院组合而成。Collège de France 是法国的一个具有特殊历史地位的高等教育公立机构。创立于 1530 年，其创始人为弗朗索瓦一世（François I，1494—1547）。当时被称作皇家学院，1870 年才被正式称作法兰西学院。阿里斯特口中的法兰西学院当为创立于 1530 年的 Collège de France。

原初的主体,它由形状和运动赋予形式,以便构成一个完全的主体。最后,关于第四点,我的看法是,泰奥多尔可能并不承认偶性离开主体存在的可能性。其他一些可能希望维持这一定义的人会说,实体是一种具体事物,这种具体事物自然地独立于任何一个别的受造的具体事物。

斐拉莱特:你对第一点的回答在我看来似乎正确。不过对具体概念和抽象概念必须解释得更加清楚一点。但对于第二点,人们不可能承认有广延的事物和广延是一回事;在受造的事物之间,根本不存在抽象事物与具体事物完全同一的任何一个例证。您对第三点的答复可以接受,您对第四条反对意见的答复也是如此,这条意见否认偶性能够离开主体而独立存在。但有些人希望藉将这个定义限制在自然发生的事物上而对之加以修正,使之类似于归之于柏拉图的关于人的定义。据说柏拉图曾将人定义为一种无羽毛的两条腿的动物(un animal à deux pieds sans plumes),于是狄欧根尼(Diogene)抓了一只公鸡,拔掉其腿上的毛,然后将这只公鸡扔到柏拉图的大堂上,并且对大家说,这就是柏拉图所说的人。① 柏拉图的追随者同样能够补充说:我们在这里讲的是自然

①　莱布尼茨所说的这个关于柏拉图的典故究竟出自何处,尚需考证。不过,很可能与柏拉图的《政治家篇》相关。在《政治家篇》里,柏拉图曾经将"马夫"与"牧人"区别开来,断言:马夫管理的是一个动物,而牧人管理的则是一群动物。而政治家的管理工作类似于"牧人"。不同的是:牧人管理的是一群畜牲,而政治家管理的则是一群人。而按照他的两分法,人与其他动物的根本区别在于:人是唯一的没有翅膀的两足动物。这是因为在柏拉图看来,动物有两种:一种是野蛮动物,一种是可驯养动物;可驯养动物又可以分为两类:一类是水生动物,另一类是陆生动物;陆生动物又可以分为两类:

发生的动物本身。但我们现在需要的是那些来自事物本质的定义。诚然，来自自然发生的事物的各种定义能够成为有用的，而谓词的三个等级也能够区别开来，这就是：本质的、自然的以及纯粹偶然的东西。但从形而上学的角度看，所需要的则是本质的属性，或是那些来自所谓形式理由的东西。

阿里斯特：就我能看到的而言，我们之间所剩下的唯一问题便是：广延究竟是抽象的还是具体的。

斐拉莱特：针对您的定义，我还能够反对说：各种物体根本不是相互独立的，例如，它们需要受到四周物体的压迫或者因四周物体而进入运动状态。但您却能够以我自己的答复来回答说：凡本质的东西都是充分的，因为上帝能够使他们不依赖于四周的物体，当所有别的物体全都毁灭后，它们的状态依然保持不变。因此，我坚持我刚才说过的，广延只是一种抽象的事物，而且它也要求一些有广延的事物。它需要一个主体；它和绵延一样，也是某种相对于这一主体而存在的东西。它甚至在这个主体中预设了先于它而存在的某种事物，这个主体（它是有广延的）中的某种性质、某种属

一类是飞行动物，另一类是行走动物；行走动物又可以分为两类：一类是有角动物，另一类是无角动物；无角动物又可以分为两类：一类是可杂交动物，另一类是不能杂交动物；不能杂交动物中，又可以分为两类：一类是四足动物，一类是两足动物；两足动物中，又可以分为两类：一类是有翼动物，另一类是无翼动物。而鸡属于两足有翼动物，人则属于两足无翼动物。其最后的结论是："我们的论证把政治家的技艺定义为牧羊人群的科学——与牧羊马群或其他动物群的科学不同。"陈修斋先生在世时，曾多次同我谈起这则典故。参阅柏拉图：《政治家篇》，261d—267d。

性、某种本性与这一主体一起扩展,并且持续存在。广延是这种性质或本性的扩散。例如,在牛奶中,有一种白色的广延或扩散,在金刚石中,有一种硬度的广延或扩散,而在物体中也普遍地有一种反抗型式或物质性的广延或扩散。这样,您便即刻看到在物体中存在有一些先于广延的事物。因此,人们能够说,在一个意义上,广延之于空间一如绵延之于时间。绵延和广延都是各种事物的属性,但时间和空间却被认为是处于各种事物之外的,从而有助于测度它们。[①]

阿里斯特:凡承认空间区别于物体的人都把物体视为构成场所的实体。但笛卡尔派和泰奥多尔却像您设想空间那样设想物质,除非他们连同广延一起赋予它运动性(une mobilité)。

斐拉莱特:他们因此心照不宣地承认广延并不足以构成物质或物体,因为他们和泰奥多尔给它添加上运动性,运动性乃反抗型式或抵抗的结果(qui est une suite de l'Antitypie ou de la resistance);否则,一个物体便不可能受到另一个物体的推动。

[①] 晚年,莱布尼茨在与克拉克的论战中,针对牛顿的绝对时空观,曾经突出地强调了时间和空间的相对性。他写道:"空间是一切事物的地点,也是一切观念的地点,正如绵延是一切事物的绵延,也是一切观念的绵延一样。"他还指出:"我并没有说物质和空间是同一个东西,我只是说没有什么空间是没有物质的,以及空间本身不是一种绝对实在。空间和物质的区别就像时间和运动的区别一样。可是,这些东西虽有区别,却是不可分离的。"参阅《莱布尼茨与克拉克论战书信集》,陈修斋译,商务印书馆1996年版,第48、76页。

阿里斯特：他们会说运动性是广延的结果，因为整个广延都是可分的，以至于它的各个部分都是相互分离的。

斐拉莱特：凡主张存在有虚空的人，或至少主张实在空间（un espace reel）区别于充实它的物质的人，都不会承认您的这一结论。他们将会说，空间的不同部分虽然能够指示出来，但它们却是不可能分割开来的。至于我，即使我将广延概念与物体概念区别开来，我还是认为根本不存在任何虚空，而且也根本不存在任何一个能够称作空间的实体。我将始终将广延和与广延或扩散相关的属性区别开来，而与广延或扩散相关的属性是位置或场所。因此，场所的扩散将会形成空间，空间和广延的原初主体（le πρῶτον δεκτικόν, ou le premier sujet de l'étendue）相像，借助于广延，它便会也适用于处于空间中的其他事物。因此，广延，当其为空间的属性时，便是位置或场所的扩散或延续，正如物体的广延是反抗型式或物质性的扩散一样。因为场所不但处于空间之中，而且还处于各个点之中，因此，如果没有广延或扩散，便不可能有场所。物质也是如此；物质不但存在于物体之中，而且也存在于各个点中，它在长度上的单纯扩散构成了一条物质的线（une ligne materielle）。它在宽度和深度方面的延续或扩散则构成几何学的面和体，简言之，空间与场所相关，而物体则与物质相关（et en un mot l'espace dans le lieu, et le corps dans la matiere）。

阿里斯特：对场所和物质以及空间和物体之间所作的这样一些比较使我感到高兴，而且也有助于人们恰如其分地言说。在这些事物之

间作出区分是有益的,一如在绵延和时间以及在广延和空间作出区别
是有益的一样。关于这个问题,我必须请教一下泰奥多尔。

斐拉莱特:最后,更进一步说,我赞成这样一种意见:不仅广
延,而且物体本身都不可能离开其他事物而独立地设想。因此,我
们必须说,要么各种物体并非实体,要么独立设想的东西并不适合
于所有的实体,即使它只可以运用到诸多实体上。因为假定一个
物体是一个整体,它便依赖于组成它并且构成其各个部分的其他
物体。只有单子,也就是简单的或不可分的实体,才真正不依赖于
任何别的具体的受造物。

阿里斯特:因此,我将说:实体是一个具体事物,它不依赖于任
何在它之外的具体的受造物。因此,实体对于其属性及其各个部
分的依赖性将无碍于我们的推理。

斐拉莱特:这是对您的定义的第三项限制。您虽然允许这样
做,但老实讲,一些可以允许的事物未必恰当,因为并非所允许的
每一件事物都很合适(il y a des choses permises qui ne sont pas
convenables)。[①] 一条在咬我的虫子在我的体内还是在我的体外究

---

①　在莱布尼茨的法文版中,与"合适"相对应的法文单词是 convenable。法文单
词 convenable 的基本含义是"适合的"、"适当的"、"适宜的"、"恰当的"、"端正的"、"体
面的"、"合乎礼仪的"、"得体的"、"尚可的"和"可将就的"。阿里尤和嘉伯将其英译为
expedient。他们的译法未必精当。因为英文单词 expedient 虽然也有"合宜的"和"得
当的"的含义,但它却更多地被用作"便利的"、"方便的"、"合算的"、"有利的"和"权宜
之计的",它甚至还常常被用作"处于私利考虑的"和"谋取本身利益的"。

竟有何关系呢？难道我会因此而减少对它的依赖吗？只有有形的实体才不依赖于所有别的受造的实体。因此，用严格的哲学语言说，各种物体似乎配不上实体这一称号；这似乎是柏拉图的观点，因为他说过它们是转瞬即逝的存在者，从来不会持续存在超过一瞬间。但这一点需要对之进行更加充分的讨论，而且，我还有其他一些别的重要理由来拒绝以形而上学语言赋予物体以实体这一头衔或名称。因为，归根结底，物体并无真正的统一性；它只是一种堆集，是学院里称作偶然存在者的东西（un pur accident），与一群羊类似；它的统一性是由我们的知觉产生出来的。它是一种来自理性的存在者，毋宁说是一种来自想象的存在者，是一种现象（un phenomene）。

　　阿里斯特：我希望泰奥多尔在所有这些困难方面都能适当地使您感到满意。不过，让我们假设即使您不承认虚空，物体和广延也没有太多的区别；或者至少　权且把这一点放在一边，留待后面进行更充分的讨论，现在我们便进展到泰奥多尔证明的其余部分。首先，假如物体和广延是一回事，或者至少它们的区别仅仅像空间区别于需要充实它的东西那样，则具有各种变形的每一件事物是我们依据广延解释不了的，从而都区别于物体，但这种东西，除广延外，还具有某种抵抗和运动性，对此您似乎也是承认的。既然灵魂所具有的变形或样式并非广延的变形或样式，或者如您所希望的，并非反抗型式或简单填充空间的变形或样式。泰奥多尔似乎也证明了这一点；因为我的快乐、我的欲望以及我的所有思想都不是属于距离的各种关系，从而不能像空间和充实它的那些东西那样用英尺或英寸加以测度。

斐拉莱特：当泰奥多尔主张灵魂的各种变形不同于物质的各种变形，从而灵魂是不朽的时候，我与他的观点没有什么两样。但他的证明却遇到了一定的困难。他坚持认为，各种思想并没有属于距离的关系，其所以如此，乃是因为我们无以测度思想。但伊壁鸠鲁的追随者却会说，这是由于我们缺乏有关它们的知识所致，而且，如果我们认识形成思想的各种微粒和为实现这一目标所必须的各项运动，我们便会看到各种思想都是可以测度的，都是某些精妙机器工作的产物，就像颜色的本性似乎并不是由某些可测度的事物内在构成的一样。① 不过，如果各种对象的这些性质的理由

————————

① 在原子论者看来，灵魂与物体是同质的，都是由原子组成的，从而灵魂的运动与物体的运动也是同质的，也都是原子之间相互作用的结果。例如，德谟克里特就曾经说过：灵魂与太阳和月亮一样，也是"由光滑、圆形的原子聚合成的"（第欧根尼·拉尔修：《著名哲学家的生平和学说》，第9卷，第44节）；"一切事物都分有灵魂"，甚至"在石头中也有一种灵魂"（艾修斯：《哲学家意见集成》，第4卷，第4章，第7节）。德谟克里特的"影像说"表明他也是用原子和原子的运动来解释灵魂的运动或活动。正因为如此，德谟克里特断言："感觉和思想都是外部模压的影像造成的，没有这种影像，它们都不会发生"（艾修斯：《哲学家意见集成》，第4卷，第8章，第10节）。伊壁鸠鲁的原子论与德谟克里特一脉相承。首先，伊壁鸠鲁与德谟克里特一样，也主张灵魂是由原子组成的，只是他进一步提出了灵魂构成的"四种原子混合说"。"伊壁鸠鲁[说灵魂是]四种东西的混合体；其中一种像火，一种像空气，一种像风，第四种缺乏名字。他认为第四种东西负责感觉。他说，风在我们身体中产生运动，气产生静止，那种热的东西产生身体的明显的热量，那种无名的东西在我们身体中产生感觉"（艾修斯：《哲学家意见集成》，第4卷，第3章，第11节）。正因为如此，伊壁鸠鲁与德谟克里特一样，也强调了灵魂认识活动的可测度性。所不同的只是，德谟克里特认为感觉的发生依靠的是对象在其与感受者之间的空气中压印出来某种形状，伊壁鸠鲁则主张感觉是由于对象的影像直接作用于我们的感官之上形成的。他说道："认识靠的并不是外部事物在我们和它们之间的空气中印上它们的颜色和形状的本性，或是靠我们的眼睛向它们发出光线或其他什么流射物，而是靠某种来自事物并与其同色、同形并保持相应大小的形状进入到我们的眼睛或心灵里。这些形状运行极快，因此而使人感到是一个连续的物体，保持着实体中的相互关联；故而这些印象源自于固体内部的原子颤动而产生的相应状态"（参阅第欧根尼·拉尔修：《著名哲学家的生平和学说》，第10卷，第50节）。

确实来自某些外形和某些运动,例如,泡沫的白色来自中空的小气泡,而这些小气泡闪闪发亮,就像一面面小镜子一样,那么,这些性质到最后便都可以还原为某种可测度的、物质的和机械的事物。

阿里斯特:这样一来,您不就是在向您的对手关于所有的证明都能够由灵魂与身体的区分而获得的意见缴械投降吗?

斐拉莱特:一点也不是。我只是想把它们完善化。现在我就给您举例说明一下,我认为物质所包含的只是受动的东西。在我看来,德谟克里特派和其他一些进行力学思考的人都必定赞同这一观点。因为不仅广延,而且归于物体的反抗型式也都是纯粹受动的事物,从而,活动便不可能源于物质的变形或样式。因此,无论是运动还是思想都必定来自某种别的事物。

阿里斯特:我希望您在您的证明中能够转而纠正我所指出的于我似乎有缺陷的东西,因为您一向教导我要精确、严谨。因此,我将说,除个人偏好(qu'ad hominem)外,也就是说,除反对那些像德谟克里特和笛卡尔那样进行哲学思维的人外,您的证明毫无价值。但柏拉图和亚里士多德的追随者,作为生命原则的地心之火(Archealistes)的一些近来的支持者,以及新近对物体超距吸引学说(l'attraction des corps à distance)的同情者,都将各种性质放进了物体之中,这是无论如何不可能以力学的方式加以解释的;他们因此便不会认同各种物体是纯粹受动的这样一种观点。我也想起了某个作者,他是您的一个朋友,尽管他只钟情于对物体现象作力学的解释，但他还是在发表于莱比锡《学者杂志》上的一些论文①中试图表明，各种物体都被赋予了某种能动的力（quelque force active），从而各种物体都是由两种本性组成的，即原初的能动的力（亚里士多德称之为第一隐德莱希）和物质或原初的受动的力，这种原初的受动的力（la force passive primitive）似乎就是反抗型式。由于这一理由，他坚持认为，物质事物中的一切，除力学原则外，都能藉力学予以解释，但力学的原则却是不能仅仅由对物质的考察得出来的。

斐拉莱特：我正在与这位作者通信，对他的意见相当熟悉。这种原初的能动的力（cette force active primitive），人们也能称之为生命，按照他的看法，正是包含在我们称作灵魂的东西中的事物，或者说正是包含在简单实体之中的事物。这种事物是一种非物质的、不可分的和不可毁灭的实在；他认为这种事物在各种物体中无处不在，根本不存在任何一个物质团块，在其中竟然没有任何有机的物体，竟然不被赋予某种知觉或某种灵魂。因此，这一推理将我

①　莱布尼茨在《学者杂志》上刊发的有关论文主要有两篇。其中一篇是发表在《学者杂志》1694 年 3 月号上的《形而上学勘误与实体概念》一文。莱布尼茨在该文中指出："为了对力作出解释，我建立了称之为动力学（Dynamices）的专门科学，最有力地推动了我们对真实体概念（veram notionem substantiae）的理解。"另一篇发表在《学者杂志》1695 年 4 月号上。其题目为《动力学样本》，副标题为"旨在发现关于物体的力及其相互作用的惊奇的自然规律，并将其还原到它们的原因"。在这篇论文中，莱布尼茨建立了系统的力的类型学谱系。请参阅 G. W. Leibniz: Die philosophischen Schriften 4, Herausgegeben von C. I. Gerhardt, Hildesheim: Georg Olms Verlag, 2008, pp. 468—470 和 Leibniz: Philosophical Papers and Letters, translated and edited by Leroy E. Loemker, D. Reidel Publishing Company, 1969, pp. 435—452。

们直接引向了灵魂与物质的区分。而且，尽管有人将由灵魂与物质团块组合而成的物体称作有形实体（Substance corporelle），我倒是愿意与之一起称之为物体，不过这只是用语方面的差异而已。而这种能动的力正是最好展示灵魂与物质团块之间差异的东西，而且能够以容易感觉到的方式展现这样一种差异，因为各种运动规律所从出的力学原则不可能由某种纯粹受动的、几何学的和物质的东西产生出来，也不可能仅仅藉数学的公理得到证明。因为在巴黎的《学者杂志》、《莱比锡学报》上刊发的不止一篇的论文中，以及在其他地方，当讲到他的"动力学"时，甚至最近在他的《神正论》中，这位作者都注意到，为了替动力学的各项规律进行辩护，我们现在必须诉诸实在的形而上学以及影响灵魂的适宜性原则，它们与几何学原则一样精确。①

---

① 在《神正论》中，莱布尼茨区分了"持久的原则"和"连续的原则"，强调"原初的能动的力"的实体性质。他写道："隐德莱希这个概念是不可以受到鄙视的，由于其持久不变，它就不仅自身拥有一种纯粹的活动能力，而且还具有人们称之为'力'（force）、'努力'（effort）、'追求'（conatus）的东西，只要不受阻碍，活动便能从中产生出来。能力（la faculté）只是一种属性（attribut），有时又是一种样式（un mode）。但力，当其并非实体本身的一种成分（也就是说，它不是原初的而是派生的力）时，便是一种性质，它区别于并且独立于实体。我还曾经指出，人们何以能够假定灵魂是一种原初的力，它藉派生的力或性质变形或改变，并且在各种活动中实施出来。"莱布尼茨在阐释他的上帝允许恶的理由时，又指出："当我说恶作为善的必要条件是允许的时候，我所根据的不是必然性原则，而是事物的适宜性原则（le principes du convenable）。"引文中的"必然性原则"其实也就是一种"几何学原则"。参阅莱布尼茨：《神正论》，段德智译，商务印书馆 2016 年版，第 252、90 页。

在其与哈特索科[①]的通信（刊于《特雷伍斯纪实》）中，您也能发现他是如何通过更高层次的考察摧毁了虚空和单子的，为此他甚至利用了他的《动力学》的部分内容；其他一些人由于仅仅执着于物质而根本不可能处理好这个问题。这就是那些新近哲学家通常由于太过唯物主义（trop materialistes）而无意于将形而上学与数学结合起来，便不曾达到得以决定究竟是否存在有原子和虚空的理论高度；还有若干个人甚至被引导到相信原子和虚空，也就是说，他们要么相信存在有与原子并存的虚空，要么至少相信存在有游弋于排除虚空的流体之中的原子。但他却表明虚空，原子也就是完全的坚硬性，以及最后完全的流动性（le fluide parfait），都是同样反对适宜性和秩序的。

阿里斯特：确实存在有与您所说相关的一些事物，我希望在您的帮助下，进一步默思这些事物，特别是有关动力学的一些东西，因为这些东西无论对于认识非物质的实体还是对于认识虚空和原子的不得体都至关紧要。但我依然有一些问题不能苟同您的观点，这就是：上帝能够自行直接做您归因于灵魂的一切事情。因此，超出物质的各种变形和运作都不会使我们将灵魂与物质区别开来，因为它们是上帝的各种运作。诚然，这种反对意见对于反对泰奥多尔本人也同样有效，或许还可以用来反对其他一些人；因为

---

① 哈特索科（Nicolaas Hartsoeker，1656—1725），荷兰著名数学家和物理学家。曾先后当选法国科学院外籍会员（1699）和德国科学院外籍会员（1704）。其著作主要有《论屈光学》（巴黎，1694），《物理学原理》（巴黎，1696），《物理学猜想》（阿姆斯特丹，1706），《物理学猜想续》（阿姆斯特丹，1708）和《物理学猜想解读》（阿姆斯特丹，1710）。

您知道他是将一些次级原因（les causes secondes）视为偶然原因的。[①]

斐拉莱特：即使我们正在考察的各种运作是上帝的运作，我们归因于灵魂的各种变形或样式，以及我们在我们自己的灵魂中所觉察到的东西，也不可能成为上帝的变形或样式。至于各种运作，我们根本不可能否认我们对我们自己也有种种内在活动。这些对于理解我们在这里讨论的问题绰绰有余，因为物质就其只是受动的东西而言，是根本不可能具有内在活动的。但这样一种假说将所有的外在活动都仅仅赋予上帝，是在诉诸奇迹，而且甚至是在诉诸一些不可理喻的奇迹，根本配不上上帝的智慧。我们有充分的权利来编造这样的虚构，或许只有上帝的不可思议的全能方可使之成为可能，就像我们有权利主张世上只有我一个人存在，上帝在我的灵魂中产生了所有的现象一样，这就好像原本在我身外存在的其他事物压根儿就不曾有过似的。不过，当下这个推理是根据外在的运作或根据动力学来证明灵魂与物体之间的区别的，也只有在这样一种假设的前提下才有效，这就是各种事物藉自然的力

---

① 莱布尼茨在这里藉阿里斯特之口所说的"次级原因"主要指的是与"派生的力"相关的原因，其所强调的是我们可以而且应当用力学原则来解释各种自然现象，而反对人们像偶因论者那样处处用上帝的直接干预来解释各种自然现象。马勒伯朗士将次级原因说成偶然原因，就是企图否然次级原因的功效，从而用上帝的直接干预来解释各种自然现象，这就将他的偶因论引向了神秘主义。正如莱布尼茨曾强调指出的："要解决这些问题，只用一般的原因，及请出那位人们所称的 Deus ex machina 来是不够的。因为仅仅这样，而不能从次级原因方面来得出另外的解释，这恰好就是又去求助于奇迹。"参阅莱布尼茨：《新系统及其说明》，陈修斋译，商务印书馆 1999 年版，第8 页。

(les forces naturelles)依照通常的自然进程发生,除保存它们外,根本无需上帝涉足。这将是一项巨大的成就:不仅证明了灵魂与物体之间的区分,而且也证明了神性的存在。我们还能向前走得更远,更清楚地表明动力学是如何证实这样两个伟大学说的;这会导致范围更为广泛的讨论,但现在我们无需开展这样的讨论。

阿里斯特:我们必须在将来您方便的时候进一步讨论这个问题;不过,下面一点已经够重要了,这就是:即使缺乏虔诚的人们也抵抗不住您刚才关于灵魂不朽(l'immortalité des Ames)的一番话的诱惑,而不诉诸上帝,这也是他们最回避的问题。而一旦相信上帝的存在,也就是一旦相信一个具有无限能力和智慧的心灵存在,那就很难由此推断出他也使有限的心灵像他一样成为非物质的,并进而推断出,上帝并不会像我们的灵魂一样,随着其身体的毁灭而毁灭。

斐拉莱特:甚至有充足的理由怀疑除单子和没有广延的实体外,上帝是否还造出来任何别的东西,除由这些实体所产生出来的现象外,各种物体是否还是任何别的东西。我的朋友(我刚才已经提及他的意见)有足够的证据表明他倾向于这样一种观点,因为他将每件事物都还原为单子,或者说都还原为简单实体及其变形,连同由它们产生的种种现象,种种现象的实在性都是藉它们的相互联系表示出来的,这使它们成为区别于梦境一般的东西。我已经多多少少地触及了这一问题。但现在是我倾听尊敬的泰奥多尔其余推理的时候了。

阿里斯特：在确立了灵魂与物体之间的区别，以为哲学的主要原则以及灵魂不朽的基础之后，他将我的注意力吸引到为灵魂所知觉到的各种观念上面，他坚持认为这些观念即是种种实在。他甚至向前走得更远，坚信这些观念具有永恒的和必然的存在，而且它们还是可见世界的反抗型式，而我们相信我们所看到的处于我们身外的各种事物却往往是想象的，并且总是转瞬即逝的。他甚至提出了下述证明：假设上帝毁灭了他所创造的除你我之外的所有的存在者，并且进一步假设上帝现在向我们心灵呈现种种观念与过去在种种对象在场的情况下呈现给我们心灵的种种观念一模一样，我们就将会看到与我们现在看到的一样美妙的事物。因此，我们现在所看到的美妙的事物并不是物质的而是可理解的美妙的事物。

斐拉莱特：我毋宁赞同这些物质的事物并非我们知觉的直接对象；但我却在这一证明中和解释物质的这一方式中发现了一些困难，我期望这一证明能够进展得稍微好一点。这一假设命题，整个证明的大前提，包含了某个真正的推论吗？我重复一下，如果在永恒的事物被消灭后，我们在一个可理解世界里看到了一切，则我们现在也就必定能在一个可理解的世界里看到一切，难道这样一种推理就真的值得信赖吗？难道我们现在的通常的知觉与这种超常的知觉就不能够具有一种不同的本性吗？其小前提是：在这种消灭的情况下，我们也将在一个可理解的世界里看到一切。但这个小前提在许多人看来似乎也是可疑的。难道相信各种物体对灵魂具有影响的对手不会说在各种物体被消灭的情况下，上帝将会弥补它们的不足,将在我们的灵魂中产生出各种物体在其中产生的各种性质,而根本无需永恒的观念和可理解的世界吗? 而且,即使一切都按照通常的方式在我们身上发生,就像在一切都被毁灭的情况下那样,也就是说,如果承认我们自己在我们身上产生了我们内在的现象(我是这样认为的),或者上帝在我们身上产生了我们的内在现象(泰奥多尔是这样认为的),而根本无需物体对我们有任何影响,这就必定涉及外在观念吗?① 这些现象不就足以成为我们灵魂的新的转瞬即逝的变形吗?

阿里斯特:我不记得泰奥多尔曾以普遍的术语给我证明过我们看到的各种观念都是永恒的实在;他只是在谈到空间观念时才试图这样做,把一个特殊的推理用到这种情形上。但这却始终为其他事物的观念提供了根据,在其他事物的观念里,最经常包含的就是空间。他还非常出色地回答了我所作出的反对他的那个证明。我反对他的意见在于:在我看来,是大地提供了抵抗(que la terre me résiste),从而这是某种坚实的东西。他答复说:这种抵抗能够成为想象的,就像在一场情节生动的梦境一样,但各种观念却并不骗人。他还使我轻而易举地理解,如果抵抗是坚实性的标志,则当我们想要把它们不可能允许的东西归于它们的时候,在观

---

① 阿里尤和嘉伯认为,这句话中的短语"外在观念"(des idées erternes)应为"永恒观念"。莱布尼茨的早期手稿用的即是"永恒观念"。他们怀疑其所以如此,乃是莱布尼茨的秘书或抄写员在抄写过程中出现的笔误所致。参阅 G. W. Leibniz: Philosophical Essays, edited and translated by Roger Ariew and Daniel Garber, Hachett Publishing Company, 1989, p. 266。

念中也就存在有抵抗。但一如我已经说过的,他给我证明了空间观念在所有的心灵中都是必然的、永恒的、不变的和完全一样的。

斐拉莱特:对存在有永恒真理(des vertés eternelles)这一点是能够认同的;但并非每个人都会赞成当我们的灵魂考察这样的真理时,永恒的实在也呈现于我们的灵魂面前。只要说在这方面我们的思想与上帝的思想有关就够了;只有在上帝身上,这些永恒真理才能实现出来。

阿里斯特:不过,这也正是泰奥多尔用以证实他的论点的那种证明。当我们有了空间观念时,我们也就有了关于无限者的观念,但无限者的观念却是无限的,而一个无限事物不可能成为本身是有限的[①]我们灵魂的一个变形;因此,我们看到的一些观念并非我们灵魂的一个变形。

斐拉莱特:这一证明似乎非常重要,值得进一步发展。我赞成我们完全能够具有无限者的观念(l'idée d'un Infini),因为为达此目的,我们只需要设想这个绝对者(l'absolu),将所有的限制都统统抛弃。而且,我们对这一绝对者也确实具有一种知觉,因为就我

---

　　①　"有限的"在法文版中对应的法文单词为 infinie。其有关短语为 la modification de notre Ame qui est infinie,如果汉译出来,便是"本身是无限的我们灵魂的变形"。阿里尤和嘉伯认为,该短语中的法文单词 infinie 可能是法文单词 finie 的笔误。故而,他们将其英译为 a modification of our soul, whichi is finite。参阅 *G. W. Leibniz*: *Philosophical Essays*, edited and translated by Roger Ariew and Daniel Garber, Hachett Publishing Company, 1989, p. 267。

们具有某种完满性而言，我们分有了它。不过，我们也能够正确地怀疑我们究竟是否具有关于一个无限整体的观念或者说关于一个由各个部分组合而成的无限者的观念；因为一个组合物是不可能成为一个绝对者的（un composé ne sauroit être absolu）。①

也可以说，我们能够设想每一条直线都能够延长，或者说始终会有一条直线长于任何一条给予的直线；不过，我们却并没有任何一个关于一条无限直线的观念，或者说任何一个关于一条长于能够给予的所有其他线段的观念。

阿里斯特：泰奥多尔的意见在于我们所具有的关于广延的观念是无限的，但我们关于它的思想（此乃我们灵魂的一种变形）却不是。

斐拉莱特：但我们如何能够证明我们需要某种不止我们的思想及其在我们身上的对象的东西，以及我们需要一种存在于上帝身上的无限观念作为我们的对象，以便只有一种有限的思想呢？倘若我们必须具有一些区别于思想的观念，这些观念只要与那些思想成正比不就行了吗？因此，应当说根本不存在发现这样一些观念的任何方式（il n'y a point de moyen de s'appercevoir de telles idées）。

---

① 在法文版中，这段话与下一段话本来只是一段话。但阿里尤和嘉伯的英译本却将其分成了两段话。从这两段话的内容看，阿里尤和嘉伯将这一整段话拆分开的理由似乎并不充分。

阿里斯特：这正是泰奥多尔所提供的方式。心灵不可能在以其思想测度无限者的意义上看到这个无限者。不过，单单说目标不在视野之内还不够，因为心灵可能希望找到这个目标；但心灵明白根本不存在这样的目标。这就是为何几何学家看到：尽管只要人们愿意，分割就能够继续进行下去，却永远不会存在一个正方形边被整除的部分，不管多么小，它也能够成为对角线的约数，或者说能够对之作出精确的测度。这也是为何几何学家看到双曲线的渐进线永远不会相交，尽管它们没完没了地接近。

斐拉莱特：认知无限者的这样一种方式是确定的和无可争辩的；这也证明了各种对象是没有任何限制的。不过，尽管我们能够由此得出结论说，根本不存在任何终极的有限整体，但还是不能够得出结论说，我们看到了一种完全无限的事物。不存在一条无限的直线，但任何一条线段却都能够永远延长下去，或者为一条更长的线段所超越。因此，空间这个例证并不能特别地证明：我们需要某个持续存在的有别于我们思想转瞬即逝的样式的观念的在场。乍一看，我们的各种思想于此似乎是充分的。

阿里斯特：当我看到空间和形状时，我看到的并不是我自己；因此，我看到了某种在我之外的事物。

斐拉莱特：为何我就不能在我身上看到这些事物呢？诚然，甚至当我知觉不到这些事物的存在时，我也看到了它们的可能性，甚至当我们看不到这些事物时，这些可能性作为关于可能事物的永

恒真理却始终是独立存在的,而这些可能事物的整个实在性都是
基于某种实在事物的,也就是说,都是存在于上帝之中的。但问题
在于:如果我们说我们在上帝之中看到它们,我们是否有理由(si
nous avons sujet de dire que nous les voyons en Dieu)。① 不过既
然我相当赞赏泰奥多尔精彩的思想,这正是为何人们能够据此判
定他的意见正确的缘由,虽然这在那些并未将他们的心灵提升到
其感官之上的人看来太过诡异。我深信上帝乃灵魂的唯一直接的
外在对象,因为唯有上帝才直接作用于灵魂。而我们的各种思想
与存在于我们身上的一切,就其包含某种知觉而言,都是由他的连
续不断的运作毫不间断地产生出来的。因此,就我们从他的无限

---

① "我们在上帝之中看一切事物"是马勒伯朗士的一个著名的哲学—神学命题。
他是在《真理的探求》中提出这一命题的。他之所以要提出这一哲学—神学命题,乃是
因为在他看来,我们不仅单凭感觉和想象认识不到真理,而且靠纯粹理智也不可能把
握事物的本质,认识永恒真理。因此,我们为要认识事物的本质和永恒真理,唯有一
途,这就是神人合一,在上帝之中去认识。为什么只有到上帝之中才能认识事物的本
质和永恒真理呢?这是因为在上帝自身有"他所创造的全部事物的观念,不然他就不
能创造出它们来"。这就是说,万物无非是各种观念的模仿和分有,种种观念就是上帝
创造万物所依据的模型或原型,而上帝正是这些观念的"精神场所"。其实,早在古罗
马时代,奥古斯丁就说过:"理念是事物固定的原初形式和不变的本质。理念没有变
化,永恒地包含在上帝的思想之中"(参阅 F. Copleston, *A History of Philosophy*,
Vol. II, Image Books, New York, 1962, p. 75)。马勒伯朗士的"我们在上帝之中看一
切事物"与奥古斯丁的说法一脉相承。莱布尼茨在有关问题上与马勒伯朗士的区别主
要在于下述三点:(1)莱布尼茨强调的不仅仅是一种"单纯理智知识",而且是一种"直
觉知识",一种与"反思知识"相结合的"理智知识";(2)现实的感性事物都是以永恒的
必然真理的先在或先有为基础和前提的,但永恒的必然真理或上帝的理智知识未必都
以感性事物的形式呈现出来;(3)观念或理智知识是否转换为现实的感性事物的根本
前提在于上帝的自由选择和决断,在于有关事物能够构成可能世界中最好世界的一个
必不可少的部分。参阅 leibniz, "La cause de Dieu", 载 Leibniz, *Essais de Théodicée*,
GF Flammarion, 1969, pp. 425—432。

完满性领受我们的有限完满性而言,我们是直接受到它们影响的；而这即是当我们的心灵具有相关于它们的思想并且分有它们时直接受到上帝之中的永恒观念影响的方式。正是在这个意义上,我们能够说我们的心灵是在上帝之中看到所有事物的。

　　阿里斯特:我希望您的反对意见和说明会使泰奥多尔感到高兴,而不是使他感到不快。他喜欢与其他人交换意见,而且,我将带给他的这一理由也会使他有机会越来越多地与我们一起分享他的洞见。我甚至为我能够通过使你们两个相互认识而使你们两个满意而感到自豪；而且,我将是从中获益最多的一个。

索　引

译者后记

1.《莱布尼茨自然哲学文集》为译者所主持的国家社会科学基金重大项目"《莱布尼茨文集》的翻译与研究"的一项重要成果，为我们所翻译的《莱布尼茨文集》第 3 卷。

2. 本文集收录了莱布尼茨 1671—1716 年间著述的 20 篇阐述其自然哲学思想的著作和书信。其中有关书信的题目为译者依据其内容所加，且每个题目下往往不限于一封书信。

3. 本文集得以如此迅速出版，首先得益于商务印书馆学术出版中心主任陈小文先生的关心和大力支持，也得益于王振华先生的认真编辑和发奋工作，在本译著即将付梓之际，特向他们致以衷心的谢意。

段淑云硕士曾审读过初稿，纠正过文中的少数错别字。在这里，也向她致以谢意。

4. 本文集所收录的 20 篇论著中，除一篇外，其余全是首译。我们希望本文集的出版有助于中国读者对莱布尼茨的自然哲学思想有一个比较全面、系统和深入的了解和理解。

　　5. 本文集的译文若有错谬之处，望读者批评指正。

　　　　　　　　　　　　　　　　　　　段德智

　　　　　　　　　　　　　　　　　2017 年 7 月 5 日

　　　　　　　　　　　　　　　于武昌珞珈山南麓